Espaces à saisir : interstices et communs urbains

09 **DYNAMIQUES CITOYENNES EN EUROPE**

★★★★★★★★★★★★★★★★★★★★★★★★★★★★★★★★★★★★★★★

Didier Boisseuil, Ulrike Krampl,
Marie-Pierre Lefeuvre et José Serrano (dir.)

Espaces à saisir : interstices et communs urbains

La ville à l'épreuve de l'interdisciplinarité

PETER LANG
Bruxelles - Berlin - Chennai - Lausanne - New York - Oxford

Information bibliographique publiée par «Die Deutsche Nationalbibliothek»
«Die Deutsche Nationalbibliothek» répertorie cette publication dans la «Deutsche Nationalbibliografie»; les données bibliographiques détaillées sont disponibles sur Internet sous ‹http://dnb.d-nb.de›.

Avec le soutien de : MSH Val-de-Loire, CeTHiS, CITERES

ISSN 2235-6231
ISBN 978-3-0343-4863-8 (Print)
E-ISBN 978-3-0343-4864-5 (E-PDF)
E-ISBN 978-3-0343-4865-2 (E-PUB)
DOI 10.3726/b21653
D/2024/5678/17

Publié par Peter Lang Éditions Scientifiques Internationales - P.I.E., Bruxelles, Belgique

info@peterlang.com http://www.peterlang.com/

Cette publication a fait l'objet d'une évaluation par les pairs.

Table des matières

TROISIÈME PARTIE APPROPRIATIONS DE L'INTERSTICE ET AVÈNEMENT DU COMMUN ?

Introduction

Didier Boisseuil, Ulrike Krampl,
Marie-Pierre Lefeuvre et José Serrano

L'interstice est partout. Associations et initiatives de toutes sortes prennent ce nom : de la médiation juridique au théâtre de rue, de l'action sociale aux agences culturelles ou aux bureaux d'architectes[1]. Si le terme jouit d'une grande faveur dans nos sociétés contemporaines, c'est qu'il suggère le manque à combler, la possibilité du lien, la créativité. Il évoque un espace à explorer, à investir, qui fait résonner le souci contemporain de créer du partage, du commun. En s'emparant de la question, le présent ouvrage invite à venir défricher, à travers une pluralité d'approches, un terrain de recherche interdisciplinaire inédit.

Toutes les villes, passées et présentes, comprennent des interstices, ces espaces ambigus, aux fonctions ou aux statuts incertains, dont l'étude a souvent été négligée. Ils peuvent être délaissés, disqualifiés ou en attente d'assignation. Ce sont des espaces qui brouillent et questionnent les limites instituées et interrogent la distinction entre public et privé, le rapport entre centre et périphérie. Qu'ils soient vides ou occupés, bâtis ou non, ces espaces sont convoités, menacés, occupés. Ils peuvent (re)devenir communs ou cesser de l'être. Espaces à prendre, ils sont donc aussi à saisir intellectuellement. Omniprésents, mais difficiles à appréhender, ils échappaient à l'étude de la « fabrique urbaine », qui pendant longtemps est restée focalisée sur les processus de production formelle, orchestrés par les pouvoirs publics. Désormais, l'intérêt pour les espaces interstitiels et les processus d'appropriation collective dont ils peuvent être l'objet s'affirme, et le rôle de choix qu'ils peuvent jouer dans la transformation des villes est souligné. Faire porter l'attention sur les interstices urbains dessine un regard neuf sur les dynamiques informelles, les régulations

---

1 Des arts de la rue (https://www.interstices.pro/l-association) au théâtre (http://www.compagnie-interstices.com/) et à l'action sociale (https://associationinterstices.ch/) et de solidarité économique (https://www.tzcld-dieulefit-bourdeaux.fr/interstices) ; de même, le terme allemand *Zwischenraum*, d'usage courant dans le langage ordinaire, est utilisé dans le domaine culturel, social (*cf.* https://www.kulturellerzwischenraum.de/) et créatif (*cf.* le bureau d'architectes https://www.zwischenraum.at/).

qui procèdent de l'usage, mais aussi des processus d'institutionnalisation qui se soustraient à l'emprise de l'État. Des questionnements originaux peuvent ainsi être formulés au sujet du partage de l'espace urbain et sur la notion des (espaces) communs qui, davantage que les interstices (Mubi Brighenti, 2013), sont l'objet d'une profusion de travaux depuis deux décennies.

L'ouvrage se propose donc de réfléchir à la jonction entre interstices et communs. Il réunit des spécialistes de la ville provenant de disciplines différentes (sociologie, géographie, histoire, histoire de l'art, droit, littérature, urbanisme…). La mise en regard de leurs travaux montre que l'interstice et le commun sont non seulement des objets urbains, mais aussi des prismes heuristiques pour appréhender les dynamiques urbaines dans l'espace et dans le temps[2].

Au sens littéral du mot, l'interstice renvoie à l'entre-deux ou à l'entre-plusieurs, comme le rappellent *Zwischenraum* en allemand et *in-between* en anglais[3]. Historiquement, le mot français interstice désigne d'abord un intervalle entre deux vertèbres, puis un laps de temps. Ce n'est qu'au XIXe siècle, période d'urbanisation accélérée dans le monde occidental, qu'il prend le sens spatial plus générique de « se trouver entre ». Dans la ville, il renvoie aux mots tels que niche, terrain vague, dent creuse, friche, angle mort, zone, interface, etc. Dans le cadre strict de la propriété et des statuts juridiques attribués aux différents espaces, l'interstice – sans préjuger *a priori* de son échelle – peut ainsi être considéré comme une fissure, une absence, un manque. Il ne peut être saisi que par les pratiques sociales qui s'y déploient, informelles au regard des règles en vigueur ou même contraires à ces règles[4].

Ainsi le terme interstice ne constitue-t-il pas un concept défini et balisé par la recherche, mais plutôt une notion floue, évoquant l'incertitude : incertitude de la qualification due à des usages imprévus, qui peut être durable, mais qui reste le plus souvent éphémère, intermittente.

---

2 Le présent ouvrage est issu du colloque international *Espaces à saisir. Interstices et communs urbains. La ville à l'épreuve de l'interdisciplinarité*, qui s'est tenu à l'université de Tours (France) les 10 et 11 décembre 2020 (*cf.* https://espacesasaisir.sciencesconf.org/), coorganisé par une dizaine de chercheurs et chercheuses. Une première publication intègre une partie des contributions (Erdi, 2021).

3 Notons que, dans certaines langues comme le turc, il n'existe aucun équivalent de ce terme.

4 C'est ainsi que, par exemple, Frederic M. Thrasher établit un rapport entre interstice et délinquance dans son étude sur les gangs à Chicago dans les années 1920 (Thrasher, 2013 [1936]).

Au sens spatial, il s'agit souvent de lieux abandonnés, délaissés, perçus comme sans qualités – sinon disqualifiés –, peu visibles, à l'écart ou non, plus ou moins aménagés, des lieux fixes ou de passage, mais, dans l'ensemble, peu stabilisés. L'interstice possède non seulement une histoire, mais aussi des temporalités liées à des pratiques changeantes ou à ses modalités de (non-)intégration dans l'espace urbain. Certains espaces peuvent ainsi sortir de la catégorie d'interstice, d'autres peuvent y entrer, ce qui nécessite d'en saisir l'évolution dans le temps, en fonction des contextes sociaux, historiques et culturels particuliers. En ce sens, l'interstice peut revêtir une dimension hétérotopique capable d'induire une temporalité hétérochronique.

Se soustrayant à l'ordre urbain, l'interstice se prête notamment à des appropriations, voire à des détournements (squat, campement, lieux de résistance ou de protection, etc., Erdi, 2021), à des usages ordinaires informels (« chemins de chèvre »), à des pratiques discrètes, parfois clandestines ou illégales (trafics, amours, refuges politique ou religieux, violences, etc.). Aussi, si l'aménagement urbain peut produire des interstices, les usages imprévus de ces recoins peuvent contrecarrer la gestion urbaine des flux, de la sécurité, du contrôle, etc. À l'inverse, dans des configurations spatiales *a priori* conçues sans interstices (de type grand ensemble), les pratiques reconfigurent certains espaces comme des micro-interstices. De même, ces espaces limitrophes au logement peuvent être considérés comme des espaces-tampons susceptibles d'être transformés par ceux et celles qui les investissent. Soulignons que les espaces interstitiels peuvent être subis et contraints ou, au contraire, faire l'objet d'appropriations créatrices et émancipatrices. Ils constituent ainsi des ressources spatiales pour les citadins sujettes aux rapports de force (en termes de classes sociales, de genre, etc.) et pouvant donner lieu à des conflits. Du fait de la nature quasi invisible et silencieuse, souvent discontinue, des interstices, ce qui s'y déroule participe de la fabrication urbaine, même si ces derniers sont menacés et objet de convoitises. En ce sens, l'interstice, qu'il se trouve en centre-ville ou à la périphérie, est indissociablement lié à la problématique de la marge spatiale et sociale.

L'interstice semble ainsi échapper à la rationalité de l'organisation de l'espace et à la norme dominante. On pourrait même poser l'hypothèse selon laquelle l'absence d'interstice serait totalisante, voire totalitaire. Objet d'appropriations potentiellement divergentes, voire conflictuelles, l'interstice peut en effet susciter l'intervention des pouvoirs politiques et économiques visant à en rétablir le contrôle, à en redéfinir les fonctions, voire à le supprimer. L'appropriation de l'interstice par la gestion urbaine, dont les logiques et finalités évoluent dans le temps et selon les contextes, procède ainsi, à l'aide de dispositifs techniques destinés à mieux les maîtriser, à transformer les interstices en espaces aux fonctions normées, les sortant alors de leur catégorie interstitielle : on peut songer, par exemple, à l'aménagement d'espaces délaissés en jardins publics ou à l'exploitation commerciale de friches culturelles. Pour leur part, ceux et celles qui créent des interstices peuvent résister ou s'ajuster à ces mises à la norme, selon des formes de mobilisation mises en évidence par des travaux de recherche (certains portant sur les squats par exemple, Bouillon, 2009).

Les creux que constituent les interstices peuvent ainsi être propices à la naissance de « communs », qui font désormais l'objet de recherches abondantes dans différents champs disciplinaires. La notion de « communs » renvoie cependant à des configurations historiques et à des problématiques différentes. Attestée depuis l'Antiquité, elle constitue un thème d'étude pour les historiens et historiennes des sociétés anciennes, notamment sous ses aspects juridiques ou économiques (Saint Victor, *in* Parance et Saint Victor, 2014 ; Lecuppre et Van Bruaene, 2010). Elle fait actuellement l'objet de débats tant au sein des disciplines qui s'en sont emparées (principalement l'économie, le droit, les sciences de l'environnement, la philosophie ou l'histoire) que hors du monde académique. La frontière entre les deux sphères est d'ailleurs poreuse, les chercheurs qui s'intéressent au sujet pratiquant souvent une science engagée. On trouve notamment chez Benjamin Coriat une définition générique du terme, qui peut constituer un bon préliminaire aux discussions ouvertes dans le présent ouvrage : « ressource en accès partagé, gouvernée par des règles émanant largement de la communauté des usagers elle-même, et visant à garantir, à travers le temps, l'intégrité et la qualité de la ressource » (Coriat, *in* Cornu *et al.*, 2018). Les communs touchent ainsi autant à l'idéal qu'au quotidien des sociétés civiles. Les efforts de définition du mot se réfèrent généralement à des enjeux d'action collective ou de « gouvernance » et de statut juridique, eu égard au concept de propriété (ainsi la commission Rodotà, qui a cherché à instituer une troisième catégorie de bien – ni privé ni public[5]).

Appliquée à l'urbain, l'idée de communs est peu séparable de la critique de la ville néolibérale. Elle a notamment été investie par des mouvements sociaux et par la géographie critique, aux États-Unis dans un

---

5 Cette commission visait à réformer le Code civil italien en y introduisant une nouvelle catégorie juridique de « biens communs » (2007-2008) (Lucarelli, 2018). Voir aussi Rodotà (2016).

premier temps. Ce livre, sans ignorer ces débats, voudrait les élargir en croisant les différentes disciplines intéressées par la notion de commun urbain en la confrontant à celle, plus souple, d'interstice. En s'ouvrant à des versants inexplorés de la question, il cherche à déplier cette thématique de façon à créer autant d'ouvertures que possible : nouvelles approches, nouveaux terrains, nouvelles interrogations.... L'optique pluridisciplinaire privilégiée par le livre vise ainsi à enrichir le dialogue et stimuler la réflexion autour de ces enjeux.

Le recueil que nous présentons se propose d'articuler les deux notions pour inviter à réfléchir en trois temps sur les caractéristiques d'une spatialité qui échappe aux catégories habituelles de l'analyse de la fabrique urbaine.

Peut-on définir l'interstice ? Plutôt que de figer une notion « floue », la première partie (« Espaces interstitiels : saisir l'entre-deux ») prend le parti de la faire jouer sur des terrains concrets, ici tous situés dans la France contemporaine, pour mettre à l'épreuve sa capacité heuristique. Émergent ainsi de multiples facettes de l'espace urbain dont le point commun est leur caractère mouvant, souvent éphémère, tributaire des pratiques des citadins et citadines qui l'investissent. L'interstice amène à circuler dans la ville, à l'arpenter ou à en tracer les limites (Bailly et Laroche), que ce soit au sein d'un quartier ou dans des espaces en marges. L'indétermination de cet espace autorise des pratiques sociales spécifiques (Chelal), qui contribuent à leur tour à le caractériser et lui conférer un statut (Lécuyer). Il surgit, en creux, au sein du projet urbain de la reconstruction d'après-guerre (Cornilleau) comme il devient l'objet d'interrogations explicites et récurrentes quant à sa formalisation (di Pietro et Brun), ainsi que le suggère l'exemple des friches urbaines végétalisées. C'est enfin une balade littéraire à travers le Paris de la prose de Jacques Réda qui met en lumière la force poétique de l'interstice, espace dynamique et fugace, voire évanescent, espace « entre », mais ni lisière ni banlieue, ni ville ni campagne (Dupouy) : en se faufilant ainsi dans plusieurs disciplines, de la géographie à la sociologie, en passant par les études de l'aménagement urbain et du patrimoine historique, cette forme urbaine à la fois sociale et spatiale traverse les notions habituelles des études urbaines sans se confondre avec elles : c'est son caractère transversal qui constitue un premier terrain d'échange entre les disciplines.

À partir de là, l'ouvrage suit deux voies ouvertes par l'interstice : celle qui le place « au cœur de la transformation urbaine » (deuxième partie) et celle qui interroge ses possibles appropriations en lui conférant, éventuellement, la qualité de communs (troisième partie).

La deuxième partie explore ainsi la dynamique spatiale de l'interstice dans la durée. Car si l'interstice stimule l'imaginaire poétique, il joue un rôle comparable dans la reconfiguration matérielle de la ville. Des approches sociologiques et historiennes mettent au jour l'interstice à la fois comme un enjeu et un moteur de la transformation urbaine. Terrain de mobilisations et de résistances, qui le transforment en proposition alternative à des projets d'aménagement (Tonnelat), l'interstice se trouve sollicité par des usages concurrentiels (Lecat) jusqu'à mettre en cause son caractère interstitiel : pris dans les dynamiques qui le dépassent, l'interstice ne dure pas nécessairement. Il ne résiste en effet pas toujours à la transformation matérielle de la ville et peut disparaître tout en donnant naissance à d'autres formes d'interstices, plus modestes, différentes (Gaugain). Mal défini, il est souvent le lieu d'un enchevêtrement juridique qui offre à ceux et celles qui y vivent et y travaillent des ressources d'action inédites, qui en font un espace particulièrement dynamique. Le « projet urbain » trouverait ainsi davantage ancrage dans les zones incertaines que dans celles privilégiées par les acteurs traditionnels de l'aménagement urbain : entre murailles et limites urbaines de la ville médiévale (Bourguignon), aux abords du Palais de la Cité parisien du XVIIIe siècle (Pitor) ou encore, cas emblématique s'il en est, dans la Zone de Paris du XIXe au XXe siècle. Espace incertain, voire relégué, l'interstice déploie un dynamisme capable d'induire des transformations à plus large échelle – ce qui amène à plaider pour « désintersticer » (Backouche) cet objet d'étude et lui reconnaître un statut – historique et historiographique – à part entière.

Les approches pluridisciplinaires se révèlent ainsi fécondes pour saisir les qualités des interstices urbains. Dans cette partie, sociologues et historiens cherchent à saisir les interstices en braquant le regard sur leurs usagers. S'efforçant de faire vivre la parole des habitants et des acteurs à travers une documentation variée (entretiens, témoignages d'archives, procès-verbaux, documents fiscaux, presse contemporaine ou d'époque, iconographie) ils montrent que les interstices sont des espaces souvent surinvestis. Alors que les chercheurs et chercheuses focalisent bien souvent leur attention sur les conflits aigus, c'est l'observation sur le temps long qui permet de repérer les divergences à bas bruits, mais qui, sur la durée, produisent des effets transformateurs sur le tissu urbain. Quelle que soit leur discipline, les contributions montrent que les qualités de marginalité ou d'espaces sous-utilisés définissent mal les interstices. A l'inverse, c'est la densité des usages et leur caractère parfois contradictoire qui donnent à ces lieux tout leur intérêt. .

Loin d'être un espace où rien ne se produit, l'interstice peut apparaître comme fruit et moteur de la transformation urbaine et devenir un lieu propice au commun (troisième partie « Appropriations de l'interstice et avènement du commun ? »). L'interstice peut, en effet, être considéré comme un entre-deux dans lequel les habitants et habitantes nouent des relations particulières et développent des usages collectifs dans la durée, à condition que cet espace soit accessible à tous et à toutes, qu'il soit placé entre les mains de celles et ceux qui en font usage (Festa). Cela est d'autant plus nécessaire que le droit actuel est d'un piètre secours pour les défendre en tant que communs (Hucq), car il ne connaît pas de catégorie spécifique pour les définir. Les interstices échappent bien souvent aux formes de la propriété qui est le mode privilégié pour saisir les espaces urbains, alors que des notions comme celles d'accessibilité, d'usages, de services seraient davantage susceptibles d'en apprécier la valeur ou d'en définir la nature. Quelle que soit leur ampleur, notamment lorsqu'ils sont modestes, ces interstices peuvent donc apparaître fragiles. Ce ne sont pourtant pas uniquement des lieux de transition ou des interfaces qui permettraient la communication ou les échanges entre des espaces mieux identifiés ou dominés (Inizan et Volkova). Ils ont une disponibilité propre qui autorise le développement des pratiques spécifiques au bénéfice de ceux et celles qui les occupent ou voisinent avec. De ce point de vue, le patrimoine partagé – même et peut-être surtout, lorsqu'il s'agit de petit patrimoine – constitue un bon exemple de lieux interstitiels capables de fédérer les habitants (Laffont et Carabelli). Les interstices-communs peuvent aussi faire l'objet d'accaparement autoritaire de la part d'acteurs défendant des intérêts particuliers (Inizan et Volkova). Ils peuvent egalement donner lieu à une progressive intégration, ou a des intégrations renouvelées, dans les espaces contrôlés plus étroitement par les autorités urbaines. C'est le cas des communes urbaines italiennes qui depuis le Moyen Âge, associent de façon singulière et répétée leur environnement immédiat au développement urbain (Rao).

À travers le cheminement proposé par ce livre, se dégage nettement l'idée selon laquelle l'interstice urbainne saurait être saisi comme une simple catégorie d'espace présentant une série de caractéristiques que la recherche n'aurait qu'à décrire. C'est en effet sa triple dimension, spatiale, temporelle et sociale qui s'impose à l'esprit. Il convient d'approfondir la réflexion interdisciplinaire que ce constat induit : une approche qui se concentrerait sur un seul de ses aspects ne saurait embrasser la complexité du sujet. En allant puiser des références dans des disciplines autres que la leur, les auteurs et autrices réunis dans ces pages en proposent autant d'exemples concrets.

Le livre invite ainsi à approfondir les échanges entre disciplines de sciences sociales en abordant une notion sur laquelle elles débattent abondamment depuis quelques années, celle de commun. Si l'on n'en ignore pas toute l'épaisseur sociale et temporelle, l'interstice offre un point de vue original sur la naissance de lieux dont la jouissance est collective et qui incarnent cette notion, même si celle-ci revêt bien d'autres aspects (Festa). Le sociologue Jean Remy montre que le caractère non central du lieu interstitiel, souligné par plusieurs textes du présent ouvrage, n'empêche pas ceux et celles qui l'habitent de nourrir à son égard un fort sentiment d'appartenance (Remy, 1996). Ce lien d'appartenance, plus que de propriété, apparaît en dernière analyse comme le ressort le plus puissant des processus de *mise en commun* (*commoning*) d'espaces urbains.

Au-delà de leurs objets, les contributions rassemblées dans cet ouvrage sont reliées par le point de vue qu'elles portent sur la ville et ses transformations : ce point de vue est-il « par essence subversif » pour emprunter l'expression qu'utilise Christine Dupouy à propos des terrains vagues que parcourt le poète Jacques Réda ? Il met en tout cas l'accent sur l'incertitude des limites, des statuts juridiques et des affectations en en soulignant les vertus créatrices. Il braque le regard sur les résistances que peuvent opposer les espaces périphériques aux forces qui président à la « production de l'espace » selon l'expression classique d'Henri Lefebvre (Lefebvre, 1974). Mais il souligne aussi la vulnérabilité de ces espaces, vulnérabilité face à laquelle l'idée de commun urbain apporte un contrepoint.

Parmi les premières initiatives scientifiques à proposer l'articulation des notions d'interstice et de communs, l'ouvrage se veut d'abord exploratoire. Loin de répondre à tous les enjeux du projet, la mise en regard de contributions issues de différentes disciplines des sciences sociales souhaitait d'abord ouvrir un nouveau chantier de recherche et poser les jalons d'un terrain véritablement interdisciplinaire. Il importera à l'avenir de poursuivre dans cette voie et d'élargir l'horizon au-delà de l'espace français pour mettre à l'épreuve le potentiel heuristique que promet de produire l'interaction entre deux notions stratégiques pour la compréhension de la ville.

Bibliographie

Bouillon Florence, 2009, *Les mondes du squat. Anthropologie d'un habitant précaire*, Paris, PUF.

Cornu Marie, Orsi Fabienne et Rochfeld Judith (dir.), 2017, *Dictionnaire des biens communs*, Paris, PUF.

Erdi Gülçin (dir.), 2021, *Urban Interstices*, dossier thématique de *Urban Experience & Urban Creativity*, 3, 2, https://journals.ap2.pt/index.php/UXUC/issue/view/31.

Lecuppre Élodie et Van Bruaene Anne-Laure (dir.), 2010, De Bono Communi. *The Discourse and Practice of the Common Good in the European City (13th-16th c.)*, Turnhout, Brepols, 2010.

Lefebvre Henri, 1974, *La production de l'espace*, Paris, Anthropos.

Lucarelli Alberto, 2018, « Biens communs. Contribution à une théorie juridique », *Droit et société*, 98, p. 141-157, https://doi.org/10.3917/drs.098.0141

Mubi Brighenti Andrea (dir.), 2013, *Urban Interstices. The Aesthetics and the Politics of the In-between*, Farnham, Ashgate.

Parance Béatrice et Saint Victor Jacques de, 2014, *Repenser les biens communs*, Paris, CNRS Editions.

Remy Jean, 1996, « Du statut de l'interstice dans la dynamique spatial. Le Pays de Herve comme cas de figure », *Bulletin de la Société géographique de Liège* [en ligne], 32,1, https://popups.uliege.be/0770-7576/index.php?id=3193.

Ripoll Fabrice, 2005, « S'approprier l'espace… ou contester son appropriation ? », *Norois*, 195, p. 29-42.

Rodotà Stefano, 2016, « Vers les biens communs. Souveraineté et propriété au XXIe siècle », *Tracés*, 16, hors-série *Traduire et introduire*, https ://journals.openedition.org/traces/6632.

Thrasher Frederic Milton, 2013 [1936], *The Gang. A Study of 1,313 Gangs in Chicago*, Chicago, University of Chicago Library.

PREMIÈRE PARTIE

ESPACES INTERSTITIELS : SAISIR L'ENTRE-DEUX

Chapitre 1

La qualité des lieux interstitiels : l'exemple des lisières urbaines du Grand Genève

Émeline Bailly et Sylvie Laroche

Avec les phénomènes d'extension urbaine et de métropolisation, les vides urbains sont de plus en plus nombreux.Protéiformes, ils s'insinuent dans le tissu urbain. Face à cette situation, l'urbanisme a développé tout un vocabulaire pour qualifier ces vides urbains. Franges, marges, délaissés, interstices, lisières, sont autant de termes mobilisés, alors que celui d'interstice apparaît comme un terme générique. Il désigne autant un espace de temps qu'un mince intervalle qui sépare deux entités. Il renvoie aux notions d'espacement, de fissure, d'interface, d'entre-deux à la fois spatial et temporel. Les interstices ne sont pas définis pour ce qu'ils sont, mais comme des « vides entre » (Tonnelat, 2003). Ils sont même considérés comme des réserves de disponibilité de la ville, par leur caractère indécis et ouvert, qui favorisent des expériences interstitielles intermittentes et non déterminées par une fonction ou une instance donnée (Nicolas-Le Strat, 2006).

Parmi les interstices urbains, les lisières urbaines se créent à l'interface des milieux urbains et naturels. Elles constituent un maillage de plus en plus important à mesure que les métropoles s'étendent, c'est-à-dire les lisières urbaines créent un réseau dense et complexe d'interactions, d'interrelations, d'hybridations et de rétroactions entre les lieux, les milieux, les différents territoires et les êtres vivants. La formation de ces lisières urbaines dilate les anciens fronts urbains, mite les milieux naturels et persiste dans les tissus urbains. Elles créent des lieux spécifiques, des liaisons tierces dans le tissu urbain et, à ce titre, elles nous paraissent intéressantes à mobiliser pour changer le regard sur les vides urbains, les terrains en attente de projets urbains futurs, les espaces en creux sans fonctionnalité comme les interstices, qui sont souvent associés à des espaces sans qualité.

La lisière urbaine est ainsi un terme flou, dont le sens varie selon les disciplines. Les écologues associent la lisière à un potentiel réservoir voire un corridor de biodiversité, engageant un enjeu de continuité.

L'urbanisme l'associe plutôt à des délaissés, des franges ou marges, ou des fronts ville-campagne (Bailly, 2016a; Aragau et Toublanc, 2020), des vides à aménager (à embellir, mettre en nature, doter d'une fonction…), ou même à combler. À l'interface de la vision des écologues et urbanistes, une vision de lisière émerge selon trois formes principales (Vanbutsele et Decleve, 2015) : (1) une ligne réglementaire liée à une valeur foncière et au droit de l'urbanisme ; (2) une zone tampon faisant office de protection (autour des forêts, d'espaces naturels) ; (3) un espace de transition entre des milieux différents, pouvant créer des écotones. Dans ces acceptions, la lisière est *a minima* une limite ou au mieux une zone de protection ou un espace de transition. Autrement dit, elle renvoie à un linéaire, qui peut certes avoir une épaisseur, mais dont la forme et le rôle restent indéterminés. Elle s'inscrit dans une pensée duale où s'oppose plein et vide, nature et ville, perméabilité et imperméabilité, politiques environnementales agricoles ou de la nature et politiques urbanistiques (Bonnet *et al.*, 2012; Morvan et Logie, 2019).

Notre hypothèse de recherche est que les lisières urbaines sont plus qu'une limite, un espace à défendre ou même un espace en transition. Elles se définissent avant tout comme une entité singulière avec une épaisseur qui relie différents espaces urbains et naturels. Les lisières urbaines ne peuvent être limitées à des bordures qui séparent, à des espaces d'entre-deux, mais sont bien des lieux et des milieux de territoires habités (par les humains, la faune et la flore). Cette hypothèse prolonge les approches paysagistes (Folléa, 2019) qui considèrent que les lisières urbaines matérialisent la limite d'urbanisation, mais aussi la liaison entre deux mondes séparés. En valorisant la relation, l'enjeu paysager est alors de « qualifier » cette transition par son paysagement ou son aménagement. Le paysagiste Michel Hoessler, parle de la lisière comme d'un « entre-deux, facteur de tension et porteur de sens » (note 111 ADEUS[1], 2013, p. 2). Il introduit dès lors non seulement la mise en relation (ou en tension), mais aussi la possibilité que ces espaces aient un sens propre et, en conséquence, puissent jouer un rôle urbain.

Nous proposons de poursuivre cette perspective relationnelle et pluridisciplinaire. La lisière urbaine est, selon nous, un lieu et un milieu à part entière, nés de la rencontre et de l'influence entre des espaces urbanisés et naturels, liés et reliés entre eux sous forme de trames de nature, nécessaires à la vie végétale, animale et humaine. Ce lieu est édifié par

[1] https://www.adeus.org/wp-content/uploads/12618_file_note-111_lisieres-urbaines_web.pdf

l'Homme. Il peut être défini en tant qu'espace vécu, expérimenté et ressenti. Il est approprié et mis en récit (Magnaghi, 2014). La notion de lieu s'oppose à celle d'espace, qui renvoie à l'idée d'espacement, de distance. L'individu crée un lieu en lui conférant du sens. Il le reconnaît, le nomme, le repère et il lui est possible de s'y enraciner. Il confère à l'espace une identité, des significations (Moles et Rohmer, 1972 ; Proshansky *et al.*, 1976). Ainsi, les lisières urbaines que nous proposons d'explorer dans cet article sont selon nous, plus que des cordons boisés ou des ripisylves qui font l'interface entre deux environnements urbains. Elles sont un ensemble de lieux hybridant les mondes, et une ressource pour l'expérience urbaine et paysagère des citadins. Pour comprendre leurs spécificités en identifiant leur réalité spatiale et paysagère, le concept de qualité urbaine nous apparaît comme une clé, dans la mesure où il met en relation des formes urbaines, des ressentis et des rapports sociocognitifs (Bailly et Marchand, 2019). La qualité urbaine procède de processus d'appréciation, de représentation et perception sensible et cognitive. Elle est en cela le produit d'une relation complexe entre les personnes et les lieux qu'ils expérimentent. Ainsi, nous proposons de questionner la singularité de l'expérience des interstices (en tant que lieux et liaisons), autrement dit de comprendre quelle est l'appréciation de la qualité interstitielle des lisières urbaines, notamment pour ceux et celles qui les pratiquent. À travers cette approche, il s'agit de saisir l'expérience de ces espaces pouvant être considérés comme des délaissés (Brun *et al.*, 2019) ou comme une nature effacée en ville (Mathieu et Blanc, 1996).

Pour répondre à cette question, nous proposons de revenir sur la recherche « Lisières et Paysages urbains »[2] (Bailly et Finger, 2020). Cette recherche a permis d'étudier les lisières urbaines par une approche pluridisciplinaire pour mieux les définir, pour en caractériser les dynamiques de composition, leurs rôles urbain, écologique, social et sensible au sein du territoire du Grand Genève[3] et leur prise en compte dans les politiques

---

[2] Le projet Interreg France-Suisse « Lisières et Paysages urbains » (2017-2020) fut coordonné par É. Bailly pour le Centre scientifique des techniques du bâtiment (Cstb) et par A. Finger pour la Haute École du paysage, d'ingénierie et d'architecture (Hepia) de Genève en partenariat avec le Conservatoire d'espaces naturels de Haute-Savoie (Asters) [Rapport de recherche consultable sur https://lisieresurbaines.wixsite.com/lisieres-urbaines].

[3] Métropole transfrontalière entre la France et la Suisse, le Grand Genève compte 209 communes en 2019 et comprend trois principales entités : le canton de Genève, le district de Nyon (canton de Vaud) et le Pôle métropolitain du Genevois français.

métropolitaines. Notre hypothèse était que ces lisières urbaines constituent des liaisons singulières à l'échelle métropolitaine, et des lieux et milieux à part entière à l'échelle locale.

Dans cet article, nous proposons de caractériser les qualités interstitielles des lisières à partir de l'expérience de ces lieux et liaisons en nous appuyant sur les résultats d'enquêtes sociologiques menées auprès d'usagers d'une lisière urbaine du Grand Genève. Ces recherches ont permis d'identifier les enjeux sociaux et subjectifs associés à ces lieux en lisière de la ville aménagée, notamment ceux liés aux perceptions, représentations et expériences sensibles.

Après une recontextualisation de la recherche « Lisières et Paysages urbains » et une présentation détaillée de la méthodologie mobilisée, nous proposons dans une deuxième section de présenter les résultats de l'enquête sur les qualités perçues, vécues et ressenties des espaces urbains interstitiels pour ensuite réfléchir, dans une troisième section, à la manière de les penser et de les intégrer dans des politiques d'amélioration de la qualité de vie métropolitaine.

1. Contextualisation de la recherche « Lisières et Paysages urbains »

1.1. *La recherche « Lisières et Paysages urbains »*

La recherche « Lisières et Paysages urbains » (2017- 2020) se structure en plusieurs étapes de recherche visant à caractériser les lisières urbaines (voir tableau 1).

Tableau 1. Étapes recherche « Lisières et Paysages urbains » (source : Bailly et Laroche)

Hiver 2017	**Décembre 2018**	**Automne 2019**	**Automne 2019**	**Hiver 2020**	**Printemps 2020**
État de l'art Définitions Cadre institutionnel	Analyses urbaine, écologique, des ambiances et des paysages Caractérisation et cartographie	Enquêtes auprès des professionnels et des usagers	Enjeux Typologie Scenarii	Test des méthodes et des outils	Valorisation scientifique technique et opérationnelle
Production de connaissances			Mise à l'épreuve opérationnelle		Valorisation

La recherche a débuté par une revue de littérature académique pluridisciplinaire visant à définir la notion de lisière urbaine et par une analyse documentaire portant sur l'acception du terme dans les politiques publiques françaises et suisses. Dans une deuxième étape, après une exploration cartographique et une investigation de terrain des interstices métropolitains, nous avons mené un diagnostic pluridisciplinaire à travers un arpentage collectif sur douze lisières potentielles de la métropole du Grand Genève (Laroche *et al.*, 2019). Celui-ci a permis une confrontation des points de vue disciplinaires d'une quinzaine de chercheurs sur la spécificité des lisières urbaines révélant les convergences, mais aussi les controverses interdisciplinaires. L'arpentage a été complété par un recueil croisé de données sur une plateforme SIG interactive, une analyse cartographique partagée et un repérage territorial plus fin.

La troisième étape dite d'approfondissement s'est attachée à proposer une analyse disciplinaire[4] et pluridisciplinaire[5] fine sur un terrain commun. Nous avons retenu pour ce terrain la trame de lisière urbaine le long du cours d'eau du Foron, qui marque la frontière franco-suisse, en bordure de bois privés et de cordons boisés des communes de Puplinge et Présinge (Suisse) et Ville-la-Grand (France). Ce terrain offre une série de situations de lisières : une friche située entre une infrastructure routière et ferroviaire, des espaces intermédiaires (Bachimon, 2014), un bois et un environnement construit comprenant des maisons pavillonnaires, des immeubles collectifs et des usines, une ripisylve aux abords d'un supermarché, et une plaine agricole jouxtant de nouveaux quartiers et de grands équipements.

La quatrième étape consistait à mener en parallèle une enquête auprès des acteurs du territoire, une enquête auprès d'habitants et d'usagers et une analyse des conflits d'usages par des observations sur le terrain, l'étude de médias locaux et des entretiens avec des représentants de groupes d'usagers.

Les étapes quatre et cinq ont permis une mise en perspective des analyses pour en tirer des enseignements scientifiques et de les partager

---

4 Quatre types d'analyses ont été initiées : une analyse urbaine par les chercheurs en urbanisme, une analyse paysagère par une chercheure en architecture du paysage ; une analyse écologique par les chercheurs en sciences de la nature et en écologie et une analyse des ambiances par les acousticiens, les ingénieurs – éclairage et électromagnétisme, les climatologues, les urbanistes.

5 Cette étape a nécessité de lever les questions de compatibilité des échelles d'observation, de définition et de méthode.

avec les acteurs du territoire en vue de développer des méthodes et des stratégies de planification et de qualification des lisières urbaines[6]. Nous avons ainsi pu préciser les enjeux et d'esquisser des principes d'intervention pour la planification, la qualification voire la création de lisières urbaines, qui furent présentées et mises en perspective avec les enseignements scientifiques dans la sixième étape.

Le projet a apporté plusieurs résultats, notamment l'attrait d'une partie de la population pour les lisières urbaines que nous proposons de restituer. Les lisières urbaines étudiées se situent dans le Grand Genève. Ce territoire connaît un des plus forts taux de croissance urbaine d'Europe. Le territoire du Grand Genève s'est développé au-delà des distinctions centre/périphérie, ville/campagne. Le Grand Genève combine trois stratégies d'alliance ville-nature : les pénétrantes de verdures à l'échelle de la commune de Genève, une couronne de verdure à l'échelle de l'agglomération franco-valdo-genevoise et enfin des parcs dispersés entre ces corridors écologiques (voir figure 1). La rencontre entre plusieurs univers est particulièrement marquée, l'espace rural et naturel coexistant avec l'espace urbain et paysager. Le rural (dominé par les espaces agricoles et forestiers) représente plus de 50 % du territoire du canton de Genève et plus de trois quarts du territoire du Grand Genève (Grand Genève, 2014[7]). Cette situation crée une matrice à la fois urbaine et naturelle, qui dépasse les distinctions classiques entre espaces urbain/périurbain/rural, entre espace de nature et espace public ou commun. On observe en effet un maillage d'espaces interstitiels de nature à l'intérieur de la métropole qui se différencie des tiers espaces car il ne se limite pas aux seuls espaces périurbains (Vanier, 2000). Ce mitage d'espaces interstitiels de nature, qui s'immisce dans le tissu dense, crée une autre alliance ville nature à l'échelle de la métropole.

Ainsi, le patrimoine naturel, culturel et la qualité de vie de la métropole sont mis sous tension, en particulier au niveau des lisières urbaines,

---

6 La méthode initiale reposant sur l'organisation de plusieurs ateliers participatifs avec les acteurs et habitants du territoire d'approfondissement prévus fin mars 2020 a été remise en cause par la période de confinement liée au Covid-19. Nous avons donc ajusté la méthode en deux temps. Un temps préparatoire s'est appuyé sur des entretiens et des rencontres en visioconférence avec divers acteurs du territoire concerné afin d'identifier les enjeux, les projets en cours et les pistes d'action. Un second temps d'atelier, l'un en visioconférence, l'autre en présentiel, a été organisé pour comprendre les enjeux et dessiner des pistes de scénarii d'évolution pour cette lisière le long du Foron.

7 Grand Genève, n.d. Agriculture | Grand Genève (WWW Document), http://www.grand-geneve.org/enjeux-strategie/agriculture.

qui représentent des interfaces entre différents milieux naturels (forestiers, agricoles, aquatiques) et urbains construits ou non, aux sols plus ou moins imperméabilisés. Nous avons plus particulièrement centré notre étude sur la trame formée par le cours d'eau « Le Foron », qui comprend trois séquences. La première s'amorce au niveau d'un vallon en contrebas duquel sillonne le Foron. D'un côté, les coteaux s'étendent jusqu'à la frontière suisse et de l'autre, en France, le vallon est couvert par des bois qui délimitent l'urbanisation de la commune de Ville-la-Grand, comprenant des zones industrielles, artisanales, commerciales, des quartiers d'immeubles et de pavillons. Le vallon disparaît aux croisements des voies ferrées, routes et parcs. Une deuxième séquence suit le lit du Foron bordé par une butte herbée, entouré par des terres agricoles, des pépinières et des jardins privés. La rive droite, côté suisse, forme une frontière naturelle. Enfin, la dernière séquence part de la rive gauche du Foron et s'étend en Suisse le long d'une route en bordure d'un nouveau quartier d'habitations.

L'analyse urbaine, paysagère et écologique nous a permis de caractériser les lisières urbaines dans leurs composantes spatiales et écologiques, mais aussi en termes d'ambiance et de paysage. Ce croisement pluridisciplinaire a révélé que les lisières urbaines prennent sens à trois échelles, qui s'imbriquent les unes dans les autres. À l'échelle métropolitaine (macro), elles créent un tissu de liaisons urbaines et naturelles entre plusieurs lieux en arrière-plan de la métropole. Ce maillage de liens produit une série d'espaces poreux – en retrait de la ville, ouverts sur le paysage – de lieux de respiration moins aménagés. À l'échelle territoriale (méso), les lisières urbaines constituent des trames le long d'un cours d'eau ou d'une infrastructure de transport. À cette échelle, les trames de lieux et milieux naturels vécus sont appréciées pour leurs liens aux paysages. La lisière urbaine présente un tracé, une forme et une épaisseur variables selon la manière dont les environnements qui la bordent s'interpénètrent. À l'échelle locale (micro) correspondent les lieux et milieux qui s'ancrent dans la trame de la lisière urbaine en formant une unité ou une pluralité de lieux. Ils se situent principalement aux abords des chemins ou sentes sillonnant les lisières urbaines en interface avec les différents univers bordés.

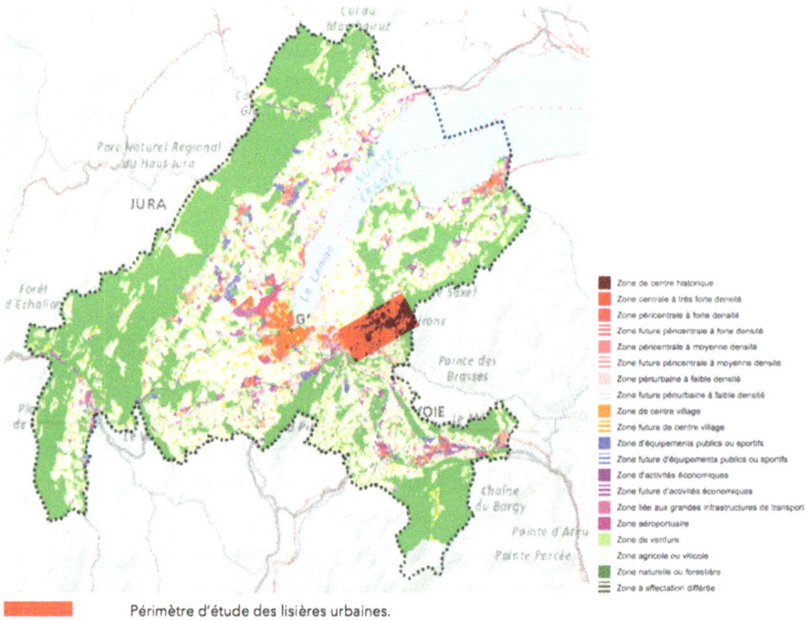

Figure 1. Carte du projet d'agglomération du Grand Genève avec le périmètre d'étude des lisières urbaines (source : SITG)

1.2. L'enquête

Pour mieux appréhender les qualités perçues et vécues des lisières urbaines, nous avons mené une enquête auprès d'usagers de la lisière urbaine le long du Foron. Cette enquête s'est articulée autour de deux étapes : une observation *in situ* associée à une pré-enquête et une investigation sous la forme de parcours commentés. La méthode du parcours commenté (Thibaud, 2001) permet d'accéder à l'expérience sensible du promeneur et d'obtenir des comptes rendus de leurs perceptions, de leurs ressentis et de leurs représentations en mouvement. Dans cette démarche, trois activités sont simultanément sollicitées chez le sujet : marcher, percevoir et décrire. Traditionnellement utilisé en sociologie urbaine, le parcours commenté est une technique particulièrement riche pour recueillir en temps réel la manière dont les individus éprouvent et pratiquent leur relation à l'espace (Raulet-Croset *et al.*, 2013). Il permet d'accéder à l'espace vécu (Suchman, 1987), c'est-à-dire aux ressentis, aux significations et aux perceptions qui structurent les pratiques urbaines et la possibilité d'appropriation des lieux.

Pour ces parcours, un guide d'entretien semi-directif[8] a été élaboré, fondé sur les résultats des analyses urbaines et écologiques menées auparavant. Le parcours était défini au préalable. Lors de la marche, les interviewés étaient invités à prendre quatre à cinq photographies des lieux qui faisaient sens pour eux. À l'issue du parcours, les personnes interrogées étaient conviées à dessiner une carte mentale du parcours effectué.

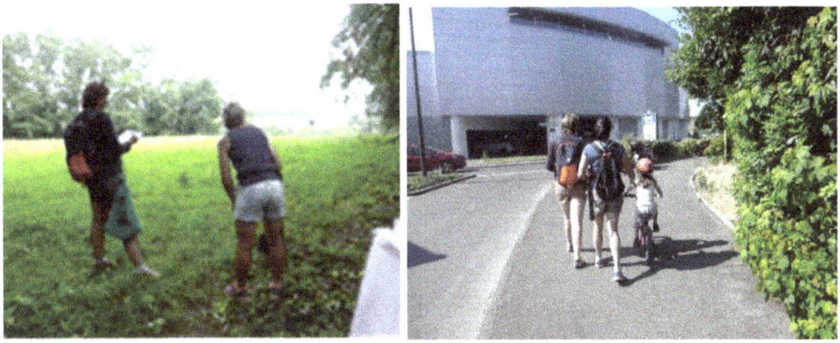

Figure 2. Photos prises par le chercheur pendant les parcours commentés avec les habitants (source : Bailly et Laroche)

Après une pré-enquête auprès d'usagers de la séquence de lisière urbaine étudiée, un démarchage auprès des habitants vivant à proximité de la trame du Foron a été effectué (voir figure 3)[9]. Ce démarchage auprès d'une centaine d'habitants a permis de constituer un échantillon d'une trentaine de personnes. Un équilibre des sexes, des lieux de résidence et des catégories socioprofessionnelles a été recherché. Vingt-et-un parcours commentés ont été conduits d'une durée moyenne de 2 h 30, allant de 1 h 30 à 4 h.

---

8 Les questionnements portaient sur la fréquentation et les usages; les liaisons perçues; la composition appréhendée de la lisière urbaine; les lieux vécus; les effets de seuils et de transition observés; les sensations perçues; la représentation et évocations des lisières urbaines; appréhension de leurs ambiances et paysages: les enjeux d'évolution, de gestion et de qualification.

9 Avec l'accord et le soutien des communes suisses (Puplinge et Presinge) et la commune française (Ville-la-Grand).

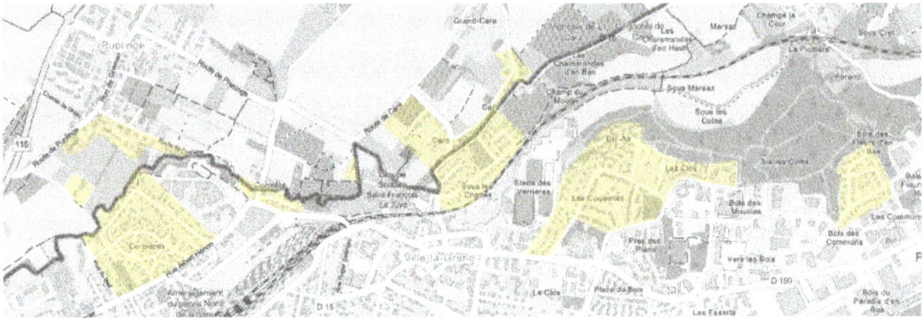

: quartier démarché

Figure 3. Carte du démarchage effectué pour constituer l'échantillon mobilisé pour les parcours commentés (source : Bailly et Laroche)

Le corpus recueilli auprès des interviewés a fait l'objet d'une analyse qualitative. Il permet de rendre compte du rapport que les usagers (le plus souvent réguliers) de la lisière urbaine entretiennent avec celle-ci et non des perceptions de ceux qui ne la fréquentent pas. L'analyse des photos s'est appuyée sur les travaux d'interprétation iconographique de Moliner (2016) en tant que messages porteurs de sens et de formes. L'analyse des cartes mentales s'appuie sur la compréhension des processus d'objectivation et d'ancrage (Moscovici, 1961) : le premier permet aux individus d'associer une image à une signification et le deuxième d'attribuer du sens aux nouvelles images forgées. Cette association entre images et significations participe à la compréhension des messages iconiques (Barthes, 1964), dont on peut tenter d'apprécier les modalités d'ancrage (le sens) et d'objectivation (la forme).

2. Résultats sur les qualités perçues, vécues et ressenties de ces espaces urbains interstitiels

L'analyse des discours issus des parcours commentés montre que les lisières urbaines sont moins des espaces à part, qu'un ensemble de lieux singuliers constitutifs de l'habiter urbain. Elles ne sont pas considérées comme isolées, mais comme intégrées à la métropole.

2.1. La lisière urbaine, un maillage de lieux de nature singulière, à l'interface des mondes urbains et naturels

Les lisières urbaines sont désignées par les personnes interrogées comme un ensemble de lieux communs associés à l'habitat. Ceux-ci seraient l'expression des liens entre la ville et la nature, le village et la métropole. Ils renvoient au choix du lieu de vie dans des secteurs périurbains, à mi-chemin entre la ville et la campagne. De fait, les discours s'interrogent constamment sur cette coexistence, dont la lisière urbaine devient l'emblème.

Si certains interviewés se sont installés là par opportunité (terrain constructible abordable, héritage familial, etc.), la plupart témoignent d'un choix de vivre dans ces territoires entre plusieurs mondes (le village, la ville, la campagne, la montagne ou la forêt, la France et la Suisse). C'est un habitat qui serait choisi en écho avec des origines le plus souvent « villageoises », « campagnardes », etc. Il est souvent considéré comme « un privilège », voire « un luxe ». En ce sens, la lisière urbaine n'est pas perçue comme une limite, mais bien comme un espace de rencontre, avec une épaisseur spatiale et une singularité, entre les lieux et paysages de la métropole.

Les lisières urbaines forment un maillage de lieux communs déclinés sous la forme de « places vertes », « placettes », « clairières » associées à l'habitat. Les personnes interviewées voient la lisière urbaine comme un ensemble de lieux intermédiaires, qui participent de la qualité de l'habitat. Elle « fait totalement partie de notre maison », dit un enquêté. Elle apparaît comme un lieu d'expériences sensibles à mi-chemin entre le public (lié à l'espace urbain) et intime (lié à l'espace privé). Les lisières urbaines sont des lieux intermédiaires, où la nature est perçue en contrepoint à certains espaces publics archétypaux (Delbaere, 2011). Elles favorisent ainsi des pratiques plus libres que celles prescrites par des normes sociales dominantes dans les espaces plus urbains. Elles constituent un espace partagé entre les usagers interviewés, le plus souvent respectueux de la lisière. Promenade, cueillette, pêche, pratiques sportives, jeux des enfants, lecture, méditation ou observation de la nature, ces pratiques se perpétuent pour les nouvelles générations d'habitants et inspirent pour d'autres une nostalgie liée à la présence de la nature passée.

Les lisières favorisent une forme de sociabilité diffuse. Elles promeuvent l'entre-soi et des formes de promiscuité provisoire observées dans les espaces de nature (Delbaere, 2011). Elles favorisent des relations à distance préservant l'intimité de chacun. Elles renvoient aussi à une idée d'espace partagé où la courtoisie est érigée en règle. On se salue, on engage une conversation de quelques minutes donnant lieu à une interconnaissance d'usagers, de randonneurs ou promeneurs. La lisière n'est pas associée à la vie de voisinage, mais plutôt à celle d'une communauté de personnes qui prennent soin de la nature et de leur bien-être.

En ce sens, elle forme un entre-soi respectueux, une connivence quant aux règles d'usage. Les manquements à ces usages attendus (par exemple, dégradations, jets de déchets, absence de salutation) sont condamnés comme le fait de non-usagers.

Les lisières urbaines composent aussi un maillage de lieux de nature singulière offrant une ressource spatiale, sociale et sensible pour les habitants. Cet attachement est associé à la naturalité des lisières urbaines. La nature est d'abord associée à la vie, au vital. Les lisières urbaines offrent un point d'ancrage aux éléments. Les personnes interrogées valorisent le cours d'eau, ses « méandres », son « sillon ». Elles mettent en avant la terre et « l'érosion dans le sol », les « sédiments accumulés », les « racines dénudées des arbres » ou « les terriers ». Elles sont aussi attentives aux types d'arbres et massifs forestiers, à la « forme des feuilles », à « la couleur, la taille des arbres », aux « détails des écorces », aux « voûtes arborées », aux « rideaux de feuilles ». La perception des lisières intègre ainsi pleinement les environnements naturels qui les bordent et, élargit l'horizon sur les paysages, le ciel, « le cosmos ».

La nature de la lisière urbaine est aussi valorisée pour son caractère spontané, non maîtrisé par l'Homme. Elle offre au promeneur une « forme de liberté » n'étant ni « trop aménagée », ni « trop propre », ce qui la rend moins précieuse et par extension ouverte à des pratiques plus spontanées. Elle apparaît ainsi plus libre, car ni complètement sauvage, ni balisée, ni délaissée, ni entretenue.

Cette nature est enfin considérée comme une ressource, décrite comme importante pour les personnes interrogées. Elle permet d'être en lien avec la nature pour « se ressourcer », trouver de « l' énergie », de la « vitalité », voire pour certains « l'essence de la vie ». Elle permet une « oxygénation », une « respiration », une « bulle », « de laisser ses problèmes ». Elle favorise un bien-être, une possibilité de « plénitude », « d'apaisement », d'être « serein », « heureux ».

Ainsi, la naturalité de la lisière offre une filiation avec le monde sensible, par les cinq sens, les émotions qu'elle suscite, les imaginaires qu'elle produit. Elle apparaît comme « un besoin physiologique », « d'intériorité ». Elle renvoie à un univers multisensoriel qui favorise la perception d'une ambiance singulière. La naturalité de la lisière urbaine présente aussi un potentiel métaphorique qui permet de se projeter dans un ailleurs (lieux passés, des environs ou même lointains), dans des souvenirs ou des imaginaires (contes, films, évocations poétiques, etc.). Elle permet à ses usagers de s'y immerger et de se projeter hors de son quotidien. Elle favorise enfin des sentiments de paysage (paysage proche associé aux sensations du corps, paysage lointain lié à des horizons sur la montagne ou paysage permanent, immuable) et suscite même des sentiments esthétiques, des impressions de « beau », de « plaisir esthétique », de « merveilleux », des représentations artistiques (peintures, photographies). La fréquentation des lisières offre une expérience du monde propre à chacun.

2.2. Les lisières urbaines, révélatrices d'ambiances et de paysages à l'échelle de la trame

La lisière urbaine fait apparaître une variation d'ambiances et de paysages liée à l'alternance des milieux naturels (forestiers, agricoles, aquatiques) et urbains construits ou non. Ces ambiances variées participent de la qualité perçue de la lisière. Celles-ci favorisent une succession de ressentis en lien avec des paysages proches et lointains ainsi que la mise en exergue d'éléments sensibles: le « fond sonore de l'eau », le « bruissement des feuilles » ou le « silence des arbres», « la vue sur la forêt qui fait apparaît les champs », la « lumière filtrée par les feuilles », « le mouvement plastique de l'eau », etc. La lisière renvoie à un univers de sensations variées à côté des espaces aménagés.

La lisière urbaine favorise aussi des perceptions paysagères multiples, tant spatiales que temporelles. Celles-ci relèvent de la perception d'abord visuelle du paysage proche (associé aux sensations du corps, au milieu naturel dans lequel les personnes interviewées se sentent immergées, à un ancrage terrestre, etc.) et lointain quand une percée apparaît, une possibilité de prise de hauteur se dessine ou une projection imaginaire d'un ailleurs paysager se manifeste. Le paysage est souvent associé à des horizons, et dans le contexte genevois, à la vue sur la montagne qui apparaît être « un point de repère », une possibilité de se situer dans l'espace physique. Le paysage hérité est parfois évoqué pour exprimer la permanence du paysage, « qui était presque le même qu'aujourd'hui » ou « qui n'a pas bougé ».

Cette perception est directement liée pour les usagers de la lisière urbaine, à la présence des chemins. Ceux-ci peuvent constituer des liens[10] entre les lieux de la lisière urbaine et favoriser la mise en mouvement, ou un regard panoptique. Souvent informels et cachés[11], ils relient les

---

[10] Les cartes mentales dessinées par les personnes interrogées se concentrent particulièrement sur le tracé du chemin. Cette approche amène à représenter la lisière urbaine comme un linéaire plus ou moins épais, qui serpente dans des environnements variés.

[11] Du point de vue spatial, l'informalité du chemin est mise en avant. Il est attendu qu'il soit à l'image de la lisière urbaine, spontané et peu aménagé: «Si c'est trop

différents interstices au logement ou autres lieux fréquentés, rendent la lisière urbaine accessible, praticable et favorable à la promenade. Les chemins permettent de marcher le long des bois et des rivières, de jouer des seuils. Les ruptures (barrières et murs, rivières, équipements ou infrastructures routières) sont considérées comme des « coupures », comme une « fin », mais bien souvent contournable (enjambée, contournement, etc.). La déambulation dans les lisières urbaines permet de les éprouver avec son corps, avec ses sens et affects. La marche favorise la création de jeux de sensations, d'apparitions-disparitions qui permet l'alternance de vues et de ressentis, et offre la possibilité de se perdre et de se situer. Ces ressentis mobilisent la perception des ambiances visuelles, sonores, lumineuses et même climatiques (selon les saisons, les aléas météorologiques) et paysagères. Ils inscrivent la lisière dans un monde sensible et vivant, dans un cycle temporel, entre invariabilité et évolutivité permanente.

Les ambiances et le paysage environnant sont particulièrement mis en valeur dans deux types de milieux : les cours d'eau et les espaces boisés (cordons boisés ou bois). Ceux-ci composent des lieux au sein de milieux naturels porteurs d'une identité singulière, liée à leur filiation avec le monde sensible et à leur pouvoir métaphorique. À l'inverse des autres milieux plus diffus apparaissant moins marquants pour les promeneurs, voire « monotones », les cours d'eau et les espaces boisés offrent des ressources spécifiques. En effet, les lisières urbaines situées le long d'un cours d'eau évoquent une nature apaisante ou menaçante. La présence de l'eau et la promenade à ses abords sont valorisées. Le cours d'eau renvoie d'abord à un univers « apaisé », aux sonorités « douces », à l'atmosphère humide où les rives renvoient à « un microclimat ». Il sollicite les sens (l'odeur d'humidité, le bruissement de l'eau, le toucher des matières meubles, la vue sur le méandre, etc.). La présence de l'eau évoque aussi des imaginaires (la mer, d'autres rivières fréquentées, etc.). Elle renvoie aux risques d'inondations, qui ont pu dans le passé être particulièrement marquants, voire pour beaucoup traumatisants. L'eau inspire ainsi des affects positifs comme négatifs.

---

aménagé, j'ai l'impression d'être un peu assisté, que l'on organise mon cheminement. Je préfère quand c'est moins entretenu, plus nature. »

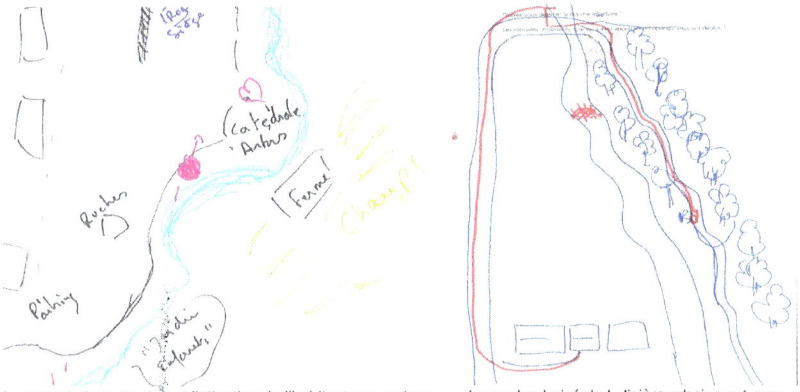

Les annotations expriment l'attention de l'habitant aux ruches (dans le sens "prendre soin des abeilles"), un cœur avec une flèche pour la proximité de l'eau et un cœur au niveau de la cathédrale d'arbres pour symboliser son émotion.

Le cordon boisé de la lisière urbaine est pour l'habitant un élément central du territoire, qui se situe à proximité et relié de sa maison.

Figure 4. Cartes mentales de deux habitants de Ville-La-Grand (France) et Puplinge (Suisse), 2019 (source : Bailly et Laroche)

En ce qui concerne les espaces boisés, les enquêtés les décrivent fréquemment mais ne les assimilent pas à l'idée de forêt. La lisière urbaine est en effet perçue comme un bois, voire un « cordon boisé ». Pour l'une des personnes interrogées, la forêt est un milieu où « la végétation meurt, parce qu'elle n'a pas de lumière au sol ». Pourtant, quelle que soit leur épaisseur, les lisières urbaines boisées apparaissent comme un puissant évocateur de « l'ambiance forestière ». Celles-ci ne sont pas caractérisées par leur surface (son étroitesse ne perturbant pas la possible évocation de la forêt), mais identifiées à un type de lieux particulier. Les enquêtés soulignent la présence de seuils d'autant que les accès sont rares et dissimulés. La lisière urbaine boisée renvoie aussi à une « variété d'essences », est considérée comme « spontanée », « peu entretenue », « touffue » ou « diversifiée ». Celle-ci est rendue possible, selon les interviewés, par le moindre entretien du cordon boisé qui laisse les arbres morts, l'humus au sol, etc. Elle est perçue comme une portion de part sauvage du monde, soit des terres non domestiquées, non cultivées, non productives. D'ailleurs, cette diversité apparaît comme un « indice » de la bonne santé de la lisière urbaine boisée (ou inversement un indice de sa disparition). Bien que les usages plébiscités dans ces espaces boisés soient proches de ceux d'autres lieux de la lisière urbaine (découverte de la nature, promenade), nous pouvons relever qu'ils sont distincts de ceux de la forêt aux pratiques plus récréative (Dodier, 2018). La lisière urbaine boisée précise la qualité d'espace comme ressource (un « lieu protecteur », « rassurant »)

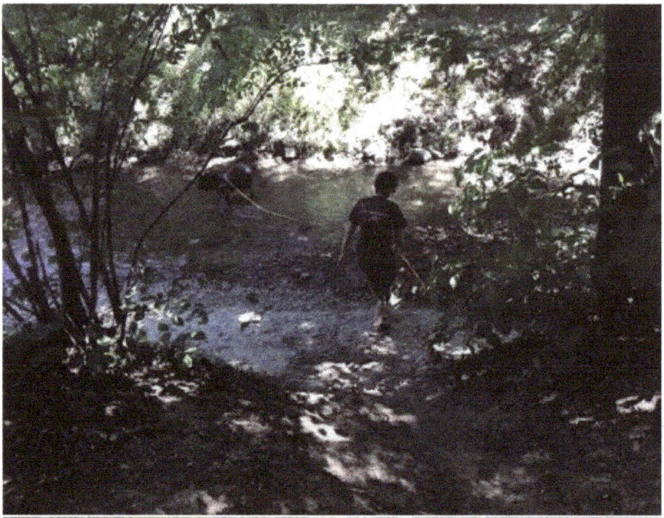

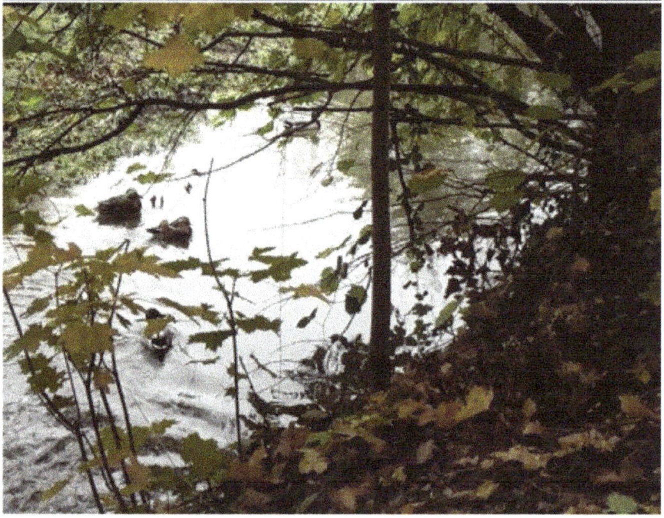

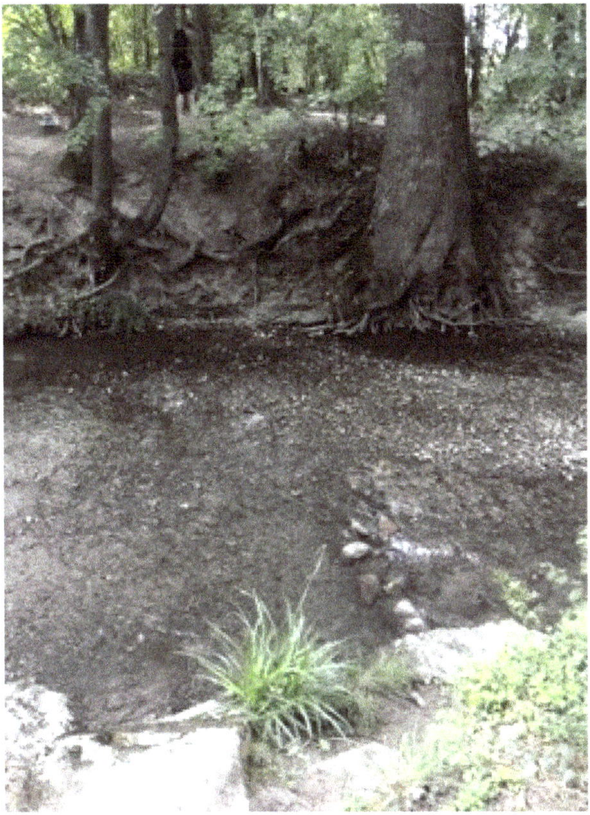

Figures 5 à 7. Photos prises par l'habitant pendant le parcours commenté, lieu aux abords du cours d'eau comparé à une « plage », où il peut descendre toucher l'eau. Il appréciait son léger bruit. Il a aussi montré les phénomènes d'érosion des berges (source : Bailly et Laroche).

qui favorise le « bien-être », une possible « respiration », des émotions de « bonheur », de « joie » ou au contraire de « tristesse », de « colère » quand elle est menacée de disparition. Elle offre un paysage proche sous les arbres, avec son tapis de sol forestier, la mise en scène des arbres (« arches », « voûte », etc.) qui se transforme en un « rideau visuel » qui suscite des « craintes » des « peurs », la nuit.

Ces évocations de milieux naturels symbolisés renvoient ainsi autant au milieu physique et écologique qu'à l'espace social et sensible. Elles renvoient à des valeurs et à des normes (Corvol *et al.*, 1997), mais aussi à un système d'affects (Bailly, 2016b), qu'il soit positif ou négatif. Elles suscitent des sensations, émotions et imaginaires (la mer, d'autres rivières fréquentées...). Gaston Bachelard (1942) parle d'imagination matérielle, soit cette perception de l'articulation du réel, des représentations et images symboliques. Les éléments naturels (l'eau, la terre, l'air) évoquent par exemple des groupes d'images variées, elles-mêmes sources de sensations et d'affects. Ainsi l'image de l'eau peut susciter une représentation du mouvement de la vie, le cheminement dans l'espace, un reflet de soi. De même, l'image de la terre peut évoquer les racines (et son ancrage dans ce lieu), la terre nourricière, la mort et le cycle de la vie (naissance des graines, décomposition des feuilles mortes...). Ces lisières urbaines, notamment celles liées à des milieux marquants (cours d'eau ou bois) sont, pour les personnes interrogées, des lieux porteurs d'identités singulières dotés d'une charge sensible et d'un pouvoir métaphorique. Elles permettent de créer des lieux ressources, marqués par la possibilité de cheminer et de ressentir une variation d'ambiances singulières en lien avec des paysages proches et/ou lointains.

L'expérience des lisières renvoie à un paysage temporel, à un rapport au temps (perception du présent qui est liée au passé et au devenir des lieux), aux chronotopies urbaines (saisons, alternance jour/nuit, etc.) ainsi qu'aux mouvements mêmes du promeneur et de l'environnement. Elles constituent également un paysage habité et politique, lié moins aux politiques publiques qu'aux investissements vernaculaires (Brinckerhoff Jackson, 2003)[12] et aux représentations des usagers. Au-delà du paysage urbain (proche ou lointain), temporel, politique et habité, c'est surtout un paysage ressenti, lié aux sensations, affects et émotions que le paysage inspire. Celui-ci saisit et envahit le promeneur qui le sent, le ressent, l'expérimente. Omniprésents, les sentiments inspirés par les lisières urbaines peuvent concerner le rapport au lieu (attachement, appartenance, ancrage, plaisir) et sa caractérisation esthétique (beau, raffiné, etc.) ou symbolique. Ils sont souvent en lien avec l'idée de nature (liberté, évasion, lien à la terre, refuge), s'attachent fréquemment à la présence de l'eau (quiétude, calme, apaisement, tranquillité) ou évoquent l'ailleurs (d'autres lieux et paysages aimés, etc.). Ils émergent face aux traces laissées par les hommes tant sous forme d'approbation (chemin spontané, plantations et entretien) que de rejet, voire de colère (face aux salissures, dégradations, fermetures, etc.). Ces sentiments s'inspirent d'un lieu, de son environnement et de l'histoire que chacun y tisse. Ils créent un

---

12 Selon J. Brinckerhoff Jackson, le vernaculaire résulte d'initiatives liées à la vie quotidienne, aux temporalités et aux spatialités d'une catégorie de population.

monde sensible, c'est-à-dire un système d'affects articulant sensations, émotions et imaginaires, qui permet d'éprouver les lieux et cheminements et leurs qualités.

3. Une qualité interstitielle des lisières urbaines ?

Les qualités mises en avant par les usagers des lisières urbaines de la trame du Foron du Grand Genève posent plusieurs questions. Ces qualités sont-elles circonstancielles ou sont-elles l'expression d'un type de lieu singulière ? Sont-elles liées au caractère interstitiel de la lisière ?

3.1. Des qualités de lieux tiers, favorables à de multiples expériences sensibles

Les résultats de l'enquête auprès des usagers des lisières genevoises montrent à quel point celles-ci ne sont pas qu'un espace physique vide. Elles font lieu dans la mesure où elles sont situées et humanisées par les vécus, les expériences et les interprétations qu'en font les êtres humains en lien avec des valeurs, des représentations, des images et des qualités. De fait, dans la littérature, le lieu peut être anthropologique (Augé, 1992), politique (Arendt, 1961), sociétal (Lussault, 2007). Les lisières urbaines sont aussi explorées pour leurs qualités sensibles. Elles permettent des expériences sensorielles, que celles-ci soient visuelles, sonores, tactiles ou olfactives, comme le souligne Georges Perec (1974), des images poétiques (Sansot, 2004), un acte d'imagination (Sartre, 1940), un instant de l'art – la surprise de l'occasion fortuite d'un regard (De Certeau, 1990). Gaston Bachelard (1957) estime que les lieux, par les images poétiques qui y sont attachées, expriment des valeurs humaines, des états d'âme. Les lisières urbaines prennent ainsi un sens intime à partir de la rêverie, de l'imaginaire et de la mémoire. Par exemple, la référence à l'image de la maison comme lieu de l'intimité est aussi une topographie de notre être.

L'observation de l'évolution récente des lieux révèle leur évolution en lien avec la métropolisation et la mondialisation. Marc Augé (1992) a identifié une série de non-lieux, caractérisés par les phénomènes de flux. Les lisières urbaines ne créeraient-elles pas une autre forme de lieux liés à leur position interstitielle? Ces lieux ne dessinent-ils pas une position tierce ? Leurs caractères cachés, à l'écart, indéfinis spatialement, spontanés et imparfaits contribuent à faire des lieux pour se ressourcer par intermittence (Nicolas-Le Strat, 2006), pour des appropriations plus libres, à côté des espaces urbains dont les usages sont socialement plus prescrits.

La qualité des lisières urbaines est aussi liée à des milieux naturels variés nourris par la biodiversité endogène, non ou peu administrée et aménagée, valorisant ainsi une nature spontanée et par extension une ouverture au vernaculaire pour les usagers et les habitants riverains. Ces caractéristiques créent des habitats tiers qui varient selon les tissus urbains, ruraux et/ou naturels qui les bordent. Les lisières urbaines pourraient être abordées comme une extension de l'identité naturelle, du cycle de la vie du lieu (Magnaghi, 2014). Les lisières urbaines invitent ainsi la nature, le vivant et l'Homme à reprendre leurs droits.

La lisière urbaine fait aussi lien en créant des séries de lieux d'expérience. Elle dessine des linéaires de nature (endogène et gérée *a minima*) plus ou moins étroits qui pénètrent l'espace aménagé comme autant de possibilités d'expériences sociales, écologiques et sensibles. Les perceptions sensorielles sont démultipliées par des effets de contraste, de superposition de plans dans les lieux lisières. Ces effets créent des jeux de bascules visuelles (car ces lieux sont à la fois plus ouverts et composites, plus lumineux ou plus sombres), tactiles (les sensations du sol, de la végétation varient), sonores (le calme est souvent mentionné), et même climatiques (la fraicheur y est notamment recherchée). Ils favorisent un environnement multi-sensoriel dans lequel le corps en mouvement est immergé.

La lisière urbaine permet d'éprouver des sensations liées aux ambiances perçues comme naturelles et apaisées, des sentiments de nature, des prises sur le paysage urbain considérées comme essentiel pour ceux et celles qui le fréquentent. Elle engage à ralentir, déambuler, ressentir avec le corps, contempler, à éprouver des sensations et émotions. Elle crée un tissu en dentelle, tissant d'un fil fragile les territoires. Le rapport sensible est aussi lié au sentiment esthétique. Le paysage ordinaire selon l'esthétique environnementale qu'il produit d'un point de vue visuel et immersif favorise l'engagement (Blanc et Lolive, 2013). Ce qui caractérise l'esthétique environnementale actuelle « n'est pas la contemplation désintéressée, mais l'engagement total, une immersion sensorielle dans le monde naturel [...], une expérience de l'unité exceptionnelle » (Blanc et Lolive, 2013).

La naturalité et les variations d'ambiances et de paysages de ces lieux permettent de les éprouver avec le corps. Ils s'apparentent à des lieux de réancrage dans le lieu éprouvé proche de la nature (même si celle-ci est en partie métaphorique), mais aussi liés à leur caractère tiers inhérent à leur position interstitielle.

3.2. Des qualités d'interface spatiales et temporelles

L'analyse des lisières urbaines ouvre sur une conception élargie et dynamique du lieu (Folléa, 2019) en relation avec les multiples échelles spatiales et temporelles. En cela, la lisière urbaine renvoie à la qualité interstitielle capable de mettre en lien plusieurs échelles et temporalités, plusieurs univers de la métropole.

Les lisières urbaines forment des réseaux d'interstices en partie dissimulés et informels, mais ouverts sur le paysage. Elles créent ce qu'on appelle un réseau de « lisières-méandres », à l'image des cours d'eau qui irriguent un territoire. Elles permettent des liaisons dans le tissu aménagé pour une transition douce entre les territoires habités. Elles proposent une multiplicité de « lieux lisières » à part, favorables aux pratiques spontanées et bricolages vernaculaires, aux sentis et ressentis plus intimes. Elles créent ainsi un maillage de lieux et de liens qui complètent le maillage des espaces publics et privés.

La naturalité des lisières favorise la perception des manifestations du temps et des lieux (saison, rythme diurne). Cette perception est renforcée par la possibilité de distanciation et d'usages spontanés qui apparaissent essentiels au sentiment d'une qualité de la vie (Pétonnet, 1968) liée à l'appréhension du vivant. Elle offre à la fois une opportunité de vivre en lien avec la nature, sur un mode sensible (corporel et métaphorique), et une reconnexion aux temporalités du monde. Dans les propos des interviewés se formule ainsi l'expérience d'un lien au vivant, au cosmos, à notre demeure terrestre, selon les mots de Thierry Paquot (2005).

Les qualités interstitielles se manifestent également par le processus de création de la lisière à l'interface de plusieurs dynamiques. Celles-ci renvoient au mouvement produit par un ensemble de phénomènes (urbanisation, expansion agricole, pratiques urbaines, etc.) qui font évoluer la lisière, notamment son étendue, son épaisseur, ses liaisons, sa composition. D'ailleurs, les riverains s'inquiètent de la dilution de la lisière urbaine liée à l'urbanisation. La crainte de sa disparition est permanente, la question de leur devenir est un sujet de préoccupation. La pression urbaine apparaît comme une menace et conduit à des propositions de préservation, à des questionnements sur des politiques urbaines et de gestion de la nature plus respectueuses, à des modes de gestion partagés de ces lieux tiers[13] avec les riverains.

---

[13] Cette gestion correspond à la gestion informelle par les habitants de l'interface de leurs logements à la lisière urbaine (modalités de clôture, d'ouverture et d'entretien).

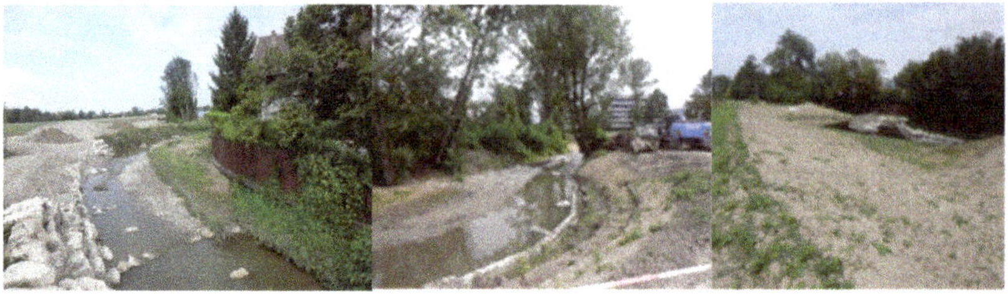

Figures 8 à 10. Photos prises par l'habitant pendant le parcours commenté. Pause devant le chantier de renaturation. L'habitant essayait de se rappeler la configuration du cours d'eau avant les travaux (source : Bailly et Laroche).

La lisière urbaine est ainsi vécue comme un ensemble de méandres, de trames et de lieux en prise avec le temps du vivant et les dynamiques métropolitaines. Elle présente aussi des capacités de mises en relation spatiale, temporelle et des qualités de croisement de dynamiques urbaines, écologiques et sociales, d'actions politiques et habitantes. Par ses qualités interstitielles, elle apparait ainsi comme un lieu de reliance urbaine (Younes, 2015), dans la mesure où elle permet de dépasser la séparation en introduisant une dialectique entre l'urbain et la nature, le spontané et le contrôlé, le privé et le public, les expériences et imaginaires.

Conclusion : des lisières urbaines comme espace interstitiel à saisir

Les expériences des interstices, distinctes de celles des espaces urbains publics ou privés, valorisent un type de qualité urbaine que l'on propose de désigner « d'interstitiel ».

Les interstices que sont les lisières urbaines, créent et relient des lieux en mouvement. Ils sont diffus et latents, par l'évolution permanente de leurs abords, et constituent bien une composante de la métropole. Cette

Chaque résident semble déployer sa propre stratégie (tonte régulière, nettoyage, laisser-faire sur une bande) et choix de clôture pour protéger l'espace privé sans «dénaturer» la lisière urbaine (barrières partielles, haie naturelle – pas en thuyas mais avec des essences variées favorables à la biodiversité). Cette gestion par la nature peut apporter des bénéfices tels que la récupération de bois, la possibilité de faire du compost, etc.

recherche a souligné leurs dynamiques multiscalaires et temporelles, favorisant une irrigation territoriale de linéaires de nature, plus ou moins fine et continue, en mouvement. Ces espaces interstitiels jouent un rôle de reliance urbaine, écologique et paysagère, sociale et sensible, qui ne peuvent, alors, être considérés que comme un élément de délimitation venant décorer les abords de l'urbanisation.

Le tissu de lisières constitue pour leurs usagers des lieux-symboles d'une alliance entre la ville et la nature, des lieux de respiration aux pratiques plus libres, expérientielles et sensibles, à côté de la ville constituée. Ce rapport à la lisière induit des formes d'appropriation et de gestion plus informelles et spontanées. Bien que cette informalité des lieux-lisières puisse ponctuellement favoriser des tensions, voire des conflits d'usage, en particulier à l'encontre d'usages et de représentations préconisant la conservation de leurs milieux naturels, il se forme des règles tacites entre les différents usagers des lisières urbaines sur les manières de les pratiquer, de les gérer ou de les valoriser. D'ailleurs, elles relèvent autant des politiques publiques (maîtrise de la constructibilité et projets de renaturation) que des approches de gestion partagée, ce qui les distingue des interstices plus délimités, telles les friches, investies par des associations culturelles, ou les agri-interstices (Laurens, 2015).

Cette singularité invite à penser les politiques de développement, de valorisation et de préservation du réseau des lisières urbaines. Celui-ci pourrait pénétrer les territoires, en intégrant des micro-trames de nature qui serpentent dans les espaces urbanisés ou milieux naturels. Il créerait des liens entre les entités métropolitaines variées, des cheminements diffus alternatifs favorables à des expériences sensibles pour les riverains, des lieux tiers aux ambiances et paysages urbains singuliers. Les lisières invitent ainsi à envisager des projets de qualification en tant que lieux et liens ressources par le plaisir à être qu'elles procurent, leurs qualités de reliance propres à leur position interstitielle.

Remerciements

Nous remercions les chercheurs de l'Hepia impliqués dans le projet de recherche « Lisières et paysages urbains » : Andréa Finger-Stich, Claude Fischer, Laurence Cremel, Alain Dubois, Ewa Renaud et Xavier Gegout ainsi que les professionnelles d'Asters : Aline Breton et Marie de Gouberville.

Bibliographie

Aragau Claire et Toublanc Monique, 2020, « La lisière : un outil de la fabrique agriurbaine. Lecture francilienne », *Revue de géographie et aménagement*, 44-45 DOI : https://doi.org/10.4000/tem.6334.

Arendt Hannah, 1961, *Condition de l'homme moderne*, Paris, Calmann-Lévy.

Augé Marc, 1992, *Non-lieux : introduction à une anthropologie de la surmodernité*, Paris, Seuil.

Bachelard Gaston, 1957, *La poétique de l'espace*, Paris, PUF.

Bachelard Gaston, 1942, *L'eau et les rêves. Essai sur l'imagination de la matière*, Paris, José Corti.

Bachimon Philippe, 2014, « Paradoxales friches urbaines », *L'Information géographique*, 78, 2, p. 42-61.

Bailly Émeline, 2016a, « Franges intra-urbaines à l'épreuve des projets de paysage », *Projets de Paysage*, 13.

Bailly Émeline, 2016b, « Les paysages urbains en mal d'émotions », *Carnets de géographes*, 9.

Bailly Émeline, Finger Andréa *et al.*, 2020, Livrable final de la recherche-projet « Lisières et Paysages urbains », CSTB, HEPIA et ASTERS.

Bailly Émeline et Marchand Dorothée, 2019, *Penser la qualité : la ville résiliente et sensible*, Bruxelles, Mardaga.

Barthes Roland, 1964, « Rhétorique de l'image », *Communications*, 4, p. 40-51.

Blanc Nathalie et Lolive Jacques, 2013, « Esthétique environnementale et projet paysager participatif », *in* Yves Luginbühl, *Paysage et développement durable*, Versailles, Quae.

Bonnet Frédéric, Bonzani Stéphane et Younès Chris, 2012, « Ville-nature et architectures des milieux », *Les Cahiers de la recherche architecturale et urbaine*, 26-27, p. 182-191.

Brinckerhoff Jackson John, 2003, *À la découverte du paysage vernaculaire*, trad. Xavier Carrère, Arles, Actes Sud.

Brun Marion, Di Pietro Francesca et Martouzet Denis, 2019, « Les délaissés urbains : supports de nouvelles pratiques et représentations de la nature spontanée ? Comparaison des représentations des gestionnaires et des habitants », *Nouvelles perspectives en sciences sociales*, 14, 2, p. 153-184.

Corvol Andrée, Arnould Paul et Hotyat Micheline, 1997, *La forêt : perceptions et représentations*, Paris, L'Harmattan.

De Certeau Michel, 1990, *L'Invention du quotidien, l'art de faire*, Paris, Gallimard, coll. « Folio ».

Delbaere Denis, 2011, *La fabrique de l'espace public : ville, paysage et démocratie.* Paris, Ellipses.

Dodier Rodolphe, 2018, « Perception sociale de la forêt : un espace plus prophylactique que pathogène », *Revue forestière française*, 2-4, p. 287-295.

Folléa Bertrand, 2019, *L'archipel des métamorphoses : la transition par le paysage*, Marseille, Parenthèses.

Laroche Sylvie, Bailly Émeline, Finger Stich Andrea et Fischer Claude, 2019, « Les lisières urbaines, lieux et écotones potentiels dans le Grand Genève », communication au colloque international *Quand l'écologie entre en ville*, org. par Joëlle Salomon Cavin, Lausanne, p. 67-69.

Laurens Lucette, 2015, « Agri-interstice urbain ou quand l'agriculture change la réalité des marges urbaines », *Bulletin de la Société géographique de Liège*, 64, 1, p. 5-22.

Lussault Michel, 2007, *L'homme spatial : la construction sociale de l'être humain*, Paris, Seuil.

Magnaghi Alberto, 2014, *La biorégion urbaine : petit traité sur le territoire bien commun*, trad. E. Bonneau, Paris, Eterotopia.

Mathieu Nicolas et Blanc Nathalie, 1996, « Repenser l'effacement de la nature dans la ville », *Courrier du CNRS*, 82, p. 105-107.

Moles Abraham André et Rohmer-Moles Élisabeth, 1982, *Labyrinthes du vécu. L'espace : matière d'actions*, Paris, Librairie des Méridiens.

Moliner Pascal, 2016, *Psychologie sociale de l'image*, Grenoble, Presses universitaires de Grenoble.

Morvan Yoann et Logie Sinan, 2019, *Méga Istanbul : traversées en lisières urbaines*, Paris, Le Cavalier bleu.

Moscovici Serge, 1961, *La psychanalyse, son image et son public*, Paris, Presses universitaires de France.

Nicolas-Le Strat Pascal, 2006, « Multiplicité interstitielle », *Multitudes*, 31, 4, p. 115-121.

Paquot Thierry, 2005, *Demeure terrestre : enquête vagabonde sur l'habiter*, Besançon, Les Éditions de l'Imprimeur.

Perec Georges, 1974, *Espèces d'espace*, Paris, Galilée.

Pétonnet Colette, 1968, *Ces gens-là*, Paris, F. Maspero.

Proshansky Harold M., Ittelson William H. et Rivlin Leanne, 1976, *Environmental psychology : People and their physical settings*, New York, Holt, Rinehart and Winston.

Raulet-Croset Nathalie, Collard Damien et Borzeix Anni, 2013, « Les apports des parcours commentés. Appréhender l'espace dans les organisations éphémères », *Revue internationale de psychosociologie et de gestion des comportements organisationnels*, Supplément, p. 109-128.

Sansot Pierre, 2004, *Poétique de la ville*, Paris, Payot.

Sartre Jean-Paul, 1992 [1940], *L'Imaginaire*, Paris, Gallimard, coll. « Folio Essai ».

Suchman Lucy A., 1987, *Plans and situated actions : The problem of human-machine communication*, Cambridge, Cambridge University Press.

Thibaud Jean-Paul, 2001, « La méthode des parcours commentés », *in* M. Grosjean et J.-P. Thibaud (dir.), *L'espace urbain en méthode*, Marseille, Parenthèses.

Tonnelat Stéphane, 2003, « Interstices urbains, les mobilités des terrains délaissés de l'aménagement », *Chimères. Revue des schizoanalyses*, 52, p. 134-154.

Vanbutsele Séréna et Declève Bernard, 2015, « La lisière des espaces ouverts : support de densification qualitative des métropoles », *VertigO, la revue électronique en sciences de l'environnement.* https://doi.org/10.4000/vertigo.15700.

Vanier Martin, 2000, « Qu'est-ce que le tiers espace ? Territorialités complexes et construction politique », *Revue de géographie alpine*, 88, 1.

Younès Chris, 2015, « Métamorphes », *in* S. Franceschelli, M. Gribaudi et H. Le Bras (dir.), *Morphogène et dynamiques urbaines. Les ateliers de morphologie*, Paris, EHESS-EnsAD, p. 54-62.

Chapitre 2

Les lieux de socialisation de « jeunes hommes de cité » : l'appropriation d'espaces interstitiels d'entre-soi

Mickaël Chelal

La loi Sarkozy sur la « Sécurité intérieure » de mars 2003 a créé un délit d'occupation illicite des halls d'immeubles, passible d'une peine d'emprisonnement de deux mois et de 3750 euros d'amende en cas d'obstruction délibérée de l'accès, de la libre circulation des personnes ou encore du bon fonctionnement des dispositifs de sécurité. La loi de prévention de la délinquance de mars 2007 l'a étendu aux autres espaces communs des immeubles ainsi qu'aux toits. Celle de « Programmation 2018-2022 et de la réforme pour la justice », de mars 2019, met en place la forfaitisation d'une amende liée à ce délit à hauteur de 200 euros. Ces différentes lois souhaitent entraver l'occupation des halls d'immeuble, essentiellement assimilée à des activités délictuelles comme les trafics de drogue (Marlière, 2005).

Depuis une vingtaine d'années, l'occupation de l'espace dans les cités est perçue par les pouvoirs publics comme une déviance problématique au point d'être l'objet de mesures politiques, même si elle est traitée plus anciennement et indirectement au sein de la Politique de la ville à travers le dispositif « anti-été chaud », par exemple, dès les années 1980[1]. Cette occupation est pénalisée par la loi car elle participerait au « sentiment d'insécurité » que connaîtraient les habitants de ces quartiers et est

---

1 Cela n'a pas été le cas de tous les gouvernements successifs depuis quarante ans. R. Epstein remarque que la politique de la ville est passée d'une approche « communautarienne », avec le « Développement social des quartiers » des années 1980 qui s'appuie sur les ressources locales, notamment associatives, à une approche « néo-conservatrice » initiée au début des années 2000. Cette dernière perspective perçoit les cités comme des « territoires perdus de la République ». La politique de la ville doit intervenir dans le maintien de l'ordre public à travers, entre autres choses, des aménagements sécuritaires de l'espace public que l'on retrouve dans les opérations de résidentialisation, le contrôle et la pénalisation des usages spatiaux des habitants, etc. La pénalisation de l'occupation des halls représente donc un symbole dans cette lutte pour l'ordre public (Epstein, 2016, § 1).

associée à des nuisances quotidiennes. Ces usages spatiaux du quartier sont associés dans les représentations collectives à des comportements délinquants, mais aussi à l'ennui. Selon cet imaginaire, les halls, espaces de regroupement et de stationnement, symbolisent les lieux par excellence dans lesquels les jeunes « tuent le temps » et « galèrent ». Ils sont devenus des emblèmes de la vie juvénile en cité, utilisés parfois de manière caricaturale dans le cinéma ou dans le champ médiatique[2], associés à l'imagerie courante des cités de « banlieue ». Rares sont les films situés en quartiers populaires de banlieue qui ne montrent ou n'évoquent pas un hall occupé par de jeunes hommes, souvent délinquants et encapuchonnés[3]. Si le hall d'immeuble focalise l'attention et représente effectivement un des lieux utilisés par une partie des jeunes, il existe une occupation de l'espace plus triviale qui s'étend à divers autres lieux, souvent interstitiels.

L'occupation de la rue en France est un attribut habituel des classes populaires qui la mobilisent comme lieu de vie et espace d'expression politique (Bacque et Sauvadet, 2011). La rue représente une ressource à portée de main, érigée parfois en appendice du logement. La littérature sociologique a montré depuis une quarantaine d'années que la jeunesse des cités développe des usages marqués par un fort investissement des espaces publics des quartiers où elle réside. Elle souligne l'ancrage résidentiel des jeunes, principalement adolescents, qui érigent ces espaces en territoires, supports de leur identité (Avenel, 2000 ; Beaud, 2002 ; Bordet, 1998; Kokoreff, 2003). Ainsi, la cité constitue l'espace des sociabilités au point que s'est développée une « sous-culture de rue » (Lepoutre, 2001 ; Marlière, 2005) et un style de vie centré sur le dehors (Mauger, 2006 ; Zegnani, 2013). De surcroît, de nombreux travaux montrent une appropriation différenciée selon le genre en ce qui concerne la jeunesse

---

2 Dans son ethnographie, J. Berthaut montre, en suivant principalement la rédaction du Journal télévisé de France 2, que les « banlieues des médias » sont des quartiers modelés par les journalistes qui dressent un décor conforme aux représentations courantes « des cités » afin qu'il corresponde à l'imaginaire des cités construit en partie par les reportages passés. En d'autres termes, pour que cela « parle » aux téléspectateurs. En lien avec l'organisation et les impératifs du travail journalistique, ils en reprennent les codes et typifications, notamment de l'espace. Cela se traduit concrètement par des passages obligés visuels tels que des *travelings* sur les barres et les tours, des façades d'immeuble parsemées de paraboles, des marques de dégradation comme des traces d'occupation de halls ou des images de jeunes hommes y stationnant. Cela a fonction d'homogénéisation des représentations attachées aux cités et de « simplification du monde social » (Berthaut, 2013, p. 215).

3 On pourrait citer comme exception notable *L'Esquive*. Kechiche A., *L'Esquive*, comédie dramatique, 117 minutes, couleur, 2004.

des cités (Clair, 2008 ; Faure, 2006 ; Kokoreff, 2003 ; Lepoutre, 2001) qui intègre de nombreux enjeux autour de l'espace et de ses usages en termes de socialisation (Grafmeyer et Authier, 2015) et de rapports sociaux, notamment de genre.

Encadré 1. Une enquête ethnographique dans un grand ensemble de Seine-Saint-Denis

Ce chapitre est tiré d'une thèse en cours qui traite des dimensions spatiales de la socialisation des jeunes filles et garçons dans et par la cité afin d'observer comment s'établissent les rapports sociaux entre les filles et les garçons dans ce contexte. Comment garçons et filles apprennent-ils et intériorisent-ils des valeurs, des codes, des normes propres à la cité, celles de « la sous-culture de rue » (Lepoutre, 2001) ? Comment se forment les différentes identités sociales (de genre, de classe et de « race » puisqu'elles apparaissent souvent enchevêtrées) et comment celles-ci participent-elles à structurer des rapports sociaux de générations et de genre dans l'espace du quartier ?

Cette recherche repose principalement sur une enquête qualitative de type ethnographique basée sur une « participation observante » durant cinq années dans la cité des Marnaudes à Rosny-sous-Bois en Seine-Saint-Denis. Cité dans laquelle je réside. J'ai surtout partagé durant ces années le quotidien d'un groupe de jeunes hommes qui occupe une sortie de secours nommée le « 180 », que je mobiliserai dans ce chapitre, ainsi que d'un groupe d'adolescentes, plus jeunes, qui se retrouve de temps à autre dans un square du quartier. En plus de « recueils de propos en situation » et de nombreuses conversations informelles, ma recherche se base également sur une vingtaine d'entretiens semi-directifs et ouverts qui sont parfois préparés en amont par des marches commentées.

Les « mecs du 180 », tels qu'ils sont parfois surnommés, représentent un groupe de pairs composé de Fouad, Anthony, Daouda, Cédric, Johnson, Ibrahima et Mamadou. Hormis ce dernier, arrivé durant son adolescence d'une cité d'Aulnay-sous-Bois (93), tous se connaissent depuis l'école primaire. Certains habitent les Marnaudes depuis leur naissance. Ils ont presque tous partagé les mêmes écoles, souvent les mêmes classes, ainsi que la pratique du football dans le club de la commune, depuis leur enfance jusqu'au milieu de leur adolescence. Ils ont entre 19 et 20 ans lorsque je commence à rester avec eux. Hormis Daouda, qui obtient un baccalauréat en sciences et techniques de gestion et qui mène des études supérieures dans le « commerce et la finance », les autres membres du groupe ont mis fin à leurs études après avoir obtenu un CAP plomberie ou un BEP vente ou comptabilité.

La cité des Marnaudes, dont le nom institutionnel est le grand ensemble du Bois Perrier, a été construite entre 1959 et 1967, compte 8 000 habitants environ (soit 19 % de la population de la commune) et est constituée à 80 % de logements sociaux (les 20 % restants font partie de copropriétés). Il s'agit d'un quartier prioritaire de la politique de la ville depuis le début des années 2000. Selon le contrat de ville de 2015, plus des trois quarts de la population active du grand ensemble est ouvrière et employée. Les Marnaudes constitue un exemple typique des grands ensembles édifiés durant les Trente Glorieuses à travers sa taille, la standardisation du bâti, l'omniprésence de l'angle droit, une conception architecturale fonctionnaliste. Toutefois ce quartier est marqué par des singularités urbanistiques[4]. Le grand ensemble est composé d'une zone d'équipements (centre commercial, centre socio-culturel, groupes scolaires, équipement sportif…) d'un côté et d'une zone d'habitation composée de squares qui se juxtaposent, de l'autre. L'ensemble forme la cité.

Dans ce chapitre nous nous intéresserons aux spécificités des modes d'occupation de l'espace des « jeunes de cité ». Quels lieux sont occupés ? Comment le sont-ils et que s'y passe-t-il ? Nous le ferons à partir de l'étude spécifique de l'occupation du « 180 ». La catégorie « jeunes de cité » étant très hétérogène (Marlière, 2005 ; Sauvadet, 2006b), précisons que l'enquête porte sur les jeunes qui fréquentent ou ont fréquenté la cité durant plusieurs années et non sur celles et ceux qui ne la fréquentent jamais, les « invisibles » pour reprendre la terminologie de T. Sauvadet.

Bien évidemment, le rapport des jeunes au quartier évolue selon les trajectoires biographiques, notamment scolaires (Beaud, 2002 ; Marlière, 2005 ; Santelli, 2007). Essentiellement associée à la frange la plus

[4] Pour en apprendre davantage sur les activités de l'architecte Jean de Mailly, voir Collectif (2019) ; plus spécifiquement sur les « Marnaudes-Bois Perrier », voir le chapitre 2.

marginalisée des « jeunes de cité » et aux activités délictuelles de certains, l'intense occupation de l'espace et l'érection de la cité en lieu de vie quotidienne s'est développée au point de concerner une part bien plus large de cette catégorie. L'occupation de la rue est une dimension de la « culture de rue ». Ses codes, ses pratiques, ses règles d'usages régissent une distribution spatiale des groupes et des activités au sein de la cité. Il ne s'agit donc pas ici de revenir sur les types de rapports à l'espace selon différents profils de jeunes, qui ont déjà été documentés (Marlière, 2005 ; Oppenchaim, 2016), mais de décrire concrètement les logiques d'occupation de l'espace.

Les jeunes, filles comme garçons, établissent dès l'enfance un rapport de proximité avec les espaces publics du quartier. Les interactions qui s'y déroulent participent de leur socialisation primaire car ils l'investissent fortement à cette période de leur vie au travers de nombreux jeux de rue dans les squares d'habitation, parfois en relative autonomie[5]. Pour une grande partie des groupes de pairs, qui s'ancrent davantage dans la cité à mesure qu'ils avancent en âge, la cité se rétrécit autour de certains micro-espaces. Plus que « tenir les murs », pour reprendre l'expression consacrée, certains jeunes vont ériger (ou inventer) des espaces d'entre-soi et les occuper sur le long terme.

Pour prendre place dans la cité, une partie des groupes de pairs adolescents se nichent dans des « micro-interstices », ainsi les parties communes des immeubles, ou, plus particulièrement, la sortie de secours d'une tour du grand ensemble. Cet interstice est perçu comme un entre-deux, semi-public et semi-privé, entre les espaces domestiques et les espaces publics. Il l'est aussi du fait des usages qu'il abrite. Ceux-ci révèlent une appropriation par un petit groupe de jeunes dont la vie privée prend place en retrait, ou en complément, de la vie publique de la cité. Toutefois, cet interstice est traversé par la question de la cohabitation avec les autres jeunes du quartier, mais aussi les autres habitants adultes qui partagent ce lieu de vie. La description des usages du « 180 » nous permettra d'approfondir la notion d'interstice. Nous nous intéresserons à sa dimension matérielle, mais aussi à ce qu'elle rend possible dans la socialisation des jeunes par l'édification d'un espace d'entre-soi qui offre un cadre à la

---

5 C'est ce que nous avons pu observer pour le cas de ce grand ensemble. Cela se retrouve de surcroît dans d'autres contextes urbains, avec des modalités différentes, comme les quartiers populaires de ville-centre ou pour des enfants appartenant aux classes populaires de quartiers gentrifiés. Voir, entre autres, Authier et Lehman-Frisch (2012) et Rivière (2017).

diffusion et à l'intériorisation entre pairs de certaines valeurs et normes de comportement.

1. Prendre place

1.1. Un marquage social de l'espace : la « cité des grands », la place des « petits »

Comme tout espace public, la cité est un espace partagé. Elle voit se côtoyer différentes générations, et surtout, pour ce qui nous intéresse, plusieurs générations de jeunes. En y déambulant et en y vivant, nous remarquons que l'espace est à la fois divisé et densément occupé. Chaque groupe tente de se faire une place. L'espace devient source de compétition, de conflit et de cohabitation, comme le suggèrent les théories et concepts de la première génération de l'École de Chicago. Toutefois, l'étendue du grand ensemble et les réflexions accordées à l'espace par l'architecte offrent à peu près à chacun l'opportunité d'y trouver une place[6]. Mais d'autres logiques sociales interviennent.

Pour comprendre, en partie, la manière dont les groupes de jeunes occupent l'espace, il faut partir de l'existence d'une hiérarchie sociale juvénile qui repose sur des rapports sociaux de génération spécifiques. D'une manière générale, deux catégories principales peuvent être distinguées : la catégorie des « petits » et celle des « grands ». Le positionnement dans l'une d'entre elles repose principalement sur l'âge : tous ceux qui sont plus jeunes qu'*ego* sont des « petits » et tous ceux qui sont plus âgés sont des « grands ». De sorte que chacun est le « petit » ou le « grand » de quelqu'un. Les enfants se situent à l'extrémité de cette échelle sociale ; ils sont les « petits » par excellence et ne sont les « grands » de personne. Chacune des catégories regroupe donc différentes générations

---

[6] Jean de Mailly a organisé le grand ensemble en onze unités d'habitation construites sur le même modèle. Un axe directeur – l'alignement en diagonale des tours – articule les différentes unités et structure le projet. Les unités d'habitation prennent place autour de larges squares composés d'importantes pelouses, d'aires de jeux et d'œuvres d'art (des sculptures de pierre ou de bronze), entourés par les bâtiments disposés en rectangle. L'architecte a privilégié la circulation piétonne à partir des communications inter-squares. En effet, dans son implantation, chaque tour relie deux unités d'habitation tandis que les autres immeubles de l'unité sont introvertis et orientés vers l'intérieur du square. Les parkings sont rejetés e périphérie de manière à ce que « la circulation des voitures ne perturbe pas les lieux de silence réservés aux piétons » (Collectif, 2019, p. 31). Cet agencement urbanistique et les équipements du grand ensemble incitent les habitants à occuper l'espace public.

et différentes classes d'âge. Ainsi, les adolescents sont les « grands » des enfants, mais les « petits » des jeunes adultes. Les jeunes adultes sont les « grands » des enfants et des adolescents et les « petits » d'une sous-catégorie nommée les « Anciens ».

Quels que soient les groupes d'âge concernés, les « grands » occupent une position supérieure à celle des « petits ». La hiérarchie locale est caractérisée par un triple rapport de subordination, d'autorité et de domination des « grands » sur les « petits » dans les rapports sociaux ordinaires. Au fil des années et des rapports entre les générations se distribuent les statuts au sein de la hiérarchie. Celle-ci s'édifie, également, à partir des règles et des codes de la sous-culture de rue qui se transmettent au travers des relations intergénérationnelles. Il existe aussi des changements précoces de statuts et différents types plus personnalisés de relations « petits-grands » sur lesquels nous ne pouvons nous étendre. Les « grands » représentent des figures de socialisation qui participent à transmettre des normes, codes et valeurs de la « sous-culture de rue », notamment une valeur centrale de respect. Ils régulent également la vie sociale juvénile du quartier.

Ces rapports intergénérationnels pèsent sur l'occupation du quartier des différentes catégories de jeunes. Les « grands » ont, en effet, une influence sur l'occupation de l'espace des plus jeunes qu'eux. Cela vaut pour l'ensemble du quartier, mais d'autant plus dans les espaces centraux tels que la zone d'équipement, mentionnée dans l'encadré, qui suscite le plus de rencontres entre générations. Les « grands » peuvent en exclure certains jeunes. C'est le cas de Fahami qu'un « grand » a chassé du City[7] pendant un tournoi informel en lui interdisant de revenir à la suite d'un conflit durant un match après une faute subie. Les « grands » peuvent, *a contrario*, inciter les « petits » à fréquenter leurs espaces. Cela se produit par exemple au travers de l'invitation à l'organisation de grands barbecues intergénérationnels ou de simples exhortations, parfois contraignantes, à partager les lieux. C'est ce que me raconte Yvann en entretien. Certains

---

7 Le « City » est le surnom du « City stade » du quartier, que l'on retrouve dans bon nombre de cités. Les « City Stades » sont des équipements issus de politiques d'équipement des grands ensembles depuis l'opération « terrain de proximité » lancée en 1991 par le ministère de la Jeunesse et des Sports. Sur notre terrain, il s'agit d'un équipement sportif en libre accès composé d'un petit terrain de foot en pelouse synthétique entouré de grilles et de filets. Il est accompagné d'un terrain de basket de béton, accolé au terrain de foot. L'ensemble des deux terrains est surnommé le « City » par les habitants. Il représente un lieu surinvesti par les jeunes et une micro-centralité dans le quartier.

« grands » qui « traînaient » majoritairement au petit centre commercial du quartier ont imposé, à lui et sa bande d'amis, de fréquenter cet espace afin de partager des moments ensemble :

> Les grands nous disaient qu'on [son groupe de pairs durant son adolescence] sait rien faire d'autre, qu'on traîne pas au quartier. Avant c'était que gare [sa bande s'installait à proximité de la gare RER qui dessert le quartier], fêtes… « vous restez jamais ici, jamais vous nous parlez, jamais vous restez avec nous, jamais vous dîtes bonjour. Quand vous passez devant nous c'est…on dirait vous… ». Moi on m'a déjà dit ça. Josué il m'a déjà dit ça tu vois : « quand vous nous serrez la main on dirait vous êtes supérieurs à nous, vous partez direct même pas de « bonjour ça va, comment tu vas ? ». Vous partez direct' comme si on était des moins que rien ». Voilà c'était ça, on était très mal jugés. Pour eux [les « grands »], on ne les respectait pas, mais ils ne nous aimaient pas et on ne les aimaient pas, comme ça c'est clair. Tu vois un jour quand Josué il nous a parlé, il a commencé à vouloir nous faire changer : « ouais c'est bon arrêtez de traîner là-bas et tout ». C'est à cause de lui qu'on a arrêté d'aller dans les fêtes […] Il nous poussait pour parler à tout le monde au quartier. Jusqu'à un jour il disait quoi, il disait : « Venez avec moi. Vous prenez deux bouteilles de Coca, vous vous posez avec nous et vous parlez avec nous ». Nous, on ne voulait pas faire ça. C'est lui il nous a obligés et on l'a fait. C'est comme ça après on allait au futsal [foot en salle], on jouait et tout avec eux. On se posait à ED [nom de l'enseigne discount de l'ancien supermarché au cœur du petit centre commercial qui est utilisé comme métonymie pour le désigner] avec les grands et tout, mais moi ce n'était pas mon délire. (Yvann, 22 ans)

À l'inverse, le plus souvent, les « grands » évincent les « petits » pour plus de tranquillité. Cela s'observe quotidiennement au City lorsque les « grands » arrivent et chassent les « petits » pour pouvoir profiter pleinement du terrain de foot. La prégnance des rapports de génération marque le territoire grâce aux privilèges du statut des « grands » qui « éliminent » presque naturellement la présence des « petits ». Ces influences spatiales peuvent être des marqueurs de position au sein de la hiérarchie sociale juvénile précédemment décrite. Seuls les « grands » sont en position de choisir qui peut pratiquer, ou pas, tel espace. Quand les plus âgés d'entre eux invitent des « petits » à user de leurs espaces de regroupement ou discutent de plus en plus souvent avec eux, cela traduit une prise en considération des « petits » qui préfigure souvent un changement de position, en train de se faire ou à venir, qui découle de la montée en âge et des effets de réputation.

Nous pouvons remarquer que les plus âgés, « grands » jeunes adultes et « anciens » (généralement trentenaires et plus), occupent principalement les espaces centraux du quartier. On les retrouve au « p'tit centre » (surnom du centre commercial du quartier), le plus prisé, au City, autour du centre socioculturel et, principalement de la décennie 1990 jusqu'aux années 2010, à la gare RER, qui fait partie intégrante de la cité. En outre, du fait de leur centralité, ces lieux permettent aux « grands » d'être immédiatement visibles et disponibles. La zone d'équipement du quartier représente donc la « cité des grands », autrement dit le territoire des « grands », et l'ensemble des jeunes le sait.

Si la zone centrale d'équipement constitue le territoire de cette fraction de la jeunesse, il arrive que les autres générations de jeunes s'y installent pour discuter au moment de faire des courses, y cherchent un « grand » ou d'autres jeunes, y passent un après-midi de temps à autre, la traversent lors d'un jeu ou l'empruntent quotidiennement car elle est sur leur chemin. Mais il ne s'agit pas de l'espace que ces générations s'approprient le plus, du fait de sa centralité, qui le surexpose aux regards de la cité, et de la présence des « grands ». Les espaces centraux sont donc évités par les générations plus jeunes, surtout adolescentes, lorsqu'il s'agit de se réunir durablement dans la cité avec leur groupe de pairs. La présence des « grands » s'avère pesante pour les plus jeunes générations. Celles-ci se tournent dès lors vers d'autres espaces pour s'assurer une certaine quiétude.

Si l'interconnaissance est une caractéristique de la vie en cité que les jeunes valorisent et apprécient[8], l'exemple du poids des relations intergénérationnelles sur le vécu quotidien expérimentées depuis l'enfance montre aussi que l'omniprésence de l'interconnaissance représente, par moments, une contrainte. Elle induit des prises de distance entre jeunes qui nécessitent des moments de répit. La vie dans la cité alterne entre moments collectifs et moments de repli sur le groupe de pairs. Elle pousse à chercher des espaces de tranquillité, à l'abri des regards, à l'abri du contrôle social des « grands » et des adultes durant l'adolescence, à l'abri des sollicitations ou du tumulte des « petits », et à constituer des micro-territoires à soi qui représentent autant d'espaces d'autonomie pour chaque groupe de pairs.

1.2. De la micro-territorialisation du quartier des halls aux parkings...

« Bienvenue sur les Marnaudes alors ! » Voici les mots prononcés dans un rapide éclat de rire par Marie-Jeanne Poirier, coordinatrice du conseil

---

[8] Voir, entre autres, Amrani et Beaud (2005) et Bordet (1998).

du quartier, en guise d'accueil, quelques minutes après que nous nous sommes installés dans une salle de réunion de la mairie lors d'une fin de matinée grisâtre de 2016. Ils répondaient à ceux que je venais de prononcer afin d'exprimer mon intérêt pour l'occupation de l'espace des jeunes des Marnaudes, une des raisons initiales de ma demande d'entretien auprès de cette petite dame, cinquantenaire, aux cheveux courts teintés couleur chêne, vêtue d'un tailleur noir et d'un pull à col roulé gris clair. Ils donnaient immédiatement le ton, soulignant l'importance de cette présence spatiale dans la vie de ce quartier, communément énoncée à propos des cités.

Les jeunes se caractérisent par une « territorialisation de leurs « modes de vie » » autour d'une diversité de micro-lieux (Kokoreff, 1994, p. 31) situés dans l'ensemble de l'espace vécu de la cité. Au vu de l'importance démographique de la population juvénile de ce type de quartier, les différentes bandes (dans le sens de groupe de pairs) s'établissent dans l'ensemble de la cité, ou son environnement immédiat, de façon que chacune puisse avoir son propre espace collectif. Cet établissement spatial répond à une double quête d'intimité : face à celle, déficiente, du logement (Mohammed, 2011) et en réponse à l'intensité de la vie sociale de la cité.

La rue se construit en ressource d'occupation en soi. Les usages qui en sont faits s'inscrivent dans un rapport « récréatif » aux espaces publics urbains, établi depuis l'enfance. Ce qui correspond au mode de socialisation urbaine des membres des classes populaires, qui se distingue de celui, plutôt « utilitaire », des jeunes membres des classes moyennes et supérieures (Rivière, 2017). Chaque groupe de pairs va donc chercher à établir dès l'adolescence, de manière rudimentaire ou très élaborée, des « espaces à soi » qui prennent souvent place dans des interstices : des halls aux parkings en passant par les caves et parcs des squares qui apparaissent disponibles. Ces espaces se construisent en lieux de vie propre à chaque groupe de pairs et à leur histoire. L'établissement dans ces micro-territoires répond principalement à une recherche d'autonomie. Ils constituent des lieux dans lesquels les jeunes vont se retrouver, grandir, expérimenter, et à partir desquels se construit en grande partie leur vision du monde social.

2. L'espace privé du « 180 »

2.1. Le choix du lieu

Le groupe de pairs sur lequel nous avons focalisé notre attention est composé de sept garçons qui forment une bande d'amis, une « équipe », pour reprendre un terme vernaculaire qui désigne les connaissances les plus proches dans la cité. Fouad, Antho' (surnom d'Anthony), Dricé (Cédric), Jo Bali (Jonhson), Ibou (Ibrahima), Dadou (Daouda) et Mam's (Mamadou) se connaissent tous de longue date. Tout comme Fouad, dernier arrivé dans ce groupe, Antho' et Ibou logent dans le square à proximité immédiate de la « cité blanche », surnom du square où est situé le « 180 », car il abrite un terrain de foot composé de sable et de terre blanche. Dricé et Jo Bali habitent à quelques mètres de là, dans le square voisin. Lorsque la famille de Mam's s'installe aux Marnaudes en 2009, c'est dans cette partie du quartier. La localisation dans le grand ensemble préside fréquemment à la formation des groupes de pairs car elle implique une scolarisation dans les mêmes établissements, lieux des premières rencontres. Elle permet de se retrouver dans les squares proches de l'immeuble d'habitation, ce qui favorise les premiers contacts enfantins, prolongés ensuite à l'école.

Comme nous l'avons avancé, chaque groupe de pairs qui s'établit dans le territoire de la cité possède son espace de regroupement quotidien : un parc pour telle bande, un hall ou encore le fond d'un parking pour une autre… Il arrive, toutefois, que l'un d'eux s'approprie plusieurs espaces complémentaires, dont la fréquentation varie surtout en fonction des conditions météorologiques et des heures de la journée. En règle générale, ils s'agit d'un espace principal accompagné d'un espace annexe, un public et un plus privé[9]. Les jeunes naviguent entre les espaces publics et les espaces interstitiels du quartier. Il se peut également qu'un même groupe de pairs occupe successivement plusieurs espaces durant la montée en âge. Cela peut résulter de divers « incidents biographiques », de l'histoire du groupe ou de celle des jeunes qui le constituent.

Le choix du premier lieu peut simplement résulter de l'habitude de se regrouper à un point de rendez-vous, souvent au carrefour des immeubles d'habitation d'un grand nombre des membres du groupe. Parfois, l'éloignement des immeubles d'habitation est privilégié. Cela sera, dès lors, le seul critère de choix. Cela met en avant l'importance de la confidentialité, même si celle-ci ne dure jamais très longtemps compte tenu de l'interconnaissance résidentielle. Ce critère de choix met en évidence la complémentarité des espaces occupés par des groupes. Ceux-ci choisissent des

---

[9] Il faut les distinguer des autres espaces occupés occasionnellement au détour d'un déplacement, d'une rencontre, d'une envie soudaine ou tout autre événement imprévisible, même si ces occupations fortuites peuvent parfois avoir lieu dans les mêmes endroits. Ils diffèrent des espaces de regroupement fréquentés plus intensivement sur le long terme sur lesquels nous nous penchons ici.

lieux visibles, situés dans l'espace public, accessible et connu de tous et d'autres qui se nichent dans les interstices de la cité, qu'ils maintiennent dans la discrétion. Non conçus à l'origine comme des interstices, mais utilisés comme tels, des lieux à l'intérieur et au pied des immeubles d'habitation, possèdent cet attrait.

Dadou, Dricé, Antho' et consorts, quant à eux, se retrouvent au « 180 ». Il s'agit du nom donné à une sortie de secours située au quatorzième et dernier étage de la tour de la « cité blanche ». Il leur arrive aussi de s'installer sur les bancs qu'ils occupaient avant d'investir le « 180 » à quelques mètres de là, surtout l'été lorsque la chaleur se fait intensément ressentir et que le « 180 » se transforme en fournaise. Dans cette tour, les quatre derniers étages possèdent des cages d'escaliers supplémentaires aux murs couleur crème et aux marches grises complétées par des grillages noirs qui donnent directement sur l'extérieur. Ces dernières font office de sorties de secours pour atteindre les escaliers du dixième étage où elles se terminent. Pour y accéder, chacun de ces derniers étages possède des petits sas composés de deux portes directement accessibles depuis les parties communes. Hormis les rambardes, les grillages, les escaliers de béton nu et deux échelles solidement attachées avec d'imposants cadenas dans le petit sas du dernier étage, nous n'y trouvons rien d'autre.

Certains groupes de pairs ne sont pas dérangés par le fait d'être vus et interpellés par des connaissances. Ils ne vont alors fréquenter qu'un seul lieu situé dans l'espace public. En déambulant dans le quartier, ils peuvent à leur tour quitter momentanément leur espace et rendre visite à un autre groupe de pairs ou être mobilisés au passage par des « grands ». Néanmoins, ils restent le plus souvent entre eux dans leur lieu. Comme tout le monde sait qu'il s'agit de *leur* espace, ils ne sont pas forcément incommodés. Pour d'autres, cela ne suffit pas. Certains veulent jouir et s'assurer d'une pleine intimité. Ils souhaitent pouvoir se retrouver entre eux en toute autonomie. C'est pour cette raison qu'ils occupent deux espaces complémentaires ou qu'ils jettent directement leur dévolu sur un espace interstitiel plus discret dans lequel les risques de rencontre sont considérablement réduits. La localisation du lieu interstitiel est alors plus sciemment réfléchie. Interviennent les caractéristiques topographiques du lieu : est-il suffisamment spacieux pour accueillir toute la bande ? Est-il suffisamment abrité ? Est-il suffisamment discret ? Est-il suffisamment éclairé ? Est-ce que sa localisation ne va pas trop déranger les habitants ? Toutes ces questions ne sont pas forcément posées au préalable, mais elles découlent à un moment ou à un autre des usages qui prennent vie pour entériner le choix du lieu.

Jusqu'en 2010, le « 180 » était occupé par un groupe de « grands » (par rapport aux occupants actuels). Le nom donné à cet espace renvoie simplement au numéro de l'adresse d'un de ces anciens occupants. Le nom plaît, car il sonne comme un nom de code secret. Jo Bali, Antho' et compagnie, âgés d'une quinzaine d'années en 2010, se retrouvaient autour des bancs du square à quelques mètres du « 180 ». Après deux années, Antho' fit remarquer que le « 180 » était délaissé et proposa dorénavant d'y aller pour « se poser tranquille ». Hormis quelques enfants qui jouaient à l'occasion dans les escaliers de la tour, ni les « grands » qui l'occupaient précédemment, ni aucune autre bande n'y allaient régulièrement. Antho' et ses amis se sont directement installés au dernier niveau de cette sortie de secours.

Le choix du lieu fonctionne alors comme un moyen de mise à distance spatiale de la proximité sociale existant au sein de la cité. Dans des contextes de cohabitation de divers groupes sociaux (de générations, de classes sociales, d'appartenances ethno-raciales différentes) au sein d'un même quartier, ce processus se fait soit de manière radicale en le quittant (Chamboredon et Lemaire, 1970), soit à travers l'appropriation matérielle et symbolique de certains lieux. Par exemple, la gentrification du South End de Boston observée par S. Tissot au début des années 2000 passe notamment par la « conquête de petits espaces » (Tissot, 2011, p. 236) situés dans des jardins publics. À travers la construction et le contrôle d'un parc à chiens (*dog run*) délimité par des barrières, à l'initiative de membres des classes moyennes supérieures, l'investissement de cet espace public au travers d'un lieu circonscrit met subtilement à distance les classes populaires qui occupent d'autres parties du parc. Dans ce contexte de mixité sociale particulier et revendiqué, la gestion des côtoiements avec d'autres groupes sociaux fonctionne à partir de l'édification d'espaces d'entre-soi marqués par une mise à distance socio-spatiale. Dans un même registre, mais d'une autre manière, le choix du lieu dans notre contexte représente la traduction spatiale d'une recherche d'entre-soi. Autrement dit, la recherche d'une distance spatiale dans un contexte de proximité spatiale de différents groupes sociaux.

2.2. L'appropriation de l'espace : l'interstice comme « chez soi » ?

Cette « conquête de petits espaces » découle des heures passées des années durant dans ces micro-territoires. La temporalité constitue un marqueur d'appropriation. C'est une modalité centrale de l'occupation de l'espace d'une partie des jeunes. Dans la cité, l'appropriation peut procéder de la simple présence *in situ* dans le lieu de regroupement, ou alors être beaucoup plus poussée. Selon une approche que l'on retrouve dans *L'anthropologie de l'espace* (Segaud, 2010), l'appropriation renvoie à un processus qui consiste à rendre un espace sien et familier. Il est intéressant de noter que l'appropriation concerne d'abord, en sociologie urbaine, ce qui a trait à l'espace privé du logement, le « chez soi », associé à la notion d'habiter. C'est dans le sillage de réflexions sur l'habiter à propos de l'habitat pavillonnaire que H. Raymond et N. Haumont définissent l'appropriation comme « l'ensemble des pratiques qui confèrent à un espace limité, les qualités d'un lieu personnel ou collectif » (cité par Segaud, 2010, p. 73). Les lieux interstitiels précédemment listés offrent des opportunités d'appropriation car ils sont spatialement délimités et parfois confidentiels, c'est-à-dire à l'écart (tout en étant relativement proches) des espaces collectifs, de l'ensemble des habitants de la cité ou d'un immeuble.

L'appropriation débute par la façon de nommer les lieux. Le surnom « 180 » personnalise cette sortie de secours. De plus, on retrouve dans les pratiques discursives des membres du « 180 » de nombreux éléments qui ont trait au champ lexical de l'habitat ou de l'espace domestique : « maison » (pour désigner l'ensemble du « 180 » : « T'es le bienvenu dans notre maison ma gueule »), « une entrée » (pour qualifier l'humble sas qui permet de pénétrer dans le « 180 »), « invité », « voisins » (pour parler des locataires de la tour : « une fois Mam's » lâche à Jo Bali à 1 heure 30 du matin : « Rigole moins fort sale bâtard, y'a les voisins »), « fenêtre » (plusieurs fois mentionnée pour parler du grillage), « chauffage » (« Il manque que le chauffage ici, la vie »), « toilette » (pour désigner l'endroit réservé aux besoins dans le sas), « bendo » (le terme bendo peut signifier « cité » ou « quartier », mais par extension il peut être synonyme de « maison » ou d'entre-soi privé ; il peut aussi être synonyme de « taudis »), « ménage » (« Faut faire le ménage un peu là, ramasse les *Caprisun* s'te plaît »)… Ces termes associent le « 180 » à un espace privé et témoignent de la façon dont il est perçu.

Cet espace privé prend aussi vie par l'utilisation de meubles qui permet de le singulariser. Ceux-ci offrent la possibilité à chacun des membres de prendre place au « 180 » afin d'en faire un espace à la fois personnel et collectif ; propre à la bande. Ils témoignent également d'une volonté de s'inscrire durablement dans l'espace en s'y installant de manière « confortable ». J'ai pu voir passer au « 180 » une chaise en bois[10], deux chaises de

10 On pourrait aussi longuement parler de l'utilisation des chaises pliantes Quechua à 14 euros. Ce sont de petites chaises de camping vert foncé facilement transportables

bureau avec des roulettes dont une sans dossier ou avec des roues manquantes. La règle veut que celui qui l'a amenée ait priorité pour s'asseoir dessus. Les meubles importés dans l'espace public de la cité sont généralement du mobilier pour s'asseoir. Toutefois, les marches de la sortie de secours ont aussi cette fonction et le « 180 » est trop étroit pour accueillir d'autres équipements, ce qui explique que le mobilier importé se cantonne à une chaise ou deux, amenées épisodiquement.

Dans d'autres espaces d'entre-soi, comme les pieds d'immeubles ou les caves principalement, on peut trouver une multitude de meubles et d'équipements variés : canapés, tables basses, banquettes, caddies, lits, tapis, meubles de télévision, consoles de jeu et télévisions, vidéoprojecteurs, lampes… Ces derniers sont généralement piochés lors de la période des « encombrants », lorsque les habitants se débarrassent de gros objets qui ne peuvent être jetés avec les ordures ménagères classiques. Ils sont donc souvent abîmés. Mais avec un peu de chance, il est possible d'en trouver qui soit encore en parfait état. Les jeunes peuvent parfois se les acheter.

Le samedi 9 juin 2018, qui était un mois particulièrement chaud, Ibou a remarqué que l'enseigne *discount* proposait des barbecues à 20 euros en revenant de courses à Lidl avec sa mère : « c'est pas les petits ronds là, c'est comme les barbecues des pavetars [pavillons] ». Dricé est friand de barbecue. Dès l'apparition du soleil et des bonnes chaleurs qui l'accompagnent, il propose d'en réaliser. Nous en faisons deux ou trois chaque été à côté de la tour du « 180 » ou, plus rarement, par paresse, dans la zone industrielle qui jouxte la cité. À chaque occasion, Cédric se faisait prêter le matériel nécessaire. Il s'agit d'un même petit appareil frêle, rond, qui menace de s'effondrer dès qu'on le frôle. Le commentaire d'Ibou semble signifier que les nouveaux barbecues proposés par Lidl sont un peu plus robustes que celui-ci. Il était à 29,99 euros et non 20 comme l'avait annoncé Ibrahima. Il fait l'aller-retour, seul, en un éclair : « C'était l'avant-dernier ! » Il ne le déballe pas, mais pose le carton en haut des escaliers puis descend les marches pour s'y asseoir et lance : « Bon, par contre, on le fout où ? » Après quelques secondes de flottement, Fouad propose :

car elles se plient et se portent avec une lanière. Elles se sont massivement répandues dans les cités ces dernières années parmi les jeunes mais aussi chez une petite partie de la population adulte.

– « Dans ma cave ?
– T'es sûr on peut le laisser, tranquille ? », demande Cédric d'un ton très concerné.
– « Non j'avoue, c'est chaud, les portes se ferment plus.
– Hey tu sais quoi, nique ! On n'a qu'à le laisser ici », conclut spontanément Dricé[11].

Personne n'a proposé de le conserver à son domicile. Tout le monde acquiesce. Le lendemain, une séance de grillades est immédiatement prévue. Après avoir été monté, le barbecue noir de « 80 cm » de longueur, avec « deux roues, une grille chromée, couvercle et deux griffes incluses » comme nous le décrit à haute voix Cédric, lisant sur le carton comme s'il venait d'acquérir un nouveau jouet, trône à droite du sas d'entrée, en haut des escaliers. Si tout le monde était d'accord pour se permettre de le laisser là, c'est qu'un certain niveau de confiance repose sur le « 180 » perçu comme une « propriété privée ».

Avec ces marqueurs d'appropriation, l'espace est « habité » à travers son aménagement, son marquage, sa personnalisation et du même coup sa maîtrise. Par l'édification spatiale d'un entre-soi, ces usages rendent le lieu confidentiel. Toutefois, les jeunes ne sont pas les seuls à « habiter » le quartier. L'établissement dans des lieux interstitiels comme le « 180 » passe par des échanges et des compromis avec les agents d'entretien et les habitants, avec lesquels ils peuvent être en contact quotidien. Mam's racontait que lors d'une matinée de novembre 2016 il était monté récupérer en vitesse sa veste qu'il avait oublié la veille. Il rencontra dans le hall l'employé de l'entreprise de ménage mandatée par le bailleur, un « tonton ganesel » [sénégalais]. Mamadou lui aurait dit : « S'te plaît, laisse la chaise là-haut [sous-entendu, dans la sortie de secours] ». Cet homme lui aurait rétorqué qu'il pouvait rester tranquille car il n'y allait jamais. Il aurait ajouté, pour finir, que Mam's devait tout de même éviter de le « dégueulasser » s'il ne voulait pas le voir y passer.

Les lieux appropriés n'en restent pas moins vulnérables face à l'action des acteurs locaux. Ces usages spatiaux n'échappent évidemment pas aux conflits (Boissonnade, 2006) que ce soit avec les bailleurs, la municipalité[12], la police ou les habitants de l'immeuble. Si les « mecs du 180 » se

---

11 Recueil de propos en situation du 9 juin 2018.

12 Ayant assisté à tous les « conseils de quartier Marnaudes-Bois Perrier » de 2016 à 2018 et lu les comptes rendus de 2009 à 2016, l'occupation du « 180 » a été mentionnée par des habitants à deux reprises de manière directe (29 juin 2010 et 24 octobre 2013) et deux fois indirectement (10 mai 2011 et 18 février 2013). Ces dates

sont installés au quatorzième c'est pour ne pas être juste au-dessus d'un logement. Cependant, il y en a de part et d'autre. Dès lors, l'appropriation de cet espace a ses limites du fait la cohabitation qu'impose son caractère interstitiel. Il ne peut jamais être totalement privé et comporte une part d'imprévisibilité car l'accès peut y être compliqué, voire empêché. L'interstice se caractérise par un certain paradoxe. À l'écart, il se prête à des appropriations et des détournements de l'espace relativement pérennes, sur plusieurs années, à condition de négocier et de gérer les conflits d'usage que cela peut engendrer. Mais, parce qu'il s'agit d'un espace commun, ces usages détournés peuvent être entravés du jour au lendemain.

Somme toute, l'appropriation des interstices, notamment par leur ameublement, marque le flou des frontières entre espaces publics et privés. Précisons que ce flou se nourrit aussi en partie de la familiarité des rapports de génération entre « petits » et « grands » qui prennent vie dans les espaces publics de la cité, s'inspirent de logiques familiales et s'inscrivent directement dans la rue. Cela construit un rapport à l'espace caractérisé par une « familiarisation à l'espace » qui rend possible sa privatisation, en plus des caractéristiques matérielles intrinsèques des interstices. En outre, le caractère privé et familier du rapport à l'espace se façonne également à travers la vie du groupe de pairs qui transmet certaines valeurs et normes : Mam's, Fouad, Jo, Cédric, Antho' et les autres, se socialisent dans cet entre-soi.

3. Le « 180 » comme espace privé du collectif : conflits, honnêteté et socialisation

Ces espaces de regroupement permettent aux bandes d'amis de se retrouver, de se retirer quelques instants de la vie sociale de la cité, sans s'en détacher totalement, pour laisser s'exprimer des éléments qui ont trait à la vie privée du groupe et de chacun de ses membres, tels que des conflits entre membres du groupe, des problèmes familiaux ou les

---

correspondent au moment d'établissement de la bande au « 180 » alors qu'il avait été délaissé. Les habitants ont donc remarqué cette occupation. Elle n'a ensuite plus été évoquée. Au vu des discussions qu'ils ont avec eux lorsqu'ils les croisent dans le hall, l'ascenseur ou dans les rues de la cité, leurs relations avec les habitants sont bonnes (hormis un locataire soixantenaire). Il est arrivé à quelques reprises qu'une mère de famille logeant à l'étage du « 180 » y pénètre pour demander au groupe de baisser le ton car les voix raisonnent parfois jusque dans les appartements lors de débats enflammés.

histoires amoureuses des uns ou des autres. Ils fonctionnent comme des « coulisses » de la vie ordinaire du groupe de pairs, pour reprendre un terme goffmanien, où le poids du collectif reste présent et met en avant des normes de solidarité où les amitiés s'éprouvent.

Le « 180 », par exemple, est l'endroit dans lequel se règlent les conflits ou querelles intestines. La vie propre au groupe de pairs est ponctuée de conflits qui émergent parfois à la suite de paroles considérées comme déplacées ou de conduites qui n'ont pas plu à des membres ou à l'ensemble du groupe. Le ton monte souvent, mais les graves conflits sont rares. Les rires à propos des débats et des « clashs » sont plus nombreux. Certaines de ces « histoires » ne relèvent que de leur groupe, selon Fouad, Mam's, Ibou et les autres. Des informations ou des attitudes en ressortent qui n'ont pas besoin d'être connues par toutes et tous dans la cité. Les « réputations » de chacun s'édifient aussi de cette manière. Autrement dit, on ne lave pas son linge sale en public.

Parfois, des tensions peuvent émerger durant des débats qui opposent des visions différentes à la suite de prises de positions divergentes. Le 3 juillet 2018, Fouad relate un épisode impliquant un bon ami à lui et un autre jeune du quartier. Son ami, Harry, qui souhaite « percer » dans le domaine musical a sollicité une connaissance de la cité, Joël, qui s'est acheté un drone avec lequel il compte tourner des clips pour se faire un peu d'argent. Fouad explique qu'Harry a expressément fait appel à Joël afin de filmer une courte vidéo de 30 secondes pour un concours musical sur Instagram et parce qu'il préfère rétribuer celui-ci plutôt qu'un inconnu. Fouad est quelque peu abasourdi par le tarif de 150 euros demandé par Joël à Harry. Fouad s'attendait à un geste entre deux amis qui vivent dans la même cité et se connaissent depuis leur tendre enfance :

- « C'est vrai qu'il aurait pu faire un taro [prix d'ami] wesh ! », ajoute Jo Bali.
- « Après il essaie de gagner sa vie. Cité, pas cité, à un moment tu peux pas toujours faire gratuit ! », précise Mam's.
- « Pas gratuit, mais je m'attendais à un 50 balles, un truc comme ça. Il arrive en retard, même pas pro' wesh ! Et apparemment ce qu'il a fait est bof, Harry il a dit c'était despi », s'emporte Fouad.
- « Il avait qu'à négocier, il est ingrat de se plaindre après… », enchaîne Mam's.
- « Comment ça ingrat ? T'es un ouf toi ! C'est à lui de faire un tarif à la base, c'est tout. Tu crois Harry c'est Macron ? Tu crois il vient de Rothschild ? Il veut gratter un billet sur son dos », coupe Fouad.

- « C'est toujours plus facile de se plaindre après wesh, comme on vient de la même cité, on doit toujours se faire des cadeaux ? Faut vivre ma gueule.
- Ah ouais t'es bizarre toi, si tu penses comme ça, on peut pas marcher ensemble », avance Fouad.
- « C'est toi t'es mélan' [diminutif de "mélangé", synonyme de bizarre, fou ou irrationnel], bah marche pas avec moi alors, t'es un ouf », s'emporte amèrement Mam's qui hausse le ton.
- « Toi tu penses qu'à ta gueule », surenchérit sèchement Fouad[13].

Les prises de position des uns et des autres allaient globalement dans le sens de Fouad. Il y eut quelques froideurs entre Fouad et Mam's par la suite. Ils s'adressèrent peu la parole pendant quelque temps, Mam's ayant pris la phrase « on peut pas marcher ensemble » comme un manque de respect. Pour Fouad, les mots de Mam's remettent en cause le principe de solidarité qui prévaut entre les jeunes de la cité tout autant que dans leurs représentations de l'amitié. La majorité du groupe met donc en avant l'appartenance à la cité comme un principe de base, presque inaltérable, des relations sociales de partage et d'entraide entre les habitants du quartier tandis que la position de Mamadou va à l'encontre de « l'économie solidaire et fraternelle » constitutive du monde de la cité (Sauvadet, 2006a, p. 56).

Cette anecdote est narrée par Fouad dans l'entre-soi du « 180 » car le lieu permet à chacun de s'exprimer en petit comité intimiste. Les rappels du groupe font apparaître la prégnance des valeurs collectives au détriment de comportements jugés individualistes. Par d'éventuelles sanctions, le groupe transmet certaines valeurs et normes de comportement. Au fil des années, les membres du groupe apprennent aussi à se connaître intimement à travers ces conflits et leurs résolutions à partir du développement de leurs façons de voir les choses. Chaque conflit ou « petite embrouille » met en avant diverses idées, positions et visions du monde. Celles-ci sont partagées collectivement. Souvent, le groupe attend d'être réuni au « 180 » pour échanger plus intensément. Le caractère privé du « 180 » se construit également au regard des espaces publics de la cité, en offrant des conditions qui permettent de rediscuter de ce qui s'y passe. C'est parce qu'ils sont uniquement entre eux, à l'abri des oreilles indiscrètes et des regards intrusifs, dans cet interstice, que ces discussions y prennent librement place.

---

[13] Recueil de propos en situation du 3 juillet 2018.

La fonction normative du groupe de pairs peut aussi amener à l'autocensure, pour correspondre aux normes dominantes, mais le caractère confidentiel des micro-espaces occupés permet de s'exprimer en toute franchise car c'est aussi une valeur qui y est grandement valorisée. On le voit à travers le règlement des conflits qui se fait « pleine tête » selon une expression synonyme de « face-à-face ». On peut l'illustrer par un autre exemple. Après la première Coupe d'Afrique des Nations de la ville (communément appelée la « CAN des quartiers », tournoi informel organisé par les jeunes de la ville) en 2019, une grande partie des membres du groupe de pairs sont motivés à l'idée de jouer régulièrement les mois suivants et durant toute l'année pour retrouver « du niveau » afin d'être sélectionné par une « nation » de la compétition (correspondant à l'origine de chacun). En plus des matchs au City auxquels ne peuvent participer Ibou et Antho' lorsqu'ils se reposent de leurs nuits de travail (l'un est chauffeur Uber, l'autre a des contrats courts dans la logistique de la distribution de journaux), le groupe décide de faire des *fives* (ce sont des matchs de « foot à 5 » sur des terrains couverts qu'il faut louer).

Après quelques matchs, Cédric, fan de la série animée japonaise *Olive et Tom* (aussi connue sous le nom de *Captain Tsubasa*) durant son enfance, propose que chacun s'achète un même maillot bleu foncé de la Toho, l'équipe de Mark Landers. Tout le monde s'extasie à l'idée, hormis Dadou qui ne semble peu enthousiaste : « ah moi je sais pas ». Quand chacun d'entre eux commence à rechercher sur son téléphone des moyens pour s'en procurer (« Y'en a 30 euros sur ce site téma [verlan de « mater »] », « y'a personne qui a un compte snap [snapchat] qui vend des maillots ? »), Fouad remarque que Dadou se fait discret : « vas-y parle, frère, pourquoi tu fais des manières ? Si tu ne veux pas, dis-le c'est tout ! ». Dadou confirmera ensuite clairement qu'il n'était pas attiré par cette proposition. Il ajoute cependant : « mais si tout le monde prend, vas-y je prends ! »

Enfin, cette franchise s'expérimente à travers une pratique que ces jeunes nomment « les jugements ». Ces derniers consistent à traiter collectivement d'un cas précis qui concerne un membre du groupe. Chaque membre donne son avis à son tour sur le sujet à l'ordre du jour, et ce sans retenue. Cela nécessite d'être le plus franc possible afin de ne rien garder pour soi. Pour être franc, il faut parler crûment. Si ces « jugements » peuvent piquer l'amour propre, ils sont perçus comme un moyen de se remettre en cause si l'avis est majoritairement partagé. Les « jugements » n'ont pas de sujets de prédilection. Ils peuvent concerner des pratiques, des actions, des mots, les goûts personnels comme les goûts amoureux.

« S'il vous plaît, si ma meuf [« copine », mais prononcé dans le sens de « femme » dans le contexte de l'échange] est trop vil's [vilaine], j'espère que vous me le direz direct' ! Faudra faire un jugement», dit un jour à ce sujet Ibou en plaisantant. Il faut aussi apprendre à savoir encaisser des paroles dures.

Cette pratique des « jugements » met une nouvelle fois en avant la dimension collective de la vie sociale du « 180 » et de la cité en général. On y observe, depuis l'enfance, une collectivisation de la vie sociale marquée par le poids du groupe qui caractérise aussi la période de l'adolescence, quel que soit le milieu social, tout comme la recherche d'autonomie à cette période de la vie (Ramos et De Singly, 2016). À mesure que la prégnance du collectif se déploie, les amitiés se renforcent. Et c'est dans le « 180 » qu'une grande partie de cette vie collective s'éprouve.

Conclusion

En somme, le caractère interstitiel d'un espace tel que le « 180 », du fait de sa configuration matérielle et symbolique, entre le dedans et le dehors, entre le public (vie collective de l'immeuble où il se trouve et de la cité) et le privé (l'intérieur des logements) rend possible son appropriation par les jeunes, leur permettant d'y établir des lieux d'intimité et d'autonomie. L'interstice intervient alors dans le processus de socialisation à et par l'espace. En permettant aux jeunes de construire un rapport de proximité aux espaces hors logement, il les conduit à s'approprier les normes et les valeurs de franchise, de dureté, de solidarité qui s'y diffusent, en lien avec celles de la cité. Il rend possible la transformation d'un lieu peu usité en un entre-soi de pairs qui forme un monde privé, en l'occurrence celui « des mecs du 180 ». L'interstice offre un ancrage spatial. Toutefois, celui-ci n'est jamais définitivement fixé, ce qui renvoie à une autre dimension de la notion d'interstice. La forte promiscuité résidentielle entre les différentes générations de jeunes et les habitants avec lesquels ils partagent leur lieu de vie les poussent à s'établir dans des interstices qui entraînent parfois des conflits d'usage. L'interstice s'avère alors précaire et se négocie.

Les paroles, les pratiques, les actes qui y voient le jour participent à lui conférer une certaine dimension privée. L'interstice s'érige en un espace d'intimité face à la foisonnante vie collective juvénile de la cité. Certains vécus plus intimes peuvent alors s'y exprimer, par exemple ceux relatifs aux expériences de mobilités (Oppenchaim, 2016), qui représentent des moments de confrontation à l'altérité. En rediscutant des épreuves qu'ils peuvent vivre lors de ces mobilités, des *ethos* et des identités sociales se forment ou s'affirment. Des sujets et anecdotes personnelles qui ont trait à la construction des identités de genre et des rapports sociaux de sexe (sur la vie de couple, les relations amoureuses ou sexuelles, l'amitié entre garçons et filles) y occupent une place cardinale. Les caractéristiques de l'interstice offrent à certains groupes de pairs un espace à relative distance de la vie publique de la cité qui permet alors à des sujets de l'ordre de l'intime d'être plus facilement partagés entre eux ; et aux jeunes de grandir en ces lieux.

Bibliographie

Amrani Younes et Beaud Stéphane, 2005, *Pays de malheur ! Un jeune de cité écrit à un sociologue*, Paris, La Découverte.

Authier Jean-Yves et Lehman-Frisch Sonia, 2012, « Variations sur un thème : les manières d'habiter des enfants dans les quartiers gentrifiés à Paris, Londres et San Francisco », *Métropoles* [en ligne], 11.

Avenel Cyprien, 2000, « Les jeunes hommes et le territoire dans un quartier de grands ensembles », *Lien social et Politiques*, 43, p. 143-154.

Bacqué Marie-Hélène et Sauvadet Thomas (dir.), 2011, « Usages populaires de l'espace », *Espaces et sociétés*, 144-145, 1-2, p. 7-13.

Beaud Stéphane, 2002, *80 % de réussite au bac… et après? Les enfants de la démocratisation scolaire*, Paris, La Découverte, coll. « Textes à l'appui ».

Berthaut Jérôme, 2013, *La banlieue du « 20 heures ». Ethnographie de la production d'un lieu commun journalistique*, Marseille, Agone.

Boissonade Jérôme, 2006, « Une urbanité de confrontation. Regroupements de jeunes et gestionnaires de l'espace urbain », *Espaces et sociétés*, 126, 3, p. 35-52.

Bordet Joëlle, 1998, *Les « jeunes de la cité »*, Paris, Presses universitaires de France, coll. « Le sociologue ».

Chamboredon Jean-Claude et Lemaire Madeleine, 1970, « Proximité spatiale et distance sociale. Les grands ensembles et leur peuplement », *Revue française de sociologie*, 11, 1, p. 3-33.

Clair Isabelle, 2008, *Les jeunes et l'amour dans les cités*, Paris, Armand Colin, coll. « Individu & Société ».

Collectif, 2019, *Jean de Mailly à Rosny-sous-Bois. Bâtir une ville moderne*, Gand, CAUE 93, coll. « Architectures à lire en Seine-Saint-Denis ».

Epstein Renaud, 2016, « Le “problème des banlieues” après la désillusion de la rénovation », *Métropolitiques* [en ligne].

Faure Sylvia, 2006, « HLM : côté filles, côté garçons », *Agora débats/jeunesse*, 41, 1.

Grafmeyer Yves et Authier Jean-Yves, 2015, *Sociologie urbaine*, Paris, Armand Colin, coll. « 128 » (4e éd.).

Kechiche Abdellatif, 2004, *L'Esquive*, comédie dramatique, 117 minutes, couleur.

Kokoreff Michel, 1994, « La dimension spatiale des modes de vie des jeunes. Le cas d'une cité de la banlieue parisienne », *Sociétés contemporaines*, 17, 1, p. 29-49.

Kokoreff Michel, 2003, *La force des quartiers. De la délinquance à l'engagement politique*, Paris, Payot.

Lepoutre David, 2001, *Cœur de Banlieue. Codes, rites et langages*, Paris, Poche Odile Jacob.

Marlière Éric, 2005, *Jeunes en cité. Diversité des trajectoires ou destin commun*, Paris, L'Harmattan.

Mauger Gérard, 2006, *Les bandes, le milieu et la bohème populaire, Étude de sociologie de la déviance des jeunes des classes populaires (1975-2005)*, Paris, Belin.

Mohammed Marwan, 2011, *La formation des bandes. Entre la famille, l'école et la rue*, Paris, Presses universitaires de France.

Oppenchaim Nicolas, 2016, *Adolescents de cité. L'épreuve de la mobilité*, Tours, Presses universitaires François Rabelais, coll. « Perspectives Villes et territoires ».

Ramos Elsa et De Singly François, 2016, « La construction d'un espace “à nous” : la mobilité spatiale à l'adolescence », *Les Annales de la recherche urbaine*, 111, 1, p. 58-67.

Rivière Clément, 2017, « La fabrique des dispositions urbaines. Propriétés sociales des parents et socialisation urbaine des enfants », *Actes de la recherche en sciences sociales*, 216-217, 1-2, p. 64-79.

Santelli Emmanuelle, 2007, *Grandir en banlieue. Parcours et devenir de jeunes Français d'origine maghrébine*, Paris, CIEMI, coll. « Planète migrations ».

Sauvadet Thomas, 2006a, *Le Capital guerrier. Concurrence et solidarité entre jeunes de cité*, Paris, Armand Colin.

Sauvadet Thomas, 2006b, « Les jeunes “de la cité” : comment forment-ils un groupe ? », *Socio-logos. Revue de l'association française de sociologie* [en ligne], 1.

Segaud Marion, 2010, *Anthropologie de l'espace. Habiter, fonder, distribuer, transformer*, Paris, Armand Colin.

Tissot Sylvie, 2011, *De bons voisins. Enquête dans un quartier de la bourgeoisie progressiste*, Paris, Raisons d'agir, coll. « Cours et travaux ».

Zegnani Sami, 2013, *Dans le monde des cités. De la galère à la mosquée*, Rennes, Presses universitaires de Rennes, coll. « Essais ».

Chapitre 3

Interstices et pratiques interstitielles spontanées à l'interface ville-port. Ancrer le port dans la ville au Havre (France) et à Felixstowe (Royaume-Uni)

Marie Lécuyer

Les villes portuaires ont longtemps alimenté un imaginaire de « monde à part » de la société, bâti sur les échanges lointains, les lieux interlopes et leurs archétypes : le marin, l'émigrant, le docker, la prostituée. Aujourd'hui, cet imaginaire mérite d'être réexaminé à l'aune de la séparation de plus en plus nette entre les villes contemporaines et leurs ports (Chaline, 1994) : en Europe, la discontinuité traditionnelle entre la ville portuaire et le reste du territoire semble bien s'être déplacée entre la ville et le port lui-même.

Nous proposons de nous intéresser aux interstices nichés entre espace urbain et espace portuaire. Le concept d'interstice renvoie d'abord à une définition négative : un espace qui a perdu la fonction officielle que lui donnait son propriétaire, pour une durée incertaine. Abandonnés par leurs propriétaires sans être vendus ni réaménagés, ce sont des « résidus de projets d'aménagement et de friches industrielles, de transport ou agricoles » qui deviennent des espaces en réserve (Tonnelat, *in* Combes *et al.*, 2016). Les interstices ont une double dimension spatiale et diachronique. Dans la continuité du tissu urbain, ce sont des ruptures dotées d'un minimum d'emprise spatiale : nous traitons ici d'interstices d'au moins plusieurs centaines de mètres carrés (bâtiments, quais, bassins). Ils s'inscrivent dans une temporalité limitée : si un interstice émerge lorsqu'un espace est délaissé par son propriétaire, il faut en retour questionner son devenir et son réemploi pour de nouveaux usages. Partant de ces premières caractéristiques, nous proposons de déplacer la perspective, en portant notre regard non pas sur les interstices infra-urbains, mais sur les interstices qui matérialisent le contact entre l'espace urbain et d'autres espaces. Ce décentrement révèle des espaces à la fois périphériques et en marge[1] de la ville. Les interstices sont des hiatus ouverts, animés par des

[1] L'émergence du concept de marge en géographie découle d'un effort pour renouveler le couple asymétrique centre – périphéries, les périphéries n'étant envisagées qu'à

échanges avec les espaces voisins. Ils reposent sur une discontinuité spatiale, et de ce fait jouent un rôle d'interface.

Le concept de discontinuité rend compte du contact et de la rupture entre deux systèmes spatiaux (Brunet, 1968). Dans le cas de la ville-port, le système portuaire s'est historiquement développé dans le prolongement du système urbain. Ce prolongement est concrétisé par des caractéristiques topographiques (sols artificialisés, continuité des avenues, des quais et des bassins) et réglementaires (Code de la route). Toutefois, les critères de discontinuité l'emportent en nombre et entérinent la différenciation des deux systèmes spatiaux :

- Les ruptures paysagères et fonctionnelles brutales : d'un paysage d'habitations, de places, de commerces et d'équipements collectifs, à un paysage de hangars, de parc à conteneurs, d'usines, de cuves et de silos ;
- Le jalonnement : d'une localisation par adresse postale à une localisation par secteur ;
- L'ouverture : la ville est ouverte, notamment sur les espaces ruraux voisins, tandis que le port a un nombre limité d'entrées ;
- Les limites administrative, juridique et fiscale : le port est régi par une autorité portuaire distincte de la municipalité. Cette autorité gère un domaine foncier et son prolongement marin. Elle y fait respecter le code ISPS[2].

Ces discontinuités sont nettement perçues tant par les habitants que par les aménageurs : le contraste entre port et ville est un thème récurrent dans les débats publics, les médias locaux et les entretiens sur le terrain.

La discontinuité entraîne une dynamique d'échange : schématiquement, le système urbain fournit la main-d'œuvre tandis que le système portuaire assure un apport économique à la ville (salaires, valeur ajoutée et ressources fiscales). Dès lors qu'ils sont connectés par des échanges matériels et immatériels, deux systèmes spatiaux contigus forment une interface et agissent l'un sur l'autre. Pourtant, les interfaces n'ont pas été suffisamment étudiées pour elles-mêmes : « longtemps, l'étude des

---

travers leur distance et leur dépendance au centre. À l'inverse, le concept de marge qualifie un espace ouvert, façonné par des rapports de domination, mais aussi par des populations exclues, par l'informalité, la transgression des normes, la dissidence politique, etc. (Depraz, 2017).

2 Ce code international pour la sûreté des navires et installations portuaires, adopté dans la foulée des attentats du 11 septembre, fixe la procédure de lutte contre le terrorisme.

interactions s'est principalement intéressée aux échanges entre les lieux et aux modifications territoriales générées : on se centrait donc sur les actions et les rétroactions entre des lieux souvent distants et non sur la manière dont ces interactions pouvaient produire des lieux particuliers » (Groupe « Interfaces », 2008). Notre propos s'inscrit dans cette perspective de recherche. Pour cela, nous partons de lieux et de pratiques interstitiels repérés dans deux villes-ports du nord-ouest européen : Le Havre (France) et Felixstowe (Royaume-Uni). En cinquante ans, le système portuaire s'est de plus en plus différencié du système urbain. À l'heure des dynamiques de fermeture, d'éloignement et de sécurisation des ports, la persistance des interstices est donc frappante. Dans quelle mesure les représentations et pratiques associées à ces interstices maintiennent-elles un contact entre la ville et le port ? Autrement dit, comment les populations locales ancrent-elles le port dans l'horizon de leurs expériences urbaines, en dépit des dynamiques spatiales qui écartèlent la ville-port ?

Cette étude se fonde sur une enquête qualitative menée au Havre depuis 2018 et à Felixstowe depuis 2019. Il nous paraît important de préciser que cette enquête s'inscrit dans une recherche de doctorat en géographie, portant sur les rapports de genre et de domination au travail dans les territoires portuaires européens. La question des usages spontanés du port, et donc de ses interstices, n'est pas au centre de notre recherche, mais elle a émergé au contact du terrain. Notre participation au colloque nous a permis de formaliser l'analyse que nous proposons ici. Du fait du cadrage de notre thèse, nous nous appuyons sur une trentaine d'entretiens menés auprès de travailleurs et travailleuses portuaires de catégories socio-professionnelles hétérogènes. Afin de généraliser notre propos à la population locale des deux villes, nous avons élargi notre corpus en incluant des habitants qui ne travaillent pas dans le port. Pour cela, nous avons eu recours à des séances d'observation *in situ* et à des discussions informelles, et nous avons dépouillé la presse locale, les blogs et les pages Facebook publiques consacrées aux deux ports. Ces données empiriques sont complétées par des données spatiales : cartes, vues satellites, relevés de terrain et systèmes d'information géographique publics. Dans un premier temps, nous resituerons les interstices de contact dans l'histoire récente des relations ville-port en Europe. Nous développerons l'analyse de la catégorie interstices « par le bas », en partant des différents groupes sociaux qui fréquentent ces espaces vacants et de leurs pratiques socio-spatiales. Enfin, nous interrogerons le devenir de ces interstices, soumis à une forte pression foncière et économique.

1. Des ports en pleine mutation : quand des espaces vacants et périphériques deviennent des interstices

Cette première partie retrace les conditions d'émergence de friches dans les territoires portuaires contemporains. La dynamique de dislocation du port et de la ville renouvelle l'interface entre ces deux systèmes spatiaux. Nous montrerons que les interstices sont des espaces urbains enclavés dans le port, au sens où ils sont appropriés par des populations urbaines et prolongent les espaces publics de la ville.

1.1. *La trajectoire générale des villes-ports européennes : divorces et mesures d'éloignement*

Au tournant des années 1970-1980, les villes portuaires ont connu une révolution technique majeure : la fin de la manutention conventionnelle au profit du fret conteneurisé. Les grands armateurs transnationaux se sont lancés dans la course au gigantisme naval : superpétroliers, puis porte-conteneurs géants. Ces mutations contraignirent les ports à agrandir leurs quais et bassins, à acquérir un outillage mécanisé, à accroître leurs capacités d'entreposage (parcs à conteneurs, cuves, silos), et partant leur superficie (Frémont, 2007). La quête d'espace a incité les ports à s'éloigner progressivement de leurs villes. Il n'est pas rare que les fonctions portuaires, doublées d'activités industrielles et logistiques, soient désormais périurbaines : citons le développement de Fos à 50 km de Marseille dès les années 1960, ou la création *ex nihilo* de London Gateway en 2008, à 40 km des docks londoniens historiques. Outre la distance physique, le repli du port sur lui-même matérialise la rupture entre espaces portuaire et urbain. L'adoption du code ISPS a pour conséquence concrète la fermeture des zones d'activité portuaire au grand public : contrôles aux entrées, grillages, barbelés, murs et vidéosurveillance. En sortant de la ville pour gagner de l'espace sur la mer ou sur les terres rurales proches, le port laisse derrière lui des espaces inoccupés, mais proches du centre urbain : quais et bassins devenus trop étroits, entrepôts historiques tombés en déshérence.

Pour toutes ces raisons économiques et politiques, le travail et le territoire portuaires sont de moins en moins incarnés aux yeux des habitants. Enfermées dans des conteneurs, les marchandises deviennent invisibles et anonymes. Les activités portuaires naguère accessibles au public, « les rythmes du port et ses signes sensibles, le bruit, l'odeur notamment » s'effacent (Chevandier, *in* Saunier et Barzman, 2017). Au Havre, seuls les ferries et les paquebots animent encore le spectacle des bassins anciens, à l'ouest du port. Dans les années 1990, les dockers passent de l'embauche sur les quais à l'embauche par téléphone, depuis leur domicile : les quais se vident. *In fine*, l'ambiance portuaire disparaît de la ville.

En comparaison des agglomérations portuaires d'Anvers, Rotterdam et Hambourg, toutes millionnaires en habitants, celle du Havre est de taille modeste (235 000 habitants). Elle décline démographiquement depuis 1975, du fait d'une balance migratoire continuellement déficitaire. Les Havrais sont historiquement attachés au port, en tant qu'héritage du passé dans une ville détruite pendant la Seconde Guerre mondiale (Gravari-Barbas, 2004), plus tard en tant que poumon économique de la ville. Mais les difficultés économiques se cumulent à la décroissance démographique : fermeture des chantiers navals en 1999, stagnation des emplois portuaires depuis la crise économique de 2008 (autour de 13 500 emplois) et moindre recours à la main-d'œuvre disponible dans le centre ancien. Après des décennies de symbiose avec son port, la ville est durement affectée par la crise économique et sociale (Frémont, 1997). Le rôle social du port (Lavaud-Letilleul, 2012) dans son bassin d'emploi urbain apparaît donc compromis à moyen terme. Le port du Havre reste contigu à la ville et a résisté à la périurbanisation. Cependant, deux mouvements contraires ont écartelé la ville-port tout au long du second XXe siècle : l'expansion de la ville au nord sur le plateau du pays de Caux, et l'avancée du port au sud-est sur l'estuaire de la Seine. L'aménagement du foncier portuaire reste supervisé par l'État, qui l'administre *via* l'établissement public HAROPA. L'exploitation du territoire est concédée à une multitude d'entreprises : manutentionnaires privés, pilotes et remorqueurs, usines, raffineries, entrepôts logistiques. La juxtaposition de ces concessions crée ponctuellement des interstices au sein de l'immense territoire portuaire (10 000 hectares), sous forme d'espaces sans clôtures et libres d'accès.

Le cas de Felixstowe est atypique : il s'agit d'une petite agglomération stagnante (30 000 habitants) située sur l'estuaire de deux fleuves mineurs, dans une région rurale peu densément peuplée de la façade est de l'Angleterre. Nombre de ménages dépendent des 12 500 emplois liés à la mono-activité portuaire, et réciproquement le port s'appuie sur un bassin de recrutement très étroit. Le port de Felixstowe a appartenu à plusieurs compagnies privées depuis sa fondation en 1875 ; il est la propriété du méga-manutentionnaire chinois Hutchison Port Holdings depuis 1991. En ce sens, le port s'est développé suivant ses propres stratégies commerciales, en dehors de toute politique locale ou nationale. Il a investi dans des infrastructures adaptées à la manutention conteneurisée dès la fin des années 1960, ce qui lui a permis de devenir le premier port de conteneurs de Grande-Bretagne en 1980. Au plan de la morphologie urbaine, le port de Felixstowe est resté physiquement proche de la ville et les outils portuaires (portiques) sont bien visibles depuis l'espace urbain. Depuis la fin des années 1980, l'essentiel de l'espace nécessaire à la modernisation portuaire a été acquis par réaménagement du territoire, ou gagné sur l'estuaire lui-même. Mais le port reste un îlot isolé et dense (3 500 hectares), historiquement mal intégré au tissu urbain : il en est séparé sur trois kilomètres par une voie rapide. Le contact avec la ville se fait à l'est par une zone commerciale et un camping, et non par contact direct avec le centre-ville comme c'est le cas au Havre et dans la plupart des villes-ports anciennes. Le port est tourné vers l'estuaire, tandis que la ville regarde vers la mer du Nord. Depuis le tournant du XXIe siècle, la densification et la forte clôture du territoire portuaire de Felixstowe laissent peu de place aux interstices.

1.2. Situer les interstices urbains dans le port parmi les autres formes d'interface ville-port

Alors même que l'interpénétration historique entre systèmes portuaire et urbain a laissé place à plusieurs degrés de dissociation spatiale, les villes restent dépendantes de la santé économique de leur port. L'interface s'est donc profondément métamorphosée. Ce contexte général pose la question des échanges de part et d'autre de l'interface, et de l'émergence d'espaces de transition. Les ports jouent avant tout le rôle d'adaptateur (Groupe « Interfaces », 2008), au sens où ils modifient la nature des flux à l'interface terre-mer, par exemple : entreposage et conditionnement des marchandises, changement de propriétaire, transbordement entre transports terrestre, maritime et fluvial, relèves d'équipage. Les ports s'appuient pour ces tâches sur la main-d'œuvre urbaine, laquelle développe ses propres pratiques en parallèle des fonctions commerciales et industrielles du territoire. La disjonction de la ville et du port laisse des espaces libres, dont se saisissent des groupes sociaux, des acteurs privés ou publics. Nos enquêtes de terrain ont permis de repérer ces lieux intermédiaires pluriels, et partant de formaliser quatre figures de l'interface ville-port contemporaine.

Premièrement, les lieux de contact ponctuel : il s'agit des *check-points* aux entrées du port. Ils ont la forme de barrières de péage, de postes de sécurité ou de guichets à l'accueil des administrations. Ces lieux ont pour fonction de capter et de filtrer les flux à l'interface (Groupe « Interfaces », 2008) en un nombre limité de points, de sorte que les autorités portuaires ont une meilleure maîtrise de leur territoire. Seul un petit nombre d'individus est autorisé à y circuler pour le fonctionnement du port. Les vérifications de l'identité et de la profession sont au cœur du dispositif de régulation et de filtrage : elles visent en particulier les professions flottantes (marins, conducteurs routiers) et soutiennent des politiques de lutte contre le terrorisme et l'immigration illégale. Les lieux de contact ponctuel matérialisent une double frontière : d'une part la frontière du port protégé par le code ISPS, d'autre part la frontière entre le sol national et le monde extérieur.

Deuxièmement, les enclaves portuaires dans la ville. Ce sont des espaces nécessaires au bon fonctionnement portuaire, quoiqu'ancrés dans le tissu urbain. Ces enclaves portuaires tirent parti des ressources procurées par la ville : pouvoir symbolique, concentration démographique et opportunités de rencontre. Un premier groupe d'enclaves compte les sièges sociaux d'entreprises portuaires implantés soit en centre-ville, soit en périphérie à proximité des nœuds ferroviaires et routiers. Les entreprises valorisent leurs sièges par le choix d'une localisation prestigieuse ou facile d'accès (INSEE Haute-Normandie *et al.*, 2008). Un second groupe d'enclaves portuaires rassemble les lieux de vie collective des travailleurs. Ces lieux sont majoritairement formels : des locaux syndicaux en ville, des *seamen's clubs* pour l'accueil des marins en escale, ou encore l'ancien Bureau central de la main-d'œuvre, fermé puis reconverti en salle de sport pour les dockers havrais en 2001. Toutefois, une autre partie de ces enclaves sont des lieux publics investis spontanément par les travailleurs portuaires à certains moments de la semaine, à l'instar des cafés, pubs et clubs de loisirs où les gens du port et leurs familles sont surreprésentés. L'historien E. P. Thompson a montré le rôle crucial de ces lieux de sociabilité pour les solidarités de corps : l'atmosphère de liberté induite par l'entre-soi est le préalable à l'élaboration d'une culture ouvrière, voire d'une culture politique (Thompson, 2012 [1963 pour la version originale]). Ces lieux de vie autorisent l'expression de discours, voire de revendications hors du territoire portuaire, c'est-à-dire hors du contrôle des patrons. En faisant « déborder » le port dans la ville, les travailleurs créent leurs espaces de régulation de la vie portuaire et de sa pénibilité, sous la forme de refuges, de lieux de divertissement ou de foyers pour les mobilisations collectives.

Troisièmement, la requalification d'une friche portuaire en espace urbain. Depuis les projets pionniers à Boston et Baltimore dans les années

1950, l'aménagement des *waterfronts* (fronts maritimes ou fluviaux urbains) est devenu une catégorie de politique publique commune à la majorité des villes-ports[3] autour du globe (Prelorenzo, 2011). C. Chaline définit ces *waterfronts* comme « l'ensemble des territoires naguère occupés de manière quasi exclusive par les activités maritimes, industrielles et leurs compléments obligés, et notamment les emprises ferroviaires » (*op. cit.*). Leur réaménagement répond à plusieurs objectifs : récupérer d'importantes réserves foncières près des centres-villes, régénérer la base économique locale en attirant des activités tertiaires supérieures et des populations aisées (Michon, 2008), attirer des investisseurs, faire valoir le patrimoine industrialo-portuaire. Les politiques de *waterfronts* sont présentées par leurs promoteurs comme des solutions au déclin urbain ; elles participent cependant à l'éviction des populations ouvrières et paupérisées qui habitaient les quartiers portuaires. Au Havre, les autorités municipale et intercommunale se sont efforcées de créer un nouveau centre urbain autour des bassins historiques et de leurs aménités paysagères. Ce quartier réhabilité concentre logements de standing et fonctions métropolitaines : activités commerciales et récréatives, enseignement supérieur, bureaux, centre de congrès. La conversion des friches portuaires en espaces urbains repose essentiellement sur la reprise de la toponymie (« les docks »), la sauvegarde de bâtiments patrimoniaux et un vocabulaire architectural qui évoque le port ou la friche (Grimaud, 2015). Le cas havrais est représentatif des projets de *waterfronts* en général : les mesures esthétiques prévalent sur la mixité réelle des usages urbains et portuaires. Aussi la requalification implique qu'une friche sorte définitivement du territoire portuaire. Les activités maritimes et industrielles ne reviennent guère en ville, autant par manque d'espace que parce qu'elles sont devenues indésirables aux yeux des pouvoirs locaux et de l'opinion publique (Frémont, 2009). Les politiques de requalification mettent au jour le rapport de force entre fonctions urbaines et portuaires : l'interface prend la forme d'un front mouvant, autour duquel la ville avance tandis que le port s'éloigne.

Quatrièmement, les interstices urbains dans le port. Nous définissons ces interstices au sein du territoire portuaire en croisant deux critères. Premièrement, ils sont accessibles au public sans contrôle d'identité. Ce sont des friches : terrains vagues, quais, hangars ou gare maritime abandonnés. Par souci de la dimension spatio-temporelle des interstices, nous incluons dans cette catégorie des interstices versatiles, à savoir les

[3] Notons l'absence totale de projet de ce type à Felixstowe, en raison de l'isolement du port vis-à-vis du tissu urbain.

quais lors des journées où ils sont libres d'accès. Au Havre par exemple, le terminal de croisières est ouvert à la promenade hors des jours d'escale. Deuxièmement, ces interstices doivent être investis par les habitants pour leur usage personnel ou collectif, distinct des activités maritimes. C'est à cette condition que les interstices peuvent être considérés comme des enclaves d'urbanité dans le port. À Felixstowe, le réaménagement du port sur lui-même au cours des années 2000 a empêché l'émergence de friches, et par conséquent les incursions d'habitants dans le territoire portuaire. Les espaces accessibles ont été reportés sur les marges ouest (zone naturelle) et est du port (cap de Landguard Point) (figure 1). Au Havre, les interstices urbains sont essentiellement situés autour des bassins anciens et le long des avenues qui desservent le port.

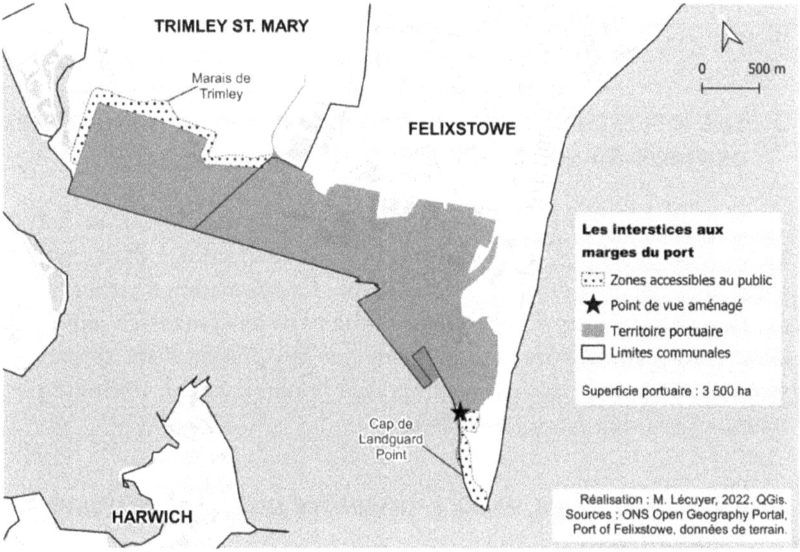

Figure 1. Felixstowe : les interstices aux marges du port (source : Lécuyer)

C'est à cette dernière figure d'interface ville-port que nous consacrons le développement de cet article. Les interstices urbains sont le produit des pratiques spontanées des habitants dans le port. Celles que nous avons observées au Havre et à Felixstowe ne sont que peu ou pas formalisées dans le cadre d'associations, de clubs ou d'actions collectives. En revanche, elles bénéficient de la faculté de métamorphose propre au système portuaire et à ses paysages, liée aux fluctuations du commerce mondial, à l'adaptation régulière des infrastructures et des technologies, aux abandons de site ou encore aux menaces d'ensablement. Les pratiques des habitants s'inscrivent dans la continuité d'usages plus anciens, poursuivis par sédimentation historique et souvent transmis *via* la socialisation familiale, amicale ou professionnelle. Comme ces usages ont été élaborés dans des contextes antérieurs d'ouverture et d'ambiance portuaire dans la ville, la question de leur avenir en ce début de XXIe siècle se pose avec acuité. Malgré la disparition de certaines pratiques dangereuses, à l'instar des baignades dans les bassins, d'autres ont résisté au moins jusqu'à la période récente. En partant des pratiques ordinaires, nous défendons l'idée que des habitants ancrent le port dans leurs expériences quotidiennes, donc préservent un certain degré d'échanges entre la ville et le port. Ce faisant, nous nous efforçons d'enrichir la littérature sur les interstices, dominée par l'étude des cas extrêmes de mobilisations massives pour défendre un espace, voire de projets utopistes (autogestion horizontale, autarcie ou encore habitat partagé)[4].

2. Les interstices vus d'en bas : la société urbaine et ses espaces du quotidien dans le port

À partir de la définition des interstices urbains dans le port et de l'enquête, il est possible d'isoler ce qui se produit de spécifique dans ces lieux par rapport au reste du territoire portuaire. La population a produit au fil des décennies des espaces de loisirs d'une part, de commerce souterrain d'autre part. Nous verrons cependant que ces pratiques socio-spatiales sont surtout perpétuées par ceux qui ont le plus accès au territoire portuaire, c'est-à-dire par les travailleurs.

2.1. Les interstices, espace-ressource pour les pratiques récréatives

Nous regroupons dans un premier ensemble les loisirs pratiqués de manière gratuite et spontanée dans le port, en dehors de toute organisation formelle. À Felixstowe, le seul pub situé dans l'enceinte du port

4 Les recherches sur la dimension spatiale des mobilisations ont émergé il y a une vingtaine d'années (Tilly, 2000 ; Ripoll, 2005). Nous renvoyons aux nombreux ouvrages et numéros de revue récents qui ont mis en lumière les occupations d'interstices variés, à l'image des zones à défendre, squats, ronds-points ou terrains vagues périurbains (Combes *et al.*, 2016 ; Dechezelle et Olive, 2017 ; Chevalier et Sibertin-Blanc, 2020).

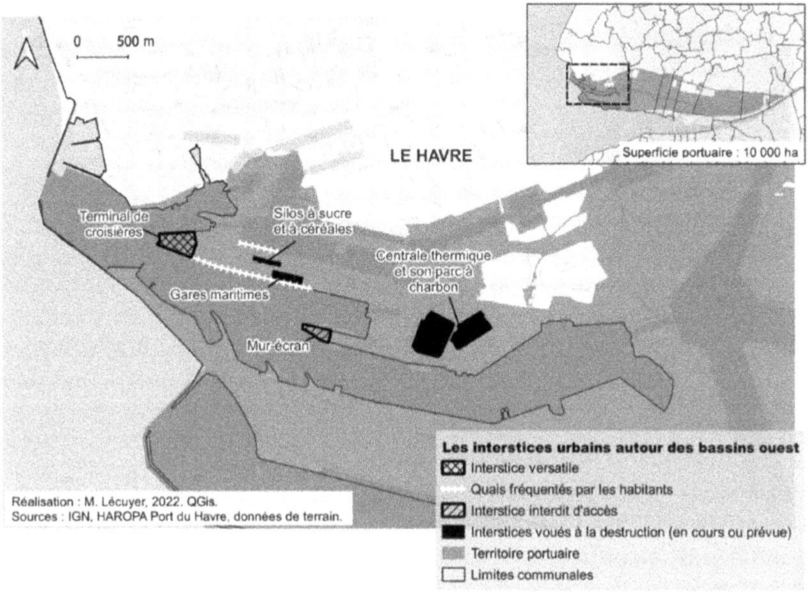

Figure 2. Le Havre : les interstices urbains autour des bassins ouest (source : Lécuyer)

a fermé en 1990 : cette décennie a marqué l'effacement des fréquentations récréatives du port, jusqu'à la clôture au début des années 2000. En revanche, les habitants continuent à arpenter en famille la promenade de Landguard Point et celle des marais à l'ouest du port, principalement le week-end. Ces excursions offrent une vue sur les trois terminaux du port, les portiques et les conteneurs empilés. Au Havre, les activités récréatives manifestent l'attachement des habitants : « la ville a aimé son port : lieu de promenades, spectacle divertissant, fenêtre sur le monde, leçon de choses économiques, occasion de respirer l'air du grand large » (Barzman, *in* Saunier et Barzman, 2017). Ces activités anciennes ont encore cours dans les interstices de l'ouest du port. Hors des jours d'escale sur le terminal de croisières, des promeneurs viennent regarder les navires marchands escortés « d'abeilles[5] » (figure 2). Ces sorties se font fréquemment en famille et sont l'occasion d'expliquer l'activité maritime aux enfants. Quand la météo le permet, les quais Callet et Couvert sont quotidiennement fréquentés par des pêcheurs à la ligne. En fin d'après-midi, ces quais accueillent de petits groupes venus discuter ou consommer de l'alcool

[5] Surnom local des bateaux-remorqueurs.

acheté en ville, et des couples de promeneurs. Certaines friches patrimoniales et relativement accessibles, quoiqu'interdites d'accès, attirent depuis longtemps la curiosité des groupes d'adolescents, et plus récemment des amateurs d'urbex[6] (figure 2) : la gare maritime du Port autonome, définitivement fermée en 2014, ou encore le mur-écran érigé en 1947 contre le vent, donnent lieu à des visites et des productions visuelles (photographies et vlogs). Les loisirs et la flânerie contribuent à inscrire le territoire portuaire dans l'espace-temps quotidien des habitants. L'immensité du territoire permet aussi bien de contempler des segments de l'activité portuaire que de trouver des interstices calmes, à l'écart de l'agitation de la ville et du port. Au Havre particulièrement, les interstices satisfont le désir d'isolement, voire le goût du mystère de certains groupes sociaux.

Il nous paraît utile de formuler ici deux remarques quant aux caractéristiques socio-économiques des habitants qui fréquentent ces friches. Premièrement, les pratiques observées renvoient aux loisirs des classes populaires (Bourdieu, 1979). La gratuité et les rencontres en plein air sont plutôt typiques de ces classes sociales. Deuxièmement, les individus observés sont majoritairement des hommes. Si les groupes sont masculins, ou mixtes dans un cadre visiblement hétérosexuel et familial, on n'observe guère de groupes féminins ou de femmes seules. Les interstices urbains dans le port sont donc situés au croisement de deux normes genrées. Dans l'espace public urbain, les femmes restreignent leurs déplacements seules par crainte de la violence sexuelle (Lieber, 2008). Dans les ports, elles sont minoritaires parmi la main-d'œuvre (Turnbull *et al.*, 2009 ; Lécuyer, 2022) et l'image de « bastion masculin » est accentuée par les représentations culturelles de quartiers portuaires malfamés (Prelorenzo, 2010). L'intériorisation de ces deux normes par les femmes entrave leurs possibilités d'appropriation des interstices, et les place dans la dépendance d'une compagnie masculine.

Les loisirs que nous avons recensés impriment peu de marques dans l'espace : ils n'impliquent pas que les habitants aménagent les interstices qu'ils investissent. Ces pratiques spontanées sont à la fois temporaires et cumulatives. Elles ne durent que quelques heures à la fois, sans réelle inscription matérielle ; mais c'est la répétition dans le temps, voire sur plusieurs générations, qui leur donne la valeur d'usage.

---

6 « Exploration urbaine » sans autorisation de bâtiments abandonnés, souvent difficiles à pénétrer.

2.2. En marge, les interstices et les pratiques souterraines

Une seconde catégorie renvoie aux interstices comme marges et lieux de la marginalité, où s'épanouissent des activités informelles clandestines. Sur le temps long, les représentations du port ont été marquées par la contrebande, les trafics suspects et la prostitution[7] (Prelorenzo, 2011) : que deviennent ces pratiques souterraines à l'heure de la vidéosurveillance et des accès sécurisés ? Au contraire de l'espace public urbain en général, les interstices dans le port sont soumis à un moindre contrôle social, même de jour. Ce sont des espaces résiduels en périphérie de la ville, parfois isolés au milieu d'un territoire vaste et difficile à patrouiller, où la présence humaine est faible. Par exemple, les réseaux de proxénétisme utilisent les bas-côtés des principaux axes routiers du port du Havre : la prostitution est à la fois visible pour les clients et limitée à la nuit. À l'inverse, les vols et trafics requièrent des espaces discrets, à la périphérie des centres les plus contrôlés du territoire portuaire. Les espaces libres d'accès servent donc de support à une économie souterraine locale ou internationale.

La grappille, c'est-à-dire le vol de cargaison par les dockers, est attestée dans les ports européens dès le début du XXe siècle. Elle a été tout au long du siècle tolérée aussi bien par les syndicalistes (Pigenet, 2003) que par les contremaîtres (Vigna, 2012). Les historiens situent la grappille dans un ensemble plus vaste de pratiques ouvrières d'opposition, visant à léser son patron et à résister aux velléités de contrôle de la part des douaniers et policiers. Ces vols ont persisté malgré la conteneurisation. Aujourd'hui à Felixstowe, la grappille de nourriture et d'alcool est une pratique ambivalente : elle est à la fois racontée avec ostentation dans les collectes de souvenirs des travailleurs du port[8], et moralement condamnée comme incompatible avec le fonctionnement d'un port moderne. Au Havre, les dockers aînés réprouvent désormais ces conduites pour en dissuader les plus jeunes. La grappille subsiste occasionnellement, comme en témoignent les procès pour vols et recels qui ont impliqué des dockers entre 2014 et 2016. Ces cas consistent en vols opportunistes

---

[7] La littérature policière, le cinéma réaliste (*Quai des Brumes* de Marcel Carné, 1938) et la chanson (« Amsterdam » de Jacques Brel, 1964) ont durablement façonné ces représentations. Dans les années 1980, elles sont encore à la mode alors que les ports européens sont en pleine conteneurisation : en témoignent en France les succès de « Cargo » d'Axel Bauer (1983) ou « Macumba » de Jean-Pierre Mader (1985).

[8] Voir par exemple le *Felixstowe Dock Basin Memories 1886-2010*, édité sur souscription en 2010.

dans des conteneurs fracturés au hasard : champagne, articles de luxe, médicaments ou simple nourriture. Les receleurs exploitent les interstices du port, notamment les angles morts des caméras et les terminaux accessibles avec un véhicule personnel. La grappille est ancrée dans l'espace urbain local, au sens où les receleurs y voient un moyen d'agrémenter leur quotidien, de compléter leurs revenus ou de régler des dettes en revendant à des connaissances en ville. Nous rapprochons cette économie souterraine locale des récits collectés auprès de transitaires maritimes : les cadeaux de clients, en général des spiritueux, excèdent souvent les quantités autorisées par la loi. En revanche, nous distinguons la grappille du trafic de cocaïne[9] dans lequel sont impliqués des dockers havrais depuis une décennie. Si le narcotrafic s'appuie lui aussi sur les interstices du port, il se déploie à l'échelle mondiale entre des cartels colombiens ou mexicains, leurs intermédiaires au Havre et le marché croissant des consommateurs européens. Les transferts, très rapides, ne sont donc pas à proprement parler ancrés localement.

Si elles ont quasiment disparu à Felixstowe, les pratiques clandestines se perpétuent au Havre. Ce contraste s'explique à la fois par la persistance de cultures professionnelles héritées du XXe siècle et par les interstices encore nombreux dans le territoire portuaire, qui facilitent la circulation, les échanges discrets et le détournement des lieux à des fins illégales.

2.3. Qui peut encore s'approprier les interstices ? Le problème du « droit » au territoire portuaire

En 1968, le philosophe H. Lefebvre défend dans *Le Droit à la ville* l'hypothèse que l'industrialisation a disloqué la ville traditionnelle dans sa morphologie, en même temps qu'elle lui a imposé un régime capitaliste de productivité. Les formes collectives, créatives et spontanées de la vie en ville s'érodent : désormais aliénées, les populations ont davantage de difficultés à s'approprier la ville. Dans le contexte général de désindustrialisation des villes occidentales, le cas des villes-ports se détache : leur développement reste articulé à un système portuaire

9 Le rapprochement entre grappille et narcotrafics est souvent fait par les journalistes, voir par exemple le reportage « Menaces, enlèvements, assassinat… Coke en docks au port du Havre », par Stéphanie Marteau, *Le Monde*, 4 novembre 2020. Outre la différence d'échelle, les vols de conteneurs sont jugés en correctionnelle localement, tandis que le narcotrafic relève de la juridiction interrégionale contre la criminalité organisée.

qui structure l'économie locale. Les interstices urbains du port et ceux qui s'en saisissent posent la question du « droit » au territoire portuaire malgré sa clôture, son éloignement et les logiques productives qui le régissent. Nous reprenons ici pour modèle le « droit à la ville » tel que l'entend H. Lefebvre, c'est-à-dire le droit à la vie collective urbaine, aux lieux de rencontres et de débat politique, aux usages ludiques et libres de la ville. Dans cette perspective, le port est à la fois un territoire industriel et logistique, et potentiellement un bien commun que les habitants devraient pouvoir façonner *via* d'autres usages que les seules fonctions professionnelles. En d'autres termes, il s'agit de voir si le port peut être davantage que les emplois et la valeur ajoutée qu'il assure à la société urbaine, et s'il peut être revendiqué par cette société *via* des négociations ou des luttes.

L'espace public urbain est un espace matériel et symbolique, aménagé pour être accessible à tous et où prévaut l'anonymat. Après plusieurs décennies de divorce entre les villes et leurs ports, les quais et les bassins ne sont plus des espaces publics. L'îlot de Felixstowe est difficilement pénétrable du fait de la quasi-absence de lieux ouverts au public. Au Havre, l'immense majorité de la population réside sur le plateau au nord de la ville, loin du port et de sa bordure la plus active au sud. Du fait des fermetures d'entreprises et du recul de l'emploi portuaire total, les jeunes connaissent désormais mal le port (Thorez, 2015).

Ces vingt dernières années, il apparaît que ce sont les travailleurs portuaires qui ont eu les ressources pour continuer à s'approprier le port à travers ses interstices, et ainsi défendre un droit au territoire portuaire. Ces ressources sont de l'ordre de la connaissance du territoire, de sa fréquentation ordinaire et des émotions. Contrairement aux autres habitants, les salariés portuaires cumulent les savoirs réglementaires, techniques et empiriques. Ils se représentent précisément le terminal où ils sont employés, et ont une compréhension globale du territoire portuaire, de ses friches et zones peu accessibles, des futurs projets d'aménagement qui le concernent. Hormis les personnels administratifs confinés dans leurs bureaux, la plupart des salariés circulent en voiture dans le port à un rythme quotidien (pilotes, remorqueurs, douaniers, dockers, manutentionnaires, personnel du transport de voyageurs, réparateurs de conteneurs) ou hebdomadaire (agents maritimes, transitaires). Pour toutes ces professions, la familiarité avec le territoire portuaire se construit dans l'articulation entre phases de travail et phases d'attente dues à l'irrégularité du trafic. Les travailleurs peuvent passer plusieurs heures par semaine dans les locaux syndicaux, salles de sport, vestiaires et réfectoires aménagés par leurs soins. Au sens où l'entend J. Scott, ces lieux constituent des « espaces sociaux »[10] plus ou moins autonomes où les ouvriers et employés du port développent leurs propres cultures professionnelles, à l'abri du patronat. Les pratiques du temps libre dans le port, et dans une certaine mesure la grappille, ressortissent à ces cultures subversives : les individus s'approprient le territoire où ils travaillent, en tirent des ressources et partagent une vie collective qui renforce la cohésion professionnelle. Enfin, les salariés tissent des liens affectifs avec les lieux, où se mêlent émotions positives et négatives : appréciation de l'ouverture sur le monde, de la beauté ou du calme du port, ou au contraire nostalgie du passé, sentiment de vide et d'immensité écrasante (Grimaud, 2015). Au Havre comme à Felixstowe, les salariés rencontrés disent avant tout la fierté de travailler dans un des centres de la compétition portuaire européenne. Ils défendent l'idée que le port devrait être plus libre d'accès, à l'instar des dockers havrais qui rêvent d'ouvrir la digue au sud des terminaux de *Port 2000* : le grand public pourrait y admirer « un des plus beaux outils portuaires d'Europe » (extrait d'entretien).

Ainsi, l'éloignement et la fermeture du port avaient déjà fragilisé les rapports entre la population locale et le territoire portuaire. Ces rapports sont à nouveau mis à mal par les politiques de redéploiement interne des ports : les autorités portuaires font main basse sur les espaces vacants et mettent *de facto* un terme aux pratiques interstitielles de la population.

3. Vers la disparition des interstices : la redéfinition des relations entre le port et la société urbaine

Les ports européens entrent dans une nouvelle phase de leur trajectoire, marquée par la fin programmée des interstices hérités de l'histoire de l'aménagement portuaire. Or les habitants en général et les travailleurs en particulier n'opposent pas de résistance à la récupération de ces espaces. Nous présentons ici un cadre d'interprétation à cette apparente inaction, avant de conclure sur la question du contact entre le port et la population : les politiques portuaires récentes incluent désormais des volets de mise en valeur et d'ouverture du port au public.

---

10 Voir particulièrement le chapitre 5 : « Aménager un espace social pour une subculture dissidente » (Scott, 2019 [1990 pour la version originale]).

3.1. Les autorités portuaires à la reconquête des interstices

Les ports sont contraints d'adapter sans cesse leurs infrastructures, leurs capacités d'accueil et de stockage pour se maintenir dans la compétition maritime. Dans un premier temps, les autorités portuaires ont mené une politique de grandes commandes : des terminaux conteneurisés neufs, gagnés sur les estuaires et les marais environnants (*Trinity Terminal* entre 1985 et 1990 à Felixstowe, *Port 2000* entre 2001 et 2006 au Havre). Depuis une quinzaine d'années, ces autorités privilégient la récupération de zones sous-dimensionnées, sous-utilisées ou désaffectées au sein de leurs domaines fonciers. Le port de Felixstowe s'est montré précurseur : dès 2006, des travaux de comblement du bassin historique du port sont lancés, pour laisser place à un terminal moderne (*Berths 8&9*, inauguré en 2011). Du fait de ces travaux précoces et des dimensions modestes du territoire portuaire, le paysage du port se trouve à un stade avancé de densification. En comparaison, Le Havre s'est plutôt engagé dans la reconquête de ses friches à la fin des années 2010, au gré d'opportunités économiques. Après plusieurs années de négociations, l'autorité portuaire a concédé une partie des terminaux historiques de sa partie occidentale pour la construction d'une usine de montage d'éoliennes *off-shore*. Ce chantier a nécessité en 2020 la destruction de l'ancienne gare maritime du Port autonome[11], abandonnée en 2014 ; puis de silos à céréales désaffectés depuis 2003 ; enfin de silos à sucre encore en activité (carte 2). Les deux ports entrent donc dans une période de redéploiement interne, suivant une logique de régénération du territoire et d'économie foncière.

Pour mener à bien ces politiques, les autorités portuaires confisquent des espaces inoccupés depuis plusieurs années. Elles mettent trois arguments en avant. Premièrement, les autorités sont maîtresses de leur domaine foncier et ont le pouvoir d'en planifier l'aménagement[12]. Elles

---

[11] Le Havre a disposé d'un complexe de gares maritimes jusqu'en 1981. La gare de la Compagnie Générale Maritime a été détruite en 2009, tandis que celle du Port autonome a été utilisée comme salle de réception et de spectacle jusqu'en 2014.

[12] L'aménagement portuaire est d'abord commandé par la logique de marché. Si c'est évident dans le cas du port privé de Felixstowe et des autres ports britanniques, c'est également vrai au Havre, aménagé par l'autorité portuaire pour les besoins de ses partenaires du transport privé. En France, le nouveau code de la domanialité publique (2006) et la réforme statutaire des grands ports maritimes (2008) encouragent désormais les autorités portuaires à la valorisation commerciale de leur territoire : ventes, acquisitions et concessions au profit d'activités portuaires et non portuaires, donc augmentation de la part de la rente foncière dans le volume total de leurs recettes (Magnan, 2016).

conçoivent le port comme un outil de travail et un foncier à valoriser, et cherchent à asseoir cette vision auprès de la société urbaine. Cette vision affronte des représentations concurrentes du port : un patrimoine dont les lieux emblématiques devraient être protégés, un terrain de lutte qui peut être légitimement immobilisé lors des mouvements sociaux, ou encore un espace qui devrait être ouvert au public et aux usages non productifs, pour être mieux accepté socialement. Deuxièmement, les autorités portuaires doivent composer avec la contrainte de la pression foncière. Les interstices deviennent des ressources exploitables dans un contexte où les terrains disponibles sont rares, et où les revendications environnementales limitent la possibilité d'artificialiser de nouveaux terrains (Lévêque, 2012). Troisièmement, les autorités portuaires présentent leurs politiques de planification comme un moyen de rendre une valeur économique et symbolique aux interstices. Ce faisant, elles dénient la valeur donnée par les travailleurs, ou plus généralement la population, à travers leurs pratiques libres et récréatives.

Face aux projets de reconquête foncière des autorités portuaires, on n'observe guère de mobilisation sociale à Felixstowe ni au Havre : comment interpréter l'inertie des habitants ? Les acteurs dominants, c'est-à-dire les autorités portuaires et les entreprises, ont convaincu les pouvoirs municipaux et la société urbaine que leurs intérêts économiques bénéficient au plus grand nombre, suivant l'idée que « ce qui est bon pour le port est bon pour la ville » (Lavaud-Letilleul, 2005). Cette vision du monde rencontre un fort écho dans les deux villes-ports, en raison des craintes récurrentes de déclin et de chômage. La main-d'œuvre urbaine est dépendante du secteur portuaire, puisque c'est le premier employeur des agglomérations étudiées. L'enquête montre que les habitants de Felixstowe redoutent que le port ne perde son rang au profit de ses concurrents britanniques. Les Havrais ont intériorisé l'idée que le port souffre de son retard de développement et de ses mouvements sociaux face aux concurrents belges et néerlandais. En ce sens, l'absence de contestation de la part des habitants n'est pas le signe d'un désintérêt pour le territoire portuaire. Au contraire, les habitants ont conscience que le rapport de force leur est défavorable au vu des enjeux économiques. Dans la configuration de pouvoir actuelle, ils s'en remettent aux acteurs dominants : en d'autres termes, ils donnent la priorité au maintien du trafic maritime, de l'emploi local et du niveau de vie, plutôt qu'à la défense de leurs usages des interstices[13]. L'absence d'opposition suggère une convergence entre les

[13] Notons qu'au Havre les pratiques souterraines continuent à avoir cours, dans la mesure où elles ne s'opposent pas aux intérêts généraux du système portuaire : leurs

intérêts matériels quotidiens des habitants et les intérêts de maximisation économique des acteurs dominants.

3.2. Les interstices, enjeux de négociation entre les travailleurs portuaires et les autorités

Ayant intériorisé la supériorité des enjeux économiques portuaires, les habitants sont évincés des interstices sans émettre de contestation notable. Il nous faut cependant revenir sur le cas des travailleurs portuaires. Durant plusieurs décennies, ils ont produit leurs propres espaces dans le port, sur leur temps de travail autant que sur leur temps libre. Pourtant, eux non plus ne défendent pas les interstices urbains du port.

Pour interpréter ce paradoxe, nous recourons au concept « d'économie morale de la foule» (Thompson, 1971). Ce concept sert à sonder ce qui est collectivement vécu comme juste et injuste par un groupe social donné. L'*économie* s'entend dans le sens d'échanges et d'obligations réciproques entre des groupes sociaux. Ainsi, *l'économie morale* renvoie à la production et à l'utilisation «des principes de bonne vie, de justice, de dignité, de respect, en somme de reconnaissance» (Fassin, 2009) ressentis et partagés par des dominés. Le port ne fonctionne pas uniquement suivant des règles économiques. Dans le cas qui nous intéresse, une transaction tacite prévient un potentiel conflit territorial entre le groupe des travailleurs et celui des acteurs dominants. La transaction se résume comme suit: les travailleurs consentent à céder leurs lieux de vie dans le territoire portuaire en échange de garanties sociales. Ces garanties peuvent être ramenées au nombre de trois: un stock d'emplois stable et suffisant, de bonnes conditions d'emploi, la reconnaissance de la valeur du travail. Pour les travailleurs, ces gages ont une signification morale forte: ils mettent en jeu leurs perspectives d'avenir, voire celles de leur progéniture. Dans leur économie morale, le renoncement à des pratiques habituelles, traditionnelles parfois, et à un certain «droit» au territoire portuaire, est mis en balance avec l'accès aux moyens de subsistance, à l'estime de soi et à la solidarité *via* le travail. Un exemple récent l'illustre. En 2020 au Havre, l'usine de production d'éoliennes a été bien acceptée par la population, y compris par la main-d'œuvre portuaire. Ce projet implique pourtant la récupération d'interstices dans l'ouest du port, et

---

auteurs agissent «en coulisses» (Scott, 2019 [1990]) et les acteurs dominants n'ont pas intérêt à ce que des affaires éclatent publiquement.

la destruction d'une friche à forte valeur patrimoniale et affective : l'ancienne gare maritime. La promesse d'apporter 750 emplois à la ville-port est au cœur de la transaction entre les travailleurs et les dirigeants : une partie de ces emplois servira au reclassement de salariés issus d'une autre usine du secteur énergétique, fermée en 2020. Les interstices servent donc d'objet négociable dans les interactions entre travailleurs et acteurs dominants.

Lorsque les conditions d'échange ne sont plus respectées, un sentiment collectif d'injustice s'empare des travailleurs. Au Havre, la fermeture de la centrale thermique du port (carte 2) en 2021 est vécue avec colère et amertume par les salariés qui en tiraient un revenu et une sécurité matérielle. Au-delà de ce premier cercle directement concerné, le reste des travailleurs portuaires exprime son animosité. Des emplois sont supprimés sans compensation et la centrale devient à son tour une friche industrielle de longue durée : son démantèlement doit durer dix ans et l'utilisation future du terrain est incertaine. L'économie morale du monde portuaire est secouée par une crise de confiance : les travailleurs se sentent floués sur l'enjeu de l'emploi, alors même que nombre d'entre eux pointent le taux de chômage dans la ville-port et les niveaux de vie inférieurs aux moyennes départementales (Beuret et Cadoret, 2014). À Felixstowe, la modernisation du territoire portuaire a accompagné une dégradation du statut docker depuis les années 2000 (Lécuyer, 2022). Dans le rapport de force actuel avec le patronat, les dockers n'envisagent pas la possibilité d'une mobilisation collective. Ils expriment leur ressentiment sur le mode de l'infra-politique (Scott, 2019 [1990]) : en critiquant les pratiques managériales de leurs supérieurs sous couvert d'anonymat ou de discussions privées, et en décourageant leurs fils de travailler pour le port. Pour que la reconquête des interstices urbains soit acceptée par les travailleurs, il faut que les acteurs dominants assurent de réelles compensations socio-économiques : création d'emplois locaux pérennes, formation, revalorisation salariale ou *a minima* sauvegarde des conditions salariales existantes. En ce sens, la négociation des espaces vacants influe sur les possibilités matérielles d'existence et d'avenir dans la ville-port.

3.3. Le port entrouvert : créer de nouveaux espaces pour le public à la place des anciens interstices

Les autorités portuaires sont engagées dans une politique de reconquête des interstices disponibles, grâce à un rapport de force social en leur faveur. Toutefois, ces acteurs n'exercent pas un pouvoir impérieux sur leurs territoires. Ils sont amenés à prendre en compte les besoins des habitants de la ville-port en général, et des travailleurs portuaires en particulier. Cet aspect est bien documenté pour les grandes commandes d'équipement portuaire : depuis les années 1990, « les maîtres d'ouvrage portuaires sont appelés à descendre dans l'arène démocratique pour discuter avec les citoyens de l'opportunité des projets qu'ils portent, des choix de leur localisation, des modalités de leur réalisation, ainsi que des impacts encourus pour les populations et les territoires littoraux » (Lavaud-Letilleul, 2012). Nous soutenons que les autorités portuaires enregistrent aussi les aspirations plus quotidiennes de ces populations et y proposent des réponses.

Face aux habitants, ces acteurs doivent négocier l'acceptation sociale du port, de ses activités et des dégradations afférentes. En effet, la société urbaine locale prend position vis-à-vis d'une balance entre les avantages retirés du système portuaire (emplois et richesses) et les inconvénients (pollution, risques technologiques, bruits, odeurs, congestion du trafic). Le consentement des habitants n'est pas un acquis définitif, mais une construction sociale toujours à réactualiser. Outre les adaptations destinées à rendre les nuisances tolérables, les autorités portuaires s'efforcent de rendre une visibilité à des territoires difficiles à pénétrer. À Felixstowe, un point de vue est créé au bout de Landguard Point en 1992, puis agrandi et mieux équipé en 2006 (figure 1). Au Havre, l'autorité portuaire est soucieuse de son image auprès de la population (Barzman, 2017). En parallèle du réaménagement des interstices, elle conduit depuis une décennie des démarches d'ouverture et de promotion du territoire portuaire. En 2013, elle co-fonde une structure de médiation dans l'ancienne gare des ferries irlandais, le Port Center. Cette structure organise des visites scolaires et grand public du port, bien que restreintes par la petite taille des groupes et par la fréquence mensuelle. En 2017, l'autorité portuaire participe aux célébrations des 500 ans du Havre. Pour cette occasion, la ville et le port commandent 51 fresques, dont une dizaine dans l'enceinte du territoire portuaire ou à l'interface ville-port : les habitants sont conviés à une « chasse » aux graffitis dans les replis du port. En 2021 enfin, la métropole et l'autorité portuaire annoncent le réaménagement du terminal de croisières pour 2025. Les acteurs souhaitent que le projet inclue une aire libre d'accès, y compris les jours d'escale. Ces différents projets suggèrent que les autorités portuaires ont conscience que les habitants ont une curiosité pour le territoire portuaire, et que cette curiosité peut être un levier d'acceptation sociale.

Les projets que nous avons pris en exemple proposent aussi une réponse à la frustration des travailleurs portuaires. Ces derniers constatent l'invisibilité de leur travail aux yeux du reste de la société, et la ressentent comme une dévalorisation. Les visites guidées et espaces d'observation rendent une dimension sensible au territoire, et par là même une reconnaissance du travail portuaire, de ses héritages, de sa modernisation et de sa pénibilité. Le patronat cherche à mettre le port en valeur auprès des travailleurs eux-mêmes : à Felixstowe, les nouveaux venus bénéficient d'une visite guidée du territoire portuaire au début de leur contrat, aussi bien les salariés du port que les agents de sécurité externalisés. Ce mode d'intégration vise en particulier les *outsiders*, c'est-à-dire ceux qui ne sont pas enfants de travailleurs portuaires, ou pas originaires du bassin d'emploi. Le patronat s'efforce donc d'entretenir le sentiment de fierté des travailleurs, dans un contexte difficile de stagnation et de précarisation des emplois portuaires (Lécuyer, 2022).

La récupération des interstices urbains du port par les autorités portuaires n'est pas un phénomène unilatéral : il implique de négocier l'espace avec la population. *In fine*, les acteurs dominants redéfinissent le droit au territoire portuaire, non plus fondé sur la spontanéité, mais sur l'encadrement et la normalisation des pratiques : les interstices sont progressivement remplacés par des lieux fixes, ouverts au public, compatibles avec les contraintes réglementaires et les objectifs économiques.

Conclusion

Le cas des interstices suggère que la société a horreur du vide : les populations urbaines sont actives et investissent le moindre espace vacant disponible sur le port. Leurs pratiques individuelles et collectives ont transformé des espaces portuaires, privés de fonction officielle, en interstices ancrés dans la ville. Malgré la fermeture, l'éloignement et la sécurisation des ports, ceux qui fréquentent les interstices produisent des échanges entre les systèmes portuaire et urbain : continuité de l'espace-temps quotidien, loisirs ou commerce souterrain. Ces pratiques sont souples, au sens où elles sont temporaires, peu institutionnalisées et n'impriment pas de marques spatiales durables. En conséquence, elles sont plus faciles à défaire dès lors que les autorités portuaires entendent récupérer les espaces vacants. Aujourd'hui, les usages récréatifs du port résistent mal à la concurrence des usages productifs. Les sociétés urbaines renoncent à une vision du territoire portuaire fondée sur la proximité, la liberté d'accès et d'usage des lieux, au profit d'une vision du territoire comme outil de travail.

Cet exemple souligne que les groupes sociaux qui s'approprient des interstices ne sont pas nécessairement enclins à les défendre coûte que coûte. Ici, les conflits entre les autorités portuaires et les populations sont de basse intensité politique, et excèdent la question des interstices pour porter sur la question de l'avenir, du travail et de la juste utilisation de l'espace dans la ville-port. Les autorités portuaires sont contraintes de composer avec les populations. En créant des lieux spécifiques pour préserver le contact entre le port et le public, elles visent à faire mieux accepter leurs objectifs économiques.

Nous espérons avoir montré l'intérêt d'une étude attentive au rôle d'interface que jouent certains interstices. Cette démarche est susceptible d'être transposée à d'autres interstices de contact : des hiatus entre une ville et ses friches postindustrielles, en milieu périurbain, autour d'une frontière, etc. Une approche par le bas, c'est-à-dire par les pratiques ordinaires, les mobilisations ou les absences de mobilisations, nous renseigne sur les échanges concrets entre deux systèmes spatiaux distincts, sur les rapports de pouvoir qui les lient et sur la production quotidienne de ces systèmes par la population.

Bibliographie

Barzman John, 2017, « Le port et l'usine », *in* É. Saunier et J. Barzman (dir.), *Histoire du Havre*, Toulouse, Privat, p. 219-238.

Beuret Jean-Eudes et Cadoret Anne, 2014, « De l'analyse des conflits à l'étude des systèmes conflictuels : l'exemple des conflits environnementaux et territoriaux dans les trois plus grands ports maritimes français (Marseille-Fos, Le Havre et Dunkerque) », *Géographie, économie, société*, 16, 2, p. 207-231.

Bourdieu Pierre, 1979, *La Distinction : critique sociale du jugement*, Paris, Les Éditions de Minuit.

Brunet Roger, 1968, *Les phénomènes de discontinuité en géographie*, Paris, Éditions du CNRS.

Chaline Claude (dir.), 1994, *Ces ports qui créèrent des villes*, Paris, L'Harmattan, 1994.

Chevalier Dominique et Sibertin-Blanc Mariette (dir.), 2020, « Géographies de la colère. Ronds-points et prés carrés », *Géographie et cultures*, 114, en ligne.

Chevandier Christian, 2017, « Les Havrais dans leur ville », *in* É. Saunier et J. Barzman (dir.), *Histoire du Havre*, Toulouse, Privat, p. 193-218.

Combes Hélène, Garibay David et Goirand Camille (dir.), 2016, *Les lieux de la colère : occuper l'espace pour contester, de Madrid à Sanaa*, Paris, Karthala.

Dechezelles Stéphanie et Maurice Olive (dir.), 2017, « Les mouvements d'occupation », *Politix*, 117, 1, en ligne.

Depraz Samuel, 2017, *La France des marges. Géographie des espaces « autres »*, Paris, Armand Colin.

Fassin Didier, 2009, « Les économies morales revisitées », *Annales. Histoire, Sciences Sociales*, 64, 6, p. 1237-1266.

Frémont Antoine, 2007, *Le monde en boîtes : conteneurisation et mondialisation*, Arcueil, INRETS.

Frémont Antoine, 2009, « L'avenir des ports maritimes », *Futuribles*, 358, p. 49-69.

Frémont Armand, 2009 [1997], *La mémoire d'un port : Le Havre*, Paris, Arléa (2e éd.).

Gravari-Barbas Maria, 2004, « Patrimonialisation et réaffirmation symbolique du centre-ville du Havre. Rapports entre le jeu des acteurs et la production de l'espace », *Annales de géographie*, 113, 640, p. 588-611.

Grimaud Élisabeth, 2015, « Renouer le lien entre port et citadins, un défi impossible à relever ? Le cas du Havre », *Norois*, 2 p. 25-38.

Groupe de recherches « Interfaces », 2008, « L'interface : contribution à l'analyse de l'espace géographique », *L'Espace géographique*, 37, 3, p. 193-207.

INSEE Haute-Normandie, Chédot Cyril, Maquet Xavier, Duszynski Juliette, Bigot Isabelle et Caritg Jean-Philippe, 2008, « Les activités maritimes et portuaires du Havre », *Aval*, 80, en ligne.

Lavaud-Letilleul Valérie, 2005, « L'aménagement de nouveaux terminaux à conteneurs et le renouvellement de la problématique flux-territoire dans les ports de la Rangée Nord. Les exemples comparés d'Anvers et Rotterdam », *Flux*, 59, 1, p. 33-45.

Lavaud-Letilleul Valérie, 2012, « L'aménagement portuaire en débat. Points de vue d'acteurs sur les grands projets d'équipement portuaire du littoral français », *Norois*, 225, p. 11-28.

Lécuyer Marie, 2022, « Les pratiques des employeurs portuaires et la faible féminisation des ports nord-européens », *Les Cahiers du MIMMOC*, 28, en ligne.

Lefebvre Henri, 1968, *Le Droit à la ville*, Paris, Anthropos.

Lévêque Laurent, 2012, « Le nouveau rôle des autorités portuaires dans l'adaptation des clusters aux enjeux de la globalisation. », *L'Espace politique*, 16, en ligne.

Lieber Marylène, 2008, *Genre, violences et espaces publics. La vulnérabilité des femmes en question*, Paris, Presses de Sciences Po.

Magnan Marion, 2016, « Le domaine portuaire, entre protection et valorisation : l'ambiguïté de la notion d'utilité publique au prisme du droit domanial », *Flux*, 103-104, 1, p. 72-86.

Michon Perrine, 2008, « L'opération de régénération des Docklands : entre patrimonialisation et invention d'un nouveau paysage urbain », *Revue géographique de l'Est*, 48, n° 1-2, en ligne.

Pigenet Michel, 2003, « Modalités d'embauche et pratiques professionnelles. Aux sources des sociabilités militantes dans le syndicalisme docker », *Politix*, 16, 63, p. 79-90.

Prelorenzo Claude, 2010, « Le retour de la ville portuaire », *Cahiers de la Méditerranée*, 80, p. 157-167.

Prelorenzo Claude, 2011, « La ville portuaire, un nouveau regard. Évolutions et mutations », *Rives méditerranéennes*, 39, p. 13-22.

Ripoll Fabrice, 2005, *La dimension spatiale des mouvements sociaux : essais sur la géographie et l'action collective dans la France contemporaine à partir des mouvements de « chômeurs » et « altermondialistes »* [thèse non publiée], France, Université de Caen.

Saunier Éric et John Barzman, 2017, *Histoire du Havre*, Toulouse, Privat.

Scott James C., 2019 [1990], *La domination et les arts de la résistance : fragments du discours subalterne*, Paris, Éditions Amsterdam.

Thompson Edward P., 2012 [1963], *La formation de la classe ouvrière anglaise*, Paris, Points (2e éd.).

Thompson Edward P., 1971, « The Moral Economy of the English Crowd in the Eighteenth Century », *Past & Present*, 50, p. 76-136.

Thorez Pierre, 2015, « Entretien : Le Havre et les modèles portuaires : trajectoires du premier port français », *Urbanités*, en ligne.

Tilly Charles, 2000, « Spaces of Contention », *Mobilization*, 5, 2, p. 135-159.

Tonnelat Stéphane, 2016, « La carrière d'un interstice urbain à New York. Deux rôles distincts de l'espace dans les mobilisations autour d'un projet d'aménagement », *in Les lieux de la colère*, Paris, Karthala, p. 211-234.

Turnbull Peter, Fairbrother Peter, Heery Ed, Martinez Lucio Miguel et Stroud Dean, 2009, *Women in Ports. Report for the ITF/ETF*, Cardiff, Centre for Global Labour Research, Université de Cardiff, 2009.

Vigna Xavier, 2012, *Histoire des ouvriers en France au XXe siècle*, Paris, Perrin.

Chapitre 4

Le cœur d'îlot dans la Reconstruction d'Orléans après 1945 : un interstice urbain entre espace public et privé

Florence Cornilleau

« Recenser, étudier et faire connaître » le patrimoine « de la cathédrale à la petite cuillère ». Voici l'adage des services régionaux de l'Inventaire général du patrimoine culturel depuis la création de cette mission par André Malraux en 1964, alors qu'il était titulaire du portefeuille des Affaires culturelles au gouvernement[1]. Consistant en un aller-retour permanent entre les ressources bibliographiques et archivistiques d'une part, et les objets d'étude sur le terrain d'autre part, elle conduit le chercheur de l'inventaire à se confronter successivement à l'ensemble des objets de son champ de recherche dans une logique d'exhaustivité[2]. Cette approche spécifique a permis dans le cadre d'un programme de recherche sur la Reconstruction dans le Val de Loire d'identifier un nouveau sujet d'étude qui constitue un interstice urbain jusqu'ici peu regardé par les historiens de l'architecture : le cœur d'îlot.

L'étude de la Seconde Reconstruction[3] à Orléans s'inscrit en effet dans un vaste programme de recherche initié par le service patrimoine et inventaire de la Région Centre-Val de Loire en 2010. Il vise à inventorier le patrimoine de cette période, encore peu perçu comme tel d'ailleurs, alors qu'il constitue dans plusieurs centres-villes du Val de Loire une part

---

1 Cette mission initiée par l'État a été transférée aux Régions par la loi relative aux libertés et responsabilités locales, deuxième acte de décentralisation, du 13 août 2004. Le transfert effectif des services a été opéré en 2007.

2 Pour plus de détails sur la méthodologie de l'inventaire général du patrimoine culturel, voir les actes du colloque *1794, 1964, 2004, 2014. Dynamiques d'une aventure de l'esprit : l'inventaire général du patrimoine culturel* (Boura, 2015), ainsi que l'ouvrage *Principes, méthode et conduite de l'Inventaire général du patrimoine culturel* (Massary, Coste et Verdier, 2007).

3 Par opposition avec la Première Reconstruction qui fait suite aux destructions qu'ont subies les régions du nord et de l'est de la France au cours de la Première Guerre mondiale.

non négligeable du bâti. Outre Orléans, on peut citer ici Blois, Tours ou encore Gien[4].

Ces villes, situées sur la Loire, représentaient des enjeux stratégiques forts lors de l'invasion allemande du printemps 1940, mais aussi lors de la Libération et des bombardements préparatoires à cette dernière opérés par les alliés dès 1943. Elles ont donc subi de nombreuses destructions et ont vu, par conséquent, des chantiers importants menés sur leur territoire lors de la Reconstruction. Il a semblé pertinent à la Région de s'intéresser à ce bâti, datant principalement de la fin des années 1940 et des années 1950 pour plusieurs raisons : sa valeur intrinsèque[5] et sa situation au cœur de sites patrimoniaux remarquables[6].

Par ailleurs, les études historiques sur la Seconde Reconstruction en France se sont multipliées depuis les années 1990 (Kopp, 1982 ; Dieudonné, 1994 ; Voldman, 1997), puis renouvelées dans les années 2010, notamment en concentrant les approches sur des aspects techniques, des territoires donnés ou encore des acteurs, tels que les architectes-reconstructeurs[7]. Enfin, les services régionaux de l'Inventaire général du patrimoine culturel ont également étudié l'architecture issue de la Reconstruction. On pense notamment au travail mené sous la direction de Gilles Ragot sur l'architecture des années 1950 à Royan (Ragot, Jeanmonod et Nogue, 2003). D'autres services ont également conduit des études topographiques sur des villes sinistrées : Dunkerque (Bonduelle, Corbel, Faucherre *et al.*, 1995), Le Havre (Steiner et Saunier, 2005) ou Juvisy-sur-Orge (Le Bas, 2007) par exemple, et plus récemment

---

4 Les études sur le patrimoine reconstruit des centres-villes de Tours (Marie-Luce Fourchet et Hugo Massire) et Blois (Aurélie De Decker) ont été menées à bien et diffusées en ligne en 2016 (https://patrimoine.centre-valdeloire.fr/gertrude-diffusion/dossier/l-operation-d-inventaire-val-de-loire-et-reconstruction/36daf695-0041-4258-a132-ee05ec8079b1). L'opération d'inventaire sur les édifices reconstruit à Orléans a, quant à elle, démarré en 2015. Elle est toujours en cours, aussi des éléments complémentaires pourront-ils à l'avenir venir compléter les propos présentés dans la présente publication.

5 Cette valeur a été reconnue par l'attribution, depuis le lancement de l'étude par la Région, du label « Architecture contemporaine remarquable » (anciennement « Patrimoine XXe ») à plusieurs ensembles de la Reconstruction du Val de Loire.

6 Ainsi, des secteurs sauvegardés ont été créés à Blois (en 1970) et à Tours (en 1983), et une zone de protection du patrimoine architectural, urbain et paysager à Orléans (2008).

7 On ne peut pas tous les citer ici, mais on peut évoquer à titre d'exemples : l'ouvrage sur les techniques de la préfabrication en béton d'Yvan Delemontey (Delemontey, 2015), ceux de Patrice Gourbin sur la Normandie (Gourbin, 2011 et 2017) ou encore celui de Joseph Abram sur la figure d'Auguste Perret (Abram, 2013).

Saint-Nazaire ou Abbeville[8]. La Reconstruction n'y est toutefois abordée que comme une période de l'histoire de la ville.

Déjà relativement ancienne donc, l'histoire de l'architecture de la Seconde Reconstruction s'attarde pourtant peu, voire passe sous silence, une part importante de ce qui constitue aujourd'hui le patrimoine reconstruit de nombreuses villes françaises : les cœurs d'îlot. D'un point de vue administratif, comme opérationnel, l'îlot[9] est devenu l'échelle de référence lors des opérations de reconstruction pensées dès l'Occupation et réalisées principalement après la Libération. Son cœur constitue un sujet d'étude à part entière. Ainsi, l'analyse des formes architecturales mises en œuvre dans la composition des façades postérieures des immeubles donnant sur ces cœurs d'îlot montre que, dans le cas d'Orléans[10], ces dernières présentent des qualités réelles.

Le cœur d'îlot peut, en outre, être étudié par le prisme de son statut d'interstice urbain, espace peu visible, à l'écart des voies de circulation principales de la ville, parfois délaissé ou perçu comme n'ayant pas de qualités particulières. La méthode de travail de l'inventaire appliquée à la reconstruction du centre d'Orléans nous permet aujourd'hui de comprendre la genèse de cet interstice urbain à caractère commun et d'identifier les différents enjeux, parfois conflictuels, dont il a été investi par les acteurs en présence au fil des époques.

Ainsi, à la lecture de la littérature et des archives, il apparaît que le premier temps est celui des projets et des architectes au cours duquel formes et fonctions de ces espaces, qui font déjà figure d'entre-deux, sont définies. Vient ensuite l'arrivée de nouveaux acteurs, habitants et autorités publiques, qui pose la question du statut de cet interstice urbain : public ou privé ? Enfin, le travail d'observation conduit sur le centre-ville reconstruit d'Orléans permet de constater qu'il n'y a pas un type unique de cœur d'îlot et que, bien qu'ils fassent figure plus que jamais d'interstices urbains, les cœurs d'îlot peuvent apparaître comme des espaces à saisir dans la ville du XXIe siècle.

---

8 Les recherches sur les villes d'Abbeville et Saint-Nazaire sont en cours de publication en ligne dans des dossiers d'inventaire normalisés.

9 L'îlot est un espace urbain délimité par des axes de circulation et/ou des barrières naturelles.

10 C'est le cas aussi dans les autres villes du Val de Loire, et ailleurs en France (Gourbin, 2011).

1. Fonctions et formes du cœur d'îlot reconstruit : le temps de l'architecte et du projet

Lorsque l'on se penche sur cet objet d'étude que constitue le cœur d'îlot reconstruit, on constate que le premier temps à étudier est celui du projet. Les urbanistes et les architectes occupent le devant de la scène. Ils dessinent ainsi les formes et définissent les fonctions de ces espaces qui constituent déjà des interstices urbains. Toutefois, avant de se pencher sur celles-ci, il convient d'apporter quelques éléments de contexte.

1.1. Les cœurs d'îlot du centre-ville d'Orléans avant-guerre

Lors des prémices d'une opération d'inventaire, la recherche débute, outre la consultation de la littérature existante, par l'étude de la cartographie ancienne pour saisir rapidement les grandes phases d'évolution de l'aire d'étude. Dans le cas de la Reconstruction à Orléans, cette phase vise surtout à mesurer la part des évolutions et celles des permanences dans le plan de la ville dont dix-sept hectares du centre ancien ont été détruits à la suite des bombardements allemands, les 15 et 16 juin 1940. D'un point de vue urbanistique, elles peuvent paraître assez limitées : quelques rues et places nouvelles, quelques axes redressés ou élargis, d'autres au tracé étroit supprimés[11]. Pourtant, si l'on s'intéresse plus précisément au bâti, on s'aperçoit que les îlots ont été considérablement modifiés.

Avant les destructions de 1940, la ville comprend un bâti ancien densifié au fil des époques. Aussi les cœurs d'îlot sont-ils remplis de bâtiments : immeubles, annexes (bûchers, ateliers et autres remises)[12], sanitaires, points d'eau. Ce sont donc des espaces exclusivement privés, la plupart du temps invisibles depuis la rue et auxquels n'accèdent que les habitants des bâtiments en question. Des lieux où ni la lumière ni l'air ne circulent. Des lieux comme ceux que dénoncent les mouvements hygiénistes de la seconde moitié du XIXe siècle et du XXe siècle. Des lieux très éloignés donc de ce que prône le Mouvement moderne dans la charte

---

11 Ce cas de figure n'est pas propre à Orléans, voir par exemple le travail de Virginie Chabrol sur Yvetot (Chabrol, 2010).

12 Les fiches auxiliaires cadastrales numérisées mises à disposition par les archives municipales et communautaires d'Orléans permettent parfois d'identifier assez précisément ces composantes des cœurs d'îlot (https://archives.orleans-metropole.fr/sources-et-ressources-en-ligne/archives-numerisees/fiches-auxiliaires-cadastrales?arko_default_603e55c86bc60--ficheFocus=).

d'Athènes : « L'habitation se dressera dans son milieu propre où elle jouira de soleil, d'air pur et de silence » (Le Corbusier, 1971 [1943], p. 40-41)[13]. Ce résultat est lié à l'absence de schémas directeurs pendant des siècles, les constructions s'ajoutant les unes aux autres.

À la veille de la Seconde Guerre mondiale, l'urbanisme n'est en effet qu'une discipline encore relativement neuve. Bien que s'appuyant sur des théories de la seconde moitié du XIXe siècle, elle ne prend corps qu'avec la création de la société française d'urbanisme en 1911, sous l'impulsion d'architectes, parmi lesquels on peut citer Alfred Agache ou encore Henri Prost. Alors que les destructions de la Première Guerre mondiale auraient pu permettre d'appliquer les préceptes de cette discipline qui voulait encadrer « la construction et l'amélioration des agglomérations urbaines et rurales »[14], la Première Reconstruction est généralement considérée comme un échec. Les édifices ont été, pour l'essentiel, rebâtis à l'endroit même où ils se tenaient avant-guerre, sans repenser les villes et sans chercher à encadrer leur expansion. Les premières lois d'urbanisme, dites Cornudet, sont votées en 1919 et 1924 et n'ont pas eu l'effet escompté. Elles prévoyaient notamment que toutes les communes de plus de 10 000 habitants devraient établir dans les trois ans un Plan d'aménagement, d'embellissement et d'extension (P.A.E.E.). À Orléans, alors que plusieurs projets de P.A.E.E. ont été initiés avant-guerre, ni le plan Besnard de 1923[15] ni celui des architectes-urbanistes Alfred Agache et E.-Henri Saunier en 1933[16] n'ont été validés. Les destructions de 1940 apparaissent dès lors comme une occasion à ne pas manquer pour repenser la ville et l'adapter aux besoins de la vie moderne.

1.2. Formes et fonctions du cœur d'îlot reconstruit

En effet, les lois Cornudet prévoyaient également que les villes détruites par faits de guerre devraient élaborer un Plan de reconstruction et d'aménagement (P.R.A.) dans les trois mois suivant l'établissement de l'arrêté de ville sinistrée. À Orléans, celui-ci est publié le 26 juillet 1940.

---

13 Le texte de Le Corbusier reprend les conclusions du IVe congrès international de l'architecture moderne (CIAM) organisé à Athènes en 1933.

14 Article 1er des statuts enregistrés pour la Société française des Urbanistes le 19 mars 1921.

15 Archives municipales et communautaires d'Orléans. Série Fi : 1 Fi 146. *Plan d'agrandissement, d'aménagement et d'embellissement de la ville*, 1922.

16 Archives municipales et communautaires d'Orléans. Série O : 7677. *Plan d'aménagement, d'embellissement et d'extension*, 1933-1940.

L'urbaniste désigné pour établir ce plan, Jean Royer[17], se lance alors dans sa rédaction en étroite collaboration avec l'ingénieur des Ponts et Chaussées et directeur des travaux municipaux de la ville, Jean Lehuérou-Kérisel. Un premier projet est finalisé dès la fin 1940 et reconnu d'utilité publique par l'État en avril 1941. Il sera modifié en 1946, puis 1949. Le P.R.A. est composé de plusieurs éléments, parmi lesquels un mémoire d'ensemble précisant la philosophie du projet et ses grands axes, le règlement des servitudes architecturales qui détaille les règles à respecter, et des jeux de plans[18]. L'îlot n'est pas cité à proprement parler. Toutefois, le P.R.A. nous éclaire sur sa forme puisqu'il prévoit des constructions à l'alignement, bordant les voies de circulation et les places. Le cœur d'îlot n'apparaît lui aussi qu'en creux. Ainsi, le règlement des servitudes établit que 2 à 3/10e de la parcelle devront être non bâtis et que les cours devront occuper une surface minimale[19].

Finalement, l'îlot et son cœur n'apparaissent de manière plus concrète qu'avec les dessins des architectes. Ceux-ci sont nombreux à intervenir sur les chantiers des villes reconstruites et s'organisent selon une hiérarchie précise qui a pu varier légèrement en fonction des lieux. On trouve en premier lieu l'architecte en chef de la Reconstruction qui travaille en étroite collaboration avec l'urbaniste. À Orléans, c'est d'abord Robert Pommier (1907-1972) qui occupe ce poste pendant l'Occupation, avant que ne lui succède Pol Abraham (1891-1966) en 1943. Cet architecte ayant œuvré au début de sa carrière sur des projets de la Première Reconstruction dans le Nord a, pendant l'Occupation, joué un rôle primordial dans le travail mené pour normaliser le secteur du bâtiment. Il a publié en 1946 l'ouvrage *Architecture préfabriquée*, technique qu'il a mise en œuvre dans la construction de

---

17 Il s'agit ici de Jean Royer, urbaniste né en 1903 et décédé en 1981, fondateur de la revue « Urbanisme », à ne pas confondre avec Jean Royer (1920-2011), homme politique, maire de Tours entre 1959 et 1995.

18 Archives municipales et communautaires d'Orléans. Série O : 794. *Plan de reconstruction et d'embellissement de la Ville d'Orléans*. 17 octobre 1940.

19 Archives municipales et communautaires d'Orléans. Série O : 794. *Plan de reconstruction, d'aménagement, d'embellissement et d'extension. Programme des servitudes*. 1940. En page 5, l'article 16 précise : « Dans la zone centrale, pour toutes constructions neuves ou reconstructions ; il ne pourra être bâti que les sept dixièmes de la surface totale du terrain, et les huit dixièmes pour les terrains d'angle, sous réserve des conditions définies à l'article 21 et sans que la surface laissée libre puisse mesurer moins de 60 mètres carrés. » En page 6, l'article 21 sur les cours et courettes stipule que « les constructions devront respecter les règles suivantes : les cours sur lesquelles s'ouvrent des pièces habitables ne mesureront jamais moins de 40 mètres carrés, cette superficie sera abaissée à 20 mètres carrés pour des cours n'éclairant que des escaliers et des pièces ne servant pas d'habitation de jour ou de nuit. [...]. »

plusieurs îlots dits d'expérience au nord-ouest du centre-ville reconstruit d'Orléans (Migayrou, 2008). L'architecte en chef de la Reconstruction établit les plans masses dessinant plus précisément l'emprise des immeubles (figure 1). Ceux-ci précisent la forme des cœurs d'îlot sans toutefois en détailler les fonctions. Ce sont les architectes dits de groupe ou chefs de groupes qui ont cette responsabilité, tandis que les architectes d'opération prennent en charge les aménagements à l'échelle de l'immeuble, y compris ceux de l'espace extérieur qui y est attaché lorsqu'il existe (généralement de petites courettes), ainsi que le suivi du chantier.

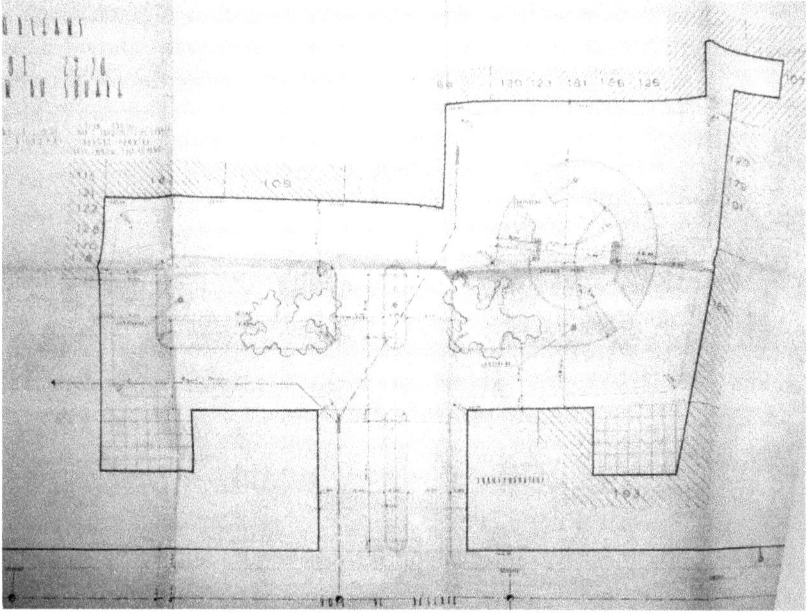

Figure 1. Détail du plan du square de l'îlot 29-30 dessiné par l'architecte chef de groupe Robert Pommier en 1949 (Archives municipales et communautaires d'Orléans. Série O : 5096).

L'étude de la production graphique de ces architectes de groupe est donc essentielle pour comprendre leurs projets pour ces espaces intermédiaires. En fonction de leur taille, différents usages y sont affectés : espaces de circulation, de stationnement (en plein air et/ou garages), arrière-boutiques de commerces ou encore locaux techniques. Pour les plus grands, les plans peuvent faire apparaître des fonctions complémentaires, tels que des squares arborés pour les enfants (figure 1). Les architectes affirment qu'au-delà du caractère utilitaire et de lieu de passage, les cœurs d'îlot peuvent, dans certains cas, être des espaces de loisirs et de détente au cœur de la ville. À Orléans, sur les vingt-sept îlots reconstruits en totalité ou en partie dans le centre-ville, seize (soit près de 59 %) sont d'une superficie suffisamment importante pour disposer d'une voie de passage secondaire et/ou d'espaces de stationnement et sont donc ouverts sur l'espace public[20]. Ce sont ceux-ci qui composent le corpus auquel nous nous intéressons ici. Il s'agit là de quelque chose de relativement nouveau dans le cadre des grands chantiers d'habitats collectifs menés depuis le début du XXe siècle. En effet, s'il est tentant d'établir une comparaison avec les grandes opérations de constructions d'Habitations à bon marché (H.B.M.) menées à Paris, notamment dans la première moitié du XXe siècle[21], il y a là une évolution qui annonce déjà la période suivante des grands ensembles. Ainsi, alors que les cours des immeubles H.B.M. sont rendues inaccessibles depuis l'espace public, l'ensemble étant clôturé, l'espace intermédiaire du cœur d'îlot reconstruit est, quant à lui, ouvert sur la ville. Il y a plusieurs causes identifiables à cette nouveauté. L'influence des théories hygiénistes et du mouvement moderne d'une part, et les besoins spécifiques à un quartier commercial à l'ère de l'expansion de l'automobile d'autre part. En effet, dans des îlots qui comprennent de nombreuses surfaces commerciales en rez-de-chaussée, il faut prévoir des espaces de circulation en cœur d'îlot afin de desservir les arrière-boutiques qui y prennent place, ainsi que des espaces de stationnement pour les véhicules des occupants.

Bien qu'investis de rôles précis par leurs concepteurs, les cœurs d'îlot sont des espaces « d'entre-deux » situés entre la sphère publique urbaine et l'espace intime privé du logement. De fait, la question de leur statut se pose : privé ou public ?

---

[20] On écarte de ce décompte l'îlot 15, dont le cœur appartient à la commune et a été aménagé en jardin public dès sa création.

[21] On peut par exemple citer les opérations immobilières financées par la Fondation Rothschild à Paris, rues de Prague (1909), Bargue (1912) ou encore Marcadet (1913-1919).

2. Le cœur d'îlot, un interstice public ou privé ? Le regard des habitants et des pouvoirs publics au travers des archives

La question posée ici pour définir le statut du cœur d'îlot n'est pas que rhétorique, car s'il est juridiquement un espace privé comme nous le verrons, sa perméabilité avec la ville en a fait le lieu d'atermoiements entre propriétaires privés et autorités publiques.

2.1. Le cœur d'îlot, un espace privé… sans statut juridique clair

Si on devait encore en douter, les nombreux panneaux qui ornent les accès aux cœurs d'îlot et à leur voie de desserte viennent nous rappeler le caractère privé de ces espaces. En effet, dès lors que l'on dépasse la limite des façades principales des immeubles reconstruits, on entre dans le domaine des copropriétés. Chaque propriétaire sinistré a, à la suite des destructions, bénéficié de dommages de guerre, calculés sur la base de la valeur monétaire accordée aux propriétés foncières détruites. Par ailleurs, suite aux lois du 11 octobre 1940 et du 12 juillet 1941 (Voldman, 1997, p. 188)[22], tous les propriétaires dont le bien se situait au sein du périmètre du plan de reconstruction et d'aménagement devaient adhérer aux Associations syndicales de remembrement, puis de reconstruction (A.S.R.). Dès lors, le montant de leurs dommages de guerre était versé à cet organisme, qui était chargé de financer et organiser la reconstruction. Or il semble que, passé le temps des projets, lorsque les immeubles sont sortis de terre et que la question de l'aménagement des cœurs d'îlot a été posée, celle des financements l'a également été. Les dommages de guerre ont permis de financer les appartements des sinistrés, les communs des immeubles et les éventuelles annexes des logements, tels que les garages, cours ou jardins privatifs. Toutefois, comme on l'a parfois constaté pour les grands ensembles ensuite, les aménagements extérieurs imaginés pour les cœurs d'îlot par les architectes sont souvent absents des réalisations (Defillon, 2019, p. 175)[23].

---

[22] Les A.S.R. sont maintenues après la Libération, même si des ajustements sont apportés par une série de lois votées entre 1946 et 1948, notamment sur leur fonctionnement.

[23] Dans son ouvrage sur les grands ensembles de Bourgogne-Franche-Comté, l'auteur, Julien Defillon, rappelle que « les espaces verts sont toutefois bien souvent perçus

Il existe cependant quelques exceptions pour lesquelles les plans des architectes de groupe ont bien été réalisés. En effet, certains chantiers n'ont pas été conduits sous la tutelle des A.S.R., mais sous celle de l'État lui-même : notamment ceux des îlots compris dans des chantiers dits d'expérience ou expérimentaux. À Orléans, les îlots 1, 2, 4 et 5, situés dans la partie nord-ouest du centre-ville reconstruit, appartiennent à cette catégorie créée par le ministère de la Reconstruction et de l'Urbanisme (M.R.U.) dès 1944. À Orléans, les immeubles édifiés dans ce cadre visaient à expérimenter les méthodes de la préfabrication présentées lors d'une série de concours lancés pendant l'Occupation et de les appliquer à la construction d'un nombre important d'immeubles[24]. Ainsi, l'îlot 4, emblématique de cette expérience, voit la réalisation du square pour enfants qui apparaissait sur les plans de l'architecte de groupe, Pol Abraham.

Il s'agit toutefois bien d'exceptions. En effet, à la différence des HBM pour lesquels chaque opération était le fait d'un seul promoteur, la reconstruction des villes sinistrées voit non seulement entrer en jeu de nombreux propriétaires au sein d'un même immeuble, mais aussi au sein de l'îlot. De même, là où les équipements collectifs installés dans les cours des H.B.M. (jardins d'enfants, squares, etc.) étaient considérés comme une partie du projet global, les cœurs d'îlot, hormis pour les parties liées aux logements (parking) ou aux surfaces commerciales, souffrent du flou entourant leur statut juridique. C'est probablement ce qui a conduit à l'absence de réalisation d'une partie des projets des architectes : plantations, squares et jeux d'enfants selon les cas. D'autant qu'au moment des chantiers de reconstruction, la notion de copropriété des immeubles n'est apparue dans la loi que très récemment, par la promulgation d'un texte le 28 juin 1938. Celui-ci introduit la notion de parties communes indivises. Il prévoit également que toute décision, de travaux notamment, doit faire l'objet d'un vote unanime, ce qui est source de blocages et conduira ensuite à la loi du 10 juillet 1965 introduisant le vote à la majorité des voix. Ce texte a aussi pour vocation d'adapter la copropriété à la réalité de la construction des grands ensembles comprenant

---

comme les oubliés de ces quartiers, du moins avant le lancement des premières procédures de rénovation dans les années 1980 » (2019, p. 175).

24 En fait, ce sont 44 immeubles qui sont reconstruits en utilisant des techniques de préfabrication dans ces quatre îlots. Pour plus de détails sur les chantiers d'expérience de la Reconstruction en général, voir l'ouvrage de Danièle Voldman (Voldman, 1997, p. 300-306) et, pour plus de détails sur celui d'Orléans en particulier, voir celui d'Yvan Delemontey (Delemontey, 2015, p. 161-178).

parfois des équipements communs (Voyant, 1965). Reste que les îlots de la Reconstruction demeurent un cas à part puisque leur cœur est le point de rencontre de plusieurs copropriétés. Ainsi, lors de la clôture des opérations de remembrement à l'échelle d'un îlot, il a pu être proposé aux copropriétaires des différents immeubles de s'organiser en associations syndicales pour la gestion des cœurs d'îlot. Toutefois, il ne semble pas que cette solution ait souvent été mise en œuvre[25].

2.2. Le cœur d'îlot, un espace privé… ouvert sur l'espace public

Dès le moment où les habitants investissent les îlots reconstruits d'Orléans, le statut d'interstices urbains des cœurs d'îlot perçus sans qualités, voire délaissés s'impose. En effet, comme le souligne Patrice Gourbin pour le Calvados, une partie des sinistrés installés dans les îlots reconstruits à Orléans découvrent également de nouvelles modalités d'habiter, au sein de l'immeuble en premier lieu avec la copropriété, mais aussi au sein du cœur d'îlot avec, au niveau des espaces extérieurs communs, la juxtaposition de plusieurs copropriétés (Gourbin, 2011, p. 76). On sait peu de choses sur la manière dont ces nouveaux espaces ont été perçus par les habitants à leur installation[26]. En revanche, les archives nous donnent à voir des tensions se cristallisant autour de leur usage et de leur entretien. Ainsi, un certain M. Vigneron, se présentant comme un usager de l'îlot n° 24 domicilié au 4 square d'Avignon, demande en février 1958 une intervention « pour que l'entrée du Square d'Avignon ne soit pas encombrée de voitures stationnents [*sic*] jour & nuit » et faire cesser ainsi « dépôt de détritus, fondrières, déchargements de voitures de livraison ne respectant pas le libre passage pour accéder à l'immeuble »[27].

---

[25] Ce type d'associations a été porté à notre connaissance par Didier Chartier, copropriétaire d'un immeuble reconstruit à Caen lors de son intervention au cours d'une table ronde ayant pour thème les « travaux sur le patrimoine de la Reconstruction » organisée à l'occasion de la journée du réseau normand « Label Patrimoine de la Reconstruction en Normandie » le 22 mars 2021. En l'état actuel de nos recherches, nous n'avons trouvé mention que d'une association de ce type pour l'îlot 4.

[26] Nous n'avons pas connaissance à Orléans d'enquête systématique sur la manière dont les sinistrés ont accueilli les nouvelles constructions et n'avons pas dépouillé la presse locale qui pourrait s'en faire partiellement l'écho. D'une manière générale, on sait qu'il y a eu peu de travaux sur l'opinion des sinistrés (Voldman, 2002).

[27] Archives municipales et communautaires d'Orléans. Série O : 5096. *Courrier de M. Vigneron au maire d'Orléans*, 14 février 1958.

Le caractère privé de ces espaces n'apparaît pas clairement ni à leurs habitants ni aux usagers occasionnels tels que les automobilistes à la recherche d'un stationnement lors d'un passage en ville. Si cette incompréhension est probablement accentuée par le statut juridique de la copropriété encore relativement récent au moment où s'installent les premiers habitants du centre-ville reconstruit d'Orléans, elle peut aussi s'expliquer par «le flou dans lequel se trouve le copropriétaire [...]. [Celui-ci] découle d'abord de l'abstraction des notions de partie privative et de quote-part de partie commune» (Lefeuvre, 2006, p. 279)[28]. Aussi sont-ils prompts à saisir l'autorité municipale pour qu'elle agisse contre les indélicats qui se garent sur leur place de parking ou pour qu'elle prévoie des travaux d'entretien.

Les archives nous donnent d'ailleurs à voir également les hésitations de ladite autorité municipale sur le rôle à tenir dans ces interstices urbains. Ainsi, des courriers et notes datés de 1952 nous indiquent que la prise en charge de l'entretien des espaces libres des îlots n°s 3, 18 et 29-30 par la mairie est à l'étude car elle permettrait le versement d'une subvention de l'État pour la construction des voies privées de ces îlots, normalement à la charge des sinistrés[29]. Toutefois, dès 1949, le directeur des services techniques affichait sa volonté de « réduire le plus possible les dépenses d'entretien » et de mettre des conditions à cette prise en charge, parmi lesquelles l'ouverture au public de «ces espaces libres communs» notamment pour le stationnement[30].

Huit ans plus tard, le problème persiste, comme le montre un courrier du maire d'Orléans, Roger Secrétain, daté du 14 juin 1960 et adressé à la cheffe du service des plans d'aménagement du ministère de la construction au sujet « de la situation complexe des divers espaces libres communs d'Orléans»[31]. À leur propos, le maire distingue deux cas: les cœurs d'îlot «dont le caractère privé doit pouvoir être respecté» pour lesquels «la

28 Le travail de Marie-Pierre Lefeuvre s'appuie notamment sur une enquête menée dans les années 2000 dans 11 copropriétés situées sur 5 terrains différents, dont 3 étaient localisées dans la zone reconstruite de Lorient.

29 Archives municipales et communautaires d'Orléans. Série O: 4107. *Copie du courrier du délégué départemental au ministre de la Reconstruction et de l'Urbanisme au sujet de l'aménagement des espaces libres à l'intérieur des îlots 3, 18 et 29-30*, 11 décembre 1952.

30 Archives municipales et communautaires d'Orléans. Série O: 5096. *Note d'information au maire par l'ingénieur des ponts et chaussées concernant l'aménagement du cœur d'îlot 11-12*, 4 février 1949.

31 Archives municipales et communautaires d'Orléans. Série O: 7684. *Courrier du maire d'Orléans adressé à la cheffe de service des plans d'aménagement du ministère de*

mise sur pied d'organismes privés susceptibles de gérer ces espaces libres communs est incontestablement une nécessité » et ceux pour lesquels « il semble que l'intervention de la puissance publique soit non seulement normale, mais probablement nécessaire ». Dans une note accompagnant ce courrier, on trouve une mention qui montre à quel point ces interstices urbains posent des problèmes d'appropriation. Ainsi, alors que plusieurs courriers d'habitants nous ont montré leur souhait de voir la ville se saisir de ces espaces et de leur entretien, l'auteur de la note évoque les « motifs [...] probablement exclusivement d'ordre psychologique » à cause desquels « les propriétaires répugnent à abandonner gratuitement cette « propriété » et certains [allant] jusqu'à envisager que cet abandon ne puisse se faire que dans le cadre d'une acquisition par la Ville ». L'auteur s'oppose fermement à une telle solution qui ne verra d'ailleurs jamais le jour.

Dans les premières années qui ont suivi la reconstruction d'Orléans, l'absence d'investissement des propriétaires et d'intervention des autorités municipales sur les cœurs d'îlot a donc contribué à renforcer leur statut d'interstices urbains au statut peu clair, plus ou moins délaissés en matière d'entretien. Dès lors, il est tentant ici d'évoquer le concept utilisé par Garrett Hardin dans une publication de 1968 et de se demander si le cœur d'îlot est inéluctablement voué à s'inscrire dans la « tragédie des communs » qui conclut que propriété commune et durabilité sont incompatibles (Hardin, 1968).

3. Le cœur d'îlot, un espace à saisir dans la ville du XXIe siècle ? Le temps du terrain et des constats

La phase de terrain de l'étude d'inventaire de la reconstruction d'Orléans conduit à faire un certain nombre de constats sur ses cœurs d'îlot qui tendent à nuancer l'absence d'investissement des copropriétaires constatée dans les premiers temps et à montrer que des solutions peuvent être imaginées pour que ces espaces communs soient durables.

3.1. Le cœur d'îlot du XXIe siècle : état des lieux

Au fil des décennies, en effet, le statut des cœurs d'îlot reconstruits d'Orléans évolue différemment selon que les copropriétaires se détournent plus ou moins de ces derniers. Il y a deux marqueurs qui

---

la construction concernant la gestion des espaces libres, notamment des cœurs d'îlots, à Orléans, 14 juin 1960.

permettent de mesurer ce point: l'installation de portails pour fermer ces espaces intermédiaires et/ou l'entretien des équipements communs qu'on y trouve, à commencer par la voirie. En effet, il faut préciser que, parmi les seize îlots comprenant des cœurs de superficie importante, tous comptent un ou plusieurs accès routiers et des espaces de stationnement. Ainsi, près de 44 % des îlots (7 sur 16) comprennent une voie de desserte disposant de deux accès routiers, tandis que près de 56 % (9 sur 16) n'en comptent qu'un et sont donc des impasses. La phase de terrain de notre étude nous a permis de dégager au sein de ce corpus de seize îlots trois catégories de cœurs d'îlot*.

Dans la première, ils sont ouverts, perméables donc à l'espace public urbain et sont relativement désinvestis par les copropriétaires et occupants de l'îlot ce qui en fait des interstices urbains peu qualitatifs. Dans le cas du centre-ville reconstruit d'Orléans, près de 44 % du corpus (7 îlots) relève de cette catégorie[32]. On y observe une voirie en très mauvais état, quand celle-ci n'est pas rendue tout à fait inutilisable par des excavations. Fréquemment, on observe également dans ces cœurs d'îlot des dépôts d'ordures sauvages. Enfin, si on y voit parfois des arceaux pour dissuader les automobilistes extérieurs de venir s'y garer, ce n'est toutefois pas systématique. Pour les cœurs d'îlot relevant de cette catégorie, on constate donc que le statut d'interstices urbains peut être justifié à plusieurs titres. Outre la localisation à la marge de l'espace public urbain, il s'agit de lieux délaissés, perçus comme étant sans qualité et qui font par conséquent l'objet de peu d'aménagements (figure 2).

[32] Il s'agit des îlots n°s 3, 9, 16, 19, 21, 27-28 et 29-30.

* Les données chi rées ont été compilées en 2021.

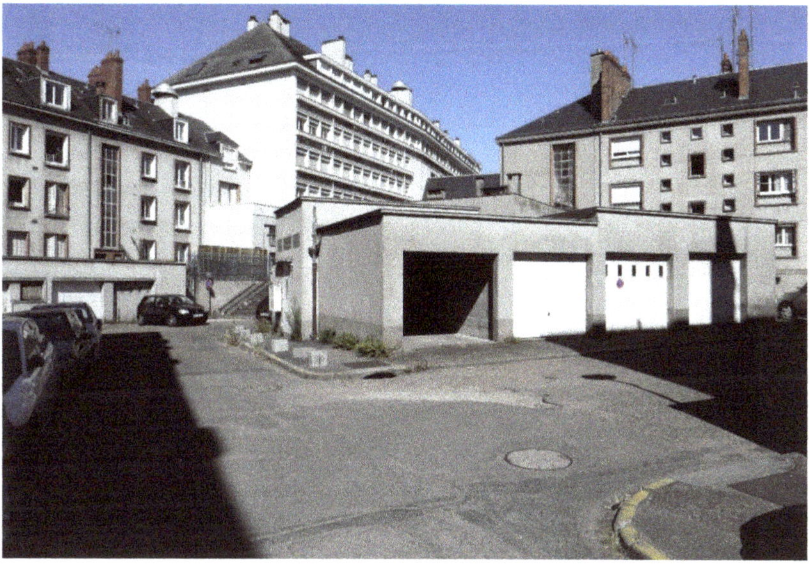

Figure 2. Vue d'ensemble vers le sud-ouest du cœur de l'îlot n° 27-28 régulièrement envahi par des « voitures ventouses » (2020).
© Région Centre-Val de Loire, Inventaire général, Julie Moreira

Dans la seconde catégorie, les cœurs d'îlot sont toujours ouverts et perméables à l'espace public urbain, mais ils ont fait l'objet d'investissements par les copropriétaires. Ils ne font donc plus figure d'interstices que par leur localisation, à l'écart des voies principales. On compte trois îlots ouverts dépendant de cette catégorie, soit près de 19 % du corpus[33]. Ici, les voiries sont entretenues et les espaces de parking clairement délimités et attribués, des arceaux ayant été aménagés de manière coordonnée. On constate donc une forme, même limitée, d'appropriation par les copropriétaires. Il est intéressant de noter que celle-ci s'opère en lien avec la voiture. Les courriers de réclamations des habitants consultables dans les archives tendaient à montrer que la question des places de parking était déjà un sujet de friction dans les années qui ont suivi l'installation des résidents dans le centre reconstruit d'Orléans. Les travaux des sociologues sur le partage des espaces intermédiaires que font les habitants des ensembles résidentiels urbains démontrent que la voiture reste aujourd'hui au centre des préoccupations (Morel, 2005).

---

[33] Il s'agit des îlots n°s 4, 11-12 et 18.

La troisième catégorie identifiée à Orléans est celle des cœurs d'îlot fermés. Ce corpus compte six exemples, soit 37,5 % de la totalité des îlots comprenant des voies de dessertes secondaires[34]. Dans ce cas, les copropriétaires se sont investis et appropriés l'espace intermédiaire commun en le fermant au moyen de portails. Dès lors, il n'y a plus de perméabilité à l'espace public et le caractère privé du cœur d'îlot n'est plus questionnable. Le symbole que représente la clôture pour affirmer la propriété d'un individu ou d'un groupe sur un lieu a d'ailleurs déjà été bien étudié par les sociologues (Lefeuvre, 2006, p. 280 ; Morel, 2005, p. 28)[35].

À Orléans, enfin, il est intéressant de noter que les trois îlots issus des chantiers d'expérience comprenant une voie de desserte[36] relèvent des deux dernières catégories. Le fait qu'ils aient été réalisés grâce à des financements de l'État qui ont permis, nous l'avons vu, la réalisation de certains des aménagements prévus par les architectes en cœur d'îlot y joue probablement un rôle. En effet, on constate, particulièrement dans les îlots n°s 1 et 4, des installations plus qualitatives en moyenne que dans les autres îlots. On l'observe tant au niveau des bâtiments annexes (garages, arrière-boutiques, etc.), que des clôtures délimitant les cours privatives des immeubles, ou des plantations. L'îlot n° 4 a même, un temps, accueilli un square pour enfants. Il est possible que la qualité de ces aménagements particuliers ait joué un rôle sur le sentiment d'appropriation de ces espaces par leurs habitants, y compris aujourd'hui encore dans l'îlot n° 4 pourtant non clôturé.

---

34 Il s'agit des îlots nos 1, 2, 7, 13, 33 et 24.

35 Dans l'ouvrage collectif auquel elle collabore en 2006, Marie-Pierre Lefeuvre cite Nicole Haumont (Haumont, 2001, p. 21) qui présentait, dans son ouvrage, la clôture comme ce que « l'habitant aménage en premier lieu ». Alain Morel, quant à lui, montre que la clôture des espaces est aussi utilisée pour sécuriser et favoriser l'appropriation collective de grands ensembles résidentiels.

36 Les îlots nos 1, 2 et 4.

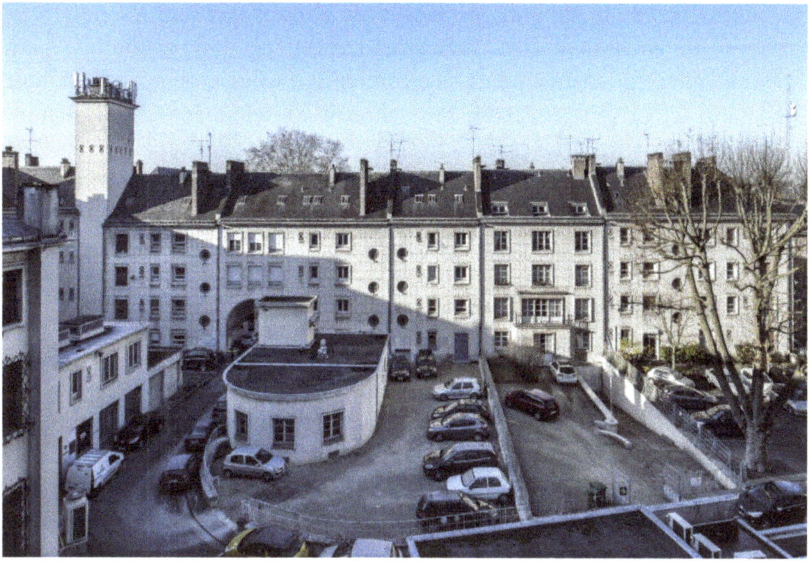

Figure 3. Vue d'ensemble vers l'ouest du cœur d'îlot d'expérience n° 4 (2016).
© Région Centre-Val de Loire, Inventaire général, Vanessa Lamorlette-Pingard

3.2. Le cœur d'îlot : un nouvel espace à saisir pour la ville du XXIe siècle ?

L'appropriation des cœurs d'îlot par les copropriétaires et occupants des immeubles reconstruits dans le centre-ville d'Orléans est donc variable. Il est intéressant de noter qu'elle est aussi évolutive. Ainsi, si l'îlot n° 4 est relativement bien entretenu aujourd'hui, ça n'a pas toujours été le cas (figure 3). Un courrier de 1959 dépeint une situation tout autre[37]. Dans celui-ci, les auteurs mentionnent par exemple « au nord, [le] coin [qui] fut réservé aux enfants… Maintenant, le banc en ciment est démoli, et l'enclos sert de parc à autos qui démarrent à toute heure du jour et de la nuit… […] ». De même, le cœur de l'îlot n° 18 n'appartient que depuis récemment à la même catégorie des îlots non clôturés, investis par ses copropriétaires. Jusqu'en 2019, il relevait en fait de la première : sa voirie était dans un très mauvais état. C'est une excavation ayant limité l'usage de celle-ci qui a conduit les copropriétés à s'organiser pour prendre en charge sa réfection.

[37] Archives municipales et communautaires d'Orléans. Série O : 5096. *Copie du courrier adressé par les habitants de l'îlot 4 au maire d'Orléans*, 11 septembre 1959.

Par ailleurs, il apparaît pertinent de s'interroger sur les nouveaux usages qui pourraient être créés pour ces espaces intermédiaires. L'ancienne agence d'urbanisme de l'agglomération orléanaise avait initié une réflexion en ce sens en 2014, sans aboutir toutefois à des conclusions. Parmi les éléments relevés dans le centre-ville reconstruit, elle avait noté que les cœurs d'îlot disposant de deux voies d'accès et non clôturés pouvaient offrir des trajets alternatifs dans la ville. À l'heure actuelle toutefois, le mauvais état de certains de ces îlots et le caractère privé de ces espaces dont les trottoirs sont devenus des places de parking, permet difficilement d'imaginer y créer des voies secondaires pour faciliter, par exemple, les circulations douces.

Parmi les autres éléments relevés dans ce travail, les auteurs avaient souligné les surfaces importantes constituées par les toits-terrasses des arrière-boutiques donnant sur les cœurs d'îlot[38]. Ce point nous conduit à retourner aux premiers textes publiés sur la reconstruction des villes sinistrées sous l'Occupation. Ainsi, dans un article sur le remembrement publié dans la revue *L'Urbanisme* en décembre 1941, Jean Royer évoque parmi les partis possibles pour l'aménagement des cœurs d'îlot, la création de squares intérieurs sur la totalité de la surface, interdisant donc les dépendances en rez-de-chaussée, les jardins ou cours particuliers. Comme il le souligne toutefois :

> Il est assez difficile de faire admettre le principe de ces cours en province. D'autre part, il est impossible de les prévoir dans les quartiers de commerce car les commerçants ont besoin de dépendances, plus ou moins importantes qu'il s'agit de satisfaire, et il faut prévoir les cours comme des dépendances couvertes. L'espace libre commun est en somme transporté au premier étage et rien ne s'oppose à ce que cet espace soit traité en jardin d'une manière agréable (Royer, 1941, p. 134-135).

Dans le contexte de réchauffement climatique et de la prise de conscience du phénomène d'îlots de chaleur urbains, si le fait de couvrir les cœurs d'îlots pour la création de « jardins suspendus » paraît compliquée, celle de végétaliser les toits-terrasses existants pourrait en revanche retenir l'attention des autorités locales. Pour ce faire, il faudrait toutefois que celles-ci acceptent de s'investir dans ces surfaces privées ce qu'à Orléans, elles n'ont pas encore souhaité faire.

Certaines municipalités s'y sont engagées dans d'autres villes reconstruites françaises. Ainsi, Marie-Pierre Lefeuvre mentionnait dans une

---

38 L'étude ne la chiffre pas précisément, mais ses auteurs évaluaient à 53 % le pourcentage d'espaces libres dans les cœurs d'îlot reconstruits.

publication de 2006 l'existence d'une opération dite « cœur d'îlot » à Lorient (Lefeuvre, 2006, p. 289-290). Celle-ci devait notamment permettre la réhabilitation de ces espaces. En fonction des cas, les copropriétaires ont accepté de voir leur espace commun être transformé en parking public, moyennant la prise en charge des travaux de réfection par la municipalité. D'autres ont demandé une aide de la mairie pour fermer l'accès au cœur d'îlot. Plus récemment, à Caen, un Programme opérationnel de prévention et d'accompagnement des copropriétés (P.O.P.A.C.) a été mis en place pour les cœurs d'îlot du quartier Saint-Jean. Après une analyse du contexte et des clarifications juridiques apportées sur le mode de gestion à envisager, des préconisations d'aménagement et de développement de nouveaux usages pourront être présentées pour accompagner les propriétaires bailleurs dans la conduite de projet de rénovation[39]. Dans le Centre-Val de Loire enfin, la Ville de Sully-sur-Loire s'est associée en 2016 au Conseil d'architecture, d'urbanisme et de l'environnement du Loiret (C.A.U.E.) pour organiser des ateliers de réflexion composés d'urbanistes, d'architectes et de paysagistes. Ils ont été invités à apporter leurs contributions aux problématiques identifiées sur les cœurs d'îlots de la commune. Dans cette dernière, les difficultés rencontrées sont notamment liées à l'inoccupation des logements. Il y a, en effet, beaucoup de maisons de commerçants dont les surfaces de vente communiquent avec le logement aux étages. Or les commerçants ne vivent plus nécessairement au-dessus de leur boutique ce qui conduit à des vacances de ces habitations. Parmi les propositions faites pour pallier ce problème par les participants aux ateliers, on peut citer : la création de coursives en cœur d'îlot afin de dissocier les accès aux surfaces commerciales et aux habitations, ainsi que la création de jardins participatifs en cœur d'îlot pour requalifier ceux-ci (Lopes, Rebout et Thauvel, 2017).

Conclusion

L'opération d'inventaire de la Reconstruction du Val de Loire a donc permis de révéler un nouvel interstice urbain, espace d'entre-deux qui a peu suscité l'attention des historiens de l'architecture jusqu'ici. Ainsi, si les larges cœurs d'îlot créés à Orléans entre la fin des années 1940 et le

---

[39] Cette initiative était présentée au cours d'une table ronde ayant pour thème les « travaux sur le patrimoine de la Reconstruction » organisée à l'occasion de la journée du réseau normand « Label Patrimoine de la Reconstruction en Normandie » le 22 mars 2021. Voir également : https://www.anah.fr/actualites/detail/actualite/a-caen-un-popac-pour-inciter-les-coproprietes-a-renover/.

début des années 1960 se voient attribuer des fonctions claires lors de la phase de création de l'architecte, les aménagements correspondants sont rarement mis en œuvre au moment où les immeubles sortent de terre. Cette absence d'exécution, très probablement liée à un manque de moyens financiers, tient aussi au fait que les cœurs d'îlot constituent alors de nouveaux espaces, à la fois dans et hors la ville. Leur statut juridique n'a à l'origine rien d'évident, tant pour les copropriétaires que pour les autorités municipales. Des tensions se cristallisent ainsi rapidement autour de leurs usages entre les résidents des immeubles et les commerçants d'une part, et les personnes extérieures à ceux-ci d'autre part, qu'il s'agisse d'utilisateurs occasionnels ou des autorités municipales. Les archives conservent des traces des demandes répétées formulées auprès de la mairie par les habitants afin que celle-ci prenne en charge l'entretien de ces espaces. Après quelques atermoiements, le caractère privé du cœur d'îlot étant toutefois réaffirmé à la fin des années 1950 et au début des années 1960, la commune n'y intervient finalement pas. Dans les décennies suivantes, on constate une phase d'appropriation par les copropriétaires des immeubles. Celle-ci est toutefois relative comme on peut le constater à l'occasion des observations de terrain, certains cœurs d'îlot étant laissés dans un état de délabrement avancé. Reste qu'ils représentent des surfaces non négligeables dans le centre-ville d'Orléans que la ville du XXIe siècle pourrait vouloir investir. Le chercheur de l'inventaire, professionnel du patrimoine, ne peut que l'espérer tant les détails de mise en œuvre des façades postérieures des immeubles reconstruits sont riches à Orléans et souffrent de ne pas être protégés comme leur pendant sur rue, faute de donner sur l'espace public.

Bibliographie

Abram Joseph, 2013, *Auguste Perret*, Paris, Éditions du Patrimoine, coll. « Carnets d'architectes » (2e éd.).

Bonduelle Anne, Corbel Pierre-Yves et Faucherre Nicolas, 1995, *Dunkerque : dunes, briques et béton*, Lille, association Charles Dieudonné, coll. « Cahiers du patrimoine ».

Boura Frédérique (dir.), 2015, *Une aventure de l'esprit : l'Inventaire général du patrimoine culturel (actes du colloque 1794, 1964, 2004, 2014, « Dynamiques d'une aventure de l'esprit, l'Inventaire général du patrimoine culturel »)*, Lyon, Lieux dits, coll. « Cahiers du patrimoine ».

Chabrol Virginie, 2010, « Le remembrement comme vecteur d'une idée urbaine. Reconstruire une ville après la Seconde Guerre mondiale », *Histoire et mesure*, XXV-1, p. 165-196.

Defillon Julien, 2019, *DiversCités : les grands ensembles, Bourgogne et Chalon-sur-Saône*, Lyon, Libel, coll. « Cahiers du patrimoine ».

Delemontey Yvan, 2015, *Reconstruire la France : l'aventure du béton assemblé, 1940-1955*, Paris, Éditions de la Villette, coll. « SC ».

Dieudonné Patrick, 1994, *Villes reconstruites du dessin au destin*, Paris, L'Harmattan.

Gourbin Patrice, 2011, *L'architecture et l'urbanisme de la Reconstruction dans le Calvados. Du projet à la réalisation*, Caen, C.A.U.E. du Calvalos.

Gourbin Patrice, 2017, *Une métamorphose urbaine : la reconstruction de Villers-Bocage*, Caen, Société des antiquaires, coll. « Monuments et sites de Normandie ».

Hardin, Garrett, 1968, « The tragedy of the commons », *Science*, 162, p. 1243-1248.

Haumont Nicole, 2001, *Les pavillonnaires : étude psychosociologique d'un mode d'habitat*, Paris, L'Harmattan, coll. « Habitat et sociétés » (23e éd.).

Kopp Anatole, Boucher Frédérique et Pauly Danièle, 1982, *L'architecture de la Reconstruction en France, 1945-1953*, Paris, Le Moniteur, coll. « Architecture. Études ».

Le Bas Antoine, 2007, *Juvisy-sur-Orge : un territoire, des réseaux*, Lyon, Lieux dits, coll. « Cahiers du patrimoine ».

Le Corbusier, 1971, *La charte d'Athènes*, Paris, Seuil, coll. « Points Civilisation ».

Lefeuvre Marie-Pierre, 2006, « La construction sociale de la limite entre espace public et espace privé en copropriété », *in* A. Bourdin, M.-P. Lefeuvre et P. Melé (dir.), *Les règles du jeu urbain. Construction de la confiance et localisation du droit*, Paris, Descartes et Cie, coll. « Les Urbanités », p. 277-302,

Lopes Benoit, Rebout Chantal et Thauvel Isabelle, 2017, *Forum de l'architecture et du paysage. Les vill[ages] dans leurs pays[ages]. Quelles formes urbaines pour demain. Cléry-Saint-André [24-25 juin 2016]. Sully-sur-Loire [18-19 novembre 2016]*, Orléans, C.A.U.E. 45.

Massary Xavier (de), Coste Georges, Verdier Hélène (dir.), 2007, *Principes, méthode et conduite de l'Inventaire général du patrimoine culturel*, Paris, Ministère de la Culture et de la Communication, coll. « Documents et Méthodes ».

Migayrou Frédéric (dir.), 2008, *Pol Abraham : architecte, 1891-1966*, Paris, Centre Pompidou.

Morel Alain, 2005, « Introduction : La civilité à l'épreuve de l'altérité », *in* B. Haumont et A. Morel, *La société des voisins : Partager un habitat collectif* [en ligne], Paris, Éditions de la Maison des sciences de l'homme (généré le 27 septembre 2021). Disponible sur Internet : http://books.openedition.org/editionsmsh/3357.

Ragot Gilles, Jeanmonod Thierry et Nogue Nicolas, 2003, *L'invention d'une ville : Royan années 50*, Paris, Monum, Éditions du patrimoine, coll. « Cahiers du patrimoine ».

Royer Jean, 1941, « Les caractéristiques du parcellaire », *Urbanisme*, 73, p. 134-135.

Steiner Claire, Saunier Frédéric, 2005, *Le Havre : un port, des villes neuves*, Paris, Monum, Éditions du patrimoine, coll. « Cahiers du patrimoine ».

Voldman Danièle, 1997, *La reconstruction des villes françaises de 1940 à 1954 : histoire d'une politique*, Paris, Montréal, L'Harmattan, coll. « Villes, histoire, culture, société ».

Voldman Danièle, 2002, « L'opinion des sinistrés face aux reconstructions de leurs cités détruites par les guerres », *in* S. Audoin-Rouzeau, A.-S. Coeuré *et al.* (dir.), *La politique et la guerre : pour comprendre le XXe siècle européen : hommage à Jean-Jacques Becker*, Paris, A. Viénot, Noesis, p. 369-378.

Voldman Danièle (dir.), 2010, *Désirs de toit : le logement entre désir et contrainte depuis la fin du XIXe siècle*, Grâne, Créaphis, coll. « Lieux habités – histoire urbaine ».

Voyant Joseph, 1965, *Rapport fait au nom de la Commission des Lois constitutionnelles, de Législation, du Suffrage universel, du Règlement et d'Administration générale, sur le projet de loi, adopté par l'Assemblée nationale, fixant le statut de la copropriété des immeubles bâtis*, [en ligne], (consulté le 29 septembre 2021). Disponible sur Internet : https://www.senat.fr/rap/1964-1965/i1964_1965_0178.pdf.

Chapitre 5

Friches urbaines végétalisées : intervenir ou laisser faire ?

Francesca Di Pietro et Marion Brun

Introduction. Unité et diversité des friches urbaines

Terrains vagues, vacants, friches, délaissés… plusieurs termes sont utilisés en français pour définir des espaces qui n'ont pas d'usage officiel dans la ville. Ces « terrains vagues » apparaissent dans les villes au cours de la seconde moitié du XIXe siècle, en lien avec l'industrialisation et le développement de l'urbanisation. L'apparition de ces zones temporairement dépourvues de fonction définie est liée d'une part au découpage de l'espace issu de l'implantation dans les villes d'usines et d'infrastructures industrielles, résidentielles et de transport (routes, voies ferrées, gares). Elle est liée d'autre part aux transformations entreprises dans le cadre des projets de rénovation urbaine radicale, qui ont transformé des noyaux urbains médiévaux en centres urbains modernes, avec des boulevards piétonniers, des parcs urbains et des voies de circulation (Beau, in Di Pietro et Robert, 2021). Ce type d'espace se multiplie au XXe siècle, notamment dans les années 1970, en lien avec la déprise agricole qui accompagne l'étalement urbain : il s'agit là d'espaces progressivement entourés d'infrastructures urbaines (voies de communication, zones résidentielles et d'activités), dans lesquels les usages agricoles déclinent et sont graduellement abandonnés. Les friches urbaines se développent à nouveau à partir des années 1990, quand la désindustrialisation laisse des espaces industriels, parfois très vastes, à l'abandon. Issu du domaine agricole, le terme « friche » s'étend alors à l'urbanisme (Andres, 2006). Ces espaces, qualifiés de « friches industrielles » (*brownfields* en anglais), sont des anciens bâtiments, entrepôts, parkings, où le sol imperméabilisé est progressivement recouvert par la végétation. Outre l'étalement urbain et la désindustrialisation, deux autres processus, plus continus dans le temps, produisent des friches urbaines : le renouvellement urbain des zones densément urbanisées (figure 1), qui suit les fluctuations de l'économie locale et peut laisser des espaces temporairement abandonnés (*wastelands* en anglais) ; et le développement des voies de communication, dont les abords immédiats ne sont pas constructibles (Di Pietro *et al.*, 2021). Ces derniers sont parfois affectés au jardinage familial par les collectivités locales (Chelkoff et Paris, 2016). Ces éléments sémantiques sont confirmés par une analyse de la littérature scientifique anglophone sur les friches urbaines (Bonthoux *et al.*, 2014).

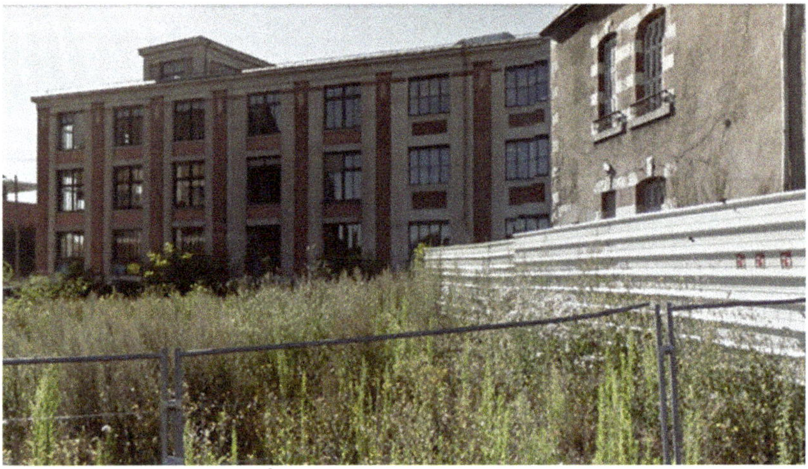

Figure 1. Une friche urbaine liée au renouvellement urbain (source : Brun)

Les friches urbaines apparaissent et disparaissent au gré de la variété des processus d'urbanisation : elles disparaissent en période de densification urbaine, et apparaissent par suite d'étalement urbain, le renouvellement urbain pouvant se traduire à la fois par une disparition de friches liée à la densification, et par une création de friches liée à l'abandon d'autres espaces. Elles sont partie intégrante du fait urbain et ont un statut à part entière dans les processus d'aménagement (Janin et Andres, 2008).

Les friches urbaines ont des dimensions et formes très variables. Petites et enserrées dans l'espace urbanisé, ce sont alors des « dents creuses », de véritables interstices dans les villes denses. Elles peuvent représenter aussi de vastes espaces abandonnés en marge des villes industrielles (figure 2).

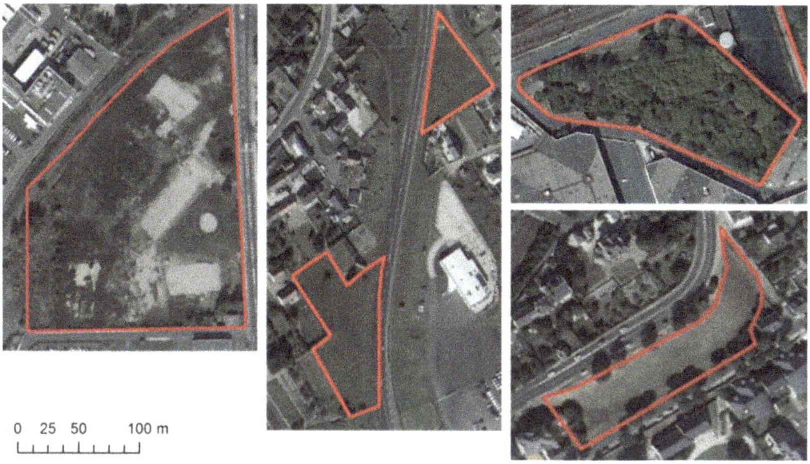

Figure 2. Diversité morphologique des friches urbaines : quatre exemples dans les agglomérations de Tours et Blois. De gauche à droite deux petites friches en bord de route, une friche industrielle sur un grand espace, et deux friches enclavées dans le tissu urbain : abandon de l'usage antérieur ancien (en haut) ou plus récent (en bas) (source : Di Pietro et Brun).

Leur place dans le gradient urbain est également variable : si elles sont plus fréquentes dans les marges urbaines, on trouve des friches aussi dans les centres denses : elles sont alors issues du renouvellement urbain. L'usage précédent l'abandon est diversifié : souvent agricole dans les villes moyennes, il est industriel, résidentiel, commercial, militaire (Lotz-Coll, 2018) dans les zones urbaines plus denses. La destination des friches urbaines aussi, telle qu'elle apparaît dans le zonage des documents d'urbanisme (Plans Locaux d'Urbanisme notamment), est diversifiée : elles sont parfois incluses dans des zones urbaines, parfois dans des zones à urbaniser ; elles sont parfois classées en zone naturelle, comme les zones inondables, non constructibles, ou en zone agricole, bien que l'usage agricole ait été abandonné (Brun *et al.*, 2019). Cette diversité est résumée schématiquement dans le tableau 1.

Tableau 1. Relation schématique entre processus de création des friches urbaines et caractéristiques urbaines (densité de population, localisation dans le gradient urbain) et locales (dernier usage avant abandon, dimension de la friche, couverture du sol, destination future telle qu'elle apparaît dans les zonages d'urbanisme ; A : agricole, U : urbanisé, AU : à urbaniser, N : naturel) (source : Di Pietro et Brun)

Processus de création des friches	Densité de population de la ville	Localisation dans le gradient urbain	Dernier usage avant abandon	Dimension de la friche	Couverture du sol	Statut dans le zonage d'urbanisme
Désindustrialisation	Haute	Péri-urbain	Industriel	Grande	Imperméable, sols parfois pollués	U
Renouvellement urbain	Haute	Centre Péri-centre	Résidentiel Militaire Commercial	Petite	Imperméable	U
Étalement urbain	Moyenne	Péri-urbain	Agricole Naturel	Moyenne	Perméable	A AU
Développement de voies de communication	Toute densité	Péri-urbain Péri-centre	Agricole Naturel	Petite	Perméable	AU A N

Toutefois, quelles que soient leur origine, leur morphologie, leur localisation et leur destination, les friches sont des espaces urbains (car situés au sein de la tâche urbaine) temporairement dépourvus d'un usage officiel (ce temps sans usage officiel est parfois nommé « temps de veille »). Certains auteurs estiment que ce n'est pas tant l'origine des friches, industrielle ou agricole, qui les distingue, mais leur localisation, leur visibilité et les enjeux dont elles sont l'objet (Janin et Andres, 2008).

1. Des zones de végétation spontanée en ville

L'abandon des usages sur ces espaces urbains induit généralement une végétalisation spontanée. Les espèces végétales environnantes colonisent progressivement les friches urbaines (Bonthoux *et al.*, 2014). La vitesse de colonisation est liée aux conditions locales comme la nature du sol, les éventuels usages informels actuels, et le type d'usage précédent : végétalisation plus rapide sur les sols perméables des anciens champs cultivés, plus lente sur les sols imperméables des anciennes zones industrielles (Muratet *et al.*, 2017). Cette vitesse de colonisation dépend également des conditions environnantes, comme l'occupation du sol adjacente : les environs végétalisés (jardins privés ou publics, zones boisées ou agricoles) induisent une végétalisation des friches urbaines plus rapide que les environs densément urbanisés (Crowe, 1979). Les friches urbaines incluent toute une gamme de stades de la succession écologique, depuis les stades pionniers, herbacés (figure 3), jusqu'aux stades matures, pré-forestiers (figure 4).

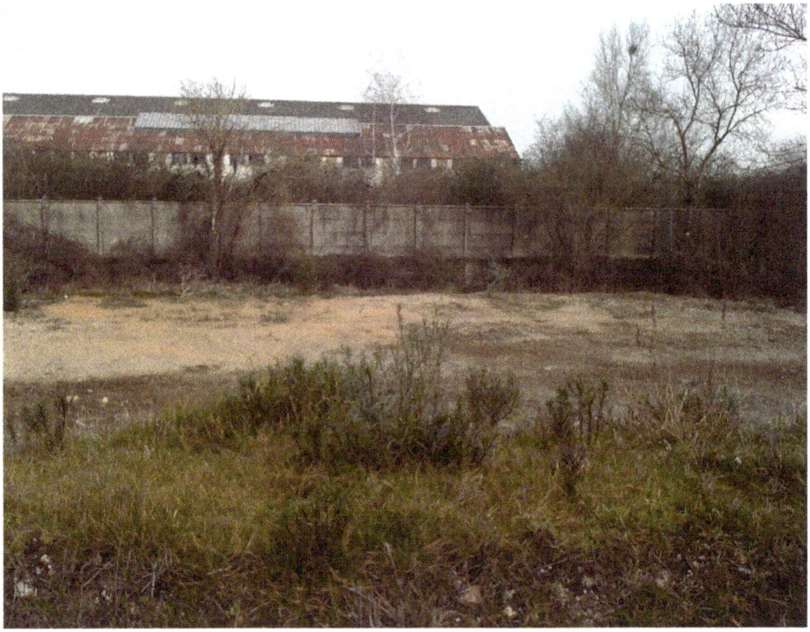

Figure 3. Une friche urbaine au stade pionnier (source : Brun)

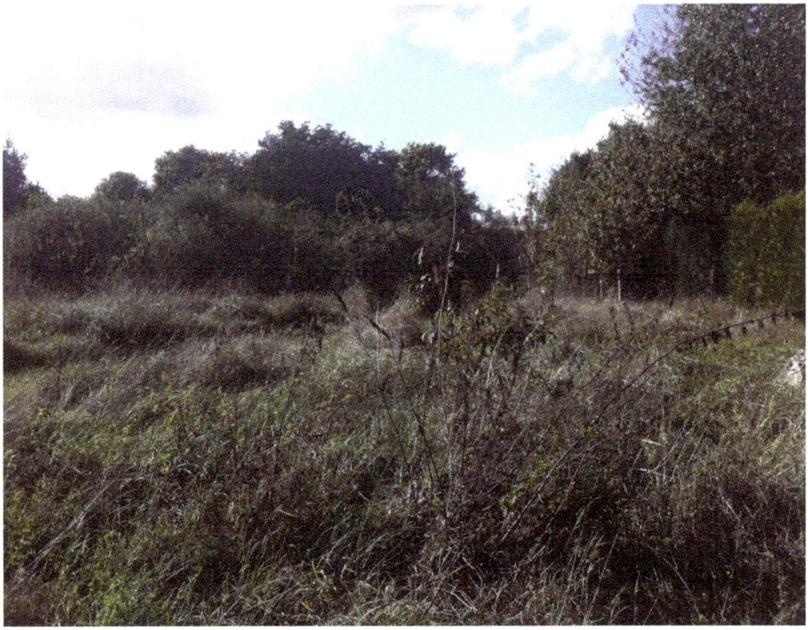

Figure 4. Une friche urbaine à un stade plus avancé (source : Brun)

Il est en outre opportun de souligner que les friches urbaines ne sont pas des espaces totalement abandonnés en ville, car elles connaissent, pour des raisons réglementaires, un degré de gestion, effectuée par leurs propriétaires publics ou privés. Il s'agit *a priori* d'une gestion mécanique : débroussaillage, là où les espèces ligneuses sont développées, et broyage des surfaces herbacées. Toutefois, cette gestion est rare et irrégulière : les friches urbaines constituent les espaces les moins gérés en ville, des espaces où les espèces végétales se développent de la façon la plus spontanée dans le contexte urbain (figure 5).

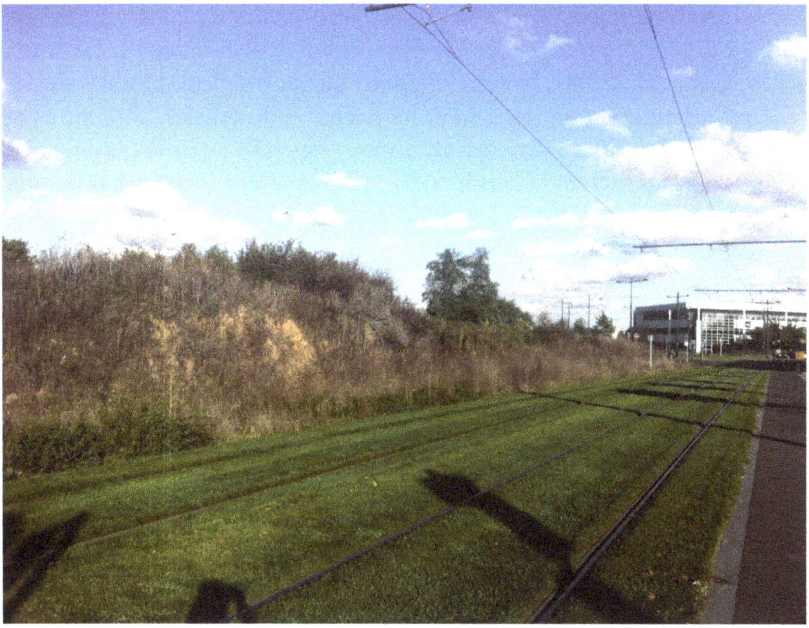

Figure 5. Les friches urbaines, les espaces où les espèces végétales se développent de la façon la plus spontanée en ville (source : Brun)

1.1. Des écrins de biodiversité dans la ville

Les études en écologie urbaine, qui se développent depuis quelques années sur les friches urbaines des grandes villes[1], montrent l'intérêt de ces espaces pour leurs habitants non humains : les friches urbaines

1 Les études sur la biodiversité des friches urbaines sont le fait de peu d'équipes de recherche, qui publient régulièrement les résultats des études sur ce sujet. Localisées

constituent des habitats temporaires pour de nombreuses espèces de plantes et d'animaux qui trouvent dans ces espaces peu aménagés et gérés par les humains des conditions favorables à leur cycle de vie ou à leur déplacement dans la ville (Machon, in Di Pietro et Robert, 2021). Trois groupes ont été principalement étudiés : arthropodes, plantes et oiseaux. Une méta-analyse publiée en 2014 (Bonthoux *et al.*, 2014) et mise à jour en 2021 (McKinney, in Di Pietro et Robert, 2021) montre que les friches urbaines sont les espaces urbains les plus riches en espèces, du fait de la gestion limitée. Les friches urbaines abritent souvent une part considérable de la flore et de la faune régionale, y compris des espèces rares et vulnérables, pour qui elles représentent un habitat de substitution en milieu urbain, un refuge face à la diminution de leur habitat préférentiel (Albrecht et al., 2011). Nous soulignons que parmi cette biodiversité les friches urbaines, et en particulier les friches industrielles, abritent aussi des espèces exotiques, voire envahissantes (figure 6) ; c'est le cas en particulier des friches dont le dernier usage implique une imperméabilisation du sol (Brun *et al.*, 2017a) : le microclimat plus chaud y est sans doute favorable aux espèces exotiques.

---

principalement en Europe, États-Unis, Amérique latine, ces équipes étudient principalement les friches urbaines des grandes conurbations (supérieures à un million d'habitants).

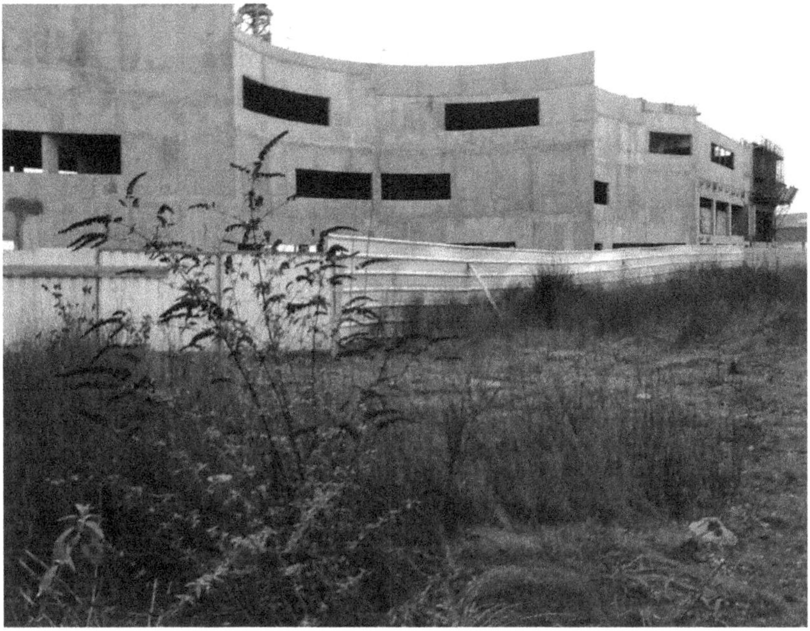

Figure 6. Un jeune Arbre aux papillons (*Buddleja davidii*) aux abords d'une friche bâtie (source : Brun)

De nombreuses études analysent les facteurs de la biodiversité des friches urbaines. En particulier la surface et l'âge de la friche jouent un rôle majeur sur la diversité végétale des friches urbaines, les friches d'âge intermédiaire (4-13 ans) étant les plus riches en espèces (Muratet *et al.*, 2007), ce qui est attendu dans ce stade intermédiaire, le plus diversifié, de la succession écologique. En outre, des études récentes montrent que les usages passés des friches urbaines jouent un rôle majeur sur leur végétation actuelle (Johnson *et al.*, 2015 ; Johnson *et al.*, 2017), et sur les espèces d'abeilles sauvages qu'on y observe (Twerd et Banaszak-Cibicka, 2019).

Comme le soulignent les méta-analyses citées plus haut, les facteurs propres aux sites eux-mêmes (facteurs locaux : surface, sol, âge, usages de l'espace avant abandon, interventions humaines dont les modalités de gestion de la friche, structure de la végétation) sont prépondérants par rapport aux facteurs relatifs à l'environnement du site (diversité de l'occupation du sol environnante, c'est-à-dire diversité de la matrice urbaine : part de surface imperméabilisée, de zones résidentielles, d'espaces verts, de milieux aquatiques, etc.). Toutefois la diversité de cette flore est liée aux caractéristiques des quartiers qui les entourent (Brun et Di Pietro, in Di Pietro et Robert, 2021). En outre la diversité botanique entre friches est liée à la distance géographique (pour les friches les plus grandes, supérieures à 0,25 ha), ce qui suggère une diffusion d'espèces entre friches urbaines de grandes dimensions, alors que cette diversité n'est pas liée à la diversité de conditions environnementales entre les friches, ce qui tempère le rôle des facteurs locaux sur la flore (Muratet *et al.*, 2007). Ce sont surtout les espèces végétales qui sont affectées par la diversité de la matrice urbaine, car les surfaces urbanisées constituent une limitation considérable de la dispersion des propagules (dont les graines et le pollen) et contribuent à l'isolement des espaces végétalisés en ville (Johnson *et al.*, 2017).

Les friches urbaines végétalisées ont également une fonction environnementale : elles représentent des « solutions fondées sur la nature » face aux risques environnementaux urbains. Comme tout espace non imperméable ce sont des zones d'expansion de crues dans les espaces inondables ; elles constituent des zones d'infiltration permettant de réduire les inondations par ruissellement pluvial ; ce sont aussi des zones de séquestration du carbone et de réduction de l'îlot de chaleur urbain, précieuses pour l'atténuation et l'adaptation au changement climatique.

1.2. Des parcs urbains alternatifs

Les friches urbaines ne sont pas seulement les espaces les plus riches de biodiversité en ville ; elles sont aussi des espaces verts officieux, où des usages informels peuvent prendre place. De multiples usages des friches urbaines par les habitants des villes sont observés, dont les usages par les enfants et les adolescents (figure 7), qui déclinent actuellement (Rivière, 2016). Dans les zones urbaines de forte densité, les friches urbaines sont l'objet d'usages parfois vitaux pour beaucoup d'humains, en tant que lieux d'habitat temporaire et de production alimentaire pour des populations pauvres et marginalisées (Sardeshpande *et al.*, 2021). En particulier dans les espaces en friche de grande dimension, des usages divers peuvent cohabiter, comme sur la friche des Tartres, à Pierrefitte-sur-Seine (Métropole du Grand Paris) (Collectif Inter-Friches, 2022). Dans les zones urbaines moins denses, ce sont des usages parfois furtifs, mais présents : passage, activités sportives, soin des animaux domestiques, lieux de sociabilité, etc. (Brun *et al.*, 2017b).

Les friches urbaines, ces espaces aux usages informels, propices au développement d'une végétation spontanée, constituent pour leurs usagers des espaces semi-privés, intimes, moins contrôlés que les parcs urbains officiels. Les friches urbaines sont en effet bien distinctes des modèles planifiés d'espace vert public dans les zones urbaines (Di Pietro, 2021) : ceux qui sont différemment marqués par l'hygiénisme, comme le parc public haussmannien, avec son aménagement imitant des salons d'extérieurs, et les espaces verts associés aux grands ensembles, avec leurs pelouses nues, éventuellement plantées de rares arbres, généralement dépourvues de relief végétal, d'une part, et ceux liés au modèle culturaliste, comme les cités-jardins, d'autre part (Merlin, 2013).

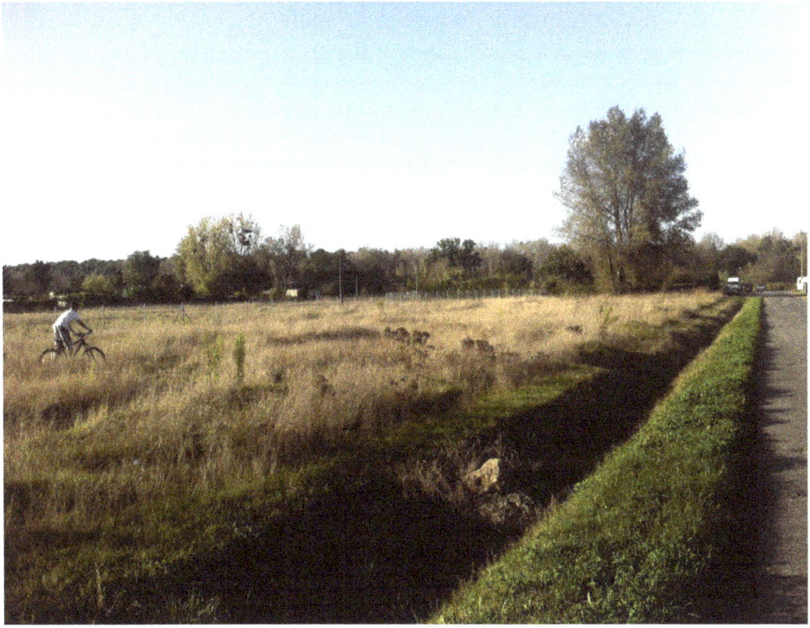

Figure 7. Les friches urbaines, des espaces de liberté pour les enfants et adolescents (Source : Brun)

Ceci n'est pas nouveau : l'analyse des archives de la ville d'Anvers par l'historien Bart Tritsmans montre que l'inadéquation des espaces verts officiels, les parcs haussmanniens, aux besoins et aux attentes de la population urbaine se traduisait, dès la fin du XIXe siècle, non seulement par le vandalisme de ces parcs, dont les témoignages dans les archives sont fréquents, mais aussi par les usages populaires des terrains vagues : comme il n'y avait pratiquement pas d'espace officiel pour les loisirs dans les villes, les enfants créaient leurs propres terrains de jeu. Ces friches urbaines étaient utilisées à la fois comme des espaces ouverts alternatifs dans un environnement urbain à l'inverse extrêmement réglementé, et comme des zones libres pour des activités qui étaient interdites dans les centres-villes destinés à la bourgeoisie (Tritsmans, 2015). Ces lieux incontrôlables pour la bourgeoisie urbaine étaient l'objet de crainte et de mépris, de jugements négatifs sur leurs habitants humains (et non humains), qui ne trouvaient pas leur place dans le nouvel ordre spatial des sociétés occidentales (Beau, in Di Pietro et Robert, 2021), comme le confirme James Cannon, qui, en étudiant la « zone » de Paris depuis la fin du XIXe siècle jusqu'aux années 1970 souligne comment ces marges urbaines étaient associées à l'adage « classes laborieuses classes dangereuses » (Cannon, 2017).

1.3. Friches urbaines et justice environnementale

Toutefois les friches urbaines sont aussi des espaces parfois insalubres, voire dangereux pour les usagers, surtout du fait de la pollution des sols et de l'air. Une étude portant sur l'ensemble du territoire anglais montre que la part de friches urbaines dans l'environnement du domicile est corrélée à un taux élevé de mortalité et de morbidité (Bambra *et al.*, 2014). Une autre étude portant sur les friches industrielles de la ville de Baltimore (États-Unis) montre qu'il s'agit de sols comportant un large spectre de polluants toxiques et pour la plupart rémanents. Ces sites sont concentrés dans des quartiers où les taux de mortalité dus aux maladies respiratoires, au cancer et aux maladies cardiaques sont supérieurs aux moyennes de la ville, de l'État et du pays. En outre, ces friches sont situées dans les quartiers populaires blancs dans lesquels les niveaux de pauvreté sont supérieurs et le niveau d'instruction inférieur aux moyennes de l'État et du pays (Litt et Burke, 2002). En effet les friches urbaines sont très majoritairement situées dans les quartiers populaires, qu'il s'agisse de zones péri-urbaines (dans la majorité des cas), ou de zones centrales en cours de dévitalisation.

Par ailleurs les travaux récents s'inscrivant dans le champ émergent de la justice environnementale (Durand et Jaglin, 2012), montrent une forte corrélation positive entre la part de parcs et jardins publics autour du domicile, et le niveau d'études et de revenu des habitants, et ceci dans plusieurs pays : Allemagne (Wüstemann *et al.*, 2017), États-Unis[2] (Wen *et al.*, 2013), Canada (Pham *et al.*, 2012), Afrique du Sud (McConnachie et Shackleton, 2010), Chine[3] (You, 2016), Grande-Bretagne (Dadvand *et al.*, 2012), Australie (Kimpton, 2017)[4].

Ainsi, considérer les friches urbaines comme une façon de compenser la faiblesse des espaces verts publics en ville (Sikorska *et al.*, 2020), ou les présenter comme un facteur de verdissement évitant la gentrification (Rupprecht et Byrne, 2018) pose des problèmes, à la fois sanitaires, sociaux et éthiques : cela reviendrait non seulement à passer sous silence les risques que les usagers des friches urbaines prennent pour leur santé, mais cela reviendrait aussi à cautionner la ségrégation socio-spatiale urbaine, qui réserve les zones dangereuses et à l'entretien peu coûteux à la population pauvre, alors que les parcs et jardins publics, à l'entretien plus coûteux, sont situés dans les quartiers aisés, qu'ils soient centraux (comme en Europe et en Asie) ou périphériques (principalement en Amérique du Nord). Ceci renvoie aux débats autour de la gestion différenciée de l'espace public (Rouadjia, 2017).

Partant de ces constats, la question des orientations de l'action publique sur les friches urbaines végétalisées est interrogée ici. Il s'agit en particulier d'apprécier dans quelle mesure ces espaces urbains moins

---

2 Pour les inégalités écologiques aux États-Unis, voir aussi Dai, D. (2011), « Racial/ethnic and socioeconomic disparities in urban green space accessibility : Where to intervene? », *Landscape and Urban Planning*, 102(4), p. 234-244 ; Nesbitt, L. *et al.* (2019), « Who has access to urban vegetation? A spatial analysis of distributional green equity in 10 US cities », *Landscape and Urban Planning*, 181(October 2018), p. 51-79 ; Elliott, J. R. *et al.* (2019), « The Successive Nature of City Parks : Making and Remaking Unequal Access Over Time », *City and Community*, 18(1), p. 109-127.

3 Pour les inégalités écologiques en Chine, voir aussi Xu, M. *et al.* (2017), « Social inequalities of park accessibility in Shenzhen, China : The role of park quality, transport modes, and hierarchical socioeconomic characteristics », *Journal of Transport Geography*, 62(129), p. 38-50 ; Shen, Y., Sun, F. et Che, Y. (2017), « Public green spaces and human wellbeing : Mapping the spatial inequity and mismatching status of public green space in the Central City of Shanghai », *Urban Forestry and Urban Greening*, 27(July), p. 59-68.

4 Dans ces trois derniers pays sont exprimés aussi des points de vue contrastés : Wei, F. (2017), « Greener urbanization? Changing accessibility to parks in China », *Landscape and Urban Planning*, 157, p. 542-552 ; Barbosa, O. *et al.* (2007), « Who benefits from access to green space? A case study from Sheffield, UK », *Landscape and Urban Planning*, 83(2-3), p. 187-195 ; Lin, B. *et al.* (2015), « Understanding the potential loss and inequities of green space distribution with urban densification », *Urban Forestry and Urban Greening*, 14(4), p. 952-958.

contraignants pour leurs habitants humains et non-humains peuvent répondre au besoin d'espaces de liberté en ville.

Notre réflexion provient de quatre sources : (i) un projet de recherche conduit sur les villes de Tours et Blois[5], (ii) les ateliers d'urbanisme conduits dans trois pays européens par le groupe Inter-Friches, un collectif de chercheurs et chercheuses enraciné dans le domaine de l'urbanisme et aménagement et étudiant différentes dimensions des friches urbaines, (iii) un colloque international et un ouvrage sur les friches urbaines[6], qui portent sur plusieurs pays de quatre continents (Di Pietro et Robert, 2021) et (iv) la littérature scientifique francophone et anglophone sur les friches urbaines, de plus en plus nourrie.

2. Les destinations des friches urbaines

Nous présentons la destination des friches urbaines dans nos sites d'étude, les agglomérations de Tours et Blois, deux villes ligériennes de taille moyenne, d'une part, et élargirons notre réflexion à d'autres sites connus par les ateliers d'urbanisme « Inter-friches » ou par la littérature scientifique.

2.1. Le cas des friches urbaines de Tours et Blois

Une étude de l'évolution, depuis les années 1970, des 179 friches urbaines des agglomérations de Tours et Blois, recensées de façon exhaustive en 2013, montrait les trajectoires historiques des friches. Bien qu'une majorité de friches étudiées en 2013 étaient autrefois des espaces agricoles (62 %), une partie était issue de l'abandon d'usages divers ; il s'agit notamment d'espaces construits progressivement abandonnés au cours du temps, témoignant d'une dynamique de renouvellement urbain (Brun, 2015). Une mise à jour de l'état des friches étudiée en 2013 par photo-interprétation de photographies aériennes datant de 2021 montre que 44 % d'entre elles ont disparu huit ans plus tard (figure 8).

---

5 Projet « Délaissés Urbains et Espèces envahissantes » (DUE), financement Région Centre-Val-de-Loire. http://citeres.univ-tours.fr/spip.php?article1779

6 « Les friches urbaines : une forme de nature en ville ? », Tours, 21-22 Mai 2019. https://urbanwastelands.sciencesconf.org/

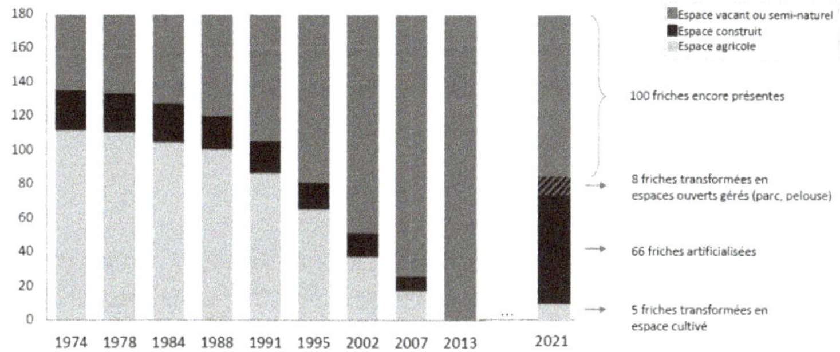

Figure 8. Évolution de l'occupation du sol des friches urbaines identifiées en 2013 dans les agglomérations de Tours et de Blois (source : Di Pietro et Brun)

Lorsqu'on analyse plus précisément ce que sont devenues les friches urbaines de 2013, on observe que la plupart d'entre elles ont été partiellement ou entièrement bâties (83 % de celles qui ont disparu), les autres ont été transformées en espace ouvert géré (parcs, pelouses) ou en espace cultivé (figure 9).

Les destinations des friches urbaines de Tours et Blois sont donc diverses, mais tendent principalement vers une imperméabilisation.

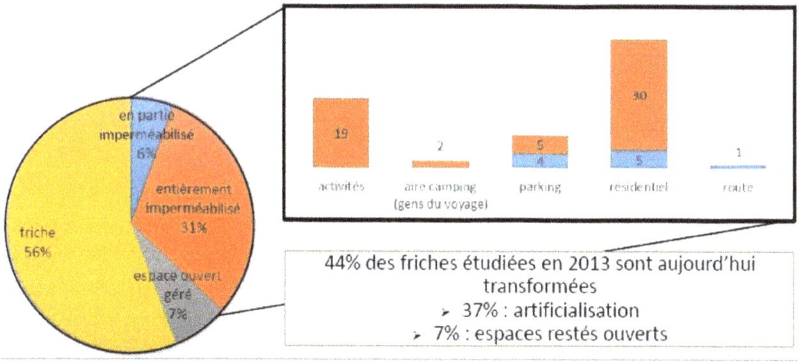

Figure 9. Devenir des friches urbaines de Tours et Blois entre 2013 et 2021 (source : Di Pietro et Brun)

2.2. De façon plus générale

En élargissant nos sources (les ateliers conduits dans trois pays européens par le groupe Inter-Friches, le colloque international sur les friches urbaines et l'ouvrage qui en est issu, la littérature scientifique francophone et anglophone), nous identifions quatre destinations principales des friches urbaines, observées dans plusieurs pays, qui montrent différentes postures de l'action publique sur ces espaces vacants.

2.2.1. Bâtir des vides

Comme montré dans les cas des agglomérations de Tours et Blois, l'urbanisation est une destination majeure des friches urbaines (Dubeaux, 2017) (figure 10). Les espaces vacants sont réinvestis d'autant plus rapidement que le territoire est sujet à une forte pression urbaine, comme c'est le cas à Genève (Suisse) (Collectif Inter-Friches, 2022).

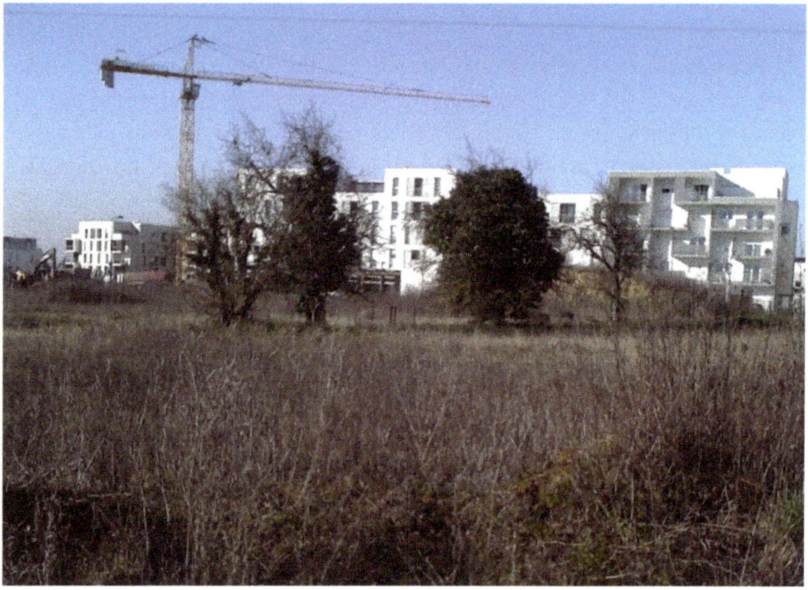

Figure 10. Une friche urbaine en voie d'urbanisation (source : Brun)

Les études des friches urbaines orientées à leur suppression par l'urbanisation sont nombreuses, et sont issues principalement du domaine de l'aménagement et l'urbanisme. Cette destination se renforce avec l'émergence du paradigme de la densification, dans lesquels les friches urbaines sont une marge de manœuvre pour reconstruire la ville sur elle-même. En effet les politiques urbaines actuelles de la plupart des pays destinent ces espaces à être bâtis, afin de densifier la ville et réduire son emprise sur l'espace rural. Cette orientation, dite en France « zéro artificialisation nette » (ZAN, loi « Climat et résilience » de 2021), faisant suite à l'orientation « faire la ville sur la ville » (loi Solidarité et Responsabilité Urbaine de 2000) s'appuie sur la crise du logement pour justifier les projets d'urbanisation des friches urbaines (Di Pietro *et al.*, 2021).

Parmi les éléments qui nourrissent la critique de cette orientation (Andres et Bochet, 2010) nous en soulignons deux. D'une part, il est permis de s'interroger sur les justifications écologiques et sociales de la densification urbaine. Sur le plan écologique, elle entraîne la disparition d'espaces végétalisés riches en espèces végétales et animales, comme mentionné ci-dessus. Sur le plan social, la densification qui est à l'œuvre ne semble pas à même de réduire la crise du logement, vue l'offre résidentielle des projets d'urbanisation des friches, caractérisée par une faible part de logements sociaux et des logements de dimensions inadéquates pour les familles. Ces justifications écologiques et sociales apparaissent comme des prétextes pour des projets urbains lucratifs pour les promoteurs, tant elles sont destinées à des populations relativement aisées. C'est le cas, par exemple, des friches sidérurgiques jouxtant le centre-ville de La Louvière (Wallonie, Belgique) (Collectif Inter-Friches, 2022).

D'autre part, l'urbanisation systématique des friches urbaines fait fi des usages informels qui y prennent place, mieux connus depuis que se développent des études des friches urbaines en tant que telles et non pas en tant que vides à bâtir ; ces études montrent les multiples usages de ces espaces officiellement sans usage (Di Pietro et Robert, 2021).

2.2.2. Formaliser des espaces verts

D'autres études, souvent issues de la géographie ou de l'écologie, aboutissent néanmoins à préconiser la transformation des friches urbaines en parcs publics (figure 9) et à recommander leur intégration permanente à la trame verte urbaine (Mathey et Roessler, in Di Pietro et Robert, 2021).

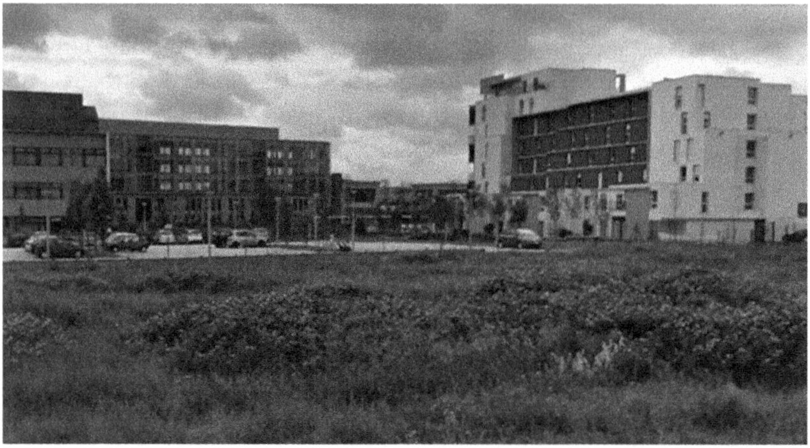

Figure 11. Les friches urbaines, des espaces verts à formaliser ? (source : Brun)

Cette orientation se réalise dans les zones non constructibles, surtout là où les sols sont trop pollués pour envisager un usage résidentiel, comme à Paris (Petit-Berghem *et al.*, in Di Pietro et Robert, 2021), à Toronto (De Sousa, 2003) ou en Grande-Bretagne (Doick *et al.*, 2009). C'est le cas pour des sites ferroviaires abandonnés, comme la Petite Ceinture à Paris ou le Natur-park Sügdelände à Berlin (Kowarik et Langer, 2005), ou pour des friches situées en zone inondable, comme l'île de Nantes (Barthel, 2009).

Dans l'objectif de transformation en parcs publics les friches urbaines peuvent faire l'objet d'opérations de restauration écologique (Anderson et Minor, 2017), qui peuvent aboutir à des prairies urbaines (Fischer *et al.*, 2013). D'enclaves industrielles dans la campagne, les friches urbaines peuvent devenir au cours des décennies des enclaves de nature en ville (Lisberg Jensen et Ouis, 2008). Notons que la présence de sols pollués exclut l'orientation des friches urbaines vers le jardinage collectif (Drake et Lawson, 2014).

Deux réserves doivent toutefois être émises à propos de cette orientation. D'une part elle élimine ce qui fait l'intérêt des friches urbaines pour une grande part de leurs usagers : le caractère informel, incertain, parfois intime de ces espaces particuliers. La nature maîtrisée des parcs publics est bien différente de celle « désordonnée » des friches urbaines ; ce désordre est bien une caractéristique essentielle des friches urbaines, qui est en passe de devenir un modèle esthétique aussi pour les parcs publics (Gandy, 2013). D'autre part la transformation des friches urbaines en parcs et jardins publics s'accompagne du remplacement des habitants pauvres par des couches plus aisées ; ce changement du statut social du quartier est observé dans plusieurs pays (Moreira et Leonelli, 2021 ; Mullenbach *et al.*, 2021).

2.2.3. Ne pas intervenir

Les deux destinations des friches urbaines présentées précédemment, l'urbanisation ou le parc public, soulignent une même disposition vers l'aménagement entendu comme l'intervention publique planifiée. Elles expliquent pourquoi les acteurs de l'urbanisme (élus et techniciens des services d'urbanisme des collectivités locales, grands propriétaires et bailleurs sociaux) considèrent le plus souvent les friches urbaines comme un échec de l'aménagement (Brun *et al.*, 2019).

Une posture différente se dessine : la non-intervention plus ou moins intentionnelle de la part des responsables publics ou, à la rigueur, la limitation de l'intervention à l'étude, sans finalité d'aménagement. Cette posture « anti-aménagement », que Vanbutsele appelle « scénario "Laissez-faire" » (Vanbutsele, in Di Pietro et Robert, 2021), est le plus souvent évoquée par des études en sciences sociales. Les auteurs soulignent comment la faiblesse de l'intervention publique et privée permet aux habitants et aux usagers un contrôle relatif des espaces, par le biais de compromis plus ou moins explicites. Ces compromis ont parfois permis aux habitants d'agir et de développer des compétences, et ont favorisé la présence et la pérennité de grands espaces de végétation urbaine, parfois sur des échelles de temps longues (Muçi et Dorso, in Di Pietro et Robert, 2021).

Ceci ne doit pas occulter l'émergence de processus d'appropriation de la part d'individus ou d'associations, qui façonnent de nouvelles formes de mobilisation et de régulations territoriales (Andres, 2006). Le risque est que d'autres acteurs que les habitants et les usagers (les promoteurs immobiliers, par exemple) puissent avoir toute latitude dans l'intervention sur les friches urbaines. Toutefois la non-intervention intentionnelle doit être considérée comme une possible forme d'action, bien que peu orthodoxe et ambiguë (Muçi et Dorso, in Di Pietro et Robert, 2021).

2.2.4. Accompagner les usages informels

Des études montrent aussi une autre forme d'intervention publique, qui tend à accompagner les usages informels qui se manifestent dans certaines friches urbaines. Cet accompagnement des usages informels prend différentes formes ; ici nous en évoquons deux.

Il s'agit d'une part d'interventions de faible ampleur (installation de bancs, de panneaux explicatifs ; ouverture d'un chemin dans la végétation, ou d'une perspective qui améliore la visibilité d'une partie de l'espace), définies « acupuncture urbaine » (Unt et Bell, 2014), qui permettent d'ouvrir la friche aux usagers potentiels. Ceci peut conduire à des actions pédagogiques et à utiliser les friches urbaines comme des supports d'éducation à l'environnement (jardinage avec des enfants, etc.). Ces aménagements légers ont un effet prouvé sur les usages : l'étude citée montre que ces petites améliorations ont permis d'augmenter le nombre total de visites de friches et de multiplier presque par cinq le nombre de comportements actifs ; elles ont eu l'effet le plus important sur les utilisateurs féminins et âgés. Toutefois, ce type d'intervention ne permet pas d'éviter le caractère parfois insalubre, voire dangereux des friches urbaines, évoqué ci-dessus et lié à la pollution des sols.

Il s'agit d'autre part de l'utilisation temporaire des friches urbaines (*interim use*). Elle peut être mise en œuvre sous la pression des habitants, ce qui est le cas surtout dans des zones urbaines à forte densité de population, où le besoin d'espace est pressant. La participation des habitants à la gestion des friches urbaines pourrait être stimulée (Kim *et al.*, 2018). Les propriétaires de ces sites, en autorisant ces usages, obtiennent une sécurisation et un entretien du terrain sans frais, dans l'attente d'un contexte plus prometteur pour la réalisation de la vente ou d'un projet d'urbanisation. Les collectivités locales participent à la revalorisation symbolique d'un lieu et à l'amélioration de son image, et accélèrent la mutation de ces espaces (Andres, 2011). Cette utilisation temporaire des friches urbaines peut intervenir par le biais d'associations auxquelles les pouvoirs publics délèguent la gestion des friches urbaines, comme dans le nord de Paris. Toutefois il faut mentionner que, pour certains, l'utilisation temporaire des friches urbaines représente une manière de s'adapter aux aléas du marché foncier dans le cadre d'un urbanisme tactique (Andres, 2011). En effet, cette utilisation permet tantôt de jouer un rôle de régulateur des prix du foncier, tantôt d'en accélérer la hausse. En outre des acteurs non publics peuvent être intégrés, mais d'autres peuvent être écartés (Mattoug, in Di Pietro et Robert, 2021). De plus cette forme d'urbanisme transitoire peut se limiter à être du marketing urbain, comme à Genève, où les friches centrales sont particulièrement convoitées (Collectif Inter-Friches, 2022). Notons aussi qu'une appropriation des friches urbaines par les habitants, organisés ou non en associations, peut conduire à des conflits avec les collectivités locales lors de la cessation de l'usage temporaire et de l'urbanisation du site. Ceci peut prévenir les autorités locales de l'adoption de cette forme de gestion des friches urbaines.

L'utilisation temporaire des friches urbaines peut aussi être incluse par les pouvoirs publics à la planification urbaine (comme à Leipzig, Allemagne : Rall et Haase, 2011). Dans ce cas les friches urbaines peuvent être intégrées dans un système de parc métropolitain, comme le suggère, pour Bruxelles, Vanbutsele (in Di Pietro et Robert, 2021). Des auteurs suggèrent que la planification urbaine devrait incorporer le concept de conservation temporaire (Kattwinkel *et al.*, 2011). Dans ce cadre, les friches urbaines, ces espaces temporaires, pourraient être intégrées dans une cartographie dynamique de la trame verte urbaine (Brun et Di Pietro, in Di Pietro et Robert, 2021).

Dans tous les cas, il s'agit d'éviter la réhabilitation des friches urbaines qui vise systématiquement un réaménagement planifié des espaces délaissés et au contraire de permettre à des usages non planifiés de se développer temporairement sur ces espaces.

Nous terminerons par deux réflexions.

Dans le paradigme urbanistique actuel, celui de la densification urbaine, les friches urbaines constituent des réserves foncières, des ressources à exploiter pour l'urbanisation. Ceci s'oppose, encore de nos jours, au besoin des citadins pour des lieux de nature, en particulier de nature spontanée, des lieux dépourvus des intentions normalisatrices des espaces verts publics. Ce besoin est encore largement insatisfait, pour les humains et pour les non-humains (Mazy et Muratet, in Di Pietro et Robert, 2021).

Les friches sont des espaces urbains temporaires, mouvants et dépourvus d'un usage formel. Ces espaces en marge, en se soustrayant à l'ordre urbain, se prêtent à des détournements et pratiques informelles qui peuvent mener à de nouvelles formes de naturalités, d'usages, voire d'urbanités. Elles présentent ainsi de multiples potentiels pour l'urbanisme à l'échelle collective, comme pour le citadin à l'échelle individuelle. Dès lors, d'interstices spontanés en ville, les friches urbaines peuvent devenir des communs. Or, pour que les friches urbaines soient considérées en urbanisme autrement que comme des vides à bâtir, pour qu'elles deviennent des communs, c'est-à-dire des ressources partagées dans un mode d'action collective (Zimmermann, 2020), des mobilisations des habitants seront sans doute nécessaires.

Bibliographie

Albrecht H., Eder E., Langbehn t. et Tschiersch C., 2011, « The soil seed bank and its relationship to the established vegetation in urban wastelands », *Landscape and Urban Planning*, 100, p. 87-97.

Anderson E. C. et Minor E. S., 2017, « Vacant lots: an underexplored resource for ecological and social benefits in cities », *Urban Forestry Urban Greening*, 21, p. 146-152. https://doi.org/10.1016/j.ufug.2016.11.015

Andres L., 2006, « Temps de veille de la friche urbaine et diversité des processus d'appropriation : la Belle de Mai (Marseille) et le Flon (Lausanne) », *Géocarrefour*, 81, 2, p. 159-166.

Andres L., 2011, « Les usages temporaires des friches urbaines, enjeux pour l'aménagement », *Métropolitiques.* http://www.metropolitiques.eu/Les-usages-temporaires-des- friches.html

Andres L. et Bochet B., 2010, « Ville durable, ville mutable : quelle convergence en France et en Suisse ? » *Revue d'économie régionale urbaine*, octobre, p. 729-746. https://doi.org/10.3917/reru.104.0729

Bambra C., Robertson S., Kasim A., Smith J., Cairns-Nagi J. M., Copeland A., Finlay N., Johnson K., 2014, « Healthy land? An examination of the area-level association between brownfield land and morbidity and mortality in England », *Environmental Planning A*, 46, p. 433-454.

Barthel P.-A., 2009 « Faire la preuve de l'urbanisme durable. Les enjeux de la régénération de l'île de Nantes », *Vertigo*, 9, 2. https://doi.org/10.4000/vertigo.8699

Bonthoux S., Brun M., Di Pietro F., Greulich S. et Bouché-Pillon S., 2014, « How can wastelands promote biodiversity in cities ? A review », *Landscape and Urban Planning*, 132, p. 79-88. https://doi.org/10.1016/j.landurbplan.2014.08.010

Brun M., 2015, *Biodiversité végétale et délaissée dans l'aménagement urbain. Contribution potentielle des délaissés urbains aux continuités écologiques*, Thèse de Doctorat en Aménagement de l'espace et urbanisme, Université François-Rabelais

Brun M., Bonthoux S., Greulich S. et Di Pietro F., 2017a, « La nature en ville, une notion transversale aux services écosystémiques en ville. Le cas des délaissés urbains », *Environnement Urbain / Urban Environment*, 11.

Brun M., Di Pietro F. et Bonthoux S., 2017b, « Residents' perceptions and valuations of urban wastelands are influenced by vegetation structure », *Urban Forestry Urban Greening*, 29, p. 393-403.

Brun M., Di Pietro F. et Martouzet D., 2019, « Les délaissés urbains : supports de nouvelles pratiques et représentations de la nature spontanée ? Comparaison des représentations des gestionnaires et des habitants », *Nouvelles perspectives en sciences sociales*, 14, p. 153-184.

Cannon J., 2017, « La zone entre classes laborieuses et classes dangereuses : les marges parisiennes de la Belle Époque à la fin des années 1970 », *Espaces et sociétés*, 171, 4. https://doi.org/10.3917/esp.171.0037

Chelkoff G. et Paris M., 2016, « Freins et leviers pour l'installation de jardins en bord de voies », *Vertigo*, hors-série 24. https://doi.org/10.4000/vertigo.17411

Collectif Inter-Friches, 2022, « Bilan du programme Inter-Friches. Rencontres internationales et interdisciplinaires sur les friches urbaines. Bilan collectif 2019-2021 ».

Crowe t. M., 1979, « Lots of Weeds: Insular Phytogeography of Vacant Urban Lots », *Journal of Biogeography*, 6, p. 169-181. https://doi.org/10.2307/3038050

Dadvand P., de Nazelle A., Figueras F., Basagaña X., Su J., Amoly E., Jerrett M., Vrijheid M., Sunyer J. et Nieuwenhuijsen M., 2012, « Green space, health inequality and pregnancy », Environ International, 40, p. 110-115. https://doi.org/10.1016/j.envint.2011.07.004

De Sousa C. A., 2003, « Turning brownfields into green space in the City of Toronto », *Landscape and Urban Planning*, 62, p. 181-198.

Di Pietro F, 2021, « La nature en ville : diversité et évolution des formes et des fonctions », *in* J.-P. Carrière, F. Di Pietro, A. Hamdouch *et al.* (dir.), *Faire nature en ville*, Paris, L'Harmattan, p. 155-172.

Di Pietro F., Mazy K., Vanbutsele S., Dubeaux S., Brun M., Mattoug C. et Blanckaert S., 2021, « "Bye-ye les friches !". Densifier la ville sur les friches, une panacée ? », *Métropolitiques*, https://metropolitiques.eu/Bye-bye-les-friches-Densifier-la-ville-sur-les-friches-une-panacee.html

Di Pietro F. et Robert A., 2021, *Urban Wastelands. A form of urban nature ?*, Cham, Springer.

Doick K. J., Sellers G., Castan-Broto V. et Silverthorne T., 2009, « Understanding success in the context of brownfield greening projects : The requirement for outcome evaluation in urban greenspace success assessment »,

Urban Forestry Urban Greening, 8, p. 163-178. https://doi.org/10.1016/j.ufug.2009.05.002

Drake L. et Lawson L. J., 2014, « Validating verdancy or vacancy? The relationship of community gardens and vacant lands in the U.S. », *Cities*, 40, p. 133-142. https://doi.org/10.1016/j.cities.2013.07.008

Dubeaux S., 2017, *Les utilisations intermédiaires des espaces vacants dans les villes en décroissance. Transferts et transférabilité entre l'Allemagne et la France*, Thèse de Doctorat en Aménagement de l'espace et urbanisme, Université Paris Sciences et Lettres.

Durand M. et Jaglin S., 2012 « Inégalités environnementales et écologiques : quelles applications dans les territoires et les services urbains ? », *Flux*, 89-90, 4. https://doi.org/10.3917/flux.089.0004

Fischer L. K., von der Lippe M., Rillig M. C. et Kowarik I., 2013, « Creating novel urban grasslands by reintroducing native species in wasteland vegetation », *Biological Conservation*, 159, p. 19-126. https://doi.org/10.1016/j.biocon.2012.11.028

Gandy M., 2013, « Marginalia : Aesthetics, Ecology, and Urban Wastelands », *Annals of Association of American Geographers*, 103, p. 1301-1316. https://doi.org/10.1080/00045608.2013.832105

Janin C. et Andres L., 2008, « Les friches : espaces en marge ou marges de manœuvre pour l'aménagement des territoires ? », *Annales de Géographie*, 663, p. 62-81.

Johnson A. L., Borowy D. et Swan C. M., 2017, « Land use history and seed dispersal drive divergent plant community assembly patterns in urban vacant lots », *Journal of Applied Ecology*, p. 1-10. https://doi.org/10.1111/1365-2664.12958

Johnson A. L., Tauzer E. C. et Swan C. M., 2015, « Human legacies differentially organize functional and phylogenetic diversity of urban herbaceous plant communities at multiple spatial scales », *Applied Vegetation Science*, 18, p. 513-527. https://doi.org/10.1111/avsc.12155

Kattwinkel M., Biedermann R. et Kleyer M., 2011, « Temporary conservation for urban biodiversity », *Biological Conservation*, 144, p. 2335-2343. https://doi.org/10.1016/j.biocon.2011.06.012

Kim M., Rupprecht C. et Furuya K., 2018, « Residents' Perception of Informal Green Space – A Case Study of Ichikawa City, Japan », *Land*, 7, 102. https://doi.org/10.3390/land7030102

Kimpton A., 2017, « A spatial analytic approach for classifying greenspace and comparing greenspace social equity », *Applied Geography*, 82, p. 129-142. https://doi.org/10.1016/j.apgeog.2017.03.016

Kowarik I. et Langer A., 2005, « Natur-Park Südgelände : Linking Conservation and Recreation in an Abandoned Railyard in Berlin », *in* I. Kowarik et S. Körner (dir.), *Wild Urban Woodlands*. Berlin, Springer, p. 287-299.

Lisberg Jensen E. et Ouis P., 2008, « Contested construction of nature for city fringe outdoor recreation in southern Sweden : The Arrie case », *Urban Forestry Urban Greening*, 7, p. 171-182. https://doi.org/10.1016/j.ufug.2008.02.003

Litt J. S. et Burke t. A., 2002, « Uncovering the historic environmental hazards of urban brownfields », *Journal of Urban Health*, 79, 4, p. 464-481. https://doi.org/10.1093/jurban/79.4.464

Lotz-Coll S., 2018, « La friche militaire urbaine, un nouvel espace convoité ? », *Carnets de géographes*, 11. https://doi.org/10.4000/cdg.1443

McConnachie M. et Shackleton C. M., 2010, « Public green space inequality in small towns in South Africa », *Habitat International*, 34, p. 244-248. https://doi.org/10.1016/j.habitatint.2009.09.009

Merlin P., 2013, « Les théories fondatrices de l'urbanisme », *in* P. Merlin (dir.), *L'urbanisme*, Paris, Presses universitaires de France, coll. « Que sais-je ? », p. 24-51.

Moreira t. A. et Leonelli C. G. V., 2021, « La gestion des espaces urbains vacants : une illustration des contradictions de la politique foncière au Brésil », *in* J.-P. Carrière, F. Di Pietro, A. Hamdouch *et al.* (dir.), *La transformation urbaine au prisme de la nature*, Paris, L'Harmattan, p. 141-154.

Mullenbach L. E., Stanis S. A. W., Piontek E., Baker B. et Mowen A., 2021, « Centering environmental justice : Gentrification beliefs, attitudes, and support of park development in a shrinking city », *Landscape and Urban Planning*, 216. https://doi.org/10.1016/j.landurbplan.2021.104253

Muratet A., Machon N., Jiguet F., Moret J. et Porcher E., 2007, « The Role of Urban Structures in the Distribution of Wasteland Flora in the Greater Paris Area, France », *Ecosystems*, 10, p. 661-671. https://doi.org/10.1007/s10021-007-9047-6

Muratet A., Muratet M. et Pellaton M., 2017, *Flore des friches urbaines*, Paris, Xavier Barral.

Pham t. T. H., Apparicio P., Séguin A.-M., Landry, S. et Gagnon, M., 2012, « Spatial distribution of vegetation in Montreal : An uneven distribution or environmental inequity? », *Landscape and Urban Planning*, 107, p. 214-224. https://doi.org/10.1016/j.landurbplan.2012.06.002

Rall E. L. et Haase D., 2011, « Creative intervention in a dynamic city: A sustainability assessment of an interim use strategy for brownfields in Leipzig, Germany », *Landscape and Urban Planning*, 100, p. 189-201. https://doi.org/10.1016/j.landurbplan.2010.12.004

Rivière C., 2016, « “Les temps ont changé”. Le déclin de la présence des enfants dans les espaces publics au prisme des souvenirs des parents d'aujourd'hui », *Les Annales de la Recherche Urbaine*, 111, p. 6-17.

Rouadjia A., 2017, « Le paradoxe de la gestion des espaces verts : entre volonté de maîtrise et laissez-faire », *Vertigo*, hors-série 28. https://doi.org/10.4000/vertigo.18338

Rupprecht C. D. D. et Byrne J. A., 2018, « Informal Urban Green Space as Anti-Gentrification Strategy? », *in* W. Curran et T. Hamilton (dir.), *Just Green Enough. Urban Development and Environmental Gentrification*, London, Routledge, p. 209-226.

Sardeshpande M., Hurley P. T., Mollee E., Garekae H., Dahlberg A., Emery M. et Shackleton C., 2021, « How People Foraging in Urban Greenspace Can Mobilize Social-Ecological Resilience During Covid-19 and Beyond », *Frontiers in Sustainable Cities*, 3. https://doi.org/10.3389/frsc.2021.686254

Sikorska D., Łaszkiewicz E., Krauze K. et Sikorski P., 2020, « The role of informal green spaces in reducing inequalities in urban green space availability to children and seniors », *Environmental Science & Policy*, 108, p. 144-154. https://doi.org/10.1016/j.envsci.2020.03.007

Tritsmans B., 2015, « Versatile green: an alternative perspective on urban green space in late nineteenth-century Antwerp », *Urban History*, 42, p. 89-112. https://doi.org/10.1017/S0963926814000509

Twerd L. et Banaszak-Cibicka W., 2019, « Wastelands: their attractiveness and importance for preserving the diversity of wild bees in urban areas », *Journal of Insect Conservation*, 23, p. 573-588. https://doi.org/10.1007/s10841-019-00148-8

Unt A.-L. et Bell S., 2014, « The impact of small-scale design interventions on the behaviour patterns of the users of an urban wasteland », *Urban Forestry Urban Greening*, 13, p. 121-135. https://doi.org/10.1016/j.ufug.2013.10.008

Wüstemann H., Kalisch D. et Kolbe J., 2017, « Access to urban green space and environmental inequalities in Germany », *Landscape and*

Urban Planning, 164, p. 124-131. https://doi.org/10.1016/j.landurbplan.2017.04.002

You H., 2016, « Characterizing the inequalities in urban public green space provision in Shenzhen, China », *Habitat International,* 56, p. 176-180. https://doi.org/10.1016/j.habitatint.2016.05.006

Zimmermann J.-B., 2020, *Les communs. Des jardins partagés à Wikipédia*, Paris, Libre & Solidaire.

Chapitre 6

Réda périphérique – De banlieue à banlieue

Christine Dupouy

Rien de plus éloigné de la notion d'enracinement que celle d'interstice – entre-deux, « mince espace qui sépare deux choses » (*Trésor de la langue française*), ce qui pour des sociologues peut aller jusqu'à « niche, terrain vague, dent creuse, friche, angle mort, zone, interface… »[1]. Voilà qui convient bien au poète contemporain Jacques Réda, qui n'aime rien tant que les « terrains vagues », « friches » ou encore la « zone », cette banlieue incertaine qui entourait Paris et dont il parle par exemple dans *L'Herbe des talus* en 1984.

Cet écrivain, né à Lunéville en 1929, a consacré son œuvre principalement à deux problématiques, la notion de vers et son rapport à la prose ainsi qu'à ce que nous avons appelé *La Question du lieu* (Dupouy, 2006). Celle-ci apparaît dès ses premières tentatives dans les années Cinquante, « Réda avant Réda », pour reprendre la terminologie de la monographie que nous lui avons consacrée en 2017 (Dupouy, 2017). Déjà on peut lire des pages où Réda rend compte de ses promenades, ce qui sera sa principale source d'inspiration et même une sorte de béquille en cas de panne. Comme il l'explique en 2004 dans *Le Vingtième me fatigue* :

> Certains jours de grand froid, ou de grosse pluie, ou de mollesse invincible dans l'humeur, après bien des essais infructueux pour m'intéresser à autre chose, je reprends un plan de l'arrondissement et, de l'une ou l'autre de ses rues que je n'ai pas encore décrites mais que j'ai parcourues, je m'efforce de retrouver quels souvenirs elle m'a laissés (« Le Borrégo », *Le Vingtième me fatigue*, p. 77).

Il entrera véritablement en poésie en 1968 – sans que cela ait aucun rapport avec les événements politiques – avec *Amen,* suivi de *Récitatif* (1970) et *La Tourne* (1975), poèmes élégiaques en vers qui forment un tout et qui seront réunis en 1988 dans un volume de la collection de référence Poésie/Gallimard. Viendront ensuite des recueils soit en prose soit en vers

---

1 *Cf.* l'appel à communications au colloque « Espaces à saisir. Interstices et communs urbains ».

ou encore faisant dialoguer vers et prose dans des prosimètres, consacrés aux récits de ses errances à pied, en solex ou en train, à Paris, puis en banlieue, dans les provinces françaises et enfin à travers toute l'Europe (Réda n'aime pas les moyens de transport modernes et ne prendra donc jamais l'avion pour aller aux États-Unis). L'an 2000 correspond pour lui à une sorte de crise d'inspiration, il commet de mauvais petits romans ou nouvelles, et se lance à partir de 2009 dans l'aventure de *La Physique amusante,* dont cinq tomes sont parus. Réda entend renouer avec la haute inspiration de la poésie scientifique d'un Lucrèce et pour cela revient à l'alexandrin, qu'il avait redécouvert en 1990 dans les *Sonnets dublinois* et vers lequel il se tourne de plus en plus, reniant le Quatorze syllabes qui avait été durant de longues années son mètre de prédilection. Mais en même temps – on ne se refait pas, l'humour a longtemps été sa marque de fabrique – il mêle registre élevé et registre bas, parlant par exemple du « Gros Boum primitif » pour le Big Bang (*Physique amusante*, p. 31), néo-burlesque qui a tout d'un vers de mirliton. Il se situe alors dans la postérité du XVIIIe siècle, où, selon le spécialiste Sylvain Menant, jamais on n'a écrit autant de vers, en particulier dans les collèges des jésuites, mais tous singulièrement médiocres (Menant, 1981).

1. Entre ville et banlieue : un espace troué

Au début de ses pérégrinations, dans *Les Ruines de Paris* (*Ruines*, 1977), l'auteur ne peut totalement éviter la notion de « centre ». Il commence son premier livre sur les lieux par une évocation de son cœur, la Concorde, qu'il métamorphose en port à Le Lorrain, paré pour le départ (n'oublions pas le voisinage du ministère de la Marine) :

> L'espace devient tout à coup maritime. Même par vent presque nul, un souffle d'appareillage s'y fait sentir. Et, contre les colonnes, sous les balustrades où veillent des lions, montent en se balançant des vaisseaux à châteaux du Lorrain, dont tout le bois de coques et de mâts, et les cordes, et les toiles sifflent et craquent, déchirant l'étendard fumeux qui sans cesse se redéploie au-dessus de la ville. Je vais donc comme le long d'une plage, par des guérets. (*Ruines*, p. 10)

Très vite sous la ville surgit la campagne et on ne sait plus trop où l'on est : centre-ville ? Périphérie, son antonyme, selon le Robert ? En tout cas, *entre*, et nous retrouvons la notion d'*interstice*, originellement « entre-deux » : « […] Je vais vite et droit devant moi vers la rase campagne à fourrés qui règne autour des Invalides. Déjà rue de Babylone il arrive qu'on croise un lapin. » (*Ruines*, p. 14) De plus en plus, Réda va rêver de campagne, avant de s'y rendre « pour de bon » dans la dernière partie, mais dès la fin dc la précédente, significativement nommée « Aux environs », il s'éloigne de la capitale. Paris s'ouvre donc doucement à la périphérie, avant que le livre y soit entièrement consacré :

> *j'ai le regret des champs et forêts qui devaient être si proches, de l'endroit où cessaient dans la boue et l'herbe les gros pavés. Après quoi le chemin roulait entre des carrés bleus de légumes, sous les branches presque nues et basses des vergers bleus, les mêmes nuages comme des chapeaux glissant au ras des vignes, le même ciel s'avançant en personne par les fourrés* [...] (*Ruines*, p. 105)[2]

La géographie ensuite se fait plus accessible, sous la forme de l'énumération de la proche banlieue :

> *on entrait dans la profondeur muette de la campagne, Gentilly, Châtillon, Montreuil, Vanves, Clamart et Saint-Cloud.* (*Ruines*, p. 105)

Pour Réda de toute façon, le centre est un entre-deux, comme il le dit dans un texte sur Delphes, fameux omphalos :

> Si l'univers n'a aucun centre, disais-je, n'importe quel endroit peut tenir provisoirement ce rôle de milieu absolu. C'est pourquoi nous nous prenons tous plus ou moins pour le nombril du monde, l'unique et profond Omphalos. L'Antiquité avait prévenu cette espèce de folie : elle assignait au centre des lieux (*L'Herbe des talus*, p. 140).

Si l'on revient aux *Ruines de Paris*, on peut noter que les références deviennent progressivement périphériques : parc Montsouris (*Ruines*, p. 16), le Marais, non nommé mais caractérisé comme quartier juif (*Ruines*, p. 17), la Bastille qui comme son voisin n'est pas encore devenue un quartier « branché », et évoque plutôt les manifestations qui la relient à la République (*Ruines*, p. 17). La Bastille de cette époque est même tout le contraire du centre comme on le voit page 26 : « [...] la Bastille, sa colonne comme en perdition dans l'air mou sans pente et sans milieu. » Et dès le troisième texte des *Ruines*, il est question de la banlieue : « L'averse continue d'enjamber les toits vers les banlieues » (*Ruines*, p. 17), où pour l'instant le poète ne se rend pas encore en personne. Sont évoqués Belleville (*Ruines*, p. 18), la Butte-aux-Cailles (*Ruines*, p. 20)... Si un haut lieu de Paris est mentionné[3], ainsi le Palais-Royal, celui-ci est véritablement

---

2 L'italique dans l'original.

3 Comme son prédécesseur Follain, Réda ne s'attache pas aux monuments les plus connus, Louvre ou Tour Eiffel. C'est ainsi que le cantonnier « ne tourne même pas la tête en voguant devant la Tour Eiffel » (*Ruines*, p. 59).

transfiguré, délocalisé pourrait-on dire, par le chant des petites filles qui sautent à la corde (*Ruines*, p. 23). Ou dans le même secteur, au sortir des Tuileries, on a un nouveau dépaysement, Réda se souvenant d'un golf dans les Yvelines, où il avait officié en haut de ce qu'il appelle « un tertre aztèque », image que l'on retrouve à propos des écluses de Rogny, à ses yeux « pyramides aztèques » (*Ruines,* p. 187). Pour reprendre le mot de l'auteur : « [...] les roulements en gros tambours mous des nuages publient l'insondable évidence du mot Gabon. Mais le plus convaincant dans cette translation soudaine de latitude reste la teinte des façades à l'ocre approfondi, la Faculté de Droit même gorgée après l'averse dans un pourrissement de Brésil » (*Ruines*, p. 30-31 ; nous soulignons).

La banlieue pénètre dans Paris en la personne d'une dame à vélo égarée au Rond-Point des Champs-Élysées, venue de Montrouge ou de Clamart, avec son chargement de légumes et ne faisant que traverser le centre de la capitale, puisque, imagine Réda, elle ne peut que repartir à Saint-Lazare, pour une autre banlieue (*Ruines*, p. 27). Et en plein Paris, « de l'Alma jusqu'à Raspail », lors d'une dispute avec un automobiliste, Réda se revendique banlieusard, dans un échange homérique : « Mielleux et vindicatif, tout carnassier sourire, il se penche et me demande si je suis bien le shérif d'Aubervilliers. Vous vous trompez, je rétorque, je ne suis que le cow-boy de Saint-Ouen. » (*Ruines*, p. 55).

Dès la première section du livre, consacrée à Paris, alors que dans la deuxième, comme l'indique le titre du premier texte, « on sort de Paris », la banlieue surgit à Paris, certes dans un endroit périphérique, le canal Saint-Denis (*Ruines*, p. 28). On trouve là tout le bric-à-brac délabré qui caractérise la banlieue – friche industrielle. Réda y découvre des « bâtiments de vieille catastrophe industrielle » (*Ruines*, p. 28). Autre indice d'architecture banlieusarde près du dernier pont à l'ouest de Paris, qui va de pair avec un espace troué : « [...] je regrette le hangar où VIDAL ET CHAMPREDONNE amassent des carrosseries, derrière la gare Boulevard-Victor. J'aime les rails, la ferraille, la rouille quand, *par-dessus, l'espace inaltérable saute et s'accroît.* » (*Ruines*, p. 50 ; nous soulignons). Apparaît aussi le canal de l'Ourcq, où « flottent des saletés » (*Ruines*, p. 34).

La frontière entre arrondissement excentré et banlieue est très poreuse comme on peut le voir dans l'errance de « Dans le doux épaississement du gris », où l'on glisse de Montmartre à Balard puis à Issy-les-Moulineaux (*Ruines*, p. 39). Réda note d'ailleurs que dans certains arrondissements périphériques comme le 15ᵉ ou le quartier de Belleville, quand on va dans le centre on dit qu'« on va à Paris ».

Il n'était pas anodin que la cycliste porte les fruits de son jardin. Si l'on n'y prend pas garde, la végétation peut se développer en plein Paris. Réda toutefois ne fait qu'énumérer les parcs, Montsouris, Tuileries, Luxembourg, sans jamais en mentionner la végétation, préférant sans doute des manifestations naturelles plus clandestines, certes parfois plantées, comme les arbres de la rue d'Estrée (*Ruines*, p. 30), mais le plus souvent plus sauvages, qui pourraient « regagner vite » sous la forme de « drues petites touffes d'herbe qui éclatent de fraîcheur entre les pierres » (*Ruines*, p. 31). On voit d'ailleurs là l'une des premières apparitions du motif de l'herbe, si bien repéré par Jean-Pierre Richard dès 1987 dans un article de *Littérature* (Richard, 1987 [repris 1990]). Il n'est de surcroît pas anodin que le passage se termine sur un hommage à Rousseau, ami de la nature et des plantes.

L'herbe va de pair avec les terrains vagues, eux aussi surgis très tôt dans l'œuvre. Curieusement, alors que leur présence est prévisible rue de Belleville (*Ruines*, p. 18-19), on en trouve de façon plus inattendue à côté du Panthéon, avec une nouvelle fois le leitmotiv de l'herbe :

> Cependant le vent là-haut qui attisait le bleu pour l'amener à ce rouge, l'emplissant de rameaux violets, continue à fureter sous les taillis et les tôles des terrains vagues. Toujours, dans la vieille herbe amère et qui s'acharne, le même brodequin, le même espoir quand à travers les trous des palissades je n'aperçois au bout d'esplanades de décombres que le même vieux mur. (*Ruines*, p. 38)

Enfin on peut remarquer la récurrence des palissades qui tout à la fois dissimulent et permettent de voir, grâce aux trous qui les perforent.

Il y a de plus, outre les terrains vagues, des sortes de bulles dans le tissu urbain. Ainsi vers Montparnasse, phénomène accentué par la toute nouvelle Tour (le livre date de 1977) : « Quand montant de la porte d'Orléans on arrive à peu près au milieu de l'avenue du Maine, il y a ce replat vaste où le ciel s'enfle et roule sans peser plus qu'une bulle contre la Tour. Encore moins de cinquante mètres et la ville se reconstitue, on le sait depuis toujours » (*Ruines*, p. 42). Rien de fixe dans la géographie constituée de trous d'air – tout, sauf continue : « quelques pas en arrière et de nouveau c'est l'extrême limite, l'interruption de tout au bord d'un néant lumineux » (*Ruines*, p. 42). Et c'est l'occasion une fois de plus de rêver à des lieux plus bucoliques, où l'on est à la campagne certes, mais celle-ci est marquée par la civilisation – les rails du chemin de fer, si cher à Réda : « l'on aspire plutôt à des chemins de terre accompagnant le ballast qu'à cette chimère métaphysique de vide et de plénitude, de fin et de recommencement, dont pourtant le bout du trottoir, au niveau des nuages, surplombe l'imminente vision » (*Ruines*, p. 43).

Jean Pierrot, dans son article sur « L'espace dans *Les Ruines de Paris* » (Pierrot, 1994), rapproche fort justement les terrains vagues et les squares, tous deux fermement enclos, ce qui en fait autant d'enclaves dans le tissu urbain. Réda s'exprime d'ailleurs lui-même très bien à ce propos, allant jusqu'à employer le terme « d' interstices », dans un texte fameux où il se « propose de créer l'Union pour la Préservation des Terrains vagues » (*Ruines*, p. 45). Tout d'abord, il expose la parenté entre terrains vagues et squares : « je constate que dans quelques cas (peu nombreux à vrai dire) on y aménage des succédanés de squares ou de jardins. Or voilà contre quoi je m'élève [...]. Une moitié au moins de ces espaces devrait être laissée à l'abandon » (*Ruines*, p. 46). Dans ce texte comme dans celui consacré au balayeur noir, Réda fait preuve d'une forte conscience politique. Il commence par défier les promoteurs (*Ruines*, p. 45) et ensuite remet en cause les normes sanitaires bien-pensantes. Il convient de garder « le danger que représentent ces tas de planches et de plâtre, parfaitement, et l'insalubrité de ces épandages d'immondices et d'eaux sales. Faites à tout hasard piquer vos enfants contre le tétanos, la typhoïde, ils ne s'enhardiront jamais trop » (*Ruines*, p. 46). L'interstice du terrain vague est redoublé par celui qui apparaît entre deux planches de la palissade – fente (on peut se souvenir ici d'un leitmotiv des films de Charlot) par laquelle on peut découvrir le lieu. Le terrain vague est par essence subversif (« Terrain vague de l'âme et Dieu sait ce qui peut s'y produire, s'y glisser en fait d'ingénus poètes et de criminels », *Ruines*, p. 46).

Dans ce Paris des années 1960-1970, on démolit à tour de bras (voir le titre du livre : *Les Ruines de Paris*). Comme disait Baudelaire au temps d'Haussmann, « Le vieux Paris n'est plus, [...] hélas ! » (Baudelaire, « Le cygne », 1975 [1861]). Réda parle beaucoup des anciennes usines Citroën qui vont être replacées par le Front de Seine, aux immeubles « d'un luxe funéraire » (*Ruines*, p. 97). La partie ouest du 14e est menacée par « le projet d'une autoroute qui, sur ce vieux quartier sombre et pauvre mais doucement replié sur soi, sur les gens qui l'habitent, s'abattrait en travers comme une grande matraque de béton » (*Ruines*, p. 43) et un peu plus loin dans le 15e la rue d'Alleray, aujourd'hui tout à fait urbaine, est cernée de terrains vagues (*Ruines*, p. 47).

En un lointain écho du *Paysan de Paris*, où Aragon décrivait minutieusement un passage qui allait être détruit, Réda évoque « la rue du Château-des-Rentiers [qui] commence à disparaître. » (*Ruines*, p. 88). Sa touche personnelle par rapport au poète surréaliste est qu'il envisage la suite – la reconstruction. Aux ruines succèdent les édifices les plus kitsch : « on vient de bâtir, rue du Dessous-des-Berges, quelque chose d'anglo-japonais en vitres, tout en hauteur, qui se concevrait peut-être à Bruxelles, pas là » (*Ruines*, p. 88). La continuité urbaine est par là une nouvelle fois détruite. L'architecture ainsi renvoie à d'autres pays, paysages. Un peu plus loin dans le même texte, il est question d'« un bâtiment d'une certaine prestance officielle, raide avec au milieu sept grandes baies poussiéreuses et l'inscription CHEMIN DE FER. L'inscription n'est pas inutile. Car autant du boulevard on identifie aisément une station, autant de cette rue Regnault on croit voir plutôt une mairie, l'une comme l'autre d'ailleurs transplantées dans leur cadre encore presque sensible de rhododendrons et de sapins » (*Ruines*, p. 88-89). Ce côté éclectique rappelle encore la banlieue, une nouvelle fois ainsi inscrite en plein Paris.

Autre facteur qui contribue à trouer l'espace parisien, la découverte de « centres », au sens religieux du terme, non pas « *le* centre » mais « *des* centres », semés par ci par là comme des trous de bombes, à l'aura religieuse que n'ont pas ou n'ont plus les grands monuments : « cet espace (dont le sol vers le centre se creuse de façon insensible) est en réalité un temple où règne l'extrême simplicité du dieu » (*Ruines*, p. 56).

Selon l'argumentaire de l'ouvrage, l'interstice a à voir avec la question de *passage*, une « incertitude [...] due à des usages imprévus, qui peut être durable, mais qui reste le plus souvent éphémère, intermittente. » Tel est bien ce qui apparaît dans l'usage singulier que Réda fait du métro. Il ne le prend pas, mais le contemple, pour un temps bref, le détournant ainsi de sa fonction initiale :

> Qu'est-ce que j'attends ? Un jour je le saurai peut-être, mais pour le moment rien de spécial. J'attends car il est agréable de prendre pour lieu de villégiature (villégiature d'une heure ou deux) un endroit d'habitude réduit à sa fonction de passage, et en quelque sorte annulé – dans l'acte d'arriver ou de partir – par tous ces gens distraits et se projetant déjà du front ou de la mâchoire vers leurs desseins. (*Ruines*, p. 101)

Cette station a de multiples usages, et une nouvelle fois ouvrant sur l'infini troue le tissu urbain : « [...] cette station, qui fait une transition de bureau de douane actif mais secondaire entre le fond d'une montagne et l'espace du ciel renouvelé » (*Ruines*, p. 102). L'imagination de Réda l'emporte vers la Chine, comme dans le poème de Baudelaire (Baudelaire, « Le voyage », 1975 [1861]), située « hors les murs », pour reprendre un autre titre de Réda (*Hors les murs*).

La ville donc aspire à la périphérie, mais cette dernière n'est pas sans vouloir imiter sa grande voisine : ainsi « comme la capitale Saint-Ouen a sa rue de la Gaieté », nommée « La rue des Boute-en-Train » (*Ruines*, p. 110). Il convient toutefois de rappeler que cette banlieue est surtout connue pour ses Puces, qui en font une annexe de Paris – lieu de villégiature comme on le voit dans *L'Amour fou* de Breton. Tout s'inverse, Réda imaginant un avenir bien sombre où tout ne sera que friches, voit le futur Paris comme une immense banlieue : « Même les quartiers aujourd'hui neufs ne seront plus qu'une foire, tous rendus à des foules peut-être dangereuses de Belleville à Passy » (*Ruines*, p. 109).

Une des caractéristiques de la banlieue est d'être *entre*, ni tout à fait la campagne ni tout à fait la ville. Selon cette logique il y eut dans la vallée de la Bièvre des champs, et l'on a affaire désormais, avec cet adjectif cher à l'auteur de *Beauté suburbaine* (1985) à « une sorte de savane suburbaine en ondulations pâles au beau soleil » (*Ruines*, p. 118). On détruit ou on construit, c'est à peu près la même chose, anéantissant l'arrière-plan bucolique : « Il y a un banc. On entend le ruisseau et les oiseaux ensemble y coudre, sur le fond hargneux des pelleteuses qui soudain s'interrompt » (*Ruines*, p. 119). Dès cette époque (1977), Réda a conscience que bientôt tout ne sera plus que banlieue, mais à ce moment-là pourtant cela n'est pas pour lui déplaire :

> Je lui prédis [à un homme qui promène son chien] qu'un jour ces faubourgs rejoindront ceux de Marseille [...], ajoutant que si malgré tout ce ravage et cet envahissement de désordre (sa cabane, son jardin, une usine, un ruisseau, deux immeubles, une folie, une futaie, trois cents pneus), c'est à cause de ma certitude qu'une révélation s'y prépare, ou sa promesse au moins. (*Ruines*, p. 119-120)

Le monde est écriture, certes en ville (« Un message est contenu dans le grouillement des rues de Paris », *La liberté des rues*, p. 79), mais même à la campagne on peut trouver des textes, ainsi dans les cimetières militaires (« Des murs et des chevaux », *L'herbe des talus*, p. 147). Mais est-ce encore la campagne ? Celle-ci existe-t-elle encore ? Jusque dans l'évocation fameuse du Nez de Jobourg, dans *L'Herbe des talus*, alors que l'on est au bout du monde, et où pour cette raison on a installé une centrale nucléaire, Réda retrouve de l'écriture : « Partout les pentes sont divisées par des murs bas de pierre sèche, qui tracent leur écriture indéchiffrable mais d'une actualité préhistorique pleine de sens et de vigueur » (« Des murs et des chevaux », *L'herbe des talus*, p. 147). Le paysage est cadastré, constitué de « chambres de verdure communicantes » où l'infini, désormais enclos, est réparti en des sortes de petites niches. Réda en rajoute sur le côté suburbain du lieu. La centrale nucléaire ne lui suffit pas, il convoque encore le centre commercial de Vélizy :

> Non loin de cette perpétuelle ouverture [la mer], l'usine atomique se barricade dans sa propre électricité. Ce qu'on en voit de la route qui la longe durant deux ou trois kilomètres, entre Beaumont et Jobourg, réalise un mélange bien contemporain de camp disciplinaire et de grande surface commerciale, comme sur le plateau de Vélizy. (« Des murs et des chevaux », *L'herbe des talus*, p. 148)

On a affaire à une double temporalité, d'une part l'âge préhistorique et ses pierres, d'autre part la contemporaine ère atomique, dualité qui renvoie une nouvelle fois à la notion d'interstice : « Dans *l'intervalle* un peu fictif qui *sépare ces deux mondes*, je me *fends* d'une nouvelle libation » (« Des murs et des chevaux », *L'herbe des talus*, p. 148 ; nous soulignons).

2. Une universelle banlieue

Depuis la fin des années 1940, Réda habite à Paris, ce qui d'abord a été un grand bonheur – tout un monde à découvrir – puis a fini par lui peser, comme il le confie dans *Recommandations aux promeneurs* (*Recommandations*, p. 135-136) : « Ainsi, habitant à longueur d'année dans une grande ville, je n'en aime plus que les endroits où elle paraît communiquer encore avec le ciel. » Les voyages ne sont qu'une parenthèse, « Vivre ailleurs pourtant [lui] serait difficile » (*Recommandations*, p. 136). Parisien et provincial, Réda est entre deux, comme la Bougnate de *L'Herbe des talus* (p. 44). Le poète ne cesse de rêver – au sens strict, nocturne – à l'impossible réconciliation de la campagne et de la ville, celle-ci abritant son contraire : « du côté de Montmartre, j'arrive tout à coup sur une place d'où se découvre, mais *à l'intérieur* de la ville, une campagne sans borne et dorée par le soleil du soir » (*Recommandations*, p. 136). Mais hélas, la vraie campagne n'existe plus, peu à peu grignotée par l'urbanisation qui la transforme en une gigantesque banlieue, cette banlieue que Réda se repent d'avoir célébrée :

> D'où encore ma tristesse mêlée d'effroi devant les étendues qu'on bâtit et qui se rétrécissent, alors que je me souviens d'avoir célébré les banlieues, maintenant désastreusement en extension partout. (*Recommandations*, p. 136)

Lui qui dans *Le Citadin* (p. 80) disait qu'il se « fichait » des « nobles hôtels séculaires » du Marais, dit son regret des « belles maisons d'autrefois » (*Recommandations*, p. 136) qu'on abandonne et laisse crouler, au profit de lotissements qui rognent bois ou prairies. Seuls peuvent trouver grâce à ses yeux certains lotissements de la grande banlieue parisienne qui réconcilient ville et campagne, « posés comme des îlots sur une mer d'avoine et de luzerne » (*Recommandations*, p. 136). Selon une formule du *Citadin* que ne renierait pas Marc Augé, on est entré dans l'ère du « nulle part universel » (*Citadin*, p. 133) :

> Les toits rouges de ces pavillons, ces lilas, ces rosiers, ce clocher, ces grillages, ce ciel bleu posément assis entre le tapis rose du tennis et trois pots de cheminée, forment ensemble un tableau qu'on peut rencontrer en n'importe quel endroit de la planète : à Toulouse ou Cormeilles-en-Parisis, à Épernay ou à Chalon-sur-Saône [...] mais encore [...], en Pologne, en Nouvelle-Zélande, en Argentine ou en Californie. (*Citadin*, p. 133)

Réda en fait aime les vieilles banlieues, faites de bric et de broc. Il ne parle jamais des barres des années 1960, 1970, qui ont été édifiées d'ailleurs soit sur un espace rural, soit sur les anciennes banlieues, peu rentables pour loger beaucoup de gens, comme cela avait été le cas pour les rapatriés tout d'abord puis – ironie du sort – les immigrés du Maghreb. Les banlieues anciennes plaisent à Réda parce qu'il n'y règne aucun ordre, contrairement à la géométrie inhumaine des barres. On est donc dans une logique interstitielle, de la rupture :

> Cette variété rompt sans cesse l'alignement, dont se jouent des immeubles de tous âges, des maisons de tailles diverses et de styles hétérogènes. [...] On a bâti dans ces quartiers sans aucun souci de respecter des normes esthétiques ou des traditions régionales. Le caprice personnel s'y est donné libre cours, quoique restreint par le manque d'espace, la médiocrité des ressources et de sa propre imagination. (*Citadin*, p. 90)

Dans les banlieues modernes, tout n'est que « non-style » et « non-architecture » et une nouvelle fois Réda fait appel à sa conscience politique, dénonçant une utilisation mercantile – capitaliste – de l'espace : « non-style d'une non-architecture de l'efficace et du profit, qui loin de manquer de moyens comme les petits entrepreneurs individualistes, consacre tous ceux dont elle dispose à rationaliser » (*Citadin*, p. 90). La banlieue traditionnelle est sous le signe de l'interstice, rien n'y étant véritablement achevé, le décousu prédominant :

> L'inachevé, l'étriqué, l'inabouti, le mal foutu laissent flotter dans l'air le possible qu'ils ont rêvé, mais raté, ou seulement indiqué de manière fortuite. J'attrape au vol leurs suggestions. Je les explicite, je les complète. (*Citadin*, p. 91)

La question du centre se posait déjà pour Paris, ou plus exactement était éludée. Parlant de l'hyper-centre – la Concorde, les Invalides –, Réda ne le désigne pas ainsi, car pour lui cela ne fait pas sens. Il emploie plutôt la formule de « cœur de Paris » : « le cœur de Paris se situe du bon côté, à gauche entre l'Hôtel de Ville, la Bastille et la République. Soit le Marais, ou bien le 3e et le 4e en termes d'arrondissements » (*Citadin*, p. 79). Or ce terme, à l'origine d'une métaphore filée, ne signifie pas une ouverture, comme les aime Réda, mais un repli, ce qui est « mauvais signe » :

> En évitant de mon mieux ses artères les plus actives – Turenne, Saint-Martin, Rivoli – j'ai circulé dans ce cœur par ses veines et veinules les plus étroites. Cela ne m'arrive pas souvent et je crois que c'est mauvais signe. Au lieu de partir, je suis rentré. J'ai rallié faute d'élan ce vieux cœur tout ficelé sur lui-même, pour l'entendre battre dans le silence du mien. (*Citadin*, p. 79)

Le centre ne saurait se situer à Paris, et paradoxalement c'est dans les banlieues traditionnelles que l'on peut y penser – occasion pour Réda de se livrer à un étonnant oxymore : « Quand je pénètre dans une de ces zones » – et il faut entendre au sens exact ce mot associé le plus souvent à l'espace interstitiel des anciennes fortifs –, « il me semble que j'atteins tout de suite leur centre qui n'existe pas » (*Citadin*, p. 91). Or, s'il y avait un centre, ce ne pourrait être une banlieue, toujours résolument périphérique et au nom quelque peu péjoratif : selon le Robert, est désigné ainsi le « territoire d'environ une lieue autour d'une ville sur lequel s'étendait le *ban* ». Ses habitants sont-ils mis au ban – exilés ? Un peu plus loin, Réda revient à la charge en convoquant « ce centre insituable qui hante l'univers suburbain » (*Citadin*, p. 92). Cet univers fondé sur les interstices ménage de la place pour le centre, qui garde sa qualité propre quasi sacrée par le fait qu'il est « insituable ». Il fait rêver et ouvre sur l'infini : « On ne peut qu'y rêver devant une parcelle de l'infini qui, dans les villes, se réfugie à l'intérieur des blocs encadrés par les rues, et poursuit là lui-même un songe où survit sa grandeur » (*Citadin*, p. 92).

Le « lieu » – comment dire ? – préféré de Réda, unissant tout l'univers est le chemin de fer, prolongement du métro. Selon le poète dans *Château des courants d'air*, dans la foulée du développement urbain : « l'univers ferroviaire se prépare à devenir une géante extension du métro » (*Château*, p. 100). Il n'y a plus de point de départ ni de terminus, et « les centres multipliés font éclater les notions de centre et d'axe au profit de la *correspondance*, simple nœud dans les mailles du filet [autre nom du « réseau »] que tricote l'ubiquitaire circulation » (*Château*, p. 100). Les centres ont explosé et on ne peut plus distinguer les métropoles de leur périphérie : « Car il ne s'agit plus seulement de soulager ou contourner, par la périphérie ou le sous-sol, les métropoles hypertrophiées, mais de relier tous les émiettements que leur explosion produit, et d'accélérer ainsi ce processus qui semble irrésistible. Dès lors le centre perd peu à peu de son sens en même temps que sa fonction » (*Château*, p. 100). « Un jour, dans la globale conurbation de la planète métamorphosée en bouquets de bouquets de banlieues, il n'y aura plus vraiment de départs, plus vraiment d'arrivées et bien sûr plus de banlieues non plus » (*Château*, p. 101).

Même le train a changé, on est passé à l'ère du TGV (*Château*, p. 100), honni de Réda parce qu'à cause de la vitesse on ne peut plus contempler le paysage tranquillement. Réda aime les trains à vapeur, qui appartiennent à une époque depuis longtemps révolue, et les gares à l'ancienne, qui les accompagnent dans leur disparition. Il célèbre la couleur noire du charbon, et regrette la magie de ce combustible, qui donnait aux gares une dimension initiatique :

> L'odeur encore s'en est allée, ce goût d'eau trop bouillie épicée d'âcre charbon. Du même coup les gares ont perdu beaucoup de leur pouvoir initiatique. Même au grand jour étincelant tristement sur les verrières fumeuses, quelque chose de l'obscurité d'une épreuve régnait, depuis l'étroit guichet jusqu'au claquement sourd des portières, au sifflet portant à son comble une impatience ou une angoisse qu'il délivrait aussi. (*Château*, p. 102)

La gare était un entre-deux, « ce temple de courants d'air devenait l'ultime répit avant le gouffre de la ville, le médiateur labyrinthique entre deux états de l'âme précaire au bout d'un long parcours » (*Château*, p. 102).

Elle permet de ne pas interrompre le voyage, qui est plus important que les lieux auxquels il conduit. Réda commence par arriver par un non-lieu à Troyes, ces périphéries universelles qui ont grignoté toutes les villes (*Recommandations*, p. 133) et l'hôtel miteux, type d'hébergement dont il est familier, est situé « non loin de la gare » (*Recommandations*, p. 134). La ville ancienne, que pourtant il parcourt consciencieusement pendant deux heures, est trop neuve (*Recommandations*, p. 134). Si l'on veut voir le vrai Troyes, il faut aller du côté de la gare, qui seule demeure magique : « Car même quand une ville a fini par l'englober presque complètement, sa gare, par la trouée des rails, reste reliée à l'espace » (*Recommandations*, p. 134).

Pour Réda – y en a-t-il jamais eu –, il n'y a plus de « vrais lieux », pour reprendre la formule de Bonnefoy. La première section du chapitre éponyme de *L'Herbe des talus* s'intitule « N'importe-où-sur-Loire » (*L'Herbe des talus*, p. 180). Il s'agit en fait de Cosne-sur-Loire, « cette capitale intérimaire de n'importe où » (*L'Herbe des talus*, p. 184). À ce propos, Réda tient à affirmer sa différence avec les sociologues :

> Je ne suis pas dans un n'importe où de moyenne de sociologue, mais là où n'importe où se fait si activement singulier, qu'il me faudrait des mots ayant subi la même usure, et laissant enfin se découvrir leur pâle et dur noyau, pour désigner vraiment ces toits, ces trottoirs, ces gens, ces persiennes. Je les sens inaccessibles dans un paroxysme d'évidence, de banalité, de je ne sais quoi de fictif dont mon souffle participe, et ma démarche, et maintenant le poids de mon corps étendu sur ce lit. (*L'Herbe des talus*, p. 184)

Cette longue promenade avec Réda nous a entraînés dans Paris et sa périphérie – aux dimensions du monde, mais la constante est que l'on est toujours « entre » : ce n'est ni vraiment la ville ni la campagne, et cette annihilation des différences ne saurait aller que croissant, source à la fois de plaisir pour le poète et de regret[4].

Bibliographie

Dupouy Christine, 2006, *La question du lieu en poésie, du surréalisme jusqu'à nos jours*, Amsterdam-New York, Rodopi.

Dupouy Christine, 2017, *Jacques Réda ou la généalogie d'une œuvre*, Paris, Hermann.

Menant Sylvain, 1981, *La Chute d'Icare : la crise de la poésie française, 1700-1750*, Genève, Droz.

Pierrot Jean, 1994, « L'espace dans *Les Ruines de Paris* », *in* H. Micolet (dir.), *Lire Réda*, Lyon, Presses universitaires de Lyon, p. 31-41.

Richard Jean-Pierre, 1987 [repris 1990], « Scènes d'herbe », *Littérature*, 67, repris dans *L'état des choses*, Paris, Gallimard, coll. « NRF Essais ».

---

4 Nous voudrions pour terminer signaler qu'au printemps 2021 est paru un livre important sur Réda, mais dont nous n'avions forcément pas connaissance – il n'était pas encore publié – au moment du colloque, qui s'est tenu en décembre 2020. Il s'agit de Théo Soula, *Géographie littéraire de Paris dans l'œuvre de Jacques Réda* (Soula, 2021), comme nous influencé par Walter Benjamin. Mais le point de vue de cet essai est très théorique, illustrant la notion de « géographie littéraire », titre du séminaire de Michel Collot dont il se réclame. Théo Soula s'en explique dans son introduction : « nous tenterons de progresser dans notre analyse des textes de Réda *en coopération* avec les méthodes, les outils et les savoirs de la géographie académique et ses différents courants » (p. 29). Notre propos, certes faisant dialoguer poésie et philosophie, est plus modeste, collant au plus près du texte de Réda, déjà par lui-même très riche. De surcroît on ne saurait comparer un article et un livre, portant sur un point particulier jusqu'ici à notre connaissance non étudié, ceci étant dû à la collaboration avec des sociologues.

Soula Théo, 2021, *Géographie littéraire de Paris dans l'œuvre de Jacques Réda. Le flâneur mégalopolitain*, Paris, Classiques Garnier.

Textes de Jacques Réda et de Charles Baudelaire (éditions citées)

Réda Jacques, 1982, *Hors les murs*, Paris, Gallimard, coll. « Le chemin ».

Réda Jacques, 1984, *L'Herbe des talus*, Paris, Gallimard, coll. « Le chemin ».

Réda Jacques, 1985, *Beauté suburbaine*, Montignac, Éditions Pierre Fanlac.

Réda Jacques, 1986, *Château des courants d'air*, Paris, Gallimard.

Réda Jacques, 1988, *Recommandations aux promeneurs*, Paris, Gallimard.

Réda Jacques, 1997, *La liberté des rues*, Paris, Gallimard.

Réda Jacques, 1998, *Le Citadin*, Paris, Gallimard.

Réda Jacques, 2004, « Le Borrégo », *Le Vingtième me fatigue*, Genève, La Dogana.

Réda Jacques, 2009, *La Physique amusante*, I, Paris, Gallimard.

Réda Jacques, 1977, *Les Ruines de Paris,* Paris, Gallimard, coll. « Le Chemin ».

Baudelaire Charles, 1975 [1861], « Le cygne », *Tableaux parisiens, Les Fleurs du mal LXXXXIX, Œuvres complètes*, t. I, Paris, Gallimard, coll. « La Pléiade ».

Baudelaire Charles 1975 [1861], « Le voyage », *La Mort, Les Fleurs du mal, Œuvres complètes*, t. I, Paris, Gallimard, coll. « La Pléiade », 1975.

DEUXIÈME PARTIE

L'INTERSTICE AU CŒUR DE LA TRANSFORMATION URBAINE

Chapitre 7

De l'interstice au commun en passant par le public. La lutte des opposants au centre commercial EuropaCity pour protéger les terres agricoles

Stéphane Tonnelat

Le colloque « Espaces à saisir : interstices et communs urbains » tenu à l'Université de Tours en 2020 montre un intérêt renouvelé des sciences sociales pour les terrains sans fonction ou statut clair dans nos villes. Ces interstices, jusqu'ici vus comme des nuisances ou des opportunités de projets, sont maintenant rapprochés de concepts comme les communs. Ils seraient ainsi une porte d'entrée pour négocier et discuter le statut foncier et la gestion des espaces urbains, ni tout à fait publics, ni tout à fait privés. Dans cet article, je propose d'apporter ma contribution à ces réflexions en réexaminant mes réflexions sur les interstices à la lumière d'une nouvelle enquête de terrain sur une lutte contre l'artificialisation des terres agricoles dans la périphérie de Paris. C'est l'occasion de présenter l'interstice comme un accès vers le commun, ce qui demande au passage une révision de la conception dominante du public. Mon approche se focalise sur l'usage, l'entretien et la conception d'espaces urbains et suburbains, dans la lignée de ce que Setha Low (2016) appelle une « *ethnography of space and place* ». J'approche ainsi les dynamiques sociales à travers leurs dimensions spatiales et situées, rencontrant les acteurs au fur et à mesure de leur implication avec l'espace étudié. Cette méthode de cas étendu (Burawoy, 2009) est aussi interdisciplinaire dans la mesure où elle m'emmène dans des lieux aussi variés que des bureaux d'urbanisme, des manifestations, des réunions associatives ou des tribunaux. Dans tous les cas, il s'agit d'élucider le sens que les acteurs donnent à leur engagement (Emerson, Fretz et Shaw 2010), ce qui en retour aide à mieux saisir la conception de l'espace qu'ils ont adoptée.

1. Les interstices urbains : délaissés et friches

J'ai étudié, dans ma thèse en urbanisme, des terrains apparemment abandonnés à Paris et New York que j'ai appelés des interstices urbains (Tonnelat, 2003). Je les définissais comme des vides (de sens et de construction) entre des pleins. Il s'agissait de terrains essentiellement non bâtis (à la différence des interstices étudiés par L. Roulleau-Berger (1991) ou H. Hatzfeld, M. Hatzfeld et N. Ringart (1998) qui sont des bâtiments industriels récupérés par des artistes). J'ai caractérisé ce vide par une absence de fonction officielle. Mais je me suis vite aperçu que ces terrains n'étaient pas abandonnés. Tous les espaces que j'ai étudiés étaient utilisés, de manière plus ou moins durable.

Par ailleurs, tous les interstices ne sont pas dépourvus de fonction. Par exemple, les bas-côtés des échangeurs routiers sont des interstices qui servent de « talus » ou de « soutènement ». C'est une fonction technique qui implique le sous-sol, mais qui laisse le sol libre pour d'autres usages comme le squat. J'ai qualifié dans ma thèse ces interstices de « synchroniques », c'est-à-dire qu'ils existent en même temps qu'un espace adjacent dont ils sont une annexe technique. Je les ai appelés des « délaissés » en référence à un terme de voirie (Blot, 1993). Ils deviennent assez vite invisibles, comme l'est la femme de ménage en blouse qui balaye le hall d'entrée et que personne ne remarque, dont Goffman (2013, p. 74) dit qu'elle est traitée comme une « non-personne ». Ainsi, les délaissés sont-ils souvent traités comme des « non-lieux », non pas au sens de Marc Augé (1992) qui utilise ce mot pour parler des centres commerciaux et autres espaces génériques comme des marqueurs d'une surmodernité dépersonnalisée. Ce sont juste des lieux qu'on ne voit pas, dans lesquels il n'y a aucune raison de s'aventurer. Ils sont « hors cadre » (*out of frame*), pour se référer à nouveau au vocabulaire de Goffman (1991).

Ainsi, un de mes terrains de thèse était un bas-côté d'autoroute en bords de Seine à Charenton-le-Pont, en limite de Paris. Inconstructible à cause de la servitude de l'autoroute et d'un pipe-line dans son sous-sol, le terrain était squatté par ses personnes sans-abri. Surveillés par la police municipale, ces habitants sans titre devaient masquer au mieux leur installation pour ne pas se faire remarquer des automobilistes voisins. Ainsi, la mairie pouvait affirmer qu'il n'y avait pas de sans-abri à Charenton. Ils étaient aussi surveillés par les agents d'inspection du pipe-line qui s'assuraient qu'ils ne creusaient pas. Pour pouvoir habiter, ils utilisaient deux techniques qui les maintenaient hors cadre. La première consistait à se fondre dans les buissons dans une forme de mimétisme de la friche. La seconde consistait à déguiser leurs abris en installations de travaux, par définition temporaires et non remarquables, comme un des éléments de maintenance auxquels on ne prête pas attention (Tonnelat, 2008). Ainsi les délaissés sont-ils souvent bien plus surveillés qu'on ne l'imagine. Ils sont aussi entretenus *a minima*, à hauteur de leur fonction annexe. Leur durée de vie est longue, souvent aussi longue que l'infrastructure qui les a constitués, soit plusieurs dizaines d'années.

À l'inverse, les interstices « diachroniques » sont définis par la fonction qu'ils ont perdue et dont ils sont maintenant dépourvus. Ce sont des friches et terrains vagues (Levesque, 1999). Ainsi de nombreux interstices urbains, ou agricoles, peuvent être d'origine industrielle, ferrée, portuaire ou résidentielle. Ils sont situés le plus souvent en périphérie. Tous ces espaces sont susceptibles de retrouver une fonction s'ils sont rénovés par un propriétaire ou un investisseur. Car tous les interstices, du moins en France et aux États-Unis, pays où j'ai travaillé, ont un propriétaire. Ils peut s'agit de biens privés, mais ils sont le plus souvent publics, dans l'escarcelle d'une administration, qui n'en a parfois même pas connaissance, ou d'une entreprise semi-publique, comme la SNCF.

Depuis les années 1990, les friches font l'objet de bien plus d'attention que les délaissés. La région Île-de-France en a par exemple tenu un inventaire (IAURIF, 1993, 1997) en vue de leur rénovation. Dans les années 2000, un groupe d'architectes, paysagistes et urbanistes a proposé d'en faire des forêts urbaines (Atelier, 2000) et, depuis 2021, le Centre d'études et d'expertise sur les risques, l'environnement, la mobilité et l'aménagement (Cerema), un établissement public sous la tutelle conjointe du ministre de la transition écologique et solidaire, et du ministre de la Cohésion des territoires, les recence dans un registre en ligne appelé « cartofriches ». Son but est de faciliter les reconversions en y installant des entreprises, ce qui éviterait qu'elles ne s'installent dans des terres agricoles. Pourtant, les difficultés liées aux coûts de dépollution et de nettoyage font que les collectivités ont du mal à trouver des investisseurs, surtout lorsqu'il s'agit de terrains localisés dans des zones éloignées des centres-villes. En conséquence, les friches ont des durées de vie variables qui peuvent aller de quelques mois à une vingtaine d'années.

En attendant les projets qui rénoveront les friches, ou l'aménagement de l'espace adjacent qui décommissionnera les fonctions techniques des délaissés, les interstices sont tous traversés d'occupations plus ou moins durables (Brighenti, 2016). Certaines sont officielles, sinon connues, comme le stockage des déchets en attente de traitement. Ainsi sur les bords de Seine de Charenton-le-Pont, non loin des cabanes des sans-abri, un terrain servait-il de site de stockage temporaire des déchets municipaux avant leur évacuation plus lointaine. Une autre friche à Charenton, ferrée cette fois, accueillait un centre d'hébergement temporaire en préfabriqués pour les sans-abris emmenés en bus par la RATP depuis la gare de Lyon à Paris. Ces usages, invisibles pour la plupart des citadins, mais gérés par des organismes publics, donnent aux friches et aux délaissés une fonction de traitement de la marginalité, comme des sites hors de vue ou la puissance publique recycle ses rebuts (de la « saleté » dirait M. Douglas, 1974).

Mais d'autres usages sont plus improvisés, sans l'accord des propriétaires, tels que le camping-squat, la promenade, les graffitis, le skateboard (Tonnelat, 2005) ou encore le jardinage. Pour ces usagers, l'interstice est un espace sans propriétaire clairement identifié, du moins au début. La principale différence entre les délaissés et les friches tient à leur temporalité et à leur situation. Les délaissés ont des durées de vie très longues et sont souvent situés à proximité immédiate des infrastructures routières qui les ont constitués en premier lieu et qui les polluent. Ils accueillent des usages bien souvent rejetés ailleurs, comme le squat en cabane ou l'usage de drogues. Les friches ont des durées de vie plus aléatoires et sont localisées en général dans des quartiers en mutation. Elles sont souvent polluées, mais sans que cela ne se voie. Elles sont utilisées comme des lieux d'habitat, mais aussi pour des activités de loisirs, telles que la promenade, les jeux d'enfants et d'adolescents ou le jardinage.

2. L'interstice : une porte de négociation sur le statut du foncier

La décision d'exproprier les usagers informels des interstices, en général pour construire dans les friches, ou pour nettoyer les délaissés, mène parfois à une mobilisation et à de nouveaux usages plus collectifs. Ces processus adviennent dans un deuxième temps, lorsque le jardinage, les pique-niques ou autres activités ont été remarqués par le propriétaire qui craint que l'occupation ne gêne ses projets éventuels. C'est que ces terrains sont généralement considérés comme des réserves foncières par leur propriétaire ou gestionnaire. Ils constituent un patrimoine foncier susceptible de se transformer en capital financier ou immobilier. Pour pouvoir se maintenir, les personnes menacées suivent en général un parcours relativement éprouvé : elles occupent le terrain pour leur propre usage, puis elles présentent cette occupation comme la défense d'un patrimoine ou d'une ressource bénéficiant à une communauté plus large qu'elles-mêmes (à l'exception de l'habitat informel), comme le quartier. Cette montée en généralité (Lolive, 1997) est nécessaire pour rallier des soutiens à la cause. Elle contribue à faire du sort du terrain une question publique. Enfin, lorsque c'est possible, les occupants négocient avec les propriétaires pour conserver l'usage des lieux en tout ou en partie. Telle est la trajectoire suivie par les militants de la Cour du Maroc, une friche ferrée le long des voies de la gare de l'Est, à la limite des 18e et 19e arrondissements de Paris. Ces militants ont commencé par utiliser un petit morceau de la friche. Ils ont installé un bac à sable pour leurs enfants et organisé des pique-niques. Puis, lorsqu'une entreprise a annoncé vouloir reprendre la friche, ils l'ont occupée de façon plus visible. Ils ont organisé des fêtes afin de faire connaître cet interstice des habitants du quartier. Enfin, ils ont profité de la campagne municipale pour obtenir une promesse de parc public de la part du candidat et futur maire, B. Delanöé (Renaud et Tonnelat 2008). Un certain nombre de jardins publics que les Parisiens fréquentent sans se poser de questions, comme le parc Villemin dans le 10e arrondissement (Baudelet, Basset et Le Roy, 2008), ont ainsi été gagnés de haute lutte par des habitants.

Du résultat de ces négociations plus ou moins conflictuelles dépend le statut de l'espace à venir. Il peut devenir privé, si les usagers perdent face à un promoteur qui réussit à les expulser et construire. Il peut aussi devenir public, si les usagers l'emportent mais acceptent de déléguer la gestion du lieu en échange d'un accès ouvert à toutes et tous. J'ai observé un tel processus autour d'une jetée désaffectée sur les bords de l'Hudson à Manhattan. Les habitants ont défait un projet d'héliport et de centre commercial et ont obtenu que la jetée soit intégrée dans un parc public (Tonnelat, 2015). L'interstice peut enfin devenir « commun » si les usagers réussissent à conserver la gestion de l'espace tout en l'ouvrant à leur quartier. On l'observe dans de nombreux jardins communautaires de New York. Récupérés dans des friches lors des années 1970 à 1990, ces jardins ont fait l'objet de mobilisations et de négociations lorsque la mairie qui en était devenue propriétaire a tenté de les vendre à des promoteurs immobiliers (Eizenberg, 2009, 2011). Le cas de la Terre d'Écologie Populaire (TEP) située face au cimetière du Père-Lachaise à Paris, un ancien terrain d'éducation physique, sur lequel la mairie prévoyait un centre de traitement des déchets et des logements, en fournit une autre illustration. Les habitants ont réussi à stopper le projet et ont construit un espace vert accessible au public qu'ils contrôlent eux-mêmes au moyen de réunions ouvertes. Pour autant, cette situation n'est pas stabilisée et le sort de ce commun, comme celui de nombreux potagers dans l'agglomération parisienne (Paddeu, 2021), pourrait être remis en question par la ville à tout moment.

Ainsi l'interstice est-il une porte d'entrée vers une négociation sur la nature du régime d'appropriation foncier (Le Roy, 2011). Son état relativement indéterminé donne lieu à de petites entreprises d'annexion qui remettent en question la catégorisation de l'espace comme « privé » ou « public » et ouvrent la porte à d'autres conceptions qui peuvent relever de la notion de « commun ».

3. Interstice et communs

Dans les situations où les usagers ont eu gain de cause, la mobilisation autour de l'interstice permet de réviser notre conception de la propriété et inviter à la considérer non pas comme absolue et indivisible, comme le fait le Code civil français (dans les limites des usages permis par la loi) mais comme un « faisceau de droits » (Ostrom, 1990) parmi lesquels on peut séparer la propriété du sol et du sous-sol des droits d'usage. C'est ainsi que le régime d'appropriation commun peut cohabiter avec un régime de propriété publique ou privée : la propriété peut rester attribuée à une entité tandis que les droits d'usage sont régulés comme communs à un ensemble d'usagers. Telle est la façon la plus courante de concilier propriété et communs. Une autre est défendue par des licences comme les *creative commons* (Bollier, 2007) pour les biens intangibles et non épuisables, mais elle ne peut pas s'appliquer aux interstices dont les surfaces sont limitées.

Toutefois, il faut reconnaître que les cas d'institutionnalisation de communs en accord avec la puissance publique sont peu nombreux. L'exemple le plus connu est celui du plateau du Larzac pris dans une spirale de déprise rurale durant les années 1970. Dix ans de lutte contre l'agrandissement d'un camp militaire ont poussé l'État à accorder un bail emphytéotique renouvelable de 60 ans, sur plus de 6300 hectares, à une association qui s'est employée à installer des paysans avec des contrats longs (Artières, 2021). Ceux-ci ne deviennent pas propriétaires des terres et revendent seulement les nouveaux investissements à leurs repreneurs. Ce rare exemple pointe une forme de commun qui demande une double gymnastique intellectuelle : elle consiste à réviser autant la notion de propriété que celle de public. Je vais l'illustrer par un cas, avant de revenir à la réflexion qui s'impose à mes yeux sur ce couple de notions.

4. La lutte pour les terres du Triangle de Gonesse

Le Collectif Pour le Triangle de Gonesse (ci-après le Collectif ou CPTG) lutte pour préserver les terres agricoles du Triangle de Gonesse. Ce sont 700 hectares de terres céréalières à haut rendement, situées entre les aéroports du Bourget et de Roissy, sur les communes de Gonesse et de Roissy. Le Triangle est l'un des rares espaces agricoles à l'intérieur de la zone métropolitaine, à environ 12 km du centre-ville de Paris. Depuis 2011, le CPTG, avec l'aide de nombreux sympathisants et d'organisations non gouvernementales telles que France Nature Environnement, lutte, par divers moyens, contre l'artificialisation de ces terres. En 2019, il a obtenu l'annulation du projet de centre commercial et de loisir EuropaCity. Porté par le groupe Auchan, ce projet aurait été le plus gros centre commercial d'Europe associé à une piste de ski et d'autres parcs à thèmes. Il devait être desservi par une station de la future ligne 17N du Grand Paris Express allongée à cette fin par un détour spécial dans les champs. Cette victoire marque un tournant symbolique dans les luttes contre la bétonisation des terres agricoles en périphérie urbaine. Mais, bien que le projet soit abandonné, la ligne de métro avec sa station dans les champs reste d'actualité, ce qui inquiète et mobilise les « sauveteurs de terres », comme ils se nomment eux-mêmes.

Cette lutte oppose trois parties : les aménageurs, les exploitants agricoles et les militants environnementalistes. Le camp des aménageurs est constitué de promoteurs, tels qu'Immochan, filiale du groupe Auchan, associés à des administrations de statut public, comme l'aménageur Grand Paris Aménagement et l'Établissement Public Foncier d'Île-de-France, et des collectivités territoriales, comme la commune de Gonesse et sa communauté d'agglomération. Les exploitants agricoles sont soutenus par d'autres administrations, parmi lesquelles la chambre d'agriculture du Val d'Oise. Enfin, les environnementalistes bénéficient du soutien de quelques autres services de l'État, comme l'autorité environnementale, et parfois le tribunal administratif.

5. L'occupation d'un interstice agricole : la valeur des terres

Pour mieux faire connaître sa cause et la rendre publique, le Collectif a été amené à occuper un interstice, une friche agricole, au milieu des terres cultivées. Il l'a utilisée pour organiser des rassemblements et faire de la culture de légumes et de fleurs. La parcelle était inutilisée par les agriculteurs car elle était trop petite. Elle est devenue interstice suite à l'aménagement d'une voie rapide, le boulevard interdépartemental du Parisis, qui a coupé le Triangle en deux dans le sens Est-Ouest. Il s'agit d'un terrain délaissé, mais dont la propriété a été partagée entre le conseil départemental qui a construit la route, et l'Établissement Public Foncier IDF en vertu d'une ZAD, ou zone d'aménagement différé[1]. Suite à une expropriation pour cause d'utilité publique, ce terrain, ainsi qu'une « réserve foncière » d'une centaine d'hectares située tout autour, a été placé entre les mains de l'établissement public foncier en vue de la construction d'une ZAC (zone d'aménagement concertée) de 280 hectares portée l'aménageur Grand Paris Aménagement et dans laquelle devait s'inscrire le projet EuropaCity. Mais tandis que les autres terrains expropriés étaient encore cultivés en attendant les travaux, cette parcelle est restée inoccupée. Bref, le Collectif s'est saisi un interstice dont personne n'avait alors l'usage. Devant cette occupation revendiquée, le propriétaire a porté plainte devant le tribunal de grande instance de Pontoise pour demander l'expulsion du Collectif et de ses légumes. Pour l'ethnographe que je suis, ce procès a été une excellente occasion de découvrir les différentes conceptions qu'avaient les parties de cette parcelle interstitielle, et par extension de toutes ces terres agricoles du Triangle. J'ai notamment découvert qu'elles n'avaient pas la même définition des terres agricoles. Mais plus encore, j'ai compris que ces définitions pouvaient varier suivant les situations : elles s'expriment à la fois dans les actions des parties et dans leurs discours au sein du tribunal, mais selon des modalités différentes (Tonnelat, 2022).

Ainsi, au tribunal ou dans les médias, les terres agricoles étaient classées par les aménageurs comme des terres à urbaniser. Elles étaient donc régies par le code de l'urbanisme, dont la pierre angulaire est le droit de propriété. Pourtant, les actions des aménageurs, sur le terrain, traîtent ces espaces davantage comme des terres à bâtir, et à revendre avec une forte marge bénéficiaire. Ils sont appréhendés comme des marchandises, régies par le droit de propriété, en référence à la définition qu'en donne le Code civil. Cette observation montre que les aménageurs jouent des ambiguïtés de la notion de propriété dans le droit.

Pour les exploitants agricoles au tribunal ou dans les médias, les terres sont régulées par la propriété et un droit d'exploitation, le fermage, qui contraint fortement le droit de propriété par des contrats longs

---

1 L'appellation « zone à défendre » est une déformation de cette expression issue de la ZAD de Notre Dame des Landes.

et renouvelables. Cependant, l'évolution du monde agricole et la crise dans laquelle il se trouve aujourd'hui font que beaucoup d'exploitants en périphérie urbaine voient leurs terres comme des réserves foncières en attente d'urbanisation. Elles constituent ainsi, pour les propriétaires, un capital financier important, notamment au moment de la retraite. Cette définition n'incite pas les exploitants à considérer la durabilité des terres et leur productivité, car ils se sentent pour beaucoup en instance d'expropriation ou déjà dépossédés. Elle ne les incite pas non plus à s'associer aux environnementalistes qui contrecarrent leur projet de vente. Après avoir perdu la propriété des terres dans le Triangle de Gonesse, les exploitants ont continué à les cultiver avec des conventions d'occupation précaires révocables. Cette tendance favorise plutôt les cultures riches en intrants, qui dépendent peu de la qualité des sols, au détriment des pratiques plus durables.

Pour ces deux groupes, existe donc une ambiguïté sur le statut des terres, révélée par le procès sur l'occupation de l'interstice. Celle-ci paraît résulter d'une tension entre un droit d'usage (droit d'exploitation, droit à construire et à commercialiser) et une valeur financière (celles du terrain en tant que réserve foncière, terrain à bâtir, bien immobilier). Le droit d'exploitation se situe davantage du côté de la valeur d'usage tandis que le droit à construire et à commercialiser se réfère à la valeur d'échange du terrain. Pour être plus concret, examinons un exemple. Dans le Triangle de Gonesse, l'hectare agricole se vend autour de 8000 euros l'hectare (SAFER, 2013), soit 80 centimes le mètre carré (un hectare fait 10 000 m^2). Le prix est élevé car ces terres sont très productives. Dans le Triangle, elles sont cultivées sans arrosage, même en situation de canicule, ce qui représente une garantie de rendement et une économie considérables. Dès que la terre est classée urbanisable dans le PLU, son prix augmente. Par exemple, les propriétaires ont été indemnisés jusqu'à neuf euros du mètre carré, soit 90 000 euros l'hectare, lors de l'expropriation pour cause d'utilité publique du projet d'aménagement, soit plus de dix fois le prix de la terre agricole. En revanche, les exploitants en titre, qui ne sont pas toujours les propriétaires, n'ont reçu qu'un euro du mètre carré. Sur dix euros dépensés par l'Établissement public pour un mètre carré de terre expropriée, un euro est ainsi allé aux exploitants en titre, tandis que neuf euros ont été reçus par les propriétaires. La propriété foncière n'a donc plus la même valeur que la terre agricole, estimée à environ 80 centimes le mètre carré. Par contre, la somme versée pour dédommager les droits d'exploitation correspond à peu près à la valeur du foncier agricole. La valeur du foncier est ainsi tributaire de son affectation. Dès que la terre est déclarée constructible, le prix est multiplié. C'est une rente différentielle, car elle n'est basée que sur un changement de définition et non sur une valeur ajoutée par le travail. Mais la spéculation ne s'arrête pas là. Une fois viabilisée, c'est-à-dire une fois que les accès et les réseaux (eau, électricité, évacuations…) sont réalisés, le prix du mètre carré prêt à bâtir monte à environ 500 euros, c'est-à-dire qu'il est cinquante fois plus élevé. Évidemment, il faut déduire des profits les frais encourus par l'aménageur comme les coûts de construction des routes et des réseaux. Puis, une fois construit, le mètre carré commercial peut être vendu autour de 2000 euros, ce qui représente une marge importante, surtout si la surface est multipliée par le nombre d'étages. C'est ainsi qu'on peut voir un glissement de la conception de la propriété des terres agricoles d'une valeur fondée sur l'usage à une valeur fondée sur l'échange.

6. Un patrimoine commun de la nation

Pour les environnementalistes, à l'inverse, les terres sont considérées comme un patrimoine non aliénable. Ce sont des ressources alimentaires, mais aussi environnementales qui abritent la biodiversité et limitent les pics de chaleur, d'inondation ou de sécheresse. Ce sont aussi des supports pour de nouvelles filières professionnelles allant de la production au recyclage en passant par la transformation et la distribution. C'est ainsi qu'ils les considèrent comme un potentiel bien commun au sens de l'économiste Elinor Ostrom (1990), c'est à dire comme une ressource qui devrait être gérée en commun (*Common Pooled Resource*), ou encore comme une « communauté » au sens d'Aldo Leopold ([1949] 2017) ainsi que l'écrit une militante sur un panneau, un dimanche, lors d'une manifestation sur le Triangle :

> Nous abusons de la terre parce que nous la considérons comme une marchandise qui nous appartient. Si nous la considérons comme une communauté à laquelle nous appartenons, nous pouvons commencer à l'utiliser avec amour et respect.

Si les environnementalistes peuvent défendre cette vision devant les médias, au tribunal cependant cette notion n'existe pas. Ils se rabattent alors sur celle de « patrimoine commun de la nation » selon l'article L.101.1 du Code de l'environnement.

> « Les espaces, ressources et milieux naturels, les sites et paysages, la qualité de l'air, les espèces animales et végétales, la diversité et les équilibres

biologiques auxquels ils participent font partie du patrimoine commun de la nation. »

Si l'invocation de cet article n'est pas suffisante pour influer sur les décisions judiciaires, elle permet néanmoins de retarder de quelques mois l'aménagement. Elle a ainsi contribué à l'abandon du projet Europacity, annoncé en novembre 2019 par le gouvernement, suite au troisième « conseil de défense écologique » (Tonnelat, 2022).

7. Une tentative d'institutionnalisation par les actes

Malgré l'arrêt du projet Europacity, les militants réalisent un an plus tard, en 2020, que le gouvernement n'a pas abandonné le projet d'urbaniser les terres agricoles du Triangle de Gonesse. Ils en veulent pour preuve le fait que la Société du Grand Paris annonce en décembre le début des travaux de la ligne 17 et de sa gare du Triangle en plein milieu des champs. À quoi sert une gare sans projet ? Pour le Collectif c'est un « cheval de Troie de l'urbanisation ».

Devant cette stratégie du fait accompli, les militants décident de mobiliser à nouveau l'opinion publique. J'ai publié peu de temps après un rapide compte rendu de ces actions (Tonnelat 2021) que je reprends en partie dans les huit paragraphes suivants décrivant une tentative d'institutionnalisation des communs. Le 17 janvier, anniversaire de l'abandon du projet d'aéroport de Notre-Dame-des-Landes, lors d'un rassemblement dans l'interstice cultivé depuis 2017 malgré le procès en éviction, ils proclament le « serment du Triangle » (figure 1). Plus de 500 personnes présentes, dont nombre de personnalités politiques, scientifiques et artistiques, signent cette déclaration les engageant à faire de ces terres un « patrimoine commun » et d'eux des « copropriétaires » engagés à le défendre. La mention du serment du Jeu de paume de 1789 établit un parallèle entre les députés du Tiers-état, ignorés par Louis XVI, et les militants, ignorés par le gouvernement. Il indique une relocalisation du pouvoir législatif dans les champs défendus.

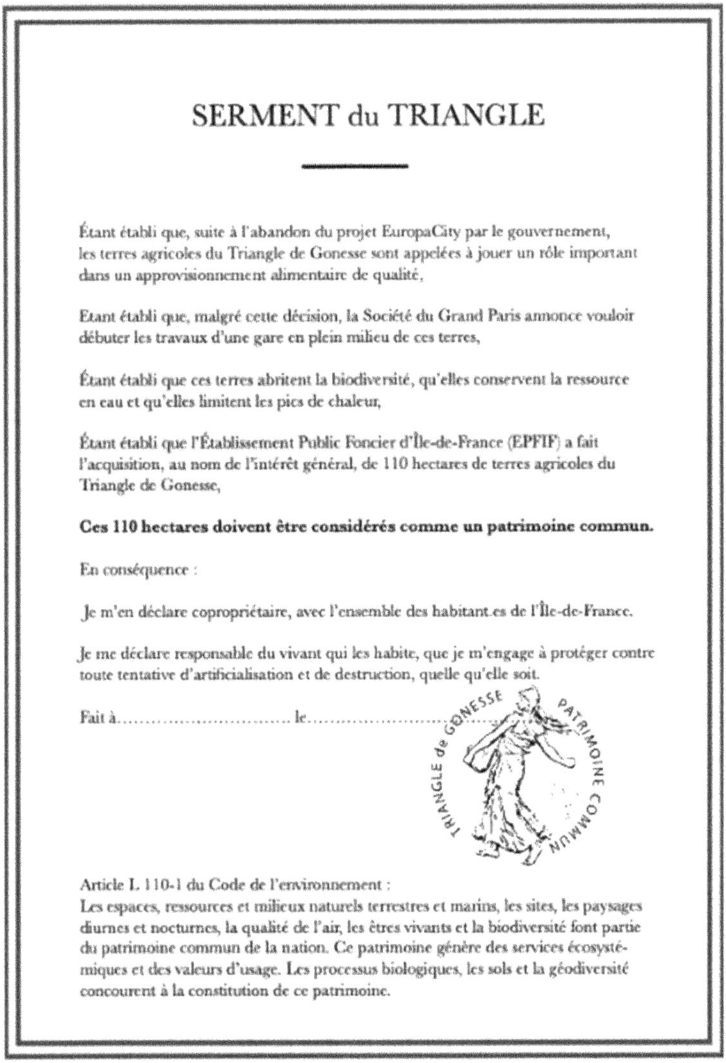

SERMENT du TRIANGLE

Étant établi que, suite à l'abandon du projet EuropaCity par le gouvernement, les terres agricoles du Triangle de Gonesse sont appelées à jouer un rôle important dans un approvisionnement alimentaire de qualité,

Etant établi que, malgré cette décision, la Société du Grand Paris annonce vouloir débuter les travaux d'une gare en plein milieu de ces terres,

Étant établi que ces terres abritent la biodiversité, qu'elles conservent la ressource en eau et qu'elles limitent les pics de chaleur,

Étant établi que l'Établissement Public Foncier d'Île-de-France (EPFIF) a fait l'acquisition, au nom de l'intérêt général, de 110 hectares de terres agricoles du Triangle de Gonesse,

Ces 110 hectares doivent être considérés comme un patrimoine commun.

En conséquence :

Je m'en déclare copropriétaire, avec l'ensemble des habitant.es de l'Île-de-France.

Je me déclare responsable du vivant qui les habite, que je m'engage à protéger contre toute tentative d'artificialisation et de destruction, quelle qu'elle soit.

Fait à.............................. le..............................

Article L 110-1 du Code de l'environnement :
Les espaces, ressources et milieux naturels terrestres et marins, les sites, les paysages diurnes et nocturnes, la qualité de l'air, les êtres vivants et la biodiversité font partie du patrimoine commun de la nation. Ce patrimoine génère des services écosystémiques et des valeurs d'usage. Les processus biologiques, les sols et la géodiversité concourent à la constitution de ce patrimoine.

Figure 1. Le serment du Triangle

En décidant du statut des terres dont ils se déclarent copropriétaires et coresponsables, les signataires inaugurent un nouveau régime d'appropriation foncière, ici qualifié de « patrimoine commun ». Ils s'accordent ainsi sur ce à quoi ils tiennent (Hache, 2019) : préserver ces terres avec lesquelles ils construisent une relation de co-dépendance. Sur un plan symbolique et médiatique, ils se substituent ainsi à un gouvernement qu'ils perçoivent comme incapable de se saisir d'un problème qu'ils ont pourtant contribué à rendre public.

Pour la sociologie des problèmes publics, ce type de mouvement est un geste instituant, palliant les insuffisances des instances publiques (Spector et Kitsuse, 2001 ; Cefaï, 2007). Un problème devient public lorsqu'il touche une portion de la population indirectement concernée, assez importante pour que le pouvoir en place estime devoir prendre des mesures et charge une institution de s'en occuper (Dewey 2010). Pourtant, il arrive souvent que cette administration ne soit pas en capacité de traiter le problème de la façon dont le public mobilisé l'avait entendu. C'est bien le cas ici. Le gouvernement a nommé un haut-fonctionnaire qui a rédigé un rapport aussitôt enterré. Dans cette situation, le public, souvent démobilisé par sa première victoire n'a, généralement, plus la force de reprendre la lutte. Pourtant, dans certains cas, comme au Triangle de Gonesse, les militants ne se sont pas découragés. Ils ont tenté de forcer les pouvoirs publics à reconnaître leur impuissance, ou leur mauvaise volonté, et proposé l'institution de nouvelles mesures *ad hoc*.

Le serment a été diffusé par le site de l'association Agir pour l'environnement et signé en un mois par plus de 10 000 personnes – dont l'ancien ministre de l'écologie Nicolas Hulot. Cette popularité ne suffit pourtant pas à transformer en pratique le statut des terres. Il faut pour cela que les signataires tiennent parole et respectent leur engagement de les défendre.

C'est pourquoi, lors de la « première assemblée des copropriétaires », tenue quinze jours plus tard sur le terrain, une centaine de personnes décident, au consensus, l'occupation permanente d'un espace voisin, une friche fermée par une palissade doublée d'une tranchée, bref un autre interstice, afin d'empêcher le démarrage du chantier.

Le dimanche 7 février, à 5 h du matin, un groupe s'y introduit et déclare une ZAD (Zone à Défendre). La nouvelle se répand aussitôt dans les médias et dans les réseaux de communication des militants. En plus d'une couverture attendue par les journaux engagés à gauche et pour l'écologie comme *Mediapart* et *Reporterre*, des articles et des reportages sont diffusés par *Le Parisien*, *L'Obs*, *Le Monde*, *Le Figaro*, BFMTV et d'autres encore. Tous reprennent l'expression « gare en plein champ » proposée par le Collectif. Deux jours de suite, l'occupation est montrée au journal de France 3 Île-de-France. Du côté des réseaux sociaux la couverture des publications Facebook du CPTG passe de 500 vues à 34 000, du jour au lendemain. Dès le premier jour, une équipe de militants arrive de la ZAD de Notre-Dame-Des-Landes pour soutenir l'action et montrer comment construire des cabanes résistantes à l'humidité et au froid.

Des militants du groupe Extinction Rebellion, de Youth for Climate, des gilets jaunes ou d'autres luttes de la région, comme celle du plateau de Saclay, rejoignent les lieux. Sur place, l'aide afflue. De la nourriture et des matériaux de construction sont livrés en quantité, par des personnes inconnues du mouvement jusqu'alors. Les cabanes se renforcent, les groupes juridiques s'organisent.

Cette réaction très positive, à la fois dans la presse généraliste et les milieux plus spécialisés, est un signe fort que ce genre d'action est désormais non seulement accepté, mais aussi considéré comme légitime, voire nécessaire par une partie croissante de la population. L'occupation a contribué à remettre dans l'actualité un problème qu'on croyait résolu.

Le Triangle est un lieu proche du centre de la vie politique et économique du pays, à deux pas du Bourget, où fut signé l'Accord de Paris sur le climat. C'est devenu un point de convergence de l'attention publique que le gouvernement ne pouvait ignorer longtemps. Au bout de seize jours, la ZAD a été évacuée au petit matin par les gendarmes mobiles. Mais l'effet est déjà là : un public est mobilisé, le Triangle de Gonesse est à nouveau sous le feu des médias et la « gare en plein champ » paraît plus inutile que jamais.

La ZAD du Triangle de Gonesse et son évacuation ont aussi galvanisé les luttes régionales pour la sauvegarde d'espaces jardinés et agricoles où des militants se sont déplacés. Sur le plateau de Saclay, le mouvement contre la ligne 18 du Grand Paris Express (une autre ligne que la 17N prévue au Triangle de Gonesse) a repris et un camp appelé Zaclay s'est installé dans un champ prêté par un agriculteur en bordure des futurs travaux. À Aubervilliers, une ZAD, appelée Jardins à Défendre (JAD) s'est installée dans une partie des Jardins familiaux des Vertus menacée par le solarium d'un projet de piscine d'entraînement pour les Jeux olympiques de 2024. Évacuée après deux mois d'occupation, elle a galvanisé la lutte et gagné l'opinion publique au point que les aménageurs refusent le débat public proposé par les médias. En septembre 2019, la Cour administrative d'appel de Paris a temporairement suspendu le permis de construire du centre nautique, le droit donnant en partie raison aux militants.

8. Interstice : bien commun et bien public

De façon intéressante, la notion de commun telle qu'elle s'actualise dans ces cas et à travers les expressions de militants, s'accommode de l'idée de propriété publique tout en la redéfinissant. En effet, les terres déjà expropriées, une fois que le projet EuropaCity a été abandonné, pourraient, plus facilement que celles qui sont encore privées, accueillir des fermes expérimentales en agroforesterie pour nourrir les villes alentour. C'est le sens du projet CARMA (Coopération pour une Ambition Rurale et Métropolitaine d'Avenir) proposé par les militants au gouvernement. Il consiste à transformer l'agriculture de façon à la mettre au service des communes avoisinantes et pour l'inclure dans une économie circulaire qui recycle les déchets organiques dans les terres. Mais pour que ce projet se réalise, les militants ne peuvent pas laisser l'aménageur et le gouvernement disposer de ces terres. Ils doivent forcer ces institutions à admettre qu'ils n'ont pas de projet d'urbanisation en remplacement du centre commercial EuropaCity et que la meilleure chose à faire est de ne pas gaspiller les terres agricoles sans une bonne raison.

Ce processus correspond à ce que nous avons appelé, dans une précédente publication, un phénomène de « publicisation des terres » (Terzi et Tonnelat, 2017). Au lieu qu'elles soient gérées de façon anonyme et opaque par des organismes peu connus, elles peuvent ainsi devenir la propriété publique d'une communauté, ici au sens anglo-saxon de territoire (*community*), qui en détermine les usages, et être confiées à des institutions en charge de leur réglementation et qui doivent rendre des comptes. Ainsi reformulée, cette organisation ressemble étrangement aux communs d'Ostrom. Mais cela demande une conception de la publicité et des espaces publics ancrée dans une démocratie beaucoup plus participative que celle qui consiste à confier la gestion des biens publics à des institutions qui ne rendent pas de comptes. Cette conception du public n'a pas besoin que le droit de la propriété privée soit revu, mais plutôt que la propriété publique, soit conçue comme inaliénable et au service du public, comme une « communauté morale idéale » (Pappas, 2020).

9. Le problème de la durabilité du commun

Cette conception du commun adossé à une révision du public ne convient pourtant pas à des théoriciens du commun comme Dardot et Laval (2015), ou Hardt et Negri (2004) pour lesquels la notion de commun exclut toute forme de propriété, y compris collective. Pour Dardot et Laval, le commun ne peut être dépendant d'un droit qui lui préexiste. Le commun est une pratique instituante qui crée et entretient son propre droit à travers les pratiques de « *commoning* » (Harvey, 2012). À New York, par exemple, un fond d'acquisition a été mis en place pour acheter les « *community gardens* » à la ville et les mettre à disposition des associations. Selon la théorie des communs défendue par ces auteurs, ces jardins communautaires ont pu être des interstices rendus communs pendant le temps des mobilisations et des occupations, mais ils ont perdu ce statut lorsque l'accord de cession de la propriété a été trouvé avec le fonds de dotation. En ce sens, le droit institué par la praxis des communs serait en fait un droit interstitiel, c'est-à-dire un droit qui s'immisce dans les vides des droits positifs ou coutumiers de la propriété et de l'usage. Il pourrait aussi, comme l'expose James Scott dans *Zomia* (2013), ou Pierre Clastres dans *La société contre l'État* (1974), être un droit hors de l'État.

L'intérêt que beaucoup de chercheurs prêtent à la notion de commun réside ainsi sa capacité instituante. Les interstices sont rendus communs par des habitants et militants qui se sentent concernés. La limite de cette conception est qu'elle ne pense pas les communs dans la durée. En effet, comment constituer des communs sans institution chargée de les gérer ? Le principal intérêt du travail de Ostrom est d'avoir montré que la longévité des communs pouvait reposer sur des mécanismes de gestion *ad hoc*.

Le cas du Triangle de Gonesse et les autres interstices que j'ai pu observer montrent en outre que d'une part les militants ne peuvent consacrer tout leur temps aux pratiques instituantes et que d'autre part ils ne souhaitent pas accorder leur attention instituante à tous les aspects de leur vie. Il faut qu'ils soient capables de se reposer à un moment sur les institutions qu'ils ont mises en place et auxquelles ils ont délégué une part de la gestion des communs. Quelles sont ces institutions ? C'est une question d'économie de l'attention que des penseurs comme John Dewey et Walter Lippman ont traitée chacun à leur manière.

Pour Lippman (2008), ces institutions préexistent aux mobilisations et doivent même éclairer les enjeux soulevés par leur expertise, de façon que le public puisse voter et se prononcer pour ou contre. C'est le modèle représentatif que l'on connaît aujourd'hui, où les élus municipaux et les administrations décident du sort des interstices. Pour Dewey (2010), à l'inverse, un problème comme celui du sort d'un interstice est une question qui peut devenir publique si un cercle de personnes s'en saisit et le fait connaître. En fonction de son succès, les institutions existantes seront éventuellement forcées de le reconnaître et de le traiter afin de répondre à la mobilisation.

Souvent cependant, comme nous l'avons vu, ces institutions préexistantes sont mal équipées ou peu intéressées par les propositions des militants. Si les solutions mises en œuvre sont trop décalées par rapport à leurs demandes, ces derniers peuvent se remobiliser pour tenter de dessaisir cette institution et en fonder une nouvelle. Cette sociologie des problèmes publics (Spector et Kitsuse, 2001) correspond à une conception de la démocratie bien plus participative que celle que nous connaissons en France. Elle se heurte cependant à des obstacles bien réels (Terzi et Tonnelat, 2017). En ce qui concerne les interstices, la conception de la propriété comme faisceaux de droits séparables (Ostrom, 1990) est relativement étrangère aux coutumes et au droit positif français pour lequel la propriété est absolue, même si elle peut être exposée à des servitudes par le droit de l'urbanisme et de l'environnement.

Un autre problème est que nous oublions le plus souvent de penser les garanties qui permettraient que les institutions ne gèrent pas simplement l'espace ou la ressource comme elles l'entendent, mais qu'elles rendent des comptes à la communauté de personnes concernées. Or, de fait, beaucoup des institutions dites publiques ne gèrent pas les ressources de façon publique. C'est la raison pour laquelle nous avons du mal à associer les notions de « communs » et de « public ». S'il semble que les interstices puissent facilement donner naissance à des communs, comment s'assurer que ces espaces, une fois défendus, resteront communs ? Ce problème relève du « public » autant que du « commun ».

Bibliographie

Artières Philippe, 2021. *Le peuple du Larzac*, Paris, La Découverte.

Atelier (L'), 2000, *La forêt des délaissés*, Paris, Institut français d'architecture.

Augé Marc, 1992, *Non-lieux: introduction à une anthropologie de la surmodernité*, Paris, Seuil.

Baudelet Laurence, Basset Frédérique et Le Roy Alice, 2008, *Jardins partagés : utopie, écologie, conseils pratiques*, Mens, Terre vivante.

Blot N., 1993, *Les délaissés de voirie, des espaces à valoriser*, Mémoire de DESS, Université Paris 12 Val-de-Marne, IUP.

Bollier David, 2007, « The Growth of the Commons Paradigm », *in* Ch. Hess et E. Ostrom (dir.), *Understanding Knowledge as a Commons, in From Theory to Practice*, Cambridge, Mass., MIT Press.

Brighenti Andrea M., 2016, *Urban Interstices. The Aesthetics and the Politics of the In-Between*, London-New York, Routledge & CRC Press.

Burawoy Michael, 2009, *The Extended Case Method. Four Countries, Four Decades, Four Great Transformations, and One Theoretical Tradition*, Berkeley, University of California Press.

Clastres Pierre, 1974, *La Société contre l'État*, Paris, Éditions de Minuit.

Dardot Pierre et Laval Christian, 2015, *Commun. Essai sur la révolution au XXIe siècle*, Paris, La Découverte.

Dewey John, 2010, *Le public et ses problèmes* [1927], Paris, Gallimard, coll. « Folio essais ».

Douglas Mary, 1974, *De la souillure*, Paris, La Découverte.

Eizenberg Efrat, 2009, « From the ground up : Community gardens in New York City and the politics of spatial transformation », PhD dissertation, City University of New York.

Eizenberg Efrat, 2011, « The Changing Meaning of Community Space : Two Models of NGO Management of Community Gardens in New York City », *International Journal of Urban and Regional Research*, 36, 1, p. 106-120.

Emerson Robert M., Fretz Rachel I. et Shaw Linda L., 2010, « Prendre des notes de terrain. Rendre compte des significations de membres », *in* D. Cefaï, C. Gayet-Viaud, P. Costey, E. Gardella, Ph. Gonzalez, E. Le Mener et C. Terzi (dir.), *L'engagement ethnographique*, Paris, Éditions de l'EHESS.

Goffman, Erving, 1991, *Les cadres de l'expérience*, traduit par I. Joseph, Paris, Éditions de Minuit.

Goffman, Erving, 2013, *Comment se conduire dans les lieux publics : notes sur l'organisation sociale des rassemblements*, Paris, Economica.

Hache Émilie, 2019, *Ce à quoi nous tenons. Propositions pour une écologie pragmatique*, Paris, La Découverte.

Hardt, Michael et Negri Antonio, 2004, *Multitude. War and democracy in the age of empire*, New York, Penguin Press.

Harvey David, 2012, *Rebel Cities. From the Right to the City to the Urban Revolution*, London, Verso.

Hatzfeld Hélène, Hatzfeld Marc et Ringart Nadja, 1998, *Quand la marge est créatrice. Les interstices urbains initiateurs d'emploi*, Paris, Éditions de l'Aube.

IAURIF 1993, « Les friches industrielles en région Île-de-France, Définition, Inventaire ».

IAURIF 1997, « Les friches industrielles en région Île-de-France, Définition, Inventaire ».

Le Roy Étienne, 2011, *La terre de l'autre : une anthropologie des régimes d'appropriation foncière*, Paris, LGDJ.

Leopold Aldo, 2017 [1949], *Almanach d'un comté des sables*, Paris, Flammarion.

Levesque Luc, 1999, « Montréal, L'informe urbanité des terrains vagues », *Annales de la recherche urbaine*, 85, p. 47-57.

Lippmann Walter, 2008 [1927], *Le Public fantôme*, Paris, Demopolis.

Lolive Jacques, 1997, « La montée en généralité pour sortir du Nimby », *Politix*, 39, p. 109-130.

Low Setha, 2016, *Spatializing Culture. The Ethnography of Space and Place*, London, Routledge.

Ostrom Elinor, 1990, *Governing the commons: The evolution of institutions for collective action*, Cambridge, Cambridge University Press.

Paddeu Flaminia, 2021, *Sous les pavés, la terre. Agricultures urbaines et résistances dans les métropoles*, Paris, Seuil, coll. « Anthropocène ».

Pappas Gregory F. 2020, « La démocratie comme communauté morale idéale », *Pragmata*, 3 , p. 16-86.

Renaud Yann et Tonnelat Stéphane, 2008, « La maîtrise d'œuvre sociologique des jardins d'Éole. Comment construire une gestion publique? », *Les Annales de la recherche urbaine*, 105, p. 55-65.

Roulleau-Berger Laurence, 1991, *La ville intervalle: jeunes entre centres et banlieues*, Paris, Méridiens Klincksieck.

SAFER, 2013, « Analyse fonctionnelle des espaces agricoles du Triangle de Gonesse », Établissement Public d'Aménagement Plaine de France.

Scott James C., 2013, *Zomia ou l'art de ne pas être gouverné*, Paris, Seuil.

Spector Malcolm et Kitsuse John I., 2001, *Constructing social problems*, New Brunswick, Transaction Pub.

Terzi Cédric et Tonnelat Stéphane, 2017, « The Publicization of Public Space », *Environment and Planning A*, 49, 3, p. 519-36.

Tonnelat Stéphane, 2003, « Interstices urbains Paris/New York: entre contrôle et mobilités, quatre espaces résiduels de l'aménagement urbain », Thèse de doctorat, Université Paris 12/ CUNY Graduate Center

Tonnelat Stéphane, 2005, « Glisse urbaine à la BNF », *Chimères*, p. 134-151.

Tonnelat Stéphane, 2008, « "Out of frame". The (in)visible life of urban interstices – a case study in Charenton-le-Pont, Paris, France », *Ethnography*, 9, 3, p. 291-324.

Tonnelat Stéphane, 2015, « La carrière d'un interstice urbain à New York », *in* H. Combes, D. Garibay et C. Goirand (dir.), *Les lieux de la colère: occuper l'espace pour contester, de Madrid à Sanaa*, Karthala, Questions transnationales, p. 211-34.

Tonnelat Stéphane, 2022, « Un contentieux microclimatique : ethnographie d'un référé sur l'occupation de terres agricoles en voie d'urbanisation », *Droit et Société*, 110.

Chapitre 8

La naissance et la résorption de la cité des singes de Charonne à Paris (1850-1900)

Paul Lecat

En février 2020, la rédaction du *Guardian* propulse le quartier parisien de la Réunion au statut d'un des « dix plus cools d'Europe », combinaison d'un « *friendly, bohemian* quartier populaire » et d'un « *genuine* village »[1], archétype de la ville hipster et branchée. Depuis quelques années déjà, ce secteur du sud du 20e arrondissement de la capitale française s'était en effet frayé une place parmi les lieux atypiques pour promeneurs avides de pittoresque et d'oasis champêtres dans la ville. En particulier, le bas de la rue des Vignoles est souvent mis en avant pour sa succession de petites impasses fleuries et de maisons presque campagnardes, qui donne l'impression de s'évader de l'effervescence parisienne. Cet attrait des contemporains pour le « bas-Vignoles » s'apparente à un complet retournement de situation tant cet espace a endossé un statut d'infra-urbanité et de marginalité la plus longue partie de son histoire. Effectivement, le secteur était connu comme un lieu à part dans le reste du quartier, cumulant les formes de bâti les plus dégradées et la population la plus en difficulté. Il est d'ailleurs désigné sous le nom de « cité des singes », terme qui malgré son origine inconnue sonne comme une mise à l'écart symbolique et sociale. La cité en vient ainsi à incarner un envers urbain qui s'explique d'abord par un processus de fabrique urbaine qui conduit à la formation d'un interstice, ainsi qu'au développement de représentations qui s'appuient sur l'isolement et le repli sur soi de cet espace.

La cité apparaît à la fin des années 1850 dans un contexte d'annexion à Paris (Bourillon et Fourcaut, 2012) et de vastes transformations urbaines dans ce qui était alors l'ancienne commune de Charonne. L'ouverture d'une rue au milieu des vignes et des terres maraîchères lance l'urbanisation de ce territoire encore rural. Mais si les parcelles accessibles depuis

---

1 *The Guardian*, 8 février 2020, « 10 of the coolest neighbourhoods in Europe », https://www.theguardian.com/travel/2020/feb/08/10-of-the-coolest-neighbourhoods-in-europe-paris-berlin-rome.

la nouvelle voie attirent de nombreux investisseurs immobiliers, le lieu-dit des Bas-Vignoles est rendu difficile d'accès, compliquant aussi bien l'exploitation agricole des terrains que leur potentielle transformation en bâti urbain.

Dans cet espace rendu interstitiel par les aménagements urbains de la municipalité, une série de microlotissements au rabais font surgir un entrelacs de petites impasses, difficilement accessible depuis le reste du quartier. Elles en viennent ainsi à constituer un ensemble urbain composé d'un agrégat de maisons individuelles, de cabanes ou de petits ateliers, où logent les populations les plus miséreuses au sein d'un quartier déjà considéré comme l'un des plus pauvres de l'agglomération parisienne.

La cité des singes est loin d'être un cas isolé. L'urbanisation rapide des périphéries de l'agglomération parisienne au milieu du XIXe siècle (Jacquemet, 1984; Frondizi, 2018) produit de nombreux espaces laissés pour compte à l'écart des principaux axes ou lotissement. Dans ces zones devenues interstitielles surgissent des formes urbaines spécifiques, réunies le plus souvent sous le vocable de « cités », constituées de quelques dizaines de cabanes ou de maisonnettes, peu accessibles et isolées du reste de la ville. Une « chronique parisienne » de 1872 explore les différentes « cités » ou « villas » les plus connues du 20e arrondissement, « ces réunions de cahutes malpropres, entassées les unes sur les autres, sans air et sans soleil [...] repaire de filous, tout prêts à devenir des assassins en temps de Commune »[2]. Outre la cité des singes, on y parcourt « la villa des chiffonniers », mais aussi les environs du passage des Saint-Simoniens autour de la rue de l'Est et de la Duée, ou encore la cité Élisa Borey. Ailleurs dans Paris, on pourrait aussi relever parmi d'autres la cité Javel dans l'Ouest parisien, ou encore l'Île-aux-Singes de la Butte-aux-Cailles. Ces urbanisations interstitielles s'apparentent à de véritables scories urbaines qui se singularisent du reste des quartiers populaires par des formes dégradées du bâti et aussi par une voirie constituée uniquement de passages et d'impasses privés à l'état déplorable. Mais malgré leur singularité, les cités en viennent aussi à symboliser et matérialiser les menaces que représente l'ensemble de la population ouvrière et artisanale parisienne. Ils sont le lieu d'accueil des « convicts », des « outlaws » ou des « Peaux-Rouges » sauvages qui se « dérobent trop souvent à l'œil de la police, en se noyant dans les flots d'une population énorme et toujours en mouvement » (Kalifa, 2002; Kalifa, 2004).

---

2 *Le français*, 26 juillet 1872, p. 3. La chronique est signée par Bernadille, pseudonyme de Victor Fournel. Voir la notice personne dans le catalogue général de la BNF, http://ark.bnf.fr/ark:/12148/cb11903267d.

À partir du cas de la cité des singes, cette contribution propose d'observer les conditions de production de ces objets urbains qui prennent place dans les interstices de la « fabrique ordinaire de la ville » (Backouche et Montel, 2007), mais aussi d'étudier les reconfigurations et l'intégration de ces ensembles au reste de la ville par le fait de complexes jeux d'acteurs. Pour saisir la formation de cette forme urbaine interstitielle, il est nécessaire de croiser d'une part les modalités de la production de cet espace, sa différenciation matérielle vis-à-vis du reste de la ville, et d'autre part la construction d'un discours et d'un imaginaire qui participe à la singularisation de l'ensemble. La normalisation d'un interstice urbain comme la cité des singes apparaît ensuite comme un processus où les habitants par leurs mobilisations jouent un rôle moteur.

1. Faire la cité des singes

La cité des singes prend forme à la fin de la décennie 1850, en marge des transformations de la commune de Charonne et de la naissance du quartier de la Réunion. Les opérations urbaines environnantes qui débutent en 1848 laissent de côté les terrains de la future cité, et produisent un espace morcelé, isolé et encadré par de voies en cours d'urbanisation, s'apparentant ainsi à un interstice urbain. La formation de la cité prend place dans ce contexte urbain, à partir d'opérations de lotissement enregistrées auprès de notaires, mais l'isolement des terrains, les contraintes du parcellaire et les capacités d'investissement des lotisseurs conduisent à la production de microlotissements au bâti fortement dégradé, constitué de cabanes, de baraques ou de petites maisonnées sans véritables fenêtres accessibles seulement par de fines impasses non pavées, sans accès aux réseaux. Par ses formes urbaines et architecturales, ainsi que par son isolement spatial, la cité des singes apparaît en rupture avec le reste de la ville. Elle en vient ainsi à s'apparenter à une scorie urbaine, rejeton d'ambitieuses opérations d'urbanisation des environs.

1.1. À l'écart de la ville nouvelle

Charonne est une municipalité appartenant à la petite banlieue, un ensemble de communes situées hors des frontières administratives de Paris mais enserrées par les nouvelles fortifications érigées en 1840. Située dans un « entre-deux murs » jusqu'à son annexion à Paris en 1860, la petite banlieue connaît toutefois dans la première moitié du XIXe siècle un afflux important d'une nouvelle population ouvrière composée d'anciens Parisiens (Rouleau, 1985). À Charonne, située à l'est de Paris, celle-ci s'installe au plus près des portes de Paris, le long des axes faubouriens, les actuelles rues de Bagnolet et d'Avron, prolongements respectifs de la rue de Charonne et de celle du Faubourg Saint-Antoine. Ces deux nouveaux ensembles se trouvent ainsi situés sur deux axes parallèles, sans connexion. En outre, ils se trouvent relativement éloignés du vieux noyau villageois situé autour de la rue Saint-Blaise[3]. L'éclatement urbain qui en résulte vient matérialiser les distinctions sociales, entre un vieux Charonne habité par des propriétaires terriens et des cultivateurs, et un Charonne des barrières peuplé d'ouvriers parisiens. Une opposition qui se révèle de manière flagrante lors des journées insurrectionnelles de Juin 48 où les deux parties s'affrontent[4]. Pour remédier à cette situation, la municipalité décide d'ouvrir deux nouvelles rues, traversant les vignes et terrains maraîchers au centre de son territoire, afin de relier les deux axes faubouriens et le village situé sur la rue Saint-Blaise[5]. À l'intersection, elle prévoit une vaste place devant accueillir la grande école municipale, un asile pour les plus jeunes enfants, ainsi qu'un marché deux fois par semaine. Cette nouvelle place a vocation à repolariser l'ensemble du territoire de Charonne, fondant une nouvelle centralité. La principale nouvelle rue et la place, achevées en 1854, sont baptisées du nom de Réunion, marquant là la volonté du Conseil municipal de réunir les différentes parties de Charonne[6].

Rapidement, de nouveaux immeubles sont érigés sur le nouvel axe[7]. Une foule de petits artisans venus du faubourg Saint-Antoine, en particulier des ébénistes, décident d'investir ces nouveaux terrains et d'y faire bâtir des immeubles pour y habiter, installer leurs activités commerciales

3 Sur l'histoire de la commune de Charonne, depuis les « origines » jusqu'à 1860, il est possible de se référer aux travaux de Lucien Lambeau (Lambeau, 1916). Voir aussi le travail d'histoire locale de Lionel Longueville (Longueville, 1997).

4 Archives de Paris (dorénavant AP) DO9 21, Lettre du maire de Charonne au sous-préfet en juillet 1848.

5 Les premiers débats sur l'ouverture d'une nouvelle voie datent de 1844 (AP, Vquater 35, délibérations du 7 mai 1844), mais la déclaration d'utilité publique actant le lancement des opérations d'acquisition des terrains est datée du 8 septembre 1849. Sur le plan cadastral de la commune relevé en 1848, on voit apparaître au crayon à papier le tracé et l'emprise des rues et de la place. Assemblage de plan de Cadastre révisé des communes annexées (1830-1850), AP, CN 59, 61 et 67.

6 AP, VQuater 34 et 35, Délibérations des conseils municipaux de Charonne (1840-1850).

7 AP, D5P2 29, 30, État des sections et matrices cadastrales de la commune de Charonne en 1846. AP, D5P2 31, 32 et 34, Sommier foncier (1846-1860).

ou artisanales mais aussi proposer à la location des logements ou des locaux pour des activités afin de dégager des compléments de revenus[8]. Cette opération de la municipalité charonnaise enclenche aussi le processus d'urbanisation de terrains environnants, situés sur les quelques voies à proximité : rue des Orteaux, rue des Hautes-Vignoles ou rue des Haies, etc.

En revanche, les vignes qui ne sont pas desservies par ces voies restent à l'écart de cette première phase d'urbanisation. Il s'agit en particulier des terrains situés les plus à l'ouest de Charonne qui se trouvent enserrés entre le boulevard de Charonne (correspondant à l'enceinte des fermiers généraux, frontière de Paris) à l'ouest, la rue des Hautes-Vignoles au nord, la rue d'Avron au sud et la nouvelle rue de la Réunion à l'est. Cet espace s'apparente ainsi à un interstice, pris entre la ville faubourienne et les nouvelles formes urbaines impulsées par la percée de la rue de la Réunion. Ce petit quadrilatère, situé au plus près des limites de Paris, se trouve simplement traversé par un très fin chemin d'à peine deux mètres de largeur qui prendra ensuite le nom d'impasse de l'industrie, se terminant en cul-de-sac à cent mètres du boulevard Charonne. Seul point d'accès vers le reste de la ville, l'impasse est reliée au chemin des Basses-Vignoles d'une largeur similaire et qui dessert péniblement les rues des Haies et de la Réunion. L'ensemble est composé d'étroites mais profondes parcelles organisées perpendiculairement au chemin. Pendant tout le début de la décennie 1850, alors que les constructions se multiplient sur les nouvelles voies, les terrains de la future cité restent à l'écart du processus d'urbanisation des environs. Les parcelles concernées ne font d'ailleurs l'objet d'aucune forme de spéculation puisque les ventes sont extrêmement rares. Il faut attendre les dernières années de la décennie, certainement avec la perspective de l'annexion à la capitale, pour que les propriétaires prennent conscience des potentielles plus-values de ces terrains qui se situent au pied de l'ancien Paris et tout proche de nouveaux secteurs urbanisés. Ceux-ci ne s'y trompent pas et vont se transformer en lotisseurs, impulsant la transformation de ces terrains enclavés, une transformation qui se trouve cependant fortement contrainte par l'isolement des parcelles et leurs conformations.

---

8 Les informations obtenues sur les formes d'occupation des immeubles proviennent des calepins des propriétés bâties dont les relevés commencent à être effectués par le service des contributions directes du département de la Seine en 1862. Dans le cadre de cette étude, les calepins ont systématiquement été dépouillés pour l'ensemble du quartier. AP, D1P4, Calepins des propriétés bâties de 1862.

1.2. Les microlotissements de la cité

En 1855, François Papier, cultivateur né à Bagnolet, acquiert les terrains de M. Dolleau, et les réunit à la parcelle appartenant à sa femme, qu'elle lui a cédée dix ans auparavant. Sur les 685 m² du nouvel ensemble, il trace un fin boyau de 2,30 mètres de large depuis le chemin des Basses-Vignoles, se terminant en cul-de-sac. Il fractionne ensuite la parcelle en six petits lots qu'il revend entre 1856 et 1862[9] (Sellali, 2002). L'opération sert de modèle à plusieurs propriétaires de parcelles voisines. Huit projets de lotissements similaires, couplés à l'ouverture de nouvelles impasses, aboutissent entre 1855 et 1859 sur les cent derniers mètres du chemin des Basses-Vignoles. La combinaison de ces opérations permet la création de plus de soixante lots, compris entre 30 et 150 m² et la constitution d'un entrelacs de venelles et de petites constructions.

La constitution de la cité des singes ne repose pas sur une construction ou installation non maîtrisée de personnes. Au contraire, le terrain est divisé par plusieurs opérations de lotissement qui sont contractualisées devant un notaire. Ces transactions sont réalisées dans la grande majorité par des cultivateurs, parfois propriétaires des terrains depuis plusieurs générations. Parfaitement conscients des enjeux urbains, ils cherchent à maximiser la revente de ces terrains voués à s'urbaniser depuis l'ouverture de la rue de la Réunion.

La division entre ville spontanée et planifiée apparaît ici totalement inopérante, tant les mécanismes légaux sont similaires et que ces opérations sont suscitées par des projets urbains menés par la puissance publique (Vorms, 2003). Les deux formes de production de la ville mobilisent d'ailleurs les mêmes types d'acteurs : des cultivateurs charonnais associés à de petits artisans des faubourgs parisiens. Les premiers lotisseurs de la future cité profitent ainsi largement de l'ouverture de la rue de la Réunion, dont ils sont pour certains à l'origine en tant que membres du conseil municipal. Les nouvelles constructions sur la rue font considérablement monter les prix des terrains environnants. Ainsi, même situées à l'écart de la nouvelle voie, les parcelles se trouvent valorisées par l'action de la municipalité de Charonne. Ensuite, entre 1855

---

9 L'ensemble des actes notariés concernant la formation de voies privées ont été dépouillés par Amina Sellali dans sa thèse sur les lotissements. Dans le volume d'annexes, chaque voie privée fait l'objet d'une courte monographie permettant de retracer les processus d'acquisition et de mieux comprendre les profils des lotisseurs et des premiers acquéreurs (Sellali, 2002). Notre travail s'est appuyé sur ce dépouillement systématique pour le croiser avec d'autres sources.

et 1860, la perspective de plus en plus pressante de l'annexion des communes de la petite banlieue à Paris participe à l'accroissement des prix et pousse les cultivateurs à modifier la nature des terrains. Si, en 1840, les transactions concernant ces parcelles avoisinent le franc au mètre carré, ces prix atteignent 1,75 franc en 1855, suite à l'ouverture de la rue de la Réunion, et près de 3 francs en 1858 face à l'imminence de l'annexion[10]. La constitution de la cité des singes est ainsi tout à fait tributaire des formes d'urbanisation plus ordinaires du reste du secteur.

Les lotissements des terres charonnaises reprennent d'ailleurs les mêmes modalités que dans les autres secteurs parisiens et de la première couronne, procédés phares de la construction de la ville depuis la Révolution française (Lucan, 2005). L'opération consiste en une fragmentation du parcellaire, accompagnée de l'ouverture d'une voie privée qui peut prendre des formes diverses. Le lotisseur tente ensuite de réaliser une plus-value par la division en lots et leur revente. L'ouverture de la voie relève d'une initiative privée sans aucune contrainte juridique ni le moindre contrôle des autorités publiques, et le lotisseur décide de son emplacement, de sa largeur et de son revêtement. L'entretien de la voirie est ensuite fixé contractuellement entre les lotisseurs et les acheteurs des lots. Le plus souvent, dans le cas des lotissements populaires, un droit de passage est cédé aux acquéreurs en échange du paiement des frais d'établissement, de pavage et de son entretien proportionnel à la surface de l'acquisition. Les constructions sur les nouveaux lots sont tout aussi peu réglementées. En effet, le permis de construire rendu obligatoire le 26 mars 1852 sur les voies soumises à l'alignement ne s'applique pas à ces voies privées (Sellali, 2005). Le laisser-aller réglementaire tend ainsi à produire un habitat dégradé.

Plus que les procédés légaux de lotissement, la singularité de la cité des singes doit surtout à la conformation du parcellaire et aux faibles moyens et ambitions des lotisseurs locaux. En effet, aucun des lotisseurs n'est en mesure de réunir de multiples parcelles pour créer un terrain suffisamment vaste pour constituer des lots permettant la construction d'immeubles de rapport. Les nouveaux terrains agrégés et qui seront ensuite découpés par les lotisseurs ne dépassent pas la superficie de 1100 m^2 pour une valeur maximale de 4000 francs[11], soit à peine quatre fois le salaire annuel moyen d'un ouvrier (Chanut *et al.* 1995), très loin des grands investissements des lotisseurs de l'Ouest parisien. Logiquement, les lots nouvellement découpés partent à des tarifs défiant toute concurrence – en

---

[10] Sommiers fonciers de Charonne (1845-1860), AP, D5P2 29-34.

[11] AP, D5P2 31, 32 et 34, Sommier foncier (1846-1860).

moyenne 7,60 francs le m^2, des prix bien inférieurs à d'autres opérations de lotissement de l'agglomération parisienne (Bruant, 2001 ; Frondizi, 2018). Pour maximiser la rentabilité, les lotisseurs doivent rogner sur les frais de viabilisation et réduire l'emprise de la voie sur leurs parcelles à diviser. Rien d'étonnant donc si cette fièvre immobilière à bas prix se traduit finalement par des parcelles minuscules, ne permettant bien souvent que des constructions rudimentaires, laissant à la charge des futurs propriétaires la viabilisation et la connexion aux réseaux urbains.

La conjonction des opérations fait ainsi apparaître une petite dizaine d'impasses. Partant du coude que fait la rue des Vignoles, l'impasse de l'industrie représente la colonne vertébrale de l'ensemble de la cité. D'une largeur inférieure à deux mètres, elle dessert neuf autres petites voies du même type (Fig. 1). Aucune de ces voies n'est pavée ou ne dispose d'évacuation des eaux usées. Les premières constructions semblent correspondre plus à des baraques qu'à de véritables maisons. Charles Gabet fait ainsi élever au 11 impasse des Crins, une « construction en plâtre couverture en papier goudronné », avec deux pièces, une cuisine et une « pièce à feu » pour deux fenêtres[12]. Charles Gabet fait ensuite construire un petit appentis dans la cour pour permettre au locataire d'exercer sa profession d'ébéniste. À l'image de ce dernier, les premiers habitants du quartier appartiennent tous aux mondes artisanaux parisiens. Les habitants de l'impasse des Crins exercent par exemple des professions de journaliers, tôliers, ou encore commerçants ambulants, un ensemble de métiers courants du Paris populaire[13]. Une comparaison avec les rues avoisinantes ne permet pas de relever de fortes distinctions sociales entre la cité et la ville environnante à partir des seules indications de professions. Seule la quasi-absence d'ébénistes dans un quartier pourtant fortement tourné vers le secteur de l'ameublement laisse entendre que les habitants de la cité des singes se singularisent et agglomèrent peut-être les professions les moins valorisées du secteur. En revanche, on ne trouve aucune trace de chiffonnier, une profession pourtant très souvent associée à la forme urbaine des cités (Faure, 1977). Des rumeurs reprises par certains articles de presse voudraient que le terme de « singe » témoigne de l'installation de « bateleurs, qui dans les fêtes des environs de Paris, montrent des quadrumanes »[14] ou que la cité soit aussi renommée la « Petite Italie »[15] ; mais aucune certitude n'est permise quant à l'origine du nom.

12 AP, D1P4 34, Calepins des propriétés bâties de l'impasse des crins.

13 Professions relevées dans les calepins des propriétés bâties. AP, D1P4 34, Calepins des propriétés bâties.

14 *Journal Officiel de la République française*, 20 octobre 1877, p. 6889.

15 *La revue des familles illustrée*, 19 avril 1873, p. 55.

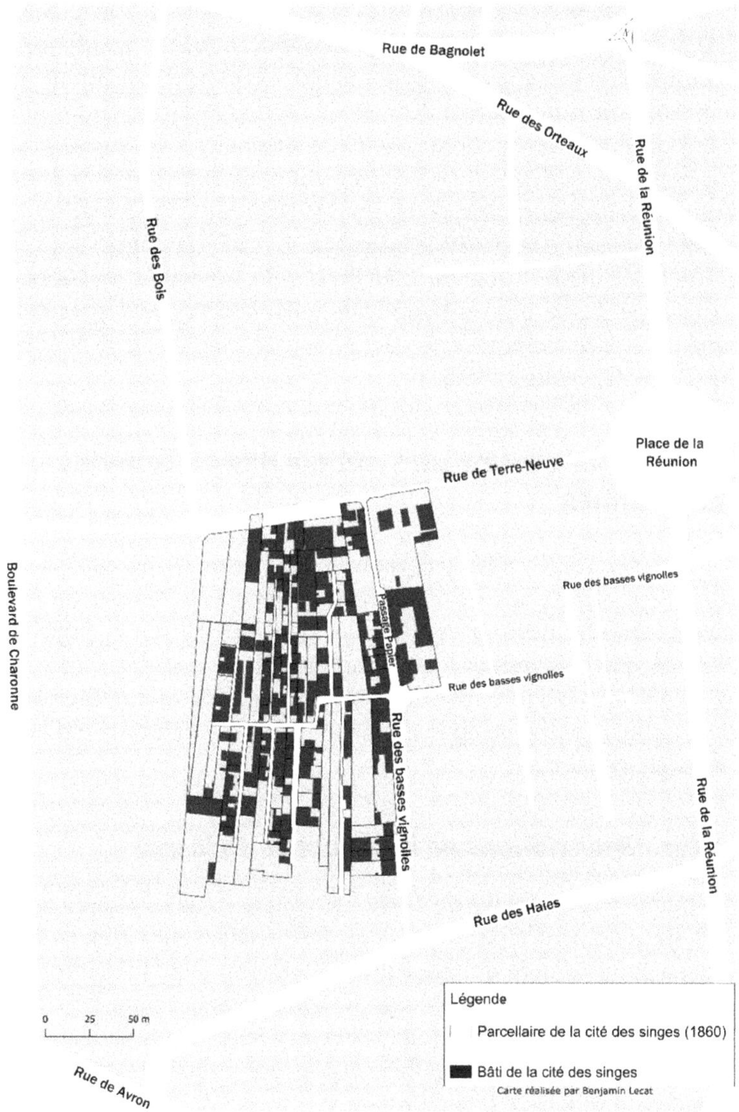

Figure 1. Situation de la cité des singes dans le quartier de la Réunion en 1860
La cité des singes se situe à l'écart des deux principales rues du nouveau quartier de la Réunion (rue des Haies et de la Réunion), loin des axes faubouriens de la rue d'Avron et de Bagnolet. Le bâti dessiné sur la carte est issu des archives de la voirie (AP, VO11) relevée lors des opérations d'expropriations. Il est impossible de savoir si ces relevés ont aussi pris en compte des constructions les plus précaires (cabanes, baraques ou autres). Il est donc probable que le bâti de la cité y soit minoré.

Si les méthodes de lotissement de la cité s'avèrent légalement contractualisées devant un notaire, elles produisent toutefois un espace qui tranche avec le reste de la ville environnante. Ce statut d'exception, la cité le doit d'abord à un isolement des rues environnantes fondant un interstice, qui conduit à des opérations de lotissement au rabais qui ne permet pas de réagencer suffisamment l'éclatement parcellaire qui préexistait et contraint le bâti. L'ensemble de contraintes conduit à la formation d'un ensemble homogène refermé sur lui-même. La cité des singes s'apparente à un interstice urbain, isolé du reste de la ville, avec pour seul accès un étroit passage. Cette infra-urbanité fait apparaître la cité dès ses débuts comme un espace malfamé et insalubre, incarnation du Paris des classes dangereuses (Chevalier, 1958).

2. L'interstice comme un symbole des périphéries parisiennes

La cité des singes n'est pas seulement le fruit d'une construction urbaine mais repose aussi sur la constitution de discours et de représentations. À la fin des années 1860, quelques journalistes et enquêteurs sociaux en quête de pittoresque s'emparent de la cité des singes pour l'ériger en symbole d'une crise des périphéries parisiennes et cherchent à alerter l'opinion publique en insistant sur l'état d'insalubrité qui régnerait dans ce secteur.

2.1. Les dénonciations de l'insalubrité de la cité

La première occurrence de la cité des singes dans la presse remonte à 1869, dans un article du *Messager de Paris* relatant un banquet démocratique à Saint-Mandé qui rassemble « l'aristocratie de la démocratie », dont Jules Simon, Emmanuel Arago, Garnier-Pagès et Jules Ferry. Jules Simon, député du département de la Seine, décide de placer la question de la cité des singes comme emblématique des problèmes de voirie des communes suburbaines. Il fait ainsi « une peinture des plus pittoresques » de la cité pour convaincre de l'insalubrité des lieux et de l'abandon des quartiers périphériques par l'empire, défendant ainsi la nécessité de l'avènement de la République. Il termine son discours par un prémonitoire « Parisiens, Paris ne peut pas tarder à nous appartenir ! »[16]. Le député a certainement pris connaissance de l'existence de la cité par le biais de

---

16 *Le Messager de Paris*, 28 décembre 1869.

demandes d'habitants, soucieux de faire connaître le mauvais état de leur quartier. Il est intéressant de constater que la cité témoigne d'une forme de pittoresque mais qu'elle est mobilisée pour incarner l'ensemble du Paris populaire. À l'interstice revient ainsi le rôle de révéler l'abandon supposé par les pouvoirs publics des espaces périphériques et en incarnerait son paroxysme.

À partir du début des années 1870, les représentations échappent aux habitants et à leurs politiques pour apparaître, sous la plume d'observateurs ou d'enquêteurs sociaux, comme un modèle de l'insalubrité et du manque de confort des logements, symptomatique d'une crise urbaine (Bourillon, 1999). Dans *La Revue des familles illustrée*, le 19 avril 1873, le docteur Pélassy de Fayolles, par ailleurs membre du Conseil de salubrité de l'arrondissement de Sceaux, rédige un article intitulé « Entretiens sur l'hygiène » concernant en particulier la salubrité du foyer domestique. Après l'évocation des « yourtes des Kirghiz », des « maisons roulantes » ou des « Kibitka dégoûtantes des Kalmoucks », l'auteur compare ces habitats exotiques à la cité des singes et ses cabanes qu'il peine à désigner :

> Ah ! j'oublie de mentionner un autre type, intermédiaire ; un type… sans nom. Il existe… où cela, au fond de la Bretagne ? Vraiment non. Veuillez me suivre, à Paris, 20e arrondissement, quartier de Charonne, ancienne commune rurale de Charonne annexée.
>
> Attention ! emboîtez-moi bien le pas : il n'y a place que pour un dans ces ruelles minuscules, où les canards se disputent, à vos pieds, dans la vase infecte.
>
> Lisez : Passage de l'industrie, contenant huit impasses… Passage de l'industrie ! il faut avouer que les nomenclatures ont souvent des ironies cruelles. On l'appelle plus vulgairement la cité des singes, la petite Italie ; et l'on n'y voit que cabanes, huttes et cahutes.
>
> Là, pourtant, vivent et s'étiolent, dans toutes les conditions d'insalubrité, de nombreuses familles, d'honnêtes et laborieux ouvriers, des petits propriétaires, de bonnes mères avec leurs enfants hâves, chétifs, marchant, en hiver, les pieds nus dans la boue émaillée de tessons de bouteilles.
>
> Dans ces parages déshérités, on rencontre souvent le prêtre et le médecin du bureau de bienfaisance ; les deux médecins : celui de l'âme souffrante, celui du corps malade. La religion et la médecine, filles du ciel, ne sont-elles pas sœurs ?
>
> Comment au milieu des magnificences qui ont transformé Paris, rien n'a-t-il encore été fait de ce côté ? Nous n'avons point à résoudre cette question. Mais nous avons le devoir, nous, Revue des familles, d'appeler l'attention de l'édilité parisienne sur une aussi déplorable situation, et de réclamer, pour tant de familles, leur part d'air, de soleil et d'hygiène[17].

---

[17] *La Revue des familles illustrée*, 19 avril 1873, p. 55-56.

2.2. La cité comme réceptacle de l'imaginaire du crime

La médiatisation du secteur conduit ensuite à une instrumentalisation de la cité des singes qui devient un des symboles d'une nouvelle topographie de la misère et du crime. La destruction du vieux Paris conduit à un décentrement de l'imaginaire du crime vers les arrondissements périphériques (Kalifa, 2004). En particulier, après les transformations radicales de l'île de la Cité, réceptacle privilégié des bas-fonds à l'époque des *Mystères de Paris* d'Eugène Sue, journalistes et écrivains recherchent une nouvelle Cour des Miracles. Les petites cités issues d'opérations de lotissement sans norme urbaine apparaissent comme les candidates idéales pour se faire la nouvelle incarnation des lieux du crime. La cité des singes n'y échappe pas. Victor Fournel est ainsi le premier à la décrire en juillet 1872, comme un « nid à gibier de bagne, où [la police] peut jeter son filet à coup sûr »[18]. Il récidive un mois plus tard dans un compte rendu paru dans la *Gazette de France* du troisième tome de l'étude de Maxime du Camp, *Paris, ses organes, ses fonctions, sa vie*, portant sur le crime à Paris. Il y évoque à nouveau la cité et la décrit comme « un assemblage de cahutes infectes, de baraques bâties en planches, en plâtras ou en boue, de wig-wams de sauvages, jetés comme au hasard sur un vaste terrain plein de fondrières et d'escarpements, où l'on ne peut faire un pas sans risquer de se casser le cou »[19]. Ces lieux lui apparaissent tout à la fois détestables et fascinants, et finalement, il semble presque se délecter de l'excursion dans les « enfers parisiens » où « la laideur matérielle s'allie à la laideur morale », par une « association naturelle ». En 1877, *La Presse* publie un article qui n'hésite plus à faire le parallèle explicite avec la Cour des Miracles : « Les maisons occupées par les bateleurs dont nous parlons sont de vrais repaires que l'on compare à ces bouges que formait ce que l'on désignait dans Paris sous le nom de Cour des Miracles, disparue sous le règne de Louis XIV, sous l'administration du lieutenant général de police de La Reynie. »[20]

Finalement, la notoriété de la cité des singes échappe même à Charonne et devient un lieu commun à part entière de la presse des faits divers et des romans populaires. Ainsi, Pierre Delcourt place le crime de son roman-feuilleton *L'Agence Taboureau* dans une « cité malpropre, immense, exclusivement habitée par une véritable tribu de chiffonniers », au « nom bizarre » de cité des singes. Si le romancier la situe bien à proximité de l'ancienne rue

---

[18] *Le Français*, 26 juillet 1872, p. 3.

[19] *La Gazette de France*, 6 août 1872.

[20] *La Presse*, 29 octobre 1877

de Puebla (actuelle rue des Pyrénées), il préfère la transporter à Belleville au pied de la Butte Chaumont. Outre l'emplacement, Delcourt prend aussi des libertés quant à la configuration du lieu. L'entrelacs des impasses et passages est remplacé par une succession de cours composant une véritable «petite ville, peuplée de près de quatre mille habitants»[21], une description correspondant moins à la réalité topographique qu'à une résurgence des attributs de la Cour des Miracles tels que décrits par Henri Sauval[22].

Dans les quotidiens, la production accélérée de faits divers et de romans-feuilletons engendre de nombreuses confusions. Ainsi, dans *Le Rappel* du 22 août 1873, un article concernant la cité des singes de Charonne opère une confusion avec la rue des singes comprise entre la rue Sainte-Croix-de-la-Bretonnerie et la rue des Blancs-Manteaux[23]. Un habitant de Charonne veille au grain, rappelle le véritable emplacement de la cité et en profite pour évoquer les principales revendications des habitants quant à l'équipement du quartier:

> Dans le rappel du 22 août du présent mois, le rédacteur des faits divers demande si beaucoup de Parisiens connaissent la cité des singes et il établit que cette cité se trouve dans le centre de Paris. Permettez-moi de vous adresser à ce sujet une rectification. La cité des singes se trouve dans le 20e arrondissement, entre les rues de Montreuil, des Haies, des Basses-Vignoles et le boulevard de Charonne. C'est un quartier habité par une nombreuse population de travailleurs et dépourvu de voies de communication, d'écoulement d'eaux et d'éclairage.
>
> Brisset, impasse de l'industrie, cité des singes[24].

Au début des années 1870, l'émergence médiatique de la cité des singes devient le symbole d'une certaine insalubrité et misère parisienne, mais aussi d'un nouveau lieu du crime et des bas-fonds. Pour autant, comme le montre le dernier exemple, les descriptions de la cité sont reprises par les habitants qui trouvent dans cette médiatisation un appui et une légitimation de leurs revendications pour des mesures d'assainissement.

3. Les habitants en quête d'urbanité

Les premiers habitants installés dans la cité des singes sont confrontés au quotidien aux difficultés générées par la forme urbaine de la cité. Son

---

[21] Pierre Delcourt, *L'Agence Taboureau (célérité et discrétion)*, p. 95.

[22] Henri Sauval, *Histoires et recherches des antiquités de la Ville de Paris*, 1724.

[23] *Le Rappel*, 22 août 1873, p. 4.

[24] *Le Rappel*, 26 août 1873, p. 3.

isolement, l'absence d'évacuations des eaux, l'état des constructions font de cet espace un lieu à part dans Charonne. Les habitants vont ainsi rapidement s'organiser et réclamer une meilleure intégration de la cité au reste de la ville. Leurs demandes s'inscrivent dans un contexte de mobilisation plus large, à l'échelle du quartier de la Réunion, mais ces revendications se heurtent au statut privé de l'enclave de la cité qui rend difficile sa régularisation (mises aux normes des voies, alignement sur rue, etc.) et son intégration au reste de la ville par la préfecture de la Seine.

3.1. Les mobilisations des habitants moteurs de l'intégration urbaine de la cité

Dès 1860, quelques mois seulement après l'annexion du secteur à Paris, on trouve la trace de pétitions et de demandes auprès de l'administration pour des améliorations de la voirie du quartier de la Réunion. Il s'agit en particulier de demandes pour l'élargissement des rues des Bois (portion de l'actuelle rue Planchat partant de la rue de Bagnolet), et des Hautes-Vignoles (actuelle rue de Terre-Neuve)[25]. Concernant spécifiquement la cité des singes, la première pétition connue date de mars 1861. L'ingénieur ordinaire chargé d'étudier et de faire remonter les demandes des habitants relate que plusieurs habitants ou propriétaires des environs réclament que les déblais du bout de l'impasse de l'industrie soient retirés afin de relier la voie au proche boulevard de Charonne, permettant ainsi de connecter la cité à un axe structurant. Six mois plus tard, une nouvelle pétition s'inquiète des conditions d'insalubrité des lieux. L'ingénieur ordinaire confirme les dires des pétitionnaires, décrivant « un amas de maisons misérables liées entre elles par des ruelles, des impasses, des cours. Ces voies n'ont aucune direction régulière ; le sol y est couvert de quelques pavés de rabais, de caillotins, de scories de forges [illisible], etc., il n'y a aucun éclairage ». Pour autant, il indique que « l'administration ne doit y faire aucune dépense » entendu qu'il n'est pas possible « d'assimiler à des rues de semblables moyens de communication »[26]. Par ces derniers termes, l'ingénieur ordinaire prend une position forte quant au statut à venir de la rue des Vignoles. Effectivement, en 1861, les rues nouvellement annexées n'ont pas encore été intégrées d'un point de vue juridique au réseau de voirie parisien. Immédiatement après l'annexion, la préfecture met en place une commission dirigée par Charles Merruau destinée

25 AP, VO 11 2738, Archives de la voirie, rue Planchat.

26 Rapport de l'ingénieur ordinaire du 16 décembre 1861, AP, VO11 3898.

à unifier le réseau de voirie parisien. Avant de procéder à l'attribution de leur dénomination, la commission passe par un méticuleux recensement de l'ensemble des voies dans l'ancien et le nouveau Paris (Bourillon, 2012, p. 23). Les ingénieurs ordinaires sont donc chargés d'établir un rapport pour chacune des voies afin de décrire leur état et de décider « celles qui doivent entrer dans le domaine public ». La question ne se pose pas pour les impasses de la cité, de statut privé, mais la situation de la rue des Basses-Vignoles, seule voie d'accès à la cité, est particulière. Passé du statut de chemin vicinal à celui de voie communale lors du décret concernant son alignement le 18 novembre 1851[27], sous l'administration charonnaise, son caractère public est remis en cause par la nouvelle administration parisienne. Finalement, le 6 février 1863, le Conseil municipal de Paris entérine seulement une partie de ces recommandations[28]. Il décide tout de même de classer la partie de la rue des Basses-Vignoles, comprise entre la rue des Haies et le passage Papier, mais déclasse le reste. La décision de privatiser en large partie le seul accès à la cité des singes amplifie son isolement et va fortement compliquer les projets d'assainissement. Effectivement, la solution jusqu'alors privilégiée pour permettre la résorption de la cité des singes était le prolongement de la rue des Vignoles jusqu'au boulevard de Charonne (« assainir cette région de masures en y ouvrant une rue municipale »[29]). Mais la privatisation de la rue des Vignoles va permettre à l'administration de se défausser sur les propriétaires des environs pour expliquer sa propre inaction. Effectivement, « la ville de Paris ne peut accepter à l'entretien que les rues dont le pavage est établi d'une façon réglementaire » et « les frais d'établissement de pavage [sont] à la charge des propriétaires riverains »[30]. Dès lors, à chaque pétition d'habitants et de propriétaires des environs, la municipalité se contente de remarquer que malgré les procès-verbaux adressés régulièrement aux riverains, aucune opération de viabilisation n'a eu lieu et qu'elle « se trouve dans l'impossibilité matérielle de rien faire changer au fâcheux état de choses signalées »[31]. La situation s'enlise

27 *Recueil des lettres patentes, ordonnances royales, décrets et arrêtés préfectoraux concernant les voies publiques*, dressé sous la direction de M. Alphand par MM. A. Deville et Hochereau, 1886, p. 259, https://gallica.bnf.fr/ark:/12148/bpt6k54064199/f262.item.

28 *Ibid.*, p. 335.

29 AP, VO11 3898 rue des Vignoles, Rapport de l'ingénieur ordinaire du 16 décembre 1861.

30 *Ibid.*

31 AP, VO11 3898 rue des Vignoles, Rapport de l'ingénieur ordinaire du 12 juin 1868.

d'autant plus que les propriétaires ne forment pas un bloc homogène contre l'administration et l'on perçoit, au travers des rapports des ingénieurs, de fortes tensions entre eux quant à l'aménagement de la voie. Ainsi, en avril 1869, « plusieurs propriétaires riverains » de la partie de la rue comprise entre les rues de la Réunion et de Madame se proposent de prendre en charge les travaux nécessaires à l'écoulement des eaux. « Une partie du sol de cette rue appartenant à la ville », ils souhaitent que la municipalité exécute les travaux de viabilité, proposant de rembourser ensuite la part de chacun. Mais l'ingénieur remarque que les signataires ne représentent tout au plus que la moitié du nombre de riverains, les autres refusant tout investissement à moins d'y être forcés[32].

Face au blocage de la situation, certains habitants décident de prendre en main l'aménagement de la voirie, provoquant régulièrement des conflits d'usages entre riverains. Ainsi, le 5 novembre 1863, l'ingénieur ordinaire répond à une pétition d'habitants se plaignant d'un chantier sauvage dans l'impasse de l'industrie. « Le sieur Bricot, propriétaire d'une petite maison et d'un bout de terrain en face de cette maison pour se défendre des eaux et pour en favoriser l'écoulement à exécuter une espèce de trottoir devant ladite maison ». Ce propriétaire décide de pallier l'absence de tout-à-l'égout et de pavage de la petite voie privée, décidant, de sa seule initiative, de construire un trottoir uniquement devant sa maison, et à son usage exclusif. Les propriétaires de ces voies semblent incapables de se mettre d'accord entre eux et ils font donc régulièrement appel à la Direction des Travaux de la Préfecture de la Seine pour arbitrer les différends. Dans le cas des travaux de Bricot, l'ingénieur ordinaire tranche en sa faveur : « Pendant l'exécution de ces travaux, les riverains ont certainement éprouvé quelques difficultés d'aborder leurs maisons, mais à présent comme le travail est terminé toutes ces difficultés ont disparu et les abords de l'impasse étant améliorés, la plainte tombe d'elle-même[33]. » L'administration fait ainsi largement reposer les transformations du secteur sur les épaules des propriétaires locaux.

3.2. L'aboutissement de la mobilisation

Ces derniers continuent tout au long des années 1860 de protester et de réclamer des améliorations pour le quartier. Les propriétaires de la cité comprennent bien que leur sort est intimement lié aux rues

---

32 AP, VO 11 3898. Rapport de l'ingénieur ordinaire du 28 avril 1869.

33 AP, VO 11 3898. Rapport de l'ingénieur ordinaire 28 avril 1869.

environnantes et ils inscrivent donc leurs demandes dans un ensemble de revendications qui touche tout le quartier de la Réunion. Cela n'empêche pas les riverains d'organiser des événements au cœur même de la cité des singes pour sensibiliser les politiques et l'opinion publique à leur cause. Ainsi, une pétition adressée à Gambetta lorsqu'il est ministre de l'Intérieur entre septembre 1870 et février 1871, lui rappelle qu'il s'est rendu à deux reprises, en 1868 et en 1869, à des réunions électorales dans le passage Chabrol de la cité. Les riverains évoquent « les promesses [qui leur ont été] faites : que si vous arriviez au pouvoir, tous vos efforts tendraient à l'assainissement de notre quartier, hélas ! toujours infecte, et pour ainsi dire oublié par la ville qui n'oublie pourtant pas de grossir nos charges »[34]. La vingtaine de signataires sont tous issus des différentes impasses de la cité, témoignant du fait qu'ils n'hésitent pas à s'organiser en « collectif », qui ne se fonde pas nécessairement à l'échelle d'un quartier plus vaste.

La modernisation du secteur est lancée par une énième pétition signée en 1868. Contrairement aux précédentes qui ne concernaient qu'une rue particulière et ne rassemblant tout au plus que quelques dizaines de signataires, celle-ci semble être la première à réellement proposer un plan d'ensemble d'amélioration du quartier et à mobiliser un nombre impressionnant d'habitants : « Par une pétition ci-jointe présentée à la fin de l'année dernière, plus de 700 propriétaires et industriels du 20e arrondissement ont réclamé pour cette partie de Paris des améliorations de différentes natures parmi lesquelles figurent des opérations de voirie ci-après détaillées. »[35] De toutes les mesures envisagées par les riverains, on ne connaîtra que celle qui est retenue par l'administration haussmannienne : l'amélioration de la connexion entre la place de la Réunion et le boulevard de Charonne. Les riverains privilégiaient l'élargissement de la rue des Hautes-Vignoles (actuelle rue de Terre-Neuve), mais Haussmann préfère la percée d'une nouvelle voie, moins coûteuse, car traversant des terrains vierges de constructions. La rue Alexandre Dumas est ainsi ouverte entre 1869 et 1874.

Le 24 décembre 1872, Marc Antoine Calmon, nommé préfet de la Seine quinze jours plus tôt, signe un mémoire à destination du Conseil municipal, détaillant les « projets d'amélioration dans le 20e arrondissement ». Il rappelle que, quelques mois plus tôt, la proposition de relancer les travaux de la rue Alexandre Dumas, suspendus à cause de la situation politique, s'accompagnait de la promesse d'un « projet d'amélioration

---

[34] AP, VO 11 3898. Pétition au ministre de l'Intérieur, date exacte inconnue.

[35] AP, VO 11 45, rue Alexandre Dumas.

d'ensemble» pour ce secteur «qui laisse tant à désirer au double point de vue de la circulation et de la salubrité»[36]. Révélant le projet, certainement inspiré du reste des demandes des habitants, il propose quatre opérations de voirie. L'objectif n'est alors plus d'ouvrir de nouvelles rues, mais de procéder entre autres à l'alignement et au prolongement de deux rues: la rue Planchat (ancienne rue des Bois) et la rue des Vignoles (ancienne rue privée des Basses-Vignoles) (Fig. 2). Elles permettent de créer deux nouveaux axes de circulation reliant d'une part la rue de Bagnolet à la rue d'Avron, en parallèle de la rue de la Réunion, et d'autre part de connecter la rue des Pyrénées au boulevard de Charonne. Mais surtout elles viennent traverser la cité des singes et offrent à toutes les petites impasses de la cité un débouché sur une rue publique. La réalisation de ces deux prolongements de voirie entre 1875 et 1880 s'appuie sur un certain nombre de mesures d'alignement du bâti et conduit à l'expropriation de quelques parcelles, puis sur un pavage et l'installation de trottoirs sur la nouvelle portion de la rue. Les travaux permettent ainsi la résorption de la cité des singes par son intégration au réseau urbain.

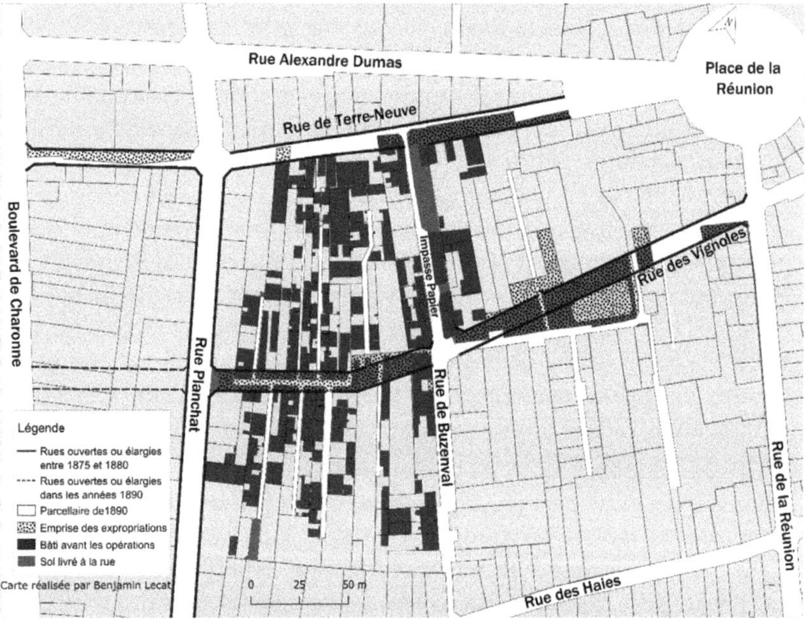

Figure 2. Opérations urbaines permettant la résorption de la cité des singes à la fin du XIXe siècle

---

[36] *Ibid.*

3.3. Vers un EdenBio

À mesure que les habitants et les propriétaires de la cité des singes s'organisent et se mobilisent, ils obtiennent de la part des pouvoirs publics des opérations de voirie qui permettent une intégration de la « scorie urbaine » au reste de la ville. Les dernières baraques cèdent la place à de pavillons ou de petits immeubles. Malgré ces transformations, les formes du parcellaire et les formes urbaines perdurent dans l'ancienne cité. Le statut privé des impasses qui perdure jusque dans les années 1970, et le profil populaire du secteur, délaissé par les pouvoirs publics, contribuent ensuite à une dégradation du bâti dans la longue durée. En 1976, un documentaire sur le quartier présente les impasses de l'ancienne cité comme un secteur urbain à l'abandon. La grande majorité des logements sont inhabités et seules quelques personnes âgées et la présence d'un foyer pour immigrés continuent à faire vivre le quartier[37]. Les impasses y apparaissent comme un vestige d'un vieux Paris ouvrier en voie de disparition, porteur d'une mémoire faubourienne. Ce double mouvement de dégradation du bâti et de prémices de patrimonialisation conduit au début des années 1990 la mairie de Paris à envisager la complète rénovation du secteur[38]. Il est dans un premier temps envisagé la destruction et la reconstruction complète des lieux, mais la période n'est plus à ce type de rénovation. En particulier, l'élection de Jean Tibéri marque une rupture dans les politiques d'aménagement de Paris, sous la pression d'associations d'habitants de plus en plus puissantes. Le tout-voiture pompidolien est abandonné pour mettre en en avant la qualité de vie, et le local avec un programme intitulé «quartier tranquille». La nouvelle équipe municipale s'empare des projets concernant le quartier de la Réunion, pour en faire un symbole des nouvelles politiques urbaines, et lors d'une visite au sein de la ZAC Réunion, le maire déclare ainsi: «Il est hors de question d'édifier ici des bâtiments qui, par leur hauteur ou leur volume, viendraient dénaturer le caractère de ce quartier. Il nous faut "réunir" les différents îlots, les "recoudre" en quelque sorte», il faut respecter le

---

[37] Extrait du documentaire *Si près, si loin, place de la réunion*, diffusé sur TF1 le 5 décembre 1976. Voir le documentaire en intégralité sur la chaîne YouTube «Ina Paris Vintage»: https://www.youtube.com/watch?v=75oPBfUjNZI&t=2808s&ab_channel=InaParisVintage.

[38] Sur l'histoire de l'aménagement du secteur, voir le Rapport de juin 1999 de l'APUR sur l'aménagement de l'îlot Planchat – Vignoles. Accessible sur la plateforme des 50 ans de l'APUR: https://50ans.apur.org/data/b4s3_home/fiche/88/04_reunion_planchat_vignoles_apbropa661_c19db.pdf.

« caractère particulier des quartiers »[39]. Ces intentions aboutissent à un projet architectural, « l'EdenBio », qui respecte la forme urbaine des passages et des impasses et qui réinterprète le bâti faubourien. L'architecte Édouard François insiste sur sa volonté de respecter « les lieux, son histoire à la Doisneau », et les constructions existantes « dénuées de toute prétention ou d'ordonnancement »[40]. Le projet s'aligne ainsi sur les discours patrimoniaux locaux développés par les habitants depuis les années 1970 qui tendent à effacer l'histoire de la cité des singes et ses stigmates pour laisser place à une vision pittoresque et champêtre de l'ensemble (Fijalkow, 2007).

La cité des singes est passée d'un symbole absolu d'insalubrité et de danger social pour le Paris haussmannien à un marqueur d'authenticité et de pittoresque de la nouvelle ville Instagram. Elle est née comme un interstice en marge de la construction du quartier de la Réunion. Son statut privé et le refus des autorités de la prendre en charge font que l'intégration au reste de la ville fut lente, fruit d'intenses tractations entre habitants et pouvoirs publics, mais surtout de mobilisations locales avec la signature d'innombrables pétitions. Cette situation fait largement écho à des situations ultérieures, des zoniers de la zone *non aedificandi* aux mal lotis des années 1920. Ces interstices sont des formes urbaines issues de la conjonction entre des formes de promotion urbaine légales mais dégradées et de statuts juridiques qui bien souvent gèlent toute possibilité d'intégration urbaine rapide. Outre l'enclavement urbain et juridique, la cité des singes est aussi le produit d'une somme de représentations venues à la fois des habitants qui se plaignent des conditions de vies et de regards extérieurs de chroniqueurs ou écrivains, qui perçoivent dans ces ensembles de nouvelles Cours des Miracles, matérialisant le spectre de la Commune de Paris.

À force de mobilisations pour son intégration urbaine, puis pour la sauvegarde de ses formes architecturales, mais aussi du fait de l'évolution du regard porté sur elles, la cité des singes s'est lentement métamorphosée et se trouve aujourd'hui exploitée par les promoteurs de la Réunion et de Charonne qui les vantent comme des quartiers-villages où la vie serait plus douce qu'ailleurs.

---

[39] Citation relevée par *Le Moniteur*, 6 juin 1997, « Paris Nouvel élan pour la ZAC Réunion ».

[40] Présentation du projet sur le site de l'architecte : https://www.edouardfrancois.com/projects/eden-bio-2.

Bibliographie

Backouche Isabelle et Montel Nathalie, 2007, « La fabrique ordinaire de la ville », *Histoire urbaine*, 19, 2, p. 5-9.

Bourillon Florence, 1999, « Changer la ville. La question urbaine au milieu du XIXe siècle », *Vingtième Siècle. Revue d'histoire*, 64, 1, p. 11-23.

Bourillon Florence, 2012, *Changer les noms des rues de Paris : la Commission Merruau – 1862*, Rennes, Presses universitaires de Rennes.

Bourillon Florence et Fourcaut Annie (dir.), 2012, *Agrandir Paris, 1860-1970*, Paris, Publications de la Sorbonne, Comité d'histoire de la Ville de Paris.

Chanut Jean-Marie, Heffer Jean, Mairesse Jacques et Postel-Vinay Gilles, 1995, « Les disparités de salaires en France au XIXe siècle », *Histoire & Mesure*, 10, 3, p. 381-409.

Chevalier Louis, 2007, *Classes laborieuses et classes dangereuses à Paris pendant la première moitié du XIXe siècle*, Paris, Perrin.

Cohen Erik, 1988, « Authenticity and Commoditization in Tourism », *Annals of Tourism Research*, 15, 3, p. 371-386.

Coing Henri, 1966, *Rénovation urbaine et changement social : L'îlot n°4 (Paris 13e)*, Paris, Éditions Ouvrières.

Eyraud Jean-Baptiste, Bourdeau Vincent et Flory Julienne, 2013, « La ville vue par… Droit au logement (DAL) », *Mouvements*, 74, 2, p. 80-88.

Faure Alain, 1977, « Classe malpropre, Classe dangereuse ? Quelques remarques à propos des Chiffonniers parisiens au *XIXe* siècle et de leurs cités », *Recherches*, 29, p. 79-102.

Fijalkow Yankel, 2007, « Construction et usages de la notion de quartier-village. Village de Charonne et Goutte d'Or à Paris », *in* J.-Y. Authier, M.-H. Bacqué et F. Guérin-Pace (dir.), L*e quartier : enjeux scientifiques, actions politiques et pratiques sociales*, Paris, La Découverte.

Fijalkow Yankel, 1998, *La construction des îlots insalubres : Paris 1850-1945*, Paris, L'Harmattan.

Frondizi, Alexandre, 2018, *Paris au-delà de Paris. Urbanisation et révolution dans l'outre-octroi populaire, 1789-1860*, Thèse de l'Institut d'études politiques de Paris.

Heinich Nathalie, 2009, *La fabrique du patrimoine : « de la cathédrale à la petite cuillère »*, Paris, Éditions de la Maison des sciences de l'homme.

Jacquemet Gérard, 1984, *Belleville au XIXe siècle: du faubourg à la ville*, Paris, Éditions de l'École des hautes études en sciences sociales.

Kalifa, Dominique, 2002, « Archéologie de l'Apachisme. Les représentations des Peaux-Rouges dans la France du *XIX*e siècle », *Revue d'histoire de l'enfance « irrégulière »*, dossier *Le Temps de l'histoire*, 4, p. 19-37.

Kalifa Dominique, 2004, « Les lieux du crime. Topographie criminelle et imaginaire social à Paris au *XIX*e siècle », *Sociétés Représentations*, 17, 1, p. 131-150.

Lambeau Lucien, 1916, *Charonne: histoire des communes annexées à Paris en 1859*, tome 1, Paris, Leroux.

Longueville Lionel, 1997, *Si le quartier de la Réunion m'était conté: chroniques ordinaires d'un médecin de campagne à Paris*, Paris, Éditions de l'Amandier.

Lucan Jacques, 2005, *Paris des faubourgs: formation, transformation...*, Paris, Éditions du Pavillon de l'Arsenal.

Panerai Philippe, Castex Jean et Depaule Jean-Charles, 1997, *Formes urbaines: de l'îlot à la barre*, Marseille, Parenthèses.

Rouleau Bernard, 1985, *Villages et faubourgs de l'ancien Paris : histoire d'un espace urbain XIXe-XXe siècles*, Paris, Seuil.

Sellali Amina, 2002, *Sous la ville, jadis la campagne: une mosaïque de lotissements privés à l'origine de l'urbanisation de Belleville et de Charonne (1820-1902)*, thèse de l'Université de Paris VIII.

Tabet Jade, 1999, « La résidentialisation du logement social à Paris. Paradoxes et retournement des discours et des pratiques dans les opérations de requalification des grands ensembles », *Les Annales de la recherche urbaine*, 83, 1, p. 155-163.

Vorms Charlotte, 2003, « La ville sans plan ? », *Histoire urbaine*, 8, 2, p. 103-128.

Chapitre 9

L'allotissement de la place Foire-le-Roy par l'abbaye Saint-Julien de Tours. La fabrique du parcellaire urbain et de ses interstices

LUCIE GAUGAIN

Dans la ville médiévale, scruter la notion d'interstice, entendue comme un « mince intervalle qui sépare deux choses »[1], suppose d'étalonner l'étude pouvant être menée à taille urbaine ou ramenée à celle du quartier, de la rue, de l'îlot ou de la demeure. À l'échelle de la ville, les espaces communs de circulation ou de rassemblement sont des interstices, tandis qu'à l'échelle de la rue, ils se dessinent dans la cour séparant des corps de logis, dans l'espace pare-feu laissé entre deux logis, dans le passage ou la traverse[2] desservant un îlot et ses espaces enclavés. À la mesure de la demeure, l'espace est considéré comme interstitiel en fonction de la densité du bâti et du rapport existant entre la taille des parcelles et celle des corps de logis qui seul définit si l'on dispose encore de place pour construire et pour circuler.

---

1 https://www.cnrtl.fr/definition/interstice, consulté le 23 janvier 2022 à 21h00.

2 « Système d'intercommunication entre les espaces de distribution d'un ou plusieurs édifices, composé d'allées d'immeubles ou de passage, destiné aux piétons et permettant de traverser un îlot de part en part » (Gauthiez, 2003, p. 176).

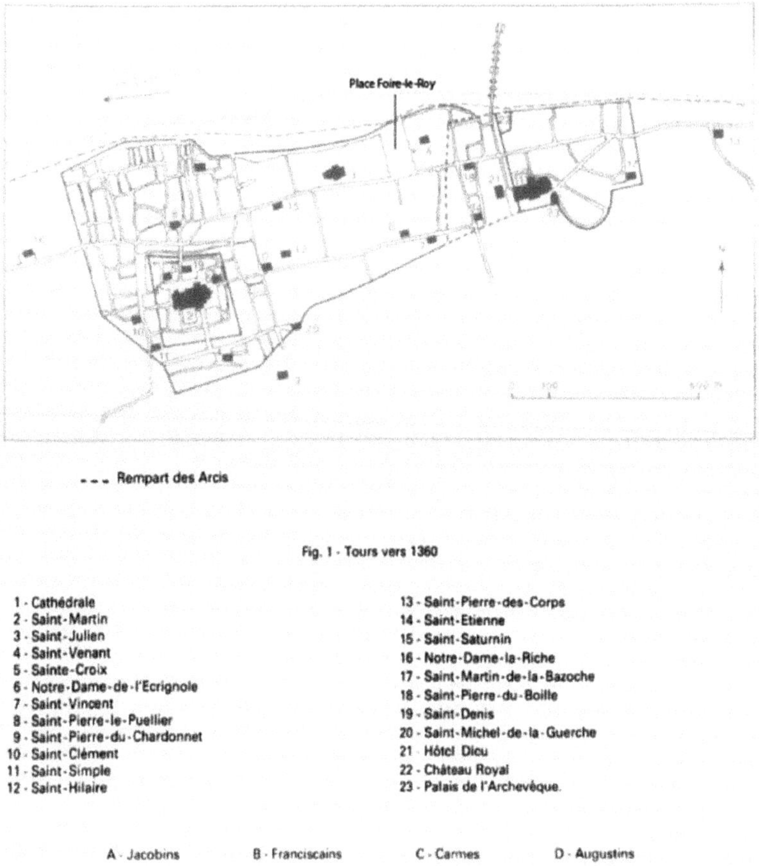

Figure 1. Plan de la ville de Tours vers 1360, au moment de la construction de la grande enceinte rassemblant les deux pôles de la ville (Mabire-Lacaille, 1981, « Recherches sur Tours », p. 15, fig. 1)

La morphologie de la ville de Tours est issue d'un long processus d'urbanisation initié dès l'Antiquité, qui se caractérise encore au milieu du Moyen Âge par sa bipolarité (figure 1) : le pôle oriental autour de la cathédrale hérité de la cité antique (*civitas Turonum, Cæsarodunum*) et le pôle occidental autour de la tombe de saint Martin (397)[3]. À l'entour

[3] Une chapelle y est d'abord élevée (par Brictius, *ca.* 437) puis une basilique (par Perpetuus, entre 461 et 491). Rebâtie et érigée en collégiale consacrée en 1014 (Archives départementales d'Indre-et-Loire G 364, désormais ADIL), elle est encore modifiée autour de 1220, puis aux XIVe et XVe siècles.

de celle-ci se développe une nouvelle agglomération dont les premières mentions semblent remonter aux années 837-845, au moment des invasions normandes, tandis que la cité antique renforce son enceinte en 853 (Noizet, 2007, p. 193-212). Au début du Xe siècle, le *castrum novum* de Saint-Martin est déjà protégé de palissades (remontant peut-être aux invasions vikings), remplacées à la fin du siècle par une enceinte de pierre, et par une enceinte de pierre il prend alors le nom de Châteauneuf (Marot, 2013). Liés l'un à l'autre par deux axes parallèles à la Loire, la Grande Rue (actuelles rues Colbert et du Commerce et ancien *decumanus maximus* antique) et la rue de la Scellerie, les deux pôles se distinguent aussi bien par leur histoire que par leur morphologie (Galinié, 2007 ; Noizet, 2007). Entre eux, s'est développé aux abords occidentaux de la cité antique, autour du Xe siècle, un bourg d'artisans appelés les Arcis, protégé par une enceinte au XIIe siècle. Se sont également implantées des abbayes, à commencer par celle de Saint-Julien, fondée au milieu du VIe siècle et consacrée par Grégoire de Tours vers 575. Ravagée par les raids normands, elle est reconstruite aux Xe et XIe siècles, puis à nouveau entre 1243 et 1259 (Lorans, 1980). L'abbaye de Saint-Vincent (aujourd'hui disparue), implantée plus au sud, est fondée à la même époque (Noizet, 2007, p. 121-141 et 173-191).

Sous l'impulsion de Philippe-Auguste (1180-1223), les Jacobins s'installent le long de la Grande Rue (Loizeau de Grandmaison, 1891, p. 25), à proximité immédiate de la place des Foires que le roi accorde à Tours au début du XIIIe siècle (Galinié et Randouin, 1979) et qui prend le nom de place Foire-le-Roy. Au XIIIe siècle, six autres monastères d'ordres mendiants s'installent entre les deux pôles urbains (Augustins, Carmes, Dominicains, Franciscains, Frères sachets) ou plus loin (Trinitaires, en 1227 près du Cher) (Mabire-Lacaille, 1981). Vers 1354-1359, devant la menace et l'insécurité que provoque la guerre de Cent Ans, les deux *castra* sont réunis en une seule et même enceinte par l'érection d'un nouveau mur (Chevalier, 1971, t. 1, p. 63). Il faut alors imaginer intra-muros, entre les deux espaces fortement urbanisés autour de la cathédrale et de Châteauneuf, un paysage semi-rural au centre duquel est implantée la place Foire-le-Roy. Dès le milieu du XIIIe siècle, un nouveau noyau se développe autour de cette place où la présence de maisons est attestée, sans que l'on puisse toutefois en déterminer le nombre et l'assise exacte (Mabire-Lacaille, 1981, p. 28).

La partie occidentale de la place Foire-le-Roy, qui nous occupe ici, appartient au fief de l'abbaye Saint-Julien[4]. Or, au XVe siècle, pour

4 L'autre partie de la place Foire-le-Roy relève du fief du Péage (Mabire-Lacaille, 1981, p. 27).

s'enrichir, l'abbaye vend des parcelles de terrain à bâtir dont elle perçoit cens et rente. Tandis que le nord de la Grande Rue est concerné par cette politique de lotissement dès les premières décennies du XVe siècle, la moitié occidentale de la place Foire-le-Roy ne l'est qu'à partir de la décennie 1470 (Chevalier, 1974, p. 355-358). Cependant, de la grande place commune assise entre les vignes et les jardins jusqu'au quartier résidentiel densément construit que nous connaissons aujourd'hui, de nombreuses campagnes de construction furent menées. À partir des sources planimétriques et textuelles confrontées à l'étude de terrain, nous nous proposons d'analyser le processus de densification du bâti qui s'opéra dans l'îlot du passage du Cœur Nâvré, amenant tout à la fois à optimiser l'occupation de l'espace urbain et sa rentabilité pour les propriétaires fonciers tout en s'efforçant de répondre aux attentes des occupants des lieux et en ménageant l'espace public.

1. État de l'art

1.1. Sources et méthodes

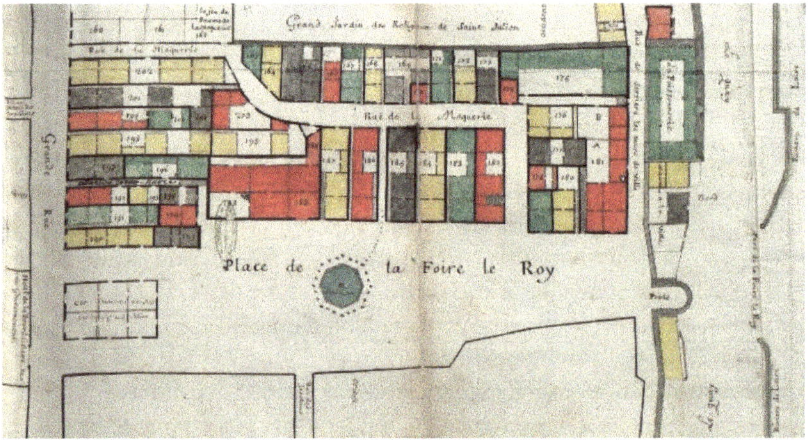

Figure 2. Plan de la place Foire-le-Roy tiré du registre terrier de l'abbaye Saint-Julien de 1761 (ADIL, H 528)

La place Foire-le-Roy est documentée par de nombreuses sources. Le registre terrier déclaratif du fief de Saint-Julien de 1761 est accompagné de planches de plans (figure 2), insérées dans le registre lui-même[5]. Si les plans ne sont pas géométraux, ils donnent néanmoins une idée assez juste du parcellaire et offrent surtout l'immense avantage de numéroter les parcelles et les articles – ainsi illustrés – qui décrivent les dispositions sommaires des biens des redevanciers du fief de Saint-Julien. Enfin, il renvoie au registre terrier antérieur, daté de 1682, en donnant la page à laquelle la parcelle est décrite dans ce registre. Pour gagner en lisibilité, les parcelles sont aquarellées en jaune, rouge, vert et gris, sans que de véritables légendes puissent s'en dégager, sinon le fait que les parcelles proches appartenant à un même propriétaire reçoivent une couleur identique. L'*Inventaire des titres et papiers concernant le Grand Fief de Saint-Julien en la ville de Tours et aux environs*[6], dressé peu après 1718[7], s'avère d'une grande utilité. Il se réfère au terrier de dom Robert Lopin, dont la date n'est pas donnée, mais qui semble bien être celui de 1682, car les renvois au foliotage du terrier de Robert Lopin correspondent à ceux que propose le registre terrier de 1761 vers celui de 1682. En outre, les situations des parcelles correspondent[8].

L'*Inventaire des titres et papiers* présente un classement chronologique et topographique. Les chartes concernant le secteur de la place Foire-le-Roy sont inventoriées aux pages 39 et 40, chapitre 2 des « Baillées a rentes, droit de pesche et riviere en la Loire sur l'étendue du grand fief, dixmes en l'isle Saint Jacques, et allienations », et entre les pages 178 et 211, chapitre 8 des « Declarations rendues pour les maisons contenües au troisieme plan du terrier de dom Robert Lopin, situées rüe de Ragueneau a l'orient, Grande Rüe au nort, toutte la Rüe de la Moquerie et celles de la Foire le Roy ». On rencontre très ponctuellement quelques mentions en dehors de ces pages[9]. Au chapitre 2 sont répertoriées les dix places assises place Foire-le-Roy qui furent baillées contre une rente entre 1468 et 1494. Les autres chartes ne concernent pas le secteur que nous étudions. Les chartes du chapitre 8 sont ordonnancées en trois liasses classées chronologiquement et numérotées. Les 39 parcelles qui nous occupent s'identifient parfaitement grâce aux renvois au terrier de 1682. Elles sont documentées par 190 déclarations de cens et rentes, identifiées comme des chartes numérotées[10]. Ainsi apparaît pour chaque parcelle la

---

5 ADIL H 528, *Terrier sommier du fief de la châtellenie du corps ou chef de l'abbaye de Saint-Julien. A été rédigé par un sieur Letourneux en 1761 sur les titres et d'après l'ancien terrier à la demande des religieux.*

6 ADIL H 506, XVIIIe siècle.

7 Les actes répertoriés les plus récents sont datés de l'année 1718.

8 *Supra*, PJ.

9 Notamment p. 104.

10 *Supra*, PJ.

succession de ses occupants redevables à l'abbaye de Saint-Julien. Théoriquement, cette organisation du registre laisse supposer que l'on puisse retracer la chronologie de l'allotissement de la partie occidentale de la place Foire-le-Roy car, en consignant les déclarations des propriétaires, il enregistre la première date de redevance annuelle de chaque parcelle bâtie, qui suit a priori de peu la date d'acquisition ou d'héritage de celle-ci. Toutefois, il semble qu'au XVIIIe siècle certaines reconnaissances aient déjà été égarées lorsqu'on en dresse l'inventaire ; d'autant plus qu'aucune référence aux dix parcelles baillées au XVe siècle n'apparaît au chapitre 8 et que seules deux déclarations du XVIe siècle sont citées[11].

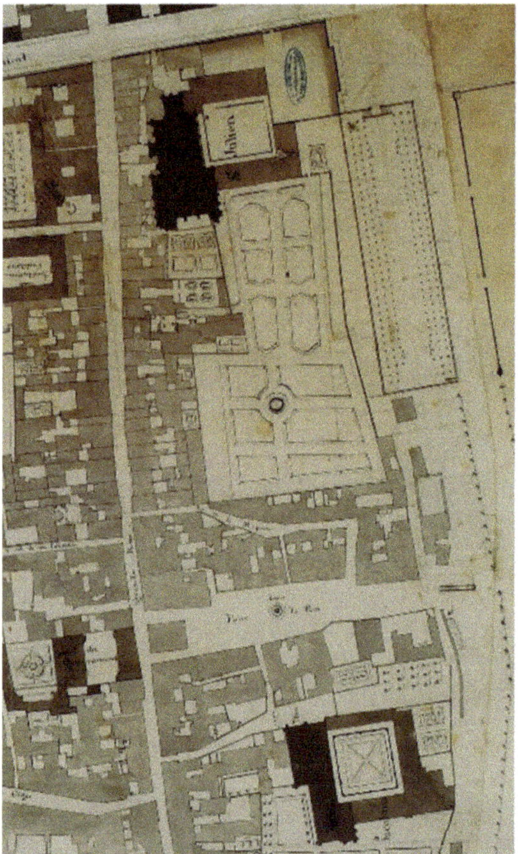

Figure 3. Détail du plan de la ville de Tours datant de 1791 (ADIL, V/1.1.5.002)

[11] *Supra,* PJ art. 195 en 1594 et art. 180 en 1596.

Le parcellaire s'approche avec plus d'acuité grâce aux plans géométraux. Un premier plan cadastral, juste postérieur à la Révolution, fut dressé vers 1791, mais resta inachevé (figure 3)[12]. Le cadastre dit napoléonien, dont on conserve plusieurs versions établies en 1836 et 1864 selon les secteurs[13], s'avère toutefois le plan le plus précis (figure 4). Enfin, les remaniements urbanistiques du XIXe siècle, en particulier les alignements de front de rue qui se lisent encore aujourd'hui sur les façades, sont consignés par les plans de Jean-Bernard Jacquemin datant de 1820[14]. En jaune figurent les destructions, en rose les constructions (figure 5).

---

12 Plan n° 335 dans les dossiers de l'Inventaire, aujourd'hui coté ADIL plan V/1.1.5. (https://www.pop.culture.gouv.fr/notice/memoire/IVR24_19853700111X?base=%5B%22Photographies%20%28M%C3%A9moire%29%22%5D&mainSearch=%22Tours%20plan%22&ou=%5B%22Tours%22%5D&tech=%5B%22photype%20argentique%22%5D&last_view=%22list%22&idQuery=%224c1762-65da-5da-fea5-f742cb8c878%22).

13 En ce qui concerne la place Foire-le-Roy, les deux plans existent (ADIL 3 P 2, section C1 de la préfecture et hôtel de ville, 6NUM10/261/008 et 6NUM10/261/009).

14 Archives municipales de Tours (site de Saint-Éloi, désormais AMT) 2Fi 1 et 2 Fi 12 pour la section de la place Foire-le-Roy. D'autres plans d'alignement sont conservés, mais ils ne concernent pas ce secteur de la ville. À ce propos, voir (Porhel, 2006).

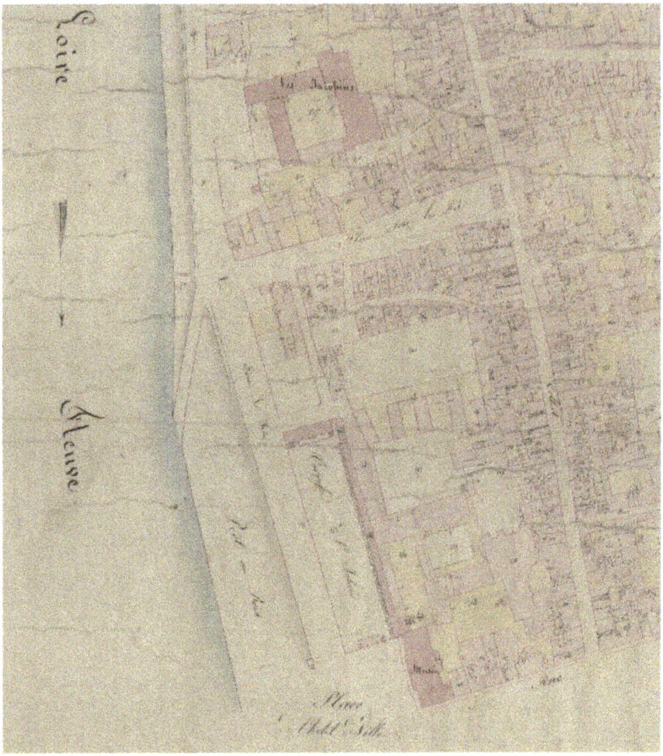

Figure 4. Détail du plan cadastral napoléonien de la ville de Tours, 1836 (ADIL, série 3P2, section C1 de la préfecture et hôtel de ville, 6NUM10/261/008 et 6NUM10/261/009)

En croisant les informations livrées par les sources écrites aux caractéristiques constructives et architecturales du bâti, nous pouvons proposer un phasage du lotissement de l'îlot du passage du Cœur Nâvré. Une attention particulière a été portée aux matériaux employés et à leur mise en œuvre, aux modes d'assemblages des bois, aux motifs des pans de bois, aux éléments de décor, aux pentes des toitures, aux charpentes et aux caves. Cependant, l'accès à ces deux derniers éléments sont soumis au bon vouloir des propriétaires et à leur conservation[15], deux paramètres qui dans bien des cas ne nous ont guère permis de les observer.

---

[15] Bien des boutiques de la rue Colbert ont condamné l'accès à leur cave pour des problèmes d'humidité.

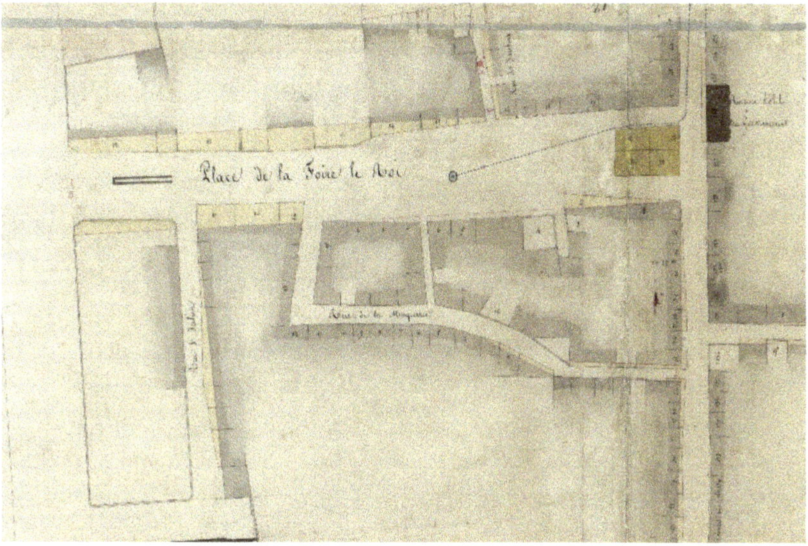

Figure 5. Détail du plan d'alignement de la place Foire-le-Roy et de la rue Colbert attenante (AMT, 2 Fi 12)

2.2. État de la recherche sur la morphologie du parcellaire du fief de Saint-Julien

Le fief de l'abbaye Saint-Julien s'étendait sur de nombreux secteurs de la ville[16], mais celui qui nous intéresse prend place entre la Grande Rue, la Place Foire-le-Roy, les parcelles occidentales de la rue de la Moquerie et la rue de derrière les murs de la ville (actuelle rue Benjamin Constant). À l'est, se déployaient les jardins de l'abbaye (figure 2). L'étude d'Hélène Noizet consacre une analyse approfondie à une dizaine d'îlots appartenant au fief de l'abbaye Saint-Julien, compris entre les rues Constantine et Marceau, la rue de Clocheville à l'est de la place du Chardonnet, puis la rue Émile Zola jusqu'à la place François-Sicard, la rue du Cygne, la place Foire-le-Roy, et, au nord, la Loire (Noizet, 2007, p. 373-386). Tous répondent à une structure semblable, à savoir un plan de forme quadrangulaire, de grande taille (1,7 ha), comportant environ 62 parcelles d'une superficie moyenne de 270 m^2. La morphologie des parcelles et leur orientation sont également comparables. Tandis que de maigres parcelles laniérées se pressent le long des grands axes avec une superficie moyenne

[16] Sur les limites des fiefs de la ville de Tours, voir Livernet (1981).

de 120 m^2 – ce qui est particulièrement vrai le long de la Grande Rue (actuelle rue Colbert) –, les cœurs d'îlot enferment de grandes parcelles[17] (figure 4). Certaines parcelles laniérées sont nettement plus étroites que les autres et tiennent lieu de passage pour accéder aux grandes parcelles du cœur d'îlot. Hélène Noizet estime que ces dispositions résultent de campagnes de lotissement d'abord focalisées sur les fronts de rues enclavant terres arables, champs et clos de vignes, avant que les cœurs d'îlot ne soient lotis plus tardivement. Mais elle prend aussi le soin de ne pas analyser le cas de la place Foire-le-Roy, dont le schéma régulateur ne répond guère à celui que nous venons de décrire. Si l'îlot du Cœur Nâvré y échappe[18], c'est parce qu'il vint empiéter sur la moitié occidentale de la place Foire-le-Roy et non sur des terres de culture.

Bernard Chevalier considère qu'après plusieurs années d'un conflit né en 1471 entre le conseil de ville et l'abbaye de Saint-Julien, qui souhaitait lotir à son profit la place Foire-le-Roy lui appartenant, celle-ci avait perdu la moitié de sa surface en 1484 au profit de nouvelles maisons (Chevalier, 1974, t. I, p. 355-358 et t. II, p. 258). En réalité, sur les 39 parcelles que la moitié occidentale de la place comptait au XVIIIe siècle, il semblerait que seules dix d'entre elles aient été vendues au XVe siècle.

3. Étude du lotissement

3.1. L'histoire du lotissement

Le conflit au sujet des parcelles de terrain à bailler Place Foire-le-Roy, entre l'abbaye Saint-Julien et le conseil de ville, a été parfaitement cerné et exposé par Bernard Chevalier[19]. Le 25 mai 1471, lors d'une assemblée, les échevins délibèrent : « *Item,* que sur ce que messire les religieux abbé et couvent de saint Jullian ont fait dire que le roy leur a donné rendement pour bailler a ediffier certaine place vuide de la foire le Roy estant en leur fief pour les officiers du roy et les gens de la ville voyent que se soit le proffit et utilité de ladite ville[20]. » La proposition est rejetée. Les 7 juin et 22 juillet suivant[21], la question est toujours en délibération. Le corps de ville exprime son profond désaccord car les foires se sont toujours tenues à cet endroit

[17] Hélène Noizet estime que les parcelles en cœur d'îlot en L et en T résulte de l'aménagement d'un front de rue serré au parcellaire laniéré et d'un bâti plus lâche à l'arrière de ces parcelles.

[18] *Supra* PJ, à partir de l'art. 188 à 197, déclaration n°s 145 à 170.

[19] *Ibid.*

[20] AMT BB 12, f°112 v°.

[21] AMT BB 12, f° 113 v° et f° 115 r°.

qui permet de s'assembler et où sont présentes des hôtelleries vivant notamment des foires. Il estime que la place ne doit pas être réduite. Le 7 août 1471, alors que le grand conseil du roi a été saisi par les frères religieux de Saint-Julien, la ville doit justifier sa réponse[22]. Le 8 août 1471, quatre personnes sont désignées pour exposer le problème au roi[23]. Un an plus tard, le 4 juin 1472, on tient une assemblée sur la place Foire-le-Roy même, à laquelle les habitants peuvent prendre part. Six d'entre eux débattent, s'opposant toujours au fait de donner l'autorisation aux frères de Saint-Julien[24]. Le 21 septembre 1472, on demande aux religieux de Saint-Julien de produire leurs lettres et titres pour prouver leurs droits de vendre ces parcelles sur la place Foire-le-Roy[25]. Le 16 septembre 1473, par l'intervention du bailli, les religieux obtiennent l'autorisation de faire construire; mais la ville fait appel et remonte l'affaire au parlement de Paris[26]. L'assemblée du 17 mars 1483 rapporte que le dossier est toujours devant la cour du parlement mais qu'une partie a été « bastie et maisonnée »[27].

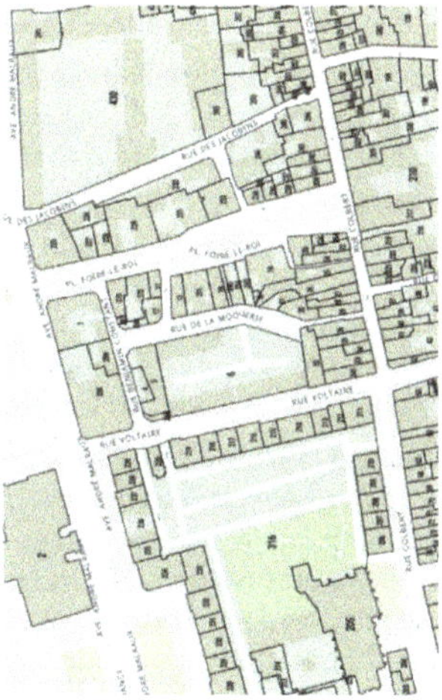

Figure 6. Détail du plan cadastral actuel de la place Foire-le-Roi et ses alentours (www.https://france-cadastre.fr/cadastre/tours, consulté le 2 février 2022 à 20h)

---

[22] *Ibid.*, f° 116 v°.

[23] *Ibid.*, f° 117 r°.

[24] *Ibid.*, f° 127 r°.

[25] *Ibid.*, f° 131 r°.

[26] *Ibid.*, f° 143 r°.

[27] AMT BB 13, f° 26 r°.

En réalité, le 1er janvier 1468, Jean Degyonne avait acheté aux frères de Saint-Julien une première place assise sur la place Foire-le-Roy[28]. Et dès l'autorisation obtenue, en dépit du fait que le parlement ait été saisi, cinq autres places sont vendues avant la fin de l'année 1473[29]. Deux

---

[28] ADIL H 506, p. 39 : « Baillée a rente d'une place a la foire le Roy par l'abbé et religieux de Saint Jullien a Jean Degyonne pour en payer 4 d. de cens au terme de Saint Brice et dix solz de rente a l'abbé, en parchemin du 1er janvier 1468. Signée de Sauzay. Charte 32. »

[29] *Ibid.* : « Autre baillée a rente faitte par l'abbé religieux a Donat et Vignon Merveilles freres, d'une place de terrain a la Foire le Roy pour en payer 12 d. de cens et 4 l. t. de rente par an, du 16 novembre 1473. En parchemin un peu rongé. Signé Querard. Cotté Charte 33

Autre baillée a rente faitte par lesdits abbé et religieux a Emery Baudet et Jean Lopin, d'une place sise en la Foire le Roy pour en payer par an 5 livres de rente et douze deniers de cens du 21 decembre 1473, en parchemin signé Querard et Godevon, notaires, et sur le reply terré, ou apert avoir été scellé, a laquelle est attaché vidimus collacionnée d'icelle et les parchemins, par les notaires a Tours, le 10 avril 1486, signé Laillier et Fouquet. Cotté Charte 34

Autre baillée a rente d'une place susditte Foire le Roy faite au Sieur François, tresorier secretaire du roy pour en payer 12 d. de cens et 5 l. t. de rente par an, du 11 novembre 1473. En parchemin latin signé de Saurayo et scellé d'un seau en bande pendante. Cotté Charte 35

Autre baillée d'une autre place susditte Foire le Roy contenant unze toises et demye de longueurs et trois toises et demye de largeur, faite a André Udouttet pour en payer 12 d. de cens terme Saint Brise et 4 l. t. de rente aux termes de Noel et Saint Jean-Baptiste par moitié, du 24 juillet 1478. En parchemin signée Querard et sur le reply Arrault, paroist avoir été scellée. Charte 36

Cahier de copies de baillées a rentes des cinq chartes dernieres et en outre d'une autre faite a Gautier Falasson, valet de chambre du roy, d'une place susdite Foire le Roy de 6 toises de large sur 7 de long joignant la ruette, plus une autre place audit lieu joignant celle cy dessus de 4 toises de large et de toise et demye de long joignant ladite ruette pour en payer scavoir, pour la 1re place, douze deniers de cens et 6 l. t. de rente a l'abbé et, pour la seconde place, vingt solz a l'abbaye et couvent. Reservé par lesdits religieux sur lesdites chose et le fief, justice et autre droits seigneuriaux. Du 24 janvier 1475. Ensuitte copie d'autre baillée a rente faite a Jean Gaudin, bourgeois d'une autre place [p. 40] susditte Foire le Roy de 3 toises ½ sur la rüe, une toise et demye de long et par derriere quatre toises pour en payer 12 d. de cens a l'abbé et 62 s. 6 d. de rente a la table du couvent du monastere. Retention par lesdits abbé et religieux du droit de justice et fief du 12 novembre 1473. Ensuitte de laquelle est autre copie de baillée a rente faite a Pasquer Racoppeau, tondeur, d'une autre place suditte Foire le Roy de 3 toises et demye de long sur le pavé, d'une toise de large et par le derriere de 4 toises, pour en payer 12 d. de cens a l'abbé et 3 l. t. 2 s. 6 d. de rente a la table abbatiale du couvent desdits religieux. Retention de justice et fief du 12 novembre 1473. Ledit cahier contenant quatorze feuillets. Cotté chap. 2 Liasse 1re. Charte 37

Autre baillée a rente d'une maison et appartenance paroisse de Saint Pierre du Boille a la Foire le Roy, faite par l'abbé et religieux a Jean Rouault et Perenelle, sa places sont encore cédées en 1476[30], puis une en 1478[31] et une en 1494[32]. L'acquisition des autres parcelles n'est pas consignée dans l'*Inventaire des titres et papiers*.

3.2. Analyse du bâti des XVe-XVIe siècles

La place Foire-le-Roy était située à la sortie de la porte Foire-le-Roy qui ouvrait sur le port éponyme. L'enclos de l'abbaye Saint-Julien se tenait quant à lui à l'est de la place qui était mitoyenne du mur de clôture du jardin de celle-ci (au chevet de l'église, le long de l'actuelle rue Voltaire qui est une percée récente). Aujourd'hui, la place mesure 90 m par 20 (figure 6). S'il est impossible d'en donner les dimensions d'origine avec certitude[33], on remarquera que de la rue de la Moquerie à la rue des Jacobins se dessine un quadrilatère régulier d'environ 115 à 120 m de côté, dont la partie orientale qui nous occupe représente quelque 75 m de large par 120 de long.

Figure 7. Tableau synthétisant les données du chapitre 2 de l'*Inventaire des titres et papiers de Saint-Julien* (ADIL H 506, p. 39-40)

Dates	Propriétaires	Dimensions (en mètres)	Autres précisions	Adresse actuelle
12 novembre 1473	Jean Gaudin	7x3x3x8 m		
12 novembre 1473	Pasquer Racopeau	7x2x2x8 m		
24 janvier 1476 (n. st.)	Gautier Falasson	12x14 m	« avec la ruette sur la place Foire le Roy »	64 rue Colbert ?
24 janvier 1476 (n. st.)	Gautier Falasson	8x3 m	« joignant la ruette »	66 passage du Cœur Nâvré ?
25 juillet 1478	André Udouttet	22x7 m		

femme, pour en payer 7 s. de cens et rente du penultieme aoust 1494. En parchemin, signé Cheverin et scellée d'un sceau en bande. Cotté Charte 38. »

30 *Ibid.*

31 *Ibid.*

32 *Ibid.*

33 Notamment parce que sa partie orientale relevant du fief du Péage (Mabire-Lacaille, 1981, p. 27) fut également lotie entre la fin du XVe siècle et le début du suivant, en témoigne l'hôtel Babou de la Bourdaisière dit hôtel Jean Galland, 8-10 place Foire-le-Roy : https://www.pop.culture.gouv.fr/notice/merimee/IA00071294?mainSearch=%22h%C3%B4tel%20Babou%20Tours%22&last_view=%22list%22&idQuery=%22dc7078-412b-66f2-0c6b-a0ab40616172%22.

Pour déterminer quelle fut la dynamique de lotissement de la place, il convient de tenir compte de plusieurs faits. Les frères de Saint-Julien avaient dès les premières années du XVe siècle baillé des parcelles situées paroisse Saint-Saturnin, entre la rue de la Scellerie et l'église Saint-Julien[34], puis dans la décennie 1430 d'autres parcelles le long de la Grande Rüe, sur son versant sud[35]. Aussi semblerait-il que la logique ait été de progresser du sud au nord et d'ouest en est ; ce qui signifie que l'on aurait construit le versant nord de la Grande Rüe, de l'angle du jardin abbatial au côté est de la place. La référence aux sources textuelles semble toutefois d'un faible secours car les dimensions qui sont données pour certaines parcelles par les chartes de 1468 à 1494 ne correspondent à aucune de celles du cadastre (figure 7), en dépit même des alignements de façades de 1820 des n°s 56 à 64 rue Colbert[36] (figure 5). La mention d'une « ruette » associée aux places de Gautier Falasson interroge sur la possibilité qu'il puisse s'agir du passage du Cœur Nâvré ; ce que l'analyse architecturale ne dément pas. Enfin, notons que ces parcelles sont de dimensions fort variées, ne semblant répondre à aucun schéma régulateur.

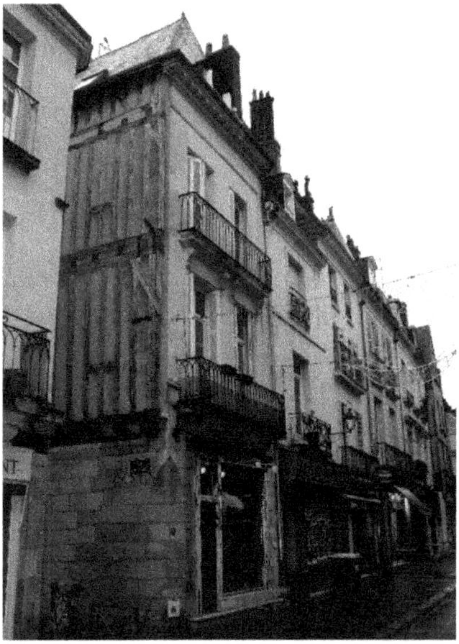

Figure 8. Vue des façades alignées du 56 au 64 rue Colbert (© Lucie Gaugain)

[34] *Ibid.*, p. 36-38.

[35] *Ibid.*

[36] Voir note 21.

L'*Inventaire des titres et papiers* du début du XVIIIe siècle permet d'affirmer que les parcelles citées en 1761 étaient déjà loties au début du siècle ; elles l'étaient même pour la plupart dès le milieu du XVIIe siècle[37]. L'analyse des caractéristiques architecturales guide la compréhension et le phasage du bâti de la place. Un certain nombre d'entre elles sont de tradition médiévale, comme beaucoup à Tours (Bonnin, 1980, p. 63-71). Ainsi, les parcelles laniérées le long de la rue Colbert mesurent 4 à 7 m de large pour 10 à 45 m de long. Rue Colbert, l'alignement de 1820 (figure 5) a rassemblé derrière une même façade à croupe plusieurs maisons qui étaient construites à pignon sur rue (figures 6 et 8). Aujourd'hui, seuls les n°s 68 (figure 9) et 70 ont conservé leur façade d'origine, mais dans les arrière-cours les pignons s'observent encore parfaitement (figure 10). Plusieurs corps de logis sont implantés dans la profondeur des parcelles et séparés les uns des autres par une ou plusieurs cours. Les articles du registre terrier de 1761 décrivent ces mêmes dispositions pour les parcelles 191 à 202[38]. Ils citent en outre des galeries liant les corps de logis entre eux et desservies par des escaliers en vis qui descendent jusqu'à la cave voûtée[39]. Cours et caves ne sauraient pour autant définir formellement la maison médiévale car elles répondent avant tout à des nécessités de stockage et de service intemporelles. D'après les descriptions du registre terrier de 1761, toutes les parcelles de la place Foire-le-Roy en disposaient[40]. Parmi celles que nous avons pu visiter, celle du 70 rue Colbert (figure 11), équipée d'un puits donnant sur la place Foire-le-Roy, présente un voûtement en berceau surbaissé, en moyen appareil de pierre de taille aux assises réglées assez hautes (29 cm en moyenne) et dressées au marteau taillant brettelé, incitant à placer la construction au début de l'époque moderne. Il en va de même pour celle du 56 rue Colbert dont la voûte se poursuit jusqu'au 20 rue de la Moquerie, où l'on observe une rupture dans les modules d'appareil de la voûte qui sont beaucoup moins haut (23 cm en moyenne) et pourrait répondre aux caractéristiques d'une construction médiévale (XIVe-XVe siècles ?).

---

37 *Supra*, PJ, 4e colonne du tableau : déclarations n°s 1 à 191.

38 *Supra*, PJ.

39 *Supra*, PJ, art. 199, 201 et 202.

40 *Supra*, PJ, art. 182 à 187.

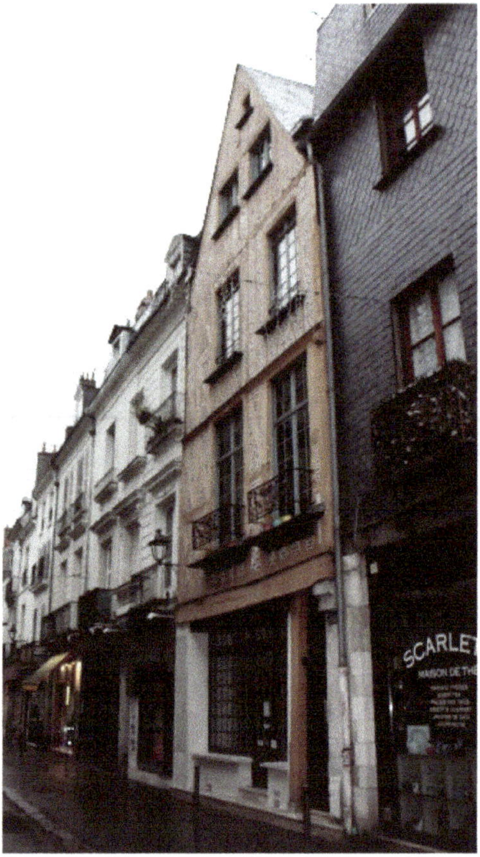

Figure 9. Vue des façades alignées du 68 au 56 rue Colbert (© Lucie Gaugain)

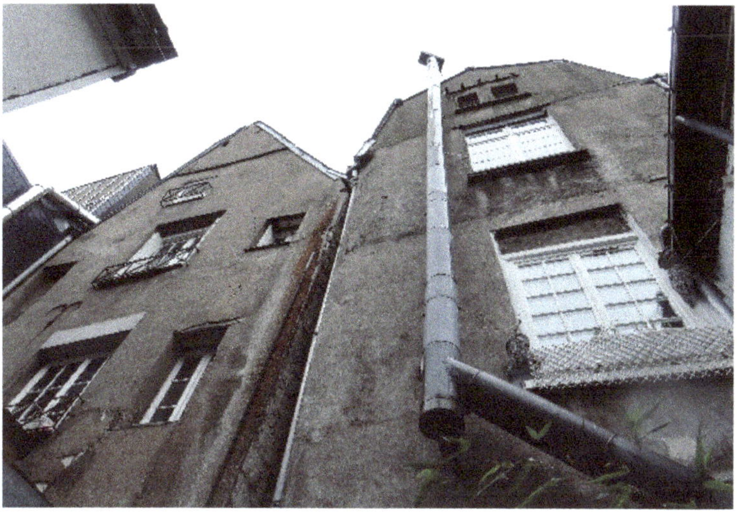

Figure 10. Vue des pignons des 66 et 64 rue Colbert depuis l'arrière-cour (© Lucie Gaugain)

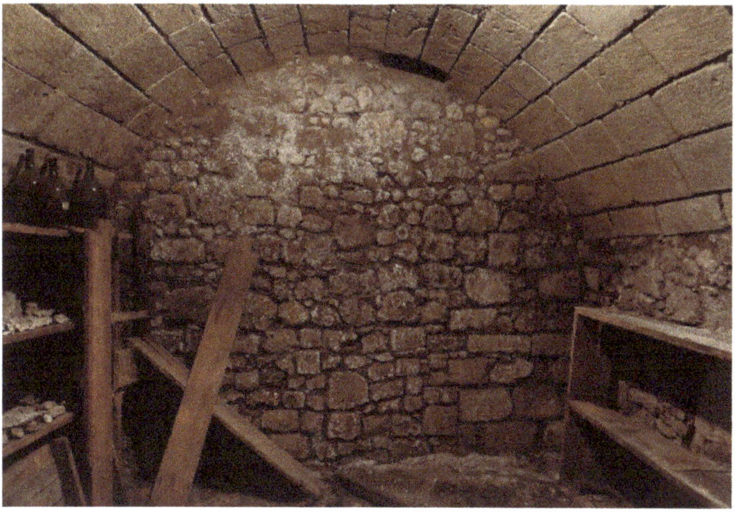

Figure 11. Vue de la cave du 70 rue Colbert (© Lucie Gaugain)

L'observation des structures en pan de bois permet de préciser les datations de certaines maisons. Si la façade essentée d'ardoises du 70 de la rue Colbert ne permet pas d'observer les assemblages des bois, le mur gouttereau qui longe la place Foire-le-Roy, dépourvu d'encorbellement, à panneaux de croix de Saint-André employant des bois courts et sans décor, amènerait à placer sa construction autour des années 1535-1550 (Noblet, 2011, p. 216). À titre comparatif, citons le 7 rue Auber et le 68 rue Colbert qui, outre ces caractères datants[41], ont conservé des traces de décor mouluré sur le larmier à retour (en partie bûché), courant sur l'encadrement d'une de ses anciennes croisées et qui inclut un quart-de-rond et une doucine séparés par une baguette (figure 12). Au 60 rue Colbert, dans la cour, une galerie dessert une tourelle d'escalier en pierre de plan octogonal qui a conservé sa porte couverte d'un arc en anse de panier à trois centres souligné d'un très maigre larmier à retour (figure 13). La modénature de l'encadrement à quart-de-rond et doucine séparés par un filet tout comme les consoles à doucine placées dans les angles de la tourelle pour soutenir les marches au revers délardé amène à proposer une datation autour des années 1510-1520 (Guillaume, 2003, p. 150).

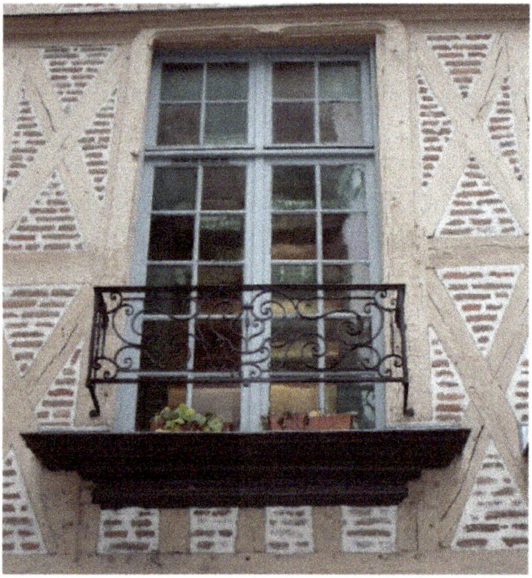

Figure 12. Vue de la baie à ancienne croisée du 68 rue Colbert (© Lucie Gaugain)

[41] *Ibid.*

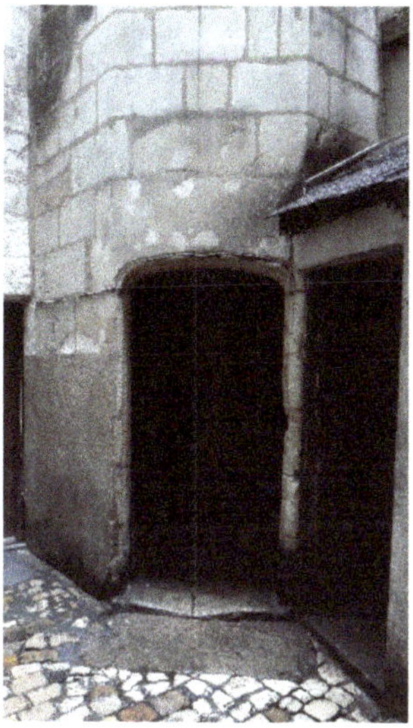

Figure 13. Vue de la porte de la tourelle d'escalier du 60 rue Colbert (© Lucie Gaugain)

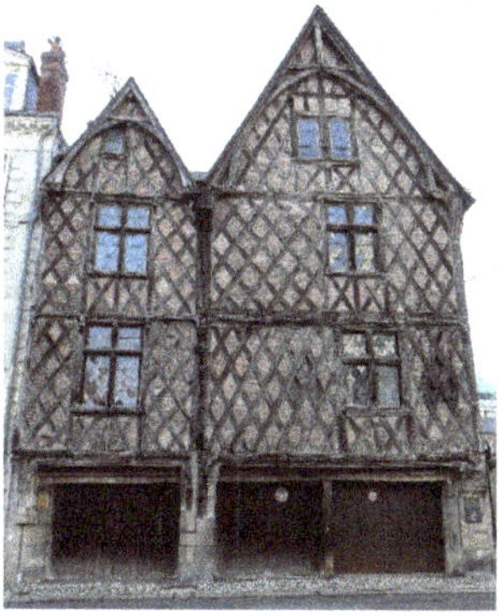

Figure 14. Vue des deux maisons du 15 rue Benjamin Constant donnant sur la place Foire-le-Roy (© Lucie Gaugain)

Parmi les maisons assises sur l'ancienne place Foire-le-Roy, trois sont construites en pan de bois losangé et constituent un autre ensemble cohérent. Au 15 rue Benjamin Constant sont implantées deux maisons, l'une petite et l'autre grande (figure 14), qui prenaient place aux abords immédiats de la porte Foire-le-Roy. Dotées d'un modeste encorbellement sur sablières et poteaux élargis du premier étage sur le rez-de-chaussée, elles portent des fermes débordantes et un décor géométrique de tradition gothique flamboyantes : sablières ornées de cavets mourant en sifflet aux abouts et chapiteaux géométriques aux extrémités des larmiers à retour sont, comme à Angers, autant d'éléments courants dans les dernières années du XVe ou au début XVIe siècle (Biguet et Letellier-d'Espinose, 2016, p. 253)[42]. Elles appellent la comparaison avec les maisons des 58 rue Colbert, 32 rue Briçonnet, 5 rue du Serpent Volant ou 32-34 rue Blanqui (Alix et Noblet, 2012, p. 116). Le pignon arrière du 58 rue Colbert conserve un pan de mur à losanges de facture comparable qui oriente la datation de la maison vers ces mêmes décennies.

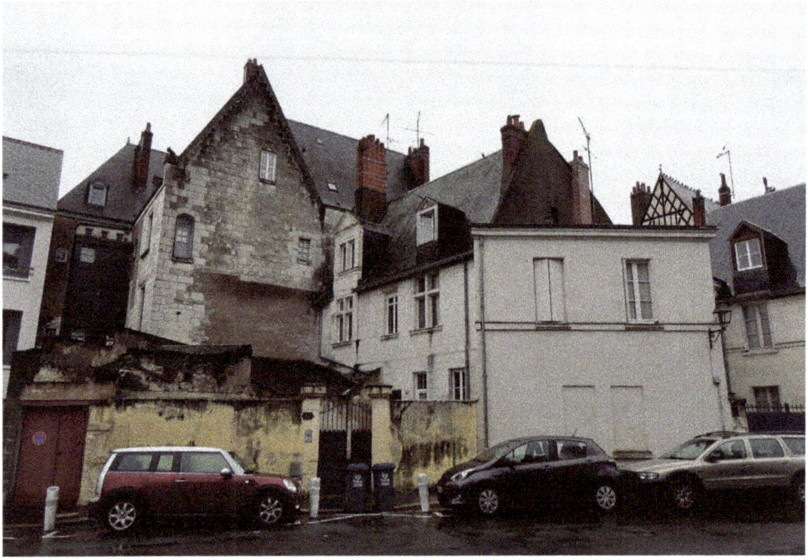

Figure 15. Vue des pignons arrière des maisons de la place Foire-le-Roy depuis le Jardin du Jeu de Paume (© Lucie Gaugain)

[42] Mais à la différence des maisons à losanges d'Orléans qui datent généralement de la seconde moitié du XVIe siècle (Alix, 2019, p. 298).

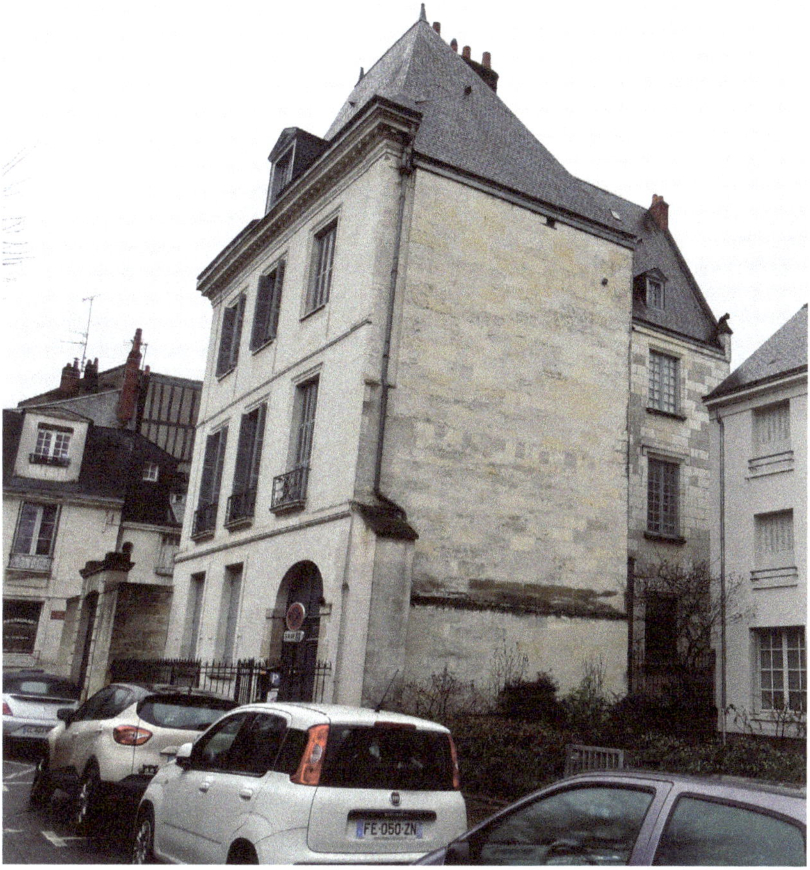

Figure 16. Vue du 17 place Foire-le-Roi (© Lucie Gaugain)

Enfin, la typologie des charpentes de comble et la pente des toits autorisent également à avancer quelques fourchettes de datation. À Tours, la charpente à chevrons formant fermes, qui perdure bien au-delà des années 1500 et sans doute au moins jusqu'au milieu du XVIe siècle (Noblet, 2011, p. 208-209), va de pair avec un toit pentu, approchant 60° (figure 15). Toutefois, l'absence de campagnes de dendrochronologie ne permet pas de cerner avec plus de précision cette tradition. On note néanmoins les nombreuses maisons de notre secteur qui présente une telle pente[43]. Les deux corps de logis en L du 17 place Foire-le-Roy méritent une attention particulière (figure 16). Construits en pierre de taille, et assez fortement restaurés et alignés, l'un est couvert d'un beau toit en pavillon et l'autre d'un toit à deux pans, tous deux à forte pente. Leurs toitures militent en faveur d'une construction datant sans doute du XVIe siècle.

3.3. *La chronologie du lotissement*

Il est ainsi possible d'identifier une première phase de construction située entre les années 1470 et 1550 qui se serait d'abord développée en bordure de place (figure 17), c'est-à-dire aux entours de la porte Foire-le-Roy, le long de la Grande Rue (ou rue Colbert), et derrière les parcelles laniérées de celle-ci pour le 17 place Foire-le-Roy[44]. L'implantation de ce dernier corps de logis, relevant davantage de l'hôtel que de la maison, semble avoir motivé la construction dans son alignement des parcelles 182 à 187 du plan terrier de 1761 (figure 2), sans qu'il soit réellement possible de déterminer si elles le furent dans la foulée[45]. Or c'est là un point essentiel pour saisir l'interstice : les maisons étaient-elles mitoyennes dès leur construction ? N'avait-on pas plutôt d'abord adossé au mur du jardin abbatial des maisons, aujourd'hui disparues[46], de manière à conserver un semblant de place derrière les maisons donnant sur la Grande Rüe ? L'aménagement de traverses, à l'instar du passage du Cœur Nâvré (figure 4), donnant accès à l'arrière de celles-ci, laisse penser qu'une sorte de compromis fut trouvé entre les échevins et les frères de Saint-Julien. Par ailleurs, certains bâtiments montrent que, du XVIIe au XXe siècle, on poursuivit la densification du bâti. La maison de la parcelle 196 du plan terrier de 1761 (figure 2), située à l'arrière du 64 rue Colbert, est couverte d'un comble brisé, manifestement du XVIIe siècle. De nombreux corps de bâtiments, absents du plan cadastral de 1836, prennent aujourd'hui place transversalement, le long de la rue de la Moquerie, à l'arrière des parcelles bien alignées à pignon sur rue des 5bis à 11 place Foire-le-Roy (figure 18).

---

43 70 à 66, 62 et 58 rue Colbert, 5bis, 7 (avec une ferme débordante sur le pignon arrière), 9 et 17 place Foire-le-Roy, 1 rue du Docteur Hermany (qui est essenté d'ardoises et dispose en outre, selon une position d'angle assez courante aux XVe-XVIe siècles, de deux pignons à fermes débordantes sur la place),15 rue Benjamin Constant.

44 *Supra*. PJ art. 188.

45 Soulignons que le 5 place Foire le Roy est l'une des rares parcelles à laquelle soit attachée une reconnaissance des dernières années du XVIe siècle (*cf.* PJ art. 180).

46 Elles se tenaient à l'endroit de l'actuel Jardin du Jeu de paume.

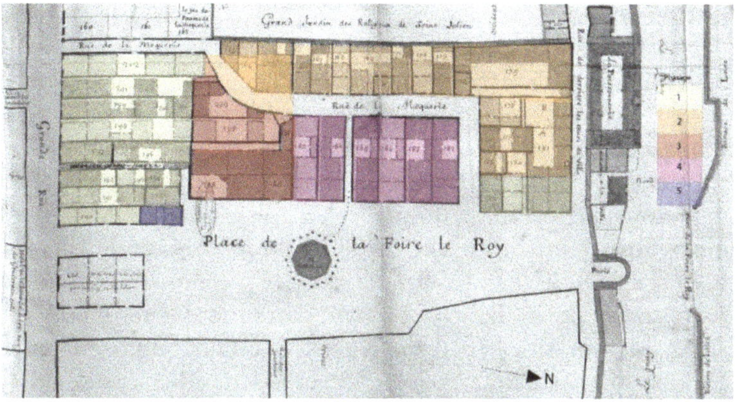

Figure 17. Proposition de phasage du lotissement des parcelles de la place Foire-le-Roy (fond de plan, ADIL, H 528) (© Lucie Gaugain)

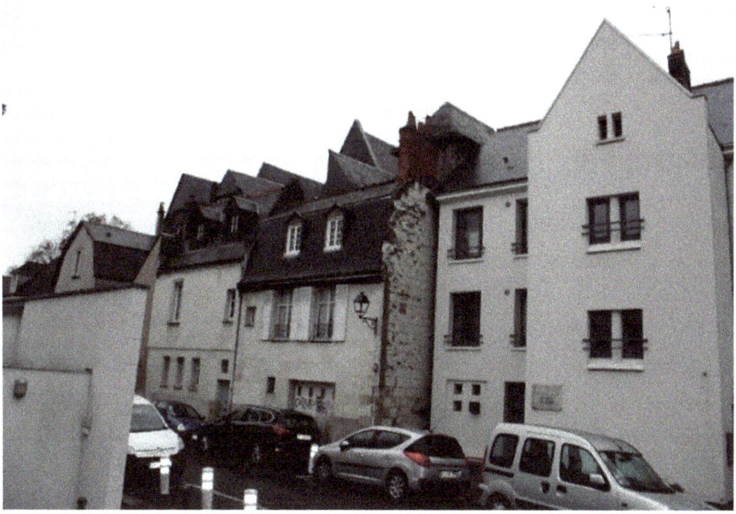

Figure 18. Vue de la rue de la Moquerie, au niveau du n°14 (© Lucie Gaugain)

Conclusion

Bien loin de ce que l'on a longtemps cru, la place Foire-le-Roy ne fut pas lotie en une quinzaine d'années, mais selon un processus beaucoup plus long étalé sur au moins un siècle durant lequel le dialogue entre espace public et espace privé fut constant. L'allotissement de la place Foire-le-Roy illustre ainsi la métamorphose d'un espace commun en de multiples espaces privés par une densification progressive du parcellaire et de l'habitat. Si le premier céda le pas aux seconds, ceux-ci ne pouvaient toutefois pas s'affranchir de toutes servitudes, notamment celles liées aux nécessités de circulation. C'est pourquoi, concomitamment à l'érection des demeures, on créa des rues, des ruelles et des passages dont le statut est variable. L'une des places vendues en 1476 comprend la maison et sa « ruette », manifestement privée. Mais plus fréquemment, la respiration de la maison tient dans la cour située à l'arrière, qui procure de la lumière, qui reçoit les organes de distribution (escalier et galerie), parfois les écuries et surtout les points d'eaux (puits) et lieux d'hygiène (« aizances ») dont la presque totalité des parcelles sont dotées au XVIIIe siècle[47]. Cet espace interstitiel ne fut jamais sacrifié, même au prix d'une densification du bâti.

Bibliographie

Alix Clément et Noblet Julien, 2012, « Les spécificités des maisons en pan de bois à Tours (seconde moitié XVe, premier quart du XVIe siècle) », *in* B. de Chancel-Bardelot, P. Charron, P.-G. Girault et J.-M. Guillouët (dir.), *Tours 1500. Capitale des arts*, Paris, Tours, Somogy, p. 115-117.

Alix Clément, 2019, « Les décors des façades en pan de bois », *in* C. Alix, M.-L. Demonet, D. Rivaud et Ph. Vendrix (dir.), *Orléans, ville de la Renaissance*, Tours, Presses universitaires François-Rabelais, coll. « Renaissance », p. 283-304.

Biguet Olivier et Letellier-d'Espinose Dominique (dir.), 2016, *Angers. Formation de la ville, évolution de l'habitat*, Nantes, Éditions 303.

Bonnin Martine, 1980, « La maison à pan de bois », *in Architecture civile à Tours, des origines à la Renaissance*, Tours, Société archéologique de Touraine, p. 63-71.

---

47 *Supra*, PJ, voir en particulier la 5e colonne du tableau.

Chevalier Bernard, 1974, *La ville de Tours et la société tourangelle, 1356-1520*, Lille, Service de reproduction des thèses de l'Université.

Galinié Henri (dir.), 2007, *Tours antique et médiéval. Lieux de vie, temps de la ville*, Tours, Supplément de la *Revue archéologique du Centre de la France.*

Galinié Henri et Randoin Bernard, 1979, *Les archives du sol à Tours, survie et avenir de l'archéologie de la ville*, Tours, Société archéologique de Touraine.

Gauthiez Bernard, 2003, *Espace urbain, vocabulaire er morphologie*, Paris, Monum' Éditions du Patrimoine.

Guillaume Jean, 2003, « Le temps des expériences. La réception des formes « à l'antique » dans les premières années de la Renaissance », *in* J. Guillaume (dir.), *L'invention de la Renaissance*, Paris, Picard, p. 143-176.

Livernet Sylvain, 1981, *Tours du XVIIIe au XXe siècle. La conservation des éléments anciens dans une ville moderne*, thèse de doctorat, Bernard Dorival (dir.), Université de Paris-La Sorbonne, [thèse non publiée].

Loizeau de Grandmaison Charles, 1891, *Inventaire sommaire de la série H des Archives départementales d'Indre-et-Loire*, Tours, E. Arrault et Cie.

Lorans Élisabeth, 1980, *Le fief de Saint-Julien de Tours au Moyen Âge. Recherches de topographie et d'histoire urbaine*, mémoire de maîtrise, Chevalier Bernard (dir.), Université de Tours, 1980, 83 p et 12 pl. [mémoire non publié].

Mabire-Lacaille Claire, 1981, « Évolution des enclos conventuels mendiants à Tours (XIIIe-XVIIIe siècle) », *Supplément à la Revue archéologique du Centre de la France*, 1981, « Recherches sur Tours », vol. 1.

Marot Émeline, 2013, « Châteauneuf (Tours) : construction d'une identité urbaine aux 10e-12e siècles », *in* É. Lorans et X. Rodier (dir.), *Archéologie de l'espace urbain*, Tours, Presses universitaires François-Rabelais, coll. « Perpectives Villes et territoires », 2013, p. 221-234.

Noblet Julien, 2011, « L'architecture en pan de bois à Tours : nouvelles perspectives », *in* C. Alix et Fr. Épaud, *La construction en pan de bois*, Tours-Rennes, Presses universitaires François-Rabelais, coll. « Perpectives historiques », p. 201-220.

Noizet Hélène, 2007, *La fabrique de la ville. Espace et sociétés à Tours (IXe-XIIIe siècle)*, Paris, Publications de la Sorbonne.

Porhel Jean-Luc, 2006, « Les plans d'alignement de la ville de Tours : outils de planification urbanistique », *Académie de Touraine*, vol. XIX, p. 193-206.

Pièce justificative :

Le tableau suivant répertorie les informations tirées du registre terrier de l'abbaye Saint-Julien de 1761 (ADIL H 528) et de l'*Inventaire des titres et papiers* de la même abbaye (ADIL H 506). Sont ainsi rassemblés les articles inhérents à une même parcelle de terrain, dont nous donnons par ailleurs l'adresse actuelle.

N° de parcelle donné par le terrier de 1761, correspondant au numéro d'article (ADIL H 528). Et adresse actuelle	Cessions antérieures citées par le terrier de 1761 (ADIL H 528)	Renvois au terrier de 1682 cité par le terrier de 1761 (ADIL H 528)	Inventaire des déclarations à l'abbaye de Saint-Julien (ADIL H 506, chapitre 8, liasses 1 à 3, commence à la page 178 du registre, sauf pagination contraire indiquée entre crochets). La numérotation des « declarations » est un ajout de notre part permettant d'y renvoyer plus facilement dans le corps du texte.	Terrier de 1761 (ADIL H 528), chapitre Rüe de la Moquerie, place Foire le Roy
162 Actuel jardin du Jeu de paume	25 novembre 1569	Page 154 de l'ancien papier Terrier de ce fief fait en 1682.	1/Declaration de Albin Hebert d'une maison Rüe du Grand Eperon ou il y a jeu de paulme appellé la Moquerie à 9 s. cens du dernier avril 1648, en parchemin, signée en forme, fol. 154 du terrier, cottée charte 79. 2/Declaration du Sieur Pierre Tavarne, de la maison et jeu de paulme de la Moquerie à 9 s. de cens et rente du 16 novembre 1653, en parchemin, signée en forme, fol. 154 du terrier, cottée charte 94G. 3/Declaration de François Moreau à cause de ses enfans dessus barbe davance d'une rente fonciere de 250 l. t. à lui düe par la veuve Guillaume Dallion, auparavant dame Pierre Daffoir, à cause du jeu de paulme de la Moquerie, plus 30 l. t. d'autre d'autre rente à lui düe par la veuve René Leguay sur une maison 1grande Rüe ou pend pour enseigne la pucelle armée du 10 mars 1678, en parchemin, signée Moreau, Redu et Champeaux, fol. 154 dudit terrier de dom Robert Lopin, cottée chartes 283. 4/Declaration de Marie Lenoir, veuve du Sieur Gilles Dodillon dit Saint Martin de la maison et jeu de paulme de la Moquerie derriere la Grande Rüe à 9 s. de cens du 29 juillet 1678, signée en forme, cotté, fol. 154 du terrier charte 290.	Le Sieur François Gilles le jeune marchand à Tours et dame Heleine Françoise Louise Veron son épouze. Pour le jeu de Paulme appellé la Moquerie composant un grand corps de batiment, et entre iceluy et la Rüe de la Moquerie, un autre petit batiment composé d'une cave voutée, deux chambre à cheminée, l'une sur l'autre grnier et comble dessus, le tout couvert en thuille et ardoise : joignant le tout d'un long du midy, partie à l'article précédent, partie aux enfans Françoise Picq de l'article 159, qui a droit de vue sur ledit jeu de paulme et qui pour ce droit est deu 630 sols de rente audit Sieur Gilles ; partie au Sieur René Peltereau Chupeau (art. 156) ; partie au Sieur Baubé orphevre de l'article 155 ; et autre partie du même costé du midy aux batiments de dame veuve et enfants d'André Robert Bourgeot de l'article 154 ; duquel depend une cave qui est sous ledit jeu de paume : d'autre costé du septentrion au grand jardin des religieux dudit Saint Julien sur lequel grand jardin le present article n'a droit que de vues mortes et a verre dormant suivant l'alienation qui en a été faite le 25 novembre 1569 : d'un bout par le derriere d'occident au jardin deppendant des logis des Enfans du Sieur Louis Robin éleu de l'art. 151 des autres parties ; et d'autre bout d'orient au pavé de laditte Rüe de la Moquerie. Lesdites choses sittuées dans la paroisse de Saint Saturnin et faisant en cet endroit la

				derniere maison de cette paroisse [… *sommes dues*].
163 Actuel jardin du Jeu de paume	Déclaration de 1712 et 1730.	Page 155 de l'ancien papier Terrier de ce fief fait en 1682.	5/Declaration de Joachim de la Haye d'un petit corps de logis Rüe dela Moquerie à 1 d. de cens du 9 avril 1701, en papier, signée, fol. 155 du terrier, cottée charte 353. 6/Declaration de Joachim de la Haye d'un petit corps de logis Rüe dela Moquerie à censif du 4 fevrier 1708, en papier, fol. 155 du terrier, cottée charte 367. 7/Declaration de François Framont d'une maison Rüe de la Moquerie à censif du 10 avril 1715, expedition signée Bardeau, greffier, en fol. 155 du terrier dudit Robert Lopin, cottée charte 13.	Les six enfans Yves Sorin, voiturier par terre et de deffunte Anne Fremont, sa premiere femme, dont une seule fille a épouzé Philippe Gaudry, homme de peine à Tours. Pour une petite maison sittuée a l'occident de la Rüe de la Moquerie pres le jeu de paume de la Moquerie, qui est la premiere en cet endroit de la paroisse de Saint Pierre du boille, *olim* des Boires, composée d'une chambre basse à cheminée, un siège d'aizance dedans, une chambre haute a cheminée au dessus grenier comble couvert de thuille et ardoize : joignant d'un long d'occident au mur du grand jardin de ladite abbaye Saint-Julien, auquel mur cette maison n'a aucun droit d'y faire porter ses œuvres ny égouts, et sans aucunes vues sur ledit jardin ; d'autre costé d'orient, et en recoude du bout du midy formant presque un angle obtus a laditte Rüe de la Moquerie ; et d'autre bout du nord à l'article suivant. Doit à la recette de la seigneurie […].
164 Actuel jardin du Jeu de paume		Page 155 de l'ancien papier Terrier de ce fief fait en 1682.	8/Declaration de Joachim de la Haye d'un petit corps de logis Rüe dela Moquerie à 1 d. de cens du 9 avril 1701, en papier, signée, fol. 155 du terrier, cottée charte 353. 9/Declaration de Sieur Anselme Espiard, d'une maison Rüe de la Moquerie a 1 d. de cens, d'une autre maison Grande Rüe joignant à la place de la Foire le Roy à 12 d. de cens le tout parroisse de Saint Pierre du Boille du 22 juillet 1701, en papier, signée en forme, fol. 155 et 175 dudit terrier, cottée charte 357. 10/Declaration de Theodore La Vallée, masson, d'une maison Rüe de la Moquerie à censif, expedition signée Bardeau, greffier, du 6 fevrier 1715, de 164 dudit terrier, cottée charte 2.	Le Sieur Claude Martineau, bourgeois de Tours, pour une petite maison sittuée à l'occident de la Rüe de la Moquerie, paroisse de Saint-Pierre du Boille, composée d'une cavec voutée, une chambre basse et une haute a cheminée, grenier, comble dessus : joignant d'un long du midy à l'article precedent ; d'autre long au suivant ; d'un bout d'occident au mur du grand jardin des religieux de ladite abbaye de saint Julien, qui fait separation de ladite paroisse de Saint Pierre du Boille d'avec celle de Saint Saturnin, sur lequel mur cette maison n'a aucun droit de porter ses œuvres, n'y égouts, et sans aucunes vues sur ledit jardin de Saint Julien ; et d'autre bout d'orient au pavé de laditte Rüe de la Moquerie. Doit à la recette dudit fief […].
165 Actuel jardin du Jeu de paume	Mentions 1708 et 1730	Page 156 de l'ancien papier Terrier de ce fief fait en 1682.	11/Declaration de la veuve Jacques Thierry, marchand d'une maison Rüe de la Moquerie à censif plus la moitié d'une autre maison en ladite Rüe à 6 d. de cens, les deux cinquieme d'une autre maison meme Rüe à censif du 2e decembre 1636, en parchemin et signée en forme, fol. 156 du terrier, cottée charte 30.	Le Sieur Robert, curé de Couesme en Anjou, et les damoiselles ses sœurs nommées Marie et Charlotte, pour une maison sittuée à l'occident de la Rüe de la Moquerie, paroisse de Saint-Pierre du Boille, composée de deux corps de logis, se tenant l'un l'autre dont le plus grand est composé d'une grande cave voutée, deux chambres

			12/Declaration de la veuve Pierre Thierry, d'une maison Rüe de la Moquerie à 6 d. de cens du 20 mars 1644, en parchemin, signée en forme, fol. 156 du terrier, cottée charte 51. 13/Declaration de Renée Peschoire, veuve Jacques Thierry, rente fonciere de 240 l. t. à elle düe par Louis Soular, tainturier, sur deux corps de logis plus possede partie d'une maison en la Rüe de la Moquerie àcensif du 20 novembre 1653, en parchemin signée en forme, fol. 156 dudit terrier, cottée charte 98. 14/Declaration de Louis Soulais, marchand, de deux corps de logis Rüe de la Moquerie l'un chargé de 6 d. de cens et l'autre de deux sols de censif du 7e aout 1667, en parchemin, signée en forme, fol. 156 du terrier, cottée charte 163. 15/Declaration d'Etienne Brosseau à cause de Marie Thierry sa femme, d'une rente de 97 l. t. a luy düe par le Sieur Louis Soulas sur sa maison Rüe de la Moquerie du 29 aoust 1672, en parchemin, signée en forme, fol. 156 du terrier, cottée charte 200. 16/Declaration de Louis Collinet d'une rente fonciere de 24 l. t. à lui düe par le sieur Louïs Soulas sur maison Rüe de la Moquerie du 16 novembre 1672, en parchemin, signée en forme, fol. 156 du terrier, cottée charte 204. 17/Declaration de la veuve Marin Pimparé d'une rente fonciere de 6 l. t. à elle düe par le Sieur Louis Soulas sur la maison Rüe de la Moquerie du 22 novembre 1672, en papier, signée en forme, fol. 156 du terrier, cottée charte 205. 18/Declaration de Jean Chidaine, frippier, d'une rente fonciere de 6 l. t. à luy düe par le Sieur Louis Soulas sur la maison Rüe de la Moquerie du dernier octobre 1672, signée en forme, fol. 156 dudit terrier, cottée charte 206. 19/Declaration du Sieur Pierre Sablier d'une rente fonciere de 24 l. t. à lui düe par Louis Soulas, tainturier, sur maison Rüe de la Moquerie du 5 juin 1680, en parchemin, signé en forme, fol. 156 dudit terrier, cottée charte 303. 20/Declaration du Sieur Louis Soulas, tainturier, d'un grand et un petit corps de logis Rüe de la Moquerie, situés devant l'un l'autre à 2 s. 5 d. de cens, en parchemin du 29 avril 1681, signée en forme, fol. 156 dudit terrier, cottée charte 305. 21/Declaration de dame Louise Naudeau, veuve de Louis Soulas, d'un grand et petit corps de logis Rüe de la Moquerie à 2 s. 5 d. de censif du 9 aoust 1695 en papier signée et controllée, fol. 156 du terrier, cottée charte 324.	basses à cheminées, une petite cour et caveau d'aizance, quatre chambres hautes, étude et aisances avec grenier comble dessus ; et l'autre petit logis composé seulement d'une boutique de tainturier sur laditte Rüe dans laquelle sont les fourneaux et chaudiere de tainturie, une chambre plancheyée et un petit grenier au dessus couvert d'ardoise joignant au total d'un long du midy à l'article precedent ; d'autre suivant ; d'un bout d'occident au mur deppendant du grand jardin de ladite abbaye de Saint Julien qui fait separation de laditte paroisse de Saint Pierre du Boille d'avec celle de Saint Saturnin, sur lequel mur, cet article n'a aucun droit de faire porter ses œuvres ny égouts et sans aucunes vues sur ledit jardin ; et d'autre bout d'orient au pavé de laditte Rüe de la Moquerie. Doit à la recette [...]

			22/Autre declaration des Sieurs Jean André et Cezard Soulas et autres d'un grand et petit corps de logis Rüe de la Moquerie à 2 s. 6 d. de censif du 3 may 1701, en papier, fol. 156 dudit terrier, cottée charte 355 A. 23/Declaration de Michel Robert, tainturier, d'une maison Rüe de la Moquerie à 2 s. 6 d. de cens envers les religieux feuillans de 20 l. t. 10 s. de rente fonciere du 14 aoust 1709, en papier signée, fol. 156 terrier charte 392. 24/Declaration de Michel Robert, tainturier, de deux corps de logis Rüe de la Moquerie à 2 s. 6 d. de cens envers les religieux Feuillans de cette ville de 20 l. t. 10 s. de rente fonciere du 6 fevrier 1715, expedition signée Bardeau, fol. 156 du terrier, cottée charte 6.	
166 Actuel jardin du Jeu de paume	1730, 1737	Page 157 de l'ancien papier Terrier de ce fief fait en 1682.	25/Declaration de René Le Gangneux de partie d'une maison Rüe de la Moquerie à censif du 14 avril 1644, en parchemin, signée en forme, fol. 157 du terrier, cottée charte 60. 26/Declaration de René Legangneux d'une maison Rüe de la Moquerie à censif du 3 décembre 1653, signée en forme, fol. 157 du terrier, charte 109. 27/Declaration de Marie Gouesbault, veuve Michel Delaunay, de 15 l. t. de rente fonciere à elle düe par René Le Gangneux sur maison Rüe de la Moquerie du 23 juillet 1655, en parchemin, signée en forme, fol. 157 du terrier, cottée charte 136. 28/Declaration de Philippe Le Gaigneux de partie d'une maison Rüe de la Moquerie à censif du 28 decembre 1660, signée en forme, fol. 157 du terrier, cottée charte 142. 29/Declaration de Sieur Jacques Poullain de portion d'une maison Rüe de la Moquerie à censif du 18 janvier 1661, en parchemin, signée en forme, fol. 157 dudit terrier, cottée charte 149. 30/Declaration de Julien Thierry et Marie Breau, fille dont il est curateur, de portion d'une maison Rüe de la Moquerie à censif et de 95 l. t. de rente fonciere düe à laditte Breau par Louis Soulas sur maison Rüe de la Moquerie du dernier aoust 1672, en parchemin, signée en forme, fol. 157 dudit terrier, cottée charte 201. 31/Declaration de Julien Thierry et Marie Briant, fille, d'une rente formée de 95 l. t. à lui düe par le Sieur Louis Soulas sur une maison Rüe de la Moquerie, *item* une portion de maison à eux appartenant sittuée ditte Rüe de la Moquerie à 1 d. de cens du 15 novembre 1677, en parchemin, signée en forme, fol. 157 du terrier, cottée charte 274. 32/Declaration de Claude Bodereau le jeune, d'une maison et portion d'un autre corps de logis, le tout sittué Rüe de la Moquerie à censif du dernier aoust 1678, en parchemin, signée en forme, fol. 157 du terrier, charte 294.	Le Sieur Louis André Bruzeau, conseiller du roy et son lieutenant en l'election de Tours. Pour une place de Terrain sittuée à l'occident de la Rüe de la Moquerie paroisse de Saint Pierre du Boille, où etoit cydevant basty un corps de logis et une mazure de cellier, demolye par vetusté en les années 1758 et 1759, laditte place avec l'allée qui en dépend est renfermée d'un mur sur laditte Rüe à laquelle elle boutte du costé d'orient ; d'autre bout d'occident en la majeure partie au mur du jardin de l'abbaye de Saint-Julien qui fait separation de laditte paroisse avec celle de Saint Saturnin sur lequel mur le present article n'a aucun droit de faire porter ny attacher ses œuvres, ny égouts et sans aucunes vues sur ledit jardin ; et autre petite partie dudit bout, et d'un costé du nord a l'article suivant ; et d'autre costé du midy à l'article précédent. Doit à la recette [...]

			33/Declaration de Claude Bodereau l'aisné, d'une maison isle Saint Jacques joignant les religieux de Saint Jullien à censif, plus une rente confiere de 45 l. t. à lui düe par Claude Bodereau le jeune, son fils, sur une maison Rüe de la Moquerie, et de 26 l. t. 0 s. 4 d. d'autre rente fonciere aussy à lui düe par Philippe Le Gaigneux sur une autre maison Rüe de le Moquerie, fol. 157 dudit terrier par rapport aux rentes du 2 septembre 1678, parchemin, signée cottée charte 295. 34/Declaration de Philippe Le Gaigneux d'un grand logis Rüe de la Moquerie et 2 d. de cens plus portion de maison sur le derriere de laditte Rüe à cens, plus autre portion de maison dans laditte Rüe, aussy à censif du 17 septembre 1479, en parchemin, fol. 157 dudit terrier, cottée charte 298. 35/Declaration de Charles Pingault de deux rentes foncieres à lui düe l'un de 45 l. t. par Philippe Gaigneux sur maison Rüe de la Moquerie, l'autre de 14 l. t. 1 s. par Estienne Martin sur maison Grande Rüe du 8e janvier 1680, en parchemin, fol. 157 dudit terrier, cottée charte 300. 36/Declaration de Claude Bodereau, charpentier, de deux maisons Rüe de la Moquerie à censif, plus une maison isle Saint Jacques à censif de 30 s. de rente aux religieux Carmes, du 3 juillet 1709, en papier de luy signée, fol. 157, 160 et 161, le 573 dudit terrier, cottée charte 387. 37/Declaration de Claude Bodereau de deux corps de logis Rüe de la Moquerie à censif, plus une maison, jardin, isle Saint Jacques aussy à censif envers les religieux Carmes de 30 s. de rente fonsiere du 27 mars 1715, expedition signée dudit Bardeau, greffier, fol. 157 et 160 dudit terrier, cottée charte 9.	
167 Actuel jardin du Jeu de paume	maison bâtie à neuf en 1763 après avoir acquis la parcelle en 1735	Page 158 de l'ancien papier Terrier de ce fief fait en 1682.	38/Declaration de Charles Gerbeau, notaire, d'une maison Rüe de la Moquerie à 5 s. de cens du 2 novembre 1671, en parchemin, signée en forme, fol. 158 du terrier, cottée charte 191. 39/Declaration de Pierre Chelleau d'une maison Rüe de la Moquerie à 5 s. de cens du 11 juin 1703, papier, signée, fol. 158 du terrier, cotté charte 364. 40/Declaration de Pierre Cheleau d'une maison Rüe de la Moquerie à 5 s. de cens du 6 fevrier 1715, expedition signée Bardeau, fol. 158 du terrier, cottée charte 5.	Clair Charpentier, homme de peine à cause de Marie Roy, sa femme, Jeanne Roy, fille majeure à Tours, et Jacques Pierre Roy, mineurs, enfans de Jacques Roy et Marie Barré, sa femme. Pour une maison sittuée à l'occident de la Rüe de la Moquerie, paroisse de Saint Pierre du Boille, composée d'une caves voutée, chambre basse et haute à cheminée, grenier et comble dessus, escallier, une cour derriere et a costé de laquelle il y en a un batiment distribuée en ecrurie, cabinets, aizances, et autres deppendances : joignant d'un long du midy à l'article precedent ; d'autre costé du nord au suivant ; d'un bout d'occident au mur du grand jardin des religieux dudit Saint-Julien qui fait separation de laditte paroisse d'avec celle de Saint

				Saturnin, sur lequel mur cet article n'a aucun droit, sans pouvoir y faire porter, attacher ses œuvres ny y avoir d'égouts et sans aucunes vues sur ledit jardin ; et d'autre bout d'orient au pavé de la ditte Rüe de la Moquerie. Doit à la recette […]
168 Actuel jardin du Jeu de paume	1735, 1736, 1734, 1733, 1722, 1718,	Page 159 de l'ancien papier Terrier de ce fief fait en 1682.		Le Sieur Michel Bertrand, marchand de bois, et Martine Barrier, sa femme demeurant à Tours. Pour une maison, sittuée a l'occident de la Rüe de la Moquerie, paroisse de Saint Pierre du Boille, composée d'une boutique et arriere boutique sans cheminée, une chambre au dessus à cheminée, grenier sur icelle couverte de tuille et ardoize, une petite cour où derriere où sont les aizances, deux petites galleries à costé de laditte chambre haute dans une desquelles sont aussi des aizances ; joignant le tout d'un long du midy à l'article precedent ; d'autre costé du nord au suivant ; d'un bout d'occident au mur du grand jardin de laditte abbaye de Saint-Julien, sur lequel mur ils n'ont aucun droit de faire porter ny attacher leurs œuvres, aucun égouts ny vues sur ledit jardin ; et d'autre bout d'orient au pavé de laditte Rüe de la Moquerie. Doit à la recette […]
169 Actuel jardin du Jeu de paume	1740, 1736, 1730, 1718	Page 161 de l'ancien papier Terrier de ce fief fait en 1682.	41/Declaration de Claude Bodereau, charpentier, de deux maisons Rüe de la Moquerie à censif, plus une maison isle Saint Jacques à censif de 30 s. de rente aux religieux Carmes, du 3 juillet 1709, en papier de luy signée, fol. 157, 160 et 161, le 573 dudit terrier, cottée charte 387. 42/Declaration Françoise Lorin, veuve Pierre Lebure, d'une rente fonciere de 13 l. t. 0 s. 2 d. a elle düe par Claude Bodereau, sur maison Rüe de la Moquerie du 12 juillet 1709, en papier d'elle signée seulement, fol. 160 du terrier, cottée charte 389. 43/Declaration de Claude Bodereau de deux corps de logis Rüe de la Moquerie à censif, plus une maison, jardin, isle Saint Jacques aussy à censif envers les religieux Carmes de 30 s. de rente fonsiere du 27 mars 1715, expedition signée dudit Bardeau, greffier, fol. 157 et 160 dudit terrier, cottée charte 9. 44/Declaration de Françoise Lorin, veuve Pierre Lefebure d'une rente fonciere de 13 l. t. 0 s. 2 d. à elle düe par Claude Bodereau sur une maison Rüe de la Moquerie, du 5 juin 1715, expedition signée Bardeau, fol. 160 du terrier, cottée charte 20.	Le Sieur André Mercier cy devant maitre couvreur et a present bourgeois a Fondette. Pour une maison sittuée à l'occident de la Rüe de la Moquerie, paroisse de Saint Pierre du Boille, consistant en trois corps de logis se tenant les uns les autres : le premier et le plus grand sur la Rüe, composé d'une cave voutée, chambre basse, deux chambres hautes au dessus, cabinet derriere, un évier et cour. Les deux autres petits corps de logis attenants au premier vers le nord étant au derriere de la maison de François Couturier, article suivant, entre laquelle et ledit premier logis est une allée ou couloir qui va auxdits deux petits corps de logis, laditte cour en le millieu dont l'un est composé d'une petite chambre en cellier, deux chambres hautes l'une sur l'autre, grenier au dessus ; et l'autre à costé est composé d'un cellier, une chambre haute à cheminée, cabinet à costé, grenier dessus. Le tout joignant d'un long du midy a l'article precedent ; d'autre costé du nord, scavoir le premier logis sur la Rüe, audit Couturier article suivant, et

				en retour de l'un desdits deux petits corps de logis joint du même costé du nord a la maison des enfants feu monsieur Reverdy, conseiller du roy art. 171 cy apres ; d'un bout d'occident au mur appartenant en entier aux religieux de laditte abbaye de Saint Julien faisant la separation de leur grand jardin dans et sur lequel mur le present article n'a aucun droit de faire porter ny attacher ses œuvres, aucun égouts, ny aucunes vues sur ledit jardin ; et d'autre bout d'orient scavoir ledit 1er corps de logis a laditte Rüe de la Moquerie, et les deux petites audit Courturier article suivant. Doit à la recette [...]
170 Actuel jardin du Jeu de paume	1745, 1735, 1730	Page 161 de l'ancien papier Terrier de ce fief fait en 1682.	45/Declaration du Sieur Jean Dan Dubuisson, d'une maison Rüe de la Moquerie à censif du 24 juillet 1700, en papier, signée, fol. 161 du terrier, cottée charte 338. 46/Declaration de Nicolas Courault, couvreur, d'une maison Rüe de la Moquerie à censif du 17 fevrier 1708, papier, signée, fol. 161 dudit terrier, cottée charte 371. 47/Declaration de Claude Bodereau, charpentier, de deux maisons Rüe de la Moquerie à censif, plus une maison isle Saint Jacques à censif de 30 s. de rente aux religieux Carmes, du 3 juillet 1709, en papier de luy signée, fol. 157, 160 et 161, le 573 dudit terrier, cottée charte 387.	Le sieur François Couturier, marchand de bois à Tours, et Magdeleine Thimon, sa femme. Pour une maison sittuée a l'occident de la Rüe de la Moquerie, paroisse de Saint Pierre du Boille, composée d'une cave voutée de 15 pieds de long sur 18 pieds de large, chambre basse au desous de 19 pieds sur 12 de large ayant une ouverture de boutique sur la Rüe et ou est la serche de l'escalier, un petit cellier ou garde robe au bout de ladite chambre de 12 pieds sur 6 de large, tirant son jour de l'article precedent et ou est un siege d'aizance, ledit cellier ou garderobe estant soubs les œuvres de l'article precedent, deux chambres hautes à cheminées, l'une sur l'autre au dessus deladite chambre basse, grenier, comble dessous couvert d'ardoise, joignant d'un costé du midy, et d'un bout d'occident à l'article precedent, d'aitre costé du nord au suivant ; et d'autre bout d'orient au pavé de ladite Rüe de la Moquerie. Doit à la recette [...]
171 Actuel jardin du Jeu de paume	1714, 1730	Page 162 de l'ancien papier Terrier de ce fief fait en 1682.	48/Declaration des enfans mineurs Pierre Fournier et Jeane Fleury, par leur curateur, d'une maison Rüe de la Moquerie à 1 d. de cens du 16 decembre 1653, signée en forme, fol. 162 du terrier, charte 114. 49/Declaration de Pierre Rocher, marchand, d'une rente fonciere de 6 l. t. à luy deue par Yves Fleury sur maison Rüe de la Moquerie du 26 juin 1655, en parchemin, signée en forme, fol. 162 du terrier, cottée charte 133. 50/Declaration d'Antoine Langlois d'une rente fonciere de 84 l. t. à lui düe du 30 decembre 1660, signée en forme, fol. 163 dudit terrier, cottée charte 145.	Maitre Joseph Challine, avcocat à Paris, dame Marie Marthe Reverdy, son epouze, et monsieur maitre Allexandre François Reverdy, conseiller du roy, lieutenant general de police à Tours. Pour une maison sittuée à l'occident de la Rüe de la Moquerie, paroisse de Saint Pierre du Boille, composée d'une cave voutée, chambre basse sur la Rüe en forme de boutique, antichambre à costé, deux chambre hautes, deux garderobes à costé, grenier dessus couvert d'ardoise, escallier, une cour, un puy dedans ; joignant d'un long du midy partie à l'article precedent, et autre partie ; d'autre long du nord à l'article suivant ; d'un bout

			51/Declaration de Bernard Coiffeteau de portion d'une maison Rüe de la Moquerie à censif du 7 juillet 1667, signée en forme, fol. 162 du terrier, charte 158. 52/Declaration de Pierre Rocher d'une rente fonciere à lui düe par Bernard Couesseteau sur une maison Rüe de la Moquerie du 29 decembre 1677, en parchemin, signée en forme, fol. 162 du terrier, charte 280. 53/Declaration d'Alexandre Guymont, Sieur de la Suspiere, mary de Marie Royer, d'une maison Rüe de la Moquerie à censif envers la fabric de Saint Saturnin de 4 l. t. de rente fonciere du 11 janvier 1702, papier, signée en forme, fol. 162 dudit terrier, cottée charte 360.	d'occident au mur du jardin des religieux de Saint-Julien, sur et dans lequel mur le present article n'a aucun droit d'attacher ny faire porter ses œuvres, aucun égouter ny vues dans ledit jardin ; et d'autre bout d'orient au pavé de laditte Rüe de la Moquerie. Doit à la recette [...]
172 Actuel jardin du Jeu de paume	1729, 1718	Page 163 de l'ancien papier Terrier de ce fief fait en 1682.	54/Declaration du Sieur Allexandre Champion, d'une maison Rüe de la Moquerie paroisse de Saint Pierre du Boille à 3 d. de cens du 30 decembre 1660, en parchemin, signée en forme, fol. 163 du terrier, charte 144. 55/Declaration d'Allexandre Champion de partye d'un corps de logis Rüe de la Moquerie à 3 d. de cens du 12 juillet 1667, en parchemin, signée en forme, fol. 163 dudit terrier de dom Moppin, cottée charte 160.	Le Sieur Michel Estevanne, huissier du bureau des fiances à Tours et ses cohérittiers de Jean Estevanne et de Marguerítte Huard ses pere et mere. Pour une petit batiment sittué a l'occident de la Rüe de la Moquerie composé de deux ecuries et comble dessus couvert d'ardoise, cour au derriere, paroisse de Saint Pierre di Boille : joignant d'un costé du midy à l'article precedent ; d'autre costé du nord au suivant ; d'un bout d'occident au mur du grand jardin des religieux de laditte abbaye de Saint-Julien qui fait separation de laditte paroisse d'avec celle de Saint-Saturnin, dans et sur lequel mur le present article n'a aucun droit de porter ny faire attacher ses œuvres, aucun égouts ny vues dans ledit jardin ; et d'autre bout d'orient au pavé de laditte Rüe de la Moquerie. Doit à la recette [...]
173 Actuel jardin du Jeu de paume	1743, 1730, 1725, 1705	Page 164 de l'ancien papier Terrier de ce fief fait en 1682.	56/Declaration de Claude Dan, d'une maison Rüe de la Moquerie à censif du 17 avril 1648, en parchemin, signée en forme, fol. 164 du terrier, cottée charte 65. 57/Declaration de Samuel de Boistenant, ecuyer, seigneur du verger, d'une maison Rüe de la Moquerie à censif, fol. 164 du terrier, du 14 may 1648, en parchemin, signée en forme, cottée charte 84. 58/Declaration de Claude Dan, d'une maison Rüe de la Moquerie à censif du 17 novembre 1653, en parchemin, signée en forme, fol. 164 du terrier de don Robert Lopin, cottée charte 94J. 59/Declaration de dame Magdelaine Taenereau, veuve Yves Laurancin, d'une maison Rüe de la Moquerie à censif du 3 decembre 1653, en parchemin, signée en forme, fol. 164 du terrier, cottée charte 108.	Le Sieur Michel Roujou de la Planche, seigneur de Laubriere, lieutenant de la monnoyes de Tours. Pour une maison sittuée à l'occident de la Rüe de la Moquerie, paroisse de Saint Pierre du Boille, consistant en deux corps de logis, le premier sur le Rüe, composé d'une cave voutée, une salle basse, cabinet a costé, deux chambres hautes l'une sur l'autre avec chacun leur cabinet, grenier, comble dessous couvert d'ardoize, une petite cour, au bout de laquelle est l'autre petit logis composé d'une petite cave, une petite cuisine au dessus, une petite chambre a cheminée, grenier, comble dessus couvert d'ardoize, aizances, gallerie de comunication et escaliers : joignant le tout d'un costé du midy à l'article precedent ; d'autre costé du nord partie à l'ecurie de dame veuve Lefebure article suivant, et autre partie a

			60/Declaration de Claude Dan de deux corps de logis Rüe de la Moquerie à censif du 9 septembre 1655, en parchemin, signée en forme, fol. 164 du terrier, cottée charte 137. 61/Declaration de Magdelaine Tannereau, veuve Yves Laurencin, d'une maison au bout de la Rüe de la Moquerie proche la Foire le Roy à 4 d. de cens, du 31 may 1667, signée en forme, fol. 164 du terrier, charte 156. 62/Declaration de Louis Duvau, Sieur de la Bussonniere, d'une maison sittée au bout de la Rüe de la Moquerie, proche la Foire le Roy, à censif du 14 janvier 1671, signée en forme, fol. 164 dudit terrier, cottée charte 189. 63/Declaration de Louis Duvau, Sieur de la Bessonniere, d'une maison au bout de la Rüe de la Moquerie pres la Foire le Roy, plus un autre petit corps de logis devant celuy cy dessus la Rüe entre deux à 4 d. de cens du 4 juillet 1677, signée en forme, fol. 164-166 du dit terrier, charte 257. 64/Declaration de Theodore La Vallée, masson, d'une maison Rüe de la Moquerie à censif du 10 fevrier 1708, en papier, signée, fol. 164 dudit terrier, cottée charte 370.	François Couturier art. 175 cy apres ; d'un bout d'occident au mur du grand jardin des religieux de Saint-Julien qui fait separation de laditte paroisse d'avec celle de Saint Saturnin, dans et sur lequel mur le present art. n'a aucun droit de faire porter ny attacher ses œuvres, aucun égouts ny vues dans ledit jardin, et d'autre bout d'orient au pavé de laditte Rüe de la Moquerie. Doit à la recette […]
174 Actuel jardin du Jeu de paume	1730	Page 164 de l'ancien papier Terrier de ce fief fait en 1682.	65/Declaration de Louis Duvau, Sieur de la Bessonniere, d'une maison au bout de la Rüe de la Moquerie pres la Foire le Roy, plus un autre petit corps de logis devant celuy cy dessus la Rüe entre deux à 4 d. de cens du 4 juillet 1677, signée en forme, fol. 164-166 du dit terrier, charte 257. 66/Declaration de Louis Duvau, sieur de la Bessonniere de deux maisons Rüe de la Moquerie pres la Foire le Roy à 4 d. de cens du 10 juillet 1700, en papier, signée, fol. 164 du terrier, cottée charte 334. 67/Declaration de Theodore La Vallée, masson, d'une maison Rüe de la Moquerie à censif du 10 fevrier 1708, en papier, signée, fol. 164 dudit terrier, cottée charte 370. 68/Declaration du Sieur Louis Duvau de la Bessonniere de deux corps de logis sittuéz au bout de la Rüe de la Moquerie place de la Foire le Roy à 4 d. de cens du 19 fevrier 1709, en papier, signée Duvau, fol. 164 et 166 dudit terrier, cottée charte 384.	Dame Marie Vigné, veuve du Sieur Gilles Lefebvre, marchand negociant à Tours. Pour un petit corps d'ecurie avec son comble dessus couvert d'ardoize, sittué à l'occident de la Rüe de la Moquerie, faisant face au retour que fait laditte Rüe à aller à la place Foire le Roy, paroisse de Saint Pierre du Boille, deppendante de la maison de l'article 176 cy apres, qui n'en est separée que par la porte et allée commune qui traverse de laditte Rüe de la Moquerie dans celle de derriere les murs de la petite partie et d'un bout d'occident à la cour batiment de François Couturier article suivant ; d'autre costé du midy au Sieur Roujou article precedent ; et d'autre bout d'orient au pavé de laditte Rüe de la Moquerie. Doit à la recette […]
175 Actuel jardin du Jeu de paume	1753, 1732, 1728, 1723, 1699	Page 165 de l'ancien papier Terrier de ce fief fait en 1682.	69/Declaration de Marie Le Clerc, veuve Martin De La Baume, de deux corps de logis au bout de la Rüe de la Moquerie à 3 d. de cens en fresche de 12 d. du 27 juillet 1667, en parchemin, signée en forme, fol. 165 du terrier, cottée charte 162. 70/Declaration de dame Marie Leclerc, veuve Martin de la Baume, d'un grand et petit corps de logis au bout de la Rüe de la Moquerie à 3 d. de cens en contribution de 12 d. du 1er avril 1677, en parchemin, signée en forme, fol. 165 dudit terrier, cottée charte 251.	Le Sieur François Couturier, marchand de Bois et Magdelaine Thimon, son epouze. Pour une grande maison sittuée dans le cul de sacq du bout de la Rüe de la Moquerie, et qui va dans la Rüe derriere les murs de la ville, paroisse de Saint Pierre du Boille ; composée d'une grande cave voutée separée en deux, une salle basse, petite chambre à costé, une cuisine, plusieurs chambres hautes et cabinets aux

			71/Declaration de Charles Armenault pour le au nom de dame Etiennette Dupont, veuve Martin de la Baume, d'une maison place de la Foire le Roy à 6 d. de cens, du 24 decembre 1699, en papier, signée en forme, fol. 165 du terrier, cottée charte 329. 72/Declaration des damoiselles Françoise et Marie Sacher, filles, d'une maison Rüe de la Moquerie à 5 d. de censif du 24 decembre 1699, en papier, signée, fol. 165 dudit terrier, cottée charte 330. 73/Declaration desdittes demoiselles Sacher de la même maison à 12 d. de cens du 30 decembre 1699, en papier, signée, fol. 165 dudit terrier, cottée charte 331. 74/Declaration de dame veuve Martin de la Baüme d'une maison Rüe de la Moquerie à 12 d. de cens du 30 decembre 1699, signée, fol. 165 dudit terrier, cottée charte 332. 75/Declaration du Sieur Louis Robert d'une maison pres la Foire le Roy et un autre corps de logis au bout de la Rüe vis-à-vis la poissonnerie à 12 d. de cens du 25 fevrier 1711, papier signée en forme, fol. 165 du terrier, cottée charte 397. 76/Declaration de Françoise Sacher, fille majeure, d'une rente fonciere de 50 l. t. à elle düe par le Sieur Robert sur une maison pres la Foire le Roy du 6 fevrier 1715, en papier, expedicion signée Bardeau, fol. 165 dudit terrier, cottée charte 3. 77/Declaration de Louis Robert, reparateur de draps, une maison pres la Foire le Roy, devant la vieille poissonerie, à 12 d. de cens du 6 fevrier 1715 en papier expedition signée Bardeau, greffier, fol. 165 du terrier, charte 4.	second et troisième étages, greniers comble dessus couvert d'ardoise, escallier, deux écuries, ensuitte l'une de l'autre, une grande cour pavée puy et aizances dedans, un degré de pierre dure pour y entrer, une grand allée ou couloir commun, qui traverse de ladite Rüe de la Moquerie, où est une porte, dans celle de derriere desdits murs de ville, ou est une autre porte. Le tout joignant d'un long d'occident au grand et hault mur appartenant en entier aux religieux de laditte abbaye de separation de leur grand jardin, et qui fait aussi separation de laditte paroisse de Saint Pierre du Boille d'avec celle de Saint Saturnin, et encore du même costé a la maison des mêmes religieux Saint Julien qui est de la paroisse de Saint Saturnin hors l'enclos de leurdit grand jardin nouvellement basty a neuf sur leur terrain et sur ledit encien mur de cloture, ~~dont~~ duquel les enfans du Sieur Etienne De la Grange, voiturier par eau jouissant a titre d'emphiteoze article 120 des autres parties : sur lesquels murs de separation le present article n'a aucun droits de faire porter ny attacher se œuvres, aucun égouts, ni vues sur ledit jardin et maison : d'autre long d'orient aux maisons de la dame veuve Gillée Lefebvre article suivant, et à celle que le sieur Jean Gaultier, tainturier, a aquise de Louis Robert cy apres art. 181, laditte grande allée ou couloir commun entre le sieur Couturier et ledit Sieur Gaultier seulement entre deux ; d'un bout du midy à l'ecurie de l'article precedent et en recoude au sieur Roujou de l'art 173 cy dessus ; et d'autre bout du nord à laditte Rüe de derriere les murs et vieille poissonnue tendante de l'arsenal à la porte de la Foire le Roy. Doit à la recette [...]
176, 4, Rüe de la Moquerie	1753, 1715, 1709, 1700, 1677, 1667, 1653	Page 166 de l'ancien papier Terrier de ce fief fait en 1682	78/Declaration de Louis Duvau, Sieur de la Bessonniere, d'une maison au bout de la Rüe de la Moquerie pres la Foire le Roy, plus un autre petit corps de logis devant celuy cy dessus la Rüe entre deux à 4 d. de cens du 4 juillet 1677, signée en forme, fol. 164-166 du dit terrier, charte 257. 79/Declaration du Sieur Louis Duvau de la Bessonniere de deux corps de logis sittuez au bout de la Rüe de la Moquerie place de la Foire le Roy à 4 d. de cens du 19 fevrier 1709, en papier, signée Duvau, fol. 164 et 166 dudit terrier, cottée charte 384.	Laditte Marie Vigné, veuve du Sieur Gilles Lefebvre, marchand negociant à Tours. Pour une maison sittuée au bout de la Rüe de la Moquerie, au nord de la Rüe qui va en retour à la place Foire le roy, paroisse de Saint Pierre du Boille, concistant en deux appartements, l'un composé de deux caves et un cavereau, une grande salle, un cabinet ou fruitier, cuisine, cour, buscher, puy et aizances, une grande chambre haute, un cabinet ; et l'autre appartement composé de trois chambres ou cabinet dont l'une est a cheminée,

			80/Declaration de Louis Duvau, Sieur de la Bessonniere, d'une maison Rüe de la Moquerie à 4 d. de cens du 19 juin 1715, expedition signée Bardeau, fol. 166 du terrier, cottée charte 23.	aizances, un degré pour monter audittes chambres, lequel conduit a une mansarde concistant en une chambre a cheminée et une autre sans cheminée, un petit cabinet et un petit degré dans la cour conduisant en l'appartement où sont lesdits trois chambres dont l'une est à cheminée et au dessus une autre chambre, un grand grenier couvert d'ardoize. Joignant le tout d'un long d'occident à François Couturier de l'article precedent, une grande allée ou coulloir entre deux qui traverse de laditte Rüe de la Moquerie en celle de derriere les murs de la ville ; d'autre costé d'orient à autre maison de laditte dame veuve Lefebvre article suivant ; d'un bout du nord au Sieur Jean Gaultier, teinturier par aquest de Louis Robert cy apres article 181 ; et d'autre bout du midy au pavé de laditte Rüe allant à la foire le roy. Doit à la recette [...]
177 3, rue du Docteur Hermany	1731, 1730, 1709	Page 167 de l'ancien papier Terrier de ce fief fait en 1682	81/Declaration des enfans Louis Martin par le Sieur Sey, procureur au presidial leur curateur, de deux corps de logis place de la Foire le Roy et Rüe de la Moquerie à 3 l. t. 3 s. 6 d. de cens et rente, signée du 10 juin 1648, en parchemin, signée en forme, fol. 167 du terrier, cottée charte 88. 82/Declaration de maitre Claude Cherbonnier, d'une maison place de la Foire le Roy à 6 l. t. 7 s. de cens et rente feodalle en forge plus un petit corps de logis servant d'estable devant la maison cy-dessus ladite Rüe entre deux à 32 l. t. de rente fonciere à luy düe par le Sieur Dan sur une maison Rüe de la Moquerie du 24 novembre 1654 en parchemin, signée en forme, fol. 167 dudit terrier, cottée charte 129.	Laditte Dame Marie Vigné, veuve de Sieur Gilles Lefebvre, marchand negociant à Tours. Pour une maison sittuée au nord de la Rüe de la Moquerie à aller à la Foire le roy, paroisse de Saint Pierre du Boille, consistant en deux corps de logis se tenant l'un l'autre, n'en composant qu'un basty sur le devant de la Rüe, sur le derriere et du costé du levant autour d'une cour ; composé le tout de deux petites caves, une chambre basse à cheminée, une cuisine, un cabinet à costé, une petite cour, un couloir, deux autres chambres à cheminée au dessus desdittes chambres basses, deux cabinets à costé, greniers et comble dessus, escallier : le tout joignant d'un long d'occident en la majeure partie à l'article precedent, et autre petitte partie du meme costé et d'un bout du nord aux bastiments du Sieur Jean Gaultier, tainturier de l'article 181, cy apres ; d'autre costé d'orient partie à l'article suivant, et autre partie aux dependances d'une autre maison de ladite dame Lefebvre de l'art. 180 cy aprés ; et d'autre bout du midy au pavé de laditte Rüe de la Moquerie qui va à la place Foire le Roy. Doit à la recette [...]
178 1, rue du Docteur Hermany	1732, 1728	Page 167 de l'ancien papier Terrier de ce fief fait en 1682	83/Declaration du Sieur Pierre Cherbonnier, procureur royal, de deux corps de logis, la place de la Foire le Roy et la Rüe de la Moquerie à 12 d. le cens et 3 l. t. 2 s. 6 d. de rente feodalle du 1er mars 1636, en parchemin, signée en forme, fol. 167 du terrier. Cottée charte 28.	Le Sieur André Louis Bruzeau, licentié es loix, bourgeois de Tours. Pour un petit corps de logis sittué au nord de la Rüe de la Moquerie à la place de la Foire le Roy, composé d'une écurie, grenier et comble dessus, une cour au derriere

			84/Declaration de Messire Claude Charbonnier, d'une maison à la Foire le Roy joignant à la Rüe qui vient de celle de la Moquerie à ladite place de la Foire le Roy, plus un petit corps de logis servant d'estable de l'autre costé de laditte Rüe à censif et de 63 s. 5 d. de rente feodalle du 19 decembre 1668, en parchemin, signée en forme, fol. 167 dudit terrier, cottée charte 166. 85/Declaration de messire Claude Cherbonnier d'un grand et petit corps de logis à la Foire le Roy à 12 d. de cens et 3 l. t. 2 s. 6 d. de rente seigneurialle du 29 mars 1677, en parchemin, signée en forme, fol. 167 du terrier, charte 250. 86/Declaration du Sieur Jean Desquilhotat, mary de Charlotte Simon, d'une rente fonciere de 43 l. t. 15 s. à eux düe par maitre Gauler Cherbonnier sur deux corps de logis place de la Foire le Roy du 20 fevrier 1682, en parchemin, signée en forme, fol. 167 du terrier, cotté charte 307. 87/Declaration de damoiselle Marie Charbonnier, fille, d'un petit corps de logis sittué Rüe qui va de la Foire le Roy en celle de la Moquerie à 12 d. de cens du 13 may 1687, en parchemin, signée en forme, fol. 167 du terrier, cottée charte 312. 88/Declaration de damoiselle Anne Trevant, fille mineur par le Sieur Charbonnier son curateur, d'une maison place de la Foire le Roy à 3 l. t. 3 s. 5 d. de cens, rente seigneurialle du 13 may 1687, en parchemin, signée, fol. 167 dudit terrier, charte 313. 89/Declaration de François Fordure, bourgeois, d'une maison Rüe de la Moquerie et place de la Foire le Roy à 4 d. de cens du 28 juillet 1700 en papier, signée en forme, fol. 167 du terrier, cottée charte 340. 90/Declaration de Danielle Anne Trevant, fille majeure, d'une maison en Rüe de la Moquerie pres la Foire le Roy à 3 l. t. 3 s. 6 d. de cens et rente deodalle, plus une maison en ladite Rüe devantelle cy dessus, à 12 d. censif du 28 aoust 1715, expedition signée Bardeau, fol. 171 et 167 dudit terrier, charte 31.	dans laquelle il y a un appenty, deppendant l'un et l'autre de la maison en qui est vis-à-vis de l'autre costé de laditte Rüe article 182 cy après : joignant le present article d'un costé d'occident à l'article precedent ; d'autre costé d'orient à l'article suivant ; d'un bout par le derriere du nord à la maison de dame veuve Lefebvre de l'article 180 cy apres ; et d'autre bout du midy au pavé de la dite Rüe tendante de celle de la Moquerie à la place de la Foire le Roy. Doit à la recette [...]
179 1, rue du Docteur Hermany	1753, 1737, 1718	Page 168 de l'ancien papier Terrier de ce fief fait en 1682	91/Declaration de dame Jeanne Tounereau, veuve de Jacques Paris, ecuyer Sieur de la Gittonniere, d'une maison place de la foire le Roy à 3 s. de censif envers le chappelain de Notre Dame de Pitié de 30 s. de rente et au chapitre Saint Pierre Puellier de 45 s. de rente du 3 novembre 1653, en parchemin, signée en forme, fol. 168 du terrier, cottée charte 90. 92/Declaration de dame Catherine Chartier, veuve Etienne Peletier, d'une maison à la place de la Foire le Roy, faisant l'un des coins allant de la Moquerie à la place de la Foire le Roy à 3 s. de censif au chapelain de Notre Dame de Pitié de 30 s. de rente et de 45 s. au chapitre de Saint Pierre Puellier de rente fonciere du 2 janvier 1669, en parchemin, signée en forme, fol. 168 du terrier, cottée charte 169.	Le Sieur Claude Cordier, ecuyer Greffier honoraire au bureau des finances à Tours. Pour une maison faisant l'angle ou coin de la Rüe de la Moquerie et de la place de la Foire le Roy costé du nord, paroisse de Saint Pierre du Boille ; composée de deux caves voutées, une salle au dessus à cheminée, une petite cuisine à costé, deux chambres hautes l'une sur l'autre au dessus deladitte salle aussi a cheminée, deux autres petites chambres aussi l'une sur l'autre au dessus de laditte cuisine, grenier, comble desus couvert d'ardoise,

			93/Declaration de Jean Chardon, capitaine, mary de dame Catherine, allant icelle en la Rüe de la Moquerie à 3 s. de cens envers le chapelain de Notre Dame de Pitié en Saint Saturnin de 30 s. de rente au chapitre de Saint Pierre Puellier de 45 s. de rente fonciere du 25 juillet 1677, en parchemin, signée en forme, fol. 168 du terrier, cottée charte 261.	degré, aisance et un petit coulooir. Joigant d'un costé du midy au pavé de la Rüe allant à celle de la Moquerie à la place Foire le Roy ; d'autre costé du nord à l'article suivant ; d'un bout par le derriere d'occident à l'article precedent ; et d'autre bout d'orient au pavé de la ditte place de la Foire le Roy. Doit à la recette dudit fief [...]
180 5, place Foire le Roy	1739, 1720	Page 169 de l'ancien papier Terrier de ce fief fait en 1682	94/Declaration de Françoise Legay, veuve Jacques Freslon, d'une maison située place de la Foire le Roy et Rüe de la Moquerie à 3 s. de cens et 4 livres tournois de rente au chapelain de notre Dame de Pitié descure ou Saint Saturnin du 28 septembre 1596, en parchemin signée en forme fol. 169 terrier, cottée charte 13. 95/Declaration du Sieur Claude Deleau, marchand, d'une maison sur la place de Foire le Roy à 15 d. de cens envers le chapelain de Notre Dame de Pitié de 4 l. t. 1 s. de rente fonciere du 6 juillet 1641, en parchemin, signée en forme, fol. 169 du terrier, cottée charte 42. 96/Declaration de Louis Chaumey de deux corps de logis place de la Foire le Roy, plus un autre corps de logis sur la Rüe tendant de la place a la Rüe de la Moquerie, le tout à 22 d. de cens envers la chapelle de Notre Dame de Pitié en Saint Saturnin de 4 l. t. 1 d. de rente fonciere du 10 mars 1669, en parchemin, signée en forme, fol. 169 du terrier, cottée charte 185. 97/Declaration de Louis Chaumey deux corps de logis, un sur la place de la Foire le Roy, l'autre sur la Rüe de la Moquerie à 12 d. de censif envers le chapelain de Notre Dame de Pitié en Saint Saturnin de 4 l. t. 1 d. de rente fonciere plus 58 l. t. 5 s. de rente à lui düe par Jacques Deleau sur maison joignant a ceux cy dessus du 15 janvier 1678, en parchemin, signée en forme, fol. 169 dudit terrier, cottée charte 282. 98/Declaration de Sebastien Loppin d'une maison sur la place de la Foire le Roy à 22 d. de cens envers le chapelain de Notre Dame de Pitié de 4 l. t. 10 s. de rente du 12 septembre 1695, en papier, signée et controllée, fol. 169 du terrier, cottée charte 326.	Ladite Dame Marie Vigné, veuve du Sieur Gilles Lefebvre, marchand negociant à Tours. Pour une maison sittuée a l'occident de la place Foire le Roy, paroisse de Saint Pierre du Boille ; composée de deux caves voutées séparées d'une cloison où on descend par un escallier de pierre dure, au pied duquel est un puy, deux chambres basses à cheminée l'une servant de cuisine où est un potager et un êvier en couloir qui conduit à la place à costé de l'autre chambre est un petit cabinet qui servoit autrefois d'ecurie, une cour pavée, quatre chambres hautes, deux cabinets aux premier et second étages, grenier, comblre dessus couvert d'ardoise, un escallier de bois à double noyau a balustres tournées. Joigant au total d'un long du midy aux deux articles précédents ; d'autre costé du nord à l'article suivant ; d'un bout par le derriere d'occident à un logis de derriere appartenant à laditte dame veuve Lefebvre faisant partie de l'article 177 des autres parties ; et d'autre bout d'orient au pavé de laditte place de la Foire le Roy. Doit à la recette [...].
181 15, rue Benjamin Constant	1755, 1752, 1740, 1731, 1729, 1700,	Page 170 de l'ancien papier Terrier de ce fief fait en 1682	99/Declaration du Sieur Michel Deleau, tainturier, d'une maison place de Foire le Roy à 12 d. de cens du 6 juillet 1641, en parchemin, signée en forme, fol. 170 du terrier, cottée charte 43. 100/Declaration de Jacques Deleau, d'une maison place de la Foire le Roy, et faisant l'un des coins de la Rüe de derriere les murs de la ville à 12 d. de censif du 23 decembre 1653, signée en forme, fol. 170 dudit terrier, cottée charte 115. 101/Declaration de Jacques Deleau, d'une maison place de la Foire le Roy faisant coin à la Rüe de derriere le mur de la ville à censif du 23 decembre 1660, en parchemin, signée en forme, fol. 170 dudit terrier, cottée charte 141.	Le sieur Jean Gaultier, maitre tainturier à Tours et dame Françoise Gatien, son épouze. Pour une grande maison situëe à l'occident de la place Foire le Roy, et au midy de la Rüe de derriere les murs de ville tedante de l'arcenal à la meme place de la Foire le Roy. Consistant en plusieurs appartements rejoignant les uns les autres, composés l'un sur laditte place, d'une cave voutée, deux chambres basses à cheminée, quatre chambres hautes et deux cabinets aux premier et second etages, grenier, comble dessus couvert d'ardoise, couloir, gallerie, aizances, une cour en partie couverte d'un ballet

			102/Autre declaration de Jean Gaultier, teinturier, d'une maison place de la Foire le Roy à 12 d. de cens du 30 may 1701, papier, signée Gaultier, Gaudin et Regnard, notaires royaux à Tours, fol. 170 dudit terrier, cottée charte 355 B. 103/Declaration du Sieur Jean Gautier, conseiller, d'une maison place de la Foire le Roy à censif du 29 decembre 1708, en papier de lui signée, fol. 170 dudit terrier, cottée charte 383. 104/Declaration du Sieur Jean Gaultier, officier à la monnaye, d'une maison à la Foire le Roy à 12 d. de cens du 8 may 1715, expedition signée Bardeau, fol. 170 dudit Sieur, cottée charte 17.	où sont les fourneau, chaudieres servant a la tainture un puy. Un autre appartement au bout composé d'une cave voutée, une chambre basse à cheminée au dessus, cabinets à costé, une grande chambre haute, cabinet à costé, grenier, comble dessus couvert d'ardoise, un autre cabinet bas, un espace au bout où est un autre puy, une autre cour pavée, une cave voutée dessous, ecurie, aizances, galleries, deux cabinets sur l'entrée d'une allée, communauté de cette même allée qui traverse de la Rüe de la Moquerie dans la ditte Rüe de derriere, les murs, egouts d'eaux en deppendants. Joignant au total d'un long du midy à trois maisons appartenant à la dame veuve Lefebvre negociante, l'une de l'article precedent, l'autre de l'article 177 au lieu des heritiers Estevanne ; et l'autre de l'article 176 au lieu de Sieur Duvau Bessoniiere ; d'autre costé du nord aux murs de ville derriere la petite poissonnerie, laditte Rüe tendante de l'arsenal a laditte place de la Foire le Roy entre deux ; d'un bout d'occident à la maison et cour de François Couturier de l'article 175 des autres parties, laditte allée commune entre luy et le present article, entre deux ; et d'autre bout d'orient au pavé de laditte place Foire le Roy. Doit à la recette [...]
182 5bis, place Foire le Roy	1732, 1728, 1715, 1701, 1687, 1654, 12 novembre 1473 (Jean Gaudin)	Page 171 de l'ancien papier Terrier de ce fief fait en 1682	105/Autre de damoiselle Anne Trevant, fille Majeure, d'une maison place de la Foire le Roy sur la Rüe allant d'icelle place à la Rüe de la Moquerie a 3 l. t. 3 s. 6 d. de cens et rente, plus un autre corps de logis vis-à-vis la maison cy dessus de l'autre costé de laditte Rüe à 12 d. de cens du 19 mars 1701, en papier, signée en forme, fol. 171 du terrier, cottée charte 350. 106/Declaration de Danielle Anne Trevant, fille majeure, d'une maison en Rüe de la Moquerie pres la Foire le Roy à 3 l. t. 3 s. 6 d. de cens et rente feodalle, plus une maison en ladite Rüe devant elle cy dessus, à 12 d. censif du 28 aoust 1715, expedition signée Bardeau, fol. 171 et 167 dudit terrier, charte 31.	Le Sieur André Louis Bruzeau, licencié es loix, bourgeois de Tours. Pour une grande maison sittuée au midy de la Rüe qui va de celle de la Moquerie à la place Foire le Roy, faisant les coins ou angles desdittes place et Rüe de la Moquerie, paroisse de Saint Pierre de Boille ; concistante en deux corps de logis, le premier et le plus grand sur leditte place, composé de deux caves voutées, une chambre basse, cuisine de suitte, quatre chambre à cheminée aux second et troisieme étages, grenier et comble dessus ; et le second au derriere aboutant sur le Rüe de la Moquerie est composé de deux chambres à cheminée l'une sur l'autre, grenier et comble dessus, une cour pavée entre lesdits deux corps de logis, un puy dedans, aizances et escalliers, le tout joignant d'un long du nord, vis-à-vis l'ecurie deppendant du present article cy devant declaré art. 178 à laditte Rüe allant de celle de la Moquerie à laditte place de la Foire le Roy, d'autre long à l'article suivant ; d'un bout d'occident à laditte Rüe de la

				Moquerie ; et d'autre bout d'orient à ladite place. Doit à la recette […].
183 7, place Foire le Roy	1744, 1731, 1716,	Page 172 de l'ancien papier Terrier de ce fief fait en 1682	107/Declaration de Jacques Martin, Simon Deboust et Antoinette Saint Martin, sa femme, d'une maison en deux corps de logis sur la Foire le Roy et de la Rüe de la Moquerie à 63 s. ledit cens et rente feodalle du 17 novembre 1653, en parchemin, signée en forme, fol. 172 du terrier, cottée, charte 94 L. 108/Declaration de François Carré, Sieur de Champroux et ses frere et sœur, d'une maison place de la Foire le Roy à 3 l. t. 3 s. 5 d. de cens et rente du 4 juin 1683, en parchemin signée en forme, fol. 172 dudit terrier, cottée charte 309. 109/Declaration de damoiselle Françoise Carré, femme du Sieur Jacques Debit, Sieur de la Tousseliere, d'une maison place de la Foire le Roy et en la Rüe dela Moquerie à 3 l. t. 3 s. 5 d. de cens et rente du 20 juillet 1702, en papier, signée en forme, fol. 172 du terrier, cottée charte 362. 110/Declaration de dame veuve Charles Debit, sieur de la Rousseliere, d'une maison place de la Foire le Roy aspectante sur la Rüe de la Moquerie à censif de 3 l. t. de rente seigneurialle du 28 aoust 1715, expedition signée Bardeau, fol. 172 dudit terrier, cottée charte 30.	Le Sieur Jacques Louis Coullon, avocat cy devant procureur a Tours et demoiselle Catherine Gasnier, son epouze. Pour une grande maison sittuée entre la place de la Foire le Roy à l'occident, et la Rüe de la Moquerie à l'orient, paroisse de Saint Pierre du Boille, actuellement saisie reellement sur ledit Sieur Coullon à la requeste du Sieur Hutel, notaire à Amboise, consistante en deux corps de logis, le premier et plus grand donnant sur laditte place est composé de trois caves voutées l'une sur la ditte place et les deux autres ensuitte, escalier de pierre pour y descendre, une salle basse et cuisine ensuitte, cabinet, à costé un coulloir d'entrée sur laditte place de la Foire le Roy, quatre chambres hautes à cheminées aux premier et second etages haults, cabinet, èvier et couloir à chaque etage, greniers et comble dessus, une cour pavée, puy et aisances dedans, a costé de laditte cour est l'escallier de bois tournant à ballustres au bout dudit couloir ; et le second logis donnant et ayant une sortie sur leditte Rüe de la Moquerie est composé d'une cuisine à costé de la cour dont partie sert d'ecurie, aizance dedans, une chambre à cheminée au dessus, un grenier aizances dedans, le tous couvert d'ardoise joignant d'un long du nord a l'article precedent ; d'autre costé du midy au suivant, d'un bout d'orient au pavé de ladite place de la Foire le Roy ; et d'autre bout d'occident à laditte Rüe de la Moquerie. Doit à la recette […].
184 9, place foire le Roy	1731, 1715, 1708	Page 173 de l'ancien papier Terrier de ce fief fait en 1682	111/Declaration de Joseph Millon, Sieur des Essards, d'une maison Grande Rüe vers celle de la Moquerie à 12 d. de cens du 4 may 1708, papier, signée, fol. 173 du terrier, cottée charte 378.	Dame Martine Jacqueau, veuve maitre Louis Coullon, vivant procureur au baillage et siège presidial de Tours. Pour une grande maison entre la place de la Foire le Roy à l'occident, et la Rüe de la Moquerie à l'orient, paroisse de Saint Pierre du Boille, consistante en deux corps de logis. Le premier qui est le plus grand donnant sur ladite place est composé d'une cave voutée, deux chambres basses, couloir à costé, quatre chambre haute, deux cabinets, aux premier et second étages, haut grenier, comble dessus couvert d'ardoise, une petite cour au derriere et ensuitte est le second logis donnant et ayant sortie sur laditte Rüe de la Moquerie, composé d'une cave

				voutée, chambre basse à cheminée au dessus, une haute chambre aussi a cheminée, chambre en galtas, le tout couvert d'ardoise, escalliers pour le service desdittes chambres. Joignant d'un long du nord à l'article precedent, d'autre long du midy au suivant ; d'un bout d'occident a la Rüe de la Moquerie et d'autre bout au pavé de laditte place de la Foire le Roy. Doit à la recette [...].
185 11, place Foire le Roy	1731	Page 174 de l'ancien papier Terrier de ce fief fait en 1682	112/Declaration du Sieur Aymé Doulce, procureur, d'un grand corps de logis et autre petit logis place de la Foire le Roy repondant en la Rüe de la Moquerie à 12 d. de censif envers les religieux Jacobins de 20 l. t. 15 s. de rente fonciere du 31 decembre 1677, en parchemin, signée en forme, fol. 174 du terrier, cottée charte 281. 113/Declaration d'Elisabeth Lutil, veuve Jean Denaveu, d'une rente fonciere de 47 l. t. 6 s. 3 d. à elle düe par Aimé Doulce, procureur, sur sa maison au carroy de la Foire le Roy du 8 aoust 1678, en parchemin, signée en forme, fol. 174 du terrier, cottée charte 292. 114/Declaration de Sieur Aymé Douce, procureur au presidial, d'une maison place de la Foire le Roy à 12 d. de censif envers les religieux Jacobins de 26 l. t. 15 s. de rente fonciere, en papier du 16 decembre 1699, signée en forme, fol. 174 du terrier, cottée charte 328.	Damoiselle Marie Jucqueau, fille majeure à Tours, comme heritier de feu dame Martine Douce, sa mere decedée veuve de maitre Michel Jucqueau, procureur son père. Pour une maison sittuée entre la place de la Foire le Roy à l'occident et la Rüe de la Moquerie à l'orient, paroisse de Saint Pierre du Boille, consistante en deux corps de logis. Le premier et plus grand sur laditte place est composée d'une cave voutée, une salle, cuisine, garderobe a costé, deux chambres hautes l'une sur l'autre au dessus de laditte salle, et deux autres sur laditte cuisine, cabinet à costé, grenier dessus : le second logis est au derriere donnant sur la Rüe de la Moquerie est composé d'une cave voutée, chambre au dessus avec grenier, le tout couvert d'ardoise, une cour entre les deux logis où est un puy, escallier, aizances, un coulloir, le tout joignant d'un long du nord à l'article precedent, d'autre long du midy à l'article suivant, une petite Rüette entre deux allant de la Foire le Roy dans laditte Rüe de la Moquerie, d'un bout d'orient au pavé de laditte place ; et d'autre bout d'occident à la même Rüe de la Moquerie. Doit à la recette [...].
186 12bis, Rüe de la Moquerie	1748, 1742, 1733,	Page 175 de l'ancien papier Terrier de ce fief fait en 1682	115/Decalration de Catherine Marchand, veuve Mathurin Roy, deux corps de logis place Foire le Roy et Rüe de la Moquerie à 12 d. de cens et vers le chapelain Saint Michel et Saint Pierre Puellier de 12 l. t. de rente fonciere du 28 novembre 1653, en parchemin signée en forme, fol. 175 du terrier dudit don Robert Lopin, cottée charte 105. 116/Declaration de Martin Marchaix de deux corps de logis sur la place de la Foire le Roy à 12 d. de cens et vers la chapelle de Saint Michel en l'église de Saint Pierre Puellier de 12 l. t. de rente fonciere du 8 juillet 1661, en parchemin, signée en forme, cottée fol. 175 dudit terrier, cottée charte 152.	Le sieur Urbain Giard, marchand chapelier à Tours, et dame Marie Catherine Desmant, son epouze, et à present sa veuve. Pour une maison sittuée entre la place de la Foire le Roy à l'occident, et la Rüe de la Moquerie à l'orient, paroisse de Saint Pierre du Boille ; consistant en deux corps de logis, le plus grand sur laditte place composé d'une cave voutée, salle et sallon au dessus, allée à costé, quatre chambres hautes à cheminées aux second et troisieme étages, grenier dessus, un escallier entre laditte salle et sallon ; le plus petit logis sur laditte Rüe de la Moquerie

			117/Declaration du Sieur André Hebert, mary de Marthe Marie Haru, et André Voulger, de la moitié d'un grand corps de logis au carroy de la Foire le Roy à censif du 19 avril 1672, en parchemin, signée en forme, fol. 175 du terrier, cottée charte 193. 118/Declaration de Martin Aubert, Sieur de Beaumontais, à cause dame Marie Hair sa femme, d'un grand corps de logis au carroy de la Foire le Roy à 12 d. de cens envers la chapelle de Saint Michel en Saint Pierre du Boille de 12 l. t. de rente fonciere du 7 may 1672, en parchemin, signée en forme, fol. 175 du terrier, cottée charte 197. 119/Declaration de Martin Aubert, Sieur de Beaumontais mary de dame Marchais, de la moitié d'une maison à carroy de la Foire le Roy à 12 d. de cens et de 12 l. t. de rente ausdit chapellain de l'eglise de Saint Pierre du Boille du 28 decembre 1677, en parchemin, signée en forme, fol. 175 dudit terrier, cottée charte 279. 120/Declaration de Martin Aubert, Sieur de Beaumontais mary de dame Marchais, de la moitié d'une maison au carroy de la Foire le Roy à 12 d. de cens et de 12 l. t. de rente au chapellain de l'eglise de Saint Pierre du Boille du 28 decembre 1677, en parchemin, signée en forme, fol. 175 dudit terrier, cottée charte 279. 121/Declaration du Sieur Ancelme Espiard, maitre tainturier, d'une maison place de la Foire le Roy à censif envers le chapelain Saint Michel dans le cimetiere de Saint Pierre du Boille de 12 l. t. de rente fonciere, du 30 janvier 1687, en parchemin, signée en forme, fol. 175 dudit terrier, cottée charte 311. 122/Declaration de Sieur Anc0elme Espiard d'une maison Rüe de la Moquerie à 1 d. de cens, d'une autre maison Grande Rüe joignant à la place de la Foire le Roy à 12 d. de cens le tout parroisse de Saint Pierre du Boille du 22 juillet 1701, en papier, signée en forme, fol. 155 et 175 dudit terrier, cottée charte 357. 123/Declaration de Nicolas Espiard, tainturier, d'une maison Rüe de la Moquerie et Foire le Roy à censif (elle doit 12 d.) du 10 fevrier 1708, papier, signée Espiard, fol. 175 dudit terrier, cottée charte 369. 124/Declaration de Nicolas Espiard, tainturier, d'une maison Rüe de la Moquerie à 12 d. de cens du 29 juin 1715, expedition signée Bardeau, fol. 175 du terrier, cottée charte 28.	est composé d'une cave voutée, une grande cuisine au dessus, puy en icelle, une chambre au dessus sans cheminée, grenier dessus le tout couvert d'ardoize, une gallerie au bout de laquelle sont les aizances, et une cour entre lesdits deux logis : joignant au total d'un long du nord à l'article precedent, la petite Rüette traversante de laditte place dans laditte Rüe de le Moquerie entre deux ; d'autre costé du midy à l'article suivant, d'un bout d'occident à laditte Rüe de la Moquerie ; et d'autre bout d'orient à la dite place de la Foire le Roy. Doit à la recette […].
187 14, Rüe de la Moquerie	1756, 1732	Page 176 de l'ancien papier Terrier de ce fief fait en 1682	125/Declaration de François Ribot d'une maison Grande Rüe faisant l'un des coins de la place de Foire le Roy à 6 d. de cens du 6 may 1654, signée en forme, fol. 176 du terrier, cottée charte 122. 126/Declaration du Sieur Antoine Ribot, d'un petit corps de logis a pillée Saint Antoine en la place de la Foire le Roy à censif, plus 50 l. t. de rente fonciere à luy düe par Jacques Savary	Laditte dame Marie Vigné, veuve du Sieur Gilles Lefebvre, marchand negociant à Tours. Pour une maison sittuée à l'occident de la place de la Foire le Roy, et entre icelle et la Rüe de la Moquerie, paroisse de Saint Pierre du boille : consistant en deux corps de logis, le plus grand sur laditte place composée

			sur deux logis pres ladite place de la Foire le Roy, en parchemin du 26 decembre 1661, signée en forme, fol. 176 dudit terrier, cottée charte 153. 127/Declaration de maitre Pierre Berneux le jeune, procureur, d'une maison à la Foire le Roy à 1 d. de cens du 24 juillet 1667, en parchemin, signée en forme, fol. 176 dudit terrier, cottée charte 161. 128/Declaration de dame Marie Gallant, veuve Jean Taschereau, seigneur de Baudry, échevin, de deux corps de logis faisant coin de la Rüe Grande Rüe et celle qui dessert à la Foire le Roy au devant desquels pend pour enseigne l'image de Sainte Catherine à 5 d. de cens du 4 janvier 1669, en parchemin, signée en forme, fol. 176 dudit terrier, cottée charte 171. 129/Declaration de Maitre Pierre Berneaux, procureur, d'une maison place de la Foire le Roy et Rüe de la Moquerie à 1 d. de cens du 4 janvier 1669, en parchemin, signée en forme, fol. 176 dudit terrier, cottée charte 172. 130/Declaration de Sieur Josephe Sain, pretre, directeur du seminaire de trois cy apres corps de logis sur le derriere de la Rüe Traversaine à censif, plus un corps de logis place de la Foire le Roy et sur la Grande Rüe, aussy à censif du 9 mars 1688, en papier, signée en forme, fol. 176 dudit terrier, cottée charte 185. 131/Declaration du Sieur Joseph Sain, pretre, de trois corps de logis sur le derriere de la Rüe Traversaine, plus un autre corps de logis situé place de la Foire le Roy, le tout à censif du 9 mars 1688, en papier, signée en forme, fol. 176 du terrier, cottée charte 321.	d'une cave voutée, deux chambres basses, deux chambres hautes touttes à cheminées, chambre en galtas, grenier, comble dessus, l'autre logis donnant sur le Rüe de la Moquerie où est une sortie, composé d'une chambre basse, chambre haute, grenier, le tout couvert d'ardoise, escalliers, cabinets, une cour entre lesdits deux logis, allée et deppendances joignant d'un long du nord à l'article precedent, d'autre long du midy à l'article suivant ; d'un bout d'occident à la Rüe de la Moquerie et d'autre bout d'orient au pavé de laditte place de la Foire le Roy. Doit à la recette […].
188 17, place Foire le Roy	1739, 1731	Page 177 de l'ancien papier Terrier de ce fief fait en 1682	132/Declaration de Sieur Nicolas Chauvereau, tresorier, d'une grande maison et appartenances en la place de la Foire le Roy ayant sortye sur celle de la Moquerie à 6 l. t. 2 s. de rente seigneurialle du 20 decembre 1668, en parchemin, signée en forme, fol. 177 dudit terrier, cottée charte 167. 133/Declaration de Joseph Chauvereau, ecuyer, de deux grandes maisons sittuées place de la Foire le Roy à 5 l. t. 12 s. d'une part et 10 s. d'autre de cens et rente signeurialle, plus une rente rente fonciere de 44 l. t. 10 s. à luy düe par le nommé Peyne sur maison Grand Rüe appellée la roze rouge du 29 avril 1716, expedition signée Bardeau, fol. 177-178 du terrier, cottée charte 45.	Messire Paul François Dominique Nicolas Chauveau, chevallier de l'ordre militaire de Saint Louis, lieutenant des vaisseaux du Roy, demeurant à Tours. Pour une grande maison sittuée à l'occident de la place de la Foire le Roy, paroisse de Saint Pierre du Boille, ayant deux entrées et sorties par deux grandes portes, l'une qui est la principale sur laditte place, et l'autre sur le Rüe de la Moquerie, composée de plusieurs corps de logis se tenant les uns les autres, consistant en plusieurs caves voutées, salles, chambres basses, cuisine, chambre de carosse, grenier, comble dessus, escalliers, aizances, deux cours, l'un devant l'autre au derriere, ecurie dedans, puy et dependances, le tout en un tenant, joignant d'un bout du septentrion à l'article précédent ; d'autre bout du midy partie à une petite Rüette ou allée qui va de laditte place de la Foire le Roy dans l'allée du cœur Nâvré, et autre partie de la maison du sieur Brossier cy apres

				article 196 ; d'un costé d'occident, partie au pavé de laditte Rüe de la Moquerie, et autre partie a la maison et deppendances de Jeanne Prin, veuve Michel Cornilleau de l'art. 203 cy apres et à celle du Sieur Jean Verger Douyneau art. 198 cy apres et d'autre costé d'orient au pavé de laditte place de la Foire le Roy. Doit à la recette […]
189 19, place Foire le Roy	1739, 1731	Page 178 de l'ancien papier Terrier de ce fief fait en 1682	134/Declaration de Joseph Chauvereau, ecuyer, de deux grandes maisons sittuées place de la Foire le Roy à 5 l. t. 12 s. d'une part et 10 s. d'autre de cens et rente signeurialle, plus une rente rente fonciere de 44 l. t. 10 s. a luy düe par le nommé Peyne sur maison Grand Rüe appellée la roze rouge du 29 avril 1716, expedition signée Bardeau, fol. 177-178 du terrier, cottée charte 45.	Messire Antoine Joseph Louis Chauvereau, ecuyer, seigneur de Pouillé, conseiller au baillage et siege presidial, chevallier d'honneur au bureau des finances de Tours. Pour une maison sittuée à l'occident et au midy de la place de la Foire le Roy, proche l'article précédent, paroisse de Saint Pierre du Boille, composée d'une cave voutée, chambre basse, cuisine, salle, chambres hautes, cabinets aux second et 3e etages, grenier et comble dessus couvers d'ardoise, escallier, aizances et ses dependances : joignant d'un costé d'orient et d'un bout du nord, faisant coin à laditte place de la Foire le Roy ; d'autre costé d'occident à la maison des veuves le Begue et Molendin de l'art. 194A cy apres, et à celle des enfans François Besnard, sommier de l'article 191 cy apres ; et d'autre bout du midy à l'article suivant. Doit à la recette […].
190 70, Rüe Colbert	1731, 1718	Page 179 et 180 de l'ancien papier Terrier de ce fief fait en 1682	135/[Chapitre 5, liasse 1re, p.104] Transaction portant que les dames religieuses de l'union crestienne s'obligent de payer aux abbé et religieux de saint Jullien 30 l. t. de rente fonciere par an au 1er janvier pour le fond de l'indemnité de deux corps de logis sittués Grande Rüe proche la place de la Foire le Roy parroisse de Saint Pierre du Boille, à elles légués par le Sieur Sain au fief de cette abbaye, en parchemin, du 20 may 1718, signée Boisquet et Coueseau, notaires royaux à Tours, cottée charte 33.	Les dames de l'union crétienne de cette ville de Tours. Pour une maison sittuée au notre de la Grande Rüe vis-à-vis l'hôtel de la Bourdaiziere, faisant le coin ou angle de la Rüe qui va à la place de la Foire le Roy, paroisse de Saint Pierre du Boille, concistante en deux corps de logis, l'un appellé le Petit Saint Antoine qui a son espect sur laditte Rüe qui va à la Foire le Roy, est composé de deux caves voutées dont une est soubz le logis des enfans François Besnard, trois chambres a cheminées les unes sur les autres, escallier, grenier, comble dessus couvert d'ardoise ; le second logis sur laditte Grande Rüe faisant ledit coin de celle qui va à laditte place est composé d'une boutique, arriere boutique et une chambre basse au bout à cheminée, quatre chambres hautes et cabinets aux premier et second etages, escallier, grenier et comble dessus, le tout en un tenant joignant d'un costé d'orient a laditte Rüe qui va de la Grande Rüe a laditte place de la Foire le Roy ; d'autre costé d'occident à la maison desdits

				enfans Besnard article suivant ; d'un bout du septentrion à l'article précédent ; et d'autre bout du midy au pavé de laditte Grande Rüe. Doivent à la recette [...].
191 68, rue Colbert	1746, 1730, 1702,	Page 181 de l'ancien papier Terrier de ce fief fait en 1682	136/Declaration d'Antoine Ribot de trois corps de logis Grande Rüe proche la Foire le Roy, parroisse de Saint Pierre du Boille, à censif envers la fabric de laditte paroisse de 15 l. de rente fonciere du 20 avril 1648 en parchemin, signée en forme, fol. 181 du terrier, cottée charte 67. 137/Declaration de Caterine Naudeau, veuve Jacques Goussard, d'une maison Grande Rüe au coin de la place Foire le Roy à censif du 30 avril 1648, en parchemin, signée en forme. Fol. 181 du terrier, cottée charte 75. 138/Déclaration de Gatien Guilloche, d'une maison Grande Rüe proche de la Foire le Roy, à censif du 20 may 1648, signé en forme, en parchemin, fol. 181 du terrier, cottée charte 87. 139/Declaration d'Antonin Robot, d'une maison place de la Foire le Roy à censif envers la fabric de Saint Pierre du Boille de 15 s. de rente fonciere du 3 novembre 1653, en parchemin, signée en forme, fol. 181 du terrier, cottée charte 91. 140/Declaration d'Ysaac Duroi, marchand, d'une rente fonciere de 9 l. t. 8 s. 4 d. à lui düe par Antoine Ribot et Catherine Taschereau, sa femme, sur maison Grand Rüe, parroisse de Saint Pierre du Boille pres la Foire le Roy, du 3 decembre 1653, signée en forme, fol. 181 du terrier, charte 110. 141/Declaration de Michel Chevallier et Jacques boussard, d'une rente fonciere de 111 l. t. 5 s. à eux düe par Antoine Ribot sur une maison Grande Rüe, du 3 decembre 1654, en parchemin, signée en forme, fol. 181 dudit terrier, cottée charte 130. 142/Declaration d'Antoine Ribot, d'une maison Grande Rüe plus autres corps de logis au derriere sittuée proche la Foire le Roy à censif envers la fabric de Saint Pierre du Boille de 15 s. de rente fonciere, du 6 mars 1669, en parchemin, fol. 187 du terrier, cottée charte 184. 143/Declaration de Louis Ballechou d'une maison Grande Rüe pres la Foire le Roy à censif envers la fabric de Saint Pierre du Boille de 15 s. de rente fonciere du 3 juin 1677, en parchemin, bien signée, fol. 181 du terrier, cottée charte 255.	Damoiselle Catherine Marguerite Besnard, fille mineure demeurante à Tours. Pour une maison sittuée au nord de la Grande Rüe, pres la Foire le Roy, paroisse de Saint-Pierre du Boille, concistante deux corps de logis, l'un sur le devant de laditte Rüe est composé d'une cave voutée, un petit caveau au bout ou est la serche du puy, une boutique, arrière boutique à cheminée, un couloir ou allée pavée, quatre chambres hautes à cheminées aux 1er et 2e étages, grenier, aizances dedans, comble dessus couvert d'ardoise. Le second logis, au derriere la cour entre deux, est composé d'une cave voutée, chambre basse à cheminée au dessus ou est un siege d'aizance, trois chambres à cheminées l'une sur l'autre grenier, comble dessus couvert d'ardoize, escallier, une cour entre lesdits deux logis commune où est un puy, le tout joignant d'un long d'orient à l'article precedent, d'autre costé d'occident au suivant, et au Sieur Grosset article 193 cy apres ; d'un bout par le derriere du nord à la veuve Le Begle et veuve Molendin art. 194 cy apres ; et encore audit Sieur Grosset ; et d'autre bout du midy au pavé de laditte grande Rüe. Doit à la recette [...].
192 66, rue Colbert	1730, 1729, 1720, 1706,	Page 182 de l'ancien papier Terrier de ce fief fait en 1682	144/Declaration d'Albin Lebert d'une maison Grande Rüe pres le Cœur Nâvré à censif, paroisse de Saint Pierre du Boile du 8 may 1641, en parchemin, signée en forme fol. 182 du terrier, cottée charte 36.	Le Sieur François Pinel, marchand maitre cierger en cette ville, et dame Catherine Benard, sa femme. Pour une maison sittuée au nord de la Grande Rüe pres la Foire le Roy, ou autrefois pendoit pour enseigne le Cœur Nâvré, paroisse de Saint Pierre du Boille, composée d'une cave voutée sous la cour, boutique sur laditte Grande Rüe,

			145/Declaration de Pierre Boutault d'une maison Grande Rüe à censif où pendoit pour enseigne le Cœur Nâvré à censif du 8 juillet 1641. En parchemin, signée en forme, fol. 182 du terrier. Cottée charte 37. 146/Declaration de Jean Darsonville d'une maison Grande Rüe où soulloit pendre pour enseigne le Cœur Nâvré à six deniers de censif du 19 novembre 1653 en parchemin signée en forme, fol. 182 du terrier, cottée charte 96. 147/Declaration de Jean Rotroux, fourbisseur d'epée, d'une maison Grande Rüe allée du Cœur Nâvré à censif du 23 février 1708, en papier, signée, fol. 182 dudit terrier, cottée charte 374. 148/Declaration de Catherine Joubert, veuve Jean Rotrou, d'une maison Grande Rüe au Cœur Nâvré à censif du 18 mars 1716, expedition signée Bardeau, fol. 182 du terrier, cottée charte 35. 149/Declaration de Marie Jacques, veuve Jean Mangeant, de la grand cour d'une rente fonciere de 65 l. t. à elle düe par la veuve Jean Rotrou sur une maison Grand Rüe au Cœur Nâvré du 1er avril 1716, expedition en papier, signée Bardeau, fol. 182 du terrier, cottée charte 40.	une chambre basse a cheminée, deux chambres hautes l'une sur l'autre à cheminée ayant chacun, un cabinet, deux greniers aux 4e et 5e étages, gallerie et cour au derriere, escallier, aisances et commodités, le tout couvert d'ardoise, joignant d'un long d'orient à l'article precedent ; d'autre costé d'occident par le bas à la grande allée appellée Cœur Nâvré commune aux maisons quy y joignent ; et par le hault au logis deppendant de l'hotel Dieu de cette ville cy apres art. 197 ; d'un bout par le derriere du nord au Sieur Grosset, maitre masson, article suivant ; d'autre bout du midy au pavé de laditte Grande Rüe. Doit à la recette [...].
193 66, rue Colbert, entrée passage du Cœur Navré	1729, 1723	Page 183 de l'ancien papier Terrier de ce fief fait en 1682	150/Declaration de Piere Boutault d'une maison Grande Rüe en l'allée du Cœur Nâvré à censif et vers la fabric de Saint Pierre du Boille de 12 s. 6 d. de rente du 1er decembre 1636, en parchemin, signée en forme fol. 183 du terrier, cottée charte 27. 151/Declaration de René Tourtay d'une maison Grande Rüe allée du Cœur Nâvré à 10 d. de cens et vers la fabric de Saint Pierre du Boille de 12 s. 6 d. de rente du 4 novembre 1653, en parchemin signée, fol. 183 du terrier, cottée charte 94B. 152/Declaration de Sieur René Tourtay, marchand, d'un logis en la tenüe du Cœur Nâvré Grande Rüe à 10 d. de cens envers la fabrice de Saint Pierre du Boille de 12 s. 6 d. de rente fonciere, *item* 30 l. t. de rente à lui düe par le Sieur Moreau, bailly de Luines, sur maison en laditte tenüe du Cœur Nâvré du 28 avril 1678, signée en forme, fol. 183 dudit terrier, cotté charte 288. 153/De Joseph Tourtray, epicier, d'une maison Grande Rüe appellée Cœur Nâvré pres la place Foire le Roy à censif du 18 mars 1716, expedition signée Bardeau, fol. 183 du terrier, cottée charte 36.	Le Sieur Martin Grosset, maitre maçon, entrepreneur à Tours. Pour une maison sittuée dans le derriere du nord de la Grande Rüe, au Cœur Nâvré, paroisse de Saint Pierre du Boille, composée par le bas d'une cave voutée, une chambre à cheminée au dessus, deux autres chambres à cheminées au second étage avec deux cabinets à costé, grenier, comble dessus, aizances dans ledit grenier, une cour avec un petit cabinet sous l'escallier, communauté au puy et a la porte qui y conduit. Joignant d'un long d'orient à la maison de damoiselle Besnard article 191, des autres parties ; d'autre long d'occident par le bas à la grande allée commune du Cœur Nâvré, où est l'entrée de laditte maison, et par le hault aux œuvres et cour de la maison du Sieur Brossier de l'article 196 cy apres, d'un bout au midy à la cour de la maison du Sieur Pinel art. precedent ; d'autre bout du nord audit Sieur Grosset art. 195 cy apres. Doit à la recette [...].
194A 19, place Foire le Roi	1731, 1683	Page 184 de l'ancien papier Terrier de ce	154/Declaration de Michel Pion, d'une maison Grande Rüe paroisse Saint Pierre du Boile à 51 s. 4 d. de cens du 20 septembre 1614, en parchemin signé Boutée, notaire, fol. 184 du terrier, cottee charte 21.	Dame Marie Anne Queneau, veuve Jacques Le Begue demeurante à Versailles.

		fief fait en 1682	155/Declaration de Jeanne Boutault, veuve de Sieur Saye Aumalle, d'une maison Grande Rüe en Saint Pierre du Boile, à censif du 18 novembre 1653, en parchemin, signée Auger et Legay notaires, fol. 184 du terrier, cottée charte 95. 156/Declaration de Marius Beglan d'une maison dans le Cœur Nâvré à 51 s. 4 d. de cens et rente en contribution avec autres logis du 19 janvier 1688, en parchemin signée, fol. 184 dudit terrier, cottée charte 314. 157/Declaration de la veuve René Tourtay d'une maison Grande Rüe en l'allée du Cœur Nâvré à 10 d. de cens envers la fabric de Saint Pierre du Boille, de 12 s. 6 d. de rente fonciere, plus de 30 l. t. de rente à elle düe par le Sieur Rabasche sur maison Grande Rüe en ladite allée du Cœur Nâvré du 23 juillet 1700, en papier, signé, fol. 183 et 184 dudit terrier, cottée charte 337. 158/Declaration de Sieur Florentin Gaultier d'une maison Grande Rüe à 1 d. de cens, plus 30 l. t. de rente à lui düe par Renée Bourcier, veuve Jacques Rabasche sur maison allée du Cœur Nâvré, du 16 avril 1708, en papier, signée, fol. 143 et 184 dudit terrier, cottée charte 376.	Dame veuve Molendin l'aisné, marchand à Tours, representant François Pouces et ses sœurs. Pour la majeure partie d'une maison située sur la Rüette à aller de la Foire le Roy dans l'allée du Chœur Nâvré, paroisse de Saint Pierre du Boille, indivise entre elles consistant ladite portion dans une cave voutée, deux chambres basses au dessus consecutives l'une servant de boutique où il y a une cheminée regardant sur la Foire le Roy, et l'autre au derriere sans cheminée, deux chambres hautes à cheminée au troisieme étage consecutives, deux autres chambres audessus en galtas l'une à cheminée et l'autre sans cheminée, un petit comble au dessus couvert d'aroise et thuille, une sortie de la seconde chambre basse dans laditte allée commune du Cœur Nâvré ; le second étage font les deux articles suivantes : joignant au total d'un long d'orient à la maison de maitre Chauvereau, seigneur de Pouillé de l'article 189, des autres parties, d'autre long d'occident à la maison des Sieur Coulon, avocat et du Sieur Grosset art. 195 cy apres ; d'un bout du midy en la majeure partie à la maison de damoiselle Besnard, fille de l'article 191 des autres parts, et autre petite partie à autre maison dudit Sieur Grosset de l'article precedent ; et d'autre bout au nord à laditte Rüette qui va de la place de la Foire le Roy en laditte allée du Cœur Nâvré commune a laditte maison. Doit à la recette [...].
194B 19, place Foire le Roi	1732, 1725	Page 184 de l'ancien papier Terrier de ce fief fait en 1682	159/Declaration de la veuve René Tourtay d'une maison Grande Rüe en l'allée du Cœur Nâvré à 10 d. de cens envers la fabric de Saint Pierre du Boille, de 12 s. 6 d. de rente fonciere, plus de 30 l. t. de rente à elle düe par le Sieur Rabasche sur maison Grande Rüe en ladite allée du Cœur Nâvré du 23 juillet 1700, en papier, signé, fol. 183 et 184 dudit terrier, cottée charte 337. 160/Declaration Fleurantin Gaultier d'une maison Grande Rüe à censif, plus une rente fonciere de 30 l. t. à lui düe par la veuve Jacques Rabasche sur une maison Grand Rüe allée du Cœur Nâvré, du 10 avril 1715, expedition signée Bardeau, fol. 143 et 184 dudit terrier, cottée charte 11.	Maitre Louis Benoist de la Grandiere, avocat à Tours, à cause de dame Rabache, son epouze. Pour une chambre haute à cheminée faisant partie du second étage du corps de logis de l'article precedent, sittué pres l'allée du Cœur Nâvré, paroisse de Saint Pierre du Boille, derriere la Grande Rüe donnant sur la Rüette de la place de la Foire le Roy, le desoubs et le dessus de laquelle chambre compose le même article precedent à sous les memes joignants y portés. Doit à la recette [...].
194C 19, place Foire le Roi	1755, 1756, 1732, 1677	Page 185 de l'ancien papier Terrier de ce fief fait en 1682	161/Declaration de Macé Bordereau d'une maison Grande Rüe en l'allée du Cœur Nâvré à 4 l. t. 0 s. 8 d. de cens et rente 24 s. à la table du couvent et 11 l. t. 9 s. 4 d. à l'hotellier de rente, du 20 aoust 1615, en parchemin, signée en forme, fol. 185 du terrier, cottée charte 23.	Ledit Sieur Martin Grosset, maitre masson, entreprenuer à Tours. Pour une chambre haute à cheminée faisant la seconde et partie du second étage du corps de logis pres l'allée du Cœur Nâvré, paroisse de Saint Pierre du Boille, expliqué

				cy dessus art. 194A et sous les memes joignants cy données, l'autre chambre du même second étage appartenant au Sieur Benoist de la Grandiere art. precedent dont l'escallier est commun, un cellier servant d'aizance, et communauté en deppendant. Doit à la recette […].
195 66, rue Colbert Entrée par le passage du Cœur Navré	1732, 1755, 1756,	Page 186 de l'ancien papier Terrier de ce fief fait en 1682	162/Declaration de Charles Berruyer d'une maison en l'allée du Cœur Nâvré pres la Foire le Roy à 46 s. 8 d. de cens et rente feodalle peable au couvreur en pittance de cette abbaye de 24 s. de rente et de 11 l. t. 9 sols 4 d. à Chatellier du 10 janvier 1594, en parchemin signée en forme, folio 186 dudit terrier, cottée charte 9. 163/Declaration de Jean Crosnier l'ainé d'une maison Grande Rüe au Cœur Nâvré pres la Foire le Roy à 15 l. t. de rente vers les religieux de ladite abbaye du 22 juin 1709, papier de lui signée, fol. 186 dudit terrier (clamable), cottée charte 386. 164/Declaration de Charles et Jean Crosnier d'une maison en l'allée du Cœur Nâvré pres la Foire le Roy à 40 s. 8 d. de cens et rente feodalle 24 s. de rente au petit couvent et 11 l. t. 9 s. 4 d. aussy à l'hotellerie de cette abbaye du 18 mars 1716, expedition signée Bardeau, fol. 186 du terrier, cottée charte 37.	Maitre Jacques Louis Coullon, avocat cy devant procureur à Tours et ledit Sieur Martin Grosset, maitre masson, entrepreneur à Tours. Pour un corps de logis situé au bout de l'allée du Cœur Nâvré, paroisse de Saint Pierre du Boille, composé d'une chambre basse à cheminée servant à present d'écurie appartenant audit Sieur Coullon seulement, le surplus dudit logis est audit Sieur Grosset, consistant en une chambre haute au dessus de laditte écurie, une petite antichambre à costé, grenier et comble dessus couvert d'ardoise, un siege d'aizance, une petite écurie, une petite allée commune, cour et l'escallier pour y monter avec son dessous : le tout joignant d'un costé d'orient au logis qui composent les trois portions precedentes appartenantes aux dames veuves Mollendin, Le Begue, Sieur Benoist de la Grandiere et audit Sieur Grosset ; d'autre costé d'occident par le bas à la grande allée commune du Cœur Nâvré, qui va de la Foire le Roy à la grande Rüe, et par le hault à la maison du Sieur Brossier article suivant, d'un bout du nord à la même allée du Cœur Nâvré ou Rüette qui fait recoude allant à laditte place de la Foire le Roy, et d'autre bout du midy à la maison et cour dudit Sieur Grosset au lieu des Sieurs Tourtay de l'article 193 des autres parts. Doivent solidairement à la recette […].
196 66, allée du Cœur Navré	1730, 1698, 1690, 1713,	Page 188 de l'ancien papier Terrier de ce fief fait en 1682		Le Sieur Louis Brossier, negociant dans les isles de la Goüardeloupe. Pour une maison sittuée dans le derriere au nord de la Grande Rüe, et a l'occident de l'allée du Cœur Nâvré, paroisse de Saint Pierre du Boille, concistante en deux corps de logis separez d'une cour en deppendante. Le premier, plus proche de laditte Grande Rüe, est composé d'une cave voutée separée en deux d'une cloison, une chambre basse au dessus, une ecurie à costé un cabinet ou garderobe et siege d'aizance, deux chambres hautes a cheminée, l'une sur l'autre aux second et troisieme étage

				avec chacune garde-robbe et siège d'aizance, grenier ou mansarde au dessus, laditte cour un puy dedans ; ensuitte est le second corps de logis dans le derriere au fond de l'allée dudit Cœur Nâvré, composé d'une chambre basse à cheminée, chambre haute, grenier dessous, portion d'une gallerie où sont les aizances, le tout couvert d'ardoise, joignant au total d'un long d'orient par le bas a laditte grande allée du Cœur Nâvré qui va de la Grande Rüe à la place de la Foire le Roy, et par le hault aux batiments des Sieurs Grosset et Coulon des articles precedent 195 et 193 : d'autre costé d'occident au Sieur Jean Verger Douyneau cy apres article 198 ; d'un bout du midy à l'article suivant ; et d'autre bout du nord à la maison du Sieur Paul Chauvereau, ecuyer, lieutenant de vaisseau de l'article 188 des autres parts. Doit à la recette […].
197 64 rue Colbert	1732, 1702,	Page 187 de l'ancien papier Terrier de ce fief fait en 1682	165/Declaration dame Jeanne Boutault, veuve su Sieur Isaye Vaumalle, d'une maison Grande Rüe joignant l'allée du Cœur Nâvré à censif du 1er decembre 1636 en parchemin, signée en forme, fol. 187 du terrier, cotté et vers le chap. de Saint Martin de 6 l. t. 3 s. 2 d. de rente fonciere, charte 26. 166/Declaration de la veuve Ysaye Vaumalle d'une maison Grande Rüe joignant à l'allée du Cœur Nâvréàa censif et vers la chapitre de Saint Martin de 6 l. t. 3 s. 2 d. de rente fonciere en parchemin du dernier mars 1644, signée Boutault et Vachel, notaires, fol. 187 du terrier, cottée charte 54. 167/Declaration du Sieur Bernard de l'Etang de deux petits corps de logis situés Rüe de la Moquerie joignant le jardin abbatial et le jeu de paume de la Moquerie, plus deux autres corps de logis en la tenüe du Cœur Nâvré, le tout à censif envers le curé de Saint Pierre du Boille de 15 s. de rente et au chapitre Saint Martin 12 l. t. 6 s. 8 d. du 14 avril 1644, signé David Douces Ejoyeux, fol. 187 du terrier, cottée charte 59. 168/Declaration de Bernard de l'Estang de deux corps de logis Rüe de la Moquerie à 1 d. de cens plus deux corps de logis en l'allée du Cœur Nâvré aussy à 1 d. de cens chacun et vers la chapitre de Saint Martin de 12 l. t. 6 s. 8 d. de rente fonciere et 15 d. à la cure de Saint Pierre du Boille du 18 novembre 1653, en parchemin, signée en forme, fol. 187 du terrier, Cottée charte 94 O. 169/Declaration de Jean Delestang, cordonnier, d'un petit corps de logis en l'allée du Cœur Nâvré Grande Rüe à censif plus moitié de corps de logis sittuée Rüe de la Moquerie, aussy à censif du 11 juillet 1667, en parchemin, signée en forme, fol. 187 du terrier, cottée charte 159.	L'hotel Dieu de Tours. Pour une maison sittuée au nord de la Grande Rüe pres le Cœur Nâvré, paroisse de Saint Pierre du Boille, composée d'une cave voutée, une boutique sur le devant, une chambre basse a cheminée au derriere, deux chambres hautes à cheminée l'une sur l'autre au dessus desdittes boutique et chambre basse, cabinets à costé grenier et comble dessus couvert d'ardoise et escallier pour monter dans lesdittes chambres ; joignant d'un costé d'orient par le bas à l'allée du Cœur Nâvré, et par le hault a la maison du Sieur François Pinel, cierger de l'article 192 des autres portes ; d'autres costé d'occident à l'article suivant ; d'un bout par le derriere du nord à l'article precedent ; et d'autre bout du midy au pavé de laditte Grande Rüe. Doit à la recette […].

			170/Declaration de damoiselles Jeanne et Catherine Vaumalles, filles, d'une maison grande Rüe en l'allée du Cœur Nâvré à 1 d. de cens du 2 janvier 1669, en parchemin, signée en forme, fol. 187 dudit terrier, cottée charte 170. 171/Declaration de damoiselle Jeanne Vaumalle, fille majeure, d'une maison Grande Rüe à 1 d. de cens du 13 avril 1678, en parchemin, signée en forme, fol. 187 du terrier, cottée charte 287.	
198 62 rue Colbert et 16, rue de la Moquerie	1760, 1729,	Page 189 de l'ancien papier Terrier de ce fief fait en 1682	172/Declaration de dame Claude du Tramblay, veuve du Sieur Jean Morinet, d'une maison Grande Rüe en deux corps de logis à 12 d. de cens du 29 mars 1644, en parchemin, signée en forme, fol. 189 du terrier, cottée charte 52. 173/Declaration de Sieur Gilles Voureau, d'une maison Grand Rüe à 12 d. de censif, en parchemin du 28 janvier 1654, signée en forme, fol. 189 du terrier, cottée charte 119. 174/Declaration de dame Claude du Trambaly, veuve du Sieur Jean Morinet, d'une rente fonciere de 487 l. t. 10 s. à elle düe par le Sieur Gilles Boureau le jeune, en parchemin, signée en forme, fol. 189 du terrier dudit Robert Lopin, cottée charte 134. 175/Declaration dudit Sieur Jean Pin, marchand, d'une maison Grande Rüe sur celle de la Moquerie en plusieurs corps à censif du 9 janvier 1669, en parchemin, signée en forme, fol. 189 du terrier et cottée charte 173. 176/Declaration du Sieur François Taffu, marchand, d'une maison grande Rüe paroisse de Saint Pierre du Boille à 12 d. de cens du 3 juillet 1677 en parchemin, signée en forme, fol. 189 du terrier, cottée charte 256.	Le sieur Jean Verger Doüyneau, marchand negociant à Tours. Pour une maison située au nord de la Grande Rüe, paroisse de Saint Pierre du Boille, concistante en plusieurs corps de logis dont le premier sittué sur laditte Rüe est composé de trois caves voutées, boutique, salle basse, quatre chambres hautes et cabinets aux second et troisieme étage, grenier dessus, un autre petit corps de logis au derriere une cour entre deux, composé de chambre basse et haute cabinets, greniers dessus, une seconde cour ensuitte d'avec laquelle il y a deux chambres basses sont le dessus est a la veuve Cornilleau, et autres appartenances, une ecurie, grenier dessus, une allée reignante jusqu'à la Rüe de la Moquerie, sur laquelle il y a une porte d'entrée et sortie, escalliers pour le service dessus, chambres hautes, un puy dans une desdittes cours et aizances ; le tout joignant d'un long d'orient partie à l'article precedent, partie au Sieur Brossier de l'art. 196 et autre partie à cause de laditte allée et sortie au Sieur Paul Chauvureau, ecuyer, lieutenant de vaisseau, de l'article 188, des autres parts : d'autre costé d'occident partie à l'article suivant, partie à la veuve Martin Chotard art. 200 cy apres, au Sieur Nagot, et encore du même costé et d'un bout du nordàa laditte veuve Cornilleau de l'art. 203 cy apres, et à cause de laditte allée à la Rüe de la Moquerie ; et d'autre bout du midy au pavé de laditte Grande Rüe. Doit à la recette […].
199 60 rue Colbert	1722, 1727, 1731, 1748,	Page 190 de l'ancien papier Terrier de ce fief fait en 1682	177/Declaration de François Lefebure, archer, d'une maison Grande Rüe paroisse de Saint Pierre du Boille à 50 s. de rente seigneurialle du 25 novembre 1700, en papier, signée, fol. 190-191 du terrier, cottée charte 346.	Le Sieur Laurent Huré, marchand à Tours, et damoiselle Louise Montivault, son epouze. Pour une maison sittuée au nord de la Grande Rüe, vis-à-vis et faisant face au portail et Rüe des Cordelliers, paroisse de Saint Pierre du Boille où pendoit autrefois

				l'enseigne des hermines, composé d'une cave voutée de 20 pieds de long sur 12 pieds 2 pouces de large separée par deux cloisons, escallier de pierre a vice pour y descendre où est un anneau d'aizance, une boutique sur la Rüe de 17 pieds 3 pouces de long sur 9 pieds 10 pouces de large, une chambre ou salle basse ensuitte de 11 pieds 3 pouces de large sur 16 de long, une allée commune à laditte maison et à celle de l'article suivant, quatre chambres hautes aux second et 3e étages avec un cabinet à chaque étage, grenier comble dessus couvert d'ardoise l'escallier à vice et un escallier plat de pierre dans la cour commune avec ledit art. suivant et qui luy est aussy commun pour monter sur les entraites des deux logis, une cour et un puy dedans aussi communes
200 60 rue Colbert	1709, 1727, 1751,	Page 190 de l'ancien papier Terrier de ce fief fait en 1682	178/Declaration de François Lefebure, archer, d'une maison Grande Rüe paroisse de Saint Pierre du Boille à 50 s. de rente seigneurialle du 25 novembre 1700, en papier, signée, fol. 190-191 du terrier, cottée charte 346. 179/Declaration de la veuve François Lefevre et de la veuve André Berthon, d'une maison Grande Rüe devant le portail des Cordelliers paroisse Saint Pierre du Boille à 50 s. de cens et rente du 9 aoust 1709, en papier signée en forme, fol. 190 du terrier, cottée charte 391.	Marie Lemoine, veuve Martin Chotard vivant homme de peine à Tours, surnommé Deplessis. Pour une maison située au derriere de l'article precedent Grande Rüe vis-à-vis le portail et Rüe des cordelliers, paroisse de Saint Pierre du Boille, composée de deux caves voutées, une chambre basse au dessus à cheminée, une autre chambre au dessus aussy à cheminée, grenier, comble dessus couvert d'ardoise, un cabinet dans la chambre du premier étage, le tout repondant sur une cour commune et sur la petite particuliere de laditte maison, au derriere un cellier ou écurie, un cabinet à cheminée au dessus couvert d'ardoise, un couloir qui communique de la dedans, un puy dans la cour commune qui depend de laditte maison et dans lequel puy l'article precedent à droit de puisage et de passage seulement, dans laditte cour un degré commun avec ledit art. precedent pour monter dans la premiere chambre et grenier. Joignant le tout d'un long d'orient a la maison du Sieur Verger Douÿneau de l'art. 198 des autres d'autres parts ; d'autre costé d'occident de l'article, d'un bout par le derriere du nord ; et d'autre bout du midy audit article precedent, et par l'allée d'entrée à laditte Grande Rüe. Doit à la recette [...].
201 58 rue Colbert	1719, 1722, 1731, 1734, 1744,	Page 192 de l'ancien papier Terrier de ce	180/Declaration du Sieur Michel Lepot, notaire, d'une grande maison Grande Rüe ayant sortie sur celle de la Moquerie à censif du 5 may 1672, en parchemin, signée en forme, fol. 192 du terrier, cottée charte 196.	Le Sieur Bernard Armand Nagot, marchand, et damoiselle Françoise Brindeau, son épouze. Pour une maison située au nord de la Grande Rüe, presque vis-à-vis le portail et Rüe des Cordeliers, paroisse

		fief fait en 1682	181/Declaration du Sieur Michel Lepot, notaire, d'une maison Grande Rüe joignant celle de la Moquerie à censif du 14 juillet 1677, en parchemin, signée en forme, fol. 192 du terrier de Dom Robert Lopin, cottée charte 258. 182/Declaration de Jacques Veron, ecuyer, et Jacques Germain, son frere, terrain d'une maison Grande Rüe à 2 d. de cens du 3 septembre 1701, en papier, signée en forme fol. 192 du terrier, cottée charte 358.	de Saint Pierre du Boille, composée de deux caves voutées, une boutique separée en deux par une cloison, une grande chambre basse à cheminée et une cour derriere, escallier de bois dedans, deux chambres hautes à cheminées dessus, deux autres chambres aussy à cheminées dessus, grenier couvert d'ardoise, plus une cave en entier voutée etant dessoubs la chambre du Sieur Verger art. suivant dont en appartient audit Sieur et dame Nagot deux soliveaux, l'espace où sont lesdits deux soliveaux, restant des chambres basses et hautes dudit Sieur Verger le cabinet à costé et le grenier autant qu'en emporte ledit espace et cabinet et moitié du comble au dessus, lequel espace est separé du bas en hault d'un mur qu'a fait faire ledit Sieur Nagot depuis et en vertu du contrat cy apres datté. Une gallerie sur la cour de ladite maison, aizances dedans dont la voute est commune avec l'article suivant dudit Sieur Verger, l'escallier qui y communique et aux chambres et grenier en toutte sa hauteur. Joignant le tout d'un long d'orient au Sieur Huré et veuve Chotard des deux articles precedents ; d'autre costé d'occident et d'un bout au nord audit Sieur Verger article suivant ; et d'autre bout du midy au pavé de ladite Grande Rüe. Doit à la recette [...].
202 56 rue Colbert et 20 et 24 rue de la Moquerie	1719, 1721, 1731, 1734, 1744,	Page 193 de l'ancien papier Terrier de ce fief fait en 1682	183/Declaration de Daniel Chardon, tuteur de ses enfans, et de Renée Houssaye, d'une maison Grande Rüe à 6 s. 8 d. de cens et rente du 8 may 1648, en parchemin, signée en forme, fol. 193 du terrier, cottée charte 82. 184/Declaration de Sieur Daniel Chardon sur Anne Chaussaye, veuve Jacques Theard, marchand, par le Sieur Daniel Chardon d'une maison Grande Rüe paroisse Saint Pierre du Boille abattant au pavé de la Rüe de la Moquerie, rente de 200 l. t. à lui düe par le Sieur du 9 septembre 1654, signée en forme, fol. 193 dudit terrier, cottée charte 124. 185/Declaration de Daniel Chardon, à cause de ses enfans et de Renée Houssair, d'une Grande Rüe joignant à celui cy apres à 2 d. de cens, *item* une autre maison sittuée Rüe de la Moquerie joing à celuy cy dessus, *item* autre corps de logis faisant le coin de la Grande Rüe et de la Rüe de la Moquerie au devant duquel souloir pendre pour enseigne l'echarpe blanche, lesdits deux logis à 6 s. 8 d. de cens et rente feodalle du 15 decembre 1660, en parchemin, signée en forme, fol. 193 dudit terrier, cottée charte 140. 186/Declaration du Sieur Daniel Chardon d'une rente fonciere de 300 l. t. à lui düe par Jacques Laurancin sur une maison Grande Rüe faisant coin à celle de la Moquerie ou pendoit	Ledit Sieur Jean verger, marchand negociant à Tours, et damoiselle Marie Douyneau, son epouze. Pour une grande maison sittuée au nord de la Grande Rüe, et faisant l'angle ou coin d'orient de la Rüe de la Moquerie, parroisse de Saint Pierre du Boille, consistante en deux corps de logis, le premier plus grand sur ladite grande Rüe faisant ledit coin de la Rüe de la Moquerie, est composé de deux caves voutées, boutique sur le devant, arriere boutique à cheminée, quatre chambres hautes aux premiers et second etages haults, grenier et comble dessus couvert d'ardoise, un escalier à vice pour montrer, et un de pierre au dessoubz pour descendre en lesdittes caves, cour, porte dedans sur ladite Rüe de la Moquerie, deux galleries de comunication au second logis, sieges d'aizances dedans dont la voûte est commune à la maison de l'article precedent. Le second logis au derriere, le long de ladite Rüe de la Moquerie, est composé par le bas de deux caves voutées, au dessus,

			autrefois l'enseigne de l'echarpe blanche du 25 juillet 1677, en parchemin, signée en forme, fol. 193 du terrier, cottée charte 260. 187/Declaration de Jacques Garnault, Sieur de Beaujardin, et demoiselle Marguerite Boullin, son epouze, d'une rente fonciere de 300 l. t. à eux düe par la veuve Jacques Laurencin, sur maison Grande Rüe faisant coin à celle de la Moquerie, plus un grand corps de logis à eux appartenant ditte Grande Rüe paroisse Saint Pierre le Puellier à 1 d. de cens du 6 aoust 1680, en parchemin, signée en forme, fol. 193, dudit terrier, cottée charte 304. 188/Declaration du Sieur Marin Pol, confiseur, d'une maison en deux corps de logis Grande Rüe et Rüe de la Moquerie à 6 s. 8 d. de censif du 9 aoust 1695, en papier, signée et controllée, fol. 193 du terrier, cottée charte 322. 189/Declaration de Sieur Claude Beranger, marchand, d'une maison faisant le coin de la Grande Rüe et de celle la Moquerie à 6 s. 8 d. de cens du 26 fevrier 1714, en papier, signée fol. 193 dudit terrier, cottée charte 398. 190/Declaration du Sieur Claude Beranger, marchand d'une maison Grande Rüe coin de la Moquerie à 6 s. 8 d. de cens du 19 juin 1715, papier expedition signée Bardeau, fol. 193 dudit terrier, cottée charte 27. 191/Declaration de Sieur Jacques Garnault d'une rentre fonciere de 150 l. t. à lui düe par le Sieur Claude Beranger sur maison Grande Rüe faisant coin de celle de la Moquerie du 18 mars 1716, expedition en papier signée Bardeau, fol. 193 dudit terrier, cottée charte 38.	un sallon et cuisine, deux chambres hautes à cheminées au dessus grenier et comble couvert d'ardoise en pavillon, cour au bout dudit second logis du costé du nord, grande porte de sortie de cette seconde cour en laditte Rüe de la Moquerie, un appenty en laditte cour composé d'un magazin, comble dessus, une ecurie ensuitte, grenier dessus ; au bout du costé de midy une chambre à cheminée retressie de deux soliveaux du costé du midy, la chambre au dessus en la même largeur et du grenier et comble au dessus autant qu'en emporteront ledittes chambres sous lesdits retrecissement de deux soliveaux, lequel depend de l'art. precedent et on est separé par murs et colombage que le Sieur Nagot a fait faire depuis et vertu du contrat cy apres datté. Le tout joignant d'un costé d'orient audit Sieur Nagot article precedent, à la veuve Chotard du Plessis de l'article 200, en recoude du même costé d'orient à autre deppendance d'une autre maison que ledit Sieur Verger a aquis du Sieur Tassu de l'article 198, et apres le retour dudit recoude, en pointe à la maison de la veuve Cornilleau article suivant, d'autre costé d'occident et d'un bout du nord en pointe à laditte Rüe de la Moquerie ; et d'autre bout du midy au pavé de laditte Grande Rüe. Doit à la recette [...].

Chapitre 10

L'implantation des ordres mendiants dans les marges urbaines : mythes et réalités. L'exemple de l'Auvergne médiévale (début du XIIIe siècle-début du XVIe siècle)

Claire Bourguignon

Doit-on encore gloser sur l'implantation des ordres mendiants dans les villes médiévales ? Le postulat visant à faire des couvents mendiants un « phénomène révélateur de la France urbaine médiévale » constitua en effet l'un des fondements de l'enquête sur les sociétés urbaines lancée par Jacques Le Goff en 1968 (Le Goff, 1968, p. 335-352 ; 1968, p. 69-76 ; 1969, p. 833 ; Schmitt, 1981, p. 13-18 ; Piron, 2018, p. 63-71). La diversité des questionnements soulevés et la dimension européenne des recherches contribuèrent à focaliser l'attention sur les causes géographiques, spirituelles et matérielles liant les ordres mendiants à la ville et révélèrent le caractère prioritairement urbain des implantations mendiantes, en particulier aux abords des villes (Le Goff, 1970, p. 924-946 ; 1977, p. 211-222 ; De Fontette, 1970, p. 390-407 ; Viallet, 2013, p. 58-59). Le désir des fondateurs de soutenir l'établissement de communautés mendiantes sur leurs terres, au voisinage de leur résidence, la volonté du clergé d'éloigner ces religieux de leurs aires d'influence, mais aussi les espaces disponibles, la qualité sociale des populations résidant dans les espaces suburbains et la possibilité pour les frères de mettre en œuvre une démarche évangélisatrice auprès de celles-ci constituèrent autant de raisons expliquant la fixation des ordres mendiants dans les marges urbaines. Le réexamen récent de la structuration, la fonction et l'attractivité des périphéries dans la fabrique de la ville médiévale (Xandry, 2013 ; Arnaud, 2018 ; Pauly et Scheutz, 2018 ; Thewes et Uhrmacher, 2019) plaident en faveur d'une analyse à frais nouveaux des implantations mendiantes dans ces espaces. Qui plus est, les synthèses pluridisciplinaires publiées dernièrement, résultant d'une approche croisée de la documentation textuelle, planimétrique et iconographique et des vestiges archéologiques, ont rappelé la nécessité d'étudier minutieusement les études de cas locales et ont permis d'affiner les connaissances des mécanismes, des lieux et des chronologies d'installation de ces *novae religiones*, nuançant l'idée d'une fixation systématique et pérenne des ordres mendiants dans les faubourgs (Le Gall, 2005, p. 211-235; Bériou et Caby, 2009). Les établissements urbains des ordres mendiants, qui se constituèrent entre l'extrême fin du XIIe siècle et le milieu du XIIIe siècle en Orient (Carmes) et en Occident (Dominicains, Franciscains, Ermites de Saint-Augustin et Clarisses), s'inscrivirent en effet dans un vaste mouvement d'*inurbamento* des communautés religieuses à partir du XIIIe siècle et prirent une part active dans la transformation et l'essor de l'urbanisation (Vauchez, 2003, p. 192-193; Bériou, 2009, p. 15-18; Bertrand, 2010, p. 201-202). Les anciens diocèses de Clermont, du Puy et de Saint-Flour (à partir de 1317), correspondant au sud du département de l'Allier, au Puy-de-Dôme, au Cantal et à la quasi-totalité de la Haute-Loire, fournissent un terrain d'analyse privilégié de ces questionnements examinés dans le temps long, du début du XIIIe siècle au début du XVIe siècle, en raison de l'installation majoritairement extra-urbaine des communautés mendiantes au sein des localités de ces territoires ecclésiastiques. En vue de constituer un corpus documentaire élargi et détaillé propre à chacun des établissements mendiants considérés, une collecte des données archéologiques, historiques, planimétriques et iconographiques a été menée. Une base de données, constituée à l'aide du logiciel Claris FileMaker Pro (Database)©, a permis d'encoder les informations historiques relatives à l'ensemble des établissements mendiants implantés dans les diocèses étudiés. Les outils d'analyse créés rendent ainsi possible l'exploration de la mise en place du réseau conventuel mendiant d'Auvergne et du Velay au moyen de différentes clés d'analyse au prisme du concept actuel d'interstice se justifie pleinement dans la mesure où les configurations juridiques, spatiales, hydrographiques et architecturales des sites investis par les mendiants invitent à les considérer comme des lieux d'interstices fréquemment, mais pas systématiquement, situés dans des marges urbaines. Qui plus est, l'analyse montre que les abords des enclos conventuels ont fait l'objet d'usages sacrés et profanes réfléchis, donnant lieu à une appropriation, voire une institutionnalisation progressive des espaces interstitiels entourant ces nouveaux pôles de sacralité aménagés en périphérie des villes, tant par les religieux que par les autorités urbaines. C'est pourquoi l'étude des modalités et des normes d'occupation des sites d'implantation mendiante et leurs abords, mais aussi l'attitude des différents acteurs sollicités pour encadrer l'institutionnalisation des enclos conventuels, contribuent à réinterroger la place et la fonction des ordres mendiants dans la morphogenèse des espaces urbains médiévaux.

1. Sources, protocole d'étude et cadre théorique

Les données mobilisées dans l'analyse des lieux d'implantation des ordres mendiants sont variées. Les résultats des opérations archéologiques menées dans et aux abords immédiats des enclos conventuels mendiants renseignent principalement sur l'environnement géologique et hydrique du site (nature des sols anciens, proximité de nappes phréatiques, bras d'eau et terrasses alluviales), les aménagements liés à la topographie naturelle (remblaiements, systèmes d'évacuation des eaux), la chronologie d'occupation des lieux et les dispositifs liturgiques (aménagements passés du chœur). La prise en compte des données archéologiques a été étendue aux secteurs d'installation des ordres mendiants (quartiers et faubourgs) afin de connaître les modalités d'occupation du sol et les activités qui s'y sont développé et partant, de réfléchir à l'insertion des communautés mendiantes dans le tissu urbain des trois derniers siècles du Moyen Âge. Dans les diocèses étudiés, seul le couvent des Dominicains fondé dans la cité épiscopale du Puy a fait l'objet d'investigations archéologiques approfondies puisqu'entre 1986 et 2001, sept interventions ont été réalisées à l'emplacement (chœur de l'église, cloître, salle du chapitre suggérant le passage ancien) et au voisinage immédiat de l'ancien enclos conventuel (Liabeuf, 1986 ; Vachon, 1990 ; Parent, 1993 ; Fourvel et Liégard, 1994 ; Arnaud, 1995 et 2003). Les opérations menées dans le secteur d'implantation d'un établissement mendiant apportent ponctuellement de précieuses informations sur la nature et la chronologie des occupations médiévales. Ainsi, dans l'ancienne cité épiscopale de Clermont, un diagnostic réalisé en 2006 place Michel de L'Hospital, à moins de 100 m à l'est de l'ancienne église conventuelle des Carmes (aujourd'hui l'église Saint-Genès des Carmes), a permis de montrer que le site a notamment été utilisé comme carrière d'extraction de moellons en tuff ring aux XIIIe et XIVe siècles (Chuniaud et Wittman, 2006). À cette période, ce secteur était localisé à l'extérieur du rempart, dans son angle sud-est, entre les portes Cornavin au nord et Nartonne au sud. L'examen des sources textuelles montre que l'installation des Carmes était récente, datant de la dernière décennie du XIIIe siècle (Lafarge, 2004, p. 45)[1]. Situé au pied des fortifications, en marge de la cité, ce secteur était néanmoins intégré au tissu urbain grâce à l'existence d'activités artisanales et économiques, sans doute liées aux programmes de construction urbains. L'extension du rempart dans l'angle sud-est, antérieure au XVe siècle, inclut l'enclos des

1 Arch. Dép. du Puy-de-Dôme, 21 H 4, c. 116 ; 21 H 28, f°B et f°9.

Carmes mais délaissa la carrière, qui ne semblait plus en usage (Grélois, 2013, p. 72-75).

Les plans d'Ancien Régime et les plans cadastraux sont également pris en considération dans la mesure où ils peuvent pérenniser des données morphologiques et hydrographiques mentionnées dans des textes médiévaux ou documentées par l'archéologie, fournissant ainsi des indications sur la localisation de l'enclos dans l'aire urbaine et le paysage environnant celui-ci. À Montferrand, la deuxième feuille de la section A de Champratel du cadastre dit napoléonien (1831), correspondant à la limite nord du lotissement de la ville neuve aux XIIe-XIIIe siècles, figure ainsi un ruisseau (figure 1).

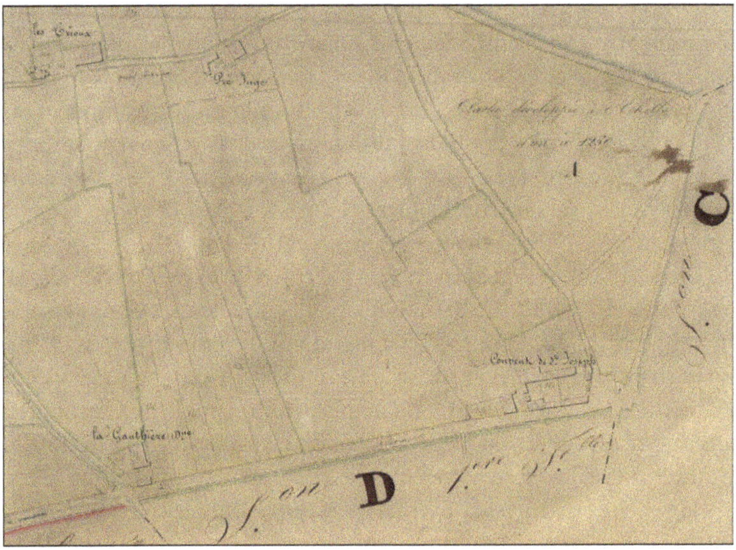

Figure 1. Cadastre dit napoléonien, section A de Champratel (2e feuille), 1/2500e, 1831 (source : Archives départementales du Puy-de-Dôme, 51 Fi 1514)

Celui-ci s'écoulait le long de l'ancien « chemin des Français » reliant l'Île-de-France au Languedoc par l'Auvergne et bordant l'enclos des Franciscains à l'ouest. Il s'agissait peut-être d'un bief du bras nord de la Tiretaine. Un « domaine de l'hôpital Gauthier » est en outre signalé au nord-est de l'ancien couvent, en retrait du chemin. La confrontation des informations fournies par la documentation planimétrique aux témoignages écrits médiévaux et modernes est riche d'enseignements puisqu'un « pont vieulx » situé « entre les Cordeliers et l'ospital Goutier » est évoqué dans les archives communales en 1486, ce qui suggère de ce cours d'eau en bordure du couvent franciscain[2]. Celui-ci est encore cité par les chroniqueurs Claude Picquet et le Père franciscain Jacques Fodéré au début du XVIIe siècle (Picquet, 1610, p. 75 ; Fodéré, 1619, p. 335). La documentation planimétrique et textuelle montre donc que cet espace, situé au débouché de l'entrée nord de Montferrand et caractérisé par un bâti lâche, a peu changé depuis l'implantation des premiers frères dans la seconde moitié des années 1220.

La documentation iconographique apporte de précieuses informations complémentaires sur le paysage naturel et monumental environnant les couvents, les voies d'accès à ceux-ci mais aussi sur la structure des enclos et l'aspect des élévations extérieures des édifices conventuels. L'*Armorial de Guillaume Revel*, réalisé au milieu du XVe siècle pour le compte de Charles Ier, duc de Bourbon et d'Auvergne († 1456), conserve les plus anciens portraits de villes figurant les couvents des ordres mendiants étudiés (« *Registre d'armes…* », Bnf, Français 22297 ; De Boos, 1998 ; Laffont, 2011). Sur les sept couvents reproduits, seuls trois sont particulièrement détaillés, à savoir les enclos des Dominicains de Clermont (f°71) et des Franciscains de Montferrand (f°31) et de Riom (f°41). La qualité des représentations dans ces localités tient à l'implantation des frères à l'extérieur des remparts, leurs domaines figurant ainsi au premier plan ou au centre des vues. La plus grande prudence s'impose néanmoins dans l'analyse des images en raison de l'utilisation par l'auteur de conventions graphiques telles que l'orientation des édifices, la déclivité et les matériaux des toitures, l'élévation exagérée des clochers ou l'homogénéisation des représentations du bâti civil, et de la visée des représentations, lesquelles devaient répondre à une commande ducale (Fournier, 1966 ; Fournier, 1973 ; Phalip, 2004, p. 52-53). Il convient ainsi de signaler l'absence du couvent des Clarisses de Clermont, qui devrait figurer au premier plan de la vue, dans le faubourg nord de la cité, au voisinage de l'abbaye bénédictine de Saint-Alyre (figure 2).

---

[2] « Lesdits Vandel et du Chastellard ont plus confessé avoir heu desdits consulz et par les mains que dessus la somme de douze solz six deniers tournois a cause d'avoir rompu le pant vieulx estant entre les Cordeliers et l'ospital Goutier deant le jardin de Gaspard Sermere promis, etc., fait comme dessus (*signé :*) Faugerat ». Arch. dép. du Puy-de-Dôme, 3 E 113, DEP FDS II, CC 361, f°28v°.

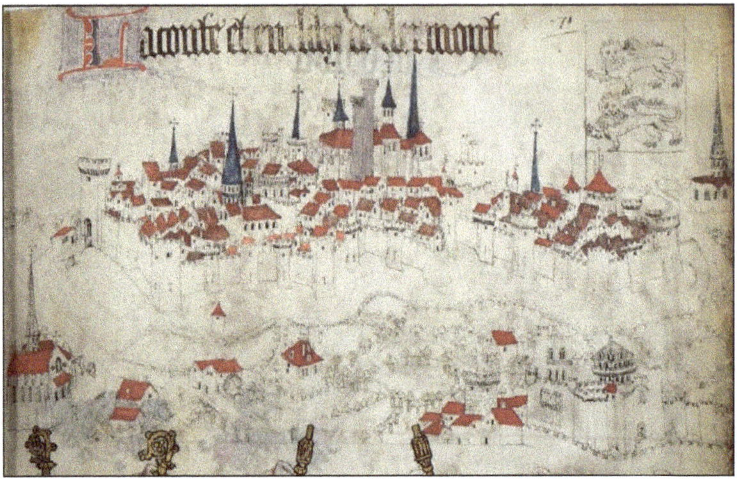

Figure 2. « Clermont », *in* « Registre d'armes » ou armorial d'Auvergne, dédié par le hérault d'armes Guillaume Revel au roi Charles VII, milieu du XVe siècle (source : Bibliothèque nationale de France, Français 22297, f°71 ; Gallica©). Seul le couvent des Dominicains est représenté hors les murs, au premier plan à gauche.

L'hétérogénéité de la documentation réunie a nécessité d'élaborer un protocole d'étude précis fondé sur différents outils d'analyse visant à mettre en exergue les dynamiques spatiales et temporelles des processus d'installation et les modalités et formes d'occupation des sites d'implantation mendiants. La création d'une base de données historiques et la production d'un dossier planimétrique synthétisant les données archéologiques et historiques, réalisé à l'aide d'Adobe Illustrator©, ont constitué la deuxième étape du protocole d'étude. L'exploitation de ces outils d'analyse a permis dans un troisième temps de replacer les couvents étudiés dans leur environnement urbain et d'identifier d'éventuels changements morphologiques et fonctionnels des lieux d'installation et de leurs abords au cours des trois derniers siècles du Moyen Âge. Les résultats obtenus ont été confrontés aux publications anciennes et récentes traitant des problématiques d'implantation des ordres mendiants.

En l'état actuel des connaissances (Viallet, 2013, p. 64-68), de nombreux exemples de fondations mendiantes dans les faubourgs, à proximité d'une porte de la ville et d'un chemin d'accès à celle-ci, voire d'une route de pèlerinage le long de laquelle furent aménagés des hôpitaux, ont été observés tant en France que dans les îles britanniques, en Scandinavie, en

Europe centrale et méridionale. Quadrillant progressivement les marges urbaines, les sites d'implantation mendiants ont correspondu dans certains cas aux projets d'extension urbanistique. Toutefois, diverses fondations s'écartèrent de ce schéma, notamment chez les frères mineurs, comme ce fut le cas en Gascogne dès le milieu du XIIIe siècle (Carbonell-Lamothe, 1974, p. 166-167) et chez les Franciscains observants en Bretagne dans le premier tiers du XVe siècle (Martin, 1975, p. 25, 72-73). C'est pourquoi plusieurs études de cas récentes ont démontré l'intérêt d'élargir la réflexion aux espaces urbains considérés dans leur globalité en analysant les mécanismes d'installation mendiante au prisme des évolutions institutionnelles et économiques laïques et ecclésiastiques au cours du Moyen Âge.

2. Spatialités et temporalités des lieux interstitiels d'implantation des ordres mendiants

Au Moyen Âge central, l'aire géographique considérée se distinguait par la densité, voire la saturation du paysage monastique le long d'une dorsale sud-est/nord-est, depuis le nord-ouest du diocèse du Puy jusqu'à la confluence de l'Allier et de la Sioule au nord du diocèse de Clermont ainsi qu'en Livradois (Fray, 2002, p. 439-444 ; Bouvard et Tronchère, 2017). Aussi, lorsque les ordres mendiants pénétrèrent dans ces circonscriptions ecclésiastiques, l'emprise foncière de l'Église (et celle des seigneurs laïcs) contraignit les frères à s'établir dans des lieux interstitiels, parmi d'autres institutionnalisés et vacants, mis à leur disposition tant par les autorités ecclésiastiques que laïques, aux configurations juridiques, spatiales, hydrographiques et architecturales parfois peu propices à l'établissement pérenne d'une communauté religieuse. Il s'agit donc ici de s'interroger sur les logiques d'investissement de l'espace qui ont prévalu dans le temps long des processus d'installation des communautés mendiantes.

Que disent les textes de l'implantation mendiante dans les marges urbaines ? L'examen de la documentation montre que le terme « faubourg » est rarement usité. En témoigne par exemple un acte daté de juillet 1275 concernant la cité épiscopale de Clermont, dans lequel sont évoquées plusieurs maisons situées à proximité des fortifications, dans la paroisse Saint-Genès, dans le *vico* de la porte Copeyr, à l'est de la maison (*domos*) des Franciscains[3] (sur l'emploi du terme *vicus* dans les sources

---

3 *[...] in parrochia Sancti Genesii Claromontensis in vico qui vocatur Li Porta al Copeyr iuxta domum P. Compte a meridie, et domos Fratrum Minorum ab occidente, et domos*

du XIIIe siècle, voir par exemple : Noizet, 2007, p. 355-369). Le décalage chronologique existant entre l'installation des premiers frères dans le premier tiers du XIIIe siècle, et la popularisation des termes « forbours » en français médiéval vers 1260 puis *falsus burgus* en latin médiéval à partir du dernier quart du XIVe siècle, pourrait expliquer la rareté de l'emploi du vocable dans les textes (Rey, 2016, vol. 1, p. 880). La localisation des enclos conventuels est plus fréquemment associée au nom d'une ville[4] ou à un repère orographique ou hydrographique[5]. Force est en outre de constater que pour de nombreuses fondations mendiantes, les actes médiévaux conservés sont peu abondants, voire inexistants. Par conséquent, seule la documentation d'époque moderne fournit des informations sur les lieux d'installation des frères, et ce, au prisme de la perception des espaces urbains par les contemporains. Ainsi, pour l'année 1341, l'*Inventaire de Saint-Vidal* (XVIIIe siècle ?) évoque plusieurs baux de propriétés situées au Puy dans le faubourg des Jacobins. Aucun élément ne permet d'affirmer si cette expression est extraite du texte médiéval ou si elle résulte d'une interprétation de l'archiviste. L'analyse de la terminologie suggère donc qu'au Moyen Âge, dans les diocèses étudiés, les sites d'implantation des couvents mendiants étaient peu souvent associés à des lieux interstitiels périphériques, en marge d'un centre clairement identifié.

Qui plus est, le constat selon lequel l'implantation des ordres mendiants s'effectua hors les murs nécessite d'être nuancé dans la mesure où il induit une dichotomie entre l'espace clos de la ville fortifiée et l'espace ouvert des faubourgs, sans tenir compte de l'existence d'un éventuel *continuum* entre la ville et ses abords d'une part, entre l'espace public et l'espace privé d'autre part (Boucheron et Offenstadt, 2011 ; Iogna-Prat, 2013, p. 127-162), et de l'évolution morphologique et fonctionnelle des marges urbaines dans les derniers siècles du Moyen Âge. La variété des formes d'occupation résultant de la croissance physique des espaces urbains au-delà des enceintes urbaines (Lardin et Roch, 2000 ; Pinol, 2011, p. 169-179, 192-197), la densité des réseaux sociaux se développant

heredum W. de Molas ab oriente, via publica intermedia [...]. Arch. dép. du Puy-de-Dôme, 3 G, arm. 7, sac M, c. 5 (3 G0 100).

4 *Item operi ecclesie fratrum Minorum Aniciensium lego C solidos turonensis semel tantum.* Arch. Nat., P 1399, c. 821, testament de Jourdaine de Montlaur, 1278 (Truchard du Molin, 1874, t. II, p. XXIV-XXXIV) ; *Item lego edificio fratrum Minorum de Aureliaco decem libras turonensium semel tantum.* Arch. dép. du Cantal, GG 22, testament de Marine de Beaumarchais, 25 juillet 1280 (Boudet, 1901, p. 177).

5 [...] *quod cum aqua quaedam vocata de Borna transiens juxta villam et Praedicatores praedictos* [...]. Arch. Dép. de la Haute-Loire, 6 H 28 (copie du XVIIIe siècle) et 6 H 26 (autre copie), lettre de Philippe V, 20 février 1317.

entre les marges et le centre des localités (par exemple: Arnaud, 2017, p. 60-78) et la conscience de l'existence et du poids de celles-ci dans le processus d'urbanisation par les contemporains, nécessitent en effet d'être prises en considération dans l'étude des choix et des raisons d'implantation des ordres mendiants au sein des espaces urbains. Ainsi, lorsque les Franciscains se fixèrent durablement dans la cité épiscopale du Puy sur un terrain situé hors les murs au sud, cédé par l'évêque Armand de Polignac (1253-1257) dans son testament du 16 juin 1257 (Gissey, 1986, p. 460; Sainte-Marthe, 1720, t. II, col. 716-717), la partie méridionale de la ville n'était sans doute pas entièrement close par des remparts, seul le tronçon sud-est, aménagé dans le premier tiers du XIIIe siècle (?), étant mentionné dans les sources textuelles (Chassaing, 1869-1874, t. I, p. 209-210; Bizri et Bourguignon, 2018, p. 51) (figure 3).

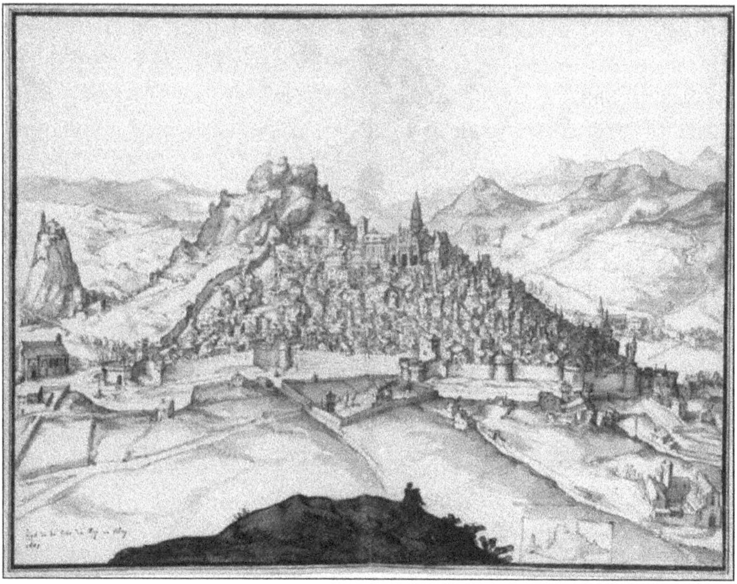

Figure 3. Veüe de la ville du Puy, Étienne Martellange, 1607 (source: Bibliothèque nationale de France, Estampes Ub 9 a, f°135; Gallica©). Le couvent franciscain est localisé au premier plan à droite.

De surcroît, à la fin du Moyen Âge, seize maisons localisées à l'extérieur de la porte méridionale Saint-Gilles, dont plusieurs abritaient des ateliers d'artisans, sont mentionnées dans la documentation (Ramona, 2005, p. 226-227, 229, 256-259). L'établissement pérenne des frères mineurs dans la cité mariale résulta donc d'une donation épiscopale d'une propriété située dans la ville basse, dans un espace peu urbanisé, sans être exclue pour autant des activités urbaines comme le suggèrent l'absence de limites clairement identifiables dans le paysage monumental. L'existence d'un noyau de peuplement au pied de l'une des portes méridionales de la ville au XVe siècle témoigne du dynamisme des activités urbaines au-delà des murs et partant, de la continuité du tissu urbain qui semble se pérenniser au sud de la ville jusqu'à la fin du Moyen Âge.

Si elle fut fréquente, en particulier au XIIIe siècle, l'installation des ordres mendiants dans les marges urbaines, avec les nuances précédemment évoquées qu'il convient désormais d'apporter, ne constitua pas pour autant une norme. D'autres formes d'établissements peuvent en effet être identifiées, mettant en lumière le pluralisme des lieux interstitiels d'implantation. L'arrivée des Clarisses colettines dans deux localités des diocèses de Clermont et du Puy dans le premier tiers du XVe siècle constitue un cas éclairant. Les tractations effectuées en vue d'obtenir les autorisations nécessaires à l'installation des sœurs s'accompagnèrent de l'achat de plusieurs propriétés à l'intérieur des villes fortifiées afin de disposer d'un enclos conventuel propre. À Aigueperse, l'établissement des Clarisses colettines à l'automne 1423 dans le quartier du Bourg, à moins de 100 m de la collégiale Notre-Dame, fut notamment facilitée par l'acquisition par Marie de Berry (1375-1434) et son époux Jean Ier, duc de Bourbon (1410-1434), de l'hôtel de Pierre II de Giac (Sainte-Marthe, 1720, t. II, col. 126). Au moins trois autres propriétés individuelles, localisées dans un îlot délimité au nord et au sud par un habitat civil, à l'est par les fortifications (actuel boulevard de Coreil) et à l'ouest par l'axe Clermont/Bourges ou Clermont/Paris (actuelle Grande Rue, Départementale 2019), furent adjointes à l'hôtel de Pierre II de Giac (Fodéré, 1619, p. 76; Huillard-Bréholles et Lecoy de La Marche, 1867-1874, vol. 2, p. 225, n° 5218)[6]. L'ensemble fut proposé à Colette de Corbie, qui fut à l'initiative de l'expansion des communautés franciscaines réformées dans le centre du royaume, pour accueillir les sœurs (Wadding, 1734, t. X, p. 75). Il convient de remarquer que ces acquisitions passaient outre l'interdiction faite aux habitants de vendre leurs biens aux membres de l'aristocratie ou à des communautés religieuses, consignée dans l'article 39 de la charte de franchises accordée à la communauté urbaine en janvier 1374 (Germain, 2005, p. 475). Les modalités d'implantation des Clarisses colettines au Puy se déroulèrent de manière similaire mais s'inscrivirent dans la durée. La vicomtesse de Polignac Claude de Roussillon

6 Arch. Nat., P 1372, c. 2074.

acheta au moins six propriétés dans le quartier du Pouzarot entre 1426 et 1431 (Chassaing, 1869-1874, t.I, p.247; Jacotin, 1898-1906, vol.2, p.254-258, nos 313 et 314; Gamon, 1930, p.63). Les sœurs prirent possession des lieux à l'été 1432 et acquirent de nouvelles maisons jusqu'en 1497[7]. Dans les deux cas, les fondatrices se heurtèrent à de vives oppositions de la part du clergé séculier, à savoir le chapitre de la collégiale Notre-Dame à Aigueperse, l'évêque Guillaume de Chalencon-Polignac et son chapitre cathédral et les chanoines de la collégiale Saint-Vosy au Puy, mais aussi des consuls et des propriétaires, lesquels exerçaient leurs droits curiaux dans les paroisses d'implantation des sœurs et percevaient des impôts sur les biens acquis par le couple ducal et la vicomtesse de Polignac. Dans ces exemples, les lieux d'implantation des sœurs ont été choisis et aménagés de toutes pièces par des élites nobiliaires, lesquelles ont mené une politique foncière autoritaire afin de s'insérer dans le bâti civil existant. Ces fondations pieuses ont donc bouleversé la fonction de certains pôles urbains, façonnant des îlots sacrés, espaces interstitiels par excellence, au cœur de quartiers résidentiels. La réticence des pouvoirs urbains, des habitants, voire d'autres communautés mendiantes à accepter la venue d'un nouvel ordre, traduit l'éloignement des élites des réalités matérielles et financières des villes dans lesquelles elles désirèrent implanter leurs fondations (Lopez, 2000, p.181-183).

3. Usages, fonctions et appropriation des marges urbaines par les ordres mendiants

L'approche diachronique de l'étude permet de mettre en évidence le caractère changeant du patrimoine foncier et monumental aux abords des espaces urbains et plus encore, l'attitude pragmatique des autorités laïques et ecclésiastiques locales lorsque celui-ci fut concédé aux ordres mendiants. À Murat, l'installation d'une communauté de Franciscains colétans par Bernard VIII d'Armagnac dans les premières années de la décennie 1430, donna lieu à diverses tractations entre le vicomte, le prieur bénédictin de Bredons Guillaume II de Cardaillac et l'évêque de Saint-Flour Jacques le Loup de Beauvoir (1426-1451). Celles-ci s'expliquent par les modalités de transfert du domaine de Saint-Gal, un ancien ermitage (XIe siècle?) devenu une léproserie dotée d'une chapelle (avant 1251), qui fut une possession des Templiers au milieu du XIIIe siècle puis des

7 Archives du couvent Sainte-Claire du Puy-en-Velay, fondation I, 1 A, nos 5, 63, 64, 67 et 70.

Hospitaliers, laquelle était située dans la paroisse de Bredons. Par l'accord du 20 novembre 1430, le domaine fut en effet soustrait de la mense du chapitre de Notre-Dame de Murat et des biens du prieuré de Bredons, situé à quelques encablures au sud du bourg. Le prieur perdit donc les rentes perçues sur les biens de Saint-Gal, raison pour laquelle le vicomte s'engagea à verser à celui-ci une rente en céréales et à dédommager de même le chapitre de Notre-Dame. Cet accord fut confirmé le 30 avril 1434 par le prieur Bérenger de la Tour et le 28 mai 1434 par Aymeric II de Roquemaurel, abbé de Moissac (Viallet et Bertrand, 2004, p. 363-364)[8]. En concédant ce domaine au vicomte en vue de l'installation d'une communauté mendiante, le prieur de Bredons réalisa une opération financière avantageuse grâce à l'obtention d'un revenu en céréales. Cette prise de risque calculée témoigne de l'approche empirique des dignitaires ecclésiastiques locaux (le prieur de Bredons et le chapitre de la collégiale Notre-Dame) qui purent ainsi tirer profit de l'aura d'une nouvelle communauté mendiante dans leur bourg, sans qu'elle ne présente une concurrence redoutable dans la perception des droits curiaux, l'enclos étant situé hors les murs, à environ deux kilomètres au sud-ouest.

Il convient également de s'interroger sur le caractère mouvant des enclos mendiants en tant qu'îlots sacrés progressivement constitués au sein d'un environnement urbain plus ou moins urbanisé. Dans la cité épiscopale de Saint-Flour par exemple, les Dominicains s'installèrent à l'intérieur des remparts, au nord, alors que la ville, l'une des principales places fortes de la région durant la guerre de Cent Ans, était régulièrement assiégée par les troupes de Bertucat d'Albret et Seguin de Badefol entre 1357 et 1363 puis à nouveau entre 1383 et 1390 (Boudet, 1893, p. 341-342, 345-347 ; 1908, p. 15-20). L'achat de diverses propriétés par les frères est attesté au début des années 1360, impliquant que plusieurs parcelles, probablement de taille et de forme différentes, ont été nécessaires afin de constituer l'enclos conventuel (Todescato, 2015, vol. II, annexe n° 51)[9]. La mise en chantier de l'église et des bâtiments et dépendances conventuels, peut-être effective dès l'épiscopat de Pierre d'Estaing (1361-1369), a contribué à structurer progressivement la moitié ouest de l'îlot du Saurel, localisé au carrefour de plusieurs voies transversales (figure 4).

---

8 Arch. dép. du Cantal, 39 H 1.

9 Arch. mun. de Saint-Flour, chap. VII, art. 1, n° 8 et chap. VIII, art. 2, n° 3.

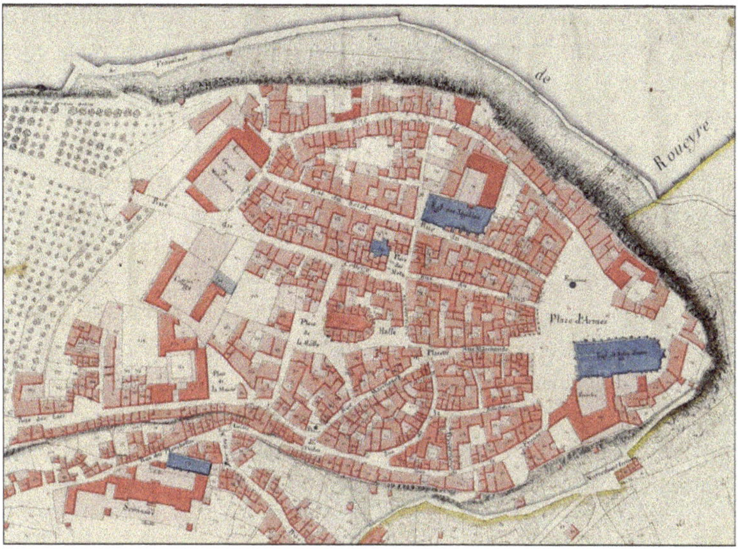

Figure 4. Cadastre dit napoléonien, section H et I (plan de la ville haute), 1/1250e, 1817 (source : Archives départementales du Cantal, 3 NUM 1280/16)

L'enclos était délimité au nord par la rue de Muret (actuelle rue de Belloy), à l'ouest par celle de Salhent (rue des Jacobins), qui traversait la cité du nord au centre, et au sud par celle de Saurel (rue de Sorel). L'édification probable d'une clôture, au moins dans les parties ouest, nord et est du couvent, renforça la compartimentation de l'îlot. L'orientation de l'église, l'existence de portails donnant sur deux rues principales de la ville haute (rues de Salhent à l'ouest et Saurel au sud) et la disposition des bâtiments conventuels, suggèrent que l'aménagement de l'enclos ne modifia pas la trame viaire du quartier, voire que la mise en place de celle-ci fut contemporaine de la structuration de l'enclos. Cet exemple témoigne de l'investissement et du contrôle progressif d'une partie de l'îlot du Saurel par les frères, passant d'une installation provisoire à une occupation durable. Somme toute, l'enclos des Dominicains, pôle sacré interstitiel construit, organisé et délimité dans l'espace, aménagé au cœur des quartiers résidentiels et marchands de la cité, peut être considéré comme un moteur de la transformation de l'espace urbain sanflorain au tournant des XIVe et XVe siècles.

Le statut incertain et l'institutionnalisation progressive des abords des complexes conventuels dans les derniers siècles du Moyen Âge, leur fonction transitoire entre espaces profanes et espaces sacrés et les pratiques d'appropriation matérielle (lotissement, entretien) et dévotionnelle (prédication, processions, cortèges funéraires) qui s'y développèrent, contribuent à faire de l'environnement proche des couvents mendiants des espaces agissants nécessitant d'être examinés avec acribie. L'analyse de la disposition et de la fonction des seuils et des portails des églises, « véritables aspirateurs à âmes » (Dibie, 2012, p. 101), l'existence de porches et l'aménagement de parvis constituent un exemple intéressant. Ainsi, dans la cité épiscopale du Puy, le portail sud de l'église dominicaine Saint-Laurent fut réaménagé autour du dernier quart du XVe siècle grâce au soutien financier du vicomte Guillaume-Armand XIII de Polignac, lequel offrit cent livres tournois à cette fin dans son testament daté du 31 juillet 1473 (Jacotin, 1898-1906, vol. 2, p. 325-329, n° 343 ; Carbonell-Lamothe, 1976, p. 358)[10]. À cette période, et jusqu'à la fin du XVIe siècle, les fidèles accédaient à l'église en traversant le cimetière conventuel qui était aménagé au pied du portail sud (Chassaing, 1875, p. 3) (figure 5).

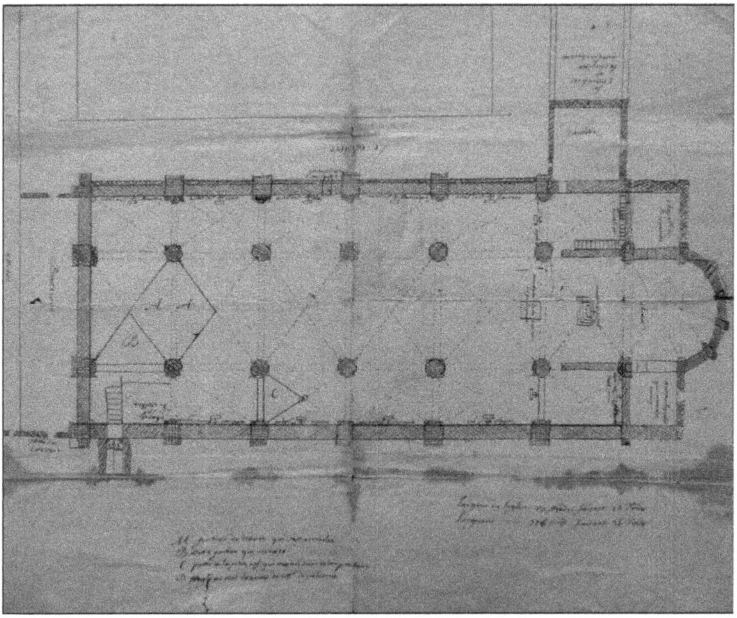

Figure 5. Plan de l'église Saint-Laurent, XVIIe siècle ? (source : Archives départementales de la Haute-Loire, 6 H 7 ; cl. C. Bourguignon)

[10] Item plus idem dominus legavit centum solidos turonensis semel tantum pro reparatione magne porte ecclesie present. conventus. Arch. dép. de la Haute-Loire, 6 H 14, Livre des légats ; [...] pro reparacione et complemento porte ecclesie ejusdem conventus. Arch. dép. de la Haute-Loire, 6 H 11.

Ce portail ne semble pas avoir été le seul point d'accès à l'église durant la période médiévale. Les découvertes réalisées lors du sauvetage urgent réalisé au printemps 1990 sur le parvis situé à l'ouest de l'église ont montré que la façade occidentale comportait une ouverture ou une porte en son centre dans un état ancien (vers 1340 ?). Celle-ci aurait été condamnée à une date inconnue. Un tronçon de maçonnerie orienté nord-sud, érigé parallèlement à la façade ouest, de 5,50 m de longueur, pourrait en outre constituer les vestiges d'un porche ou d'une portion de l'enceinte conventuelle. Il était doté d'une ouverture de dimensions similaires à celle mise en évidence dans la partie inférieure de la façade ouest, suggérant l'existence d'un passage (Vachon, 1990). Ces découvertes peuvent être rapprochées de la vue du Puy dessinée par Étienne Martellange au début du XVIIe siècle, laquelle figure un porche aménagé dans la partie inférieure de la façade ouest de l'église (*Veüe de la ville du Puy en 1611 ;* Parent, 1993) (figure 6).

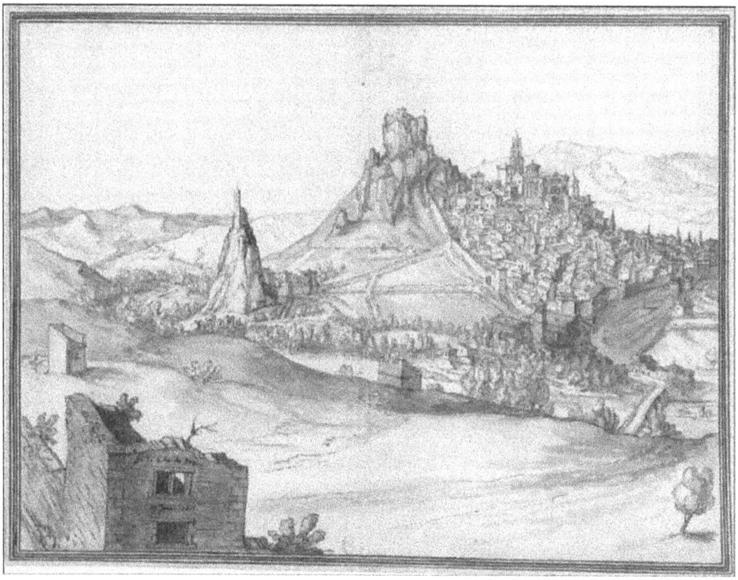

Figure 6. Veüe de la ville du Puy en 1611, Étienne Martellange, 1611 (source : Bibliothèque nationale de France, Estampes, Ub 9a, f°138 ; Gallica©). Le couvent des dominicains est localisé à droite de la vue, extra-muros, au débouché de la porte Saint-Laurent (ou des Farges).

L'existence d'un parvis aménagé au pied de l'église n'est jamais évoquée dans la documentation textuelle. Néanmoins, la configuration du site, au débouché de la porte Saint-Laurent, près du pont d'Estrolhas enjambant la Borne, et l'absence de lotissements d'envergure dans ce secteur jusqu'au début du XXe siècle, laissent penser que les vastes espaces *non aedificandi* entourant l'église ont pu faire office de parvis en des occasions particulières (offices religieux célébrés durant les temps forts de l'année liturgique, processions, cortèges funéraires). Ces indices textuels, archéologiques et iconographiques révèlent que l'emprise spatiale du couvent s'étendait au-delà de l'église et de l'enceinte délimitant l'enclos conventuel à travers l'existence de constructions fermées (porche ?) et d'espaces ouverts participant pleinement à la structuration du tissu urbain (cimetière) (Leguay, 2009, p. 41-45 ; Reveyron, 2010, p. 11-20). Les abords du couvent dominicain du Puy étaient donc des espaces de circulation dynamiques, sur lesquels le ou les portails de l'église Saint-Laurent, espaces sacrés doublés d'une fonction sociale, ouvraient (Roux, 2004, p. 839-854 ; Lauwers, 2012, p. 359-378). Leur aménagement résulta d'une approche empirique de l'espace opérée par les frères et la population, conduisant à la mise en place de nouvelles normes d'occupation des périphéries urbaines.

L'établissement pérenne des ordres mendiants dans les marges urbaines et le succès rencontré auprès des fidèles a pu conduire certaines communautés à utiliser, voire s'approprier des voies de circulation (chemins) ou des constructions attenantes à leur enclos (maisons, ponts), créant ainsi de nouveaux espaces interstitiels dont ils prirent en charge l'entretien. Dans la cité épiscopale du Puy, dans la première moitié du XVe siècle, le prieur Nicolas Coq entreprit ainsi d'agrandir l'enclos des Carmes, localisé aux abords sud-est de la ville, sur les rives du Dolaizon, face à un pont enjambant la rivière. Il fit l'acquisition d'un « petit pré que fai[sai]ct carré hors la porte dudit couvent, qui estoit rural et taillable » avec l'accord des consuls (Chassaing, 1869-1874, t. II, p. 200-201). Au début du XVIe siècle, les Carmes entretinrent également le pont permettant d'accéder à leur église. Après l'effondrement de celui-ci le 26 juillet 1509, les frères mirent en place « ung planchis de trefs », c'est-à-dire une passerelle en bois, qui demeura en l'état jusqu'en 1515, année au cours de laquelle frère Michel Perrin, ancien prieur du couvent et ministre provincial, fit réédifier le pont à ses frais (Chassaing, 1869-1874, t. I, p. 285). La traversée du Dolaizon constituait un passage obligé pour accéder à l'entrée sud-est de la cité, la porte Chabraria se trouvant à moins de 150 m du pont. Qui plus est, un vaste quartier artisanal et industriel s'était développé le long du cours d'eau, entre « Les Carmes » et « Le Peyssier ». Les estimes du XVe siècle font état de près de quarante-neuf ateliers, rendant ce secteur péri-urbain attractif et d'autant plus fréquenté. Fait méritant l'attention, les Carmes accueillaient dans leur église des confréries de métier liées à ces activités et partant, un réseau de fidèles gravitant autour de ces artisans (Bizri et Bourguignon, 2018, p. 62-63). Les frères avaient donc tout intérêt à trouver rapidement une solution pour faciliter le passage du cours d'eau afin de ne pas se couper des activités artisanales et commerciales installées à l'entrée de la ville, dont le dynamisme et l'attractivité contribuaient indirectement à leur subsistance. L'entretien et la construction d'un pont, espace de circulation interstitiel existant dont ils prenaient désormais le contrôle, et sa mise à disposition de la population, contribuèrent donc à assurer leur autorité dans le paysage monumental et institutionnel des abords de la cité.

Les lieux interstitiels offerts par la ville médiévale, définis par des configurations juridiques, spatiales, hydrographiques ou architecturales spécifiques, parfois peu propices à l'installation et au développement des activités humaines, dans les marges ou au sein même des espaces urbains, ont pourtant fait l'objet d'usages sociaux pensés et progressivement institutionnalisés par les autorités urbaines, les intégrant *de facto* à la fabrique urbaine. L'analyse des logiques d'investissement de ces espaces par les ordres mendiants dans le temps long met en évidence le pluralisme des lieux interstitiels d'implantation (établissements hors les murs, pas nécessairement associés à des faubourgs constitués et identifiés comme tels, création artificielle d'îlots sacrés *intra-muros* bouleversant la fonction de quartiers urbains). La détermination des usages et des fonctions des marges urbaines par ces religieux met en exergue le caractère mouvant du patrimoine foncier et monumental aux abords des espaces urbains. En raison de la constitution souvent progressive des enclos, de l'approche empirique des pouvoirs urbains pour faciliter la fixation pérenne des communautés et des pratiques d'appropriation des espaces bordant les enclos, les couvents mendiants, pôles sacrés interstitiels construits, structurés et délimités dans l'espace, peuvent être considérés comme des moteurs de la transformation des espaces urbains, ayant donné lieu à la mise en place de nouvelles normes d'occupation des marges urbaines.

Sources manuscrites et iconographiques

« Registre d'armes » ou armorial d'Auvergne, dédié par le hérault d'armes Guillaume Revel au roi Charles VII, milieu du XVe siècle, 253 f°, Paris, Bibliothèque nationale de France, Français 22297.

Veüe de la ville du Puy, Étienne Martellange, 1607, Paris, Bibliothèque nationale de France, Estampes Ub 9 a, f°135.

Veüe de la ville du Puy en 1611, Étienne Martellange, 1611, Paris, Bibliothèque nationale de France, Estampes, Ub 9a, f°138.

Sources imprimées et instruments de travail

Chassaing Augustin, 1869-1874, *Le livre de Podio ou chroniques d'Étienne de Médicis, bourgeois du Puy*, Le Puy-en-Velay, Imprimerie Marchessou, 2 t.

Chassaing Augustin, 1875, *Mémoires de Jean Burel, bourgeois du Puy*, Le Puy-en-Velay, Imprimerie Marchessou.

Fodéré Jacques, 1619, *Narration historique et topographique des convens de l'ordre Sainct François et monasteres Saincte Claire, érigez en la province anciennement appellée de Bourgogne, a present Sainct Bonaventure, Lyon, Pierre Rigaud.*

Gissey Odo de, 1986 [1620], *Discours historique de la très ancienne dévotion à Notre-Dame du Puy et de plusieurs belles remarques concernant particulièrement l'histoire des évêques du Velay, Le Puy-en-Velay, Bernard Pays imprimeur-éditeur.*

Huillard-Bréholles Jean-Louis Alphonse et Lecoy de La Marche Albert, 1867-1874, *Titres de la maison ducale de Bourbon*, Paris, Plon, Archives nationales, 3 vol.

Jacotin Antoine, 1898-1906, *Preuves de la maison de Polignac. Recueil de documents pour servir à l'histoire des anciennes provinces du Velay, Auvergne, Gévaudan, Vivarais, Forez, etc. IXe-XVIIIe siècle, Paris, Ernest Leroux, 5 vol.*

Picquet Claude, 1610, *Provinciae D. Bonaventurae seu Burgundiae. Ordinis Fratrum Minorum regularis Observantiae, ac cenobiorum eiusdem initium, progressus et descriptio, Tournon, C. Michel.*

Sainte-Marthe Denis de, 1720, *Gallia Christiana in provincias ecclesiasticas distributa*, Paris, Ex typographia regia.

Wadding Luc, 1931-1934 [1565-1622], *Annales minorum*, Quaracchi, Collège Saint-Bonaventure, 16 t.

Documents inédits

Arnaud Philippe, 1995, *Le Puy-en-Velay (Haute-Loire), Église Saint-Laurent, Salle capitulaire. Rapport de surveillance archéologique de travaux, Clermont-Ferrand, Service régional de l'archéologie/AFAN.*

Arnaud Philippe, 2003, *Le Puy-en-Velay (Haute-Loire), Abords de l'église Saint-Laurent/La Providence, DFS de surveillance archéologique de travaux, Clermont-Ferrand, Service régional de l'archéologie/Inrap.*

Chuniaud Kristell et Wittman Alain, 2006, *Clermont-Ferrand «place Michel de l'Hospital» (Puy-de-Dôme, Auvergne). Rapport de diagnostic,* Clermont-Ferrand, Service régional de l'archéologie/Inrap.

Fourvel Alain et Liégard Sophie, 1994, *Le Puy-en-Velay (Haute-Loire), Cloître Saint-Laurent, Diagnostic,* Clermont-Ferrand, Service régional de l'archéologie/AFAN.

Lafarge Christelle, 2004, *Le couvent des Carmes de Clermont à la fin du Moyen Âge: l'implantation d'un ordre mendiant entre érémitisme, rapport aux hommes et apostolat, mémoire de maîtrise d'histoire, sous la direction de Ludovic Viallet, Université Blaise Pascal Clermont-Ferrand II [mémoire non publié].*

Liabeuf René, 1986, *Sondages archéologiques opérés dans l'église Saint-Laurent du Puy-en-Velay,* Clermont-Ferrand, Service régional de l'archéologie/AFAN.

Parent Daniel, 1993, *Le Puy-en-Velay (Haute-Loire). Église Saint-Laurent. Le parvis de Saint-Laurent, Sauvetage urgent, Clermont-Ferrand, Service régional de l'archéologie/AFAN.*

Todescato Hugo, 2015, *Saint-Flour dans les derniers siècles du Moyen Âge. Étude sur la promotion d'une ville néo-épiscopale,* mémoire de master 2 d'histoire médiévale, sous la direction de Jean-Luc Fray, Université Blaise Pascal Clermont-Ferrand II, 2 vol. [mémoire non publié].

Vachon Véronique, 1990, *Le Puy-en-Velay (43), église Saint-Laurent, sauvetage urgent* Clermont-Ferrand, Circonscription des Antiquités Historiques de l'Auvergne.

Xandry Catherine, 2013, *Organisation d'un territoire aux abords de la ville: le cas de Metz, Strasbourg et Reims du milieu du Moyen Âge au début de l'époque moderne, thèse de doctorat d'histoire, sous la direction de George Bischoff et Jean-Jacques Schwien, Université de Strasbourg [thèse non publiée].*

Bibliographie

Arnaud Colin, 2017, «Mapping urban communities: a comparative topography of neighbourhoods in Bologna and Strasbourg in the late Middle Ages», *in* J. Colson et A. von Steensel (dir.), *Cities and solidarities: urban communities in pre-modern Europe*, Londres, New York, Routledge, Taylor and Francis Group, p. 60-78.

Arnaud Colin, 2018, *Topographien des Alltags: Bologna und Straßburg um 1400*, Berlin, De Gruyter.

Bériou Nicole, 2009, « De l'histoire des ordres à l'histoire urbaine : moines et religieux dans la ville (XIIe-XVe siècle) », *in* N. Bériou et C. Caby (dir.), *Moines et religieux dans la ville (XIIe-XVe siècle)*, Toulouse, Privat, coll. « Cahiers de Fanjeaux », n° 44, p. 13-29.

Bériou Nicole et Caby Cécile (dir.), 2009, *Moines et religieux dans la ville (XIIe-XVe siècle)*, Toulouse, Privat, coll. « Cahiers de Fanjeaux », n° 44.

Bertrand Paul, 2010, « La fondation des Ordres mendiants : une révolution ? », *in* M.-M. Cevins et J.-M. Matz (dir.), *Structures et dynamiques religieuses dans les sociétés de l'Occident latin (1179-1449)*, Rennes, Presses universitaires de Rennes, p. 195-204.

Bizri Mélinda, 2005, *L'enceinte urbaine de la ville du Puy-en-Velay (Haute-Loire) : histoire et archéologie. Étude de la fortification en Velay à la fin du Moyen Âge et au temps des Guerres de Religion (XIVe-XVIe siècles)*, mémoire de master II d'histoire de l'art, sous la direction de Nicolas Faucherre, Université de Poitiers [mémoire non publié].

Bizri Mélinda, 2017, *Construction et pratique sociale de l'espace fortifié en Velay (XIIIe-XVe siècles)*, thèse de doctorat d'histoire de l'art et d'archéologie, sous la direction de Bruno Phalip, Université Clermont Auvergne [thèse non publiée].

Bizri Mélinda et Bourguignon Claire, 2018, « Espaces religieux et espaces urbains au Puy-en-Velay : interactions et impacts sur le développement de la ville entre le XIIIe siècle et le XVe siècle », *in* Fr. Alamichel (dir.), Les villes au Moyen Âge en Europe occidentale (ou comment demain peut apprendre d'hier), *Mémoire et Territoires. Collections numériques du LISAA*, p. 47-74 [en ligne] https://lisaa.u-pem.fr/le-lisaa-editeur/ (dernière consultation le 3 décembre 2021).

Boucheron Patrick et Offenstadt Nicolas (dir.), 2011, *L'espace public au Moyen Âge : débats autour de Jürgen Habermas*, Paris, Presses universitaires de France.

Boudet Marcellin, 1893, « Assauts, sièges et blocus de Saint-Flour par les Anglais, pendant la guerre de Cent Ans (1356-1391) », *Revue d'Auvergne*, 10, p. 337-367.

Boudet Marcellin, 1901, *Dans les montagnes d'Auvergne de 1260 à 1325. Eustache de Beaumarchais, seigneur de Calvinet et sa famille*, Aurillac, Imprimerie E. Bancharel.

Boudet Marcellin, 1908, *Notes sur le commencement de l'invasion anglaise en Auvergne, pendant la guerre de Cent Ans*, Clermont-Ferrand, Imprimerie Bellet.

Bouvard Emma et Tronchère Hervé, « L'emprise spatiale du clergé régulier médiéval », « L'efflorescence du Moyen Âge central. Établissements fondés entre l'an Mil et le XIIIe siècle » et « Densité des établissements monastiques », *in Atlas historique : Auvergne, Bourbonnais, Velay*, Programme cartographique de l'Université Clermont Auvergne, de la Maison des Sciences de l'Homme et du Centre d'Histoire « Espaces et cultures » – EA 1001 [en ligne] https://atlas-historique-auvergne.msh.uca.fr/lemprise-spatiale-du-clerge-regulier-medieval (dernière consultation le 3 décembre 2021).

Carbonell-Lamothe Yvette, 1974, « Les établissements franciscains de Gascogne vers 1300 », *in La naissance et l'essor du gothique méridional au XIIIe siècle*, Toulouse, Privat, coll. « Cahiers de Fanjeaux », n° 9, p. 165-184.

Carbonell-Lamothe Yvette, 1976, « Les églises des ordres mendiants du Puy », *Congrès archéologique de France, 133e session*, Paris, Société française d'archéologie, p. 354-372.

Chassaing Augustin et Jacotin Antoine, 1907, *Dictionnaire topographique du département de la Haute-Loire*, Paris, Imprimerie nationale.

De Boos Emmanuel, 1998, *L'armorial d'Auvergne Bourbonois et Forestz de Guillaume Revel*, Nonette, Créer.

De Fontette Micheline, 1970, « Villes médiévales et ordres mendiants », *Revue historique de droit français et étranger*, 48, p. 390-407.

Dibie Pascal, 2012, *Ethnologie de la porte, des passages et des seuils*, Paris, Métailié.

Fournier Gabriel, 1973, *Châteaux, villages et villes d'Auvergne au XVe siècle, d'après l'Armorial de Guillaume Revel*, Paris, Arts et Métiers graphiques.

Fournier Pierre-François, 1966, « Inventaire des lieux représentés dans l'armorial de Guillaume Revel (entre 1456 et 1461) », *Revue d'Auvergne*, 80, p. 117-120.

Fray Jean-Luc, 2002, « Le domaine régulier : les réseaux monastiques du Xe au XVe siècle », *in* D. Martin (dir.), *L'identité de l'Auvergne (Auvergne, Bourbonnais, Velay) : mythe ou réalité historique ? Essai sur une histoire de l'Auvergne des origines à nos jours*, Nonette, Créer, p. 439-444.

Gamon Julien, 1930, « Le monastère des Clarisses du Puy », *Revue d'histoire franciscaine*, VII, p. 56-104.

Germain René, 2005, *Chartes de franchises et fortifications au duché de Bourbon*, Marsat, Imprimerie La source d'or.

Grélois Emmanuel, 2013, « D'*Augustonemetum* à Clermont-Ferrand : étude morphologique », *in* É. Lorans et X. Rodier (dir.), *Archéologie de l'espace urbain*, Tours, Presses universitaires François Rabelais, p. 67-77.

Iogna-Prat Dominique, 2013, « L'Église, la ville et la morphologie de l'espace public (1200-1600) : une esquisse programmatique », *in* P. Boucheron et J.-Ph. Genet (dir.), *Marquer la ville. Signes, traces, empreintes du pouvoir, XIII*e*-XVI*e *siècle*, Paris, Publications de la Sorbonne, Rome, École française de Rome, p. 127-162.

Laffont Pierre-Yves (dir.), 2011, *L'armorial de Guillaume Revel : châteaux, villes et bourgs du Forez au XV*e *siècle*, Lyon, Association de Liaison pour le Patrimoine et l'Archéologie en Rhône-Alpes et en Auvergne, Publications de la Maison de l'Orient et de la Méditerranée.

Lardin Philippe et Roch Jean-Louis (dir.), 2000, *La ville médiévale en deçà et au-delà de ses murs. Mélanges Jean-Pierre Leguay*, Mont-Saint-Aignan, Publications de l'Université de Rouen.

Lauwers Michel, 2012, « Des « pierres vivantes ». Construction d'églises et construction sociale dans l'Occident médiéval », *in* S. D. Daussy, G. Catalina et G. Brîndușa (dir.), *Matérialité et immatérialité dans l'Église au Moyen Âge*, Bucarest, Editura universității din București, p. 359-378.

Le Gall Jean-Marie, 2005, « Pour une cartographie des Observances. Bilan provisoire », *in* L. Viallet et Fr. MeSyer (dir.), *Identités franciscaines à l'âge des réformes*, Clermont-Ferrand, Presses universitaires Blaise Pascal, coll. « Histoires croisées », p. 211-235.

Le Goff Jacques, 1968, « Apostolat mendiant et fait urbain dans la France médiévale : géographie et sociologie des ordres mendiants (XIIIe-XVe siècles). Programme-questionnaire pour une enquête », *Annales ÉSC*, 23, 1, p. 335-352.

Le Goff Jacques, 1968, « Apostolat mendiant et fait urbain : l'implantation géographique et sociologique des ordres mendiants (XIIIe-XVe siècles) », *Revue d'Histoire de l'Église de France*, 54, p. 69-76.

Le Goff Jacques, 1969, « Implantation des ordres mendiants et fait urbain dans la France médiévale », *Annales ÉSC*, 24, 3, p. 833.

Le Goff Jacques, 1970, « Ordres mendiants et urbanisation dans la France médiévale. État de l'enquête », *Annales ÉSC*, 25, 4, p. 924-946.

Le Goff Jacques, 1977, « Le dossier des mendiants », *in 1274. Année charnière. Mutations et continuités*, Paris, Éditions du CNRS, coll. « Colloques internationaux du CNRS », 558, p. 211-222.

Leguay Jean-Pierre, 2009, *Terres urbaines : places, jardins et terres incultes dans la ville au Moyen Âge*, Rennes, Presses universitaires de Rennes.

Lopez Élisabeth, 2000, « L'observance franciscaine et la politique religieuse des ducs de Bourgogne », *Annales de Bourgogne*, 72, p. 57-103 et 177-236.

Martin Hervé, 1975, *Les ordres mendiants en Bretagne vers 1230-1530 : pauvreté volontaire et prédication à la fin du Moyen Âge*, Paris, Klincksieck.

Noizet Hélène, 2007, *La fabrique de la ville : espaces et sociétés à Tours (IXe-XIIIe siècle)*, Paris, Publications de la Sorbonne, coll. « Histoire ancienne et médiévale », n° 92.

Pauly Michel et Scheutz Martin, 2018, « Introduction : Spaces – different modes of space in towns », *in* J.-L. Fray, M. Pauly, M. Pinheiro et M. Scheutz (dir.), *Urban spaces and the complexity of cities*, Vienne, Cologne, Weimar, Böhlau, p. 13-18.

Phalip Bruno, 2004, *Charpentiers et couvreurs. L'Auvergne médiévale et ses marges*, Lyon, Association lyonnaise pour la promotion de l'archéologie en Rhône-Alpes, coll. « Documents d'archéologie en Rhône-Alpes et en Auvergne », n° 26.

Pinol Jean-Luc (dir.), 2011 [2003], *Histoire de l'Europe urbaine*, vol. 2, *La ville médiévale*, Paris, Points (2e éd.).

Piron Sylvain, 2018, « L'enquête sur les ordres mendiants et l'urbanisation », *in* É. Anheim, M. Miglio et C. Virlouvet (dir.), *Jacques Le Goff : l'Italia e la storia/Jacques Le Goff : l'Italie et l'histoire*, Rome, École française de Rome, coll. « Nuovi studi storici », n° 107, coll. « Collection de l'École française de Rome », n° 536, p. 57-72.

Ramona Philippe, 2005, « Le Puy au milieu du XVe siècle. La ville consulaire et ses habitants », *Cahiers de la Haute-Loire*, p. 205-294.

Reveyron Nicolas, 2010, « Introduction », *in* A. Baud (dir.), *Espace ecclésial et liturgie au Moyen Âge*, Lyon, Maison de l'Orient et de la Méditerranée, p. 11-20.

Rey Alain (dir.), 2016, *Dictionnaire historique de la langue française : contenant les mots français en usage et quelques autres délaissés, avec leur origine proche et lointaine*, Paris, Le Robert.

Roux Caroline, 2004, « Entre sacré et profane. Essai sur la symbolique et les fonctions du portail d'église en France entre le XIe et le XIIIe siècle », *Revue belge de philologie et d'histoire*, 82, 4, p. 839-854.

Schmitt Jean-Claude, 1981, « Où en est l'enquête 'Ordres mendiants et urbanisation dans la France médiévale' ? », *in* K. Elm (dir.), *Stellung und Wirksamkeit der Bettelorden in der städtischen Gesellschaft*, Berlin, Duncker und Humblot, coll. « Berliner historische Studien », n° 3, coll. « Ordensstudien », n° II, p. 13-18.

Truchard du Molin Jean-Léandre-Romain, 1870-1874, *Les baronnies du Velay*, Paris, J.B. Dumoulin.

Thewes Guy et Uhrmacher Martin (dir.), 2019, *Extra-muros: vorstädtische Räume in Spätmittelalter und Früher Neuzeit*, Vienne, Cologne, Weimar, Böhlau Verlag.

Vauchez André, 2003, «Les ordres mendiants et la ville dans l'Italie communale (XIIIe-XVe siècles): quelques réflexions vingt-cinq ans après», *in* S. Cassagnès-Brouquet, A. Chauou, D. Pichot et L. Rousselot (dir.), *Religion et mentalités au Moyen Âge. Mélanges en l'honneur d'Hervé Martin*, Rennes, Presses universitaires de Rennes, p. 191-199.

Viallet Ludovic, 2013, «Les ordres mendiants dans la ville médiévale (vers 1230-vers 1350): réflexions introductives», *in* D. Carraz (dir.), *Les ordres militaires dans la ville médiévale (1100-1350)*, Clermont-Ferrand, Presses universitaires Blaise Pascal, p. 57-75.

Viallet Ludovic et Bertrand Paul, 2004, «La quête mendiante. Espace, pastorale, réseaux», *in* J.-L. Fray et C. Pérol (dir.), *L'historien en quête d'espaces*, Clermont-Ferrand, Presses universitaires Blaise Pascal, p. 347-369.

Chapitre 11

Un interstice entre ville et palais, les abords d'un enclos parisien au XVIIIe siècle

Adrien Pitor

À la fin du XVIIe siècle, le terme d'interstice relève des domaines juridiques et médicaux (Furetière, 1690, t. 2, p. 369). Le *Dictionnaire du Trévoux* de 1771 le range parmi les termes de physique et désigne par ce mot « des petits intervalles qui sont dans tous les corps, qui en empêchent la continuité » (*Dictionnaire de Trévoux*, 1721, t. 3, p. 1047). De manière très significative pour l'approche géographique, la notice renvoie au « plein » et au « vide ». Or, l'opposition entre le plein et le vide a été un trait marquant de l'historiographie de la ville que critiquait déjà Marcel Poëtte, il y a un siècle (Hermenault, 2017, t. 1, p. 88). Emilie d'Orgeix a étudié le « vide » autour des villes en montrant que précisément il ne s'agissait pas d'une absence d'occupation puisque cet espace périphérique est marqué par des activités nombreuses et des formes d'occupation variées (Orgeix, 2019). Claude Thiberge a insisté sur le fait que la ville était ville par les creux que forment les espaces ouverts, les places, les boulevards ou les promenades, qui sont autant de lieux d'interaction sociale (Thiberge, 2003). Alors que Paris connaît une extension régulière de ses faubourgs en raison de son attraction démographique, la capitale devient une ville ouverte sous Louis XIV. Or, les murailles ou autres fortifications ne disparaissent pas du cœur de la capitale et produisent des accrocs dans le tissu urbain.

Des outils tels que les Systèmes d'Information Géographique (SIG) donnent à lire autrement la ville moderne et ouvrent la voie à une analyse de l'espace urbain à une échelle fine (Hermenault, 2017 ; Noizet, Bove et Costa, 2013 ; Noizet, Clémençon, 2020). Ils fournissent la possibilité aux historiennes et historiens de s'emparer de la notion d'interstices. Si cette notion gagne en visibilité dans les sciences historiques (Lloret, 2018, p. 27-28), son usage demeure largement métaphorique et peine à revêtir un sens spatial. Pourtant, la matérialité de la ville d'Ancien Régime est composée d'interstices.

Situé dans le centre physique et géographique de la capitale (Bove, 2014), le Palais de la Cité constitue un cas d'étude de choix dans la mesure où ses abords ne sont pas bâtis de manière pérenne. Ces derniers espaces forment ainsi un remplissage interstitiel. Le Palais de la Cité, au XVIIIe siècle, se présente comme une entité physique, historique et architecturale dont témoigne le maintien de « gros murs » médiévaux. Elle est concomitamment une enclave juridique qualifiée d'enclos du Palais, où coexistent la Sainte-Chapelle, une collection de tribunaux d'importances diverses, des logements et boutiques.

Il s'agit d'aborder le pourtour extérieur du Palais de Paris au XVIIIe siècle, c'est-à-dire la partie contiguë du Palais. Sont concernées la rue de Harlay, la rue de la Barillerie, la rue Saint-Louis et son prolongement sur le quai des Orfèvres et le quai de l'Horloge appelé aussi le quai des Morfondus. Cette bordure est significative d'une construction de l'entre-deux puisqu'elle relève d'une double appartenance. Cet espace se trouve à l'ombre du Palais, souvent de manière physique, mais plus encore de manière symbolique. L'épaisseur est un gage d'ancienneté et de puissance puisque l'enceinte palatiale date de la période médiévale voire de l'Antiquité. Or, depuis le XIIIe siècle, des emplacements sont alloués à des merciers et des marchands aux pieds des murailles pour les dédommager de leur expropriation à laquelle ils ont dû se résoudre pour permettre précisément l'élévation de cette muraille (Guerout Jean, 1950, t. 2, p. 25). Alors que le Pont Neuf et le quai de l'Horloge sont achevés sous le règne d'Henri IV, son successeur autorise en 1611 l'installation de petites boutiques contre les murs du Palais (Lyon-Caen, 2015, p. 334 ; Jaillot, 1775, t. 1, p. 189). Cette mise en commerce continue dans les années suivantes. L'approche géographique invite à interroger les modes d'appropriation et de production de l'espace des franges palatiales qui en font un territoire interstitiel successivement exploité et remis en cause. Il est donc question d'observer simultanément la construction spatiale et temporelle de l'interstice.

Nous entendons envisager par l'exemple de la bordure du Palais le cas d'un interstice urbain. Il forme un territoire marginal en ce qu'il est à la fois mis à l'écart et mis à profit par différents acteurs urbains tant institutionnels qu'individuels. La transformation de cet espace conduit à envisager l'interstice comme un levier de transformation de la ville.

1. La matérialité d'un espace invisible

1.1. Un espace invisible ?

Les bordures extérieures du Palais se dérobent largement au regard des contemporains comme des historiens. Elles sont désignées au XVIIIe

siècle par leur rapport de proximité au territoire qu'elles cernent. Les formules « près le Palais » ou « dans et hors l'enclos du Palais », fréquentes dans les sources, construisent l'espace dans sa relation de voisinage et non de manière autonome. La désignation des lieux par leur entourage plus que par leur forme propre évoque ainsi une situation interstitielle (Tonnelat, 2020, p. 58).

L'interstice spatial relève d'un entre-deux juridique parfois conflictuel. La police, c'est-à-dire l'administration, du pourtour du Palais relève du Châtelet voire de l'Hôtel de Ville pour ce qui est des quais (Backouche, 2000 ; Vidoni, 2018 a). Il est pourtant dans la continuité physique de l'enclos qui, quant à lui, forme le ressort territorial du bailliage du Palais. Cette séparation est source de conflits entre les deux juridictions royales, que sont le bailliage du Palais et le Châtelet pour la délimitation de leur ressort territorial, en particulier pour la partie occidentale du Palais. De 1674 à 1712, ces tribunaux rédigent plusieurs mémoires mettant en avant des arguments topographiques fondés sur la localisation des murs et des tours[1]. Les échoppes en revanche sont comme transparentes à leur argumentaire comme si elles se dissipaient au regard des officiers des juridictions. Manifestement, leur situation physique paraît trop fragile pour venir appuyer un discours de légitimation territoriale.

Les plans eux-mêmes ne laissent guère de place à cet espace parisien qui est comme absorbé par le Palais. Les plans orientés vers l'est dissimulent le nord du Palais qui forme l'interstice le plus net. Les échoppes se devinent à peine sur le plan dit plan de Turgot dont l'intention est surtout de mettre en valeur la régularité de la ville (figure 1).

[1] *Mémoires du bailliage du Palais*, 1711-1712 ; *Mémoires du Châtelet*, 1711-1712.

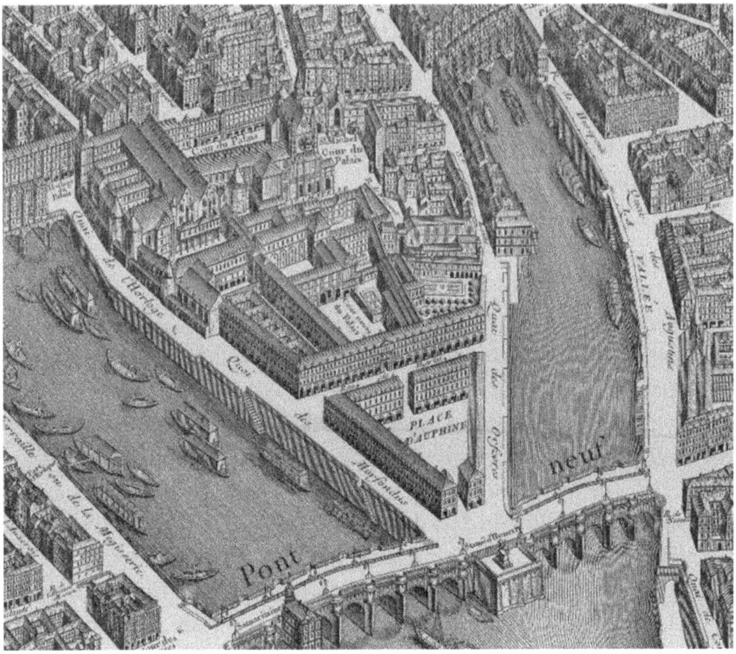

Figure 1. Vue du Palais, extrait de Louis Bretez, plan de Paris dit « plan de Turgot », 1734-1739 (BnF, Cartes et plans, GESH18PF37DIV3P56)

Les échelles cartographiques ne sont pas plus propices à la figuration des installations mitoyennes du Palais puisqu'il est question parfois de donner à voir sur un plan à l'échelle de la capitale un espace de 1,5 m de large au risque de l'effacement ou de l'exagération. D'autre part, l'interstice semble être un impensé de la représentation cartographique qui considère alors largement le vide et le plein mais peine à représenter l'entre deux. Ainsi, par exemple, le plan Roussel ne représente pas les échoppes bordant le Palais (figure 2).

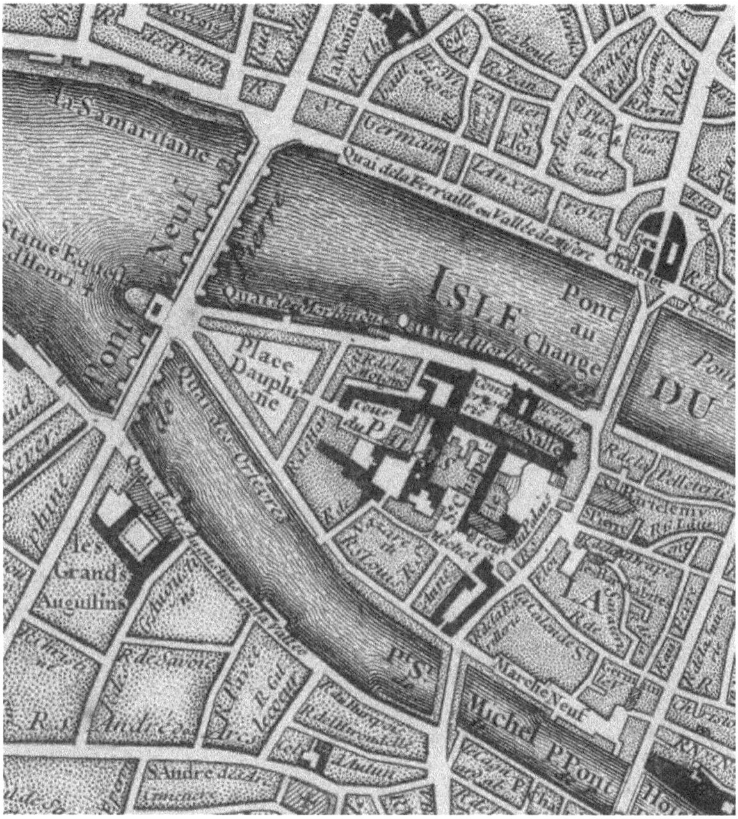

Figure 2. Plan du Palais, extrait de Roussel, Plan de Paris, 1730-1739 (BnF, Cartes et plans, GE DD-2987 (798,1-7 B))

Toutefois, malgré des difficultés de représentation et des choix inhérents à la construction cartographique, l'interstice apparaît de plus en plus nettement sur les plans de Paris, à l'exemple du plan de l'île de la Cité de Delagrive, dédié aux échevins de la ville de Paris (figure 3). Ce plan insiste plus nettement sur l'organisation matérielle de l'espace parisien de l'Ancien Régime.

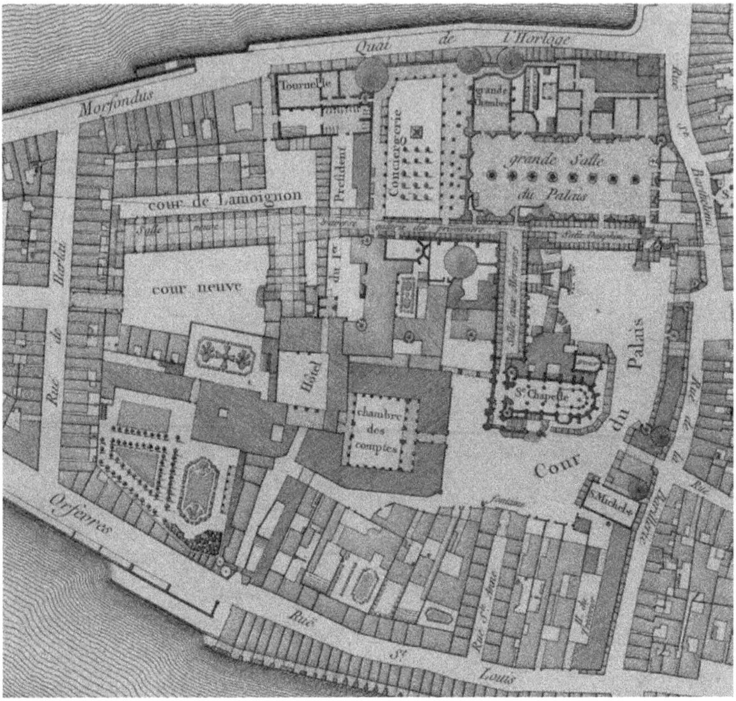

Figure 3. Plan du Palais, extrait de Jean Delagrive, plan détaillé de la Cité […], 1754 (BnF, Cartes et plans, GE C-3638)

1.2. Les facettes d'un espace aménagé

Les différentes physionomies des côtés du trapèze formé par le Palais révèlent la construction multiséculaire et ordinaire d'un espace interstitiel. L'intégration du plan Delagrive de 1754 dans un Système d'information géographique éclaire les traits marquants de celui-ci.

Du côté oriental, la rive palatiale de la rue de la Barillerie est marquée, jusqu'à la dernière décennie de l'Ancien Régime, par son aspect castral hérité de la période médiévale. Le mur fortifié est ponctué par la présence d'échauguettes et de tourelles. Cette architecture est bien plus symbolique que réellement défensive. D'ailleurs, le mur est largement enfoncé au XVIIe siècle pour faciliter l'installation des échoppes précaires en bois (Lyon-Caen, 2020, p. 119[2]).

2 Archives nationales (dorénavant AN) Z^{1J} 268, 24 juillet 1649.

Au nord, le quai des Morfondus présente des similarités avec la rue de la Barillerie. En effet, l'aspect castral est formulé par la présence de quatre tours : la Tour de l'Horloge, la Tour de César, la Tour d'Argent et la Tour Bombec. Les boutiques qui viennent s'aligner le long du mur sont dominées par un enchevêtrement confus d'encorbellements et de maçonneries en tout genre. L'entre-deux avec le fleuve crée une situation spécifique qui se retrouve au sud sur le quai des Orfèvres.

Ce dernier ne longe pas entièrement le Palais. Depuis 1582, un petit tronçon de rue, nommé rue Saint-Louis, le prolonge et vient séparer la Seine et le Palais (Guerout Jean, 1950, t. 2, p. 80, n. 2). L'architecture domestique des maisons et des jardins des chanoines de la Sainte-Chapelle domine ce pan extérieur du Palais. Plus au nord, un mur protège le jardin de l'hôtel du Premier Président du parlement de Paris. Ici, quelques échoppes sont installées et comblent les rentrants formés par cette clôture.

Reste la rue de Harlay du côté occidental. Sa construction est concomitante de celle de la place Dauphine et date du règne d'Henri IV. Elle est composée de maisons tournées vers l'extérieur du Palais et censée ne pas y donner accès. L'aménagement ne relève pas d'une logique de l'interstice mais d'une organisation sous forme de rue.

L'enchevêtrement caractérise la physionomie de l'interstice. Le comblement horizontal le long de ce qu'il convient d'appeler le « gros murs » du Palais est le plus évident. Des « espaces résiduels non bâtis » (Tonnelat, 2020) y sont formés par les rentrants et les saillants. Un acte de donation de boutiques en 1671 par le Premier Président fait apparaître la logique de remplissage du « reste de l'ancienne closture du Palais[3] ». Les quelques échoppes du quai des Orfèvres remplissent la béance créée par les maisons existantes, par le mur de clôture du jardin du Premier Président, par une grosse tour et une poterne. Ces échoppes existent encore au XIXe siècle malgré leur vulnérabilité matérielle et juridique.

Les matériaux employés expriment la fragilité inhérente au remplissage interstitiel. Le bois est privilégié afin de permettre la réversibilité de l'aménagement et pour limiter les dégradations des maçonneries palatiales (Harouel, 1993, p. 229-230 ; Perrot, 1782, p. 108-111). Les boutiques du quai de l'Horloge sont ainsi faites de pans de bois qui s'alignent entre les différentes tours du Palais (figure 4). S'y ajoutent des auvents de tissus (Carbonnier, 2006, p. 145). Ces échoppes sont toutefois sédentaires au sens où elles restent en place jour et nuit.

3 AN Min. Cent. LXXV 158.

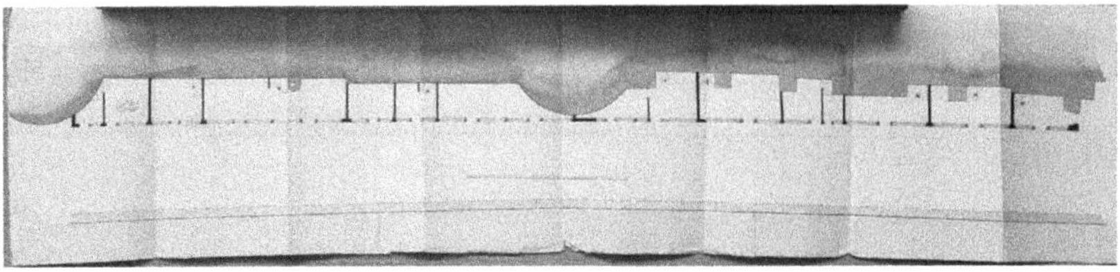

Figure 4. Plan du quai de l'Horloge, milieu du XVIIIe siècle (AN H^{1} 744 pièce 27)

En 1748, l'aménagement est décrit, à l'occasion d'un procès-verbal d'inspection des abords de l'enclos destiné au procureur du Parlement, en ces termes :

> Le surplus de ces échopes [du Quay des Morfondus depuis l'encoignure de l'horloge du Palais jusqu'à la porte de grille du Palais sur le Quay des Morfondus] sont les plus mauvaises : elles sont de bois très vieux […] La face des échopes depuis l'horloge du Palais jusqu'à la porte du Palais que l'on appelle la porte du May, est toute de bois. Elles prennent leur profondeur sous des voûtes du Palais, sous les requêtes de l'hôtel […][4].

Le lavis, presque évanescent, que l'on voit sur un plan du quai de l'Horloge, témoigne de la manière d'envisager l'espace contre lequel se posent les boutiques. Il se présente sous une forme qui indique sa fixité, sa quasi-intangibilité.

Un plan et une coupe d'échoppe construite sur le quai des Orfèvres du Palais en 1777 donnent à voir de manière spécifique et sommaire ces aménagements (figure 5). Les bornes créent un espace de protection et permettent en partie de résoudre le conflit entre circulation et boutique d'autant plus que l'on est proche d'une entrée. L'étroitesse des installations incite à l'adoption de pentes de toit importantes pour repousser l'eau de la boutique elle-même. L'orientation de la couverture est complexe dans ce type d'aménagement puisqu'il s'agit d'arbitrer entre un gain de lumière pour l'échoppe et le renvoi des eaux pluviales du côté du mur contre lequel elle est adossée. Ailleurs, cette question donne lieu à des conflits lors de la construction d'échoppes entre les contreforts du couvent des Grands Augustins (Riffaud, 2021, p. 131). Ces conflits marquent la difficulté propre à définir l'interstice qui est à la fois contre et devant le mur.

4 Bibliothèque nationale de France (dorénavant BnF), Mss. Joly de Fleury 266

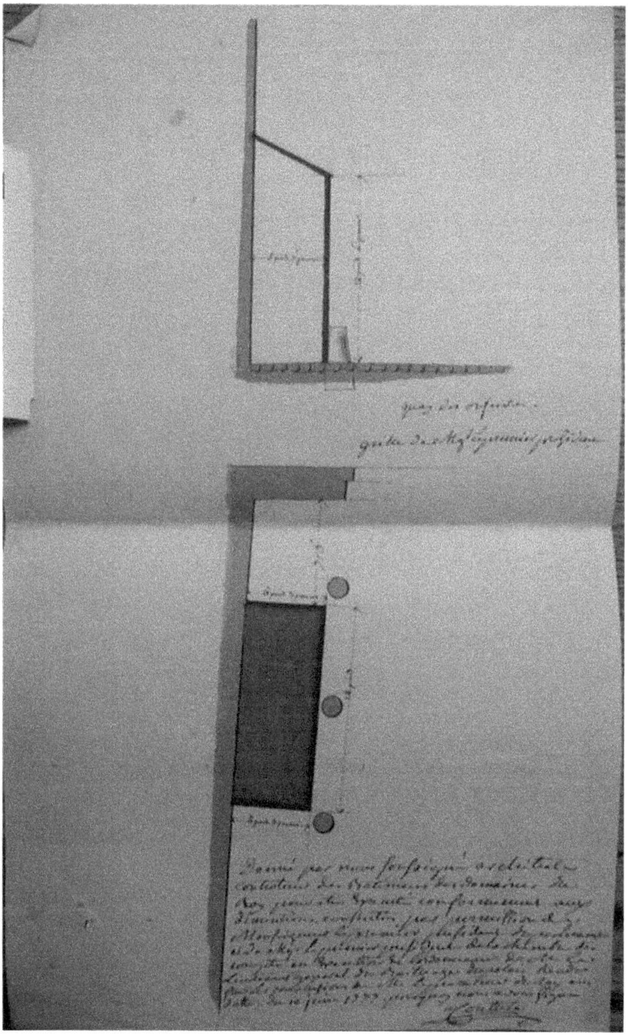

Figure 5. Plan et coupe de l'échoppe de Claude Pierre sur le quai des Orfèvres, près de la porte du Premier Président (AN Z^2 3009. 29 juin 1777)

Le remplissage se fait horizontal et vertical. Le jeu des encorbellements participe aux formes interstitielles car ces structures, quand elles ne sont pas en suspension, s'empilent sur des structures inférieures. L'interstice se construit par stratification en trois dimensions, des éléments supérieurs se posent sur le remplissage inférieur tandis que le remplissage inférieur se loge en dessous des encorbellements. L'agencement est d'autant plus complexe que l'île de la Cité connaît une grande variété de niveaux de construction (Carbonnier, 2013, p. 361-362).

L'importance accordée à l'aménagement de l'interstice entre le Palais et la ville s'explique par le fait qu'il constitue une ressource commune.

2. Une ressource dans l'entre-deux

2.1. Une ressource institutionnelle

La confusion architecturale des abords du Palais pourrait inviter à penser qu'ils forment un espace de l'illégalité et la marginalité. En réalité, ils sont plutôt au cœur d'un entrelacs judiciaire qui parfois relève du surinvestissement juridique. En somme, parler de chevauchement institutionnel n'est pas seulement une expression métaphorique. Au-delà des conflits de police entre le bailliage du Palais, le Châtelet et l'Hôtel de Ville, des logiques opérationnelles remettent en cause le découpage administratif. Par crainte des incendies, le procureur général et les conseillers du Parlement en viennent à visiter les échoppes et boutiques qui sont au-dessous, soit dans les murs du Palais soit adossés contre eux[5]. De même, le lieutenant général du bailliage du Palais inspecte les gouttières extérieures du Palais sur le point de s'effondrer[6]. Les boutiques, étant appuyées contre des murs appartenant à un bâtiment du roi, se trouvent du point de vue de leur construction sous la surveillance des trésoriers de France du bureau de la généralité de Paris. En matière fiscale, les échoppes qui longent le Palais relèvent du domaine du roi et sont taxées par la monarchie. Les propriétaires des échoppes disposent de titres qui prouvent la légalité de leur installation et qui sont conservés dans le fonds considérable du Domaine du Roi qui a aliéné, à plusieurs reprises au cours du XVIIe siècle, les emplacements en leur faveur[7]. Pour cette raison, au tout début du XVIIIe siècle, elles sont répertoriées par le Terrier du Roi qui associe une liste de taxation et une cartographie sommaire à même de dire cette spatialité particulière. Si la qualité topographique n'est pas l'objet et le propre de ce document, il convient de remarquer à quel point il est difficile de représenter l'espace interstitiel par l'intermédiaire du plan terrier. Somme toute, la logique de la liste permet de dire cette spatialité (Verdier, 2015 ; Vidoni, 2018 b).

---

5 BnF Joly de Fleury 146 doss. 1340, fol. 248-266 ; BnF Joly de Fleury vol. 249, doss. 2477, fol. 358-372.

6 AN Z^2 2996, 21 juin 1746.

7 AN Q^1 1 1312 à 1345.

Malgré cette implication institutionnelle, les autorités délèguent la gestion spatiale aux boutiquiers à qui un rôle d'entretien et de surveillance incombe (Lyon-Caen, 2020). En effet, les marchands des échoppes du pied du Palais procèdent au balayage d'un lieu qui sans leur présence serait ingrat (Lyon-Caen, Morera, 2020, p. 121-151). La requête d'un colporteur de livres, nommé Claude Pierre, qui demande à construire une échoppe du côté de l'entrée de la Présidence en 1777, s'empare de cet argument. Selon elle, « la ditte place en sera plus salubre les passants n'étant plus dans le cas de s'y arrêter[8] ». Le remplissage encouragerait ainsi les flux et circulations. Il est vrai que les murs nus de l'hôtel du Premier Président et celui de la Chambre des Comptes à l'intérieur du Palais subissent l'entassement d'immondices[9]. Les saletés et déchets tendent à s'accumuler au gré des béances urbaines (Knaebel, 1991, p. 26-27).

Les installations précaires dans les rentrants de la muraille du Palais sont un pis-aller à la politique d'alignement menée par le Bureau des Finances de la généralité de Paris en rendant rectiligne ce que la maçonnerie a d'irrégulier. Les trésoriers de France multiplient, à l'instar du reste de la ville, des ordonnances pour limiter les saillies des échoppes (Lyon-Caen, 2020, p. 110 ; Harouel, 1993, p. 229-230[10]). Ainsi, en 1759, il est demandé aux propriétaires des échoppes adossées à la Tour de l'Horloge « de rentrer au niveau des gros murs par une cloison solide[11] ».

Les abords du Palais représentent aussi une ressource spatiale supplémentaire pour les juridictions. En effet, les tribunaux, trop à l'étroit pour mener à bien le travail judiciaire dans l'enclos parviennent à mettre à profit une boutique du quai de l'Horloge donnant sur un greffe. Ainsi, une marchande détient la clef de la porte de telle sorte qu'elle est investie de manière informelle d'un rôle qui s'apparente à celui d'un auxiliaire de justice ou d'un portier[12].

Si les salles d'audience se doivent d'être dans le Palais lui-même, il est possible de repousser certaines annexes telles que les greffes ou les buvettes par-delà ses murailles grâce au jeu des encorbellements et des excroissances qui prolongent les tribunaux. Cet agencement est d'autant plus recherché que le premier étage du Palais forme le niveau structurant

---

8 AN Z² 3009. 29 juin 1777.

9 AN Z² 2978, 22 septembre 1703 ; AN Z² 3077, 22 septembre 1703 ; *Mémoires du bailliage du Palais*, 1712, p. 30-31.

10 BnF F-23707 (42).

11 AN E 2400.

12 AN Z² 3001, 13 avril 1761.

de l'enclos. Une coupe et un plan témoignent de l'usage qui est fait de l'outre-mur[13]. L'édifice judiciaire vient s'appuyer sur les échoppes du quai des Morfondus pour y reléguer ses latrines ou commodités (figure 6). Le rejet de ces activités encore plus ingrates qui font des abords du Palais en partie un espace de relégation. Henri Sauval, auteur d'une histoire de Paris et bon connaisseur du Palais en qualité d'avocat au Parlement, rapporte qu'une ruelle, parallèle à la rue de la Barillerie, est bouchée à ses deux extrémités et sert d'égout. Les éboueurs y ont accès par une maison de la rue de la Barillerie pour la dégorger (Sauval, 1724, t. 1, p. 174).

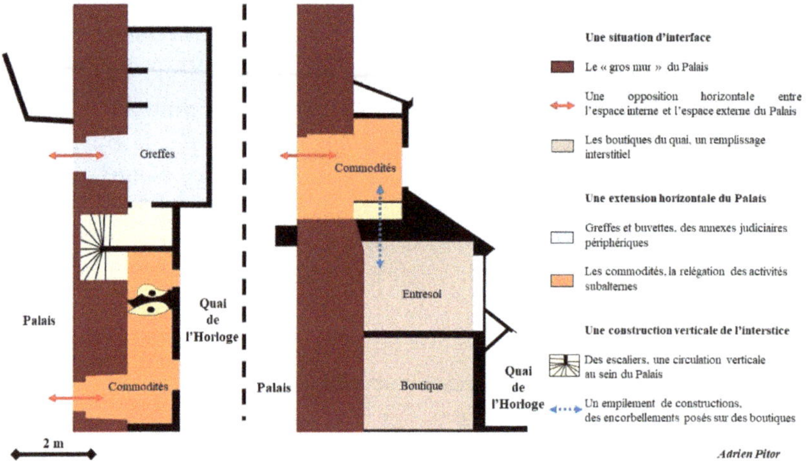

Figure 6. L'organisation verticale et horizontale des pourtours du Palais sur le quai de l'Horloge (d'après AN H^1 744 pièces 56 et 103)

Les installations le long du Palais résolvent en partie une tension inhérente à l'édifice judiciaire et aux bâtiments publics. En effet, il est difficile de concilier la dimension symbolique, la dimension juridique et les aspects plus concrets du lieu. On rejette en quelque sorte hors du Palais ce qui lui est pourtant nécessaire mais dévalorisé. Les usages économiques internes des boutiques se perpétuent au-delà de l'enceinte de l'enclos.

13 AN H1 744 pièces 6, 7, 56 et 103.

2.2. Une ressource commerciale

Les abords du Palais relèvent d'un entre-deux économique, pris entre marginalité commerciale et innovation. La nature hybride de cet espace favorise la transversalité commerciale des marchands et artisans.

Au tout début du XVIIIe siècle, le Terrier du Roi recense 48 maisons, 55 boutiques et un peu moins d'une centaine d'échoppes, dont une bonne partie avec entresol, contre les murs du Palais[14]. L'ouverture, c'est-à-dire la largeur moyenne de ces échoppes, du côté de la rue de la Barillerie, est de 9 pieds soit un peu moins de 3 m. L'exemple des échoppes du Palais lui-même laisse à imaginer un univers de boîtes et d'étagères montant en hauteur. D'après le Terrier du Roi, seulement quelques boutiques servent de logement. Pourtant, en 1748, un rapport d'inspection des cheminées destiné aux Procureur général s'inquiète car « toutes ces échopes sont habitées par des artisans qui y font tous leur ménage. »[15] Il constate que

> le reste des échopes depuis laditte porte du May jusques au coin de la ruë Saint-Louis, sont celles qui sont demeurés conformes aux anciens règlemens de la Cour, elles sont habittées pendant le jour seullement par des artisans qui font leur ménage dans des chambres particulières de la Ville.

Ainsi, si l'installation boutiquière n'est pas illégale, son usage résidentiel est une tolérance. Certaines échoppes sont extrêmement exiguës. Lors de l'inspection de 1748, il est remarqué que « deux échopes de maçonnerie adossées au jardin de Monseigneur le Premier Président [sur les quais des Orfèvres] ont chacune leur cheminée et les lits très proches desdittes cheminées attendu le peu d'étendue des chambres ». Les échoppes empiètent sur la rue par l'usage de tabourets ou de tréteaux (Lyon-Caen, 2015). En revanche, les rares boutiques les mieux dotées disposent d'arrière-boutique et même de cuisine.

Isabelle Backouche a établi le tableau des métiers du quai de l'Horloge en 1749. Les miroitiers et les perruquiers sont majoritaires. En outre, on trouve des lunetiers et des opticiens ainsi que quatre géographes, trois mathématiciens et un ingénieur. En réalité, les abords du Palais sont intégrés à un réseau à la fois artisanal et scientifique qui bénéficie de la proximité d'une clientèle privilégiée, de libraires et d'artisans de précision (Belhoste, 2011, p. 67-68). Cadrans solaires et lunettes se vendent sur le quai de l'Horloge (Savary Des Bruslons, 1744, t. 1, p. 597). L'ombre de

---

[14] AN Q^1 1099^1, t. 1.

[15] BnF, Joly de Fleury 266.

la Tour de l'Horloge et du logement de son garde légitime le commerce d'objets de précision. Ces débits d'ustensiles de mesures et d'observation sont valorisés par le vis-à-vis monumental qui est formé par cette tour et le Méridien tracé sur la première maison du Pont au Change, sur demande du prévôt des marchands Michel-Étienne Turgot, par le magistrat de la Chambre des Comptes et astronome Jacques Cassini en 1738 (Dulaure, 1787, t. 1, p. 478). Temps et espace sont symboliquement associés et se répondent de part et d'autre du Pont au Change, en marge du Palais. Le paysage crée un univers mental qui renvoie au monde des sciences. La localisation, en bordure du Palais, entre Châtelet, Bureau de la Ville et bailliage du Palais, inscrit la vente d'instruments scientifiques dans les interstices du système corporatif parisien, inadapté à ce commerce fondé sur l'hybridation des techniques (Belhoste, 2011, p. 234).

Des figures telles que Georges-Friedrich Strass sont révélatrices. Ce joaillier perfectionne sinon invente un procédé de fabrication de faux diamants qui portent désormais son nom. Il habite une maison du quai des Orfèvres depuis 1734 et y meurt en 1773 (Haug, 1961). La diversité, la densité, et la précarité de cet espace d'entre-deux, favorisent l'imitation si chère au siècle des Lumières et participe d'une « culture du jeu et de l'artifice » (Hilaire-Pérez, 2013, p. 37).

Certains maîtres sans le sou mettent en œuvre une stratégie destinée à tirer profit de cet espace interstitiel dynamique. Ainsi, Louis-Sébastien Mercier indique que des graveurs produisent des cachets armoriés de second ordre sur le quai de l'Horloge : « Ils sont là tout prêts à graver le mensonge sur tous métaux. Il n'en coûte pas plus pour un trophée héroïque, que pour un trophée d'amour » (Mercier, 1783, t. 3, p. 238). Le même Louis-Sébastien Mercier mentionne « des perruques de hasard [du quai des Morfondus] qui laissent un pouce d'intervalle entre la peau & les cheveux factices » (Mercier, 1783, t. 1, p. 131). Il rejoint ici l'*Art du perruquier* qui fait état

> [des] perruquiers en vieux [c'est-à-dire d'occasion qui] ne peuvent tenir boutique à Paris que sur le Quai de l'Horloge du Palais. [...] Ils peuvent seulement avoir sur le rebord de leurs boutiques ce qu'ils appellent un Marmot, qui est une vieille tête de bois sur laquelle ils clouent une très vieille perruque (Garsault, 1767, p. 32).

Pourtant, ces mentions participent au dynamisme économique des abords du Palais. Les loyers de la rue de la Barillerie demeurent relativement élevés et sont fonction de la proximité avec la Tour de l'Horloge (Lyon-Caen, 2015). Certains marchands espèrent quant à eux tirer profit des effets d'interface en perçant des portes à l'arrière de leur boutique.

Ainsi, en 1739, le propriétaire d'une boutique rue de Harlay veut créer une ouverture sur une boutique donnant dans le Palais[16]. Une clientèle nombreuse s'offre aux commerces alors que la rue de la Barillerie forme un des axes de circulation nord-sud et que le quartier est fréquenté par les gens de justice et les spectateurs des audiences. Des velléités de renforcement des interstices sont à l'œuvre. La proximité avec la Seine peut être mise à profit par les contrebandiers : en 1776, lorsque des particuliers tentent de stocker frauduleusement de l'eau-de-vie dans les souterrains du Palais en l'acheminant depuis le quai de l'Horloge[17].

Faux blasons, fausses perruques et faux diamants s'épanouissent dans les interstices de l'économie et dans l'ambivalence commerciale (Maitte, 2015). Ils donnent suite au monde du *populuxe* ou *demi-luxe* tel qu'il a été étudié par l'historiographie anglo-saxonne ou Natacha Coquery (Coquery, 2003, p. 189-193 ; Belfanti Marco, 2015, p. 11-15 ; Fairchilds Cissie, 1993). L'interstice entre le Palais et la ville forme en réalité un lieu d'innovations autant économique qu'urbaine qui bénéficie de la proximité des métiers de l'orfèvrerie, de l'instrumentation scientifique et de l'horlogerie. Les « relations de contiguïtés » tant opérationnelles que spatiales ouvrent la voie à l'essor de nouvelles techniques ainsi que nouveaux aménagements (Hilaire-Pérez, 2013, p. 400).

3. Un espace partiellement remis en cause par la monarchie

3.1. Un interstice menaçant

À plusieurs reprises, alors qu'une véritable « chasse aux échoppes » est menée dans la ville, il est question de supprimer les échoppes qui bordent le Palais (Lyon-Caen, 2020, p. 111 ; Arrêt du Parlement du 26 octobre 1721). Elles sont pourtant épargnées dans les faits jusqu'en 1784.

L'interstice constitue une menace pour l'ordre urbain à plus d'un titre. La menace est d'abord structurelle car elle met en péril la solidité du bâti. Les aménagements périphériques du Palais sont le lieu d'un contraste entre l'épaisseur de maçonneries séculaires et la fragilité d'échoppes de bois. D'ailleurs, les voyers gardent un œil attentif sur ces installations menaçantes et malgré la forme des toitures. Cela n'empêche pas une boutique de s'effondrer sur le quai des Morfondus en 1741 à

16 AN Z^2 2994, 10 mars 1739.

17 AN Z^2 3008, 15 avril 1776.

l'occasion de très fortes pluies, faisant ainsi tomber cinq personnes dans des caves pleines d'eau[18]. Cet événement crée alors une béance dans le Palais lui-même.

En 1671, les aménagements interstitiels du quai des Orfèvres doivent se poser sur la paroi existante sans l'endommager[19]. Pourtant, un plan ultérieur du milieu du XVIIIe siècle montre que les propriétaires ont pris des libertés vis-à-vis de cette contrainte en gagnant de la surface aux dépens de la muraille et en élevant une cheminée[20] (figure 7).

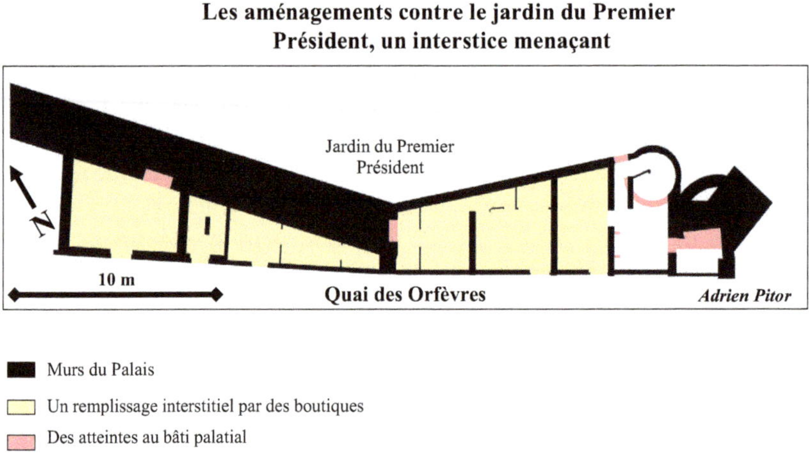

Figure 7. Les aménagements contre le jardin du Premier Président, un interstice menaçant (d'après AN Min. Cent LXXV 158 et AN H[1] 744 pièce 27)

Ce type d'aménagement fait peser le double risque de saper le bâti et de causer des incendies. Les exemples de départs de feu ne sont d'ailleurs pas rares (Hardy, 1753-1789, 11 février 1774). La fumée, sans atteindre ces extrémités, constitue une nuisance. Le *Traité du voisinage* évoque précisément les cheminées des échoppes du quai des Morfondus qui incommodent en 1676 les magistrats (Fournel, 1799, t. 1, p. 67).

---

[18] AN U 391, 7 janvier 1741.

[19] AN Min. Cent LXXV 158.

[20] AN H[1] 744 pièce 27.

Les magistrats craignent que les extensions n'obscurcissent le Palais. Pour cette raison, les constructions qui se font contre la Tour de l'Horloge doivent se faire en prenant soin de ne « priver d'aucun jour tout ce qui peut dépendre de lad. tour[21] ». En 1768, des maisons sur le Quai des Orfèvres sont détruites afin de construire une grille d'entrée à l'Hôtel du Premier Président et pour dégager la vue sur les bords de Seine (Hardy, 1753-1789, 10 novembre 1768). Cette transformation s'inscrit dans le mouvement plus général de dégagement des ponts et d'aspiration à la jouissance d'un paysage jugé agréable (Carbonnier, 2006, p. 67). La présence de bicoques contre les murs palatiaux fait peser le risque de saper l'efficacité architecturale en dénaturant les signes d'autorité. Au lendemain de l'incendie de 1776, l'architecte Perrard de Montreuil s'insurge :

> [l'artiste qui jette ses regards sur l'édifice] monte & traverse les avenues qui conduisent au sanctuaire où la Justice rend ses oracles, & il ne rencontre sur son passage que de fragiles magasins (Perrard de Montreuil, 1776, p. 6).

Un arrêt du roi pour la reconstruction d'une échoppe au coin de la Tour de l'Horloge en 1762 la justifie « tant pour la décoration extérieure que pour l'utilité et la sûreté dudit Gouverneur [de l'Horloge][22] ». De manière très classique, les notions de *commoditas* et de *voluptas* énoncées par l'architecte Alberti au XVe siècle sont mises en avant. Les travaux qui sont effectués synthétisent les nouvelles attentes qui portent sur les pourtours du Palais. Les façades précaires sont embellies et décorées tandis qu'une terrasse offre une extension heureuse au garde de l'horloge (figures 8 a et b).

---

21 AN E 2400.

22 AN E 2400.

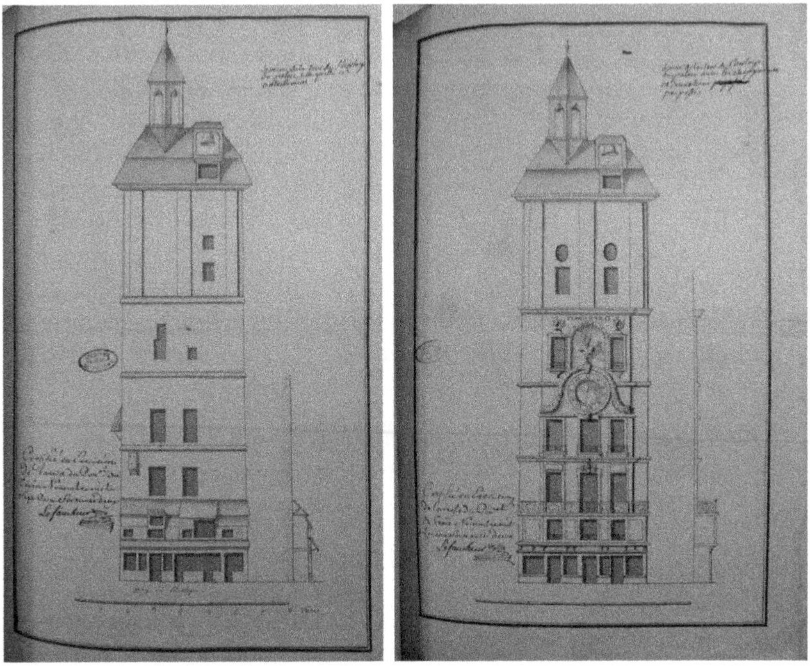

Figures 8 a et b. Élévations de l'Horloge du Palais (état et projet), 1762, AN E 2400

L'édit de 1674 qui institue la lieutenance générale de police du Châtelet dénonce les conflits causés par l'incertitude des limites des justices parisiennes sans remettre en cause l'existence du bailliage du Palais. L'interstice fait donc peser une menace juridique car elle sape les ressorts territoriaux. En effet, le flou de la délimitation crée une porosité entre les juridictions. Il existe donc un net enjeu policier dans la question de l'interstice. Les aménagements en périphérie du Palais cachent les entrées parfois illicites qui y sont percées. Des évasions de la prison de la Conciergerie se produisent à la faveur de l'encombrement des périphéries palatiales. Ainsi, en 1774 :

> les locataires des boutiques dudit quay ayant entendu du bruit au-dessus de leurs têtes sur lesdits toits se mirent à la fenestre et l'un d'eux aperçu un homme qui descendit le long de sa fenestre que leur recherche tant de la nuit dudit jour de Pentecôte ainsi que pendant le cours de la journée ayant été inutile, il a encore été averti ce matin par la garde qu'il y avait une bande de toile attachée à une grille du bâtiment du Palais donnait sur le quay des

> Morfondus par le moyen de laquelle l'on disait que deux prisonniers étaient descendus[23].

Trois ans plus tôt, un prisonnier s'était évadé et avait rejoint le quai par les latrines[24]. Cette porosité conduit à une remise en cause de la configuration de cet espace.

3.2. *Un laboratoire d'urbanisme*

Loin d'être un espace archaïque, les pourtours du Palais forment au contraire un lieu d'innovation urbaine. La proximité de la Seine favorise les initiatives du Bureau de la Ville et forme un fil directeur de l'aménagement parisien. Il est ainsi procédé à l'élargissement du quai de l'Horloge et il est construit un trottoir en saillie en 1737, bien avant le trottoir de la rue de l'Odéon construit en 1781 (Backouche, 2000, p. 156 ; Jaillot, 1775, t. 1, p. 162 ; Patte, 1769 p. 220-221 ; AN S 45 liasse b). L'Hôtel de Ville préfère ainsi procéder à un empiétement sur la Seine plutôt que de mettre à mal les boutiques existantes qui gênent la circulation qui y est soutenue (figure 9).

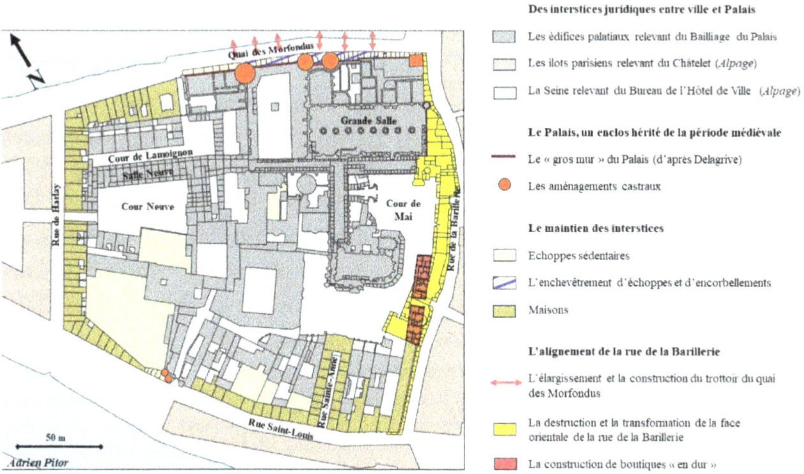

Figure 9. Les transformations des interstices du Palais avant la Révolution (d'après le plan Delagrive)

---

23 AN Z^2 3016, 31 mai 1784.

24 AN Z^2 3013, 12 septembre 1781.

En 1789, la rue de la Barillerie est à son tour dotée d'un trottoir[25]. Dans la continuité de l'aménagement des quais et la destruction des maisons des ponts dans la dernière décennie de l'Ancien Régime et aiguillonnée par l'incendie du Palais en 1776 (Lesterlin, 2001 ; Carbonnier, 2015 ; Pitor, 2019), la volonté se fait jour de procéder à l'alignement et à l'élargissement de la rue à 36 pieds, soit près de 12 mètres de large[26]. Un arrêt du conseil de 1784 ordonne le rachat de maisons pour permettre le redressement[27].

Les modalités de l'alignement de la rue de la Barillerie sont en soi intéressantes. Le Bureau de la Ville souligne les difficultés de la mise en œuvre de l'interventionnisme royal[28]. Il s'agit en effet de disposer de fonds pour indemniser les propriétaires des maisons de la rue. La pratique n'est pas courante. Le Bureau des Finances de la Généralité de Paris ne dispose pas des fonds. La Ville entend « acquérir successivement et quand les circonstances le permettront, toutes les maisons et les terrains situés tant sur les ponts que dans les rues de la Barillerie et Saint-Barthélemy ». Le projet est donc beaucoup plus étendu qu'il n'y paraît. L'entre-deux institutionnel suscite une concurrence des juridictions qui peut être alternativement cause de délaissement et motif d'investissement. Cet alignement est original dans ses modalités juridiques. En effet, il s'agit d'un exemple d'urbanisme volontariste de la part de la monarchie. Aussi, les abords du Palais, malgré les apparences, forment un véritable laboratoire urbain tant par la précocité que par la nature des solutions apportées.

De prime abord, les espaces d'entre-deux semblent être remis en cause. Les échoppes de la rue de la Barillerie s'effacent. Les interstices sont supprimés en procédant à l'élimination de ce qui donne lieu à l'interstice : les tourelles sont enlevées. En réalité, la présence marchande se maintient et se renforce même. Les fragiles installations de bois sont remplacées par des boutiques maçonnées de plain-pied tandis que l'organisation verticale est sanctionnée. Désormais, un autre paysage urbain s'offre aux Parisiens : le remplissage interstitiel permis par la physionomie castrale cède la place à une architecture judiciaire qui doit être parlante. Cette transformation est incomplète dans la première moitié du XIXe siècle. Le piéton qui passe par la rue de la Barillerie en 1840, du nord au sud, remarque dans un premier temps la façade monumentale du palais de justice désormais séparée de la ville par une grille. Dans

---

25 AN 1683^{A} n° 11.

26 AN E 1612, arrêt du 9 avril 1785.

27 AN E 1612, arrêt du 9 avril 1785.

28 AN Q^{1} 1315.

un second temps, il constate l'inaboutissement de la densification et du durcissement du remplissage interstitiel. La muraille ancienne se devine encore derrière les arcades des boutiques (figure 10).

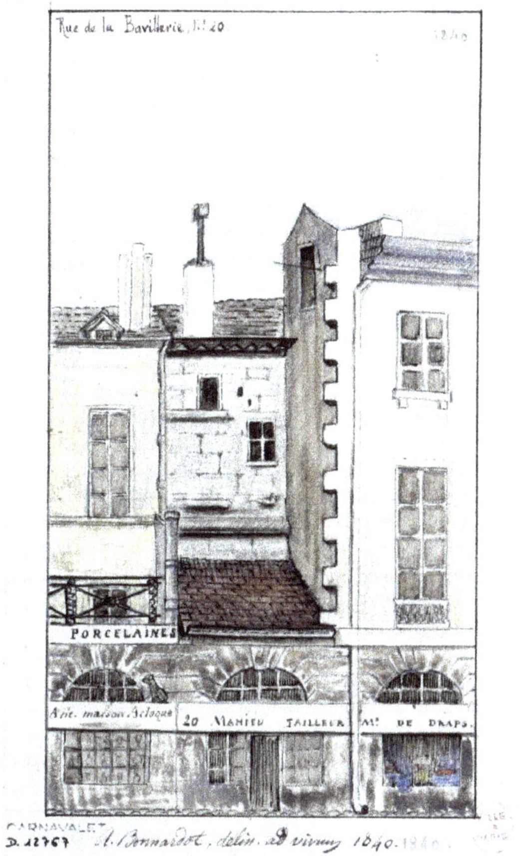

Figure 10. Alfred Bonardot, *Restes de l'ancien bâtiment extérieur du Palais, côté de la rue de la Barillerie*, dessin, 1840, musée Carnavalet (Paris).

De nombreux lieux et enclos dans le Paris d'Ancien Régime forment des espaces composites. Ces interstices multiples soulignent le rôle des « marges internes de la ville » dans la production de l'espace urbain (Orgeix, 2019, p. 257). Si l'interstice apparaît partiellement comme un espace de relégation, il forme simultanément un laboratoire urbain produisant des relations complexes (Mubi Brighenti, 2013). L'indécision de l'interstice pousse à élaborer de nouvelles formes d'organisation de l'espace urbain. À mesure qu'il est cartographié et que la police se saisit de la ville, les interstices tendent à s'effacer soit par la disparition des aménagements précaires soit au contraire par leur consolidation. Il ne s'agit pas d'un lieu de désinvestissement policier mais au contraire d'un lieu d'hyper-investissement, au risque de la concurrence et du chevauchement policier et institutionnel. Néanmoins, le développement de la cartographie et de la surveillance à partir du XVIIIe siècle n'induit pas une disparition complète des interstices au sein de la ville. Les modalités d'occupation et d'usage des franges des enclaves dans la ville se renouvellent à mesure que l'espace urbain et ses pratiques se transforment.

Son étude amène l'historienne et l'historien à élargir la réflexion sur la dimension spatiale de la ville dans plusieurs directions. D'une part, elle soulève la question de l'empilement de la construction verticale autant qu'horizontale de la ville. D'autre part, la dimension temporelle est constitutive de l'interstice urbain de l'époque moderne. Si sa forme et sa fragilité le placent du côté de l'éphémère et du provisoire, sa ductilité en fait un levier de transformation sur un temps plus long. Enfin, elle pose la question de ses usages et appropriations. L'interstice se présente comme une ressource spatiale partagée qui, selon Nicolas Lyon-Caen, en fait une déclinaison des communs. Il est peut-être un espace nécessaire de la ville d'Ancien Régime en ce qu'il permet l'enchevêtrement juridictionnel et en ce qu'il offre une ressource pour tous (Lyon-Caen, 2020, p. 111).

Sources

Delagrive Jean, 1754, *Plan détaillé de la Cité dédié à Messire Louis Basile de Bernage conseiller d'État prévôt des marchands et à messieurs les échevins de la ville de Paris.*

Dictionnaire de Trévoux, 1721, *Dictionnaire universel françois et latin*, vulgairement appelé Dictionnaire de Trévoux, F. Delaulne *et al.*, Trévoux.

Dulaure Jacques-Antoine, 1787, *Nouvelle description des curiosités de Paris, contenant l'histoire et la description de tous les établissemens, monumens… enfin les détails de tous les objets d'utilité et d'agrémens qui peuvent intéresser les étrangers et les habitans de cette ville*, Paris, Lejay.

Fournel Jean-François, an VIII [1799], *Traité du voisinage considéré dans ses rapports avec l'ordre judiciaire*, Paris, Rondonneau, Richard, Caille et Ravier, Dufresne.

Furetière Antoine, 1690, *Dictionnaire universel, contenant généralement tous les mots françois tant vieux que modernes et les termes de toutes les sciences et des arts…*, La Haye, A. et R. Leers.

Garsault François-Alexandre-Pierre de, 1767, *L'art du perruquier contenant la façon de la barbe, la coupe des cheveux, la construction des perruques d'hommes & de femmes, le perruquier en vieux & le baigneur-étuviste*, Paris, Jean Desaint & Charles Saillant.

Hardy Siméon-Prosper, 1753-1789, *Journal de mes loisirs*, BnF Mss. Français 6680-6687.

Jaillot, 1775, *Recherches critiques, historiques et topographiques sur la ville de Paris, depuis ses commencements connus jusqu'à présent*, Paris, A.-M. Lottin.

Mémoires du bailliage du Palais, 1711-1712, Mémoire pour les officiers du bailliage du Palais, pour prouver que sous les termes de dedans & enclos du Palais, sont comprises les cours, sales, galeries tant anciennes que nouvelles qui se trouvent dans l'enclos, 1711 (BnF, Mss. Joly de Fleury 1418) ; Second mémoire du bailliage du Palais c'est-à-dire Mémoire pour establir que le bailly du Palais et le prévost de Paris, chacun dans leur territoire sont égaux en pouvoir, imprimé, 1712 (BnF, Mss. Joly de Fleury 1418),

Mémoires du Châtelet, 1711-1712, Premier mémoire du Châtelet c'est-à-dire Mémoire pour les officiers du Châtelet de Paris, touchant les entreprises du sieur lieutenant général au bailliage du Palais sur leur juridiction, dans les lieux que l'on nomme improprement Cour et Salles-Neuves du Palais, (BnF, FOL-FM-3329; BnF, Mss. Fr. 21594 fol. 172 et BnF, Mss. Joly de Fleury 1418, fol. 53 et suiv.) ; Second mémoire du Châtelet c'est-à-dire Second mémoire pour les officiers au Châtelet de la ville, prévôté et vicomté de Paris, défendeurs, contre les officiers au bailliage du Palais, demandeurs aux fins de leur requête du 19 juin 1711, imprimé, 1712 (BnF, FOL-FM-3330; BnF, Mss. Joly de Fleury 1418, fol. 59 et BnF, Mss. Joly de Fleury 1418, fol. 173 et suiv.).

Mercier Louis-Sébastien, 1783, *Tableau de Paris.* Nouvelle édition, corrigée et augmentée, Amsterdam.

Patte Pierre, 1769, *Mémoires sur les objets les plus importans de l'architecture*, Paris, Rozet.

Perrard de Montreuil, 1776, *Nouveau palais de la justice, d'après les plans de M. Perrard de Montreuil*, Paris.

Perrot Joseph-Hippolyte, 1782, *Dictionnaire de voierie dont l'objet est d'indiquer les lois de la matière, les officiers qui sont chargés d'en maintenir l'exécution, leur compétence*, Paris, Prault.

Sauval, 1724, *Histoire et recherche des Antiquités de la ville de Paris*, Paris, C. Moette, 1724.

Savary Des Bruslons Jacques, 1744, *Dictionnaire universel de commerce, contenant tout ce qui concerne le commerce qui se fait dans les quatre parties du monde*, Genève, héritiers Cramer et les frères Philibert.

Bibliographie

Backouche Isabelle, 2000, *La trace du fleuve. La Seine et Paris, 1750-1850*, Paris, Éditions de l'EHESS.

Belfanti Marco, 2015, « Consommation de luxe et consommation de masse : de la juxtaposition à la complémentarité », *in* N. Coquery et A. Bonnet (dir.), *Le commerce du luxe. Production, exposition et circulation des objets précieux du Moyen Âge à nos jours*, Paris, Mare et Martin, p. 11-15.

Belhoste Bruno, 2011, *Paris savant. Parcours et rencontres au temps des Lumières*, Paris, Armand Colin.

Bove Boris, 2014, « Les périphéries de Paris au XIVe siècle : essai d'application de la théorie géographique aux sources médiévales », *in* M. du Carmo Ribeiro et A. Sousa Melo (dir.), *Evolçao do paisagem urbano. Cidade e periferia, III coloquio internacional evoluçao da paisagem urbana*, Braga, CITCEM, p. 139-173.

Carbonnier Youri, 2006, *Maisons parisiennes des Lumières*, Paris, PUPS.

Carbonnier Youri, 2013, « L'île de la Cité au XVIIIe siècle. Rénovation urbaine et adaptations habiles », *in* Th. Belleguic et L. Turcot (dir.), *Les histoires de Paris, XVIe-XVIIIe siècles*, Paris, Hermann, vol. 2, p. 359381.

Carbonnier Youri, 2015, « Le déroulement d'un chantier parisien sous l'Ancien Régime : le dégagement des ponts et des quais », *Histoire urbaine*, 43, 2, p. 71-97.

Coquery Natacha, 2003 « Mode, commerce, innovation : la boutique parisienne à la fin du XVIIIe siècle. Aperçu sur les stratégies de séduction des marchands parisiens de luxe et de demi-luxe », *in* L. Hilaire-Pérez et A.-Fr. Garçon (dir.), *Les chemins de la nouveauté. Innover, inventer au regard de l'histoire*, Paris, Éditions du CTHS, coll. « CTHS histoire », p. 187-206.

Fairchilds Cissie, 1993, « The production and marketing of populuxe goods in eighteenth-century Paris », *in* J. Brewer et R. Porter (dir.), *Consumption and the World of Goods*, Londres et New York, Routledge, p. 228-248.

Guerout Jean, 1949-1951, « Le Palais de la Cité à Paris, des origines à 1417. Essai topographique et archéologique. 3e partie », *Mémoires de la Fédération des sociétés d'histoire et d'archéologie de Paris et de l'Île-de-France*, t. 1, 1949, p. 57-212 ; t. 2, 1950, p. 21-204 ; t. 3, 1951, p. 7-101.

Harouel Jean-Louis, 1993, *L'urbanisme français au XVIIIe siècle*, Paris, Picard.

Haug Hans, 1961, « Les pierres de Strass et leur inventeur », *Cahiers de la céramique du verre et des arts du feu*, 23, p. 175-183.

Hermenault Léa, 2017, *La ville en mouvements. Circulations, échanges commerciaux et matérialité de la ville : pour une articulation systémique des facteurs d'évolution du tissu urbain parisien entre le XVe et le XIXe siècle*, thèse de doctorat, université Panthéon-Sorbonne Paris I, en ligne : https://tel.archives-ouvertes.fr/tel-01656824.

Hilaire-Pérez Liliane, 2013, *La pièce et le geste. Artisans, marchands et savoir technique à Londres au XVIIIe siècle*, Paris, Albin Michel.

Knaebel Georges, 1991, « Le rangement du résidu », *Les Annales de la recherche urbaine*, 3, dossier *Le génie du propre*, p. 23-31.

Lesterlin Gaël, 2001, « La reconstruction du Palais de Justice à Paris après l'incendie de 1776. Le rôle des architectes face aux enjeux politiques », *Monuments et mémoires de la Fondation Eugène Piot*, 80, 1, p. 81-121.

Lloret Sylvain, 2018, *Entre princes et marchands. Les agents généraux de France à Madrid dans les interstices de la diplomatie (1702-1793)*, thèse de doctorat, Sorbonne Université [thèse non publiée].

Lyon-Caen Nicolas, 2015, « Les marchands du temple. Les boutiques du Palais de justice de Paris aux XVIe-XVIIIe siècles », *Revue historique*, 674, 2, p. 323-352.

Lyon-Caen Nicolas, 2020, « Spécialisation, privatisation. Les transformations de l'usage commercial de l'espace urbain à Paris, XVIIe-XVIIIe siècles » *in* P. Bastien et S. Macdonald (dir.), *Paris et ses peuples au XVIIIe siècle*, Paris, Éditions de la Sorbonne, Comité d'histoire de la Ville de Paris, p. 107-120.

Lyon-Caen Nicolas, Morera Raphaël, 2020, *À vos poubelles citoyens ! Environnement urbain, salubrité publique et investissement civique, Paris, XVIe-XVIIIe siècle*, Ceyzérieu, Champ Vallon.

Maitte Corine, 2015, « Imitation, copie, contrefaçon, faux. Définitions et pratiques sous l'Ancien Régime », *Entreprises et histoire*, 78, 1, p. 13-26.

Mubi Brighenti Andrea (dir.), 2013, *Urban Interstices. The Aesthetics and the Politics of the In-between*, Farnham, Ashgate.

Noizet Hélène, Bove Boris et Costa Laurent Jacques (dir.), 2013, *Paris de parcelles en pixels. Analyse géomatique de l'espace parisien médiéval et moderne*, Saint-Denis, Presses universitaires de Vincennes.

Noizet Hélène, Clémençon Anne-Sophie, 2020, *Faire ville entre planifié et impensé, la fabrique ordinaire des formes urbaines*, Saint-Denis, Presses universitaires de Vincennes.

Orgeix Emilie d', 2019, *Au pied du mur. Bâtir le vide autour des villes (XVIe-XVIIIe siècle)*, Bruxelles, Mardaga.

Pitor Adrien, 2019, *L'espace du Palais. Étude d'un enclos judiciaire parisien de 1670 à 1790*, thèse de doctorat, Sorbonne Université [thèse non publiée].

Riffaud Alain, 2021, *Les libraires des Augustins. Paris, 1636-1746*, Arles, Portaparole.

Thiberge Claude, 2003, *La ville en creux*, Douai, Éditions du Linteau.

Tonnelat Stéphane, 2020, *Interstices urbains. Paris – New York. Entre contrôles et mobilités, quatre espaces résiduels de l'aménagement*, thèse de doctorat, Université Paris XII – Val-de-Marne, City University of New York, thèse en ligne : https://athena.u-pec.fr/view/delivery/33BUCRET_INST/1273068740004611.

Verdier Nicolas, 2015, *La carte avant les cartographes. L'avènement du régime cartographique en France au XVIIIe siècle*, Paris, Publications de la Sorbonne.

Vidoni Nicolas, 2018, *La police des Lumières, XVIIe-XVIIIe siècle*, Paris, Perrin.

Vidoni Nicolas, 2020, « Une géographie urbaine policière ? Expériences de terrain et formalisations de bureau d'un savoir sur l'espace urbain parisien au XVIIIe siècle », *Revue de géographie historique*, 17-18, dossier *Penser les savoirs géographiques à l'époque moderne (XVe-XIXe siècle)*, https://doi.org/10.4000/geohist.1007.

Chapitre 12

La Zone de Paris : un interstice urbain ? Question de point de vue

Isabelle Backouche

La Zone de Paris est un terrain propice à la déconstruction de la catégorie « interstice urbain » en rendant flagrante la manière dont les acteurs l'ont forgée, et les chercheurs, entretenue. En l'envisageant sur la longue durée, et en étant attentif aux différentes temporalités, il s'agit d'ôter son évidence, et presque son caractère naturel, à la notion d'interstice urbain qui relève d'une pluralité d'acteurs, chacun ayant ses arguments pour désigner ainsi un espace urbain. La Zone est un espace périphérique de la capitale, fruit des aménagements défensifs conçus au XIXe siècle, annexée à Paris en avril 1919[1]. Elle permet de multiplier les angles d'approche entre spatialités et temporalités, d'une part, et usages, fonctions et appropriations, d'autre part, afin de mettre en discussion l'interstice urbain selon les points de vue et l'échelle d'observation.

La *Zone non aedificandi* – devenue « zone sanitaire » en 1919 – entourait Paris jusqu'à la fin des années 1950[2]. En plus des mots qui soulignaient son extranéité, elle semblait avoir toutes les caractéristiques d'un interstice urbain : c'était un espace marginal, frontière entre Paris et des communes suburbaines qui aujourd'hui entourent la capitale, et font partie des départements nés de la réorganisation administrative de 1964. Jusqu'à cette date, Paris et ces communes appartenaient au département de la Seine, à la tête duquel le préfet de la Seine régnait en homme tout puissant et décisionnaire. Il y avait donc bien une unité administrative entre Paris et ces communes limitrophes. Et jusqu'en 1919, chacune possédait un morceau de Zone – on parlait de la Zone de Montreuil ou de la Zone de Neuilly – tout à fait intégré à la vie municipale et à la gestion

---

1 Loi relative au déclassement de l'enceinte fortifiée de Paris, à l'annexion de la zone militaire…, 19 avril 1919, *J.O.* du 20 avril 1919, p. 4446.

2 L'article 2 de la loi du 19 avril 1919 prévoit : « dans l'intérêt de l'hygiène et de la salubrité publiques, les terrains composant la zone unique des servitudes militaires de l'enceinte de Paris continueront d'être grevés de la servitude *non aedificandi* ». Dès l'article 3, elle est dénommée « zone sanitaire ».

de chacun des édiles, et pour le maire des Lilas ou de Vanves, « sa zone » n'avait rien d'un espace interstitiel, elle faisait bien partie – avec ses habitants – de la commune.

Certains conseillers municipaux, siégeant également au conseil général de la Seine où ils côtoyaient les représentants des cantons concernés par l'annexion de la Zone[3], protestèrent vivement dès 1911 contre le projet de déclassement des fortifications et ses conséquences :

> l'annexion à Paris de la zone militaire léserait incontestablement les intérêts des communes limitrophes de Paris, en diminuant l'étendue de leur territoire, en les privant d'espaces sur lesquels, le jour où les servitudes militaires disparaîtraient, de nouveaux quartiers se construiraient, de nouvelles agglomérations se formeraient, apportant aux communes intéressées de nouveaux éléments de prospérité, de nouvelles sources de revenus ; Considérant que d'ailleurs ces communes ont, pendant plus de soixante ans, fait des sacrifices considérables pour la zone militaire, soit en travaux de viabilité, soit en travaux d'éclairage, soit pour l'entretien de la police nécessaire à la surveillance des terrains de la zone et qu'il serait injuste que, ces sacrifices faits, Paris enlevât auxdites communes tout moyen et tout espoir de les récupérer[4].

La protestation des édiles souligne la forte intégration de la Zone dans chacun des territoires communaux, et elle décrit bien la manière envisagée pour englober la Zone au tissu urbain, une fois libérée de la servitude. À l'échelle de chacune des communes, les portions de Zone étaient considérées comme des horizons de développement urbain vers Paris. Une perspective qui mérite d'être confrontée à la déshérence de la Zone, encore aujourd'hui. La revendication des édiles a été ignorée, la Zone n'a été considérée que du point de vue parisien et de façon globale, et l'opération s'est enlisée sur plusieurs décennies.

Les acteurs locaux ont échoué à se faire entendre face à une capitale toute puissante. L'invisibilité dans le paysage de l'intégration administrative de la Zone à chacune des communes périphériques était un obstacle à leurs revendications. En effet, du point de vue morphologique, la Zone constituait un espace urbain hétéroclite. Elle était d'abord isolée de la capitale par le complexe de défense qui associait la muraille et un fossé (figure 1). Paris était une ville close, enfermée derrière des grilles et des bureaux d'octroi (figure 2).

---

3 Parmi les neuf arrondissements périphériques de la capitale (du 12e au 20e), on compte 28 quartiers représentés par des conseillers concernés par le destin de la Zone, *France municipale*, 19 octobre 1934, p. 3.

4 *Bulletin municipal officiel* de la ville de Paris (*BMO* dorénavant), « Protestation contre le projet Dausset sur le déclassement des fortifications », 25 février 1911.

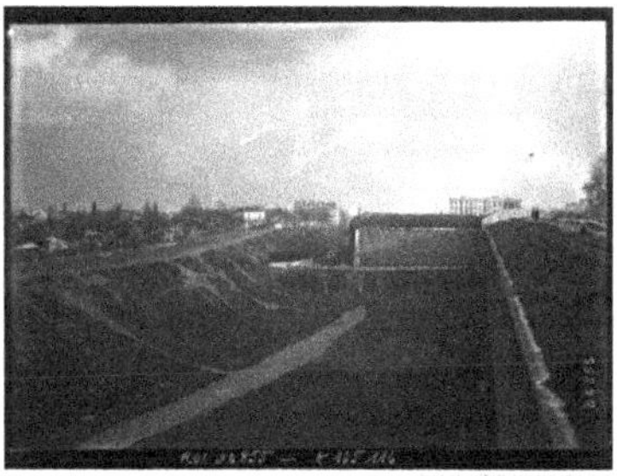

Figure 1. Fortifications de Paris (source : Agence Roll, 1912)

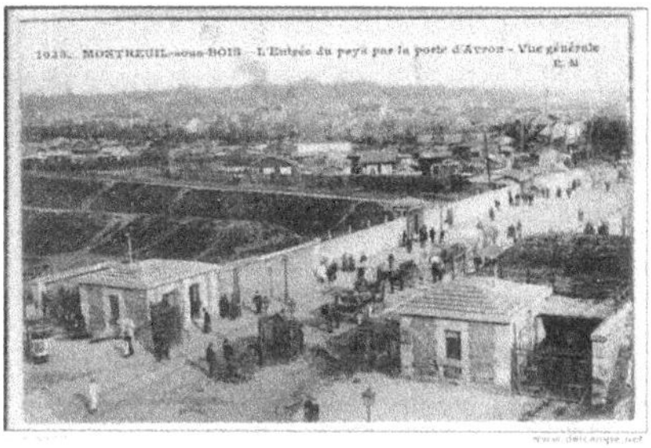

Figure 2. Paris ville close (source : Bibliothèque historique de la Ville de Paris)

Par ailleurs, le contraste avec la ville lumière était frappant, et il sera encore accentué par la construction des HBM (Habitations Bon Marché) sur l'emprise des fortifications, renforçant le sentiment de face-à-face urbain (figure 3).

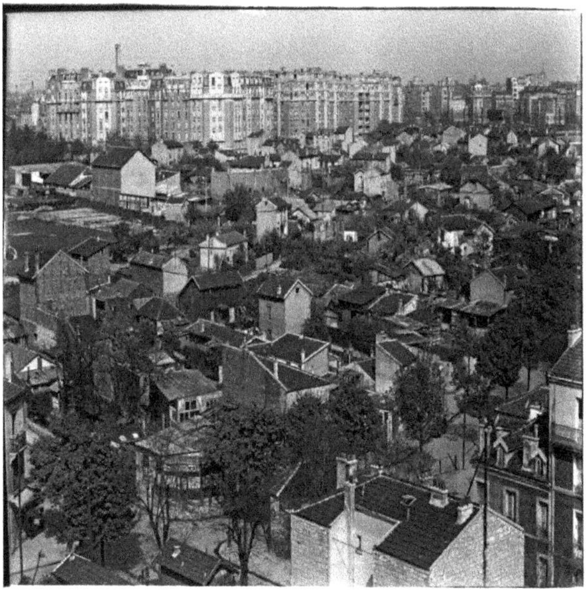

Figure 3. La Zone de Vanves et les HBM au fond, 1941. (source : Direction urbanisme, Ville de Paris)

Enfin, la Zone était associée à la marginalité et la délinquance depuis le début du XXe siècle ainsi qu'à la boue et à la malpropreté. Autant de caractéristiques d'un espace intermédiaire et indéfini, une vision qui perdurera d'écrits en écrits, que ce soit la presse ou la littérature.

Le journal *L'Humanité* publie sept chroniques entre le 22 et le 31 mars 1938 qui nous plongent dans l'univers de la Zone, prétexte à égrener un questionnement qui est aussi le mien. Qui y habite ? Pourquoi une telle dégradation des espaces zoniers ? Quelles sont les dynamiques qui l'expliquent à la veille de la Seconde Guerre mondiale ? Intitulée, *La Zone… terre incertaine*, la série d'articles clame cette indétermination qui offre la possibilité de reléguer la Zone au statut d'interstice urbain. Pourtant, les arguments du journaliste Georges Beaubois (1899-1979) invitent à rouvrir le dossier, et réexaminer le statut de la Zone et de ses habitants :

> Voici des ouvriers qui fourbissent leurs vélos pour aller au travail, des jeunes femmes qui choisissent leur chemin, entre les flaques d'eau sans reflets, des écoliers bien peignés, prêts pour aller en classe […] Ne soyons pas surpris de ce spectacle qu'on n'aurait jamais songé à voir ici ! C'est que les habitants de la zone ne sont pas des clochards ou des individus en rupture d'identité. Mais rien n'est moins vrai que de se représenter les zoniers, uniquement sous les traits de ces personnages. La vérité est que la zone est habitée en grande majorité par des citoyens laborieux et respectables autant que ceux des quartiers parisiens. Beaucoup sont nés là et ont organisé leur vie sur leur bout de terrain ; ils ont choisi cette manière de vivre qui donne l'illusion d'être loin de Paris, presque à la campagne[5].

Mon enquête vise à remettre en contexte ce territoire et ses habitants, et à restituer leur point de vue à partir des volumineux dossiers d'archives produits par la gigantesque opération urbaine initiée dans l'entre-deux-guerres afin de résorber la Zone. Des archives qui offrent l'occasion de saisir la diversité des trajectoires individuelles sur la Zone, et d'échapper au seul discours des autorités qui n'auront de cesse de dénier à la Zone et à ses habitants leur distinction urbaine, manière grossière et peu efficace de diminuer le montant des indemnités dues aux propriétaires et aux locataires. La requête de Madame Rider au maire de Saint-Ouen peut nous servir de fil conducteur :

> S'il vous plaît Monsieur je vous envoie toutes mes excuses au sujet du procès-verbal mais croyez-le sincèrement ce n'est pas de ma faute. J'habitais avant à Paris dans une petite chambre pour cinq personnes, c'est malsain

---

5 Georges Beaubois, « La Zone terre incertaine. Tout un peuple y vit », *L'Humanité*, 22 mars 1938.

> mon mari étant tombé malade, les médecins me recommandaient le grand air j'ai cherché vainement pendant deux ans un petit logement ayant trouvé ce terrain avec deux petites chambres je les ai pris et ignorant que cela appartenait à la Zone militaire j'ai construit de quoi pouvoir m'abriter[6].

Crise du logement dans la capitale, attrait du grand air sur la Zone, ignorance de la servitude, cette zonière manie des arguments qui prouvent que la relégation de la Zone au statut d'interstice urbain est bien le fruit d'un rapport de force. Cet espace – doit-on dire urbain ? c'est bien la question qui m'occupe – s'est construit depuis le milieu du XIXe siècle, dans des conditions largement dictées par la préfecture de la Seine et l'armée qui ont imposé des restrictions, verbalisé les contrevenants, légiféré sur le type d'habitat toléré. Or, à l'ordre qu'elles tentent d'imposer s'oppose celui des habitants de la Zone que les dossiers d'archives, nourris par les procédures d'expropriation et d'expulsion, permettent de restituer.

Ma démarche d'histoire urbaine, articulant un paysage urbain et la société qui y vit, se construit à rebours d'une histoire culturelle qui entretient les stéréotypes à partir de la presse, de la littérature, de la peinture et même du cinéma[7]. Une telle démarche perpétue la posture des « vainqueurs » qui avaient intérêt à déprécier la Zone. En effet, ces clichés ne reposaient pas seulement sur une forme de condescendance sociale à l'égard de prétendus marginaux mais bien sur des stratégies qui avaient pour fin de dévaloriser un territoire urbain que la ville de Paris était obligée d'exproprier à grands frais à partir de 1919. Or une dépréciation symbolique est un moyen efficace pour espérer voir baisser le montant des indemnités à verser (Backouche, 2022). Par ailleurs, la décision politique et ses atermoiements ont dilué l'annexion de la Zone dans le temps, et perpétué le bricolage urbain qui avait été sa marque de distinction depuis le milieu du XIXe siècle. Certes, les zoniers ont résisté pour faire valoir leurs droits, mais cette seule explication relève d'un discours officiel, soucieux de se défausser sur la société zonière de ses responsabilités. Après avoir envisagé la manière dont le politique a relégué la Zone au statut d'interstice urbain pour servir ses intérêts, je renverserai dans un second temps la perspective afin de mettre en valeur les relations sociales inscrites sur la Zone, et les pratiques qui lui donnent rang d'espace urbain.

---

6 Archives municipales de Saint-Ouen, 268 W 38, Lettre de Madame Rider au maire de Saint-Ouen, 4 mai 1922.

7 *Le Christ dans la banlieue*, écrit en 1930 par le révérend père Pierre Lhande qui sillonne la Zone et la banlieue rouge, a connu une adaptation théâtrale par Grégoire Leclos, intitulée *Notre-Dame de la Mouise* (Paris, Spes, 1931), une adaptation cinématographique par Robert Péguy en 1941 du même titre, et enfin, Léo Ferré enregistre en 1954, une chanson homonyme mais fort ironique.

1. Appropriations politiques chaotiques

Sur la Zone, les pouvoirs publics ne sont pas cantonnés au rôle de régulateur d'un espace délaissé. Au contraire, ils ont contribué à l'impossible appropriation urbaine à partir du milieu du XIXe siècle, confrontant ses habitants à des revirements et des décisions erratiques. Les hésitations, commandées par des difficultés financières, expliquent le fractionnement de l'action publique, sa dilatation dans le temps, et finalement l'échec du raccommodage de la Zone au tissu urbain parisien ou à celui des communes suburbaines.

En ce qui concerne ces dernières, la loi du 28 août 1941 prévoyait que l'assainissement de la Zone s'accompagnerait de la création d'une « zone de sauvegarde », bande de 150 mètres de profondeur au-delà de la nouvelle limite administrative de Paris, qui resterait sous la tutelle du préfet de la Seine pour s'assurer que le contact avec Paris se fasse de façon heureuse[8]. La défiance à l'égard des communes sur leur capacité à aménager la ville selon les exigences du voisinage de la capitale a donc justifié l'empiétement sur leur territoire communal, créant un anneau supplémentaire de territoires en déshérence dont de nombreuses photos témoignent dans les années 1950 (figure 4).

---

8 « À l'intérieur de cette zone, aucune construction nouvelle ne peut-être élevée et aucune modification ne peut être apportée aux bâtiments existants sans l'autorisation du Préfet de la Seine », Archives nationales, F2 4212, Communication de M. le Préfet de la Seine au conseil municipal et au conseil général sur le problème du logement et le plan d'aménagement de Paris et de la banlieue, 1946.

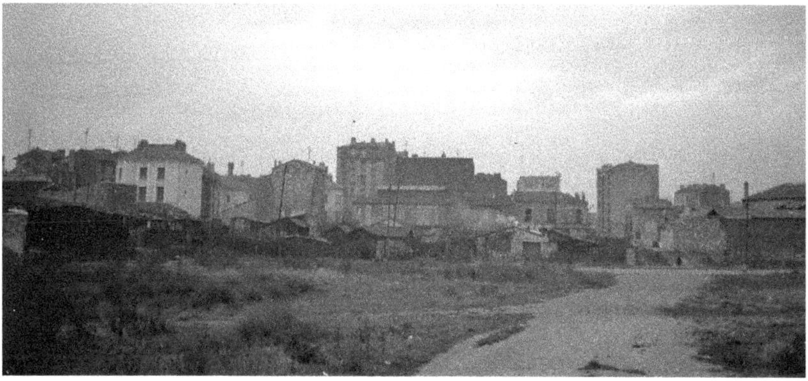

Figure 4. La Zone d'arrachement de Saint-Ouen, 1951 (source : Direction urbanisme, Ville de Paris)

Cette nouvelle bande tampon, dite aussi « zone d'arrachement », renforça la coupure entre Paris et sa périphérie, avec parfois l'aménagement d'un boulevard circulaire, préfiguration du périphérique qui était déjà envisagé par Vichy comme en témoigne une note de la direction du plan de Paris en octobre 1941[9].

Aux origines de la Zone, espace urbain atypique et aujourd'hui oublié, la construction d'une fortification autour de Paris en 1841 qui a généré une *zone non aedificandi* (figure 5), malgré tout construite et peuplée, encerclant la capitale pendant plus d'un siècle.

9 Archives de Paris (dorénavant AP), 2276 W 225.

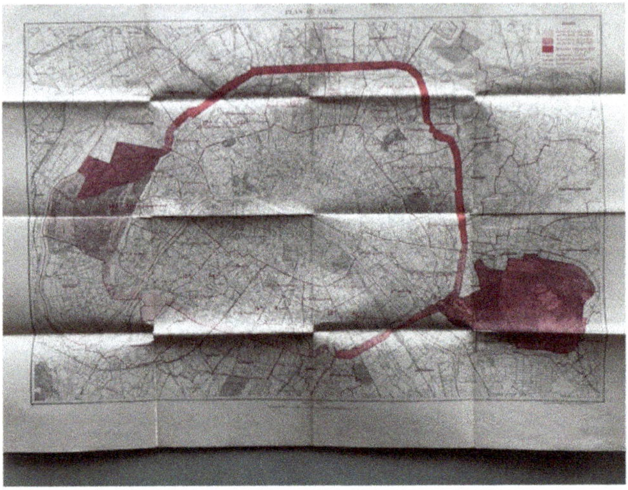

Figure 5. La zone annexée en trois vagues, 4 août 1930 (source : Archives de Paris (AP), 2276 W 225)

Vivre dans la Zone, un anneau de 250 mètres d'épaisseur sur toute la circonférence de Paris, constituait donc une infraction, et cette prétendue illégalité a entaché la réputation de ses habitants. Après la guerre de 1870, la fortification ayant fait la preuve de son inutilité, on décida de la détruire et de résorber la Zone grâce à une vaste opération d'expropriation et d'expulsion menée sur plusieurs décennies[10]. Dès 1938, Beaubois s'étonnait de cet étalement de l'opération dans le temps : « Or, les administrateurs de la ville de Paris, après avoir emprunté des centaines de millions pour cette œuvre, qui devait être terminée en 1970 [!], annoncent, chaque année, que le manque de crédit recule cette date déjà lointaine[11]. »

Les objectifs étaient nombreux. Tout d'abord donner du sens à l'action préfectorale en circonscrivant des morceaux de ville qui fassent l'objet de son attention en priorité[12], et notamment la construction des Habitations

10 Alors que les propriétaires des terrains sur lesquels a été construite la fortification ont été expropriés et indemnisés au XIXe siècle, ceux qui possèdent les terrains de la Zone ne l'ont pas été. Leurs terrains ont en quelque sorte été gelés, et rendus improductifs par la servitude.

11 G. Beaubois, « La Zone terre incertaine. Tout un peuple y vit », *L'Humanité*, 22 mars 1938.

12 La même nécessité d'affichage politique a présidé à la délimitation et la stigmatisation des îlots insalubres, voir Backouche, 2016 [rééd. 2019].

à Bon Marché (HBM) sur l'emprise de la fortification[13]. La ville s'endetta de cent millions de francs pour acheter les terrains à l'État, à charge pour elle ensuite d'allouer des lots à des opérateurs qui construiraient les HBM[14]. Ainsi, sur l'ancien site des fortifications – espace reconquis entre Paris et sa banlieue – différentes portions furent soumises à des destinées distinctes. Le contraste entre l'est et l'ouest de Paris produisit des effets, et même reproduisit ses effets sur la marge en cours d'urbanisation. Le Préfet de la Seine constate en 1933: «Les terrains du 16e arrondissement, riverains du bois de Boulogne, représentent à eux seuls près de la moitié des terrains mis en vente. On en a fait, et on en fait encore grief à la ville de Paris[15].»

Trois types de logements étaient envisagés à l'emplacement de la fortification. Les HBM et les HBMA (améliorés) ainsi que les immeubles destinés au relogement des expropriés (IRE) couvraient 54 ha 81, ensuite, les immeubles à loyer moyen (ILM, plus cossus et au loyer plus élevé) occupaient 41 ha 82 et, enfin, 39 ha 54 furent vendus à des particuliers pour amortir l'opération[16]. La ventilation par arrondissement de ces trois catégories conforte les oppositions sociales et spatiales de la capitale avec l'assentiment du pouvoir préfectoral. Le réemploi de l'interstice temporaire créé par la démolition de la fortification consolide le contraste entre l'est et l'ouest de Paris. Les 18e et 19e arrondissements accueillent le plus d'HBM tandis que les 16e et 17e se couvrent surtout d'ILM. Par ailleurs, la vente des terrains à des opérateurs privés est massivement située dans le 16e arrondissement, notamment en limite du Bois de Boulogne (tableau 1).

---

13 *Les HBM, un patrimoine multiple (1894-1949)*, DHAAP/DAC – Rapport 2019.

14 La loi Bonnevay (1912) permet aux municipalités de se doter d'offices publics d'HBM, devenant constructeurs et bailleurs par l'intermédiaire de sociétés mixtes. L'office public d'HBM de la ville de Paris est créé le 28 janvier 1914.

15 AP, 2276 W 234, Mémoire du préfet de la Seine au Conseil Municipal, 15 décembre 1933.

16 Les HBMA sont créées par la loi Bonnevay. à mi-chemin entre HBM et ILM (augmentation surface, chauffage, salle de bains, loyer maximum double d'un HBM). Le programme des 20 000 logements adopté en juillet 1930 prévoit deux catégories de logement: la première est destinée au relogement des expropriés (1, 2 ou 3 pièces avec cuisine, entrée, WC; chambres isolées avec ou sans alcôve-cuisine, dotées de l'eau, du gaz, de l'électricité et du chauffage central; la deuxième est en location libre et plus cossue (2, 3, 4 pièces avec cuisine, salle de bains, WC, entrée; chambres isolées avec ou sans alcôve cuisine, même confort avec en plus ascenseurs, escaliers de service, distribution d'eau chaude et vidoirs à ordures ménagères), *cf.* François Latour, *Rapport général au conseil municipal sur le projet de budget 1933*, chapitre 5, *La ville de Paris et le problème de l'habitation*, 1932, p. 59-111.

Tableau 1. Ventilation des usages de la fortification par arrondissement en 1933[17].

Arrdt	HBM et HBMA	IRE	ILM et 2e catégorie	Total logements sociaux	Terrains à vendre ou vendus à des particuliers	Autres usages (musée, chemin de fer, édifice religieux, école, voirie, armée, association, bâtiment public, hôpital)	squares	total
12e	2,27	0,68	8,19	11,14	2,26	8,11	-----	**21,51**
13e	6,71	3,92	1,12	11,75	4,93	12,97	0,93	**30,58**
14e	8,4	------	5,47	13,87	------	11,06	0,26	**25,19**
15e	1,01	------	1,83	2,84	1	19,66	2,17	**25,67**
16e	------	------	8,85	8,85	21,87	3,4	-----	**34,12**
17e	2,82	------	8,77	11,59	7,93	20,97	-----	**40,49**
18e	9,84	------	------	9,84	------	19,46	-----	**29,3**
19e	8,06	0,95	3,06	12,07	0,44	23,74	8,62	**44,87**
20e	6,83	3,32	4,53	14,68	1,11	10,78	2,44	**29,01**
Total	**45,94**	**8,87**	**41,82**	**96,63**	**39,54**	**130,15**	**14,42**	**280,74**

Trois catégories de logements sociaux sont prévues sur la fortification : les HBM et HBMA destinés aux plus modestes ; viennent ensuite les immeubles pour le relogement des expropriés (IRE) prévus par le programme des 20 000 logements adopté en juillet 1930, et enfin, dans un standard supérieur, les immeubles à loyer moyen (ILM) auxquels s'ajoutent les logements de 2e catégorie prévus par le programme des 20 000 logements pour amortir les IRE. Toutes les surfaces sont exprimées en ha.

Dans le détail, la répartition des différentes catégories obéit à des critères classiques. Ainsi, dans le 19e arrondissement, on aménage le parc de la Butte du Chapeau Rouge, seule vaste implantation de verdure sur l'emprise de la fortification, et les ILM prévus dans cet arrondissement longent le parc. Cet indicateur montre que le réemploi d'un espace interstitiel connaît des traitements différenciés, et qu'il n'y a aucune fatalité à ce qu'il conserve les stigmates de son ancien statut.

17 *Ibid.*

2. Pesanteur des temporalités politiques

Le gigantisme de l'opération fait que la puissance publique est confrontée aux rythmes décalés de l'appropriation des terrains : alors que la ville s'était portée propriétaire de l'emprise de la fortification sans trop de difficultés, elle devait acquérir les terrains de la Zone par voie amiable ou par expropriation pour cause d'utilité publique en traitant avec plusieurs milliers de propriétaires, un décalage qui entretiendra la déshérence de ce territoire pendant plusieurs décennies. À cet égard, certains conseillers municipaux considéraient qu'il fallait aménager conjointement la partie de la fortification et la Zone qui lui était accolée de manière à garantir une continuité urbaine, et le préfet de la Seine assigne, un peu rapidement, à la résistance des zoniers l'échec de cette modalité d'aménagement, passant sous silence les difficultés financières de l'opération :

> Il eût été désirable, pour la bonne marche de l'opération qu'il y eût synchronisme entre l'aménagement d'une fraction de la fortification et celui de la zone contiguë. L'opinion publique aurait alors senti l'harmonieux équilibre de la conception initiale, et il est aisé d'imaginer quelle puissante contribution cet aménagement parallèle, poursuivi pendant un tiers de siècle, aurait apportée, à tous égards, à l'embellissement de Paris. Mais alors que la fortification, cédée par l'État à la Ville, était immédiatement disponible, vide de constructions et capable d'en recevoir, il se trouvait que la zone, figurant dans le patrimoine de particuliers, était en grande partie bâtie, en dépit de la prohibition légale, et habitée, si bien que l'Administration de la ville de Paris, libre d'agir sans délai sur l'enceinte, en était empêchée sur la zone par les obstacles que la résistance des zoniers a dressés contre la procédure d'expropriation prévue par la loi de 1919[18].

En effet, la préfecture de la Seine est obligée d'agir à la mesure des moyens disponibles, notamment au regard des obligations de relogement et des sommes à prévoir pour indemniser les propriétaires. Le bilan dressé par le préfet de la Seine en août 1934 témoigne de la démesure de l'opération, et de la lenteur de son accomplissement. Alors que l'annexion de la Zone était envisagée depuis 1912, en juin 1934, il restait 66 % de sa surface à exproprier[19]. Dans le même temps, les HBM étaient sortis de terre et cohabitaient de plus en plus difficilement avec la Zone.

---

18 *Ibid.*

19 *Communication du préfet de la Seine au Conseil municipal, étude d'un plan chronologique d'expropriation de la zone*, 27 juin 1934. Sur une surface totale de la zone de 778 ha 50, il fallait exproprier ou acquérir à l'amiable 454 ha 79. À cette date, il reste plus de 300 ha à opérer.

À cette relative paralysie des pouvoirs publics s'ajoute la gestation d'un plan général pour penser l'agrandissement de la capitale selon les directives de la loi Cornudet[20], adoptée le 14 mars 1919, un mois avant l'annexion de la Zone. La concomitance entre les deux lois signale que c'est bien l'opportunité d'absorber la Zone au tissu parisien qui a fait pencher la balance pour un plan général. La volonté de penser à l'échelle de la capitale offrait un champ d'expérimentation à l'hygiénisme florissant, et à une profession en pleine affirmation : les urbanistes regroupés au sein de la Société française des urbanistes créée en 1913.

L'annexion de la Zone est bien la grande affaire de la préfecture de la Seine dans la première moitié du XXe siècle. Certes la bataille menée par les zoniers, notamment les propriétaires des maisons qui dans un premier temps ne devaient pas être indemnisés, a ralenti la mise en œuvre de l'opération, mais c'est surtout l'impécuniosité de la puissance publique qui a enlisé le destin de cet espace marginal. Encore en 1953, le préfet de la Seine doit annuler la déchéance quadriennale qui aurait dû frapper le versement des indemnités dont l'administration était redevable à l'égard de plusieurs dizaines de zoniers, expropriés entre 1941 et 1947. Et ces zoniers sont de toute condition :

> Mr Helbling s'est vu attribuer le 25 mars 1943, une indemnité de 900 francs pour sa propriété à Bagnolet tandis que Mr Balis attend le versement de 535 000 francs depuis le 1er juin 1944 pour sa propriété à Neuilly. L'administration s'engage à verser ces indemnités avec beaucoup de retard, preuve s'il en fallait que la puissance publique a bien peiné à satisfaire à ses obligations[21].

Il faut avoir en tête ces scansions de l'action publique qui attestent que la fabrique de la précarité sur la Zone résulte bien de l'agenda politique de son évacuation. Dès décembre 1933, le préfet de la Seine avoue que l'opération de résorption de la Zone se dilatera dans le temps : « Nous serons donc conduits, pour espacer nos engagements de dépenses, à ralentir la cadence des expropriations et, pour ménager nos finances, à renoncer momentanément à toute éviction locative, sauf dans des cas de

---

20 Cette loi oblige les villes françaises de 10 000 habitants et plus à se doter d'un plan d'aménagement, d'embellissement et d'extension (PAAE) intégrant des servitudes hygiénistes, archéologiques et esthétiques.

21 AP, 1900 W 160, arrêté du préfet de la Seine du 11 mars 1953 qui stipule : « considérant qu'il n'a pu être procédé au paiement de ces indemnités dans un délai de 4 ans pour divers motifs d'ordre administratif et financier (notamment manque de crédits) dont les créanciers ne peuvent être rendus responsables ».

nécessité absolue, par exemple le dégagement des immeubles construits sur l'enceinte[22]. »

Pour des raisons financières, on émiette la disparition programmée de la Zone, en créant pour les habitants un statut de locataire précaire, payant une indemnité d'occupant temporaire. Autant de caractéristiques qui confortent la réputation d'interstice urbain, en situation d'incertitude foncière pour les propriétaires et immobilière pour les locataires. Marcel Déat, député de la Seine, commente avec ironie cet horizon flou du destin de la Zone à la Chambre des députés lors de la séance du 5 juin 1934 : « Nous voilà donc en présence d'aveux absolument nets d'impuissance de la ville de Paris et des pouvoirs publics devant le problème de la zone. On en reparlera, semble-t-il, vers l'année 1965, autrement dit, aux environs de l'an 2000[23]. »

Alors que l'opération s'accélère à partir de 1941, un coup d'arrêt est porté à partir de novembre 1943. Les archives révèlent les dissimulations du pouvoir, et sa capacité à inventer des argumentaires. Le brouillon d'un rapport sur l'activité du service de l'aménagement de la Zone précise en octobre 1944 : « Je signale enfin qu'en novembre 1943, toutes les opérations d'évacuation ont dû être suspendues à la suite de l'intervention des autorités allemandes qui avaient interdit toute nouvelle démolition d'immeubles. » Le directeur du plan d'aménagement de Paris modifie le motif d'interruption des évacuations : « En raison des difficultés de relogement, les évacuations se faisant individuellement après que les zoniers intéressés trouvent un local de remplacement[24]. »

Soucieux de dissimuler leur soumission aux Allemands, mais aussi l'impossibilité de mener à bien l'opération dans le contexte d'occupation, les responsables administratifs inventent une mesure d'humanité alors qu'aucun relogement n'est jamais proposé aux zoniers, et que la législation de Vichy leur donne trois semaines pour partir[25]. La lecture des archives, et des strates scripturaires sur les documents, permet de prendre en défaut le pouvoir, et de jauger le processus de fabrication du récit qui s'est construit à propos de la Zone grâce à la sédimentation des

---

22 AP, 2276 W 234, Mémoire du préfet de la Seine au Conseil municipal, 15 décembre 1933.

23 *J.O.*, 5 juin 1934, p. 1379. Marcel Déat est alors député du 20e arrondissement, récemment exclu de la SFIO.

24 AP, 1900 W 257, note sur l'ensemble de l'activité du service d'aménagement de la zone du 31 décembre 1942 au 1er janvier 1944, 20 octobre 1944.

25 Les lois du 11 octobre 1940 substituent la réquisition à l'expropriation, modalité plus brutale qui explique l'accélération de l'évacuation de la Zone, *J.O.*, 25 octobre 1940.

arguments fallacieux. Les zoniers étant maintenus, il faudra imaginer, lit-on, « des conditions nouvelles à imposer aux expropriés, en vue de marquer nettement le caractère précaire de leur occupation, ainsi que les modalités éventuelles de versement, par eux, d'une redevance d'occupation appropriée »[26].

J'ai constaté le même phénomène à propos de l'îlot insalubre n° 16 dans le Marais (Backouche 2016 [rééd. 2019]), les autorités sont obligées de bricoler face à la déroute de leur plan d'origine, et de créer des locataires précaires à la place de locataires engagés régulièrement auprès de leur propriétaire. C'est aussi une propriété de l'interstice urbain, ou plutôt de ses habitants dont la précarité repose non pas sur leur non-adaptation à la ville – comme on le lit très souvent – mais bien sur les conditions de vie imposées par l'administration devenue propriétaire. Ce point démontre la nécessité de décortiquer de près les dossiers d'archives pour comprendre l'élaboration des stratégies des acteurs. En se contentant de lire les documents des autorités, le récit officiel à propos de la Zone s'impose, et on ne peut mettre au jour la diversité de points de vue, indispensable à la critique. En cela, la construction du récit que les autorités livrent au public n'est pas tout à fait identique à celle qu'opère l'historien, le second n'élaborant pas une histoire factuelle, manière fort datée de penser le métier d'historien. Et le recours à l'histoire contrefactuelle (Deluermoz et Singaravelou, 2016) n'est pas d'un grand secours puisqu'au contraire elle légitime l'idée qu'il existerait une histoire factuelle.

Enfin, concernant les temporalités d'action du politique, les continuités entre Vichy et la IVe République sont flagrantes. Fait rare, elles sont même anticipées puisque la résorption de la Zone est prévue pour 1970, confortant l'autonomie des temporalités urbaines vis-à-vis du politique tout en entretenant l'incertitude propice à l'impossibilité d'intégrer les terrains zoniers à la ville. Dès 1949, le député socialiste, Gérard Jaquet s'indignait du sort des zoniers (il parlait de spoliation à leur encontre) et soulignait la déshérence des terrains qu'ils occupaient et dont ils ont été chassés : « On constate que, depuis bientôt dix ans, une bonne partie des terrains réquisitionnés d'urgence sont demeurés absolument inutilisés. Les immeubles démolis sont abandonnés. Certains terrains, dont les propriétaires ont été chassés, sont reloués. En fait, aucune amélioration n'a été réalisée[27]. »

---

26 *Ibid.*

27 AN, F2 4213, proposition de loi tendant à annuler la spoliation dont sont victimes les citoyens français tombant sous le coup des lois du Gouvernement de fait dit de

En 1952, une proposition de loi est faite pour abroger les textes de Vichy relatifs à la Zone qui avaient pour objet d'accélérer les procédures : « La question de l'expropriation des habitants de la zone n'est pas nouvelle, mais plusieurs textes promulgués par le Gouvernement de Vichy ont gravement porté atteinte à leur droit, et il n'est pas douteux qu'une telle situation regrettable doit être redressée[28]. » Et à nouveau, le député souligne l'inertie de l'opération : « Les terrains réquisitionnés d'urgence en 1942 sont devenus bien souvent des dépôts de résidus de toutes sortes ». En atteste, le courrier de Marcel Sergent, habitant de Saint-Ouen en 1950, qui dénonce des faits qui « contribuent à rendre inhabitables » les quartiers situés aux portes de la capitale :

> Il existe aux confins de la commune de grands terrains vagues, appelés « la Zone », la partie intéressée est située entre l'avenue de la porte Pouchet et les rues Latérale Vincent et Arago, le long d'un chemin en bordure de la voie ferrée des Épinettes. Je désirerais savoir, si cet emplacement est considéré comme terrain de décharge, car depuis quelques mois, des personnes viennent, avec des voitures à bras ou des camionnettes, déverser des ordures de tous genres, plâtres, résidus d'usine, ferrailles, ou mieux, des vieux sommiers ou matelas qui en brûlant, répandent dans l'atmosphère des odeurs pestinentielles [*sic*], particulièrement par ces chaleurs, très désagréable [*sic*] pour les riverains, déjà tellement désavantagés par la proximité d'usines et aussi par les indésirables qui hantent les environs dès la tombée de la nuit[29].

À la nécessité d'élucider le feuilletage argumentaire, s'ajoute celle d'envisager dans le moyen terme les continuités de l'action politique, par-delà les changements de régime, autre facteur d'explication de la ténacité des réputations des espaces urbains. L'année suivante, Frédéric-Dupont persiste et signe en réclamant que les derniers zoniers délogés soient réinstallés dans les immeubles qui seront finalement construits sur la Zone, en dérogation des dispositions initiales, en raison de la grave crise du logement[30]. Ce changement de destination des terrains zoniers confirme

---

l'État français portant réquisition d'urgence de leurs propriétés ou des locaux qu'ils occupent sur la zone des anciennes fortifications de Paris et sur la zone de sauvegarde de 150 mètres autour de Paris, séance du 14 juin 1949.

[28] *Ibid.*, proposition de loi tendant à abroger les dispositions législatives concernant la zone des anciennes fortifications de Paris et la zone établie à titre de sauvegarde sur le territoire des communes de banlieue limitrophes de la ville de Paris, présentée par M. Frédéric-Dupont, séance du 20 mai 1952.

[29] Archives municipales de Saint-Ouen, 268W34, lettre du 13 juin 1950 au président de la commission d'hygiène.

[30] Loi du 7 février 1953, article 13.

que les propriétaires zoniers expulsés ont été fort mal traités puisque leurs indemnités ont été calculées pour l'expropriation de terrains non constructibles, qui en 1953 deviennent en partie constructibles.

Revirements politiques radicaux, argumentaires *ad hoc*, temporalités contrariées sont autant de propriétés qui fabriquent l'espace interstitiel, bien plus que de prétendues caractéristiques morphologiques ou sociales. Malgré ces aléas, le politique impose des projets tant bien que mal sur cet espace en voie de disparition.

3. Des fonctions au détriment des usages

La modernité urbaine dont la Zone devait être le laboratoire donne l'occasion aux urbanistes en quête de légitimité de décliner un fonctionnalisme à grande échelle sur un terrain parisien qui leur offre une vitrine inespérée. Sur le papier, on décida d'installer sur la Zone toute une série de « fonctions » qui répondraient aux différents besoins de la capitale. L'opportunité de disposer d'un vaste foncier en périphérie parisienne stimule l'ardeur des édiles et des aménageurs pour vouer cet espace au service de Paris. Ainsi, la Zone est conçue d'emblée comme un espace assujetti, un espace urbain sans autonomie qui n'accueillera pas de populations. En somme, il ne s'agissait pas de fabriquer de la ville, une lacune encore visible aujourd'hui. Ce vaste projet d'espace de services semble paradoxal à l'heure où sévissait une grave crise du logement. Il a été renforcé par le lobby des propriétaires de l'intérieur de la capitale qui ont milité pour ne pas subir la concurrence immobilière d'une Zone constructible.

On aménagea des équipements sportifs (stade Pierre de Coubertin, parc des Princes), des hôpitaux (Claude Bernard, Bichat), un parc des expositions pour le monde agricole (Porte de Versailles), une cité universitaire (Porte d'Orléans), et un palais des colonies (Porte de Saint-Mandé) qui accueillit l'exposition coloniale de 1931. Sur le reste de la Zone, une ceinture verte de parcs et jardins était prévue qui ne verra jamais le jour, peut-être parce qu'elle n'était qu'un alibi pour éviter la concurrence immobilière. D'ailleurs, dès 1934, l'idée est critiquée, surtout chez ceux qui préféreraient que la Zone serve de terrain pour de grands travaux susceptibles d'aider à résorber le chômage – il est question de « mine de travail » – qui sévit en France à l'heure de la crise de 1929 :

> Je ne referai pas le procès du plan de la grande ceinture d'air. Je rappellerai simplement, comme les organisations de zoniers l'ont fait bien souvent, qu'il ne peut plus être question de la ceinture d'air à partir du

moment où l'on a établi une ceinture de gratte-ciel sur l'emplacement des fortifications[31].

L'argument est imparable : comment prétendre qu'on va offrir aux Parisiens une ceinture verte pourvoyeuse d'air pur alors qu'entre la capitale et ces jardins se dressent les habitations à bon marché, nouveau mur enserrant Paris ?

Ainsi la Zone est fragmentée en plusieurs morceaux qui sont chacun destinés à recevoir une « fonction » (sport, soin, exposition, résidence universitaire), un usage unique, préétabli selon un plan d'ensemble, ce que Jean-Claude Perrot a appelé, « la genèse d'une ville moderne » en étudiant les transformations de Caen au XVIIIe siècle (Backouche, 2015), et en identifiant l'avènement du fonctionnalisme qui s'est ensuite épanoui en France pendant près de deux siècles. Cette conception de l'aménagement urbain est l'antithèse de la ville ancienne où les usages se superposent selon les besoins des habitants et en vertu de leurs initiatives bordées par les pouvoirs publics. Une manière de faire la ville non préméditée mais garante de vitalité urbaine du fait de l'implication des habitants dans certains accommodements. La Zone n'est aménagée qu'au regard des besoins de la capitale, empêchant d'y concevoir des espaces urbains assurant la continuité urbaine entre Paris et sa banlieue.

Le cas de la Zone illustre l'omniprésence du fonctionnalisme dans l'aménagement urbain français – et ses fréquents échecs –, mais aussi dans l'analyse des chercheurs qui ont eu tendance à le naturaliser, raison pour laquelle je n'utilise jamais le mot « fonction » qui transporte avec lui cette idéologie de la fabrique de la ville, née au XVIIIe siècle, qui s'est épanouie au XIXe siècle (Haussmann) et a trouvé ses professionnels au XXe siècle (les urbanistes). Installer des fonctions au service de la capitale sur la Zone, voilà le projet politique de la préfecture de la Seine. Malheureusement pour tous les habitants de la capitale, le projet de ceinture verte n'a jamais vu le jour, et l'espace interstitiel a été en partie remplacé par le périphérique dans les années 1960-1970, ultime équipement au service de la capitale. Cet anneau voué à la circulation automobile génère de nouveaux espaces dégradés en raison de la balafre qu'il impose au tissu urbain et de leur impossible appropriation. Et au moment où on aménage le Grand Paris, l'histoire chaotique de la Zone pèse sur ce territoire finalement jamais intégré ni à la capitale ni aux communes périphériques.

---

31 *J.O.*, 5 juin 1934, p. 1379. Marcel Déat (…) est alors député du 20e arrondissement, récemment exclu de la SFIO.

La distinction centrale en histoire urbaine entre fonctions, usages et appropriations, empreinte de réflexivité sur l'usage de ces mots, ouvre un vaste champ d'interrogations pour dépasser l'assignation de la Zone entretenue par les pouvoirs publics (Préfecture de la Seine, Conseil municipal parisien, Armée, État). Le recours aux méthodes d'une histoire sociale soucieuse d'entendre le plus de voix, et la sensibilité aux approches d'autres disciplines, permettent de percer la carapace stigmatisante, souvent reproduite par les chercheurs, pour entendre le point de vue de l'autre, de « l'indigène » qu'on se doit d'observer et d'entendre. Au contraire du mot « fonction », ceux d'usages et d'appropriations introduisent la possibilité de dessiner les stratégies des zoniers, qu'ils soient propriétaires ou simplement locataires. Les dossiers d'expropriations regorgent de descriptions des usages sur la Zone, garants d'une appropriation fine du territoire. Des usages non contrôlés, non dictés par le politique, des appropriations témoins de la richesse du lien entre habitant et territoire.

La Zone était le siège d'un système social, et foncier, complexe, très bien organisé et identifiable, qui ruine l'image du chaos urbain. Chaque zonier avait son adresse, ils occupaient souvent plusieurs maisons, qui accueillaient divers usages, et de ce point de vue, ils étaient logés plus largement qu'au centre de Paris. À cela s'ajoutait la jouissance d'un jardin, précieux comme appoint alimentaire. Ainsi, les habitants de la rue de Paris dans la zone annexée de Pantin avaient-ils tous une adresse, comme indiqué sur un relevé de 1931 (figure 6).

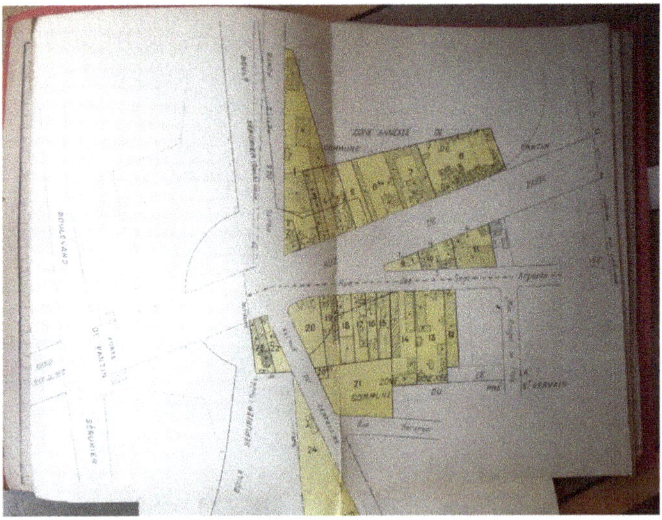

Figure 6. La Zone annexée de Pantin (source : AP, 1900 W 190, février 1931)

Entre l'avenue de la Porte de Choisy et l'avenue de la Porte d'Ivry, la relative vacuité de la parcelle 7 au sud tranche avec l'extrême densité de population sur les parcelles 1 à 6 (figure 7).

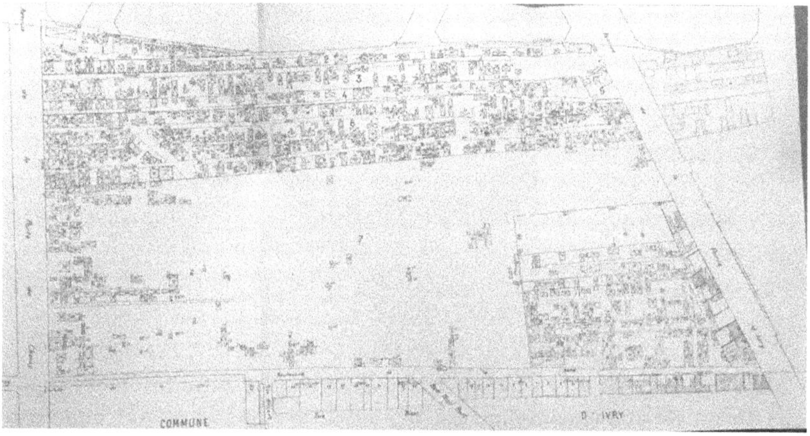

Figure 7. Plan parcellaire de la Zone annexée d'Ivry, s.d. (source : AP, 2276 W)

Près de 350 constructions s'échelonnaient le long des passages est-ouest (Gallot, de la Ville, Calba, de Henri, de l'Avenir), et les chiffres noirs indiquent l'adresse de chaque groupe de constructions : la construction n° 181 au 32 passage de l'Avenir faisait face à la construction n° 274 au 31 passage de l'Avenir, et en cela le système était identique à celui du centre de Paris.

Loin d'être des marginaux, les zoniers ont construit un ordre urbain au fil des décennies, et les archives permettent de dresser une sociologie fine. À Saint-Ouen, haut lieu des chiffonniers, les habitants exerçaient des métiers ordinaires d'une grande diversité, et la démographie de cette zone s'inscrivait dans la continuité du centre de la capitale. Ainsi, Joseph Guilbaud accueillait 32 familles zonières sur sa parcelle de 3846 m^2. La parcelle était coupée dans le sens de la longueur par deux allées : l'allée Lagache et l'allée du Métro le long desquelles 60 constructions s'égrenaient. On trouvait des habitations, des ateliers et des débarras. Et les métiers exercés par les habitants étaient ceux du Paris populaire : journalière, porteur, charpentier, manœuvre, mécanicien, charretier, chaudronnier, chiffonnier, chauffeur, brocanteur, femme de ménage[32]. Cette

[32] AP, 1900 W 160, opération 114, dossier de Joseph Guilbaud, 7 octobre 1942.

continuité sociale entre le centre de Paris, les arrondissements périphériques et la Zone, remet en cause de fausses oppositions, des contrastes qui contribuent à entretenir l'idée d'un interstice urbain. Si les habitants de la Zone partageaient beaucoup de caractéristiques sociologiques avec ceux de l'intérieur de Paris, alors la différence de leur condition de vie ne tenait qu'aux décisions imposées par l'autorité publique à propos de l'aménagement – ou le non-aménagement – de cet espace urbain. Ainsi, le renversement de la perspective, la prise en compte de la diversité sociale à partir des nombreux documents produits par l'opération urbaine, ruine la catégorie essentialisante d'interstice urbain. Les zoniers étaient attachés à leur maison, ils travaillaient à Paris, ils veillaient soigneusement à leur jardin, les commerces étaient nombreux, ils fréquentaient les marchés communaux. Par ailleurs, de riches corpus de photographies[33], qu'il faut regarder en parallèle des archives, sont aussi un outil pour « désintersticer » la Zone et lui restituer son statut d'espace urbain dont la marginalité n'est bien qu'affaire de point de vue. Des zoniers ont multiplié les initiatives pour faire valoir la diversité de la Zone, et plaider en faveur de leur lieu de vie comme aux Lilas et au Pré-Saint-Gervais quand ils écrivent, probablement au sortir de la Première Guerre mondiale, à leur futur député pour réclamer que leur sort soit disjoint du reste de la Zone :

> Elle est habitée par des salariés de tous ordres. Leurs constructions familiales entourées d'un petit jardin, remplissant toutes les conditions d'hygiène et de salubrité prévues par la loi de 1906 sur les habitations à bon marché. Ces constructions sont faites suivant les règles de l'art et en matériaux solides. Elles s'élèvent sur des rues de 8 à 10 mètres et de belles avenues de 15 mètres, bordées, canivées, avec larges trottoirs, pavées et plantées d'arbres en plein développement[34].

Ajoutant qu'ils bénéficiaient de moyens de locomotion, de l'éclairage au gaz et à l'électricité, et que les maisons possédaient l'eau et beaucoup le tout-à-l'égout, ils concluaient fièrement : « Cet ensemble forme une merveilleuse Cité-jardin, la seule existant dans ces conditions, aux portes de Paris ».

Les jardins pullulaient sur la Zone, faisant office de lieu de détente pour bien des Parisiens et d'appoint alimentaire précieux (figure 8).

---

33 Services d'urbanisme de la ville de Paris, corpus conservés aux archives de Paris ou à la BHVP.

34 AN, 94 AP/401, pétition adressée au député du 19e arrondissement, Arthur Rozier, rapporteur du projet de loi concernant le déclassement de l'enceinte fortifiée, s.d.

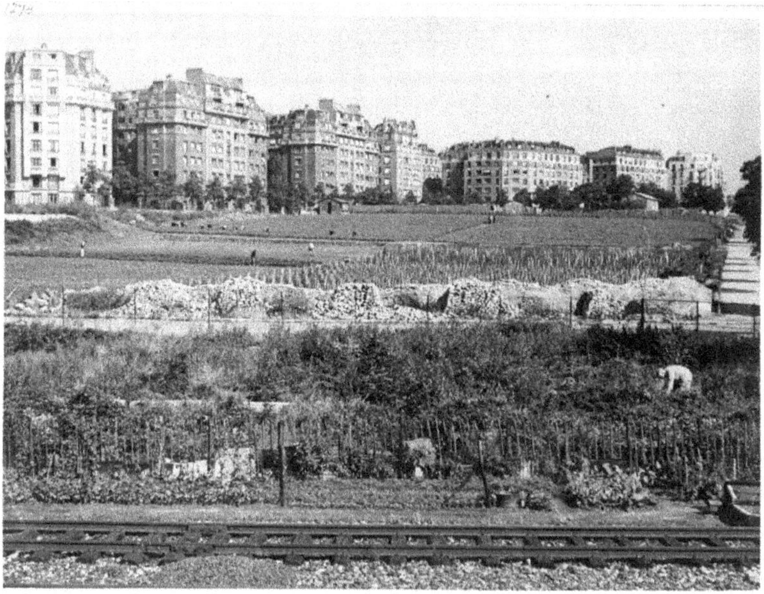

Figure 8. Porte de Bagnolet-Montreuil – Cultures légumières, 1943 (source: Préfecture de la Seine)

Les acquisitions amiables qui se firent au fil de l'eau dans l'entre-deux-guerres, après d'âpres négociations entre la ville et les propriétaires désireux de vendre leur terrain, aboutirent à un premier bilan à la fin de 1933. Près de 34 ha étaient devenus la propriété de la ville (sur 416 ha à exproprier). Confrontée à l'éparpillement de ces parcelles, et à la peur qu'elles ne deviennent des dépôts d'immondices à défaut de pouvoir être aménagées en terrain de sports ou de jeux scolaires, la ville décida de les mettre à la disposition de la « ligue du coin de terre et du foyer » qui organisait des jardins ouvriers dans la banlieue des grandes villes[35]. Ainsi, la dilution de l'opération dans le temps oblige à tolérer des usages intermédiaires, l'obsession étant de distraire ces espaces urbains à un accaparement sauvage.

La Zone est bien un espace urbain approprié par des habitants dont l'opération d'expropriation donne une image bien différente de la réputation alimentée par une forme de propagande dévalorisante afin de mener à bien leur évacuation. L'interstice n'est pas un fait, c'est une construction idéologique. L'histoire sociale, à condition qu'elle s'en donne les moyens,

[35] AP, 2276 W 234, Mémoire du préfet de la Seine au Conseil Municipal, 15 décembre 1933, p. 61.

permet ici de renverser la perspective et de mettre au jour la continuité sociale qui existait entre Paris et la Zone. À l'inverse, les initiatives portées par les politiques publiques ont bien accentué les contrastes sociaux, aussi bien entre le centre et la périphérie, qu'entre l'Est et l'Ouest de Paris.

4. Spatialités, temporalités, production de la norme

L'attention aux spatialités et aux temporalités comme à la production de la norme est un outil efficace pour déconstruire l'interstice urbain. Paradoxalement, l'opération qui vise à faire disparaître la Zone aboutit à la production de kilomètres d'archives qui révèlent son organisation, ses appropriations, la diversité de sa population et son mode de vie. L'espace est scruté de façon extrêmement minutieuse pour le plus grand bonheur de l'historienne. L'administration fait le décompte précis des constructions, et des populations installées sur la Zone, à plusieurs moments. La société, comme le paysage urbain, font l'objet d'états des lieux réguliers tandis que l'espace de la Zone est mesuré, dessiné, cartographié, mis en tableaux. C'est grâce à des enquêtes sur le terrain croisées avec des données cadastrales que de tels documents ont pu être dressés, c'est bien la preuve que la Zone possède son organisation, connue de ses habitants. Chacun sait de qui il est redevable : son propriétaire, un locataire principal qui sous-loue le terrain, un adjoint au maire. Par une sorte d'ironie du sort, cet espace interstitiel, déprécié parce qu'il est dans le viseur des autorités, est l'objet d'une production documentaire gigantesque qu'il faut prendre le temps de découvrir et de lire afin d'élaborer une histoire sociale à opposer à tous les fantasmes à propos de la Zone.

La variation de l'échelle d'observation est aussi une exigence de cette enquête. À l'échelle individuelle, bien des zoniers se renseignaient pour savoir s'ils avaient le droit de construire sur une parcelle qu'ils avaient achetée, sans savoir si elle était ou pas dans la Zone, cette dernière n'ayant pas de limite extérieure identifiée. Auguste Cauzet écrivit le 17 décembre 1923 au préfet de la Seine alors qu'il venait d'acheter un terrain sur la Zone à Saint-Ouen pour édifier « une petite maison en pierre pour me loger ainsi que ma famille » :

> Plusieurs personnes consultées me disent, les unes que j'ai le droit de faire bâtir, les autres me disant que non. Je me permets donc Mr le préfet de vous demandez si je peux faire bâtir, et si le cas échéant où je serai exproprié la maison le serait en même temps que le terrain, ou bien si ce dernier seul le serait[36].

---

[36] AP, Perotin 106/50/1, carton 1.

En ce qui concerne les relations entre Paris et sa périphérie, il s'agit de reconsidérer les partages territoriaux postulés et martelés, et donc de changer de point de vue. En effet, voir la Zone uniquement du point de vue de Paris a des effets heuristiques, et il faut inverser la perspective. Ces communes, et les conseillers généraux de la Seine dont elles dépendaient, considéraient les zoniers comme leurs administrés. Nombreux sont les maires des communes qui ont refusé de faire exécuter des contraventions dressées contre des zoniers qui avaient agrandi leur maison, ou fait construire après 1919. Cette solidarité entre élus et habitants contre les projets du préfet de la Seine et du conseil municipal parisien, a probablement eu une incidence sur la constitution progressive d'une ceinture rouge autour de Paris, la question de la Zone finissant par trouver une traduction sur l'échiquier politique. Les élus locaux contestèrent l'arrogance parisienne qui disposait à sa guise de leur territoire sans qu'ils ne soient réellement consultés[37]. Enfin, dans cette vaste redistribution territoriale, il faut imaginer l'expérience des zoniers qui après l'annexion de 1919 relevèrent des arrondissements parisiens, et non plus de la mairie de leur commune, notamment pour l'affichage administratif qui annonçait leur expulsion. Les Audoniens de la Zone apprirent ainsi par voie d'affiche le 2 août 1930 qu'à partir du lendemain, ils feraient partie du 17e ou du 18e arrondissement de Paris (figure 9).

[37] Des enquêtes *de commodo* et *incommodo* eurent lieu dans chacune des communes, à Saint-Ouen entre le 25 et le 27 mai 1920, Archives municipales de Saint-Ouen, 268 W 38.

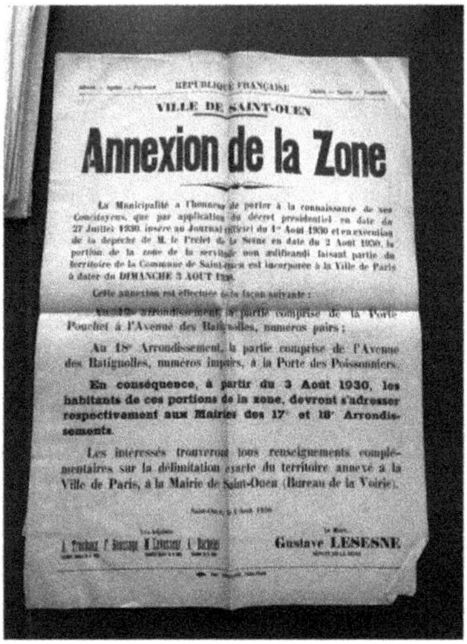

Figure 9. Annexion de la Zone, ville de Saint-Ouen (source : Archives municipales de Saint-Ouen, 2 août 1930, 268W38)

Les décalages spatiaux et temporels, entre les décisions de l'administration et l'expérience des habitants, ont probablement pesé sur la conduite de l'opération, dilatant sa réalisation et mettant à mal la belle cohérence pensée sur le papier.

L'attention aux temporalités, cœur du métier d'historien, permet également de fragmenter des moules de lecture qui congèlent la ville interstitielle dans une vision négative. Les pouvoirs publics ont écrit une histoire de la Zone, souvent reprise telle quelle par certains chercheurs, décrivant un mouvement illégal et linéaire de constructions. Or, plusieurs séquences ont rythmé l'urbanisation de la zone, résumées dans le tableau 2.

Tableau 2. Constructions et contrôle sur la Zone, XIXe-XXe siècles

1843-1856	Laissez-faire
1856	Arrêt Trézel, le conseil d'État condamne un propriétaire qui a construit. S'ouvre alors une chasse à la construction
Après 1870	Débat sur la démolition de la fortification. Le contrôle envers les constructions s'atténue
À partir de 1912	Sanctions contre les constructions dans la perspective de l'indemnisation des expropriés
Loi du 19 avril 1919	La ville n'indemnisera que les constructions antérieures à 1919, les infractions sont lourdement sanctionnées
1919-1941	Lenteur des expropriations en raison du poids financier de l'opération. Refus d'accepter les prix demandés par les propriétaires qui proposent des transactions à l'amiable
1941-1944	Accélération sous Vichy grâce à des lois *ad hoc*, le recours à la réquisition et la levée de l'obligation de relogement
1944-années 1960	Lent achèvement des expulsions dans la perspective de la construction du boulevard périphérique. Les derniers zoniers sont relogés dans les immeubles que la loi de 1953 autorise, par dérogation à celle de 1919

Ce mouvement en accordéon de la décision publique, entre tolérance et répression, explique l'état de la Zone. Les habitants ne purent guère se projeter sur le long terme, vivant dans la précarité du fait même de ces revirements des pouvoirs publics. L'identification de ces séquences, et leur apparente contradiction, permettent de réfuter une perspective téléologique qui écrirait l'histoire de cet espace à partir de la fin de l'histoire, à savoir sa disparition.

La restitution des temporalités propres aux zoniers est un autre moyen d'y parvenir. Les propriétaires ont conservé ces territoires congelés, espérant les voir prendre de la valeur un jour, ce qui effectivement advient au moment de l'annexion. Les locataires de leur côté aménagèrent leur logis, mettant à profit le temps en suspension qui marqua la Zone à partir du début du XXe siècle, une paralysie qui s'explique aussi bien par la résistance des zoniers que par le poids financier et logistique de la mise en œuvre de l'opération.

À l'inertie et la lenteur de l'entre-deux-guerres fait suite l'accélération sous Vichy en raison de la levée des obligations, notamment de relogement (tableau 2). Par ailleurs, les temporalités de l'expropriation montrent que celle-ci est menée en fonction d'impératifs extérieurs au territoire. Les portions encore intactes en mai 1944 l'étaient en raison des intérêts de l'occupant qui a imposé le maintien des industries dans la Zone de Levallois-Perret ou de Saint-Denis. Au contraire, les portions qui jouxtaient Paris étaient déjà expropriées, notamment au Pré-Saint-Gervais, grâce à des ventes à l'amiable, tandis que les portions au sud de Paris avaient été prématurément expropriées pour construire le parc des expositions et la Cité universitaire. Et le cas de la Zone offre un magnifique exemple de la désynchronisation des temporalités urbaines: alors que les autorités s'évertuaient à empêcher la matérialisation de la ville sur la Zone, les habitants déployaient une formidable énergie pour s'y installer, et y vivre. Le social s'appropriait un espace qui n'avait pas droit à devenir de la ville, tel est bien le dédoublement des temporalités observables sur ce morceau de ville. Il a produit la labellisation d'interstice urbain, et au-delà, la connotation négative dont le mot s'est chargé.

Enfin, on ne peut passer sous silence l'importance du juridique. Il faut inlassablement retrouver les textes qui organisent nos espaces urbains, à plusieurs échelons. Et surtout ne pas penser qu'un espace délaissé ne relève pas de la loi. Le cas de la Zone est paradoxal. Les conflits observés et les textes administratifs regorgent de références juridiques. Une saturation qui finit par produire l'opacité, aussi bien pour les acteurs de l'époque que pour le chercheur. Et pourtant, c'est un espace urbain au statut juridique fort flou. Pour certains, la servitude n'était qu'une fable[38] dans la mesure où tous les textes convoqués à son propos (1841, 1851, 1853) précisaient qu'une loi spéciale devrait être prise, une loi qui n'a jamais été adoptée. Ainsi la servitude relèverait de la coutume sans aucun fondement juridique solide. Et la question du partage entre légalité et illégalité se posait en permanence, une caractéristique qui fonde aussi l'espace interstitiel.

Autre point qu'on peut éclairer grâce au droit, celui du paysage de la zone. Un décret de 1901 ne tolérait que les baraques en bois, à simple rez-de-chaussée, les tentes en toile et abris légers ou encore les voitures montées sur leurs roues non reliées entre elles. De telles exigences rendaient les autorités responsables du paysage de la Zone, et non les caractéristiques de la population qui y vivait. En jugulant ainsi la taille des constructions, l'administration tentait de réduire les indemnités à venir, mais elle imposait aux populations des conditions de vie qu'elles s'efforçaient d'améliorer subrepticement. L'entrée par le juridique ruine le lien postulé entre qualités des habitants et état du bâti, et les archives

[38] «Un scandale qui doit cesser. La servitude de la zone n'est qu'une fable servant à tromper les zoniers», *L'Humanité*, 21 décembre 1930.

recèlent des dizaines de lettres de zoniers, condamnés pour infraction, qui plaident leur cause. Ainsi, M. Cruz tente d'échapper à une amende pour avoir modifié sa baraque :

> Je vous prie de bien vouloir de marété [*sic*] la contravention que s'avai [*sic*] eu en 1931 pour avoir soulevé la baraque en bois de 40 centimètre [*sic*]. Monsieur le directeur, je vous en pris de vouloir ma septé [*sic*] car sur cette sujet car en semoment [*sic*] je ne travaille – et ma femme non plus[39].

L'exploitation de ces corpus de plaintes (Backouche, 2020) est un outil précieux pour renverser la perspective, et produire une critique du discours surplombant. Ces hommes et ces femmes racontent « leur zone » et ce faisant, ils enrichissent le questionnaire du chercheur.

On a dénié aux habitants de la Zone la capacité d'agir, d'avoir des stratégies d'installation, cette ville aux marges de la capitale étant décrite comme un « non-territoire » que seules des interventions extérieures permettraient de normaliser. Or l'action publique s'est enlisée dans les problèmes financiers donnant lieu à des atermoiements, levés seulement pas un régime autoritaire comme Vichy. Le fracas des intérêts des acteurs (habitants, propriétaires, communes limitrophes, ville de Paris, État) qui chacun défendaient un point de vue pertinent à leur échelle d'intervention aboutit à la congélation d'un espace urbain, encore aujourd'hui, non intégré dans la capitale ni dans les communes périphériques. En témoigne le terrain vague au pied du périphérique à la porte de Pantin en février 2022 (figure 10).

---

[39] AP, Perotin, 106/50/1, carton 1.

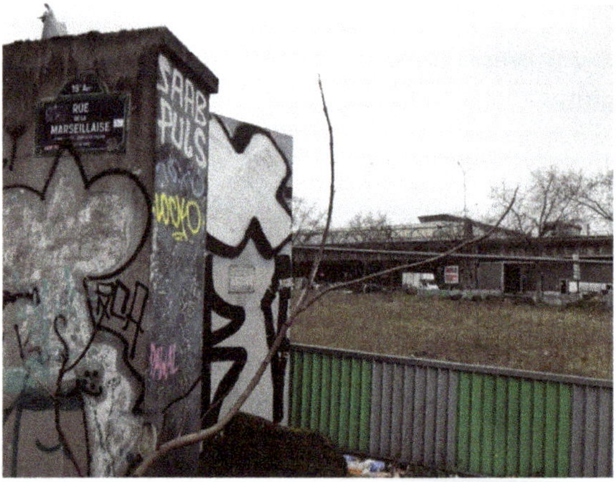

Figure 10. La Zone annexée et le périphérique, février 2022 (photo : I. Backouche)

L'interstice est bien produit par le choc des logiques, entre une volonté de prévision à moyen terme pour ménager un espace au service de la capitale et une ceinture verte, et la volonté des habitants de ne pas perdre leur espace de vie dans lequel ils avaient subsisté de façon précaire uniquement en raison de l'impécuniosité de l'État au moment d'aménager la fortification.

La Zone était à la fois une réserve foncière commode pour les autorités parisiennes, et un lieu de vie garant d'un ancrage territorial fort pour les populations qui y vivaient. L'imposition d'une politique publique (interdiction de construire) définie à des fins militaires a produit des effets territoriaux sur la longue durée. Il faut donc déconstruire les catégories d'analyse des « vainqueurs » d'une part, et les temporalités du processus d'autre part, afin de sortir d'une forme de téléologie : la Zone était inconstructible donc les zoniers devaient partir. Espace transitoire parce qu'espace de transition : telle était la grille de lecture des aménageurs, et de la préfecture de la Seine, qui regardaient Paris à l'échelle du département.

Et pourtant, la Zone était bien un espace intégré au quotidien des Parisiens dans l'entre-deux-guerres, comme en témoignent ceux qui écrivent à la mairie de Paris dans les années 1990 pour raconter leur expérience parisienne, évoquant les fortifications et la Zone comme des espaces répulsifs ou attractifs[40]. La densité de ces témoignages mérite d'être comparée à la disparition de la Zone dans l'historiographie parisienne. Certes, l'espace en question a disparu mais comment expliquer qu'il ait sombré dans une forme d'oubli compte tenu de sa proximité avec la capitale, et même, de son entrée dans la capitale. Le statut d'entre-deux a probablement contribué à ce naufrage mémoriel. Et l'échec de son aménagement a renchéri sur la nécessité de passer aux oubliettes cet immense ratage d'autant que la ceinture verte aurait fait des envieux en ce XXIe siècle, si on en juge les tentatives de pacification du périphérique aujourd'hui qui se heurtent à l'histoire de cet espace disparu, tant convoité et finalement jamais approprié (Jarcy, 2022).

Le cas de la Zone, si méconnu dans l'histoire parisienne, peut être considéré à la lumière d'analyses sur la ville arabe, produites par d'autres disciplines :

> « L'anarchie » des villes résulte sans doute davantage de désajustements marquants, entre l'État, les pouvoirs locaux et les citadins, de l'absence de vision d'un bien commun entre les différentes sphères de la production réelle, que d'une incompétence des acteurs ordinaires, qui font leur possible avec, tout à la fois, des qualités d'invention et des défauts inhérents au trop grand laisser-faire par lequel la paix sociale est achetée (Berry-Chikhaoui et Deboulet, 2002, § 10).

Il s'agit bien de décrypter l'anarchie postulée en restituant aux habitants une marge d'action dans la fabrique de la ville, et les compétences des habitants doivent aiguiller les chercheurs qui, en s'emparant de leurs argumentaires, rafraîchiront leurs questionnements, comme on rafraîchit nos pages web.

De même, l'anthropologue Colette Petonnet nous invite en 1970 à scruter le bidonville au-delà des apparences :

> Il est intéressant de connaître l'opinion, mais sans perdre de vue qu'elle comporte le danger d'induire les faits et que, donc, ceux-ci risquent de devenir ce que l'opinion attend d'eux. Actuellement, bidonville signifie misère, avec tout ce que ce terme comporte d'ambiguïté ; on pourrait essayer de savoir si cette signification globale provient de la peur, ou de la honte, ou des deux, ou si la soi-disant honte se cache sous la peur, le remède étant de couler tout le monde dans des moules de béton afin que nulle différence ne soit visible dans la ville moderne. Mais ce qui nous importe davantage c'est de comprendre ce qu'il en est, dans la réalité, de ces bidonvilles. (Petonnet, 1970, p. 158)

---

40 Bibliothèque historique de la ville de Paris, MS-FS-25.

Ce faisant, elle décrit très bien la circularité des analyses qui partent des réputations sédimentées pour en déduire des faits – qu'il ne faut certes pas ignorer mais plutôt réinstaller à leur juste place.

Le cas de la Zone est exemplaire pour décrire le jeu complexe entre la prévision de nouvelles « fonctions », la nécessité de devoir attendre pour pouvoir financer le projet, et l'irrépressible installation d'usages temporaires qui finissent par devenir pérennes. Une telle combinaison explique la déshérence d'espaces, impossibles à intégrer dans le tissu urbain en raison des multiples temporalités qui se superposent selon les intérêts des différents acteurs. Pourtant, dès 1919, des voix se faisaient entendre pour éviter l'enlisement :

> En ce qui concerne la démolition des fortifications de Paris, le problème, posé par M. Clemenceau, doit entrer dans la voie de l'exécution le plus vite possible. Aller vite sera là encore une condition primordiale du succès. On a vu jadis, par les discussions passionnées auxquelles ce projet a donné lieu, qu'on ne vaincrait les difficultés qu'il suscitait qu'en allant à bride abattue… On a coutume de dire en France que seul le provisoire dure ; on va donc donner un croc-en-jambe à cet axiome en démolissant du « définitif »[41].

Mais la Zone est peut-être aussi une exception en cela qu'elle s'inscrit dans une modalité de croissance urbaine très parisienne, une capitale qui a grossi de façon concentrique depuis le Moyen Âge, en enjambant au fil des siècles les remparts successifs, et en annexant la périphérie souvent déjà urbanisée, ou tout du moins, utilisée par des habitants (Backouche, 2006 ; Montel, 2001). L'ultime agrandissement que représente la digestion de la Zone a cru bénéficier d'une *tabula rasa* à portée de main pour imaginer des usages et un aménagement à la hauteur d'une capitale d'un État très centralisé. Mais cette capitale démunie d'une autorité municipale n'a pu faire preuve d'un patriotisme municipal qui aurait été soucieux d'unifier son territoire, laissant subsister la trace ineffable de la Zone encore au XXIe siècle.

Bibliographie

Backouche Isabelle, 2016 [rééd. 2019] *Paris transformé. Le Marais 1900-1980 : de l'îlot insalubre au secteur sauvegardé*, Paris, Créaphis.

---

[41] Barthélémy Nautré, « La démolition des fortifications », *Causons*, 16 mars 1919, p. 4-5.

Backouche Isabelle, 2006, « Entrer dans Paris par voie d'eau. Usages et urbanisation du bassin de La Villette au XIXᵉ siècle », *in* N. Dauphin, J.-P. Guilhembet et Fr. Michaud-Fréjaville (dir.), *Entrer en ville*, Rennes, Presses universitaires de Rennes, p. 285-306, en ligne : https://books.openedition.org/pur/7909.

Backouche Isabelle, 2020, « Des Parisiens écrivent à l'administration. Le jeu des frontières sociales et spatiales (1920-1945) », *L'Atelier du Centre de recherches historiques*, 21 BIS, en ligne, https://doi.org/10.4000/acrh.10753.

Backouche Isabelle, 2015, « À l'orée de l'histoire urbaine », *Genèses*, 100-101, p. 147-154, https://www.cairn.info/revue-geneses-2015-3-page-147.htm.

Backouche Isabelle, 2022, « La fabrique d'un espace urbain qui fait peur : la Zone de Paris (1900-1950) », *in* Ph. Chassaigne, A. Delaporte et C. Le Mao (dir.), *Peurs urbaines (XVIe-XXIe s.)*, Bordeaux, Presses universitaires de Nouvelle Aquitaine.

Berry-Chikhaoui Isabelle et Deboulet Agnès, 2002, « Les compétences des citadins : enjeux et illustrations à propos du monde arabe », *L'homme et la société*, 143-144, p. 65-85, doi:10.3917/lhs.143.0065.

Deluermoz Quentin et Singaravelou Pierre, 2016, *Pour une histoire des possibles*, Paris, Seuil.

Jarcy Xavier de, 2022, « Périphérique de Paris : derrière le projet de 'ceinture verte', la rentabilisation à tout prix », *Télérama*, 29 mai 2022.

Montel Nathalie, 2001, « Mutations spatiales, stratégies professionnelles et solidarités familiales à Paris au XIXᵉ siècle. Le rôle des raffineurs de sucre villettois dans la formation d'un espace industriel », *Histoire urbaine*, 4, 2, p. 47-65, doi:10.3917/rhu.004.0047.

Petonnet Colette, 1970, « Réflexions au sujet de la ville vue par en dessous », *L'Année sociologique*, 21, 3, p. 151-185, p. 158.

TROISIÈME PARTIE

APPROPRIATIONS DE L'INTERSTICE ET AVÈNEMENT DU COMMUN ?

Chapitre 13
Ancrer les communs dans la ville

DANIELA FESTA

1. Une carte d'orientation

Après un long parcours initié dans les années 1990, nous sommes aujourd'hui en mesure de préciser les différentes définitions, parfois contradictoires, des communs. Contrairement à l'opinion dominante, l'étude des communs a non seulement remis en question les dogmes économiques, mais aussi la conception que l'on se fait des institutions sociales modernes, des formes de production et d'organisation de la vie contemporaine dans une perspective à la fois légale, géographique et anthropologique. Dans cette contribution, selon une démarche inspirée de la *critical legal geography*[1], j'analyserai les évolutions que l'on observe dans l'analyse des représentations et des conceptualisations des communs, en rendant compte, à travers l'étude de pratiques spatiales et juridiques inédites, des spécificités et des adaptations à la fois théoriques et pratiques des *urban commons*.

Je propose en premier lieu un aperçu des approches qui ont largement participé à façonner le champ des *commons studies* (par. 1 et 2) et qui permettent de préciser le cadre interprétatif dans lequel l'émergence de

---

[1] Cette approche a pour origine le tournant spatial (Soja, 1989) qui a investi les sciences humaines et sociales à partir des années 1970 et, plus récemment, la pensée juridique (Blank et Rosen-Zvi, 2010) influencée par les courants américains du réalisme juridique et des *critical legal studies*. En critiquant le formalisme juridique, ces deux courants ont su revisiter le rôle politique du juriste et promouvoir la rencontre entre la *legal theory* et la *geography critique*. Le géographe canadien Nicolas Blomley publie dans les années 1990 le texte fondateur d'un projet de recherche interdisciplinaire appelé *critical legal geography* (Blomley, 1994) et développe, avec d'autres chercheuses et chercheurs, un ensemble d'études portant sur la propriété, les relations à la terre et aux territoires, les configurations spatiales des normativités néolibérales, les représentations légales et urbaines qui soutiennent les processus de domination et d'exclusion sociales, les mobilisations collectives de revendication urbaine et leur répertoire en termes d'action et d'imaginaire juridiques (Mitchell, 2003 ; Blomley *et al.*, 2001 ; Braverman *et al.*, 2014).

communs urbains se situe. La référence à la querelle entre Hardin (1968) et Ostrom (1990), bien qu'incontournable pour comprendre ce *retour des communs* (Coriat, 2015), ne suffit pas à rendre compte des avancées qu'elle a permis de réaliser au sein de l'ensemble des théories relatives aux communs (par. 3) et des perspectives nouvelles déployées dans l'étude des *urban commons* (par. 4).

1.1. Départs : les ressources communes partagées

La relance dudit débat est d'abord due à la reconnaissance accordée à Elinor Ostrom pour ses travaux fondateurs concernant les ressources dites communes, dites CPR[2]. Cet acronyme désigne traditionnellement les *Common Pool Resources*, mais peut également désigner les régimes de propriété commune (*Common Property Regimes*). Cette ambivalence a créé une grande confusion entre la ressource et l'institution spécialement créée pour la partager.

Selon la définition d'Ostrom, les CPR sont un ensemble spécifique de biens caractérisés par la non-exclusion d'usage et la non-rivalité, et pouvant être gérés sous plusieurs régimes (public, privé ou de propriété commune). La doyenne des études sur les communs a choisi le même point de départ que celui de la tragédie de Hardin : au cœur de ces ressources communes, nous retrouvons en fait une ressource définie comme « non excluable » mais rivale[3]. Hardin et Ostrom étaient donc tous deux dans la lignée de la définition néoclassique des biens donnée par Samuelson (1954). Mais en inversant le récit tragique, Ostrom a démontré que les CPR peuvent être efficacement gérés par des régimes de propriété commune lorsque l'ensemble des droits de propriété est partagé entre plusieurs sujets selon une gouvernance interne et l'application de certains principes généraux régissant l'usage d'une chose. Ces communs représenteraient des formes de *governance property* (Alexander, 2012) capables de surmonter le parasitisme et la surconsommation.

---

2 En 2009, la politologue Elinor Ostrom a reçu le prix Nobel d'économie pour avoir « démontré comment la propriété locale peut être gérée avec succès par des communs locaux sans aucune régulation par les autorités centrales ni privatisation ».

3 En économie, on qualifie de « non excluable » le bien dont l'usage est difficilement contrôlable car, par exemple, il est difficile de prédisposer des barrières à son accès (un exemple typique est l'air) ; selon la même classification, un bien est non rival lorsque la consommation par un sujet ne diminue pas la quantité disponible pour les autres sujets (exemple : la lecture d'une copie digitale d'un ouvrage littéraire ou musical).

S'inspirant des éminents travaux d'histoire du droit de Paolo Grossi (1981 [1977])[4] et en en trouvant confirmation dans plusieurs pratiques contemporaines, Ostrom a souligné que ni la propriété individuelle ni l'État ne sont absolument nécessaires pour parvenir à l'utilisation coordonnée d'une ressource lorsqu'une gouvernance interne cohérente est à l'œuvre. Elle a ainsi grandement contribué à marginaliser la primauté de la propriété privée et à déconstruire la dichotomie privé-public en montrant que l'espace « entre les deux » était de plus en plus large, riche de pratiques et d'institutions originales et pertinentes.

Deux aspects de l'approche d'Ostrom sont toutefois très souvent mal interprétés. Premièrement, ces résultats ont été obtenus dans le cadre d'enquêtes spécifiques portant sur des ressources particulières telles que les pêcheries, les ressources en eau et autres ressources naturelles à petite échelle. Deuxièmement, Ostrom a par la suite souligné la différence entre les communs de la connaissance (qui pourraient être régis par un accès ouvert – *open access* – ou selon d'autres règles de partage) et les CPR étudiés dans ses travaux précédents.

> L'utilisation par une personne de ressources 'soustractives' telles que les pêcheries, par exemple, réduit les avantages disponibles pour une autre. Une forte soustractibilité est généralement l'une des caractéristiques clés des ressources communes. En revanche, la plupart des connaissances sont en général relativement non soustractives. En fait, plus le nombre de personnes partageant des connaissances utiles est important, plus le bien commun est grand. (Hess et Ostrom, 2003)

Les autrices concluent : « Considérer la connaissance comme un commun suggère donc que toutes les ressources communes suivent le même fil conducteur : être utilisées conjointement et gérées par des groupes de tailles et d'intérêts différents. ». Les *Common Pool Resources* (CPR), ressources à petite échelle et régies par une communauté fermée, ne représentent qu'un type de ressources pouvant être détenues en commun, et non un modèle ou un prototype général de communs.

Si la remise en cause du duopole public-privé opérée par Elinor Ostrom, à partir de l'étude de *common pool resources,* justifient empiriquement la théorie néo-institutionnelle de *Governing des commons* (1990), nous pouvons constater d'une part que ce bouleversement a une portée qui dépasse les objets pris en considération dans l'ouvrage et de

---

4 E. Ostrom fait une référence directe aux travaux de Grossi dans l'édition italienne de *Governing the Commons (1990)* publiée en 2006.

l'autre, qu'il serait fallacieux de limiter le champ des communs aux seules CPR, comme Ostrom l'a d'ailleurs montré en diversifiant son approche pour l'étendre aux communs de la connaissance. Aujourd'hui, nous pouvons ainsi considérer le CPR comme une forme spécifique au sein d'un ensemble plus large de régimes capables de gouverner des communs aux aspects et propriétés multiples.

Lorsqu'on dresse un tableau des communs, un premier constat d'ordre descriptif, signalé par Ostrom, révèle l'existence d'éléments incontournables, capables de donner unité à un ensemble hétérogène de pratiques et d'institutions, ce sont : un usage collectif et une *governance* commune, qui ne se réduisent ni aux règles de la propriété publique, ni à la propriété privée. Les communs urbains partagent ces deux éléments avec l'ensemble des communs, tout en présentant des caractéristiques spécifiques sur lesquels nous reviendrons[5].

1.2. La deuxième route vers le commun : la non-rivalité et les communautés non organisées

Le mouvement des enclosures aux XVIe et XVIIe siècles en Angleterre, structurellement lié à l'émergence des communs, a mis en évidence les conflits autour des terres communes, l'extension de « l'idéologie propriétaire » (Coriat, 2015) en fonction du contrôle de ces ressources et leur rôle dans ce que Marx a appelé l'*accumulation primitive* (1867) : une étape cruciale pour mettre en place les conditions nécessaires aux processus d'organisation manufacturière de la production textile à grande échelle. Il s'agit d'un passage primordial pour déclencher la *grande transformation* vers le capitalisme accompli, décrite par Polanyi (1944). Nous faisons maintenant état d'un second mouvement des enclosures, fondé sur la capacité des nouvelles technologies à capturer des ressources immatérielles qui n'étaient auparavant ni possédées ni gérées de manière exclusive. Ce « second mouvement des enclosures » (Boyle, 2003) implique une progressive marchandisation et un retrait croissant des informations qui étaient auparavant en jouissance collective, mais sur lesquelles s'étend désormais l'expansion des droits de propriété intellectuelle. En observant cette privatisation progressive des communs numériques et de la connaissance, nous pouvons confirmer la tendance mise auparavant en évidence par les analyses urbaines des dynamiques capitalistes. Comme David

5 Pour une *literary review* en français sur l'émergence des communs urbains, je me permets de renvoyer à Festa (2017a).

Harvey (1989) l'a montré, les espaces ainsi que les services urbains, plus particulièrement dans les crises structurelles des économies capitalistes, sont capturés et privatisés à l'aide de dispositifs variés pour sécuriser le capital et constituer la base (*spatial fix*) des futurs processus de production de la valeur. L'enclosure des communs n'est alors pas seulement un mouvement primitif d'accumulation, c'est aussi une tendance récurrente dans les cycles de crise des économies contemporaines. Il s'agit d'un moyen de garantir des valeurs exclusives afin d'ouvrir et de stimuler de nouveaux marchés et de développer de nouveaux modes d'exploitation, matériels et localisés, en réponse aux crises de plus vaste échelle.

Plus particulièrement, dans la phase actuelle de l'économie de la connaissance, souvent soutenue par des systèmes de plateformes numériques, les communs informationnels et numériques représentent à la fois de nouvelles formes d'accumulation (voir par exemple le marché des données) et des dispositifs pour faire proliférer les mécanismes de valorisation via les multiples services rattachés au numérique (plateformes et infrastructures du digital, brevets, licences numériques, etc.).

Pourquoi la référence aux études sur ces *intangible commons* émerge-t-elle quand on se penche sur les communs urbains? Prenons un peu de recul et retraçons les cadres conceptuels élaborés pour saisir ce type particulier de communs.

Les communs ont été étudiés comme des *biens publics inhérents* par Carol Rose (1986), tandis que Yochai Benkler (2014) les a désignés comme des *biens communs non modifiés*. Comme l'observe Judith Rochfeld (2018) en mobilisant la catégorie juridique italienne des intérêts diffus dans de larges groupes de citoyens, les deux auteurs attribuaient les communs à une grande communauté, souvent non organisée.

Le point de départ est le travail de la juriste américaine Carol Rose qui, avec un véritable regard géographique, retrace dans l'histoire la généalogie de certains lieux urbains et infrastructures territoriales. Rose montre l'incapacité de la classification économique des biens (publics, privés, communs, club) qui fonde les théories du droit des biens de rendre compte de certains régimes qualifiés, souvent de manière simpliste, comme « publics ». Dans l'approche de Rose, les ressources telles que les autoroutes, les voies navigables ou les parcs sont intrinsèquement consacrées à la collectivité. Même si un droit de propriété peut éventuellement (pré)exister, leur fonctionnement les fait passer de la propriété aux communs grâce aux effets de réseau bénéfiques résultant de l'utilisation la plus large. Ces ressources génèrent des retours et des retombées positifs lorsqu'elles sont gérées comme des communs et lorsqu'elles sont destinées à un accès plus large, devenant ainsi de puissants catalyseurs du commerce et du développement social et économique. Ces ressources représentaient en fait des actifs centraux dans l'économie continentale du XVIIIe siècle, lorsque le droit a commencé à les considérer comme publiques, qu'elles soient ou non régies par un gouvernement. Leur régime « public » représentait une sorte de régime par défaut car ces ressources ne devaient être gérées par personne, à l'inverse des biens que leur propriétaire privé gère habituellement en les contrôlant, en les fermant ou en les vendant. Rose, en renversant les récits tragiques de Hardin (1968) et Demsetz (1967), révèle la « comédie » de ces choses « interactives » particulières « où la participation croissante augmente la valeur de l'activité au lieu de la diminuer » (Benkler, 1998).

En nous focalisant sur les usagers de ces biens, nous constatons qu'il ne s'agit pas d'un groupe défini, mais d'un groupe d'utilisateurs ouvert et souvent non organisé : « le public ». Leur attribution au management public, réalisé dans la Modernité, d'ordinaire par défaut de solutions théoriques et pratiques, a de fait invisibilisé la centralité de leur vocation « intrinsèque » à l'usage collectif. Ici la notion de public coïncide non pas avec une organisation étatique, mais avec une dimension collective qui renvoie à leur accessibilité, ce que les autorités publiques ne prennent généralement pas suffisamment en compte en assimilant la gestion de ces biens à celle d'une quelconque propriété publique de l'État (ou des collectivités territoriales).

Les théoriciens des communs de la connaissance ont traditionnellement repris l'argument de Rose, montrant comment des effets d'échelle bénéfiques dus à la prolifération des usages, déjà visibles dans le contexte urbain et territorial décrit par la juriste, sont particulièrement cruciaux dans le domaine de la connaissance où aucun effet de pénurie (rivalité selon la classification classique reprise par Hardin et Ostrom) n'est envisageable : les usages peuvent être multiples et concomitants sans réduire l'avantage des usagers ; au contraire, ils intensifient la valeur sociale de l'information ou de la connaissance ainsi divulguée. C'est d'ailleurs grâce aux études sur les communs immatériels que la « comédie » des communs ancrée sur l'observation de lieux et infrastructures urbaines de Rose a été remise au jour.

Ce que nous appelons traditionnellement l'accès libre s'inscrit dans ce même récit. Les « communs non modifiés », tels que définis par Benkler dans la lignée de Rose, représentent :

> Les dispositifs institutionnels impliquant l'abstention du gouvernement dans la désignation de quiconque comme détenant le pouvoir décisionnel

> principal sur l'utilisation d'une ressource. [Ces] ressources, qui servent d'intrants à la production et l'échange d'informations, disposent de caractéristiques économiques ou technologiques les rendant susceptibles d'être allouées sans qu'une seule organisation, un seul organisme de réglementation ou un seul propriétaire n'ait à clarifier les utilisations conflictuelles des ressources. (Rose, 1986)

Dans ces institutions, l'accès et l'utilisation sont conçus comme fondamentalement « libres », car ils n'ont pas *a priori* à rencontrer de prérogatives concurrentes exclusives sur la chose dédiée à l'usage public. Bien sûr, des droits de propriété peuvent être conventionnellement établis, comme nous l'observons actuellement sur le marché du numérique, mais ils ne sont pas strictement nécessaires pour préserver la ressource, sa conservation ainsi que sa bonne circulation. Ces droits sont généralement créés pour assurer la production de valeur, et ne répondent à aucune des caractéristiques particulières de ces ressources spécifiques.

De ces considérations variées sur les communs, nous pouvons retenir que : 1. Du côté de l'objet, les communs de Rose et de Benkler n'impliquent aucune ressource non excluable et rivale à la différence des CPR d'Ostrom. Ils nous permettent donc de débarrasser définitivement la notion de communs de la répartition économique des ressources subjacentes et de leur supposée rivalité. 2. Du côté subjectif, la communauté concernée peut être extrêmement nombreuse et même non organisée : un accès large et une participation croissante doivent, au contraire, être recherchés et encouragés.

Nous pouvons conclure que, outre les régimes de propriété commune destinés à gérer les CPR, d'autres types de fonctions et de gouvernance ont ainsi émergé, traçant un récit bidirectionnel en termes d'interprétation des communs : ceux-ci concernent non seulement des communautés organisées qui partagent de manière vertueuse le faisceau des droits de propriété, mais également des communautés larges et non organisées, ayant des intérêts à l'usage d'une ressource qui, pour ses fonctions et ses utilités, est destinée à la jouissance collective. Ces avancées s'avèrent particulièrement pertinentes pour l'analyse des communs urbains, concernant aussi bien le profil des ressources et leurs usages que les communautés, leurs structures et leurs caractéristiques dans le milieu urbain.

1.3. Détournement : la revendication des biens communs pour l'épanouissement de la personne

En Italie, qui fut l'un des pays les plus actifs dans la lutte pour les communs au cours de la première décennie des années 2000, le débat s'est développé en réponse à la privatisation rampante des espaces urbains et des services publics, aggravée par les impératifs d'austérité suivant la crise de 2007-2008. Lancée par la diffusion des résultats de travaux d'une commission ministérielle (dite Commission Rodotà[6]), et alimentée par le vaste mouvement des communs qui s'est organisé à la suite du référendum contre la privatisation de l'eau (2011), la théorie italienne est à l'origine de plusieurs renversements conceptuels.

La définition de la notion de communs proposée par la Commission Rodotà est la suivante : « des choses qui expriment des utilités fonctionnelles pour l'exercice des droits fondamentaux mais aussi pour le libre développement de la personne humaine » (Texte final de la Commission Rodotà). Tout d'abord, dans cette définition, ces biens ne sont pas protégés parce qu'ils sont régis par une gouvernance commune, mais en raison de leur caractère essentiel aux droits fondamentaux ; ils sont considérés comme des biens communs, et donc protégés du marché et affectés au développement de la personne par la garantie de leur usage collectif et de leur accès le plus large.

Ces communs sont désignés dans la récente tradition italienne comme des biens communs, mais ils ont été formulés de manière originale par rapport à l'ancienne notion juridique utilisée pour désigner des ressources abondantes et présumées inappropriables (la mer, l'air, etc.). Cette nouvelle notion affine la capacité de certains biens à satisfaire les droits fondamentaux, et ne dépend pas d'une prétendue ontologie de la chose. Cette notion se concentre sur leurs fonctions et dépasse les classifications centrées sur le droit formel (public ou privé). La Commission a proposé une liste de ces « biens faisant l'objet d'un droit diffus » comprenant plusieurs ressources naturelles, telles que les eaux, les rivières, les glaciers, les parcs naturels, les paysages et d'autres ensembles similaires,

---

6 Une commission ministérielle intitulée Commission Rodotà d'après son président Stefano Rodotà (2016), une figure majeure de la pensée critique juridique en Italie, a été chargée de réformer le chapitre controversé concernant la taxonomie des biens dans le Code civil italien. Dans le cadre définitif d'un décret-loi présenté par la commission, il a été proposé pour la première fois, outre les biens privés et publics, la notion juridique de biens communs en tant qu'instruments destinés à la satisfaction des droits fondamentaux. Même si le projet n'a jamais été discuté et approuvé en raison de la dissolution prématurée du gouvernement, le texte a fait l'objet d'une diffusion et d'un consensus internationaux incroyablement larges entre les politiciens, les avocats et la société civile dans son ensemble, générant plusieurs mobilisations telles qu'une importante campagne de référendum en Italie contre la privatisation des services publics et un vaste mouvement de récupération des lieux abandonnés ou inutilisés en tant que communs.

tels que les patrimoines culturels. La liste n'est toutefois pas exhaustive et se voit complétée par une définition ouverte des *choses qui expriment des utilités fonctionnelles pour l'exercice des droits fondamentaux*. Cette notion complexe échappe à toute classification fondée sur la nature des biens et justifie une interprétation plus large. Les biens communs ont été définitivement enracinés dans le droit positif par la Cour suprême italienne[7] qui, en 2011, conformément à la définition précitée, déclare ce qui suit : « [...] ledit bien doit être considéré comme commun, c'est-à-dire, indépendamment du titre de propriété, instrumentalement lié à la satisfaction des intérêts de tous les citoyens. [...] de par leur nature ou finalité intrinsèque, [...lesdits biens] sont consacrés à la poursuite et à la satisfaction des intérêts de la collectivité [...] en étant communs à toute la collectivité ».

Par conséquent, des régimes de propriété particuliers et des systèmes de gouvernance spéciaux pourraient être envisagés. La Cour souligne la fonction et les caractéristiques principales de certains biens particuliers dans la vie sociale, ce qui leur donne une orientation prédominante en termes d'accès et les fait s'inscrire dans un régime spécial, tandis que la propriété prend une place secondaire, puisque prévalent une approche « finaliste-fonctionnelle » et une « double appartenance à la communauté et à son entité institutionnelle ». Cette entité (par exemple une municipalité ou une autre collectivité territoriale) a une sorte de « fonction de propriété », étant responsable du « maintien des caractéristiques spécifiques du bien et de leur réalisation générale » afin de rendre « effectives les diverses formes de jouissance et d'utilisation publique du bien »[8].

L'accès collectif se trouve au cœur du raisonnement juridique, marginalisant stratégiquement la propriété sans la dynamiter. Cela correspond non pas au récit de la troisième voie entre public et privé proposé par Ostrom mais au contraire de la propriété[9] puisqu'une telle fonction fondamentale permet de surmonter la rigidité de l'exclusivisme. Les biens communs sont, ainsi, plus que des biens.

Si, dans la pensée juridique moderne, les biens sont des choses appropriables, les biens communs sont des choses auxquelles on peut collectivement accéder et qu'il faut préserver afin d'assurer l'épanouissement des générations actuelles et futures. Cette référence à une communauté

---

7 Cass., sez. un., 14 février 2011, n° 3665.

8 Traduit par l'auteure à partir du texte original.

9 Rodotà a souvent affirmé, en citant James Boyle (2003), que les communs ne sont pas « d'autres façons de posséder », mais le contraire de la propriété (Rodotà, 2016).

future, permet d'inscrire les biens communs dans une prospective de durabilité : la relation entre sujets et choses ne doit pas seulement organiser de manière socialement équitable l'accès aux ressources, mais doit ainsi tenir compte des intérêts des générations futures à jouir de leurs utilités matérielles et immatérielles. La prospective reste éminemment anthropocentrique, mais permet toutefois d'insérer fermement la préservation des ressources dans l'approche des communs. Cet objectif se révèle particulièrement important dans le cadre de politiques urbaines envisageant les communs en tant que ressources écosystémiques de la ville, à distribuer et à gouverner sur le long terme, et préfigurant la ville de demain[10].

En poursuivant la critique de l'individualisme de Macpherson (1962), les biens communs échappent à l'exclusivisme afin d'assurer un accès égal et à long terme à ces outils soutenant l'évolution humaine. Compte tenu de l'incapacité des régimes publics à assurer ces fonctions, – dénoncée par ailleurs aussi bien par la Cour suprême italienne que par la Commission ministérielle susmentionnée – le système de gouvernement envisagé repose sur une large participation, notamment pour garantir un contrôle collectif sur le maintien de leur fonction et pour en assurer un large accès. Dans ce cadre, une gestion communautaire est également admise[11] pour autant qu'elle soit en mesure d'assurer la durabilité des ressources ainsi qu'un large accès social à celles-ci.

Nous pouvons conclure, pour compléter ce premier tour d'horizon, que les trois définitions présentées, issues de la réflexion critique autour du droit de propriété, nous permettent de mettre en évidence une évolution considérable du récit sur les communs. Le droit (de propriété) joue néanmoins des rôles différenciés dans leur construction. Dans la première définition des régimes de propriété commune d'Ostrom (CPRs) et dans la seconde définition des biens intrinsèquement publics (Rose, 1987 ; Benkler, 2014), les régimes de propriété sont déployés pour rendre compte des règles sociales alternatives à la dichotomie public-privé dans la distribution des pouvoirs envers des biens et leurs utilités. Dans la

---

10 Voir par exemple les politiques de gestion urbaine et globale concernant des ressources telles que l'air, l'atmosphère et l'énergie solaire dans Gibson-Graham *et al.* (2016).

11 Ce qui pourrait, du point de vue « subjectif », trouver en Italie une base constitutionnelle dans l'article 43 de la Constitution qui admet l'attribution de certaines entreprises ou catégories d'entreprises – relatives à des services essentiels et à des intérêts généraux – « à des communautés des travailleurs et d'usagers ».

définition italienne, le droit de propriété est principalement utilisé de manière totalement renversée dans une fonction revendicative, normative et performative : certains « biens » sont revendiqués et désignés comme communs – dans la lignée des théories relatives aux droits de la personne – induisant, par conséquent, un régime spécial (hors-marché) et innovant (participatif) préconisé pour leur gouvernement.

De plus et bien que ces trois définitions soient toutes innovantes par rapport au paradigme propriétaire hégémonique, elles s'inscrivent dans la logique économique et juridique moderne qui organise le monde selon la répartition entre sujets et objets. Dans ce cadre, les institutions sont des dispositifs d'allocation des « ressources » parmi les « associés » plutôt que des systèmes concernant la production et la préservation d'écosystèmes complexes entre humains et non humains. Cette précaution prise, nous pouvons néanmoins assumer que ces théories permettent d'une part d'offrir une description beaucoup plus fine et complète des relations entre des communautés et des ressources tangibles ou intangibles, et de l'autre de perfectionner et diversifier la boîte à outils pour promouvoir l'accès et la préservation des ressources sous menace de privatisation ou de dissipation.

2. Les courants : le commun comme tendance politique

Le débat a amorcé un tournant important lorsque la spécificité des communs a été rattachée à l'action sociale plutôt qu'à la notion de ressource partagée. Comme l'a souligné Peter Linebaugh, les communs ne sont pas des choses mais des relations sociales au cœur d'une grande partie des sociétés passées et contemporaines. C'est la raison pour laquelle certains chercheurs préfèrent parler de *commoning*. Ce terme désigne le fait de « faire en commun » et le partage lui-même en tant que pratique sociale.

> Parler des communs comme s'il s'agissait d'une ressource naturelle est, au mieux, trompeur et, au pire, dangereux : les communs sont une activité et ils expriment en fait des relations sociales indissociables de nos relations avec la nature. Il serait peut-être préférable de conserver le mot en tant que verbe, en tant qu'activité, plutôt que comme nom, comme substance. (Linebaugh, 2008)

En se concentrant de la même manière sur les activités sociales mais avec une orientation normative plus forte, Hardt et Negri ont publié leur *Commonwealth* en 2009. Ici, « *le commun* » redevient un substantif singulier visant à capturer une tendance historique, tout en incorporant pleinement la production sociale en tant qu'élément clé. Les deux auteurs proposent que le commun soit la capacité sociale de créer de la richesse, laquelle tend à être capturée par le capital qui, bien que jouant un rôle de plus en plus réduit dans la fabrication de la valeur, monopolise toujours les centres de distribution ou s'approprie les principaux facteurs d'une telle production (moyens personnels, biologiques et relationnels) en en extrayant la valeur. La métropole est, selon eux, l'espace privilégié de la mise en commun dans une phase du capitalisme néolibéral qui a dépassé la limite de l'usine et débordé sur la ville en tant que site de production de connaissances à travers de nombreuses interactions sociales. Le lien entre les formes de production et l'espace urbain est explicitement placé au centre du commun. Une spécificité de cette réflexion post-ouvriériste est que le commun est non seulement un contre-récit, mais constitue la forme même de la production collective encadrant tant les pratiques dominantes que les pratiques alternatives. Les éléments centraux de ce *Commonwealth* sont : un lien direct entre le commun et ce qui se produit collectivement (la connaissance, les informations, les données mais également la ville et les milieux de vie) dans le cadre d'un système de production dématérialisé ou largement hybride (entre composantes matérielles et immatérielles) qui échappe aux règles de la pénurie et de la rivalité ; un focus sur les dynamiques de production et d'accumulation – via l'extension du paradigme propriétaire – propres à l'économie de la connaissance qualifiée de capitalisme cognitif par les auteurs.

Dans une approche critique de l'économie capitaliste contemporaine prenant en compte la dimension du genre, les études de Silvia Federici (2004) sur les mouvements sociaux montrent clairement que les femmes, tant en Angleterre que sur le continent américain, ont été les premières à s'opposer à l'enclosure pour tenter de protéger les cultures traditionnelles. Aujourd'hui encore, notamment dans les pays du Sud, elles sont largement actives dans la lutte contre la privatisation – due par exemple au *landgrabbing* – et pour la mise en commun des moyens afin d'améliorer les conditions de vie de base de leurs communautés. Cette approche féministe des communs repose notamment sur la reconnaissance des valeurs non marchandes inhérentes aux activités de reproduction et de *care*. Comme l'urgence pandémique l'a clairement démontré récemment, ces activités sont absolument essentielles à la vie sociale et au système de production, et sont généralement assurées par des femmes, en particulier des femmes racisées, et par d'autres groupes marginalisés. En fait, outre les communs naturels et les communs de la connaissance, toutes les sociétés fondent leurs économies sur un troisième type de communs qui a toujours été marginalisé : le travail de reproduction et de *care* dans les relations humaines et dans les relations humains/non humains. Ces activités de reproduction (prendre soin d'autrui, aider, nettoyer, nourrir, cultiver, collecter, trier) sont cruciales pour l'ensemble de notre société, même si elles ne sont généralement pas considérées comme des travaux productifs à part entière (et cela même au sein de l'analyse marxienne) et sont, de ce fait, réservées à des groupes précaires non rémunérés ou sous-payés (femmes, migrants en situation irrégulière ou pauvres, minorités sexuelles). Renouvelant la critique de l'économie politique dans une perspective d'écologie politique et décoloniale, de nombreux penseurs (Shiva, 1989 ; De Angelis, 2007 ; Stengers, 2017 ; Vergès, 2019) mettent ainsi en avant ces communs sociaux et relationnels en tant que bien fondamental dont dépendent à la fois la production et la reproduction des sociétés.

En se concentrant également sur le commun comme substantif singulier, Dardot et Laval (2014) défendent une conception différente du commun comme principe sévèrement ancré dans la *praxis* sociale. « Le commun » n'est pas une chose mais un principe politique à partir duquel les gens revendiquent et développent « les communs ». En révisant de manière critique la généalogie des communs, les deux chercheurs relient le commun à l'activité consistant à faire ensemble et à créer des institutions sociales alternatives. Dardot et Laval reconnectent donc la rationalité politique du commun à toutes les luttes récentes contre le néolibéralisme, en les considérant comme de nouvelles expériences de démocratie. Selon la théorie de l'imagination créatrice de Castoriadis et pour éviter le piège de la cristallisation, ces institutions communes doivent rester en tension avec la *praxis* dans une sorte de processus continu de « co-institutionnalité ».

La production, la reproduction et les institutions deviennent des pivots dans l'interprétation du retour des communs en tant que pratiques contre-hégémoniques. Les relations spécifiques avec des ressources particulières perdent de leur importance analytique, tandis que les processus collectifs deviennent centraux dans ces courants critiques qui ont largement influencé le champ des *commons studies.* Si la notion perd sa spécificité, puisque les communs ne sont plus caractérisés de manière stricte, elle monte en généralité en s'adaptant aux différentes formes de coopération visant à préserver ces valeurs sociales face à leur marchandisation potentielle dans les économies néolibérales.

3. Rivage : valeur, conflit et communauté dans les communs urbains

3.1. *Valeur et conflit*

Il ne s'agit là que d'un aperçu général de la vaste constellation de visions et d'études dans lesquelles les communs, et plus particulièrement les communs urbains, ont émergé. J'éluderai certaines pistes d'études pourtant pertinentes pour une analyse territoriale des communs (à savoir le paysage et le territoire en tant que communs, Magnaghi, 2014) pour me concentrer sur une généalogie critique des communs urbains.

Concernant les études sur les *urban commons,* un terrain d'analyse majeur reste la spécificité de la production de la valeur en milieu urbain. Le commun est produit au quotidien dans la ville par la coopération et l'interaction continues des divers acteurs urbains : les acteurs publics, les acteurs collectifs, les habitants qui produisent collectivement le territoire et en créent la valeur. Néanmoins, ces habitants, surtout lorsqu'ils sont particulièrement engagés dans le maintien des caractéristiques culturelles, sociales, écologiques ou ethniques de leur quartier, subissent souvent les effets des mécanismes d'attraction de projets territoriaux coordonnés et partagés. L'observation de processus de gentrification dans des quartiers socialement et culturellement actifs, a montré comment les habitants se trouvent souvent dépossédés de la valeur urbaine collectivement réalisée à cause des dynamiques de spéculation immobilière, qui réquisitionnent les espaces privés et publics et font gonfler les prix de l'immobilier en entraînant l'expulsion des acteurs à l'origine de l'attrait des quartiers (Harvey, 2012).

Suivant l'interprétation de Ebenezer Howard (1965 [1898]), C. Borch et M. Kornberger (2015) suggèrent que dans la ville, la valeur du sol et des bâtiments est fonction de l'activité des personnes car c'est seulement à travers leurs interactions que la ville devient ce qu'elle est. Ebenezer Howard, dans son ouvrage majeur, *Garden Cities of Tomorrow* (1898), développait les théories élaborées par Henry George dans *Progress and Poverty* (1879). George considérait la propagation de la pauvreté comme le résultat de la possession de terres par un petit nombre de propriétaires terriens capables, comme l'avait déjà souligné John Stuart Mill, de saisir à la fois la valeur de la terre et la valeur foncière créées collectivement par la croissance et le développement de la société. L'idée clé reprise par Howard est que la valeur générée dans la ville appartient à ceux qui la produisent collectivement. Ce raisonnement anticipait Lefebvre (1968), Harvey (1972), Hardt et Negri (2009) et bien d'autres auteurs liés à la théorie des communs en milieu urbain (Huron, 2018). Si l'on suit ces auteurs, la valeur des biens urbains en fonction de la proximité et de la densité, deux concepts inhérents à la ville, est intrinsèquement relationnelle (Borch et Kornberger, 2015) et constamment produite et reproduite collectivement (Magnaghi, 2014). Contrairement à la théorie économique de l'accès aux ressources dites rivales, appliquée avec des résultats opposés, aussi bien par Garrett Hardin que par Elinor Ostrom, les communs urbains se caractérisent par une absence générale de rivalité et une valeur croissante produite par l'intensité de l'usage du bien (jusqu'à des limites de saturation comme pour toutes ressources), ce qui, comme nous l'avons constaté, les rapproche des communs dits intrinsèquement publics et des communs informationnels.

Cette comédie, pour reprendre le mot de Carol Rose, propre de la valorisation urbaine, ne doit cependant pas occulter les conflits entre les différents intérêts et usagers de la ville et la portée dissipatrice qu'ils peuvent avoir. En raison de leur densité et parce qu'elles sont produites par une diversité d'acteurs et d'intérêts, les villes sont nécessairement le lieu de conflits, comme le soutient Sennet (1970) et, de fait, les communs urbains sont toujours contestés, comme le souligne Harvey (2012). La ville étant un lieu dense et saturé (Huron, 2018) de relations et de différences, champ de tensions entre groupes et intérêts, il peut évidemment y avoir des rivalités autour de l'usage d'un lieu ou d'une ressource urbaine. Il ne s'agit toutefois pas ici de rivalité, au sens économique du terme, comme propriété de l'objet lui-même. À l'inverse, cette rivalité met l'accent sur l'impératif de distribution spatiale des ressources en faisant ressortir la redistribution des valeurs plutôt que le parasitisme en tant que piège fondé sur les caractères propres d'une ressource. De plus, parmi les conflits et les mécanismes à la base des asymétries sociales, nous pouvons signaler que Howard nommait déjà « *unarned increment* » le surplus de valeur créé par l'environnement urbain. Il montrait ainsi comment cet accroissement de la valeur est ensuite attribué, selon le mécanisme notoire de l'externalité positive, au propriétaire qui absorbe, de manière individualisée, dans sa propriété immobilière, les valeurs produites par le milieu urbain.

Si au début de l'enquête sur les communs urbains, les actions collectives de gestion des jardins, des parcs et des quartiers avaient été étudiées dans le cadre des *common pool resources* (Foster, 2011), cette approche centrée sur les qualités du bien semblait déjà quelque peu insatisfaisante pour les chercheurs urbains. Comme le souligne Harvey dans le prolongement de son travail de reprise et d'actualisation du concept lefèvrien de droit à la ville : « le commun ne doit pas être interprété [...] comme un type particulier de chose, d'actif ou même de processus social, mais comme une relation sociale instable et malléable entre un groupe social particulier qui se définit lui-même, et les aspects de son environnement social et/ou physique, existant ou à créer, jugés cruciaux pour sa vie et ses moyens de subsistance » (Harvey, 2012). La mise en commun, en tant qu'activité sociale revendiquant certains aspects d'un environnement comme collectivement cruciaux, est donc la clé pour comprendre les processus à la base des communs urbains. Elle apparaît plus essentielle que les caractéristiques de la chose sous-jacente et qu'un mode de gestion collective déjà à l'œuvre. Comme nous l'avons montré en référence aux travaux critiques autour du droit de propriété de Macpherson et de Rodotà, il y a un élément revendicatif fondamental dans les processus de qualification et de mobilisation autour des communs. Comme Mary Douglas (1994) le souligne, la distinction entre biens publics, privés et collectifs est non pas prédéterminée par la nature de ces choses mais résulte du long processus de représentation, de conflit et de négociation, implicitement ou explicitement effectué par les communautés sociales. L'accélération du processus néolibéral d'hyper-valorisation des ressources, des espaces et des environnements urbains, à l'instar des ressources naturelles et immatérielles, a provoqué l'implosion d'un équilibre délibératif et redistributif dans les politiques urbaines, générant ainsi de vastes mouvements de revendication.

Un autre géographe, Nicholas Blomley, s'appuie sur les actions collectives de revendication de l'espace urbain comme « commun » menées à Vancouver (Blomley, 2008) lors de grands projets de requalification de la zone portuaire. L'auteur, qui s'inscrit dans une géographie juridique critique, mobilise le concept des communs urbains (Blomley, 2016) en démontrant l'existence de contre-droits par rapport au paradigme exclusif de la propriété urbaine. Il estime que des intérêts immobiliers peuvent être identifiés dans des communautés qui s'approprient matériellement et symboliquement un espace urbain en tissant un lien d'appartenance à celui-ci. Le travail de Blomley, tout comme celui de Rodotà, s'inscrit dans la lignée de Macpherson selon laquelle : « La propriété ne se limite pas nécessairement à un droit d'exclusion, mais peut également être un droit individuel de ne pas être exclu par d'autres de l'utilisation ou du bénéfice d'une chose » (Macpherson, 1978).

Partant de la notion américaine de propriété comme faisceau de droits (*bundle of rights*), et selon les avancées de la théorie des communs sur la possibilité de distribuer les *sticks of the bundle*, Blomley fait ressortir les différents intérêts autour d'un même espace urbain. Si, selon l'inspiration de Macpherson, il existe un droit à ne pas être exclu, celui-ci doit être pris en compte dans des processus de développement urbain, qui excluent progressivement les groupes pauvres et faibles de leurs quartiers. Un tel droit peut être utilisé de manière performative, pour réarticuler le poids de la propriété individuelle dans la ville et pour montrer également la pluralité des sujets portant des intérêts légitimes dans un même lieu.

L'accès effectif aux ressources qui garantissent les droits fondamentaux tels que la vie et l'égalité sociale dans la ville devient, tant pour Harvey et Blomley que pour Rodotà, l'argument phare contre l'extension de l'exclusivisme dans la cité. Nous pouvons penser à l'exclusion systématique des groupes les plus faibles – populations temporaires, locataires et propriétaires à bas revenus – comme conséquences directes ou indirectes des processus de régénération urbaine et de la valorisation immobilière qu'ils engendrent, ce qui met bien en évidence le rôle clé de la propriété dans ces mécanismes en l'absence de politiques rigoureuses. Toutefois et sans nier le rôle paradigmatique joué par la propriété (privée ou publique) depuis la Modernité jusqu'à nos jours, analyser les communs comme une relation particulière plutôt que comme une catégorie préconstituée nous conduit à penser que la mise en commun peut avoir lieu avec toute forme de propriété (privée, publique, libre accès, etc.) dépassant ainsi les légalités fixes et données. Gibson-Graham *et al.* (2016), par exemple, considèrent que des ressources privées, publiques ou non appropriées peuvent être mises en commun non pas en modifiant les titres de propriété qui les régissent, mais en partageant l'accès, l'utilisation, les avantages, les soins et la responsabilité dans un large éventail d'arrangements institutionnels. Se focaliser sur ces différentes relations est une façon d'inscrire les communs dans une démarche transformatrice et d'admettre de multiples instances des communs « au-delà du privé et du public » selon l'expression de Hardt et Negri (2009).

Le caractère revendicatif et cette matrice conflictuelle des communs que ces approches révèlent sont évidents si l'on considère que le retour des communs a eu lieu dans un moment de crise multiple des logiques néolibérales : crise financière, crise écologique, crise institutionnelle, crise de la répartition public-privé. Les communs ont émergé et continuent de le faire là où les conflits engendrés par l'extension de ces logiques sont plus vigoureux. Celles-ci concernent notamment les ressources écosystémiques, centrales pour la production et reproduction humaine et à fort risque de destruction ; les ressources immatérielles – connaissance, information et numérique –, où se joue la plus grosse partie des mécanismes actuels de valorisation financière ; l'urbain, à la fois échelle et espace privilégiés pour enraciner les mécanismes globaux de valorisation contemporaine, en particulier dans les moments de crise.

Ces ressources demeurent ainsi centrales dans les luttes pour les communs revendiquant un « droit à la ville », car elles sont les racines matérielles d'une manière inclusive de gouverner la ville. La solution aux conflits pour les communs n'est néanmoins à chercher ni dans la nature de ces choses, ni dans la titularité formelle de leur propriété, mais dans les mécanismes qui gouvernent leur appropriation effective, leur accès et la distribution de leurs utilités.

3.2. La communauté dans les communs urbains

Dans cette section, j'aborde les communs à partir des trois éléments qui les constituent, plutôt qu'à partir d'une définition fermée qui s'avérerait trompeuse et incomplète, en particulier pour ce qui concerne le *milieu* urbain. Tous les communs s'articulent autour d'une *ressource*, d'une *communauté* et d'un *ensemble de règles* régissant l'accès et les pouvoirs sur des ressources matérielles ou immatérielles. J'aimerais souligner le fait que ces termes sont tous trois problématiques et discuter de manière plus particulière le concept de communauté.

Concernant la *ressource*, l'approche juridique et économique classique des communs, centrée sur la chose sous-jacente plutôt que sur les activités de coopération et de redistribution des utilités, a engendré une récurrente objectivation des communs (Dardot et Laval, 2014). Si nous désignons l'objet des communs comme une ressource ou un bien, nous le reconnectons de manière problématique, d'une part, à l'anthropologie néoclassique de l'*homo œconomicus* et d'autre part, à la notion juridique des choses à s'approprier.

La focalisation sur le *commoning* (Linebaugh, 2008) a d'ailleurs réduit cet essentialisme et souligné la centralité des relations lorsqu'on observe les communs. Sans contrarier la matérialité des besoins portée par le mouvement des communs qui resurgit au lendemain de la crise du 2008 afin de revendiquer la démocratisation de l'accès à certaines ressources, nous pouvons préciser aujourd'hui que les communs ne sont pas des biens, mais des institutions sociales qui représentent et réorganisent de manière innovante les relations avec certaines « choses ». Les communs – à la différence de la construction juridique de biens communs italiens – ne coïncident pas avec les biens matériels ou immatériels au cœur de leur architecture institutionnelle, mais partagent avec le *beni comuni* « italiens » l'objectif de la dé-marchandisation (*decommodification* en anglais) des relations à certains biens qui est en fait un trait essentiel et incontournable de tout commun (Charbonnier et Festa, 2016).

Pour désigner l'ensemble des règles mises en place pour gouverner des communs, on parle souvent de *governance*, terme qui en Europe continentale fait écho au lexique du management et de l'entreprise. Sur ce point, si le lexique anglo-américain peut s'accommoder de ce terme à la sémantique plus riche et moins connotée, je propose dans le cadre des *commons studies* des traditions linguistiques néolatines, de parler plutôt d'institution, nom mieux approprié pour désigner l'ensemble des règles créées par les humains afin de régir les relations sociales et territoriales. Le mot « institution » évoque d'ailleurs les « instincts et institutions » de Deleuze (1953) et ainsi, cette ligne de la pensée contemporaine critique du contractualisme du XVIIe siècle de Grotius, Hobbes, Locke et Rousseau, également reprise par la suite par Kant et Hegel. Dans cette perspective critique, les institutions sont représentées et considérées comme le résultat de la créativité et de l'innovation des pratiques sociales avec une portée émancipatrice, plutôt que comme l'incontournable destin d'un sujet défectueux et misanthrope contraint à accepter l'assujettissement à des institutions autoritaires.

Enfin, la notion de *communauté* présente de nombreux *caveats* et ambiguïtés. L'une concerne une sorte d'auto-évidence axiologique. Plutôt récurrent dans le contexte nord-américain en raison de son histoire spécifique (Rescigno, 1953 ; Alexander et Peñalver, 2010), cet essentialisme est fréquent également en Europe avec la complicité d'un imaginaire néo-communautariste de matrice néolibérale (Jessop, 2002). Une question d'échelle est également entremêlée à ce piège car la célébration des vertus de la communauté va souvent de pair avec l'assomption d'une sorte de privilège d'échelle (micro)locale quand on discute de communs, ce qui évacue les questionnements autour des jeux de hiérarchie et de l'articulation d'échelles concernant les formes de gouvernement de certaines ressources, surtout quand elles sont rattachées à des communautés vastes, diffuses et réticulaires[12].

Dans une perspective féministe par exemple, la communauté a été considérée comme une forme de vie aux liens oppressifs et denses de domination sociale. Comme Gibson-Graham (2006) le souligne, le terme de communauté exprime le désir de surmonter l'individualisme et la différence, de produire une plénitude sociale. En parallèle et dans la

12 Voir la critique de Harvey (2012, chap. 3, Ostrov).

vision de Iris Marion Young, cette « *fuzzy warmness* » (Young, 1990) est un aspect puissant et suspect du terme « communauté » qui prétend revendiquer des valeurs positives incontestées à travers tout le spectre politique et social. En réalité, les communautés ne sont pas des entités monolithiques ou homogènes, puisque les différents membres des groupes sociaux ont toujours des intérêts, des valeurs et des intentions variés. En outre, le mythe de la communauté est un puissant outil d'exclusion tant dans les enclaves urbaines que dans les zones rurales. L'organisation communautaire formelle ou informelle est souvent ancrée dans des principes et des rituels d'exclusion et la construction d'une véritable communauté ouverte et solidaire reste un défi permanent dans les processus politiques actuels. Selon les féministes critiques et les études postcoloniales, la communauté, comme les idées d'individu, de famille ou d'État, est déformée par une sorte d'idéalisme défectueux qui représente mal les différences et cache des hégémonies et des dominations (Angotti, 2015). Pour beaucoup, le mot communauté est tellement entaché de romantisme qu'il peut être, sinon dangereux, du moins trompeur (Gibson-Graham, 2016). Le défi pour les penseurs critiques est de donner des voix égales et une représentativité aux différences et non de prêter foi à « la prétention pathétique que ces différences n'existent pas » (Lorde, 2018). Néanmoins, ces mêmes voix critiques qui mettent en garde contre les ambiguïtés revendiquent la centralité du concept de communauté pour changer radicalement les relations sociales basées sur l'individualisme et l'universalisme tant controversés (Lorde, 2018). Par exemple, selon Silvia Federici (2018), « la communauté doit être entendue, non pas comme une réalité fermée, un regroupement de personnes unies par des intérêts exclusifs [...], mais plutôt comme une qualité de relations, un principe de coopération et de responsabilité, les uns envers les autres et envers des forêts, des mers, des animaux ».

La communauté, comme tout dispositif sélectif d'inclusion et d'exclusion, oblige à exercer une analyse critique toujours située par rapport à ce terme et à ses incarnations. Nous devons toutefois également prendre en considération le potentiel déstabilisateur de la notion de communauté. Les travaux de Ostrom (1990), de Grossi (1977), de Linebaugh (2008) ou de Descola (2005) montrent bien le caractère contre-hégémonique de la communauté face aux paradigmes propriétaire, utilitariste et anthropocentrique de la Modernité.

Selon ces suggestions, et à partir de l'analyse empirique des pratiques d'*urban commoning*, nous ne retenons pas l'idée de communauté comme une réalité stable et homogène, mais, plus exactement, comme une relation reliant différents intérêts et produisant éventuellement des institutions sociales capables de représenter cette diversité. La communauté, a fortiori dans les villes caractérisées par la multiplicité, la diversité d'intérêts et de cultures, n'est pas conçue comme un sujet univoque ou unitaire, mais comme une coalition d'intérêts caractérisée par des tensions et des différences internes bien qu'orientée vers des objectifs sociaux communs. Les communs ne sont pas une tentative de recréer des enclaves ou des formes de vie idylliques et nostalgiques qui effaceraient toutes formes de conflits, mais proposent un cadre interprétatif renouvelé qui mobilise le concept de communauté de manière différenciée et pragmatique.

Ce raisonnement conduit à proposer une conception minimaliste de la communauté. On pourrait nommer et faire resurgir une communauté chaque fois que l'intérêt à l'accès, à l'usage ou aux pouvoirs rattachés à une chose ou à un contexte est partagé entre plusieurs personnes. Les liens affectifs, culturels, politiques seraient des aspects secondaires ou encore à venir dans cette communauté *au degré zéro*. Comme nous l'avons vu, la coexistence et le face-à-face sont, pour certaines communautés contemporaines (telles que les communautés numériques ou épistémiques), des questions marginales. De plus, avec les communs intrinsèquement publics ou l'*open source* dans le contexte métropolitain ou numérique, nous sommes en mesure d'identifier une communauté, même en l'absence de toute organisation interne entre les usagers. La communauté doit ainsi plutôt être mise en tension avec l'individu et utilisée de manière proactive pour inscrire l'exclusivisme dans une arène plus large d'intérêts socialement pertinents afin de repeupler le paysage des acteurs rattachés aux ressources : un horizon beaucoup plus large que celui des seuls sujets titulaires d'un droit de propriété publique ou privée. Par conséquent, nous pouvons révéler une communauté, même si elle est non organisée et « diffuse »[13], chaque fois qu'il existe un intérêt commun à accéder et préserver certaines choses ou milieux de vie.

Prenant acte « de la dissolution, de la dislocation et l'embrasement de la communauté d'où les temps modernes ont émergé », nous pouvons, pour reprendre les suggestions de Nancy (1986), retracer « une communauté désœuvrée ». Dans le prolongement du dialogue entre la

---

13 La notion de « communauté diffuse » provient de la tradition juridique italienne et vise à rendre compte des groupements informels et à légitimer des procédures et des actions en justice pour défendre ces intérêts diffus qui ne correspondent pas à des intérêts publics (portés par les représentants de l'État et les collectivités territoriales), ni collectifs (portés par les syndicats et d'autres groupements organisés et formalisés), ni privés (portés par les individus).

ligne déconstructiviste des philosophes français, Nancy (1986), Blanchot (1983) et Bataille (1973), et de l'italien Roberto Esposito (1998), la *communitas* se libère de tous traits essentialistes et identitaires pour désigner « l'être-avec » (selon Bataille et ensuite Nancy). Elle n'est ni un sujet ni un objet mais correspond au lien même, au *cum* de cette relation *communautaire,* entre les sujets. Enfin, selon Esposito, elle désigne plutôt la co-obligation, la co-responsabilité, le don (le *munus*) qui lient les membres d'une telle communauté.

Cette vision volontairement désubjectivisée et minimaliste nous permet d'utiliser la communauté de manière progressiste et non conservatrice, et d'élargir la portée opérationnelle de ce concept. Le point central de cette notion primaire de communauté reste la reconnaissance réciproque des sujets comme porteurs des mêmes droits à l'accès et à l'usage, ce qui permet de définir une communauté de co-intéressés, qui, bien que négative[14] et « désoeuvrée » (Nancy, 1986), pourra justifier et régir des revendications communes.

À l'évidence, cette notion ne rend pas compte des processus de subjectivation passant par la construction active de liens solidaires, affectifs et politiques liés au *commoning*, mais elle nous permet de saisir le commun en dehors de cette dimension constructive de communauté. Toute organisation et structuration de ce premier noyau de communauté déterminera de fait le passage d'une communauté diffuse à une véritable institution commune. Nous pourrons ainsi identifier une communauté large et dispersée sur laquelle des institutions pourraient éventuellement se greffer de manières et sur des échelles différentes.

Ce cadre interprétatif nous permet de mettre en évidence un point que l'observation des communs nous montre surtout dans le milieu urbain et dans le milieu de l'immatériel : les pratiques précèdent les communautés (organisées) dans les processus de *commoning*. Des communautés positives (Dussolier, 2015 ; Rochfeld, 2017 ; *Rapport GIP*, 2021) peuvent

---

[14] Le concept de communauté négative apparaît, dans le débat contemporain, déjà dans le *Carnet 11* de Georges Bataille (1973) qui invitait à revoir « l'absence de communauté et insister sur l'idée de communauté négative: la communauté de ceux qui n'ont pas de communauté». En remontant dans le temps, on peut trouver un précédant au terme "communauté négative", plutôt en tant que dimension primaire et archaïque de relations aux choses, dans l'article premier du *Traité sur différentes matières du droit civil* de Robert Joseph Pothier (1781), consacré au "Droit à la propriété", qui affirme que « la communauté négative existait à l'origine en ce sens que la terre était également ouverte à tous» (Tremblay, 2015).

ainsi resulter de formes et de compositions variables qui se constituent au fil du *commoning,* plutôt qu'en être une précondition.

Cette prémisse nécessaire nous fournit une boîte à outils plus plastique pour analyser les différents contextes et échelles des communs en échappant aux récits insulaires, romantiques et homogènes, qui demeurent incompatibles avec le *milieu* urbain, saturé de valeurs et d'intérêts différents, culturellement pluriel, où les appartenances sont multiples et variables.

Conclusion

En adoptant cette perspective urbaine, nous pouvons inverser les points de départ de l'examen des communs. Tout type de ressource ou d'environnement matériel ou immatériel pourrait devenir un commun s'il est représenté et politicisé comme essentiel à la production et à la reproduction d'un groupe social, indépendamment de l'échelle et de l'organisation de la communauté qui le revendique (*communauté diffuse*). Cet élément serait central pour prétendre à son placement dans un régime spécial qui le préserverait du marché et garantirait un accès ouvert et une utilisation collective, caractères fondamentaux de tout commun accompli, selon la définition la plus large que la théorie et les pratiques puisse conduire à proposer. Cette définition permet alors d'observer les communs au travers des pratiques qui les produisent plutôt que depuis une notion fermée.

En milieu urbain par exemple, nous pouvons constater que les communs se déclenchent souvent à partir des vides, des friches ou des interstices. Quelle relation pouvons-nous alors établir entre les communs et ces interstices urbains ?

Ces objets urbains, délaissés par leurs titulaires (publics ou privés) peuvent dans les faits favoriser la mobilisation, permettre la réappropriation et faciliter la prise en charge par les habitants d'un quartier ou d'une ville. Le fait que leur exploitation soit suspendue, au moins temporairement, permet à d'autres usages et d'autres imaginaires sociaux de se projeter sur ces biens en les investissant d'une action collective (le *commoning),* qui peut les représenter et en faire des communs. Par ces actions et ces pratiques de réappropriation, des communautés se dessineront et s'organiseront en relation aux différents usages sociaux de l'espace et à leur évolution. Nous pouvons penser à de nombreuses occupations de lieux abandonnés qui sont utilisés à des fins mixtes de logement et de coopération sociale. C'est le cas du *Porto Fluviale* à Rome, squat qui loge – dans le contexte de persistante pénurie de logements sociaux que connaît la capitale italienne – de différentes communautés en accueillant également un salon de thé, des espaces de travail coopératif, un laboratoire numérique, tous ouverts et très fréquentés par les habitants du quartier (Festa et Celata, à paraitre). Nous pouvons citer également, toujours à Rome, le MAAM, Musée de l'Autre et de l'Ailleurs, cette occupation d'un site industriel désaffecté, utilisé aujourd'hui pour loger des familles issues de l'immigration mais aussi un musée d'art contemporain absolument inédit, vivant et largement traversé par les habitants, les étudiants, les artistes de passage dans la capitale. Ces deux expériences romaines sont actuellement en cours d'institutionnalisation grâce à des subventions européennes et municipales qui ont reconnu le caractère innovant et inclusif de ces formes communes d'habiter. Nous pourrons aussi reprendre l'histoire de nombreux tiers lieux qui se sont enracinés dans des vides urbains, ou rappeler l'exemple le plus iconique de ces processus de réappropriation : la « Torre David » à Caracas. Conçue pour accomplir le rêve de modernité du Venezuela, cette tour financière reste inachevée à cause de la crise économique qui frappa le pays dans les années 1990. Elle sera squattée en 2004 et parviendra, en 2012 à loger environ 4000 personnes qui récupèrent et gouvernent cette ville verticale avec des pratiques coopératives très inventives. Cette même année un projet documentant la vie de ce squat (réalisé par les architectes de *Urban think-thank*) recevra le Lion d'or de la biennale d'architecture de Venise consacrée au thème du *Common Ground.*

Cette relation virtuose entre interstices et communs permet toutefois de mettre en évidence des ambiguïtés interprétatives. En premier lieu, elle ne doit pas conduire à penser les communs comme des possibilités résiduelles, utiles pour combler des vides et donner de la valeur aux rebuts de nos villes. Cela pourrait obscurcir, d'un côté, ces mouvements qui revendiquent des communs de manière proactive là où les intérêts propriétaires au contraire se multiplient et s'intensifient et, de l'autre, la fonction parfois parfaitement instrumentale de ces interstices par rapport aux processus de valorisation urbaine. Concernant le premier aspect, nous pouvons penser à toutes ces luttes pour la préservation de l'eau lorsqu'elle devient objet de formes accrues de spéculation (voir ces dernières vingt années, la lutte pour l'eau à Cochabamba en Bolivie, la remunicipalisation de l'eau à Paris ou le référendum pour l'eau-bien commun en Italie en 2011) qui ont marqué globalement le retour des communs. Nous pouvons penser également à ces actions qui investissent des lieux urbains au moment de l'accélération de leur exploitation : les contestations contre la privatisation de *Gezy Parc* à Istanbul (2013), contre la réalisation d'un centre commercial ou l'occupation du *Teatro Valle* à Rome (2011) par la communauté des artistes lorsque ce théâtre historique au cœur de Rome risquait une gestion privatisante ou encore la *ZAD de Notre-Dame-des-Landes* occupée (2008) lors du lancement d'un projet d'aéroport. Toutes ces expériences, bien qu'avec des parcours et des destins différents, ont réalisé des communs pour protéger des ressources qui, loin d'être délaissées, ont été au contraire placées au cœur des processus d'exploitation et de spéculation. En deuxième lieu, il ne faut pas oublier que les vides et les friches ne sont pas toujours le signe d'un désintérêt mais qu'ils peuvent représenter soit une stratégie d'attente afin de capitaliser une meilleure rente de position, soit un usage purement financier (en tant que valeur comptable ou hypothécaire) dans une valorisation non visible du point de vue matériel mais pervasive dans le projet urbain sur le long terme. *Les communs* sont alors capables de réinventer *du commun* dans ces situations disparates où la ville renonce à sa mission collective pour céder à un exclusivisme indifférent ou impatient.

Quel type d'institutions faudra-t-il préfigurer pour le bon gouvernement de ces communs devenus un ensemble d'objets beaucoup plus riche et complexe que les seuls régimes de propriétés collectives en milieu rural ?

D'une part, une participation large et efficace à l'accès et à la prise de décision doit généralement être envisagée dans tout type d'institution et régime (public, privé, commun) régissant des communs afin de garantir une distribution effective et équitable des utilités et des responsabilités, et de maintenir un contrôle social maximal contre les menaces de privatisation ou de surconsommation. Un éventuel régime de propriété publique (par exemple dans le cas des logements de type social) ou privé (par exemple les biens culturels) sera par conséquent soumis à plusieurs limites. Le titulaire du droit de propriété aura un devoir dans le maintien de la destination collective de la ressource, perdra les pouvoirs autonomes de changer une telle destination, et devra partager les décisions majeures concernant les communs avec la communauté des usagers.

D'autre part, un gouvernement commun est aujourd'hui – comme Elinor Ostrom l'a largement montré – généralement reconnu comme parfaitement compatible et cohérent avec la fonction et la durabilité d'un commun. Un gouvernement commun peut être envisagé chaque fois qu'une communauté sera disponible et compétente pour régir l'accès, l'utilisation et la préservation de cette ressource : une institution commune (ou communauté positive) doit dans ce cas être organisée, de préférence avec le soutien stratégique des institutions publiques de proximité, qui restent centrales pour promouvoir les communs dans un cadre progressiste et émancipateur, plutôt qu'en tant que substituts d'un État social démissionnaire[15]. La communauté pourra alors se mettre « à l'œuvre » de manière différente (groupement informel, comités, associations, coopératives, fondations ou souvent des agencements hybrides de ces statuts) pour faire vivre les communs et en garantir un usage collectif, la préservation des ressources et un accès large, d'autant plus dans le cas où les ressources communes déploient des fonctions en dehors des frontières de la communauté la plus restreinte et définie (voir les expérimentations promues dans les expériences des communs culturels en Italie, Festa, 2017b, 2021).

Bibliographie

A.A.V.V., 2021 *L'échelle de communalité – Propositions de réformes pour intégrer les biens communs en droit*, GIP, Mission de Recherche Droit et Justice sur la direction de Judith Rochfeld.

Alexander Gregory S., 2012, « Governance property », *University of Pennsylvania Law Review*, 160, 7, p. 1853-1887.

Angotti Tom, 2015, « Struggles for land and the promise of the Community land trust », *Scienze del Territorio*, vol. 3, p. 378.

Bataille George, 1973, *Œuvres complètes*, t. 5, Paris, Gallimard

Benkler Yochai, 2014, « Between Spanish Huertas and The Open Road. A Tale of Two Commons ? », *in* B. Frischmann, M. Madison et K. Strandburg (dir.), *Governing Knowledge Commons*, Oxford University Press, p. 69-99.

Besse Jean-Marc (dir.), *Les Carnets du paysage* 33, dossier *Paysages en commun.*

Blanchot Maurice, 1983, *La communauté inavouable*, Paris, Minuit.

---

15 Avec beaucoup d'ambivalences et des différences dans les rhétoriques comme dans les politiques, on peut constater que les villes sont de plus en plus conscientes du rôle novateur de ces expériences surtout en milieu urbain et prêtent une attention de plus en plus forte aux expériences telles que les FabLAb, les tiers lieu, les squats d'artistes ou des collectifs politiques, les coworking, les formes d'habitat participatif, les jardins partagés et d'autres pratiques communautaires fondées sur le mutualisme, l'échange et la mise en commun (de la nourriture, des livres, des vélos, des déchets et plus en général de l'espace, du temps et des savoirs des habitants).

Blank Yshai et Rosen-Zvi Issi, 2010, « The spatial turn in legal theory », *HAGAR, Studies in Culture, Polity and Identities*, 10, 1, p. 39-62.

Blomley Nicolas, 1994, *Law, Space, and the Geographies of Power*, New York-Londres, The Guilford Press.

Blomley Nicolas, 2001, « Landscapes of property », in N. Blomley, D. Delaney et R. Ford (dir.), *The Legal Geographies Reader : Law, Power and Space*, Oxford, Blackwell, p. 118-128.

Blomley Nicolas, 2004, « Un-real estate. Proprietary space and public gardening », *Antipode* 36, 4, p. 614-641.

Blomley Nicolas, 2008, « Enclosure, Common Right and the Property of the Poor », *Social Legal Studies*, 17, 3, p. 311-331.

Blomley Nicolas, Delaney David et Ford Richard (dir.), 2001, *The Legal Geographies Reader*, Oxford, Blackwell.

Borch Christian et Kornberger Martin (dir.), 2015, *Urban Commons : Rethinking the City*, Londres, Routledge.

Boyle James, 2003, « The second enclosure movement and the construction of the public domain », *Law and Contemporary Problems*, 66, 1-2, p. 33-74.

Braverman Irus, Blomley Nicolas, Delaney David et Kedar Alexandre (dir.), 2014, *The Expanding Spaces of Law. A Timely Legal Geography*, Stanford, Stanford University Press.

Charbonnier Pierre et Festa Daniela, 2016, « Biens communs, beni comuni. Introduction », *L'Italie des biens communs*, *Tracés*, 16, hors-série, *Traduire et introduire*, p. 187-194.

Coriat Benjamin (dir.), 2015, *Le retour des communs, La crise de l'idéologie propriétaire*, Paris, Les Liens qui libèrent.

Demsetz Harold, 1967, *Toward a Theory of Property Rights*, *American Economic Review*, 57, 2, p. 347-359.

De Angelis Massimo, 2007, *The Beginning of History : Value Struggles and Global Capital*, Londres, Pluto Press.

Deleuze Gilles, 1953, *Instincts et institutions*, Paris, Hachette.

Descola Philippe, 2005, *Par-delà nature et culture*, Paris, Gallimard.

Douglas Mary, 1994, *Credere e pensare*, Bologna, Il Mulino.

Dussolier Séverine, 2015, « Pour un régime positif du domaine public », *in* B. Coriat (dir.), *Le retour des communs. La crise de l'idéologie propriétaire*, Paris, Les Liens qui libèrent.

Esposito Roberto, 1998, *Communitas. Origine e destino della comunità*, Turin, Einaudi.

Federici Silvia, 2004, *Caliban and the Witch. The Body, and Primitive Accumulation*, Brooklyn, Autonomedia.

Federici Silvia, 2018, *Re-enchanting The World. Feminism and the Politics of the Commons*, Oakland, P. M. Press.

Festa Daniela, 2017a, «Les communs urbains», *in* M. Cornu, F. Orsi et J. Rochfeld (dir.), *Dictionnaire des biens communs*, Paris, PUF, p. 285-292.

Festa Daniela, 2017b, « Biens communs en Italie, le mouvement social », *in* M. Cornu, F. Orsi et J. Rochfeld (dir), *Dictionnaire des biens communs*, Paris, PUF, p. 109-110.

Festa Daniela et Celata Filippo, 2025 "Co-producing public housing and policy change in Rome, Italy", in S. Lucciarini et G. Garzarelli (dir.), Governance and co-production: challenges and solutions, Rowman & Littlefield, à paraitre.

Festa Daniela, 2021, «Les biens culturels en Italie. De l'assaut à la mise en commun», *in* M. Cornu *et al.* (dir.), *In Situ SHS, Special Issue, Patrimoine et communs.*

Foster Sheila, 2011, «Collective Action and the Urban Commons», *Notre Dame Law Review*, 87, 1, p. 57-133.

Gibson-Graham J. K. 2006, *A Postcapitalist Politics*, Minnesota, University of Minnesota Press.

Gibson-Graham Julie Katherine, *et al.*, 2016, « Commoning as a postcapitalist politics», *in* A. Amin et P. Howell (dir.), *Releasing the Commons: Rethinking the Futures of the Commons*, Routledge.

Grossi Paolo, 1981 [1977], *An Alternative to Private Property. Collective Property in the Juridical Consciousness of the Nineteenth Century*, Chicago, University of Chicago Press.

Hardin Garret, 1968, «The Tragedy of the Commons», *Science*, 162, p. 1243-1248.

Harvey David, 1989, *The Condition of Postmodernity: An Enquiry into the Origins of Cultural Change*, London, Wiley.

Harvey David, 2012, « The creation of urban commons », *in* D. Harvey (dir.), *Rebel Cities: from the right to the city to the urban revolution*, London-New York, Verso.

Hess Charlotte et Ostrom Elinor, 2003, «Ideas, Artifacts and Facilities. Information as a Common Pool Resource», *Law & Contemporary Problems*, 66, p. 111-146.

Huron Amanda, 2018, *Carving Out the Commons: Tenant Organizing and Housing Cooperatives in Washington* D.C., University of Minnesota Press.

Jessop Bob, 2002, « Liberalism, Neoliberalism and Urban Governance A State-Theoretical Perspective », *Antipode,* 34, p. 454-455.

Laval Christian et Dardot Pierre, 2014, *Commun. Essai sur la révolution au XXI*e *siècle*, Paris, La Découverte.

Linebaugh Peter, 2008, *The Magna Carta Manifesto : Liberties and Commons for All*, Berkeley, University of California Press.

Macpherson Crawford Brough, 1962, *La Théorie politique de l'individualisme possessif : de Hobbes à Locke*, Oxford, Clarendon Press.

Macpherson Crawford Brough, 1978, *Property. Mainstream and critical positions. Introdoctury and Concluding Essays*, Toronto, University of Toronto Press.

Magnaghi Alberto, 2014, *La biorégion urbaine. Petit traité sur le territoire bien commun,* Paris, Eterotopia.

Marx Karl, 1872-1875, [1867], « Genèse du capitaliste industriel », *in Le Capital : critique de l'économie politique*, Paris, Maurice Lachâtre.

Nancy Jean-Luc, 1986, *La communauté désœuvrée*, Paris, Christian Bourgois.

Ostrom Elinor, 1990, *Governing the Commons : The Evolution of Institutions for Collective Action*, Cambridge, Cambridge University Press.

Polanyi Karl, 1983 [1944], *La Grande Transformation*, Paris, Gallimard.

Rochfeld Judith, 2017, « Commaunauté negative, positive, diffuse », *in* M. Cornu, F. Orsi et J. Rochfeld (dir.), *Dictionnaire des biens communs*, Paris, PUF.

Rochfeld Judith, 2108, « La poussée des communautés diffuses / The push of diffuse communities », in *Eigentum denken. Aktuelle Eigentumstheorien in den USA und Europa / Thinking Property. Recent Property Theories in the US and Europe*, Tübingen, Mohr Siebeck.

Rodotà Stefano, 2016 « Vers les biens communs. Souveraineté et propriété au XXIe siècle », *Tracés*, 16, hors-série *Traduire et introduire.*

Rose Carol M., 1986, « The Comedy of the Commons. Commerce, Custom, and Inherently Public Property », *University of Chicago Law Review*, 53, 3, p. 711-782.

Samuelson Paul Anthony, 1954, « The Pure Theory of Public Expenditure », *The Review of Economics and Statistics*, 36, 4, p. 387-389.

Sennett Richard, 1970, *The Uses of Disorder : Personal Identity and City Life*, New York, Alfred A. Knopf, Inc.

Shiva Vandana, 1989, *Staying Alive. Women, Ecology and Development*, Londres, Zed Books.

Stengers Isabelle, 2017, « Autonomy and the Intrusion of Gaia », *South Atlantic Quarterly*, 116, 2, p. 381-400.

Soja Edward W., 1989, *Postmodern Geographies*, Londres-New York, Verso.

Tremblay Thierry, 2015, « La communauté négative : de Bataille à Tiqqun », *in* R. Astruc (dir.), *La Communauté revisitée / Community Redux*, Paris, RKI Press.

Vergès Françoise, 2019, *Un féminisme décolonial*, Paris, La Fabrique.

Young Iris Marion, 1990, *Justice and the Politics of Difference*, Princeton, Princeton University Press.

Chapitre 14

Les interstices urbains végétalisés ou comment le droit pense l'espace écologique. Une approche par le droit belge

Aurélien Hucq

« La nature et ses contributions vitales aux populations, qui ensemble constituent la biodiversité et les fonctions et services écosystémiques, se détériorent dans le monde entier » (IPBES, 2019). Moins (re)connue que son « homologue » climatique, la sixième crise majeure de la biodiversité (Kolbert, 2014) est préoccupante tant celle-ci constitue notre « assurance-vie » de par les fonctions qu'elle exerce et les services qu'elle rend (IPBES, 2019). Il est maintenant reconnu que l'intensification de l'impact des activités de l'être humain sur son environnement a provoqué une crise de la biodiversité causée principalement par la pollution physique et chimique, la surexploitation des ressources naturelles, l'introduction d'espèces exotiques envahissantes, la fragmentation et la destruction des habitats et le changement climatique. La protection de certains espaces d'intérêt écologique, bien que nécessaire, n'apparaît pas suffisante pour enrayer la crise de la biodiversité (Bull *et al.*, 2013) si bien que les politiques de conservation de la nature doivent également s'étendre aux milieux anthropisés (Rosenzweig, 2003). Si le milieu urbain consomme et fragmente les milieux naturels en les artificialisant et participe de ce fait à l'érosion de la biodiversité (McKinney, 2002), il est également un socio-écosystème qui peut être le support d'une biodiversité et de nombreux services écosystémiques (Francis, Millington et Chadwick, 2016). Dans le cadre de cette contribution, qui s'intègre au sein des réflexions portant sur les transitions écologiques, nous nous concentrerons sur les interstices urbains végétalisés qui peuvent constituer des espaces de nature intéressants pour la ville écologique et durable (Di Pietro et Robert, 2021). Ceux-ci, particulièrement étudiés au sein de l'écologie (Bonthoux *et al.*, 2014), de l'aménagement du territoire (Ambrosino et Andrès, 2008) et de l'ethnologique (Scapino, 2016), restent très peu appréhendés en tant que tels par la littérature juridique. Ceci peut s'expliquer, selon nous, par la difficulté d'unifier ces espaces autour de traits communs, préalable nécessaire à leur qualification en droit (1). Sans prétendre à une quelconque exhaustivité, cette contribution vise à proposer quelques éléments juridiques d'analyse de la complexité des interactions socio-écologiques qui peuvent se nouer au sein d'un interstice urbain végétalisé. Elle souhaite montrer que ces espaces ne peuvent se réduire à des ressources foncières soumises à la domination d'un propriétaire (2). Une multitude d'autres voix juridiques consacrant les intérêts d'autres acteurs pourraient être entendues, décentrant le regard de l'approche propriétariste classique (3). Ce faisant, les interstices urbains pourraient être le terreau fertile d'innovations juridiques. Nous situerons nos développements principalement à partir du droit belge[1].

1. La difficulté de qualification des interstices en droit

Si l'on se fonde sur l'adage selon lequel tout exposé juridique commence par une définition, l'étude des interstices en droit s'avère rapidement bloquée (1.1). L'interstice urbain n'est pas en soi une notion juridique de laquelle découlerait un régime juridique spécifique. Le « vide temporel », caractéristique de ces interstices, dénommé par une certaine tranche de la littérature comme le « temps de veille » apparaît comme un outil heuristique pertinent à la disposition du juriste pour penser ces espaces (1.2).

1.1. L'interstice, un angle mort du droit ?

Si les interstices urbains ne se laissent pas facilement définir, l'on peut, à la suite de S. Tonnelat, les concevoir comme « les espaces résiduels non bâtis de l'aménagement » (2003, p. 135). L'auteur donne pour exemples les terrains vacants, les friches industrielles et ferroviaires ou encore les délaissés de voirie et d'opération de rénovation urbaine. Si la notion d'interstice renvoie donc à un espace non bâti, force est de constater que les dénominations possibles ne manquent pas dans la littérature non juridique pour évoquer ces espaces. Sans prétendre à l'exhaustivité, nous pouvons trouver en français, les vocables de « friche »,

---

[1] Le droit belge comporte certaines similitudes avec le droit français de telle sorte que des parallèles peuvent être tracés entre les deux ordres juridiques. Par exemple, les codes civils français et belge ont partagé jusqu'en septembre 2021 le même article 544 qui porte sur le droit de propriété. Sauf annotations contraires, toute référence juridique est issue du droit belge.

« espace vacant », « délaissé », « terrain vague », « dent creuse », ou de « tiers paysage » (Clément, 2004). Les vocables anglophones affichent la même hétérogénéité : « *wastelands* », « *urban vacant* », « *brownfield* », « *derelict sites* », « *ruderal sites* », « *abandoned lot* », or « *informal green space* ». Ces notions, relativement similaires mais aucunement synonymes, forment une riche et prolifique nébuleuse conceptuelle qui vise à nommer des espaces empreints d'informalité et ne rend pas aisée leur appréhension juridiquement. La démarche est rendue d'autant plus complexe que ces espaces peuvent présenter des caractéristiques physiques diverses (superficie, pollution du sol, caractéristiques géophysiques, etc.) qui complexifient encore plus la démarche d'unification par le droit. À notre connaissance, il n'existe pas de figure juridique qui semble être en mesure d'épouser pleinement la notion d'interstice urbain végétalisé. L'on peut d'ailleurs douter de la pertinence de leur unification au sein du droit car la traduction en langage juridique, c'est-à-dire le passage des faits au droit, court le risque de réduire la complexité des processus qui animent ces espaces à l'aune d'un ou plusieurs traits simplificateurs comme nous le verrons en ce qui concerne la de la notion de friche en droit français.

Le droit « commun » est donc applicable à ces espaces. Eu égard à la diversité des réalités que peuvent embrasser ces espaces et des utilisations qui peuvent en être faites, il n'est dès lors pas étonnant de constater la pléthore de régimes juridiques qui peuvent leur être appliqués. L'interstice urbain, notion de fait, disparaît lorsqu'il est formulé à partir de l'une ou de plusieurs de ses qualités juridiques : en tant qu'objet de propriété, d'espace vert ou constructible, terrain pollué ou non, site protégé en vertu des lois de la conservation de la nature ou du patrimoine immobilier, etc. Ces régimes juridiques peuvent cohabiter plus ou moins difficilement avec les processus informels qui peuvent se former sur les interstices urbains. Si le droit « commun » est applicable, c'est la perspective qui doit pouvoir être modifiée face à l'objet difficilement saisissable pour le juriste qu'est l'interstice. Une perspective intéressante pour le juriste est de penser les temporalités particulières de ces espaces.

1.2. Le temps de veille comme perspective intéressante pour le droit

Les interstices « ne sont pas définis par ce qu'ils sont mais par leur entourage spatial et/ou temporel, qui les constitue comme des « vides entre » » (Tonnelat, 2003, p. 135). La notion de « vide temporel » semble renvoyer à celle du « temps de veille » (Andres, 2006 ; Ambrosino et

Andres, 2008) ou de « vacance » (Berteuni et Leurent, 2017) développé par la littérature. Ces temps renvoient à une compréhension juridique de l'espace qui rend compte de l'inutilisation par un propriétaire de son espace (abandon). L'espace est alors en *attente* d'une destination future (mutabilité). Le temps de veille se forme entre l'abandon et la mutabilité du site. Cette temporalité, limitée, car vouée à disparaître (Brun *et al.*, 2019), entre un passé révolu et un futur dévolu, permet à certaines auteures de caractériser ces espaces de « transitionnels » voire « d'entre deux » (Mattoug, 2019). Le temps de veille est un outil heuristique intéressant pour penser les différents intérêts juridiquement protégés portés sur un espace[2]. Il est possible de multiplier les analyses juridiques du « temps de veille ». Peut-on, par exemple, le délimiter juridiquement, en traçant un début et une fin ? Peut-on expliquer juridiquement les causes du temps de veille ? Si le « temps de veille » peut constituer un objet d'étude en soi, dans le cadre de cette contribution, il nous est paru pertinent en ce qu'il permet d'approcher l'interstice de manière détournée, en se décentrant du seul axe propriétariste qui réduit l'espace à l'usage des prérogatives reconnues par le droit de propriété qui s'y porte, et de rendre compte des interactions socio-écologiques qui peuvent se nouer au sein des interstices urbains.

L'expression « temps de veille » d'un interstice urbain peut en effet apparaître trompeur dès lors qu'il semble impliquer que rien ne passe sur celui-ci. Or, ces interstices urbains peuvent se végétaliser et constituer l'habitat de nombreuses espèces, animales et végétales, protégées ou non[3] (Bonhoux *et al.*, 2014 ; Brun, 2015). Ce faisant, ils peuvent constituer de véritables espaces de « nature sauvage urbaine » (Kowarik, 2018) en milieux urbains et participer à la conservation de la nature en milieux

---

2 L'on peut déjà d'ailleurs noter que tout intérêt juridique d'un acteur sur l'interstice n'aboutit pas à la reconnaissance d'un droit subjectif. Dans la même idée soulevée par le juriste W. N. Hohfeld sur le terme « droit » (*right*), il est vrai que tout acte ou fait juridique qui favorise les intérêts d'un objet ou d'une personne ne se traduit pas nécessairement en un « droit » subjectif au sens de la théorie juridique classique (Orsi, 2013). Par exemple, les interdictions liées au régime de protection stricte de certaines espèces n'aboutissent que ces si dernières sont titulaires d'un « droit subjectif » (voy. Epstein et Schoukens, 2021). C'est pour cela que nous préférons le terme d'« intérêt juridiquement protégé » qui est explicitement vague dans sa normativité et se distingue volontairement du terme « droit ». Analyser l'interstice sous la seule perspective des droits subjectifs ne permet pas de saisir l'entièreté de la situation juridique de l'interstice.

3 La directive Habitats définit l'habitat comme «le milieu défini par des facteurs abiotiques et biotiques spécifiques où vit l'espèce à l'un des stades de son cycle biologique » (art. 1, f), de la directive Habitats).

anthropisés (Kattwinkel *et al.*, 2011). La littérature relate également les nombreuses réappropriations anthropiques informelles dont peuvent faire l'objet ces espaces (Vanwelde, 2018). Il peut s'agir de jardins partagés (Demailly, 2014), d'espaces de jeux, de balades ou autres activités récréatives (Brun *et al.*, 2018). Ces espaces peuvent constituer des espaces informels de nature pour les habitants en milieux urbains (Mathey *et al.*, 2018). Face à une demande sociale croissante de nature en ville (Boutefeu, 2005), les interstices végétalisés sont également intéressants en ce qu'ils permettent aux populations de milieux fort anthropisés d'avoir accès à une certaine forme de nature (Rupprecht *et al.*, 2015). Les mesures de restriction des déplacements durant la pandémie Covid-19 ont souligné à quel point les espaces de nature à proximité du domicile étaient un luxe, surtout en milieux urbains, dont toustes ne pouvaient jouir (Peyen, 2021) et renforcent l'intérêt de ces espaces informels végétalisés.

Si le « temps de veille » a certainement quelque chose à nous dire du droit (voy. le point 2 ci-dessous), il est important de noter que le droit influe également sur le temps de veille. À cet égard, une première remarque particulièrement importante à formuler est que le droit peut aboutir à nier le temps de veille d'un espace. Deux exemples peuvent être pris. Un premier exemple provient des nombreuses figures juridiques, généralement issues de l'urbanisme opérationnel, qui visent à permettre la réutilisation du foncier. Les illustrations peuvent être multipliées en droit français (Lafeuille et Steichen, 2015) ou en droit belge. Les figures des « sites à réaménager » en droit wallon ou les « sites d'activité économique inexploités » en droit bruxellois sont à cet égard illustratifs. Substantiellement, ces figures portent sur certains espaces, abandonnés depuis un certain temps et d'une certaine superficie[4], et visent à faciliter juridiquement et opérationnellement leur « réaménagement »[5] ou leur « réaffectation »[6]. L'on comprend que ces figures, qui visent spécifique des

---

[4] Ainsi, les sites d'activité économique inexploités requièrent une superficie totale au sol de 3a et demi au moins et une inexploitation depuis un an au moins (sauf immeuble de bureau : 10 ans au moins).

[5] Pour les sites wallons à réaménager, réaménager signifie « y réaliser des actes et travaux de réhabilitation, de rénovation, d'assainissement du terrain, de construction ou de reconstruction en ce compris les études y relatives » (art. D.V.1, 2°, du Code wallon du développement territorial).

[6] Pour les sites d'activité inexploités bruxellois, la réaffectation vise « soit une nouvelle exploitation du site, effective et durable, soit l'offre en vente ou en location effective et active d'un site en état d'être immédiatement et normalement exploité de manière effective et durable » (art. 251, 4°, du Code bruxellois de l'aménagement du territoire).

sites abandonnés d'usage, ne pensent *a priori* pas le « temps de veille » de ces espaces autrement que comme un état actuel indésirable à dépasser. Constituant également un exemple de négation du temps de veille, le développement de la notion de « friche » en droit français est encore plus saisissant en ce que son passage au droit consacre la négation des qualités constitutives reconnues par la littérature aux espaces en friche. Le *Rapport d'information sur la revalorisation des friches industrielles, commerciales et administratives* avait proposé d'inscrire dans la loi française cette définition de la friche : un « bien ou droit immobilier, bâti ou non bâti, inutilisé depuis plus de deux ans, dont l'état, la configuration ou l'occupation totale ou partielle ne permet pas un réemploi sans une intervention préalable » (Adam et Kerbarh, 2021, p. 17). Cette définition a été inscrite dans le Code de l'urbanisme français[7]. Ce faisant, la notion juridique de friche devient une modalité d'intervention possible du droit qui oblitère les usages informels d'un espace pour se concentrer sur sa réhabilitation. Autrement dit, il s'agit d'une appréhension de l'espace portant sur son potentiel de mutabilité et de reconversion du foncier. Tout comme les figures juridiques de droit belge, la qualification d'un espace en friche permet de mobiliser toute une série d'instruments qui vise plus à faciliter la mutabilité de ces espaces que leur mobilisation temporaire ou transitoire. Le « vide » temporel doit être comblé, ou plutôt réduit ; ainsi conçue, la notion *juridique* de friche n'apparaît plus que comme la négation de l'interstice et est donc incapable de représenter les interstices urbains en droit.

Niant le temps de veille pour opérer la mutabilité de ces espaces, ces catégories ne sont pas anodines car elles peuvent amener à fragiliser encore plus leur existence. Les pressions toujours plus fortes pour la reconversion du foncier, notamment dans un contexte de densification (Gavrilidis *et al.*, 2019), peuvent amener à la crainte d'une disparition de ces espaces en « veille » à terme (Collectif Inter-Friches, 2021). Ces considérations, bien qu'importantes, ne constituent pas le cœur de notre propos qui vise à penser l'interstice au travers du temps de veille.

---

7 Selon l'article L111-26 du Code de l'urbanisme français, « on entend par "friche" tout bien ou droit immobilier, bâti ou non bâti, inutilisé et dont l'état, la configuration ou l'occupation totale ou partielle ne permet pas un réemploi sans un aménagement ou des travaux préalables. Les modalités d'application du présent article sont fixées par décret ».

2. L'interstice comme scène aux multiples acteurs

L'espace est une production sociétale et donc, aussi, celle du droit qui encadre ses conditions d'existence et d'usage. L'interstice, porteur de multiples enjeux écologiques, sociaux, culturels et économiques, constitue un excellent indicateur des rapports de force qui innervent le droit. Ce temps de veille, qui nous permet d'appréhender l'interstice d'un point de vue juridique, constitue une opportunité pour une multitude d'acteurs vivants, humains ou non, qui verront leurs intérêts soutenus par l'une ou l'autre figure juridique reconnue (2.1). L'espace, scène juridique, devient alors le lieu de joutes de ces différents acteurs. Sans constituer une surprise, il apparaît assez vite que l'interstice comme objet de propriété constitue sa représentation dominante au sein du droit, ce qui n'est pas sans poser certaines difficultés (2.2).

2.1. D'une pluralité d'acteurs au droit de propriété

Nous avons relevé quatre types d'acteurs pouvant être impliqués sur ces interstices urbains. Premièrement, nous avons le titulaire du droit de propriété privée[8] de l'espace (article 3.50 du Code civil[9]). Le caractère inappropriable d'une chose, ici l'espace, est en effet très rare au sein de nos ordres juridiques (Lafaye, 2016)[10], aboutissant à la prévalence du narratif propriétariste en droit. Deuxièmement, l'on retrouve les autres potentiels usagers de l'espace, qu'ils soient admis en vertu d'un titre juridique octroyé par la loi (servitude légale) ou conventionnellement (convention d'occupation temporaire, bail à ferme, etc.), ou sans titre juridique (le squat par exemple) (Prujit, 2013). Souvent revendicatrice d'une production alternative de l'espace, il arrive que l'organisation de ces usages (in)formels puisse s'analyser autour de la figure du commun (Blanchard, 2019 ; Nalpas et Scohier, 2017). Les autorités publiques qui représentent et défendent l'intérêt général forment un troisième type d'acteur. Celles-ci sont des acteurs centraux dans les processus décisionnels d'aménagement du territoire (planification et autorisation d'urbanisme) qui portent directement sur les conditions et modalités de la mutabilité de l'interstice. Elles peuvent détenir un rôle considérable par la création

---

8 Nous nous limiterons au cas de la propriété privée, que l'on distingue de la propriété publique afin de simplifier l'exposé.

9 En droit français, voy. l'article 544 du Code civil.

10 Le régime juridique des choses communes fait à cet égard office d'exception (article 714 du Code civil français et article 3.43, alinéa 1er, du Code civil belge).

de régimes juridiques visant à mobiliser les interstices, notamment en favorisant leur mutabilité comme nous l'avons vu dans la section précédente. Propriétaires fonciers, elles peuvent également favoriser l'accès à leur espace ou servir d'intermédiaire avec des propriétaires privés. Enfin, il convient de retenir les êtres vivants non humains comme des acteurs de ces interstices végétalisés de par leurs interactions avec ce qui constitue leur habitat, c'est-à-dire leur milieu de vie.

Les relations qu'entretiennent les intérêts de ces différents acteurs sont multiples : elles peuvent être symbiotiques, contingentes ou encore conflictuelles. Ces différentes interrelations peuvent tant valoir entre les différents types d'acteurs qu'au sein d'une même catégorie d'acteurs. Ainsi, les usagers humains non titulaires du droit de propriété peuvent voir leurs intérêts diverger de ceux du propriétaire. Par exemple, ce dernier a en principe le droit de refuser l'utilisation de son espace comme potager collectif par les premiers. Également, les utilisateurs d'un espace peuvent être concurrents. Par exemple, certains usagers utilisent l'espace végétalisé comme lieu récréatif pendant que d'autres souhaitent le préserver comme un espace libre de toute perturbation anthropique. Il ne va pas sans dire que ces différents usages doivent être arbitrés. Ce rôle d'arbitrage est effectué par le droit qui organise la portée des différentes volontés.

2.2. Les enjeux juridiques de la mobilisation du temps de veille des interstices urbains

La mobilisation juridique du temps de veille de l'interstice urbain s'articule autour du droit de propriété. L'interstice urbain apparaît alors essentiellement comme un objet de propriété (2.2.1) qui rend prédominante la voix du propriétaire par rapport à celle des autres potentiels acteurs (2.2.2).

2.2.1. *Le paradigme de l'interstice-objet de propriété*

Les interstices font généralement l'objet d'un droit de propriété. Consacré à l'article 3.50 du Code civil, le droit de propriété « confère directement au propriétaire le droit d'user de ce qui fait l'objet de son droit, d'en avoir la jouissance et d'en disposer. Le propriétaire a la plénitude des prérogatives, sous réserve des restrictions imposées par les lois, les règlements ou par les droits de tiers ». Dans nos systèmes juridiques civilistes qui lui confèrent un rôle axiomatique en ce que « les autres droits sur les choses sont définis en considération de celui-ci » (Chaigneau, 2017,

p. 7), le droit de propriété est une « institution » (Cornu, 2007, p. 62). Il est généralement enseigné que le droit de propriété ouvre au propriétaire un triptyque de droits sur son objet de propriété (le « bien ») : le droit d'en user (*usus*), le droit de jouir des fruits (*fructus*) et le droit de disposer du bien (*abusus*). Le droit de propriété ouvrirait un droit exclusif et absolu sur un bien. Cette conception absolutiste et exclusiviste du droit de propriété a été largement critiquée (Chazal, 2020). En effet, les prérogatives du propriétaire peuvent être limitées légalement : les enjeux environnementaux ont d'ailleurs rapidement imposé certaines limites au droit de propriété (Lafaye et Vanuxem, 2015). Certains auteurs argumentent que le droit de propriété est finalisé par une fonction écologique et sociale qui justifie légalement, au regard de cette fonction, des limites à la possibilité d'user ou de disposer matériellement de son bien (Millet, 2015).

Le droit de propriété est « une revendication envers un bien » (Gerber, 2015, p. 827) dont les autres doivent tenir compte (Trébulle, 2010, p. 112). Cette revendication est d'autant plus forte qu'elle ne s'éteint pas par le seul non-usage (article 3.51, alinéa 2, du Code civil). Autrement dit, l'on ne peut perdre la titularité de son droit de propriété par le seul fait du non-usage de son bien. Le droit de propriété est ainsi dit « perpétuel » (Bernard, 2020, p. 91). Ceci explique juridiquement pourquoi un interstice fait toujours l'objet d'un droit de propriété.

2.2.2. *La prédominance de la voix du propriétaire de l'interstice-objet*

Sous réserve des limites susmentionnées, le propriétaire a la plénitude des prérogatives sur l'interstice-objet de propriété. Cela a pour conséquences que les possibilités d'accéder à cet espace végétalisé et de mobiliser ces espaces à des fins de conservation de la nature, fut-ce de manière temporaire sont, sauf exceptions, dépendantes de sa volonté.

En principe, le propriétaire a le droit de clôturer sa parcelle et donc refuser l'accès aux tiers (article 3.61 du Code civil). Pour y avoir accès et en user, ces tiers peuvent bien évidemment contracter une mise à disposition de l'espace. Selon les usages projetés et sous réserve des conditions et limites édictées par des législations pertinentes, la mobilisation temporaire des interstices est juridiquement possible. Des conventions de mise à disposition de l'espace sont envisageables, comme le commodat (article 1875 et s. de l'Ancien Code civil), la convention d'occupation précaire (Bernard, 2017), ou même un bail à ferme selon les usages visés. Des montages juridiques aussi ingénieux que le *community land trust* sont également envisageables (Bernard, 2018). Sous réserve de certaines conditions qui peuvent être spécifiques à chaque titre légalement contracté, le propriétaire garde en principe le droit de mettre fin à la mise à disposition de son espace. En réalité, postuler l'accord du propriétaire reste relativement peu pertinent pour penser la légalité des usages de l'interstice en droit. Il est permis de penser qu'un tel accord serait rarement rencontré en pratique. En effet, ces usages informels s'exercent généralement en dehors de tout titre juridique. Ils peuvent être tolérés par le propriétaire qui ne va pas y opposer ses prérogatives. Ces usages informels restent cependant précaires et dépendants de la tolérance du propriétaire. Si, en revanche, le propriétaire refuse d'ouvrir son espace, les possibilités d'en user ou d'en jouir sont dès lors bien moindres étant entendu que ses usages alors informels sont considérés comme des anomalies à l'encontre desquels les propriétaires ont un droit d'action et de restauration de leurs prérogatives. La restauration de leurs prérogatives se concrétisera par l'expulsion des occupants. Le squat, c'est–à-dire, l'occupation sans titre ni droit, est d'ailleurs illégal d'ailleurs pénalement répréhensible en droit belge en droit belge[11]. Il en résulte la prédominance de la voix du propriétaire sur celle des autres usagers.

L'on peut complexifier le propos en pensant comment le droit de la conservation de la nature[12] s'applique aux interstices urbains végétalisés. La situation juridique est ici quelque peu différente : la nature et ses composantes ne constituent généralement pas (encore ?) un sujet de droit mais plutôt un objet d'appropriation (Hovden, 2018) ; ce qui ne veut pas dire que l'on peut en user librement. Le droit de la conservation de la nature encadre les usages de la nature. À l'heure actuelle, l'on peut encore distinguer au sein de cette branche du droit deux grands volets : la protection de certaines espèces et la protection de certains espaces naturels ou habitats d'espèces (Garcia-Ureta, 2020)[13]. Ces régimes s'appliquent indistinctement aux interstices urbains végétalisés, et plus encore, aux usagers humains, qu'ils en soient propriétaires ou un simples usagers. Quelles conséquences juridiques doit-on en tirer ? Si l'interstice urbain végétalisé devait être un espace protégé au sens de la conservation de la nature, ses usages seront encadrés par les régimes juridiques de conservation des espaces et habitats naturels. Supposons maintenant que cet espace ne

---

11 Voy. la loi du 18 octobre 2017 relative à la pénétration, à l'occupation ou au séjour illégitimes dans le bien d'autrui, *M.B.*, 6 novembre 2017.

12 Le droit de la conservation de la nature, branche spécifique du droit de l'environnement, vise l'ensemble des règles qui poursuivent la conservation de la nature.

13 L'on peut rajouter que les enjeux de connectivité écologique sont de plus en plus pris en compte par le droit de la conservation de la nature (Bonnin, 2008).

soit pas protégé au sens des législations sur la conservation de la nature. Il reste que les règles de protection de certaines espèces, largement issues des directives européennes « Oiseaux » et « Habitats » sont applicables. De manière générale, celles-ci interdisent un certain nombre d'effets néfastes qui perturbent le cycle de vie des espèces protégées et restreignent ainsi les activités anthropiques. Juridiquement, ces interdictions ne peuvent être levées qu'avec l'octroi d'une « dérogation » qui est admise sous certaines conditions strictes. À l'instar des régimes de protection des espaces naturels et habitats d'espèces, ces interdictions s'appliquent à toute activité humaine et comprennent dès lors les usagers non titulaires d'un droit de propriété. Néanmoins, ces régimes de protection ne protègent que l'existant et saisissent difficilement le potentiel écologique de ces espaces. Les pratiques visant à éviter « préventivement » la colonisation de l'espace par des espèces protégées sont *a priori* autorisées (Schoukens, 2017). Il peut s'agir du placement de clôtures, de la tonte intensive de pelouse, de l'utilisation de pesticides, etc. Envisagées sous l'angle qui nous occupe, les pratiques d'évitement s'analysent alors comme le refus d'accès à la nature par le propriétaire de l'espace. Ce n'est qu'une fois présente sur l'interstice que la nature sera protégée, étant entendu que seules certaines espèces protégées bénéficient du régime protecteur d'interdictions et que des hypothèses dérogatoires au régime d'interdictions sont prévues par les législations sur la conservation de la nature.

À la lecture de ce qui précède, l'on pourrait, de manière provocante, avancer que les espèces protégées ont une position plus favorable que certains usagers humains non-propriétaires. Si l'assertion ne paraît pas totalement erronée, il faut d'abord souligner que ces régimes de protection ne concernent que *certaines* espèces protégées, et ignorent toute une série d'espèces qui relèvent de la « nature ordinaire » (Treillard, 2019). Ensuite, il serait certainement plus pertinent de voir plutôt le fait que tant les usagers non-propriétaires que les espèces protégées (ou non) ont une position défavorable face au propriétaire. Métronome de son espace, le propriétaire est, en général, souverain en ce qui concerne la prise de décision relative au développement de son espace et à sa temporalité. Il est certain que les règles de l'urbanisme, de l'aménagement du territoire et de la conservation de la nature encadrent les possibilités de développement d'un espace. Il ne faut par contre pas se tromper ; en définitive, ces limites ne portent pas tant sur la temporalité de la mutabilité de l'espace, que sur les formes qu'elle peut prendre. Si ce constat du droit actuel n'est pas nouveau, il convient dès lors de réfléchir aux possibilités juridiques d'une meilleure réception des intérêts de ces acteurs non-propriétaires.

3. Vers une meilleure audibilité des autres acteurs ?

Si le discours de l'interstice-objet de propriété a la faveur du droit, il nous semble que des pistes juridiques actuelles et potentielles sont à même d'ouvrir les réflexions sur le passage d'un interstice-objet de droit de propriété à un interstice mis en commun. Cette mise en commun n'implique pas une privation du droit de propriété mais bien une prise en compte plus substantielle d'autres intérêts que les seuls intérêts privés du propriétaire. Autrement dit, il s'agit surtout de déloger le droit de propriété de son piédestal. Cette reconnaissance d'intérêts autres que ceux du seul propriétaire porte plusieurs noms. F. Ost définit la transpropriation comme « une logique complexe qui prend en compte les usages multiples que permettent les espaces et les ressources, et met en place des réseaux de droits d'accès, d'usage et de contrôle débordant les découpages issus de la propriété autant que de la souveraineté » (Ost, 1995, p. 323).

Dans le cadre de cette contribution, nous avons voulu nous concentrer sur les pratiques juridiques d'occupation temporaire qui se développent en Région de Bruxelles-Capitale. Ces évolutions récentes sont intéressantes car elles visent spécifiquement à investir le temps de veille (3.1). Soumises aux mêmes formes structurantes de l'ordre juridique actuel, ces initiatives rencontrent toutes ses limites. Néanmoins, l'on peut se demander si ces pratiques juridiques ne pourraient faire émerger de nouvelles formes de normativité, qui, elles, seraient en mesure de rééquilibrer les relations juridiques sur l'interstice (3.2).

3.1. L'investissement du temps de veille par les occupations temporaires

L'on a vu que les possibilités de mise à disposition contractuelle d'un interstice étaient nombreuses au sein du droit. Néanmoins, certaines conventions disposant d'un terme long (par exemple, le bail à ferme est conclu pour neuf ans) ne présentent pas la flexibilité requise par le propriétaire pour s'accorder avec sa volonté de développer son terrain. La jurisprudence belge a tenté de pallier ces difficultés avec la reconnaissance jurisprudentielle de la convention d'occupation précaire. Cette convention peut être définie comme « une faculté accordée à une personne pour l'utilisation d'un immeuble déterminé contre le paiement d'un prix, et ce jusqu'à révocation » (Snick et Snick, 2010, p. 4). Ces conventions sont dites précaires car elles sont juridiquement révocables sans trop de restrictions par le propriétaire. N. Bernard définit la précarité comme « la révocation de l'occupation [qui] peut intervenir sur simple décision du propriétaire, unilatéralement, à tout moment, sans motif particulier, sans indemnité, avec un délai de préavis réduit ; ce, quand bien même la convention serait affectée d'une durée déterminée » (Bernard, 2018, p. 159). Son origine exprime bien la finalité qui lui est imputée : offrir à une situation d'attente une certaine flexibilité pour éviter l'inaction (Bernard, 2017) – entendre, le non-usage formel du bien. En première analyse, cette finalité apparaît pertinente pour la problématique des usages informels de l'interstice : elle apporte une protection juridique de ces usages sur un interstice tout en présentant la possibilité pour le propriétaire de pouvoir disposer de son bien dans des termes qui lui sont favorables et peu contraignants.

De nombreux propriétaires ont déjà pu adopter la pratique de l'occupation temporaire de leur espace (Adisson, 2017). En Région Bruxelles-Capitale, le Gouvernement bruxellois annonçait dans sa déclaration de politique générale de 2019 vouloir généraliser la pratique de l'occupation temporaire (2019, p. 90). Des aménagements réglementaires sont intervenus afin de faciliter juridiquement, et donc promouvoir, les projets d'occupation temporaire (Gouvernement de la Région Bruxelles-Capitale, 2022a et 2022b). De manière générale, l'occupation temporaire des espaces s'inscrit dans la dynamique de l'urbanisme temporaire, voire transitoire. L'urbanisme temporaire peut être défini comme « l'organisation et l'aménagement des espaces, publics ou privés, ouverts ou bâtis, occupés ou inoccupés, afin d'en stimuler les usages, d'y amplifier les échanges et d'y générer des pratiques à court terme dans une perspective de valorisation symbolique, de (ré)investissement social et avec comme horizon une transformation spatiale à long terme » (Pradel, 2019). Alors que l'urbanisme temporaire vise essentiellement à mobiliser le temps de veille de l'espace, l'urbanisme transitoire veut aller plus loin en intégrant les usages temporaires dans la production du territoire (Vincent, 2020). Cette posture est intéressante car les usages temporaires peuvent influer sur, voire donner forme au devenir de l'espace. Autrement dit, la production de l'espace orchestrée par les usages informels n'apparaît plus comme une anomalie temporaire mais compose le devenir de l'interstice-espace.

Il ne faut néanmoins pas se leurrer en l'état : l'urbanisme transitoire, comme l'urbanisme temporaire, n'entend pas *a priori* bouleverser le cadre juridique établi en ce qui concerne le droit de propriété mais vise, à l'instar de l'urbanisme temporaire, à animer le vide. Quelques remarques complémentaires peuvent d'ores et déjà être faites. D'abord, il peut être constaté que le « volet nature » est généralement absent des occupations temporaires alors que l'on sait que les espaces végétalisés, fussent-ils temporaires, participent aux dynamiques écologiques urbaines (Lemoine, 2018). Telle que formulée en l'état, la nature comme actrice en milieux urbains n'a que peu le droit de cité au sein des occupations temporaires. En outre, il reste que les conventions d'occupation précaire comme toutes les autres méthodes contractuelles dépendent, par définition, de l'accord du propriétaire. Même dans le cadre des terrains publics, l'encadrement des critères de choix des usagers interroge. Les risques de la marchandisation des occupations temporaires à des fins lucratives comme la spéculation immobilière sont réels (De Laet, 2020). Enfin, l'institutionnalisation des projets d'occupation temporaire, qui peut passer par une mise en concurrence de projets, risque d'atténuer la spontanéité des phénomènes socio-écologiques sur les interstices. L'institutionnalisation des occupations temporaires tend en effet à s'analyser moins comme la reconnaissance juridique de pratiques que l'institution d'un cadre permettant certaines pratiques établies en amont ; ce qui n'est pas exactement la même chose, il faut en convenir. De pratiques spontanées reconnues juridiquement (*bottom-up*), les occupations temporaires risquent de devenir des pratiques programmées institutionnellement (*top-down*).

Si les limites de ces pratiques sont clairement identifiées en l'*état du droit actuel*, il est, en revanche, possible que les pratiques d'occupation temporaire et transitoire des espaces aboutissent à la reconnaissance de nouvelles normativités qui pourraient concurrencer l'usage exclusif et absolu de l'interstice-objet de propriété en rendant audibles sur la scène du droit d'autres voix.

3.2. La générativité des pratiques écologiques

Comment sortir du seul cadre propriétaire ? L'objectif n'est pas ici d'argumenter en faveur d'une privation du droit de propriété mais de promouvoir des pistes juridiques favorisant les usages écologiques d'un espace face aux prérogatives exclusivistes et absolutistes du propriétaire. Nous nous concentrerons sur quelques pistes qui pourraient favoriser l'usage des interstices par les usagers non-propriétaires. Selon nous, une piste intéressante serait de reconnaître une certaine normativité aux « pratiques génératives ». La « générativité » qui se veut opposée à « l'extractivité » est portée par « un souci de durabilité, d'exploration, d'aventure, d'apprentissage, de transmission d'expériences, de pratiques et savoirs » (Tanas et Gutwirth, 2021, p. 5). La « générativité » des pratiques est une notion employée par une partie de la littérature qui a pour objectif de reconnaître juridiquement certaines pratiques dites écologiques en dehors de tout cadre propriétariste (Capra et Mattei, 2015; Gutwirth et Stengers, 2016). Cette problématique n'est pas éloignée de la problématique du commun (Dardot et Laval, 2014). Le profit n'est plus la motivation centrale de ces pratiques qui se veulent écologiques, fondée sur la reconnaissance de l'interdépendance des êtres vivants, en ce compris l'humain, au milieu. Il s'agit donc de pratiques qui proposent un autre regard, presque ontologique, sur l'espace. Comment définir juridiquement la générativité des pratiques? Il s'agit de déterminer quels sont les critères qui permettent de *qualifier* juridiquement la générativité. Cette question n'est, à notre connaissance, pas traitée par la littérature. Selon nous, la générativité pourrait s'appuyer sur certains concepts scientifiques existants comme « le bon état écologique » ou encore « l' intégrité écologique » des écosystèmes. Ainsi, la générativité peut viser des pratiques dites écologiques comme des initiatives collectives d'agroécologie urbaine, de jardins partagés, de chemins de balade balisés, ou autres utilisations écologiques de l'espace.

Il y a lieu de se demander ensuite sur quel(s) support(s) juridique(s) pourraient se fonder ces pratiques. L'aboutissement de ces réflexions dépasse largement le cadre de ce texte. L'on pourrait tenter d'argumenter que les pratiques génératives constituent l'exercice de droits fondamentaux comme celui d'un droit à un environnement sain. Par exemple, l'usage d'un interstice comme lieu d'agroécologie urbaine via un potager collectif constitue l'exercice d'un droit à un environnement sain. Il faut reconnaître que cette interprétation est largement extensive par rapport à la conception reçue en droit positif actuellement, le droit à la protection d'un environnement sain n'étant même pas reconnu comme un droit subjectif en droit belge (Born et Haumont, 2011). Néanmoins, l'on pourrait se fonder sur des dispositions légales déjà existantes pour former les contours du droit à un environnement sain. L'article 3.67, § 3, du Code civil énonce que « [l]orsqu'un immeuble non bâti et non cultivé n'est pas clôturé, quiconque peut s'y rendre, sauf si cela engendre un dommage ou nuit au propriétaire de cette parcelle ou si ce dernier a fait savoir de manière claire que l'accès au fonds est interdit aux tiers sans son autorisation ». Sans constituer un droit d'accès à la nature tel que reconnu dans les traditions juridiques scandinaves (Girault, 2018), cette disposition contient néanmoins des potentialités intéressantes qu'il s'agit de révéler. Quand on connaît les effets bénéfiques de la nature sur la santé physique et mentale (Conseil supérieur de la Santé, 2021), ne pourrait-on pas considérer que cette disposition, dans des territoires où une carence d'espaces verts ou naturels est relevée, puisse modaliser, sous certaines conditions notamment liées à la conservation de la nature, le droit pour un propriétaire de clôturer sa parcelle ? Cette possibilité est d'autant plus convaincante si cet espace ne constitue pas le domicile privé du propriétaire. Elle participerait à la reconnaissance d'un droit d'accès à la nature (Peyen, 2021), composante d'un droit fondamental à un environnement sain dont l'article 3.67 du Code civil constituerait une des émanations législatives. Elle viendrait aménager les hypothèses dans lesquelles le propriétaire peut invoquer son droit d'exclure. S'il s'agit, nous le concevons, d'une forme très spécifique de pratiques génératives, elle montre le raisonnement qui pourrait être suivi afin d'aménager les droits du propriétaire sur son espace. L'interstice végétalisé ne serait plus seulement un objet de propriété, il serait également un lieu de nature pour la nature et pour les humains faisant exercice de leur droit à un environnement sain.

Quelques remarques pour ne pas conclure

Si les interstices ne sont pas des espaces en dehors du droit, il ne nous paraît pas évident de les penser en droit. S'ils ne constituent pas des notions juridiques desquelles découlerait un régime juridique spécifique, ces espaces sont mobilisés à l'aune des catégories du droit commun. Ce processus de qualification, qui s'attache à retenir juridiquement une ou plusieurs de leurs caractéristiques, n'est pas neutre en ce qu'il aboutit à une simplification de la complexité de ces espaces. En ce sens, ce processus montre les limites du droit positif actuel articulé autour de la figure du propriétaire et de son espace comme objet de propriété. Centré sur une ontologie de la séparation entre l'humain et la nature, la prédominance du droit de propriété influe sur notre manière de concevoir juridiquement l'espace. Une approche plus holistique de l'espace, comme un milieu de vie (Vanuxem, 2020), pourrait s'avérer plus adaptée pour appréhender sa complexité. Les interstices sont intéressants car leur localisation et leurs caractéristiques, dans des environnements parfois difficiles (caractérisés par le manque d'espaces verts, d'espace public, etc.), renforcent des discours juridiques autres que ceux se référant au droit de propriété (comme le droit à un environnement sain, droit d'accès à la nature, droit au logement, etc.). En ce sens, les interstices peuvent être des lieux d'innovations pour lesquels le droit peut jouer un rôle ambivalent. Il peut être l'outil du développement de pratiques écologiques sur ces espaces, leur donner ainsi une vitalité juridique et renforcer une dynamique positive comme l'illustrent les occupations temporaires en

Région de Bruxelles-Capitale. Outil émancipateur, le droit a également une dimension conservatrice évidente qui protège la posture prise par le cadre juridique actuel. Cette tension, entre (r)évolution et conservation, est inhérente au droit. La dynamique envers l'une ou l'autre dimension n'est pas mécanique mais est le produit d'un rapport de forces complexe informé par des considérations juridiques et extrajuridiques. Les interstices pourraient participer à la recomposition de cette dynamique en embrassant une nouvelle perception de l'espace dans le cadre des réflexions sur la transition écologique à effectuer.

Bibliographie

Adam Damien et Kerbarh Stéphanie, 2021, *Rapport d'information sur la revalorisation des friches industrielles, commerciales et administratives*, Rapport parlementaire.

Adisson Félix, 2017, « Choisir ses occupants. Quand les grands propriétaires adoptent des collectifs pour la gestion transitoire des friches urbaines », *Métropolitiques*.

Ambrosino Charles et Andres Lauren, 2008, « Friches en ville : du temps de veille aux politiques de l'espace », *Espaces et sociétés*, 3, 134, p. 38-51.

Andres Lauren, 2006, « Temps de veille de la friche urbaine et diversité des processus d'appropriation : la Belle de Mai (Marseille) et le Flon (Lausanne) », *Géocarrefour*, 2006, 81, 2, p. 159-166.

Bernard Nicolas, 2017, « Les occupations précaires : guide juridique et pratique », *Jurim Pratique*, 2, p. 5-172.

Bernard Nicolas, 2018, « La convention d'occupation précaire », *Jurim Pratique*, 2, p. 156-172.

Bernard Nicolas (dir.), 2020, « Titre 3 – Le droit de propriété », *in Le nouveau droit des biens*, Bruxelles, Larcier, p. 85-139.

Bertoni Angelo et Leurent Aurore, 2017, « L'aménagement temporaire, révélateur d'espaces et de pratiques pour le projet urbain », *disP – The Planning Review*, 53, 3, p. 33-42.

Blanchard Pierre, 2019, « Une ancienne friche maraîchère devenue bien commun au quartier des lentilles (Dijon). Quand un conflit de lieu produit des formes de territorialisation », *Pour*, 234-235, p. 7-15.

Bonnin Marie, 2008, *Les corridors écologiques. Vers un troisième temps du droit de la conservation de la nature ?*, Paris, L'Harmattan, 270 p.

Bonthoux Sébastien, Brun Marion, Di Pietro Francesca, Greulich Sabine et Bouché-Pillon Sabine, 2014, « How can wastelands promote biodiversity in cities ? A review », *Landscape and Urban Planning*, p. 79-88.

Born Charles-Hubert et Haumont Francis, 2011, « Le droit à la protection d'un environnement sain », *in* M. Verdussen et N. Bonbled (dir.), *Les droits constitutionnels en Belgique – Les enseignements jurisprudentiels de la Cour constitutionnelle, du Conseil d'État et de la Cour de cassation*, p. 1415-1471.

Boutefeu Emmanuelle, 2005, *La demande sociale de nature en ville, enquête auprès des habitants de l'agglomération lyonnaise*, Paris, PUCA/CERTU.

Brun Marion, 2015, *Biodiversité végétale et délaissée dans l'aménagement urbain. Contribution potentielle des délaissés urbains aux continuités écologiques*, thèse de doctorat, Université François-Rabelais de Tours.

Brun Marion, Di Pietro Francesca et Bonthoux Sébastien, 2018, « Residents' perceptions and valuations of urban wastelands are influenced by vegetation structure », *Urban Forestry & Urban Greening*, 29, p. 393-403.

Brun Marion, Di Pietro Francesca et Martouzet Denis, 2019, « Les délaissés urbains : supports de nouvelles pratiques et représentations de la nature spontanée ? Comparaison des représentations des gestionnaires et des habitants », *Nouvelles perspectives en sciences sociales*, 14, 2, p. 153-184.

Bull Joseph W., Suttle Kenwyn B., Singh Navinder J. et Milner-Gulland EJ, 2013, « Conservation when nothing stands still : moving targets and biodiversity offsets », *Frontiers in Ecology and the Environment*, 11, 4, p. 203-210.

Capra Fritjof et Mattei Ugo, 2015, *The ecology of law. Toward a legal system in tune with nature and community*, Oakland, CA, Berrett-Koehler Publishers.

Chaigneau Aurore (dir.), 2017, *Fonctions de la propriété et commun. Regards comparatistes*, Société de législation comparée.

Chazal Jean-Pascal, 2020, « Le propriétaire souverain : archéologie d'une idole doctrinale », *RTDciv*, 1, p. 1-33.

Clément Gilles, 2004, *Manifeste du Tiers paysage*, Paris, Sens & Soka.

CoBAT, 2004, Code bruxellois de l'aménagement du territoire, *Moniteur belge*, 26 mai 2004.

CoDT, 2016, Code wallon du développement territorial, *Moniteur belge*, 14 novembre 2016.

Collectif Inter-Friches, 2021, « 'Bye-bye les friches !' Densifier la ville sur les friches, une panacée ? », *Métropolitiques*.

Conseil supérieur de la Santé, 2021, *Villes vertes et bleues : nature et santé humaine en milieu urbain*, CSS n° 9436.

Cornu Gérard, 2007, *Droit civil. Les biens*, Paris, Montchrestien (13e éd.).

De Laet Sarah, 2020, *Occupation précaire et spéculation immobilière*, Observatoire belge des inégalités, 28 avril 2020.

Demailly Kaduna-Ève, 2014, *Jardiner les vacants. Fabrique, gouvernance et dynamiques sociales des vacants urbains jardinés du nord-est de l'Île-de-France*, Université Paris I Panthéon-Sorbonne.

Di Pietro Francesca et Robert Amélie (dir.), 2021, *Urban wastelands. A form of urban nature ?*, Cham, Springer.

Directive Habitats, Directive 92/43/CEE du Conseil du 21 mai 1992 concernant la conservation des habitats naturels ainsi que de la faune et de la flore sauvages, *J.O.U.E.*, 22 juillet 1992, L. 206/7.

Epstein Yaffa et Schoukens Hendrik, 2021, « A positivist approach to rights of nature in the European Union », *Journal of Human Rights and the Environment*, 12, 2, p. 205-227.

Francis Robert A., Millington James D. A. et Chadwick Michael A., 2016, *Urban landscape ecology. Science, policy and practice*, London-New York, Routledge.

Garcia-Ureta Agustin, 2020, *EU Biodiversity Law. Wild Birds and Habitats Directives*, Zutphen, Europa Law Publishing.

Gavrilidis Athanasios A., Niță Mihai R., Onose' Diana A., Badiu Denisa L., Năstase Irina I. *et al.*, 2019, « Methodological framework for urban sprawl control through sustainable planning of urban green infrastructure », *Ecological Indicators*, 96, p. 67-78.

Gerber Jean-David, 2015, « Propriété », *in* D. Bourg et A. Papaux (dir.), *Dictionnaire de la pensée écologique*, Paris, Presses universitaires de France, p. 827-832.

Girault Camille, 2018, « Le droit d'accès à la nature en Europe du Nord : partage d'un capital environnemental et construction d'un espace contractuel », *VertigO. La revue électronique en sciences de l'environnement*, hors-série 29, p. 1-28

Gouvernement de la Région Bruxelles-Capitale, 2019, *Déclaration de la politique régionale commune au Gouvernement de la Région de Bruxelles-Capitale et au Collège réuni de la Commission communautaire commune (2019-2024).*

Gouvernement de la Région Bruxelles-Capitale, 2022a, Arrêté du Gouvernement de la Région de Bruxelles-Capitale du 17 mars 2022 modifiant l'arrêté du Gouvernement de la Région de Bruxelles-Capitale du 13 novembre 2008 déterminant les actes et travaux dispensés de permis d'urbanisme, de l'avis du fonctionnaire délégué, de la commune, de la commission royale des Monuments et des Sites, de la commission de concertation ainsi que des mesures particulières de publicité ou de l'intervention d'un architecte, *Moniteur belge*, 30 mars 2022.

Gouvernement de la Région de Bruxelles-Capitale, 2022b, Arrêté du Gouvernement de la Région de Bruxelles-Capitale du 17 mars 2022 relatif aux permis d'urbanisme à durée limitée, *Moniteur belge*, 30 mars 2022.

Gutwirth Serge et Stengers Isabelle, 2016, « Théorie du droit. Le droit à l'épreuve de la résurgence des *commons* », *Revue juridique de l'environnement*, 41, p. 306-343.

Hovden Katarina, 2018, « The best is not good enough : Ecological (il)literacy and the rights of nature in the European Union », *Journal for European Environmental & Planning Law*, 15, p. 281-308.

IPBES, 2019, *Summary for policymakers of the global assessment report on biodiversity and ecosystem services of the Intergovernmental Science-Policy Platform on Biodiversity and Ecosystem Services*, S. Díaz *et al.* (dir.), IPBES Secretariat, Bonn, Germany.

Justice de paix de Saint-Gilles, 9 mars 2018, *Jurisprudence de Liège, Mons et Bruxelles*, 2018/31, p. 1476-1486.

Kattwinkel Mira, Biedermann Robert et Kleyer Michael., 2011, « Temporary conservation for urban biodiversity », *Biological Conservation*, 144, 9, p. 2335-2343.

Kolbert Elizabeth, 2014, *The sixth extinction. An unnatural history*, New York, Picador.

Kowarik Ingo, 2018, « Urban wilderness : Supply, demand, and access », *Urban Forestry & Urban Greenin*, 29, p. 336-347.

Lafaye Guibet Caroline et Vanuxem Sarah (dir.), 2015, *Repenser la propriété, un essai de politique écologique*, Aix-en-Provence, Presses universitaires d'Aix-Marseille.

Lafaye Guibet Caroline, 2016, « Quel modèle pour penser l'inappropriable ? », *Humanistyka i Przyrodoznawstwo*, 22, p. 7-31.

Lafeuille Christine et Steichen Pascale, 2015, « La politique de réutilisation du foncier des friches industrielles stimulée par la loi ALUR. Un nouvel encadrement des rapports contractuels portant sur les friches industrielles », *Revue juridique de l'environnement*, 2, p. 264-281.

Lemoine Guillaume, 2018, « Pourquoi et comment valoriser la biodiversité dans les friches urbaines déconstruites et temporairement disponibles », *Parcs & Réserves*, 73, p. 4-9.

Mathey Juliane, Arndt Thomas, Banse Juliane and Rink Dieter, 2018, « Public Perception of Spontaneous Vegetation on Brownfields in Urban Areas. Results from Surveys in Dresden and Leipzig (Germany) », *Urban Forestry and Urban Greening*, 29, p. 384-392.

Mattoug Cécile, 2019, « Le temps des vides urbains. Pratiques d'appropriations, usages et représentations divergents des vides dans la fabrique de la ville », *in* A. Jazouli (dir.), *La relève scientifique saison #1*, Paris, CGET, 2019, p. 36-37.

McKinney Michael L., 2002, « Urbanization, biodiversity and conservation », *Bioscience*, 52, 10, p. 883-890.

Millet Laurent, 2015, *Contribution à l'étude des fonctions sociale et écologique du droit de propriété : enquête sur le caractère sacré de ce droit énoncé dans la Déclaration des droits de l'homme et du citoyen du 26 août 1789*, Thèse de doctorat.

Nalpas D. et Scohier C., 2017, « Les friches : espaces colonisés ou producteurs de commun ? », *IEB*.

Orsi Fabienne, 2013, « Elinor Ostrom et les faisceaux de droits : l'ouverture d'un nouvel espace pour penser la propriété commune », *Revue de la régulation. Capitalisme, institutions, pouvoirs*, 14, p. 1-27.

Ost François, 1995, *La nature hors-la-loi*, Paris, La Découverte.

Peyen Loic, 2021, « L'accès à la nature en temps de crise sanitaire : l'émergence d'un droit », *Institut des Études juridiques de l'Urbanisme, de la Construction et de l'Environnement*, 91, 1, p. 211-224.

Pradel Benjamin, 2019, *L'urbanisme temporaire, transitoire, éphémère, des définitions pour y voir plus clair*, 11 décembre, en ligne : https://medium.com/anthropocene2050/lurbanisme-temporaire-transitoire-%C3%A9ph%C3%A9m%C3%A8re-des-d%C3%A9finitions-pour-y-voir-plus-clair-4a94f7916dfb.

Pruijt Hans, 2013, « The Logic of Urban Squatting », *IJURR*, 37, 1, p. 19-47.

Puigelier Catherine, « A », *in Dictionnaire juridique*, Bruxelles, Bruylant, 2017, p. 23-118.

Rosenzweig Michael L., 2003, *Win-Win Ecology. How the Earth's Species Can Survive in the Midst of Human Enterprise*, Oxford University Press, 2003.

Rupprecht Christoph D. D., Byrne Jason A., Ueda Hirofumi et Lo Alex Y., 2015, « 'It's Real, Not Fake Like a Park'. Residents' Perception and use of Informal Urban Green-Space in Brisbane, Australia and Sapporo, Japan », *Landscape and Urban Planning*, 143, p. 205-218.

Scapino Julie, 2016, *De la friche urbaine à la biodiversité : Ethnologie d'une reconquête (La petite ceinture de Paris)*, Architecture, aménagement de l'espace. Museum national d'histoire naturelle – MNHN PARIS.

Schoukens Hendrik, 2015, « Nature Conservation Law under Threat : Novel Regulatory Approaches to the Rescue ? » *in D'urbanisme et d'environnement*, Bruxelles, Bruylant, p. 801-816.

Schoukens Hendrik, 2017, « Reconciliation ecology in practice. Legal and policy considerations when implementing temporary nature on undeveloped lands in the European Union », *Land Use Policy*, 67, p. 178-189.

Snick Ivan et Snick Marc, 2010, *Occupation précaire*, Gand, Story Publishers.

Tanas A. et Gutwirth Serge, 2021, « Une approche "écologique" des communs dans le droit », *In Situ. Au regard des sciences sociales* [en ligne], p. 1-27.

Tonnelat Stéphane, 2003, « Interstices urbains, les mobilités des terrains délaissés de l'aménagement », *Chimères. Revue des schizoanalyses*, 52, p. 134-154.

Trébulle François-Guy, 2010, « Environnement et droit des biens », *in* Journées nationales Tome XI/Caen, *Le droit et l'environnement*, Dalloz, p. 85-115.

Vanuxem Sarah, 2020 *Des choses de la nature et de leurs droits*, Versailles, Quae.

Vanwelde Mathieu, 2018, « Les multiples visages de l'occupation temporaire », Saw-b.

Vincent Agathe, 2020, « Urbanisme transitoire : les espaces vacants, des lieux inspirants ? », *in* N. Arab Nadia et Y. Miot (dir.), *La ville inoccupée. Enjeux et défis des espaces vacants urbains*, Paris, Presses des Ponts, p. 107-122.

Chapitre 15

S'approprier l'interstice. Tactiques et stratégies d'appropriation des parcelles des quartiers résidentiels soviétiques à Moscou

Guénola Inizan et Daria Volkova

Oskana[1] habite dans un immeuble à quatre étages du nord-est de Moscou entouré de végétation et d'une vaste cour, typique des *mikroraïony*[2] de la période khrouchtchévienne. Parmi ses habitudes quotidiennes inscrites dans ce paysage familier, il y a le petit parcours qui la mène chaque matin à l'un des garages situés au milieu de la cour, dans lequel elle range sa voiture. Construits par les résidents actuels dans les années 1980, ces modestes abris de tôle font partie du décor. Personne n'a d'ailleurs jamais questionné leur raison d'être. Pourtant, un jour de 2016, Oksana apprend qu'ils risquent d'être démolis. L'agenda politique du maire Sergueï Sobianine priorise, entre autres entreprises de *beautification*, la destruction de ces garages, prétendument illégaux. Mais d'où vient l'irrégularité qu'on leur prête ? Les résidents ont toujours considéré ses garages comme les leurs ! Subitement contraints à s'intéresser au statut juridique de la cour, ils découvrent que le terrain sur lequel se trouvent ces garages leur appartient sans leur appartenir vraiment. Il est théoriquement à eux, mais ils doivent être en mesure de le prouver. L'obtention de cette preuve s'avère être un

1 Les autrices de ce chapitre souhaitent remercier vivement une personne sans qui ce texte n'aurait pu être écrit. Denis, nous te sommes très reconnaissantes pour ton aide, les réflexions que tu as partagées avec nous, qui nous ont donné une belle matière à penser, ainsi que pour le récit de tes engagements multiples, particulièrement risqués, mais si nécessaires.

2 Les *mikroraïony* sont des ensembles résidentiels qui rassemblaient environ 10 000 habitants. Conçus comme la structure urbanistique résidentielle de l'architecture moderniste et des idéaux socialistes, ils sont devenus l'unité urbaine de référence pendant la période khrouchtchévienne et le développement de la construction résidentielle en série, remplaçant celle qui dominait alors : le *kvartal*, typique de la période stalinienne, plus réduit et fermé. *Cf.* par exemple : Essaïan Elisabeth, 2010, « Kvartal », *in* C. Topalov, L. Coudroy de Lille, J.-C. Delaule et B. Marin, *L'aventure des mots de la ville*, Paris, R. Laffont ; Amestoy (2004) ; Solopova (2021).

calvaire administratif. Oksana l'affronte aux côtés de sa voisine Olga et d'autres résidents compagnons d'infortune. Après avoir collecté des documents plus ou moins nécessaires, entendu des informations plus ou moins valides, s'être rendus à des rendez-vous plus ou moins utiles, les habitants parviennent à « sauver » leurs garages. Le répit est de courte durée. Quelques mois plus tard, tout aussi soudainement qu'était apparue cette première menace, surgit une autre mauvaise nouvelle. Les habitants découvrent du jour au lendemain que la plus grande roue d'Europe doit être construite juste en face de leur immeuble, sur leur terrain ! Les voici encore embourbés dans un pétrin paperassier afin d'attester une évidence : le terrain concerné leur appartient ! Oksana ne se laisse pas faire. Ce n'est pas « [son] caractère ». Elle entame donc un nouveau chemin de croix bureaucratique au milieu des archives et des files d'attente des services de la mairie. Au fil des menaces et des mauvaises surprises, elle devient une experte des questions de propriété foncière à Moscou. Peu à peu, elle apprend à avoir un coup d'avance sur les autorités municipales, les promoteurs et leurs projets insensés menaçant l'ordre familier des pratiques habitantes.

Ce récit nous a été narré par Oksana elle-même, une Moscovite enthousiaste et énergique d'une soixantaine d'années. Nous l'avons rencontrée via le réseau social Facebook. Elle y est particulièrement active au sein d'un groupe rassemblant environ six mille membres, dédié aux *spécificités du bornage résidentiel à Moscou*. Son histoire témoigne de la complexité de la situation dans laquelle se trouvent de nombreux habitants d'immeubles soviétiques à Moscou. Depuis la fin de l'URSS, les statuts légaux des parcelles de ces immeubles sont sujets à de multiples interprétations, souvent contradictoires. Cela n'empêche pas les résidents d'utiliser comme bon leur semble ces terrains dont ils sont supposés avoir la propriété légale. Celle-ci est reconnue publiquement à condition qu'ils aient « enregistré » leur parcelle sur le plan cadastral. Sans cela – et la situation fait presque office de norme – le moindre projet d'aménagement les expose à des conflits d'appropriation dont ils risquent fortement de sortir perdants.

Cette situation s'inscrit dans un contexte urbain post-soviétique. À partir des années 1950, les *mikroraïony* deviennent les unités urbanistiques de référence de la ville socialiste en construction. Leurs vastes cours et espaces partagés doivent être le support d'une vie collective encouragée institutionnellement et politiquement. Les résidents sont incités à y participer à diverses occupations communes. Du jardinage à la menuiserie, elles sont à la fois des loisirs et des vecteurs de contrôle social. Elles permettent aussi de pallier le déficit d'investissements étatiques dans l'entretien des bâtiments et des infrastructures. Ces espaces communs sont aussi le cadre d'une multitude d'occupations et d'interactions ordinaires : discussions accidentelles et quotidiennes, activités sportives et récréatives[3]. La conception idéologique de l'espace urbain est juridiquement structurée : les terrains sont la propriété de l'État et les habitants peuvent les utiliser librement s'ils n'empêchent pas les autres de faire de même (Chaigneau, 2012).

Les *mikroraïony* soviétiques portent aujourd'hui des traces d'un changement d'époque. Parmi les façades décrépites des *khrouchtchevki*[4], quelques-unes, heureuses bénéficiaires de récentes réparations lourdes (*kapremont*), se distinguent par leurs couleurs éclatantes et leurs murs lisses. Des bancs fraîchement repeints ou des fenêtres tout juste remplacées témoignent d'initiatives individuelles parant la dégradation matérielle. Les voitures s'entassant dans les cours, les enseignes de téléphonie mobile, restaurants japonais ou géorgiens occupant certains rez-de-chaussée indiquent que ces quartiers emblématiques de l'architecture soviétique d'après-guerre baignent maintenant dans l'ère du « post ». L'une des mutations les plus importantes de ces espaces n'est toutefois pas – ou rarement – observable : il s'agit de la transformation du statut légal du foncier. Dans les années 1990, parallèlement à l'institutionnalisation de la copropriété, la propriété légale des parcelles situées sous les immeubles collectifs a été transférée aux propriétaires[5] des appartements des immeubles et cette propriété foncière n'a pas été automatiquement délimitée. La mairie de Moscou, désireuse de garder la mainmise sur le foncier, n'a néanmoins rien fait pour encourager ce transfert en pratique (Richard, 2014). Pour que ses frontières soient reconnues, les résidents propriétaires doivent enregistrer le terrain (*oformit′ zemlû*) sur la carte cadastrale, qui ne représente pas en soi un titre de propriété, mais rend la propriété « publique » (Chaigneau, 2008), connue de tous, et contribue à définir sa dimension spatiale (Babie, 2013 ; Blomley, 2016). Ces parcelles

---

3 Certains de ces usages sont décrits en détail dans les travaux de Christine Varga-Harris (2015) et de Steven Harris (2013).

4 Surnom des immeubles construits sous l'ère khrouchtchévienne, identifiables à leur architecture sommaire, leurs murs de brique ou de béton et leurs quatre étages (Amestoy, 2004).

5 C'est-à-dire des personnes qui ont fait valoir leur droit à la privatisation ou ont acheté l'appartement. Une minorité des habitants l'occupe encore au titre d'un bail social (dogovor social′nogo najma), c'est-à-dire que le logement appartient à la ville. La majorité des appartements relève de la propriété privée (*cf.* note 9).

se retrouvent donc *entre* leur conception socialiste et le contexte capitaliste actuel. Elles appartiennent désormais aux résidents (qui sont propriétaires de leur appartement) des immeubles (principalement, des copropriétés) sous lesquels elles sont situées, mais leurs frontières ne sont pas (encore ?) publiquement reconnues. Elles sont donc parfois convoitées par des promoteurs ou les autorités municipales qui y voient de potentiels supports de projets d'aménagement, facilement appropriables. Il est donc difficile de définir *à qui* sont ces parcelles. Nous cherchons ici à explorer ce flou, non pas pour le remplacer par une catégorisation claire, mais pour identifier les relations de pouvoir qu'il dissimule.

En considérant les parcelles résidentielles et leurs appropriations comme des interstices à la fois *structurels* et *événementiels* (Brighenti, 2013), nous nous intéressons ici au processus de relégation de ces espaces urbains post-soviétiques à la marge de la privatisation et aux manières de se les approprier. Pour comprendre comment Oksana s'est retrouvée dans une telle situation, il est nécessaire, d'une part, d'identifier les raisons de ces frontières floues de la propriété foncière. Pourquoi cette carte cadastrale est-elle si lacunaire ? Cela nécessite, d'autre part, de prêter attention à la façon dont ces résidents considèrent la dimension légale de « leur » parcelle comme un frein ou une opportunité pour s'approprier ces espaces. Comment cette propriété se négocie-t-elle, à la fois du côté des pratiques habitantes et de celui des autorités ? Dans quelle mesure renforce-t-elle l'appropriation de cet espace résidentiel ?

L'article est divisé en quatre sections. Dans un premier temps, nous montrons comment le concept d'interstices dans ses dimensions *structurelle* et *événementielle* (Brighenti, 2013) aide à appréhender les appropriations des parcelles résidentielles soviétiques. La deuxième section est consacrée aux causes et aux justifications de la privatisation de ces parcelles. Dans un troisième temps, nous montrons comment les habitants font face à aux incertitudes liées à ce statut juridique flou, en prêtant attention à leurs *tactiques* (De Certeau, 1980). Face aux nombreuses difficultés de l'enregistrement cadastral des parcelles, la plupart laissent traîner le *statu quo*, tandis qu'une minorité préfère s'engager tout de même dans la procédure, si complexe soit-elle. Enfin, nous montrons comment les initiatives du gouvernement de Moscou pour contrôler l'utilisation des parcelles, entre *laisser traîner* et appropriation ponctuelle ou structurelle, peuvent être qualifiées de *stratégies* (De Certeau, 1890) pour garder un certain contrôle sur l'usage de ces espaces.

1. Les parcelles résidentielles soviétiques, des interstices urbains dans la ville « post »

1.1. À la croisée des approches structurelle et événementielle des interstices

Comme l'avance le géographe Oleg Golubchikov (2017), les villes ne sont pas seulement le terrain de la transition post-soviétique, elles en constituent une dimension à part entière. Les relations sociales sont structurées spatialement, les changements spatiaux structurés socialement. Les mutations spatiales post-soviétiques renseignent donc sur les relations de pouvoir. À cet égard, la ville de Moscou a fait l'objet d'une attention particulière du fait de l'importance des ressources que les autorités publiques et les investisseurs privés ont consacrées au développement urbain ces trois dernières décennies. Le développement urbain est rapidement devenu capitaliste (Kolossov et O'Loughlin, 2004) puis néolibéral (Argenbright, 2016 ; Büdenbender et Zupan, 2017). La gentrification du centre-ville en a exclu les classes populaires, comme dans le désormais très prisé quartier d'Ostozhenka (Badyina et Golubchikov, 2005) et a entraîné le développement d'enclaves résidentielles fermées (Zotova, 2012). Les espaces publics ont été transformés pour attirer les classes supposées *créatives*, objectif moteur de la réhabilitation spectaculaire du parc Gorki (Kalyukin *et al.*, 2015) ou de l'immense opération d'*embellissement* des trottoirs du centre-ville (Trubina, 2020), parallèlement « nettoyés » des œuvres de *street art* (Samutina et Zaporozhets, 2021). Ce capitalisme urbain s'est aussi traduit par la mise en œuvre de méga-projets, comme le centre d'innovation Skolkovo (Kinossian et Morgan, 2014). Comparées à ces transformations aussi brutales que monumentales, les menues transformations des quartiers soviétiques pourraient être assimilées à ce qu'Andrea Mubi Brighenti qualifie d'*interstices structurels* : des « *résidus* » « *après un processus de planification centrale* ». La notion a le mérite d'insister sur le caractère périphérique de ces quartiers dans le processus global de restructuration urbaine. Elle nous adresse ainsi un premier enjeu : identifier les raisons qui ont fait que ces espaces se sont retrouvés en marge des transformations urbaines post-soviétiques.

Pourtant, comme Andrea Mubi Brighenti le souligne lui-même, cette approche n'est pas entièrement satisfaisante. Elle tend à enfermer ces espaces dans une catégorie figée, au risque d'évacuer la dimension intrinsèquement relationnelle des rapports sociaux qu'elle produit et révèle. Pour cette raison, il privilégie une approche *événementielle* des interstices, qui s'intéresse à ce qui *a lieu* (Brighenti, 2013), à l'appropriation de ces espaces selon des conjonctures particulières. Ces changements de statuts et d'usages éclairent plus largement les structures sociales au sein desquelles ils se développent. Cette approche *événementielle*, d'inspiration pragmatique, offre une perspective éclairante sur la transformation des villes post-soviétiques, par-delà les mutations les plus évidentes. Plusieurs études ont en effet montré comment certaines appropriations, souvent minoritaires et ponctuelles des lieux, traduisent des formes de résistance à l'ordre capitaliste et autoritaire. Il s'agit d'appropriations artistiques des espaces publics (Müller et Trubina, 2020), de pratiques commerciales informelles visant à pallier les difficultés économiques (Sõukand *et al.*, 2020), d'usages temporaires dans le cadre de reconversions fonctionnelles (Unt *et al.*, 2014), d'initiatives improvisées pour faire face comme possible à des infrastructures publiques inexistantes ou disparues (Blanc et Emelianoff, 2007). Dans notre cas, cette approche *événementielle* soulève un second enjeu : analyser les changements d'appropriation des parcelles selon des contextes particuliers, et notamment ceux de projets d'aménagement menaçant les pratiques habitantes.

Ces deux approches des interstices ne sont pas complètement déliées : c'est souvent dans les interstices *structurels*, à l'écart des transformations urbaines les plus tangibles que se logent des pratiques temporaires pour faire face de façon originale aux enjeux de la conjoncture. Traditionnellement, les notions d'*interstices*, d'*espaces intermédiaires* (Flamand, 2008) ou *d'espaces de l'entre-deux* (Legall et Rougé, 2014) renvoient à la fois à des lieux en marge, aux fonctions hybrides, mais aussi à leurs représentations et usages changeant, s'adaptant à ou s'écartant d'un ordre imposé. Ces lieux et leurs pratiques interrogent sous un nouveau jour les modèles traditionnels d'urbanisation (Phelps et Silva, 2018). Ils révèlent une tension entre représentations et usages des lieux épousant les normes dominantes et celles qui peuvent apparaître comme déviantes ou subversives à un moment donné. Celles-ci ne doivent cependant pas être laissées de côté parce qu'elles n'épousent pas les logiques dominantes de l'urbanisation. Au contraire, elles sont des « composantes actives » (Brighenti, 2013) qui, déjouant l'ordre social dominant, questionnent en creux le développement top-down, les représentations officielles ou le cadre légal de l'aménagement. Plus spécifiquement dans le contexte post-soviétique, ces usages et représentations participent des mutations sociales post-soviétiques. Ils témoignent d'une hybridation entre la pérennité de normes socialistes et des écarts à ces normes, ainsi que l'apparition de nouvelles façons de produire et de se représenter l'espace urbain. Ces pratiques d'appropriation sont parfois subitement révélées quand des lieux jusqu'alors à l'écart des changements majeurs deviennent la cible de projets d'aménagement. Ils peuvent susciter de fortes protestations autour de la défense de l'environnement ou du patrimoine (Argenbright, 2017; Deschepper 2017; Fröhlich, 2019; Zhelnina, 2020; Zhelnina et Tikanova, 2021). Par diverses modalités d'action collective et de résistance, des « habitants ordinaires » deviennent ainsi des « activistes » (Clément, Myriasova et Demidov, 2010; Jacobsson, 2015; Darieva et Neugebauer, 2020). Dans les quartiers échappant aux transformations les plus visibles, traversés par les nouvelles inégalités sociales ou en proie à l'embourgeoisement, les pratiques quotidiennes des espaces résidentiels sont aussi des formes d'appropriation ou de réappropriation pour résister à la dépossession: dans la Moscou post-soviétique, habiter peut devenir politique (Carton de Grammont, 2013).

1.2 Appropriations légales, appropriations spatiales

Notre démarche consiste à articuler ces deux approches en questionnant la dimension *structurelle* et *événementielle* des interstices que sont les usages, en particulier juridiques, des parcelles des quartiers résidentiels soviétiques. Il s'agit à la fois de comprendre leur relative marginalisation du processus de privatisation, ainsi que leurs appropriations changeantes. Comme le rappelle le géographe Nicholas Blomley, se référant à W. Hohfeld, la propriété foncière n'est « pas une relation entre une personne et la terre, mais une relation entre des personnes, par rapport à la terre » (Blomley, 2016, p. 595). Caractériser le statut juridique des parcelles permet de comprendre comment cette régulation des relations a été conçue puis mise en œuvre. La propriété foncière est en effet le produit d'un processus historique de régulation des relations sociales. Dans le cas russe, plusieurs études sur la privatisation, notamment de la sphère du logement ou dans les politiques de planification ont montré que les mesures de privatisation post-soviétiques sont le résultat de rapports de force inégaux au sein des sphères économique et politique, de l'échelle locale à l'échelle internationale (Chaigneau 2008, 2012; Zavisca, 2012; Richard, 2014; Khmelnistkaya, 2015). Il s'agit ici d'explorer le flou juridique autour de la propriété de ces parcelles pour éclairer la privatisation foncière à partir d'espaces qui ont été un temps écartés de ce processus.

La manière dont le cadre juridique organise les relations de propriété dépend aussi de la façon dont les individus le mobilisent, l'ignorent ou le contournent. C'est là une forme d'interstice propre à la sphère juridique: l'écart entre la loi et son application. Dans les villes post-soviétiques, la privatisation a ainsi été inégalement mise en œuvre.

Malgré la rapidité des restructurations capitalistes, la « transition » post-soviétique ne fut en rien un processus linéaire, notamment parce que les habitants avaient des intérêts et des positions sociales inégales, associées à des interprétations et des appropriations différentes de la législation changeante, en particulier en termes de droit au logement et de (co)propriété (Zavisca, 2012; Chaigneau, 2012; Richard, 2014). Dans cette perspective, l'enregistrement de parcelles cadastrales peut être considéré comme une pratique *événementielle* de l'interstice, au double sens où elle permet de faire appliquer les droits de propriété dans un espace défini (par la délimitation de leur étendue) et où elle est une procédure qui a lieu dans un endroit particulier, à un moment donné. Concrètement, nous cherchons à analyser l'enregistrement cadastral comme une pratique d'appropriation de ces terrains résidentiels, en gardant à l'esprit que la propriété légale n'est qu'une dimension possible de l'appropriation de l'espace (Ripoll et Veschambre, 2005).

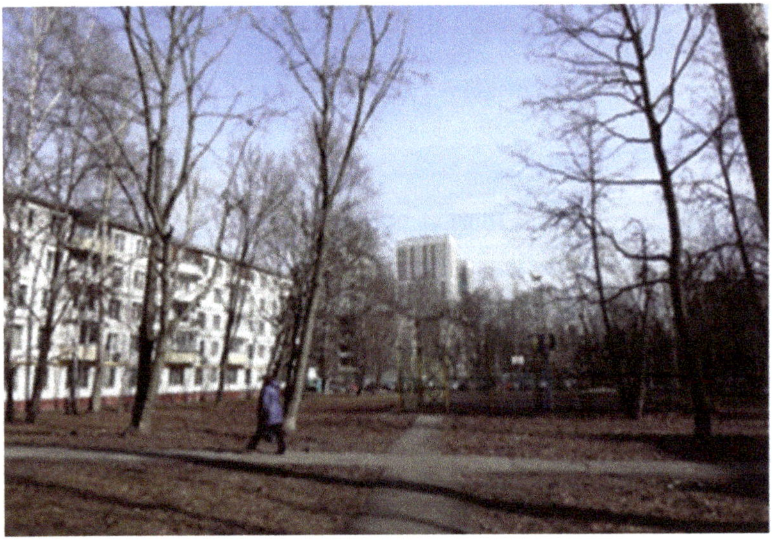

Figure 1. Une aire de jeu dans un *mikroraïon* khrouchtchévien, Moscou, 2018 (photo: G. Inizan)

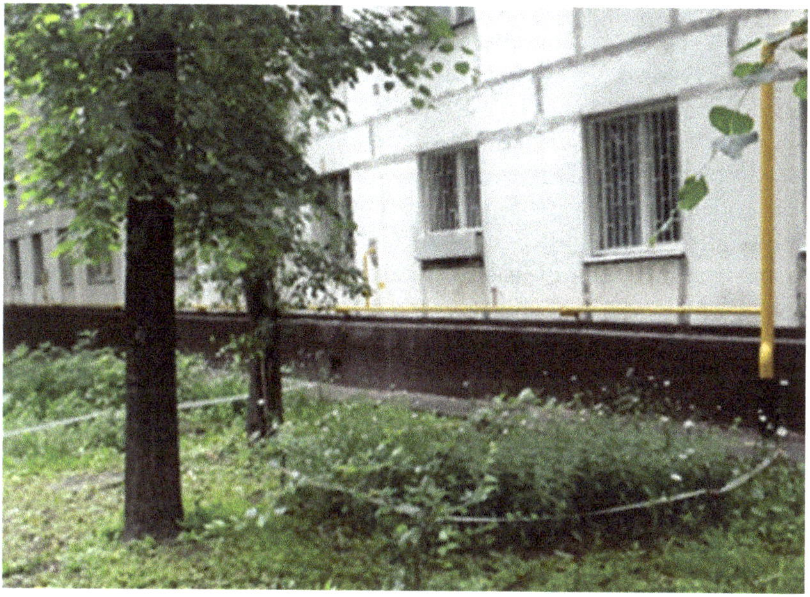

Figure 2. Parterre de fleurs entretenu par les résidents, Moscou, 2019 (photo : G. Inizan)

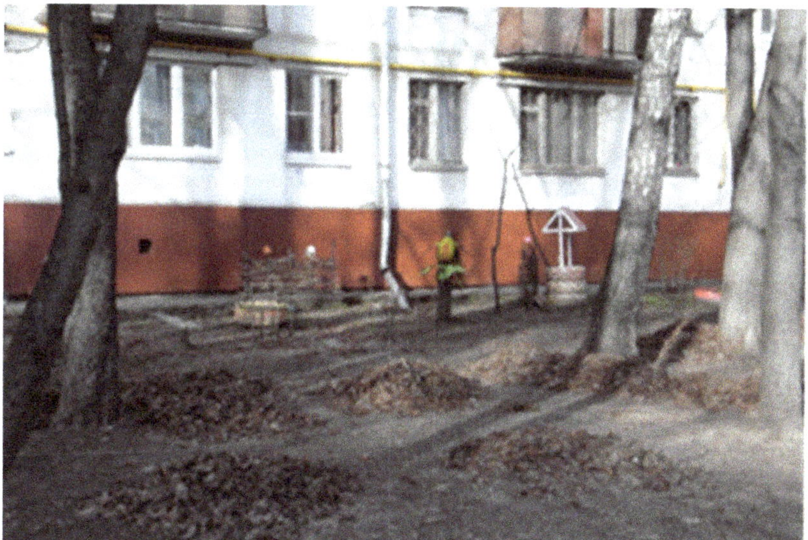

Figure 3. Sculptures faites de matériaux recyclés, Moscou, 2019 (photo : G. Inizan)

1.3. Enquête et méthodologie

Cette enquête a commencé par des observations ethnographiques et des entretiens menés lors de terrains d'étude indépendants mais qui avaient tous deux pour cadre des *mikroraïony* soviétiques, respectivement à Moscou et à Toula. Ces premières recherches ont permis de mettre en évidence des enjeux de propriété foncière dans le cadre de diverses politiques urbaines. Elles nous ont conduites à constater que l'enregistrement des parcelles sur le cadastre était régulièrement source de préoccupations pour les habitants. Pour cette raison, nous avons décidé de mener conjointement une enquête sur cette question en particulier. Nous avons donc réalisé des entretiens supplémentaires avec des personnes impliquées dans le processus d'enregistrement parcellaire et des spécialistes du sujet. Nous avons réalisé au cours de cette seconde étape dix entretiens avec des habitants qui ont tenté d'enregistrer les parcelles de terrain (3), des « députés municipaux »[6] de différents districts de Moscou dont la typologie résidentielle dominante est celle des *mikroraïony* soviétiques construits à partir des années 1950 (8) et des experts en enregistrement foncier (1) et en développement urbain (1)[7]. Occupant une position de représentants des habitants, les députés municipaux sont bien informés sur les enjeux locaux d'aménagement, en particulier ceux ayant trait au foncier. Les questions posées en entretiens portaient principalement sur les fonctions des parcelles, mais aussi sur les enjeux d'aménagement locaux. Parallèlement, nous avons collecté des documents juridiques et des articles de presse sur le sujet. La documentation des activistes – qu'ils nous ont transmise ou que nous avons collectée sur les réseaux sociaux – fut également une source précieuse d'information. Enfin, par une approche ethnographique de réseaux sociaux, nous avons analysé la façon dont la question de l'enregistrement des parcelles y est traitée et discutée. Nous nous sommes principalement concentrées sur un groupe Facebook consacré aux *spécificités du bornage résidentiel à Moscou*. Nous en avons analysé la liste de questions-réponses administrée par les

---

6 Ces députés sont tous des députés d'opposition. Contrairement aux députés du parti du gouvernement (*edinaâ rossiâ*), ils sont souvent enclins à accepter des entretiens. De façon générale, ces « députés du conseil des députés municipaux du district » (*Deputat soveta deputatov municipal'nogo rajona*) ont un rôle représentatif des habitants très limité au sein des institutions de la ville, mais un rôle politique potentiellement important à l'échelle du quartier, voire de la ville, notamment pour les députés d'opposition qui se font relais et soutiens de différentes luttes locales.

7 Certains entrent dans plusieurs de ces catégories.

modérateurs, les conseils et les principales préoccupations formulés dans les messages que s'échangent publiquement les membres du groupe.

2. À qui appartient cette parcelle ? Émergence d'une question irrésolue

2.1. La carte cadastrale lacunaire des quartiers résidentiels soviétiques

Dans les ensembles d'habitations soviétiques, les terrains entourant les immeubles faisaient partie intégrante des unités d'habitation. La restructuration juridique des *mikroraïony* et l'introduction des droits de propriété foncière en particulier n'ont guère tenu compte de cette unité fonctionnelle. La privatisation du logement fut d'abord un processus « individuel » (Chaigneau, 2012) mis en œuvre appartement par appartement, parfois pièce par pièce. En 1992, il devint possible pour chaque citoyen « enregistré »[8] dans un appartement ou dans une chambre de le privatiser gratuitement, d'abord à Moscou (en janvier), puis dans tout le pays (en décembre). La privatisation massive du logement fut le principe structurant de la réorganisation post-soviétique de ce secteur. Aujourd'hui, le parc de logements moscovite est très majoritairement privé[9]. Les structures de copropriété sont légalement définies dans les années 1990, puis précisées dans le Code de Logement de 2004 (Chaigneau, 2012 ; Richard, 2014). Il stipule que les parcelles sur lesquelles sont construits les immeubles deviennent la propriété commune des propriétaires des appartements. Il s'agit d'un changement drastique sur le plan juridique puisque pendant la période soviétique, tous les terrains étaient propriété de l'État, puis de la ville à partir de 1991. Bien que la propriété de ces terrains soit désormais légalement définie, l'instrument juridique qui rend publiques leurs limites, le plan cadastral, n'a pas été automatiquement ajusté.

Sous l'Union soviétique, la division parcellaire existe mais n'a quasiment aucune implication juridique car les terrains urbains appartiennent à la municipalité ou à l'État[10], directement ou à travers les entreprises

---

8 En Union soviétique, les droits des citoyens étaient très dépendants de leur enregistrement à une adresse résidentielle (Morton, 1980).

9 En 2017, 82,4 % de la surface habitable moscovite relève de la propriété privée (source : *Moskovskiĭ Statističeskiĭ Ežegodnik*, 2018).

10 Les bâtiments eux-mêmes étaient aussi pour la plupart socialisés. La plus grande partie appartenait à l'État, une minorité à des coopératives ou à des propriétés

étatiques. Pendant les années 1990, plusieurs décrets et lois sont adoptés aux échelles locale et fédérale, ajustant le fonctionnement du cadastre au contexte de la propriété privée. En 1996, un décret inaugure un système fédéral informatisé. En 2000, une loi est adoptée afin d'établir un registre unique, la coordination de l'enregistrement aux niveaux local et fédéral et les principes de l'enregistrement des parcelles : unité du système, continuité, publicité, opposabilité (Chaigneau, 2008). Durant les années 2000, différentes mesures et décrets renforcent cet encadrement juridique. La loi sur les biens immobiliers de l'État de 2007 harmonise le registre des biens immobiliers, les relevés cadastraux et les cartes et programmes de « modernisation » (Ilyushina, Noszczyk et Hernik, 2017). En 2017, un amendement de la loi sur le cadastre fusionne le registre d'État des titres de propriété et le cadastre des biens immobiliers de l'État. Cette loi est censée simplifier la procédure d'enregistrement des parcelles sur le cadastre (Ilyushina, Noszcyk et Hernik, 2017), sans la rendre néanmoins systématique. Elle varie d'une ville à l'autre et les résidents sont souvent censés initier eux-mêmes la démarche pour prouver l'étendue spatiale de leurs droits de propriété. À Moscou, au moment de notre travail de terrain (2017-2021), très peu de parcelles des lotissements soviétiques semblent être correctement définies et enregistrées sur la carte cadastrale. Le pourcentage de parcelles enregistrées varie d'un district à l'autre et dépend de nombreux facteurs. Certains de nos interlocuteurs mentionnent qu'il n'est pas supérieur à 15 %, ce qui correspond à peu près à la carte effective du cadastre dans les lotissements soviétiques typiques tels que Kouzminki (figure 4, carte 1). Quelques résidents expliquent aussi que ce taux a augmenté récemment, mais dans l'ensemble, la plupart des parcelles restent indivisées.

---

privées, ou encore plus rarement, à des coopératives de logement. Officiellement interdites entre 1937 et 1958, elles sont devenues de plus en plus nombreuses au cours de la dernière décennie de l'Union soviétique. Au milieu des années 1970, elles représentaient 7 % du parc immobilier (Andrusz, 1984 ; Vendina, 1997).

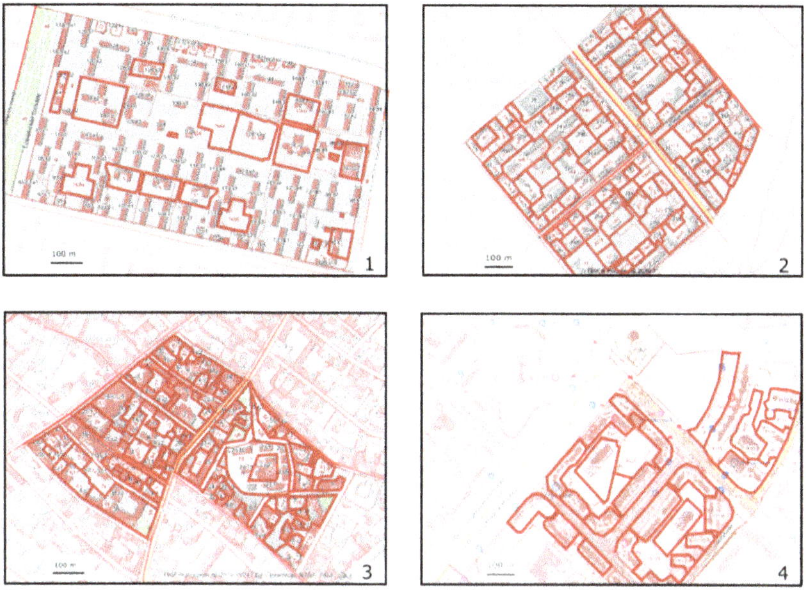

1 : *Kouzminki* (Moscou) **2 :** *Proletarskii* (Toula) **3 :** *Hamovniki* (Moscou) **4 :** *Nekrasovka* (Moscou)

Limites des parcelles enregistrées sur la carte du cadastre public *(juillet 2021)*

Figure 4. Parcelles enregistrées sur la carte cadastrale publique (source : carte publique en ligne du cadastre de Russie – Publičnaâ kadastrovaâ karta Rossii onlaj)

Les parcelles des quartiers résidentiels soviétiques à Moscou sont spécifiques à deux égards. Premièrement, à l'échelle de la ville, les terrains des quartiers soviétiques sont davantage indivisés que ceux d'autres quartiers moscovites. Les cartes ci-dessus (figure 4) montrent la différence entre ces quartiers et ceux dont les frontières des parcelles sont clairement définies sur le cadastre. C'est souvent le cas dans le centre-ville (carte 3) et pour les zones bâties après 2000 (carte 4). L'absence de division foncière apparaît nettement sur la carte du quartier des années 1960 (carte 1). Le plan cadastral achevé des quartiers récents est majoritairement dû au fait que la législation a obligé les promoteurs à construire sur des parcelles régularisées[11] (achetées à la mairie). En ce qui concerne les zones du centre-ville, le taux important de parcelles enregistrées peut s'expliquer

11 Le gouvernement de Moscou met aussi en place des incitations dans les districts périphériques pour que les nouveaux propriétaires ou promoteurs achètent les terrains, ce qui représente une source de revenus. *Cf. Moskva vystavila na aukcion zemlû*

en partie par le prix élevé des terrains et le fait que le centre a été particulièrement ciblé par divers projets d'aménagement, ce qui a pu pousser les résidents à anticiper l'enregistrement. Deuxièmement, les parcelles des quartiers soviétiques à Moscou se distinguent de celles d'autres villes en Russie où la division cadastrale est bien plus aboutie. Les cartes 1 et 2 permettent de constater cette différence entre des quartiers construits pendant les années 1950-1960, respectivement à Moscou et à Toula. Une explication donnée par un expert ayant travaillé à l'Institut du GenPlan[12] et soutenue par des activistes engagés sur ces questions est qu'étant indivisés, ces terrains peuvent être assimilés à la propriété de la ville. La mairie peut donc y aménager les terrains en y investissant des dépenses. Au contraire, il serait préférable pour des villes au budget municipal plus réduit, comme Tula, de régulariser la propriété foncière des résidents afin de ne pas avoir à prendre en charge l'entretien des terrains. Si une telle affirmation mériterait d'être davantage approfondie, les taux d'enregistrement inégaux des parcelles sont en tout cas à considérer au prisme des contextes politiques et économiques locaux.

2.2. Les bénéfices de l'enregistrement cadastral : responsabilité individuelle ou résistance collective ?

Pourquoi les résidents enregistrent-ils – ou pas – leurs parcelles sur le plan cadastral ? Revenons d'abord sur les quelques avantages théoriques de la démarche. Premièrement, l'enregistrement rend publiques les limites de la propriété foncière et renforce donc la reconnaissance des droits fonciers. Il clarifie ainsi les relations des résidents avec les personnes pouvant convoiter l'usage de ces parcelles : voisins, promoteurs, autorités publiques… Cet enregistrement confirme que le contrôle des usages du terrain leur revient. Ils peuvent donc légalement y rénover les trottoirs, y faire des plantations, y installer un enclos ou un portail… En bref, aménager cette parcelle comme bon leur semble dans la limite de leur accord mutuel et du respect des règles d'urbanisme. Ce premier bénéfice supposé de l'enregistrement est cependant loin d'être évident

po 44 tys. rublej za sotku Moskva vystavila na aukcion zemlû po 44 tys. rublej za sotku, 24 octobre 2022, RBK, https://realty.rbc.ru/news/5f92ee289a7947736c38308f.

12 L'Institut Plan Général (GenPlan) est la principale institution en charge de fixer les orientations du développement urbain. Le terme GenPlan renvoie donc à la fois à cette institution, mais aussi à l'ensemble des documents qu'il produit. Dans ce dernier sens, le premier Plan Général de grande ampleur a été instigué par Staline et largement restructuré l'aménagement de Moscou (Essaïan, 2021).

pour les résidents, car en pratique, ils peuvent faire tout cela sans avoir enregistré leur parcelle sur la carte cadastrale. Les sculptures faites de vieux meubles, pneus usagers ou autres objets recyclés, les parterres bien ordonnés séparant les immeubles des pelouses en friche et les parkings improvisés – témoignent d'appropriations bien réelles de parcelles qui ne sont pourtant pas enregistrées sur le cadastre (figures 2 et 3.). Le deuxième avantage de l'enregistrement de la parcelle est qu'il limite les risques d'accaparement illégal du terrain. Dans certains cas, les résidents mentionnent qu'ils ont ainsi réussi à empêcher des constructions qui étaient déjà planifiées par des promoteurs, tout en précisant que cette situation est très rare. Non enregistrées sur le cadastre, des parties de parcelles peuvent être vendues plus facilement aux promoteurs par les autorités municipales. Les principes de l'urbanisme moderne, laissant une place importante aux espaces publics, font de ces quartiers une proie particulièrement facile pour des projets de densification. C'est d'ailleurs ce qui se passe à partir des années 1990, lorsque les habitants de Moscou se retrouvent démunis face à de nombreux projets de construction « par point » (*točečnaâ zastrojka*).

Les avantages concrets et immédiats de la procédure d'enregistrement sont donc loin d'être évidents, mais elle est pourtant vivement défendue, à travers deux types de discours. L'un relève de l'affirmation de la responsabilité des propriétaires, l'autre d'une résistance collective à la menace de désappropriation. Dans le premier type de discours, principalement tenu par les experts de l'aménagement urbain, les résidents sont présentés comme peu précautionneux vis-à-vis de leur terrain du fait de l'héritage des normes socialistes. Dans le système soviétique, les parcelles et les infrastructures étaient gérées et entretenues de manière centralisée. Sous-entendu : les habitants n'en avaient que faire car ce n'était pas *les leurs* ! Cette affirmation est bien discutable. Le modèle soviétique urbain reposait en pratique largement sur l'implication des habitants, que ce soit en termes de contrôle social ou de maintenance matérielle. Par ailleurs, les habitants peuvent s'approprier les espaces communs – en y construisant des garages, en y jardinant dans les parterres, en les occupant – sans nécessairement revendiquer une propriété légale. Néanmoins perdure l'idée que l'absence de propriété privée annihilerait tout sentiment de responsabilité et désinciterait à prendre soin des lieux. Face au retrait de l'État, les résidents sont censés assumer pleinement l'entretien de ces terrains nouvellement acquis. L'enregistrement des parcelles leur conférerait alors un sentiment de responsabilité accrue qui les pousserait à mieux s'en occuper. Ce type de discours est proche de ceux qui encouragent la réhabilitation de certaines traditions soviétiques, telles que les « samedis communistes »[13] (Carton de Grammont, 2021) ou les *starshe po domy*[14] (Chaigneau, 2012). Ces institutions s'inscrivent désormais dans un cadre néolibéral qui confère à l'engagement une valeur sociale et symbolique, alors que leur raison d'être est avant tout financière. Elles permettent en effet de contrebalancer partiellement l'absence d'investissements étatiques. Contrairement à la période soviétique, celui-ci ne relève toutefois plus d'un déficit structurel (le secteur du logement est sous-investi en raison de son caractère non productif), mais de motifs idéologiques (chacun est responsable, y compris économiquement, de ses conditions de vie).

Le second discours, davantage répandu parmi les résidents engagés dans la procédure d'enregistrement et les activistes, traduit une logique de protection et de solidarité face à une menace de dépossession. Jane Zavisca, étudiant la réticence des Russes à contracter des prêts dans un contexte de marché hypothécaire volatile, explique que la propriété légale « n'est ni nécessaire ni suffisante pour fournir aux gens un sentiment en pratique de possession » (Zavisca, 2012, p. 23) : ils ont besoin de se sentir engagés et en sécurité. Dans la lignée de ce constat, Hélène Richard (2014) observe que si certains responsables d'associations de copropriétaires (TSZh[15]) s'engagent dans cette fonction pour faire « fructifier » leur bien immobilier, d'autres endossent des responsabilités à l'échelle de l'immeubl pour défendre le « peu qu'[ils] ont » et cultiver une entraide habitante. Un sentiment d'insécurité et un besoin de solidarité comparables se retrouvent dans le second discours identifié ici. Plusieurs habitants expliquent qu'ils veulent enregistrer leur parcelle parce qu'ils font face à une menace probable ou concrète (comme la démolition de garages ou un projet de construction). Ils veulent « protéger leur territoire », contrôler les usages des parcelles, par exemple pour aménager des aires de jeux. Ainsi, Oksana, évoquant le quartier voisin où il n'y a « pas d'espace vert », souhaite s'impliquer pour améliorer son cadre de vie :

> C'est pour ça que nous nous battons, pour pouvoir gérer nous-mêmes notre territoire : décider où installer une aire de jeu, planter un arbre, un parking, ou autre chose… Pas comme le veut la ville, mais comme ce que nous, les

---

13 *Subbotniki*. Cette tradition remonte aux premières années suivant la Révolution de 1917. Pendant ces journées – des samedis – les citoyens soviétiques étaient appelés à travailler gratuitement pour la communauté (nettoyage des espaces communs, réparation des infrastructures…).

14 Une personne désignée (de façon souvent peu transparente, par la compagnie de maintenance, les résidents) pour représenter les intérêts des résidents et superviser les questions de logement, souvent gratuitement ou très faiblement rémunérée.

15 *Továrišestvo sóbstvennikov žil' â.*

résidents, voulons voir sur notre territoire pour qu'il soit confortable pour nous. (Oksana, habitante « experte » de la question de l'enregistrement)

Les discours de responsabilisation individuelle et de résistance collective produisent des effets similaires, en encourageant l'appropriation de ces espaces par l'enregistrement cadastral. Justifier la procédure reste néanmoins plus aisée que la mettre en œuvre.

3. Enregistrer ou ne pas enregistrer ? Tactiques habitantes pour s'approprier les interstices

La procédure d'enregistrement de la parcelle sur le plan cadastral est un moyen de clarifier l'étendue de l'application de la propriété légale. Nous nous concentrons ici davantage sur le processus lui-même que sur ses résultats effectifs. Comment concrètement les habitants (propriétaires de leurs appartements) revendiquent-ils – ou non – la reconnaissance publique de la propriété de leur parcelle? Dans quelle mesure cela les conduit-il à se l'approprier ?

3.1. L'enregistrement de la parcelle sur le plan cadastral, un chemin semé d'embûches

Le cadre juridique qui définit l'enregistrement des parcelles se trouve dans divers codes de la Fédération de Russie, actes législatifs fédéraux, résolutions gouvernementales et ordonnances du ministère du Développement économique (Ilyushina, Noszcyk et Hernik, 2017). La procédure d'enregistrement peut être entreprise par des personnes morales ou physiques. Les demandeurs doivent faire une requête auprès du Département des biens de la ville de Moscou, la DGI (*Departament imuŝestva goroda Moskvy*). Officiellement, la procédure est gratuite et ne nécessite que la présentation de quelques documents, dont une demande officielle, des documents d'identité, une certification notariale des droits du demandeur sur le terrain et les bâtiments[16]… En pratique, la procédure requiert des ressources administratives, des documents juridiques dont la préparation exige des résidents beaucoup de temps, d'argent, de connaissances et de patience. La plupart des personnes interrogées, les témoignages sur

[16] Source: Official site of the Moscow City Government, https://www.mos.ru/otvet-dokumenti/kak-besplatno-oformit-zemelnyy-uchastok-v-sobstvennost/#4.

les réseaux sociaux et dans la presse révèlent ainsi de nombreux obstacles à enregistrer la parcelle. Nous en soulignons cinq.

Un premier obstacle est *l'absence ou le manque d'informations.* Bien que le gouvernement de la ville présente la procédure comme obligatoire, la sensibilisation des résidents est très limitée. Beaucoup d'entre eux ne savent même pas que la procédure existe. Ils la découvrent par hasard, ou lorsqu'un conflit d'usages émerge, à l'instar de l'histoire d'Oksana, de son garage et de la grande roue. Marina[17], elle, a commencé à s'intéresser aux limites de la parcelle de son immeuble pour évaluer une éventuelle compensation financière[18] dans le cadre du programme de rénovation. En se rendant à la DGI, elle a pu consulter la carte du quartier. Quelle ne fut pas sa surprise : « la maison flottait dans l'air ! ». La parcelle de son immeuble ne figurait pas sur la carte. C'est seulement à cette occasion qu'elle a découvert la procédure d'enregistrement. Autre manifestation de cette faible connaissance de l'enjeu de l'enregistrement : lorsque l'on demande aux députés municipaux à propos de quels sujets les habitants les sollicitent le plus, cette question n'est jamais évoquée spontanément.

Un deuxième obstacle vient de l'*absence de ressources juridiques ou administratives.* L'absence de notions juridiques freine l'engagement dans la procédure. L'un de nos enquêtés, spécialiste en droit immobilier, a décidé de prendre en charge la procédure pour l'ensemble de l'immeuble précisément car il se considérait être le plus compétent parmi des voisins. S'il suffisait néanmoins d'avoir fait des études de droit ! Connaître la démarche juridique sur le bout des doigts à un moment donné n'est même pas suffisant car les règles évoluent régulièrement. La liste des documents requis peut évoluer alors que la procédure, qui s'étend généralement sur plusieurs mois, est encore en cours, engageant les habitants dans un éternel recommencement bureaucratique. La démarche requiert en outre une aisance à dialoguer avec des employés de l'administration, qui ne sont pas toujours enclins à aider les résidents à interpréter les subtilités techniques et leur fournissent souvent des explications fluctuantes. Échanger avec les représentants des différentes institutions impliquées (DGI, archives, parfois autorités publiques locales…) nécessite une capacité à manier les codes spécifiques des échanges administratifs, sur le fond comme sur la forme. Une habitante explique ainsi qu'elle a réussi à enregistrer le terrain parce qu'elle est « *déterminée et avisée* », « *familière de la loi et* [sait] *quels*

---

17 Entretien mené lors d'une des études précédentes, autour du programme de rénovation à Moscou.

18 Nous revenons sur cette procédure dans la dernière partie du chapitre.

[arguments] *utiliser* », tandis qu'une autre relate qu'elle a dû recourir à un consultant juridique pour rédiger des demandes appropriées.

Le *manque de temps* constitue un troisième obstacle. Rassembler les différents documents et comprendre comment le faire, à qui les demander, où les trouver ou les présenter peut être extrêmement chronophage. D'après plusieurs résidents, la réalisation de l'ensemble des étapes mises bout à bout représente plusieurs jours. Deux habitantes expliquent que cette procédure « *catastrophiquement compliquée* » leur a pris « *tout leur temps libre* » pendant des mois. En particulier, il y a souvent un décalage temporel entre la prise de conscience de l'utilité de la procédure et sa réalisation :

> Malheureusement, il est tard pour le faire lorsque la construction a déjà commencé. Parce que ce processus dure des années. Et quand [les constructeurs] ont déjà commencé à excaver le sol sous les fenêtres, les gens se rendent compte que cela aurait dû être fait mais qu'il n'est plus temps. C'est pourquoi ils reportent la procédure à la prochaine menace qui surviendra. (Un député municipal d'un district du nord de Moscou)

En outre, le *coût financier* peut être élevé. Même si la procédure est censée être gratuite, plusieurs types de frais sont presque incontournables. Par exemple, comme les documents d'archives prouvant les limites historiques des parcelles sont souvent manquants, les résidents doivent régulièrement avoir recours aux services, payants, de géomètres pour obtenir des cartes de délimitation des parcelles. Une habitante nous a indiqué que ce service coûte 60 000 roubles (environ 700 euros). À l'échelle d'un immeuble, cela représente théoriquement un montant très faible par propriétaire[19], mais quand beaucoup d'entre eux sont réticents à payer, le coût pour ceux qui y consentent peut en réalité être assez élevé. D'autres services coûteux, comme la sollicitation de consultants juridiques, peuvent alourdir la facture.

Enfin, la procédure est particulièrement difficile à mener à bien en raison de l'*implication inégale des résidents.* Du fait de toutes les contraintes énoncées plus haut, sa réalisation repose souvent sur un groupe très restreint de résidents, parfois un seul. Cela peut s'expliquer par l'hétérogénéité des conditions de vie des résidents d'un même immeuble. Cet héritage de la ville socialiste perdure du fait de la faible mobilité résidentielle dans le contexte post-soviétique (Zavisca, 2012 ; Kobyshcha, Novokreshchenov

---

19 Un immeuble soviétique typique de cinq niveaux héberge environ 200 résidents. Cela représente donc environ 300 roubles par habitant (5 euros).

et Volkova, à paraître). Ces situations différentes peuvent impliquer un investissement inégal dans les affaires de l'immeuble. Les résidents les plus engagés font part de compréhension à l'égard de celles et ceux qui le sont moins, précisant qu'« [ils] ne feront pas payer les grands-mères si elles n'en pas ont les moyens » ou que « chacun paie dans la limite de ses capacités ». Néanmoins, ils doivent en conséquence prendre en charge l'ensemble de la démarche, ce qui accroît leurs responsabilités.

3.2. Cultiver l'interstice en laissant traîner : s'approprier les espaces sans s'approprier la loi

Face aux multiples difficultés de la procédure, une partie des habitants préfère s'en dispenser. Cela mène à l'acceptation du *statu quo* : une propriété légale dont les frontières ne sont pas reconnues publiquement. En pratique, les usages sont donc déliés de la propriété, comme pendant la période soviétique. Les résidents peuvent utiliser cet espace comme ils l'ont toujours fait, jusqu'à ce qu'un problème surgisse. On pourrait qualifier ce comportement, que l'on peut supposer majoritaire, de tactique de *laisser traîner*. Comme toute « tactique » (De Certeau, 1980), elle émerge dans un contexte produit par la classe dominante, en l'occurrence celle des dirigeants alliés à une certaine oligarchie financière et économique, qui a organisé le processus de privatisation et qui pourrait s'emparer des terres à tout moment. Cette tactique permet aux habitants d'économiser le temps, l'argent et l'énergie que requiert une procédure dont les bénéfices imminents sont loin d'être évidents. Ainsi, une députée municipale à l'initiative d'une réunion d'informations sur l'enregistrement des parcelles ouverte aux quelques milliers d'habitants du quartier, raconte son très menu succès :

> Trente personnes sont venues [à la réunion], mais comme le processus est très compliqué… Ils doivent rassembler de l'argent, ou demander à un ingénieur géomètre de définir le territoire approprié, puis retrouver les dates de construction… Tout le monde n'a pas besoin de le faire. […]. Donc finalement les habitants d'un ou deux immeubles ont réussi à enregistrer leur parcelle (*oformit' zemlyu*). (Une députée municipale d'un district du sud de Moscou)

L'importance de cette tactique attentiste appuie la dissociation entre la cartographie légale de la propriété et l'appropriation effective des terrains. Sous le nouveau règne des droits de propriété, l'ancien système soviétique des droits d'usage semble continuer à prévaloir. Qu'importe la propriété, l'appropriation habitante est, elle, bien observable. Pourtant, précisément puisque la propriété ordonne désormais les usages, les habitants sont plus vulnérables s'ils ne sont pas en mesure de faire valoir leur statut de propriétaire lorsque leurs usages sont menacés. Cela fait écho à l'impuissance des habitants face aux mutations rapides de la capitale russe et aux décisions dont ils sont écartés. Les instances de consultation ou de participation, comme les audiences publiques (*publičnye slušanie*), laissent en pratique peu de marge de manœuvre aux habitants concernant les projets d'aménagement à venir, si tant est qu'ils en soient au courant. Ils sont ainsi souvent contraints d'observer, impuissants, de hauts immeubles flambant neufs s'élever à quelques portes de chez eux, ou d'apprendre du jour au lendemain que la construction d'une nouvelle tour vient de commencer dans leur cour (Carton de Grammont, 2021).

3.3. Enregistrer la parcelle : bénéfices et limites de la mobilisation du droit de propriété pour s'approprier l'espace résidentiel

Certains résidents décident au contraire d'affronter à bras-le-corps les multiples difficultés de la procédure d'enregistrement. Chercher à dissiper l'incertitude en enregistrant la parcelle constitue une seconde tactique. L'enregistrement permet de garder une longueur d'avance car en cas de conflit, la cartographie de la propriété légale clarifie l'étendue des droits d'usage :

> Nous ne connaissons pas vraiment les limites de [notre] parcelle. Elles pourraient être différentes. Dans la loi, ils décrivent que vous possédez le terrain qui est nécessaire pour faire usage de votre immeuble. Mais à quoi ça correspond ? Il peut s'agir d'un grand terrain, de petits terrains… Tout dépend de votre activité, de votre dynamisme ! Parce que généralement, les autorités prennent l'initiative entre leurs mains. (Un habitant d'un immeuble soviétique moscovite)

Les témoignages d'habitants engagés dans la procédure montrent que ses bénéfices ne se cantonnent pas à la dimension juridique et aux frontières du terrain. La démarche participe d'une réappropriation plus large de l'espace résidentiel. Elle incite les habitants à élargir leurs connaissances et leurs savoir-faire juridiques et administratifs et à prendre conscience de leurs droits. Daria a passé tellement de temps à comprendre la procédure légale qu'elle a pensé que cela valait la peine de valoriser ses recherches sur le sujet. Dans la foulée, elle a donc décidé de rédiger un mémoire de maîtrise sur l'enregistrement cadastral ! Pour certains résidents, le processus d'enregistrement est devenu une expérience émancipatrice, stimulant leur engagement dans la vie politique locale ou dans la gestion de l'immeuble. Indépendamment du résultat, les résidents qui ont essayé d'enregistrer la parcelle expliquent que la procédure les a conduits à renforcer la communication avec leurs voisins, voire à résoudre d'autres problèmes. Dans certains cas, ils ont accumulé tant de connaissances théoriques et pratiques qu'ils se sont sentis légitimes pour aider d'autres personnes démunies face à la procédure. Certains ont créé des chaînes sur YouTube ou Telegram, initié des conférences, séminaires ou ateliers, participé à la structuration de communautés dédiées à la question sur les réseaux sociaux... Décortiqué par des décryptages de lettres officielles, des explications de textes de loi, des analyses de cas concrets, le processus d'enregistrement y est éclairci. Ces nouveaux espaces d'échanges deviennent par ailleurs souvent le support de discussion d'autres enjeux de la vie du quartier ou de l'immeuble : les réparations lourdes (*kapremont*), l'entretien des infrastructures, les élections municipales...

Instiguant ainsi une forme de réappropriation de l'espace résidentiel, la procédure d'enregistrement peut aussi entraîner des effets qui la contrecarrent. Certains des résidents ayant enregistré leurs parcelles cadastrales matérialisent leurs limites par des clôtures. Même si l'enregistrement n'est pas absolument nécessaire pour les construire, il apparaît souvent comme son préalable car il évite tout conflit au sujet de l'emplacement des barrières. Cette pratique est particulièrement répandue dans les zones où les parkings résidentiels sont menacés par les navetteurs qui laissent leurs voitures près des stations de métro. Un des députés municipaux interrogés décrit ce processus comme une « cascade » : les résidents enregistrent et clôturent leurs parcelles une par une, en commençant par celles qui sont situées au plus proche de la station de métro jusqu'à des zones plus éloignées. Certains mentionnent que ces nouvelles barrières peuvent gêner leur propre accès à leur immeuble. L'enregistrement des parcelles pourrait ainsi conduire à restreindre l'accès à toutes les autres, comme cela a déjà été observé à Moscou dans des quartiers résidentiels privilégiés (Zotova, 2012), dans des villes bulgares (Hirt, 2012) ou polonaises (Grabkowska et Szmytkowska, 2021)[20]. Ainsi, l'adoption des règles de privatisation peut se retourner contre les résidents : la réappropriation légale de leurs terrains entraîne la dépossession de leurs usages d'autres espaces, autrefois communs.

---

20 La dépossession d'espaces autrefois communs, sans divisions cadastrales, a été observée dans de nombreux contextes différents, comme dans le cas des *ejidos* au Mexique (Melé, 2008).

4. Gouverner par les interstices : stratégies d'appropriations foncières du gouvernement de Moscou

Le cas des quartiers résidentiels soviétiques à Moscou illustre à la fois la contingence des frontières spatiales de la propriété foncière et la fragilité de cette situation dans le contexte d'une gestion capitaliste et autoritaire de la ville. L'enregistrement parcellaire peut certes renforcer l'appropriation de l'espace habité. Cependant, il reste une démarche très rare, souvent enclenchée en réaction à un événement particulier et ne constitue donc pas une protection systématique contre les appropriations extérieures, notamment de la part des autorités publiques. Celles-ci peuvent garder un certain contrôle sur ces espaces précisément en raison du caractère interstitiel de leur statut juridique. Nous suggérons que le gouvernement de Moscou mobilise ainsi deux types de *stratégies*, au sens des pratiques permises par le pouvoir associé à une position dominante (De Certeau, 1980). La première consiste à cantonner les parcelles aux marges des réglementions légales et de la cartographie cadastrale, à les maintenir au statut d'interstices *structurels* qui rend leur statut et les usages associés suffisamment flous pour pouvoir les revendiquer à un moment ou l'autre. Cette stratégie consiste ensuite à tirer parti, de façon *événementielle* de ce statut interstitiel des parcelles. Une autre stratégie consiste à changer le cadre juridique, comme l'illustre le cas du programme Rénovation.

4.1. Laisser traîner l'interstice pour mieux se l'approprier

Même s'il n'est plus légalement propriétaire des parcelles, le gouvernement de Moscou, détenteur du pouvoir exécutif, peut mettre en place différents mécanismes pour encourager ou freiner l'application du cadre légal qui structure leurs usages. Le plan cadastral lacunaire résulte certes d'une mobilisation extrêmement faible des habitants, mais il est également dû à une absence de volonté politique. Lorsque certaines parcelles urbaines représentent une valeur ou une charge potentielle, le gouvernement instaure des mesures incitatives pour en encourager l'achat. Ainsi dans le Nouveau Moscou, vaste territoire du sud-ouest de la ville inclus dans ses frontières administratives entre 2011 et 2012, des procédures de vente aux enchères ont été mises en place afin de vendre des parcelles aux futurs propriétaires[21]. Au contraire, le *statu quo* peut être avantageux

[21] *Cf. Moskva vystavila na aukcion zemlû po 44 tys. rublej za sotku Moskva vystavila na aukcion zemlû po 44 tys. rublej za sotku*, 24 octobre 2020, RBK, https://realty.rbc.ru/news/5f92ee289a7947736c38308f.

car il permet de conserver un certain contrôle sur l'usage de ces terrains. Le simple fait que la procédure soit si compliquée pourrait ainsi être interprété comme un signe que l'indivision parcellaire est indirectement encouragée par le gouvernement de Moscou :

> Et c'est un gros problème [l'indivision des parcelles sur le plan cadastral], que la ville, d'ailleurs, utilise activement. Non seulement la ville [le gouvernement de Moscou] ne fait pas de publicité [pour l'enregistrement des parcelles], mais en plus elle n'explique ni pourquoi il est nécessaire d'enregistrer ses droits de propriété sur la terre, ni pourquoi il est si important pour nous de diviser les espaces publics et privés. La ville [le gouvernement] fait également tout pour ne pas inscrire les terrains publics dans les registres du cadastre, qui sont constitués simultanément lors de l'arpentage. (Expert en planification urbaine à Moscou, ancien employé de l'Institut du GenPlan)

Cette stratégie pourrait être assimilée à la tactique du *laisser traîner* des habitants : il s'agit de la même façon de repousser la clarification des frontières légales de la propriété. Cependant, il y a la grande différence qu'à long terme l'incertitude profite au gouvernement en raison de sa position dominante dans une sphère de l'aménagement urbain aux règles nébuleuses. L'articulation est trouble entre les textes cadrant juridiquement la planification urbaine, tels que le GenPlan et les PZZ[22] (Règles d'utilisation et d'aménagement du territoire), malgré leur vocation à combiner les réglementations locales, nationales et les orientations des politiques d'aménagement. Cette faible coordination condamne d'ailleurs à l'inertie des projets d'aménagement impliquant différents acteurs gouvernementaux :

> En fait, ce système est absolument maladroit. C'est évident. Dans mon quartier, où on est en train de construire une nouvelle station de métro [...], cinq départements du gouvernement de Moscou se heurtent les uns aux autres et ne peuvent pas négocier. Il est maintenant impossible de passer par cet endroit car cinq acteurs agissent en même temps : Metrostroy [Société d'État pour le développement du métro], la préfecture, le département du commerce et des services de Moscou, le département des transports de Moscou, et... une autre institution étatique. Simultanément, cinq départements moscovites ont des projets de construction concentrés là-bas et ils n'arrivent pas à s'entendre sur la manière de les réaliser ! Et c'est pour ça que ce terrain n'est pas utilisé. Il y a juste un tas de déchets de construction. C'est juste l'enfer. (Un député municipal d'un district du sud de Moscou)

Le manque de cohérence facilite aussi une interprétation conjoncturelle, adaptée aux décisions momentanées du gouvernement de la ville.

---

22 Pravila Zemlepol'zovaniâ i Zastrojki.

Cette flexibilité se retrouve dans la manière dont le principal document de planification urbaine, le GenPlan a été mobilisé pendant la période post-soviétique. Selon les termes de l'ancien employé du GenPlan interrogé, le Genplan de 1990 visait à « *réguler les actions des multiples nouveaux acteurs* » : investisseurs, résidents, autorités. Tranchant avec la longue tradition de planification soviétique, il n'avait pas seulement pour fonction d'acter les décisions des autorités, mais également de coordonner les intérêts de différentes parties prenantes. Le premier maire de Moscou, Iouri Loujkov (1992-2010), a fait de ce document le principal socle de discussion des projets urbains, souvent réalisés en « contournant les procédures formelles et en ignorant l'opinion des résidents locaux » (Golubchikov, 2004, p. 241). Bien qu'ajustable, le GenPlan constituait le principal outil de coordination des autorités. Son successeur, Sergueï Sobianine, en fonction en depuis 2010, y accorde une attention moindre. Le suivi de sa mise en œuvre est pratiquement suspendu. L'ensemble du document n'a même pas été entièrement adapté au moment de l'inclusion de la création du Nouveau Moscou en 2011-2012 alors que les limites de la ville ont été considérablement étendues (Argenbright, 2019). Quant aux PZZ, elles n'ont pas été définies pour l'ensemble de la ville comme cela était prévu par la loi :

> À l'heure actuelle, les PZZ ne font qu'enregistrer les décisions des autorités à certains endroits. Elles ne réglementent rien ; elles indiquent simplement qu'une décision a été prise, que l'aménagement se fait selon tels paramètres. Dans certains endroits, quand la décision n'a pas encore été prise, alors vous pouvez venir et en parler. C'est ainsi que cela se passe. Tout est lié. La loi permet à chaque maire de choisir comme il le souhaite dans quelle mesure s'engager avec le marché dans l'intérêt du développement de la ville. Vous pouvez intégrer les mécanismes du marché dans le PZZ et prévoir que le marché vous aidera à développer la ville, ou vous pouvez ne rien intégrer et ajuster manuellement tout ce dont vous avez besoin à tout moment. Il suffit d'ajuster. (Expert en planification urbaine à Moscou, ancien employé de l'Institut du GenPlan)

Cette citation souligne l'ajustabilité des documents de planification que les autorités peuvent interpréter librement et « au cas par cas » (Kosareva, Polidi, Puzanov, Trutnev et Igumenov, 2015). De nombreuses règles et obligations légales existent, mais leur coordination est floue et leur application fluctuante. Dans un tel contexte, les parcelles des quartiers résidentiels soviétiques ne se retrouvent ni intégrés à une planification à long terme, ni accordés aux principaux documents d'urbanisme. Cela facilite une stratégie d'appropriation ponctuelle, au gré du développement de projets urbains qui peuvent présenter un intérêt politique ou économique.

Cette stratégie combinant la non-intervention sur le long terme et l'appropriation au cas par cas nourrit un sentiment de dépossession de la part des résidents. La propriété foncière est censée protéger les habitants des interventions extérieures sur leurs terrains, constitutifs du « *deuxième pétrole* »[23] de la Russie que représente le foncier moscovite. Cependant, les résidents affirment que leurs parcelles restent sous la menace d'une probable appropriation par les autorités gouvernementales ou les promoteurs. Selon l'un de nos interlocuteurs, l'enregistrement des parcelles dépend non seulement de la détermination des résidents, des ressources administratives, voire de l'humeur des fonctionnaires à qui ils ont affaire, mais aussi des avantages potentiels pour d'autres acteurs : « *Si personne n'a besoin de ce terrain – il n'y a aucun problème pour l'enregistrer. Si quelqu'un en a besoin, cela devient compliqué.* » Dans ces « eaux troubles » d'incertitudes juridiques, les parcelles semblent pouvoir être investies pour un projet de construction à tout moment. Dans un contexte de rapports de force économiques et politiques très inégaux, la propriété des parcelles, surtout lorsqu'elle n'est pas cartographiée publiquement, apparaît comme une protection très fragile face aux ambitions des autorités municipales ou des promoteurs.

4.2. Un cas de stratégie d'innovation juridique : le programme Rénovation

Parallèlement à cette première stratégie qui consiste à entretenir le flou juridique, une seconde consiste à modifier directement le cadre légal. Il s'agit d'adopter des décrets ou de soutenir des lois adoptées par la Douma locale ou fédérale. Cette stratégie d'innovation juridique du gouvernement de Moscou pour garder le contrôle sur le développement urbain menace les tactiques d'appropriation habitantes des parcelles. Le programme Rénovation, lancé en 2017 et devant s'achever en 2032, financé par la mairie de Moscou, participe de cette stratégie. Il prévoit la démolition de plus de 5000 immeubles d'habitation, principalement des bâtiments préfabriqués de cinq étages construits sous Khrouchtchev (Gunko *et al.*, 2018) et la construction de nouveaux immeubles, plus hauts et « modernes » pour y reloger les résidents (une partie des appartements neufs étant vendus sur le marché privé). Ce programme menace la propriété foncière des résidents. Un décret municipal indique que parmi

[23] Les expressions citées entre guillemets dans ce paragraphe sont extraites d'entretiens avec les résidents ou députés municipaux.

une liste préétablie par le gouvernement de Moscou, les immeubles sont inclus dans le programme si deux tiers des habitants ont voté en faveur de leur démolition[24], auquel cas ils devront choisir entre un relogement dans les nouveaux immeubles ou une compensation financière. L'argument de la « saisie pour les besoins du gouvernement [de la ville de Moscou] » permet d'imposer la décision aux habitants aux opinions minoritaires (Medvedev, 2017). De plus, certains experts expliquent que dans le cas où ils préféreraient être relogés, la valeur de leur titre de propriété foncière diminuerait[25] (Korotkova, 2020). Quant à ceux qui opteraient pour la compensation financière, ils pourraient recevoir une somme correspondant à la valeur de leur appartement et de leur part de parcelle, qu'il est très difficile d'évaluer[26], voire impossible s'ils ne l'ont pas enregistrée sur le cadastre. Certains habitants ont essayé d'enregistrer leur parcelle pour ne pas se retrouver dans cette situation, mais affirment qu'en raison du programme Rénovation, le Département des biens de la ville de Moscou leur a refusé.

Deuxièmement, le cadre légal du programme renforce le pouvoir aménageur des autorités de la ville au détriment des résidents. Ainsi, afin de coordonner la Rénovation, une modification[27] de la loi fédérale sur le statut de la fédération de la capitale permet aux autorités d'échapper à la procédure décrite dans le code de l'urbanisme selon laquelle tout nouvel aménagement doit être s'accorder aux orientations du GenPlan et aux normes du PZZ. Les promoteurs qui aménageraient une zone concernée par le programme pourraient obtenir un terrain plus facilement, que les parcelles soient enregistrées ou non (Trutnev, 2020). En outre, le programme de rénovation donne la possibilité au Fonds de

---

24 Sur les modalités de ce vote qui s'est tenu au printemps 2017, *cf.* par exemple : Inizan G., « Pour ou contre la *Rénovation* ? Inégalités résidentielles, mobilisations et appropriations des immeubles khrouchtchéviens à Moscou », *ÉchoGéo* [en ligne], 56, 2021.

25 Ce qui s'explique tout d'abord par la diminution de la superficie des parcelles, les nouveaux immeubles hébergeant plus de propriétaires, leurs tantièmes se contractent mécaniquement.

26 Ce n'est pas clairement expliqué sur page du gouvernement de Moscou dédiée à cette question, mais il y est indiqué que le coût est évalué dans le *Code du logement* et dans les documents relatifs à l'évaluation des prix. *Cf.* par exemple : *Kak polučit' kompensaciû za žil'e po programme renovacii*, Site du Gouvernement de Moscou, https://www.mos.ru/otvet-stroitelstvo/kak-poluchit-kompensaciyu-za-zhile-po-programme-renovacii/#2.

27 Article 7.2 de la loi fédérale *O statuse stolicy Rossijskoj Federacii N-141*, adoptée le 1er juin 2017.

Rénovation (principal organisme public de financement et de supervision du programme) de louer les parcelles des nouveaux immeubles pour les besoins du programme à un prix nettement inférieur à celui du marché. Certaines personnes interrogées craignent que ces contrats de location n'aient pas d'échéance, ce qui signifie qu'ils pourraient être appropriés de manière permanente. Ces innovations légales fragilisent l'appropriation des parcelles par les habitants.

Enfin, toutes les évolutions juridiques nécessitent de se familiariser avec les nouvelles normes. La tactique habitante consistant à adopter les règles actuelles en enregistrant la parcelle se voit ainsi fragilisée par la stratégie gouvernementale qui vise à les changer. Le programme « Rénovation » a surpris beaucoup d'habitants, dont le temps et l'énergie se sont parfois trouvés brusquement happés par la compréhension de ces enjeux (Zhelnina, 2020). Par contraste, l'enregistrement parcellaire a pu à la fois sembler plus utile que jamais, et représenter une charge de plus, impossible à assumer dans ce contexte. C'est ce qu'explique une habitante d'un immeuble inclus dans le programme, engagée contre la démolition de son immeuble :

> Finalement, nous n'avons pas réussi à enregistrer le terrain, parce qu'au fond… Eh bien, tout ce processus de rénovation demandait tant d'énergie, tant d'efforts que, sincèrement, après cet épisode de mai 2017, je me suis juste reposée pendant l'été. (Une habitante d'un immeuble de cinq étages à Moscou, juin 2019)

La stratégie consistant à changer le cadre légal opère ainsi à la fois comme un moyen de rendre obsolètes certaines tactiques habitantes, ou bien de les décourager. Il est d'ailleurs probable que cette stratégie se répande au-delà de Moscou. Ainsi, une loi adoptée en 2020[28], encourageant la création de zones d'*aménagement territorial complexe* (*kompleksnoe razvitie territorii*, KRT) et censée encourager la diversité des usages et des fonctions des zones urbaines, réplique en partie le cadre juridique de la rénovation à l'échelle fédérale[29].

---

[28] *Cf.* Loi fédérale N494 du 20 décembre 2020, *O vnesenii izmenenij v Gradostroitel'nyj kodeks Rossijskoj Federacii i otdel'nye zakonodatel'nye akty Rossijskoj Federacii v celâh obespečeniâ kompleksnogo razvitiâ territorij.*

[29] *Cf.* par exemple : *Putin podpisal zakon o vserossijskoj renovacii*, 30 décembre 2020, RBK, https://realty.rbc.ru/news/5fec53b99a794729d4fa4c02.

Conclusion

Nous avons cherché à montrer dans ce chapitre comment le statut juridique flou des parcelles des quartiers résidentiels soviétiques renseigne les mutations sociales de la Moscou post-soviétique. Ce flou renvoie à un interstice qui est d'abord *structurel* : contrairement au centre-ville ou aux quartiers nouvellement construits, ces espaces résidentiels soviétiques sont relégués aux marges du processus de privatisation. Leur propriété a été transférée aux propriétaires des appartements après les logements, et elle n'est toujours pas cartographiée. Ainsi y perdure une certaine déconnexion entre les droits de propriété (existants mais dont l'étendue est difficile à prouver) des habitants et une appropriation reposant avant tout sur un usage quotidien. Cette disjonction témoigne d'une hybridation entre la forme juridique par excellence de la ville capitaliste – la propriété privée – et une appropriation des espaces résidentiels par l'usage qui prévalait pendant la période soviétique.

Ce flou du statut des parcelles n'est pas figé : plusieurs pratiques habitantes et gouvernementales s'attachent précisément à le faire perdurer ou à le dissiper. Les pratiques de ces espaces en font des interstices *événementiels* : leurs appropriations, en particulier juridiques, changent en fonction du contexte. D'un côté, les habitants laissent traîner ou au contraire, persévèrent à faire reconnaître l'étendue spatiale de leurs droits. De l'autre, la mairie de Moscou se distancie du cadre légal ou le modifie, afin de garder un certain contrôle de ces espaces. Ces stratégies gouvernementales témoignent que la promesse de l'appropriation habitante de l'espace par la propriété privée est, dans une large mesure, un leurre. Si le processus de privatisation peut être moteur d'appropriation, c'est ici surtout à travers le développement de nouvelles connaissances et de pratiques qui émergent pour faire avec les difficultés de la procédure d'enregistrement cadastral.

Notre enquête adopte principalement la perspective habitante. Celle-ci permet de brosser en creux le portrait de stratégies gouvernementales qui gagneraient toutefois à être étudiées de plus près. Une prochaine étape de cette recherche pourrait consister à caractériser davantage la mise en œuvre de ces stratégies par le gouvernement de la ville. Il s'agirait d'analyser plus en détail comment ce *laisser traîner*, structurant une incertitude concernant les usages et laissant la porte ouverte à des appropriations futures, se transforme à un moment donné en accaparement.

Bibliographie

Amestoy Isabelle, 2004, « Les grands ensembles en Russie, de l'adoption d'un modèle à la désaffecton : le cas de l'habitat khrouchtchévien », *in* F. Dufaux et A. Fourcault (dir.), *Le Monde des grands ensembles*, Paris, Creaphis, p. 129-142.

Argenbright Robert, 2016, *Moscow under construction. City building, place-based protest, and civil society*, Lanham, Lexington Books.

Argenbright Robert, 2017, « The evolution of New Moscow : from panacea to polycentricity », *Eurasian Geography and Economics*, 59, 3-4, p. 408-435.

Babie Paul, 2013, « The spatial. A forgotten dimension of property », *San Diego Law Review*, 50, p. 323-382.

Badyina Anna et Golubchikov Oleg, 2005, « Gentrification in central Moscow : a market process or a deliberate policy ? Money, power and people iZADn housing regeneration in Ostozhenka », *Geografiska Annaler : Series B, Human Geography*, 87, 2, p. 113-129.

Blanc Nathalie et Emelianoff Cyria, 2007, « Réappropriation du sol et société civile dans deux villes russes », *Environnement urbain/Urban Environment*, 1, p. 1-10.

Blomley Nicholas, 2016, « The territory of property », *Progress in Human Geography*, 40, 5, p. 593-609.

Büdenbender Mirjam et Zupan Daniela, 2017, « The Evolution of Neoliberal Urbanism in Moscow, 1992-2015 : The Evolution of Neoliberal Urbanism in Moscow », *Antipode*, 49, p. 294-313.

Brighenti Andrea, 2013, « Introduction », *in* A. Brighenti (dir.), *Urban interstices : the aesthetics and the politics of the in-between*, Farnham, Ashgate Publishing Limited; Surrey, England, Burlington, p. 15-23.

Certeau Michel de, 1980, *L'invention du quotidien*, vol. 1, *Arts de faire*, Paris, Gallimard, coll. « Folio Essai ».

Carton de Grammont Sarah, 2013, *Savoir vivre avec son temps : bref précis de cité-jardinage moscovite post-soviétique, comprenant quelques ruses symboliques de politique locale en période de libéralisation économique extrême, divers conseils sur l'art du bon voisinage avec les fantômes, ainsi qu'un menu requiem pour des efforts de bonheur*, thèse de doctorat en Anthropologie sociale et ethnologie, Paris, EHESS.

Carton de Grammont Sarah, 2021, « La chèvre, le fauve, le jacuzzi et les perce-neige : petites histoires d'appropriations et d'expropriations moscovites », *in* O. Boucheron, M. A. Palumbo (dir.), *L'entre-deux-barres. Une ethnographie de la transformation des ensembles de logements collectifs par leurs habitants*, Saint-Étienne, Presses universitaires de Saint-Étienne.

Chaigneau Aurore, 2008, *Le droit de propriété en mutation : essai à la lumière du droit russe*, Paris, Dalloz.

Chaigneau Aurore, 2012, « La création des copropriétés en Russie. Un droit à l'épreuve de son usage », *Revue d'études comparatives Est-Ouest*, 43, 4, p. 35-69.

Clément Klément, Demidov Andreï et Myriasova, Olga, 2010, *Ot obyvatelej k aktivistam : zaroždaûŝiesâ social'nye dviženiâ v nynešnej Rossii* [*Des résidents aux activités. Les mouvements sociaux émergents dans la Russie contemporaine*], Moscou, Tri kvadrata.

Darieva Tsypyla et Neugebauer Carola, 2020, *Urban Activities in Eastern Europe and Eurasia. Strategies and Practices*, Berlin, DOM Publishers.

Deschepper Julie, 2017, « Mémoires plurielles et patrimoines dissonants : l'héritage architectural soviétique dans la Russie poutinienne », *Le Mouvement social*, 260, 3, p. 35-52.

Essaïan Elisabeth, 2010, « Kvartal », *in* C. Topalov, L. Coudroy de Lille, J.-C. Delaule et B. Marin (dir.), *L'aventure des mots de la ville*, Paris, Bouquins.

Essaïan Elisabeth, 2021, *Le prolétariat ne se promène pas pieds nus. Moscou en projets*, Paris, Parenthèse.

Flamand Amélie, 2008, *L'analyse des espaces intermédiaires dans l'habitat*, Thèse de doctorat en Urbanisme et Aménagement, Paris, EHESS.

Fröhlich Christian, 2019, « Urban citizenship under post-Soviet conditions. Grassroots struggles of residents in contemporary Moscow », *Journal of Urban Affairs*, 42, 2, p. 188-202.

Golubchikov Oleg, 2004, « Urban planning in Russia : towards the market », *European Planning Studies*, 12, 2, p. 229-247.

Golubchikov Oleg, 2017, « The post-socialist city : insights from the spaces of radical societal change », *in* J. Short (dir.) *A research agenda for cities*, Cheltenham, Edward Elgar.

Grabkowska Maja et Szmytkowska Madgadela, 2021, « Gating as exclusionary commoning in a post-socialist city : Evidence from Gdansk, Poland », *Region*, 8, 1, p.15-32.

Gunko Maria, Bogacheva Polina, Medvedev Andrei et Kashnitsky Ilya, 2018, « Path-dependent development of mass housing in Moscow », *in* D. B. Hess, T. Tammaru et M. Van Ham (dir.), *Housing estates in Europe*, Cham, Springer, p. 289-311.

Harris Steven, 2013, *Communism on tomorrow street : mass housing and everyday life after Stalin*, Washington, D.C., Baltimore, Woodrow Wilson Center Press, The Johns Hopkins University Press.

Hirt Sonia, 2012, *Iron curtains : Gates, suburbs and privatization of space in the post-socialist city*, Oxford, Wiley-Blackwell.

Ilyushina Tatiana V., Noszczyk Tomasz et Hernik Józef, 2017, « Cadastral system in the Russian Federation after the modern transformation », *Survey Review*, 50, 362, p. 437-446.

Jacobsson Kerstin (dir.), 2015, *Urban grassroots movements in Central and Eastern Europe*, Burlington, Ashgate.

Kalyukin Alexander, Borén Thomas et Byerley Andrew, 2015, « The second generation of post-socialist change : Gorky Park and public space in Moscow », *Urban Geography*, 36, p. 674-695.

Khmelnitskaya Marina, 2015, *The Policy-Making Process and Social Learning in Russia. The Case of Housing Policy*, Londres, Palgrave Macmillan.

Kinossian Nadir, Kevin Morgan, 2014, « Development by Decree : The Limits of "Authoritarian Modernization" in the Russian Federation », *International Journal of Urban and Regional Research*, 38, p.1678-1696.

Kobyscha, Novosreshchenov, Volkova, à paraître, « Residential Mobility in Post-Soviet Russia, an example of Moscow and Ekaterinburg citizens », *Èkonomičeskaâ sociologiâ /Journal of Economic Sociology*.

Kolossov Vladimir et O'Loughlin John, 2004, « How Moscow is becoming a capitalist megacity », *International Social Science Journal*, 56, 181, p. 413-427.

Korotkova Maria, 2020, « Pravovye aspekty renovacii žiliŝnogo fonda v gorode Moskve [les aspects légaux de la rénovation du parc immobilier à Moscou] », *Obrazovanie i pravo*, 3, p. 104-133.

Kosareva Nadhezda, Polidi Tatyana, Puzanov Alexander, Trutnev Edward et Igumenov Yury, 2016, « A Study on the Consistency between Housing and Urban Planning Policies », *Higher School of Economics*, Research Paper No. WP BRP, 3.

Le Gall Julie et Rougé Lionel, 2014, « Oser les entre-deux ! », *Carnets de géographes* [en ligne], 7.

Medvedev Ivan, 2017, « Pravovye aspekty programmy renovacii Moskvy [Les aspects juridiques du programme de Rénovation à Moscou] », *Zakon*, p. 115-127.

Morton Henry W., 1980, « Who gets what, when and how ? Housing in the Soviet Union », *Soviet Studies*, 32, 2, p. 235-259.

Müller Martin et Trubina Elena, 2020, « Improvising urban spaces, inhabiting the in-between », *Environment and Planning D*, 38, p. 664-681.

Phelps Nicholas, Silva Cristian, 2018, « Mind the gaps ! A research agenda for urban interstices », *Urban Studies*, 55, p. 1203-1222.

Richard Hélène, 2014, *Comment les Russes sont-ils devenus (co)propriétaires ?* Thèse pour le doctorat de Sciences politiques, Institut d'Études politiques de Lyon.

Ripoll Fabrice et Veschambre Vincent, 2005, « Introduction. L'appropriation de l'espace comme problématique », *Norois*, 195, 2.

Samutina Natalia et Zaporozhets Oksana, 2021, « The more buffed, the more persistent. Small urban inscriptions and struggle for communication in Moscow public space », *City*, 25, 3-4, p. 453-473.

Solopova Natalya, 2021, *La préfabrication en URSS. Concepts techniques et dispositifs architecturaux*, Berlin, DOM Publishers.

Sõukand Renata, Stryamets Natalyia, Fontefrancesco Michele-Filippo et Pieroni Andrea, 2020, « The importance of tolerating interstices. Babushka markets in Ukraine and Eastern Europe and their role in maintaining local food knowledge and diversity », *Heliyon*, 6, 1 [en ligne].

Treillard Aline, 2019, *L'appréhension juridique de la nature ordinaire*, Thèse de doctorat, Université de Limoges, 590 p.

Trubina Elena, 2020, « Sidewalk fix, elite maneuvering and improvement sensibilities. The urban improvement campaign in Moscow », *Journal of Transport Geography*, 83 [en ligne].

Varga-Harris Christina, 2015, *Stories of House and Home. Soviet Apartment Life during the Khrushchev Years*, Ithaca, Cornell University Press.

Zavisca Jane, 2012, *Housing the new Russia*, Ithaca, Cornell University Press.

Zotova Maria, 2012, « Emergence of Gated Communities in Russia : Causes and Consequences », *L'Espace politique*, 17 [en ligne].

Zhelnina Anna, 2020, *Engaging Neighbors/ Housing Strategies and Political Mobilization in Moscow's Renovation*, Thèse de doctorat de sociologie, City University of New York.

Zhelnina Anna et Tikanova Elena, 2021, « Konflikty i soglasovanie interesov v gorodskom razvitii », *The Journal of Social Policy Studies*, 19, 2, p. 187-188.

Chapitre 16

Une territorialité en (re)construction ? Réflexions et explorations à propos d'interstices où se forgent les communs urbains en Val de Loire

Georges-Henry Laffont et Romeo Carabelli

Aujourd'hui abordé comme « bien commun », le territoire, « œuvre chorale co-évolutive qui découle de la fertilisation de la nature par la culture » (Magnaghi, 2012), se distingue par une identité, des caractères et même un paysage (Magnaghi, 2014), tous revendiqués ou disputés autant par les institutions qui le gouvernent que par les habitants qui y vivent. Si « le territoire n'existe pas par nature » (Magnaghi, 2014), le « bien commun » n'existe pas non plus étant « davantage une catégorie à remplir qu'une substance préexistante » (Lascoumes et Le Bourhis, 1998).

Le territoire, défini par les mécaniques d'appropriation (Ripoll et Veschambre, 2005) et de territorialité – « modalité d'action par laquelle les individus composent collectivement un bien commun et l'éprouvent, par les relations qu'ils entretiennent ensemble avec l'extériorité, dans des modes de connaissances et de valorisation de l'espace qui leur sont propres et qu'ils partagent » (Lajarge, 2012) – semble connaître les mêmes bouleversements que la patrimonialisation et la patrimonialité (Morisset, 2018). Cette double proximité retient ici notre intérêt.

Ainsi, territoire et patrimoine se pensent, se structurent et « se vivent » de plus en plus au travers d'un jeu entre des entités établies de manière *top-down* par une institution et par ses règles de fonctionnement, et d'autres établies de manière *bottom-up* par des individus et des groupes d'individus plus ou moins constitués.

Dans cette construction polyarchique, au sens où plusieurs instances, règles, communautés, ressources participent de la définition de l'agencement structurant que l'on nomme territoire, ce que l'on qualifie de « petit patrimoine » ou encore de « patrimoine mineur », peut jouer un rôle important pour cimenter une identité locale et appuyer un projet territorial (Carabelli et Laffont, 2022). En effet, l'héritage, qualifié de « patrimoine de proximité » (Noppen et Morisset, 2003), qui n'est pas monumental au sens de reconnu, inventorié, étiqueté, labellisé, et donc intégré formellement dans le champ des biens à protéger, fait partie de l'expérience de vie quotidienne des habitants, est partagé et fait identité pour une communauté plus ou moins établie. Ainsi, dans cette dynamique, il y a des « initiatives de l'alternative » (Faburel, 2018), qui s'inventent et expérimentent des processus alternatifs de création et de gestion territoriales. En cela, elles participent activement à la production de l'« agencement de ressources matérielles et symboliques capable de structurer les conditions pratiques de l'existence d'un individu ou d'un collectif social et d'informer en retour cet individu et ce collectif sur sa propre identité » (Debarbieux, 2003), qu'est le territoire.

Dans le cadre d'une recherche menée en région Centre Val de Loire[1], nous observons ces phénomènes en différentes situations (Lussault, 2007) où sont questionnés autant le territoire dans sa définition, que les héritages pensés et mobilisés. Caractérisées par la rencontre située entre des ressources, une communauté et des règles de mise en commun, ces entités fabriquent de l'espace, au sens de « ce qui est entre les hommes » (Arendt, 1995) et, participeraient à la construction polyarchique des territoires. Bien que loin d'avoir une configuration stable et efficiente, nous observons les prémices de ce que pourraient devenir de futures agoras de territorialisation ou encore des arènes (Ostrom, 2010), où et par lesquelles se produit « ce qui fait commun », « qui fait commun » et « comment ce commun est produit et utilisé ».

Ces configurations questionnent qui détermine ces patrimoines de proximité et comment ? Quelles articulations avec les patrimoines officiels s'opèrent ? Quels sont les conflits, hiérarchies, tensions observés au sein de ces arènes ? Quel statut peut être donné à un *common* territorialisant lorsque celui-ci est pensé et mobilisé comme n'étant ni privé ni public.

Si, de manière plus prospective, notre réflexion porte sur le thème de l'interaction entre commun – un statut d'usage(s) qui peut être donné à

---

1 Le projet « Patrimoine culturel de proximité, bien commun pour la construction territoriale » est financé par la Région Centre Val de Loire, il vise à permettre l'intégration des patrimoines de proximité dans les documents d'urbanisme et dans les pratiques de transformation territoriale. Le consortium est composé de chercheurs des universités de Tours (UMR CITERES), d'Orléans (CRJ Pothier) et de partenaires institutionnels (Communauté de Communes du Grand Chambord (CCGC), CAUE 41, Mission Val de Loire).

des entités matérielles – et territorialisation – manières dont des communautés sociales organisent et déploient leur espace de vie, nous proposons ici de revenir sur un des éléments fondamentaux de la constitution autant d'une arène que d'un common : l'acte symbolique d'appropriation.

Dans une première partie, nous présentons le contexte de la recherche, son objectif premier, les territoires enquêtés et les éléments méthodologiques. Dans une seconde partie, nous livrons une série d'analyses sur cet acte d'appropriation abordé autant dans son volet spatial – ce qui est approprié / individuel et social / celui qui approprie – que relationnel – ce qui prend en compte la relation entre ce qui est approprié et celui qui s'approprie.

1. Participer du renouvellement de l'observation et de la transformation des territoires

Si le projet « Patrimoine culturel de proximité, bien commun pour la construction territoriale » avait pour objectif de mieux comprendre le rapport entre le patrimoine de proximité, les habitants et les instruments administratifs de réglementation territoriale, au fil des enquêtes et réflexions, il s'est aussi avéré un cadre propice à une réflexion sur les commons et sur les arènes, interstices où on observe une construction polyarchique des territoires. En effet, selon nous, les éléments de caractérisation des ressources (imaginaires, valeurs, statuts, sens) d'une part et ceux sur les modalités de co-construction des formes d'usage et de gestion collective de ces mêmes ressources (*capabilities*) d'autre part, sont à l'œuvre dans les différentes situations étudiées.

1.1. Du terrain aux situations : une mise en action

La Loire sépare le département du Loir-et-Cher en deux régions naturelles marquées et significatives : la Beauce au nord et la Sologne au sud. Alors que la première est une zone très anthropisée et caractérisée par une forte vocation céréalière, la seconde est caractérisée par de vastes zones boisées et la présence de nombreux étangs qui l'ont rendu longtemps difficilement habitable. À cette différence fondamentale s'ajoute une distinction « patrimoniale ». Au sud de la Loire, on compte de nombreux châteaux, dont Chambord, et la valorisation patrimoniale est forte, renforcée par les usages récréatifs des paysages naturels (Loire, forêts, etc.).

Au nord, en revanche, le patrimoine monumental est moindre et le récit patrimonial plus modeste.

Afin d'intégrer ces spécificités, notre étude a porté sur six municipalités et notre entrée a été celle de l'appropriation et la possible transformation d'espaces au statut public, en tant que patrimoines de proximité, par leur mise « en commun ». Pour cette recherche, nous avons retenu trois situations de la Communauté de communes Beauce Val de Loire au nord (Oucques, Suèvres et Talcy) et trois de la Communauté de communes du Grand Chambord au sud (Bauzy, Bracieux et Saint-Dyé-sur-Loire).

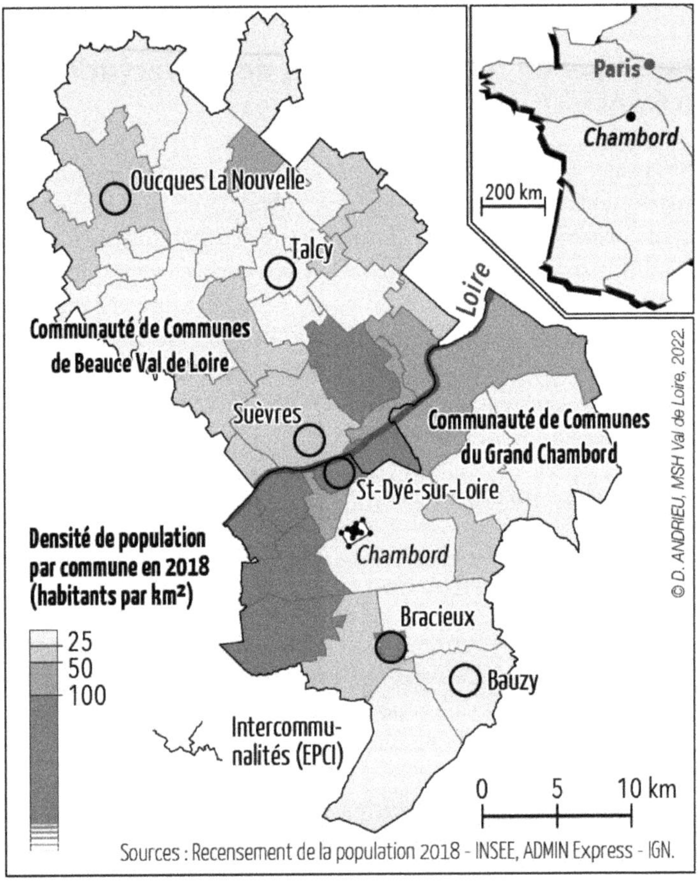

Figure 1. Communautés de communes Beauce Val de Loire et Grand Chambord, Composition en communes au 1er janvier 2019 – élaboration des auteurs, source Wikipédia – 13 avril 2022

Ces six situations représentatives possèdent une diversité territoriale et patrimoniale permettant de jeter les bases d'une typologie sur la place et le rôle du patrimoine de proximité dans une possible construction polyarchique du territoire. Nous avons donc identifié des binômes, composés de deux territoires partageant des caractéristiques similaires. Premier binôme, Bracieux et Oucques : deux municipalités ayant une attractivité importante au sein de leurs Communautés de communes et structurant leurs armatures territoriales. Dans le deuxième, Suèvres et Saint-Dyé-sur-Loire se trouvent « face à face » au bord de la Loire et sont à prendre en compte dans l'épaisseur du fleuve. Quant à Talcy et Bauzy, troisième binôme, ce sont deux petites communes « noyées » dans les terres agricoles ou forestières. Il est à noter que deux de ces situations bénéficient d'un patrimoine architectural ou urbain reconnu. Le château de Talcy, Monument historique classé (propriété du Centre des monuments nationaux) et la totalité du vieux bourg de Saint-Dyé-sur-Loire protégé depuis 1992 par une ZPPAUP et labélisé Petite Cité de Caractère.

Ville carrefour marchande de la Petite Beauce, Oucques-la-Nouvelle est une commune nouvelle de 1715 habitants[2]. À partir des années 1970, son territoire a subi de plein fouet le phénomène d'exode rural suite à la modernisation des exploitations agricoles et la tertiarisation des emplois. Aujourd'hui, Oucques-la-Nouvelle arrive à maintenir sa population grâce aux nouveaux lotissements dans lesquels s'installent de nombreuses familles travaillant dans l'agglomération de Blois ou dans les pôles avoisinants (Vendôme, Châteaudun, etc.). Rien de notable n'est à signaler en termes de patrimoine. Le château tout comme la première église paroissiale ont été démolis et une nouvelle église a été construite au début du XXe siècle. De son côté, Bracieux, aux portes de la Sologne, est une commune d'environ 1300 habitants, enserrée par deux rivières (le Beuvron et la Bonne Heure) et située au carrefour d'anciennes voies de communication importantes (voie romaine de Toulouse à Blois, chemin des bœufs de Poitiers à Paris). Elle est organisée selon une double polarisation autour de l'ancienne halle et de la Mairie avec sa grande place, anciennement un foirail. Le bâti dense est caractéristique des bourgs du sud de la Loire anciennement environnée par des bois. Au cours des cinquante dernières années, la ville s'est développée au Sud, avec une série de lotissements pavillonnaires. Enfin,

---

2 Produit du regroupement en 2017 de quatre anciennes communes (Oucques, Baigneaux, Beauvilliers et Sainte-Gemmes). L'ancienne commune d'Oucques regroupe 1500 habitants.

caractéristique commune, ces deux situations ne sont pas dotées de centres commerciaux périphériques ni de supermarchés.

Le binôme suivant est constitué par des communes de moins de 300 habitants chacune Bauzy (282 hab.) et Talcy (248 hab.). Bauzy constitue un village hameau, le bourg central s'est développé autour de l'église paroissiale Saint-Baumer (Monument historique), non loin de la rivière de la Bonne Heure, au milieu de terres agricoles, de forêts et d'étangs. Municipalité solognote, Bauzy a un caractère villageois affirmé aujourd'hui autour d'un site qui concentre tous les services publics (mairie, école, salle des fêtes), non loin de l'unique commerce du village. Plusieurs hameaux sont présents, particulièrement le long de la rivière et font de Bauzy un vaste territoire. De son côté, la commune de Talcy s'est essentiellement développée autour du château datant de la Renaissance, repris en grande partie au XVIIe siècle et classé Monument historique qui est l'élément structurant le bourg. Propriété des Monuments nationaux, le château accueille environ 13 000 visiteurs par an, ce qui le place au centre de toutes les activités locales. Toutefois, son degré d'appropriation par les habitants demeure faible. Talcy est liée à l'activité agricole comme en témoignent deux activités qui prennent une place très significative dans le centre-bourg : la « ferme de la Motte » (centre agricole de transformation et commercialisation qui emploie environ 200 salariés) et l'entreprise « Goulet et Thoré » (commerce spécialisé dans la vente et la réparation de matériel agricole neuf et d'occasion). Les deux activités économiques occupent à elles seules des centaines d'hectares et marquent fortement le paysage.

Enfin, le dernier binôme se situe le long de la Loire et les deux terrains d'étude se font face depuis les rives : Saint-Dyé-sur-Loire sur la rive gauche et Suèvres, sur la rive droite. Ce dernier est situé en dehors de l'ancien lit majeur de la Loire et inclut l'ancienne île de Saint-Dyé. Située aux portes de la petite Beauce et non loin des bords de Loire, Suèvres est une commune de 1679 habitants fortement marquée par la présence de l'eau. Le centre-bourg est traversé par de nombreux petits cours d'eau qui alimentent plusieurs moulins encore présents aujourd'hui et anciennement dédiés à la production agricole ou aux tanneries. Le site de Suèvres était déjà occupé à l'antiquité et traversé par des voies de communication importantes. Cité fortifiée au VIIe siècle, la commune s'est développée « hors les murs » avec la multiplication de hameaux. Suèvres comportait trois paroisses (Saint-Christophe, Saint-Lubin et Saint-Martin), regroupées au XVIIIe siècle. Cela explique la présence de deux églises sur la commune (Saint-Christophe et Saint-Lubin), la troisième ayant été détruite à la Révolution. Enfin, même si Suèvres a vu récemment sa population augmenter grâce au développement de plusieurs lotissements où se sont installées des familles travaillant à Blois et Mer, la commune subit une chute démographique liée à la transformation du travail agricole. Sur l'autre rive de la Loire, Saint-Dyé-sur-Loire est une commune de 1140 habitants. Port historique de Chambord, Saint-Dyé-sur-Loire connaît un regain d'attractivité depuis les années 1970. La commune attire de nouveaux habitants, dont le profil socio-professionnel est assez marqué : jeunes actifs périurbains ou retraités (70 % de la population est active et plus de 80 % travaillent en dehors de la commune). Les constructions s'étendent jusqu'au bord de la Loire, protégées par les hauts murs des jardins en rive. Le bourg *intra-muros* est articulé autour de l'église (XIIe-XVIe siècle). La présence de nombreuses maisons anciennes de standing témoigne du riche passé.

Malgré des caractéristiques, contextes et trajectoires territoriales différentes, ces six situations partagent des problématiques communes. La première est liée à la possibilité de développement des centres et à la crise qui les touche. Les dynamiques économiques des dernières décennies ont privilégié la concentration des activités de consommation dans des zones nouvelles et spécifiquement aménagées, situées en périphérie ou au long des axes routiers. Ces zones se sont transformées en pôles d'attraction qui – souvent autour d'une enseigne de la grande distribution – aimantent petits commerces, services et même de nombreuses activités artisanales. Cela a pour conséquence de créer plusieurs problématiques bien connues en France métropolitaine[3]. La seconde problématique est liée au type de relation qui se construit – ou peut se construire – entre le vécu des habitants et les espaces publics centraux. De cette relation naissent et/ou naîtraient des dimensions communale et communautaire porteuses de nouvelles formes de territorialisation. Dans notre étude, sont bien évidemment considérés comme habitants à la fois les résidents des lieux depuis des générations et les nouveaux résidents qui viennent de s'installer sur les territoires communaux[4].

---

3 Nous faisons référence à la question de la dévitalisation des centres-bourgs mis en exergue dans le travail piloté par M. Yves Dauge (ancien sénateur maire de Chinon, dans le 37), paru sous le nom : *Plan national en faveur des nouveaux espaces protégés, Rapport au Premier ministre, 2017.*

4 Dans le fonctionnement quotidien de chacune de ces situations, nous sommes conscients que les personnes de passage ou bien les touristes jouent un rôle non négligeable. Toutefois nous n'avons pas pu les intégrer à nos différentes enquêtes.

Sur nos trois binômes, en intégrant les similitudes et les singularités de chaque élément de binôme, nous voulions saisir deux processus. Tout d'abord, la manière dont l'espace qualifié centre-bourg – qui est très souvent aussi le centre historique – est perçu et exploité en tant que lieu expérientiel. Ensuite, comment les habitants s'y projettent et comment eux-mêmes voient ces lieux. Pour le CAUE41, l'intérêt de la démarche était dans la saisie et la qualification des rapports que les habitants ont à ces lieux qui sont des noyaux significatifs de l'héritage culturel des municipalités. Nous fondions donc l'hypothèse de l'existence d'un patrimoine de proximité non institué mais qui trouvait son sens collectif auprès de la communauté. Ainsi, nous souhaitions articuler l'héritage culturel véhiculé par le discours officiel à celui éprouvé comme affect (Jansen, 2016) pour participer d'une production de connaissance plus fine des patrimoines de proximité, des communautés patrimoniales (Morisset, 2018) et de leurs potentiels territorialisant. Cela nous a conduit à proposer une approche spécifique.

Nous avons essayé de saisir et restituer une sorte de « réponse communautaire », qui ne pouvait être un entretien collectif ou le recoupement de plusieurs entretiens individuels[5].

1.2. Un protocole pour faciliter l'expression de la parole habitante et sa mise en commun

Au-delà d'une confrontation entre les discours d'experts, d'institutionnels et d'habitants afin de « libérer la parole », nous avons inclus dans notre protocole de recherche une méthodologie expérimentale : l'apéro-drone. Des sessions conviviales de travail ont eu lieu en fin d'après-midi autour d'un apéritif, dont l'ouverture était une vidéo réalisée sur la base d'un montage de séquences rendant compte d'un survol par drone des communes enquêtées. L'objectif était bien de susciter la curiosité des habitants pour les engager à nous rencontrer et à réagir sur ce qui fait sens pour eux sur le territoire de la commune.

---

[5] Dans le cadre du projet, pour constituer notre discours, nous avons collecté plusieurs entretiens, aussi bien formels qu'informels, avec les élus, les techniciens du patrimoine mais aussi avec les habitants.

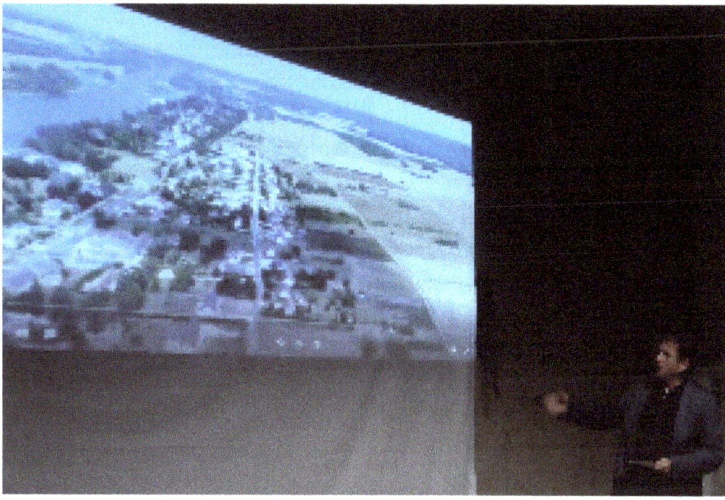

Figure 2. Le Maire de Saint-Dyé-sur-Loire montre la vidéo prise du drone en occasion de l'apérodrone, le 2 octobre 2018 (source : auteurs)

La vue dynamique depuis les airs est très parlante – beaucoup plus qu'un plan, une ortho-photographie ou de simples images – et permet de faire réagir rapidement l'assemblée. Sur les six situations, nous avons donc fait le choix de réaliser un court film qui débute toujours de l'église du village, lieu de décollage privilégié et point de repère évident et symbolique, ne serait-ce qu'en termes de représentations individuelles et collectives. Les vues aériennes montrent ensuite la commune dans son environnement lointain, ouvrant ainsi sur les dimensions et échelles territoriales et paysagères.

Après la présentation en session plénière des objectifs de la réunion et la projection de la vidéo (laissée en boucle sur l'écran par la suite), une discussion ouverte s'engageait systématiquement à l'invitation d'un des membres de l'équipe, sur la lecture des espaces existants, leur perception, etc. Au-delà d'un court moment de flottement, que l'on constate dans toute réunion publique ou dans tout dispositif enjoignant à la prise de parole libre, nous avons toujours trouvé des situations d'échanges animées. Une fois ce temps terminé, nous avons proposé deux ateliers – « cartes » et « cartes postales » – et un espace informel d'apéritif pour ceux qui préféraient discuter de façon totalement informelle avec des membres de l'équipe. Le protocole d'enquête comportant alors trois méthodes pour récolter la parole habitante et faciliter sa mise en commun.

Si le dessin cartographique est l'une des façons les plus traditionnelles de représenter les lieux, de rendre visibles les modalités d'appropriation, et rendre compte de leur place dans le quotidien, il faut reconnaître que l'exercice n'est pas aisé. Pour pallier cela, nous avons proposé aux participants un accompagnement technique. L'idée de la mobilisation de la carte était de permettre aux habitants de spatialiser leurs lieux de vie, leurs déplacements, etc., et de matérialiser ainsi leur narration spatiale. En parallèle à cet exercice, l'autre atelier était consacré à la collecte de la mémoire habitante par la méthode de la reconduction photographique, méthode usitée lorsqu'il s'agit de réaliser des observatoires du paysage (Enjelvin, 2019), en amenant les participants à réagir sur deux photographies d'un même lieu. Cela leur a permis d'exprimer leurs avis sur les transformations du bâti, des lieux, du centre-bourg et du territoire communal et d'exprimer l'enjeu de soi (Laffont et Martouzet, 2018) que révèle la transformation ou la disparition d'un espace ayant un sens pour un individu.

L'utilisation d'images aériennes a du sens pour saisir et caractériser le regard qu'un habitant porte sur son lieu de vie dans la mesure où les images captées sont inédites. De plus, la vue aérienne pousse les habitants à sortir de leur « zone de confort » dans la façon dont ils voient et considèrent leur espace de vie. Au fond, les individus parlent autant de l'espace que des relations établies avec lui.

Ce protocole a permis de discuter des évolutions du paysage urbain, en qualifiant la présence ou l'absence de certains éléments bâtis, la transformation des villages. Ces éléments permettent d'une part de faire émerger, individuellement, du sens à l'acte d'habiter, mais aussi de mettre en partage ce sens pour voir si un common prenait forme autour d'un élément qualifié de patrimoine de proximité.

2. Entre appropriation(s) et territorialité(s) : comprendre ce qui fait sens entre habitant et espace

Méthode expérimentale, l'apérodrone a donc été utilisé pour faciliter l'expression de la parole habitante et son recueil afin d'ouvrir la narration de la relation des participant.e.s avec les composantes matérielles, immatérielles, affectives, et symboliques participant de leur spatialité (Lussault, 2007) et desquelles peuvent émerger des éléments relevant de la territorialité (Helmer, 2019). Par ce protocole composite, nous saisissons comment le territoire est affectivement vécu en tant que socle de références connues, où les habitants sont en mesure de projeter leurs connaissances et leurs imaginaires sociaux spatialisés. Le récit qui émerge est celui de la description des lieux, des liens que chacun.e entretien avec eux, de ce qui participe du territoire «à hauteur d'homme».

2.1. Connaître, caractériser et qualifier

L'appropriation des lieux demande leur connaissance – ce qu'ils sont, ce qui les compose – et leur reconnaissance – leur place au sein du territoire, la manière dont ils font réseau avec d'autres lieux (Ripoll, Veschambre *et al.*, 2004)

Un premier point de lecture de la parole habitante est le retour sur la connaissance et le récit de la composante matérielle de l'héritage bâti. Durant les rencontres et au fil des ateliers, nous avons toujours essayé de ne pas utiliser le terme « patrimoine » ; ce choix a été fait pour éviter une association automatique entre les caractéristiques attribuées aux lieux et ce terme associé lui à des représentations rigides, structurées et instituées. Ainsi, dans nos discours, nous avons favorisé le terme héritage pour éviter une caractérisation des lieux *a priori*. En revanche, les habitants ont été libres et, lorsque cela fut le cas, nous avons veillé à ne pas leur demander des précisions sur l'usage de ce vocable afin d'éviter de fausser et d'orienter l'échange. Sur l'ensemble des situations, les habitants décrivent les espaces centraux avec précision et ont tendance à les associer à des espaces considérés comme anciens, renvoyant ainsi à un imaginaire fondateur d'une territorialité locale.

À Saint-Dyé-sur-Loire, les habitants ont souligné la régularité de la structure urbaine: un quadrilatère dont le réseau routier interne est parallèle à l'ancien tracé des murs. Les remparts – dont il ne subsiste que quelques murs et tourelles – persistent dans les représentations habitantes : « le village est quand même bien délimité ». Sa structure morphologique ancienne se prête très aisément à « contenir » l'imaginaire associé à «un centre» dans le village. Alors que le vol au-dessus de la commune montre un village étendu au bord de la Loire, beaucoup de participants aux ateliers insistent sur « *la densité du bâti* »[6]. Cette densité est même considérée comme harmonieuse. Ensuite, la présence et l'agencement de matériaux locaux comme le tuffeau et l'ardoise participent à créer une ambiance et une qualité : « *il y a une harmonie entre les ardoises et les tuiles* ». Au-delà de l'existence de plusieurs styles architecturaux reflétant différentes époques de construction et de transformation, le village

[6] Les extraits de *verbatim* sont mentionnés en italiques et ne sont pas référencés de manière précise à tel ou tel participant.e.

demeure, pour les habitants, bien structuré et cohérent. Ces éléments vont dans le sens de la présence d'une certaine conscience patrimoniale à Saint-Dyé qui peut s'expliquer par la conjugaison de plusieurs facteurs externes aux ressentis des habitants mais qui les conditionnent indubitablement. Tout d'abord, Saint-Dyé-sur-Loire est dans le périmètre d'inscription depuis 2012 des paysages de la vallée de la Loire au patrimoine mondial de l'UNESCO. La commune jouit d'une situation exceptionnelle avec les restes d'un port remarquablement préservé. La promenade le long de la Loire, bordée de platanes, constitue un cadre exceptionnel, utilisé à la fois par les habitants pour leurs promenades mais aussi par les cyclotouristes qui profitent de l'infrastructure « Loire à vélo ». Néanmoins, si l'inscription sur la liste du Patrimoine mondial est connue, elle est, à l'échelle du Val de Loire, minimisée au profit de Chambord et de la Loire. Puis, Saint-Dyé-sur-Loire est le port historique de Chambord, ce qui constitue pour la plupart des habitants une fierté : « *tout le bourg en lui-même est un monument* » ! Enfin, le bourg est protégé depuis 1992[7]. Il est à noter que nombre d'habitants présents ont connaissance de l'existence de ce document protégeant le patrimoine architectural et urbain de la commune.

Pour l'autre situation du binôme, Suèvres, l'analyse est plus singulière. Une réaction unanime a été de critiquer la focalisation faite par notre équipe sur le centre-bourg. Pour les habitants présents à nos ateliers, les hameaux, témoins des anciennes paroisses, sont « *ce qui fait Suèvres* ». Ainsi, en forçant le trait, nous pourrions avancer qu'il n'y a pas un village mais des villages où le centre bourg est plus un espace d'usages pour les habitants des hameaux qu'un espace identitaire et commun. Ces anciens hameaux et leur héritage bâti (églises, et moulins), structurent la mémoire des habitants. Les rivières sont un élément identitaire et partagé : « *les cours d'eau, c'est Suèvres* ». Cette caractéristique est renforcée par la citation récurrente de nombre de bâtiments associés (lavoir, moulins). Autant d'éléments du patrimoine local, avec les ruelles et les « belles demeures » qui participent au ressenti d'une « *ambiance de village traditionnel français* ». L'eau, c'est aussi la Loire, accessible à moins de deux kilomètres du centre-bourg. Toutefois, le rapport des habitants au fleuve n'est pas si marqué que dans d'autres communes de la vallée qui se situeraient directement sur la Loire. Elle est vue, à Suèvres, comme un espace de loisirs : la Loire à vélo traverse le territoire (la volonté des élus est de capter le flux de cyclotouristes vers le centre-bourg) et une base de loisirs (plan d'eau Domino) se situe à quelques

[7] Il y a maintenant un SPR (Site Patrimonial remarquable) – Art. L631.1 du Code du patrimoine, septembre 2017 – qui reprend la précédente ZPPAUP qui, elle, reprenait la ZPPAU de 1992.

centaines de mètres du fleuve. Les habitants en parlent peu comme élément du patrimoine ou constitutif du paysage, sauf quelques-uns pour qui « *la Loire faisait partie de Suèvres : elle arrivait au bord du village avant que l'île de Saint-Dyé soit comblée* ». En revanche, certains habitants mentionnent les anciennes fortifications de la ville comme éléments du patrimoine local mais insuffisamment mises en valeur.

A Bracieux, la morphologie est l'une des caractéristiques principales relevées par les habitants. La densité des constructions est notamment mise en avant : « *c'est assez groupé* ». La taille relativement réduite de la commune « *vrai cœur de village* », est signalée. Le centre bourg est bien intériorisé dans les représentations ; les habitants relèvent un certain nombre de caractéristiques urbaines de leur commune telles que la densité du bâti, la présence de marqueurs forts de la centralité incarnés par des espaces publics importants : « *la Halle, c'est l'endroit festif avec la place de l'Hôtel de Ville* », deux lieux intimement liés à l'activité commerciale qui a entraîné le développement de Bracieux. La commune est née du commerce et les activités liées à ces échanges ont laissé une empreinte durable dans l'espace urbain. Les habitants participants aux ateliers relèvent aussi des éléments caractéristiques du bâti : un « *panachage des toitures* » (aux matériaux différents). En seconde lecture, les habitants soulignent le paysage dans lequel s'insère la commune. Les rapports à l'eau et à la forêt questionnent. À ce titre, un habitant, taquin, lançait : « *avant on était dans l'eau, aujourd'hui on est au bord de l'eau* ». Le territoire de Bracieux, aux portes de la Sologne, fait partie des terres marécageuses asséchées sous Napoléon III. Puis, la question de l'appartenance à la Sologne est revenue dans les réactions et débats : « *Il y a quelques maisons en brique mais pas vraiment de maisons solognotes : on est aux portes de la Sologne.* » Autre point, la présence de la forêt a aussi fait débat : « *En Sologne, la forêt est importante, finalement on voit que ce n'est pas le cas à Bracieux.* » Ces éléments, clairement constitutifs de la Sologne, ne font pas toutefois consensus chez les habitants : Bracieux se situerait en position d'interface entre Val de Loire et Sologne. Dans les discours et échanges, la manière d'appréhender la proximité avec le château de Chambord est ambivalente. Trop proche parce que situé à 10km de la commune, il devient un handicap mais lorsqu'il est mis en perspective avec un autre château, Cheverny, lui aussi à égale distance de Bracieux, il est vu comme une opportunité : « *On est entre Chambord et Cheverny, c'est valorisant.* »

À Oucques-la-Nouvelle, situation complétant ce binôme, les habitants remarquent que le bourg est assez dense et ramassé mais avec des respirations végétales (jardins) : « *C'est bien homogène. Bien groupé mais bien séparé par la route.* » Au visionnage, du film, ce que les participants relèvent surtout est ce qui manque, c'est-à-dire ce que la prise de vue ne montre pas ou ce qui n'existe plus : « *on ne voit pas l'animation du village, la circulation* ». Au fil des échanges, les éléments de patrimoine existants et disparus émergent dans les discours. La halle (ancien hôtel de ville) apparaît comme très importante et fait l'unanimité auprès des habitants. Elle marque le bout de la perspective de la rue principale et symbolise le lieu du pouvoir municipal et des événements. Les axes de communication principaux (dont la rue commerçante) ont été bien conservés. La conscience patrimoniale des habitants s'accroche à des éléments identitaires locaux, notamment liés à l'activité agricole : « *on est dans une région où il n'y a pas grand-chose* », il semble donc important de sauvegarder ce qui peut l'être. En ce qui concerne les éléments disparus, la piscine, première piscine du département « *qui manque au village* », et qui était « *du patrimoine…* » émerge des discours. Puis viennent le silo à grain, l'église, le château, etc., autant d'éléments qui ont été détruits mais qui marquent encore les imaginaires habitants et l'identité de la commune. Le silo à grains, cet élément typique de l'activité agricole céréalière constitue un marqueur identitaire pour la commune : « *ce n'est pas forcément une belle image, mais c'était une image* ! ». Ces ateliers étaient donc l'occasion d'évoquer l'évolution de Oucques et notamment le rôle fédérateur et identitaire des éléments patrimoniaux, existants ou disparus, portant des valeurs symboliques fortes.

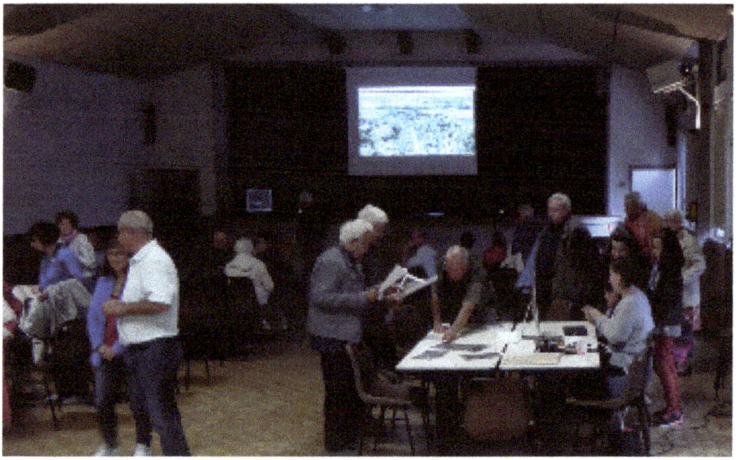

Figure 3. Soirée apérodrone à Oucques-la-Nouvelle, le 3 octobre 2018 (source : auteurs)

Dans le dernier binôme, Bauzy et Talcy, l'on retrouve les trois caractéristiques observées dans les autres situations : l'importance de l'eau et de la forêt ; l'ambivalence vis-à-vis du patrimoine institué ; l'opposition entre diffus et concentré lorsqu'il s'agit d'évoquer ce qui fait centralité. Le vol en drone au-dessus de Bauzy montre un village dans lequel l'eau et la forêt constituent deux éléments importants : ils forment des points de repère pour les habitants. D'une part les aménités paysagères constituent une part importante du discours : « *c'est beau, on voit la forêt et le château* ». D'autre part, il y a une conscience de l'évolution des paysages et notamment des phénomènes de fermeture paysagère due à l'enfrichement de prairies non exploitées : « *ça manque de vaches, il n'y en a presque plus. Le paysage est en train de se refermer* ». Ensuite, le caractère solognot du village s'exprime à travers la morphologie urbaine du centre-bourg. Ainsi, le village est qualifié d'ordonné avec une organisation assez régulière du bâti et des jardins. Les matériaux constitutifs de l'identité architecturale solognote tels que le bois, tuile et brique sont nommés. De son côté, la notion de centralité s'exprime à travers le ressenti d'un bourg resserré, dont la densité est parfois négligée : « *il y a plus de bâtiments qu'on ne le pense* ». Sans surprise, les lieux mentionnés comme principaux sont bien l'église et la mairie auxquelles s'ajoute un espace libre derrière l'église utilisé pour les activités communautaires (vide-greniers, repas républicains du 14 juillet). Enfin, pour ce qui est de Bauzy, notons que la notion de patrimoine n'a pas été évoquée naturellement par les habitants. À Talcy, il y a certainement une centralité historique, architecturale et urbanistique avec le château, en revanche celui-ci est, dans la pratique, ni perçu comme central, ni important, ni pouvant prétendre au statut de commun ; à la différence de l'espace composé par la mairie, l'école, la salle des fêtes, l'église Saint-Martin, la place et les deux parkings adjacents, qui lui l'est. Le château semble avoir perdu son sens commun et fonctionne en « vase-clos » alors qu'il s'agit d'un bien public. Devenu monument (Morisset, 2018), le château se trouve en quelque sorte mis sous cloche et ainsi extrait de son environnement proche et des dynamiques du territoire. Le rapport au château est donc ambigu. Il semble impossible d'évoquer le village de Talcy sans le mentionner et pourtant, cette pièce maîtresse de la commune, tant dans sa morphologie que dans son histoire, est mise au second plan par les habitants, comme s'il était intériorisé, devenu tellement évident qu'il n'est plus nécessaire de le nommer et ainsi le reconnaître. Alors qu'aucun habitant n'a parlé spontanément de lui, en revanche, une fois le château évoqué par l'équipe de recherche, les échanges se sont révélés prolixes. Pour tempérer notre première analyse, les échanges montrent que le rapport des habitants de

Talcy au château est complexe. Pour la majorité d'entre eux, ils ne font que « *vivre à côté du château* » et n'entretiennent pas de liens particuliers avec l'institution et ne participent pas aux activités proposées. Perçu et vécu comme une évidence, la représentation que les habitants ont du château est plus contrastée. Il y a de la fierté : « *s'il n'y avait pas le château, on ne parlerait pas de Talcy* » nous disait un habitant mais on note aussi une lassitude quant aux contraintes que sa présence produit : « *les conseils de l'ABF sont un peu capricieux… on ne fait pas ce que l'on veut* » ou encore : « *C'est difficile de la maintenir [l'école] car la présence du château empêche l'arrivée de certaines constructions* ». Toutefois, de manière générale, en évoquant le château, les habitants admettent que « *si on doit faire le bilan, on est content de l'avoir.* » La dimension ou référence paysagère a aussi retenu l'attention des habitants. L'agriculture céréalière, omniprésente, crée des paysages d'*openfield* spécifiques dont la perception est partagée. Si tous les habitants présents s'accordent à dire que l'espace agricole est important, tous ne lui portent pas une dimension esthétique identique.

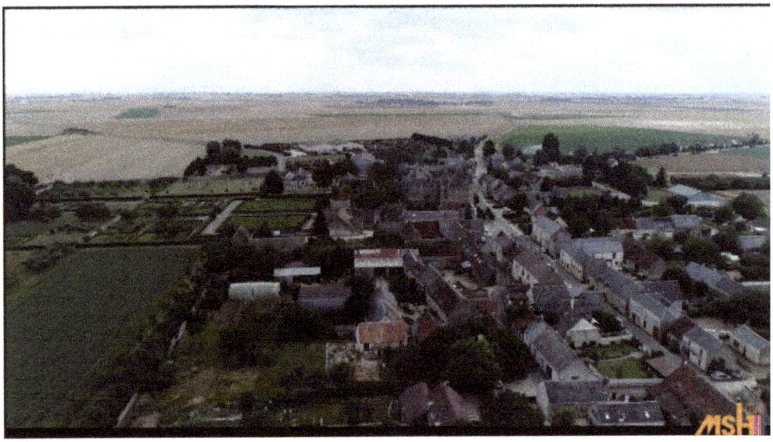

Figure 4. Vue du drone de la municipalité de Talcy (source : auteurs)

Quelle que soit la situation observée, les apérodrones ont permis de révéler les éléments matériels et immatériels – bien souvent liés – qui forment des communs pour les habitants. Pour les caractériser, nous préférons parler de common plutôt que « biens communs » et ce pour deux raisons. La première est de l'ordre de la posture et acte que ce sont les humains et les règles de caractérisation et de mobilisation de la ressource sur lesquelles ils se sont entendus qui font commun. La seconde, dans la mesure où le propos porte sur la construction polyarchique des territoires, fait écho à un « vide juridique ». En effet, bien commun et arène n'ont pas, juridiquement parlant, de statut (Tribillon, 2016) et ne peuvent donc pas encore, dans le droit français, produire administrativement du territoire. En revanche, en tant que *common*, tous deux demeurent moteurs du changement parce qu'ils renvoient à ce qui fait sens pour un et plusieurs habitants pouvant dès lors mettre en partage cette ressource, des règles pour la mobiliser à des fins territoriales.

2.2. À propos de ce qui fait sens pour un habitant

Durant les enquêtes, à l'exception de celles conduites à Oucques La Nouvelle et Bracieux[8], il a été mis en lumière qu'en termes d'appropriation et de construction d'une communauté, on retrouve, dans le discours, une caractérisation systématique exprimée entre « habitant » (établis depuis longtemps) et « usager » (nouveaux arrivants). Cette distinction illustre une partition au sein de la population entre qui il serait possible de « faire commun » et qui cela ne le serait pas. Dans la mesure où ces observations n'ont pu être faites dans toutes les situations enquêtées, notre propos ne reprendra pas la structure initiale de binôme mais procédera par rapprochements entre situations, quelle que soit leur localisation en Val de Loire.

À Talcy, comme mentionné précédemment, un espace composite est vécu comme central. Un second niveau d'analyse en fait même un marqueur communautaire car c'est à partir du rapport avec cette centralité de la place que certains qualifient les nouveaux arrivants dans la commune comme des « *touristes fixes* » qui « *déposent juste leur fils à l'école en voiture avant de partir* ». Ce que cela illustre est que l'appartenance à la communauté – la volonté ou la possibilité d'en fonder une – se joue en premier lieu avec le partage – et la possibilité de partage – des mêmes pratiques spatialisées. Nous retrouvons une situation similaire à Saint-Dyé où la narration de ce qui est central et commun fait ressortir une différenciation entre ceux qui habitent le noyau ancien et les autres. Cette

---

8 Dans ces deux cas, la parole habitante ne présentait pas de liens spécifiques avec des bâtiments individuels ou des formes tangibles de construction caractéristiques des sites. Les raisons résident probablement dans les caractéristiques des deux communes : Oucques a trouvé un lien très fort avec des éléments disparus (piscine et silo à grains) qui ont polarisé les questions d'appropriation tandis que Bracieux, du fait de sa conformation physique particulière, est systématiquement repris comme une entité unique, urbaine, et non comme un ensemble composé d'éléments individuels.

distinction s'opère non pas majoritairement autour d'un espace matériel, même si les remparts sont mobilisés parfois, mais par une différence de pratiques liées aux modes de déplacements et donc aux itinéraires. Deux communautés sont clairement énoncées par les enquêtés, majoritairement résidant dans le centre du bourg : celle composée de piétons et qui empruntent les venelles et celle composée d'automobilistes qui n'utilisent que la route principale traversant la commune pour leurs déplacements journaliers.

À Bauzy, si une certaine distinction s'opère entre habitants du bourg et habitants de la périphérie, celle-ci est moins nette en termes d'appartenance à une communauté. Entre les habitants du centre bourg et ceux du lotissement, « *ce n'est pas la même mentalité* » et dans certains discours, à cette différence de « *caractère* », se superpose une distinction esthétique : « *les maisons ne sont pas belles. Il manque les matériaux qui caractérisent la Sologne* ». Toutefois, la présence de ces nouveaux habitants – nommés ainsi – est plutôt acceptée et participe même à la vie communautaire dans la mesure où leur présence permet de maintenir l'école : « *pas d'école, pas de village* ».

Dans le cas de Suèvres, l'on rencontre la même situation qu'à Bauzy où les habitants des lotissements sont perçus comme déconnectés de la vie locale : « *les lotissements, c'est une population à part* ». Pour certains habitants présents lors des ateliers, Suèvres devient une cité dortoir du fait de l'attractivité exercée par Blois. Toutefois, si ces nouveaux habitants semblent ne pas s'intégrer au village, ils font (sur) vivre l'école, enjeu majeur ici aussi. En complément, au fil des ateliers et des entretiens, on observe une vision mythifiée du passé liée à l'évolution des modes de vie. Une partie considérable des habitants semble nostalgique de pratiques communautaires révolues : « *le soir les gens sortaient. Maintenant ils restent devant leurs téléviseurs, leurs écrans, ils s'envoient des SMS* ». Dans la narration de la regrettée « *vie d'avant* » on retrouve : le cinéma, les bistrots, le club de jeunes au presbytère, la boîte de nuit ou des événements comme les baptêmes de voitures place Saint-Christophe et la kermesse annuelle qui a eu lieu jusque dans les années 1980. Enfin, toujours liée à l'évolution des modes de vie, la fermeture des commerces est un souvenir bien souvent douloureux : non seulement cela influe sur le dynamisme de la commune mais en plus, cela modifie le paysage urbain, avec des vitrines abandonnées, des façades « *moins sympathiques* » ou « *tristes* ».

Dans les différentes situations enquêtées, ce que l'on observe est que ce n'est plus seulement l'espace dans sa conception matérielle qui est approprié mais aussi le sens particulier qu'il revêt, les modes de relations à lui et les manières dont chacun peut partager – ou non – avec l'autre et les autres, ce sens pour qu'il fasse « commun ». Ces premières analyses montrent deux choses. La première est que l'appropriation s'expose à l'autre, à la fois pour s'en différencier et pour se représenter par des attitudes et comportements de contrôle, de marquage et de personnalisation (Serfaty-Garzon, 2003). La seconde est que cette même appropriation renvoie à l'identification du sujet ou du groupe à l'espace, autrement dit à son investissement singulier, à la façon dont ce sujet, individuel ou collectif, s'en fait un référentiel (Morsel, 2006).

Globalement, nous avons l'impression que dans ces interstices en construction, les habitants portent à l'attention des élus et techniciens communaux un désir de « ré-agréger les lieux des communautés » (Magnaghi, 2020), de repositionner les espaces de leur vie dans une dynamique locale qui « fait société », qui « produit de l'interaction ». Une partie de ces tendances s'exprime certainement comme une critique envers ces mêmes élus et techniciens considérés comme représentants locaux de l'aspect négatif de la globalisation qui fait du territoire un espace a-topique et du fait d'habiter un simple carrefour de coordonnées, significatif seulement pour son emplacement dans la trame du Monde. Au-delà d'une simple prise en compte d'une multitude de singularités exprimées par les habitants, l'enjeu de la construction territoriale, est de générer dans et par des interstices, une « *communauté des égaux* » dans un « *partage du sensible* » (Rancière, 2000) où la dimension relationnelle est fondamentale dans la constitution de l'espace social.

Conclusion

Que retenir alors ? Premièrement, sur l'ensemble des situations enquêtées, nous constatons la formation d'une communauté sociale plurielle néanmoins structurée autour de l'appropriation symbolique et d'usage des quartiers historiques et plus largement d'entités que les enquêtés qualifient de centralités. En effet, ces espaces sont présentés comme appropriés par leurs habitants actuels de manière légitime. Il semble que l'entité matérielle quartier historique – indépendamment du caractère historique réel des bâtiments concernés – soit un actant[9] territorial de légitimation

[9] L'actant comme défini par Lussault (2003) : « à l'origine, l'actant est une instance, quelle qu'elle soit, qui contribue au procès d'un programme narratif [...] Les actants sont des opérateurs de la réalité sociale [...] le mot, qui a conservé là cette

« d'être là » (Laffont et Martouzet, 2018). Actant car, pour un habitant, qu'il y réside ou n'y réside pas, participer à la vie du centre ancien permet d'être reconnu et intégré – au moins dans le discours – à la communauté. Deuxièmement, toutes les personnes ayant un rapport à un espace qualifié de central et approprié comme tel dans chacune des situations, peut être considéré, comme habitant au sens où Ingold (2007) le définit, dans la mesure où ils et elles s'investissement et s'inscrivent dans la vie communautaire et participent de son maintien. Troisièmement, l'on observe sur les municipalités un marquage individuel et communautaire – l'un n'allant pas sans l'autre et l'un ne pouvant exister sans l'autre –, marquage s'entendant comme une identification psychologique d'un individu à son territoire par une prise (Berque, 2018) matérielle et/ou symbolique d'un espace et par là même la définition d'une place (Lussault, 2007). De ces trois observations émerge la condition première pour que s'établisse une territorialité interstitielle permettant une construction polyarchique du territoire. En effet, la centralité ainsi décrite, caractérisée et délimitée peut devenir une ressource mobilisable par une communauté – symbolique et/ou d'usages – par sa traduction en règles communautaires ; la centralité permet aussi la reconnaissance et le déploiement de l'ensemble des échanges matériels, symboliques, affectifs, sensibles qui ont lieu entre les habitants et leur environnement.

Ensuite, force est de reconnaître, que sur les situations enquêtées, peu d'arènes sont opérantes. Toutefois, conscients des limites de la recherche conduite, nous pouvons avancer que des micro-communautés tentent d'émerger, souhaitant pouvoir participer à la gestion – dans des proportions, actions et responsabilités restant à définir – des espaces considérés comme centraux et permettant l'existence d'une communauté. Si, dans les discours, ces communautés se caractérisent et se reconnaissent davantage par une mise en avant de l'exclusion de certains et non de l'inclusion de toutes et tous, elles demeurent tout de même des entités où peut se développer une interaction permettant de surmonter les conflits d'intérêts et les dilemmes auxquels les membres de la communauté sont confrontés. Par exemple, ce qui semble être en jeu à Talcy, Bracieux et Suèvres, n'est pas tant la propriété et donc un statut public ou privé d'un bien ou d'une ressource mais les droits d'usages de ces mêmes biens. Une fois ces règles discutées, émergerait alors une possibilité de participation effective à une construction territoriale autre et instituante au sens de

caractéristique issue de la sémiotique, a le mérite de ne pas limiter l'analyse aux êtres humains».

portée par une communauté, légitimant cette même communauté et posant les termes de la construction territoriale non plus comme rapport de sujet – un collectif – à un objet – un territoire – mais comme une relation où « ce qui se fait ensemble est inséparable du processus socio-politique par lequel des parties distinctes et différentes acceptent, pour une durée déterminée, de faire front conjointement » (Brédif et Christin, 2009).

À ce stade, nous proposons de nommer « territorialité interstitielle » cette relation active. En tant que modalité d'action et de relation, elle renvoie à une communauté qui s'éprouve dans l'interaction, les pratiques et les usages communs de prises qui donnent sens à une relation entre un individu et un espace. En tant que modalité de connaissance et de valorisation, la territorialité interstitielle met l'accent sur l'affect et la cognition et la réflexion, c'est-à-dire la co-construction, le partage à la fois comme manière de définir un commun, de faire commun et d'être en commun. Ainsi, s'interesser à la construction polyarchique des territoires ne revient peut-être pas à identifier, analyser et même porter des modalités autres de faire territoire mais de traquer et mettre en lumière des tentatives où s'inventent des formes de reterritorialisation où l'espace rassemble et relie au lieu de séparer.

Bibliographie

Arendt Hannah, 1995, *Qu'est-ce que la politique?*, Paris, Seuil.

Berque Augustin, 2018, *Glossaire de mésologie*, Bastia, Éditions Éoliennes.

Brédif Hervé et Didier Christin, 2009, « La construction du commun dans la prise en charge des problèmes environnementaux : menace ou opportunité pour la démocratie ? », *VertigO – la revue électronique en sciences de l'environnement* [en ligne], 9, 1, mai 2009, http://journals.openedition.org/vertigo/8489 ; doi:https://doi.org/10.4000/vertigo.8489.

Carabelli Romeo et Georges-Henry Laffont, 2022, « Vers des communs territoriaux en Val de Loire. Retours sur des expériences de caractérisation de ressources et de modalités d'action pour faire territoire autrement », *in* S. Sagapeli (dir.), *Vous avez dit espace commun ?*, Berne, Peter Lang, p. 242-257.

Debarbieux Bernard, 2003, « Territoire », *in* J. Lévy et M. Lussault (dir.), *Dictionnaire de la géographie et de l'espace des sociétés*, Paris, Belin.

Enjelvin Pierre, 2019, « Un observatoire photographique participatif des paysages et de la valeur universelle de la Chaîne des Puys-faille de

Limagne ? », *Les Cahiers de la recherche architecturale urbaine et paysagère*, 5.

Faburel Guillaume, 2018, *Les métropoles barbares: démondialiser la ville, désurbaniser la terre*, Paris, Le Passager clandestin.

Helmer Étienne, 2019, *Ici et là : une philosophie des lieux*, Lagrasse, Verdier.

Ingold Tim, 2007, *Une brève histoire des lignes*, Paris, Zones sensibles.

Jansen Jan, 2016, « Ethnography and the choices posed by the affective turn », *in* J. Frykman et M. Povrzanovic-Frykman (dir.), *Sensitive objects, affect and material culture*, Lund, Nordic Academic Press, p. 55-78.

Laffont Georges-Henry. & Denis Martouzet, 2018, L'affectif révélateur de l'« être-là » : éléments conceptuels, méthodologiques et empiriques. Nouvelles perspectives en sciences sociales, 13(2), 185-214. https://doi.org/10.7202/1051115ar

Lajarge Romain, 2012, *Territorialités en développement. Contributions aux sciences territoriales*, HDR, Grenoble, Université Joseph Fourier.

Lascoumes Pierre et Jean-Pierre Le Bourhis, 1998, « Le bien commun comme construit territorial. Identités d'action et procédures », *Politix. Revue des sciences sociales du politique*, 42, p. 37-66.

Lussault Michel, 2003, « Actant », *in* J. Lévy et M. Lussault (dir.), *Dictionnaire de l'espace et des sociétés*, Paris, Belin, p. 38-39.

Lussault Michel, 2007, *L'homme spatial. La construction sociale de l'espace humain*, Paris, Seuil.

Magnaghi Alberto, 2020, *Il principio territoriale*, Turin, Bollati Boringhieri.

Magnaghi Alberto, 2014, *La biorégion urbaine: petit traité sur le territoire bien commun*, Paris, Eterotopia.

Magnaghi Alberto, 2012, *Il progetto locale. Verso la coscienza di luogo*, Turin, Bollati Boringhieri.

Morisset Lucie K., 2018, « Préserver ou partager ? Du patrimoine aux communautés patrimoniales », *in* B. Chérubini (dir.), *Pratiques mémorielles et politique: pour une anthropologie politique du patrimoine, Anthropologie du Monde occidental*. Paris, L'Harmattan, p. 39-52.

Morsel Joseph, 2006, « Construire l'espace sans la notion d'espace. Le cas du Salzforst (Franconie) au XIVe siècle », *in Actes des congrès de la Société des historiens médiévistes de l'enseignement supérieur public*, 37e congrès, Mulhouse, 2006. *Construction de l'espace au Moyen Âge: pratiques et représentations*, p. 295-316. doi:https://doi.org/10.3406/shmes.2006.1927.

Noppen Luc et Morisset Lucie K., 2003, « Le patrimoine est-il soluble dans le tourisme? », *Téoros*, 22, 3, p. 57-59, http://journals.openedition.org/teoros/1722.

Ostrom Elinor, 2010, *Gouvernance des biens communs*, Bruxelles, De Boeck.

Rancière Jacques, 2000, *Le partage du sensible. Esthétique et politique*, Paris, La Fabrique.

Ripoll Fabrice et Veschambre Vincent, 2005, « Introduction », *Norois*, 195, http://journals.openedition.org/norois/477.

Ripoll Fabrice, Veschambre Vincent et le groupe « Appropriation », 2004, « Espaces géographiques et Sociétés » *Travaux et documents de l'UMR 6590*, 21, Séminaire « Appropriation », Rennes, UMR Espaces et sociétés, p. 5-107.

Serfaty-Garzon Perla, 2003, *Chez soi, les territoires de l'intimité*, Paris, Armand Colin.

Tribillon, Jean-François, 2016, *Le droit nuit gravement à l'urbanisme*, Paris, Éditions de la Villette.

Chapitre 17

Les communs urbains dans les communes italiennes : périphérie environnementale et centralité politique

Riccardo Rao

À l'intérieur du récent débat italien sur les biens communaux, les communs urbains sont restés relativement aux marges par rapport aux usages collectifs et aux communs ruraux. Pour souligner l'importance encore actuellement des biens communaux ruraux dans les paysages de l'Italie contemporaine, on peut rappeler que l'année dernière le prix national du paysage – étape intermédiaire du prix européen du paysage établi par le Conseil européen, à l'intérieur de la Convention européenne du Paysage – a été attribué aux anciens communs de Massenzatica, en Romagne. De même, la réflexion juridique sur les usages collectifs (« usi civici »), animée par Paolo Grossi à partir des années 1970, a suscité un débat à l'intérieur du Parlement italien[1] : une nouvelle loi sur les biens communaux (« beni comuni »), promulguée en 2017, a reconnu les domaines collectifs (« domini collettivi ») en tant qu'« *ordinamento* juridique primaire des communautés ». Avec cette loi, les biens communaux (« beni comuni ») sont mis en valeur par la République, en raison de leur rôle dans la tutelle de l'environnement[2].

S'ils n'ont pas bénéficié de l'attention du législateur, les biens communaux urbains ont fait l'objet d'une réflexion soutenue au sein de la communauté de médiévistes italiens. Alors que les historiens du droit avaient focalisé leur attention sur les propriétés collectives dans les campagnes, les études d'histoire sociale sur les communs ont été centrées depuis les années 1980 sur les grandes communes urbaines. Jean-Claude Maire Vigueur a identifié les communs comme un pôle de conflit entre les *milites* (les chevaliers urbains), qui revendiquaient ces biens pour le

---

[1] Le débat des historiens du droit en Italie a été intense, grâce aux travaux de Paolo Grossi (Grossi, 1976). Voir aussi Cortese (1964) et Petronio (1988). Plus récemment, Dani (2003), Conte (2002, 2012) et Spanò (2018, p. 109-116).

[2] Loi du 20 novembre 2017, n. 168.

service militaire offert aux cités, et le *Popolo*, (le peuple), qui vers la fin du XIIe siècle entendait affirmer la souveraineté des institutions communales (Maire Vigueur, 1987, p. 553-554 ; Maire Vigueur, 1988, 2003). Depuis cette période, les communes, dirigées par des podestats, des officiers étrangers avec un mandat annuel, commencèrent à mener des enquêtes pour recenser les biens communaux (« beni comuni ») et les soumettre à l'autorité citadine. Cette énorme opération d'identification des patrimoines collectifs, principalement centrée sur les anciens bois et pâturages utilisés par les citoyens, fut novatrice : des biens dont la jouissance n'avait jamais été collective furent incorporés dans les biens communaux. Les enquêtes s'étendirent aux territoires ruraux contrôlés par les communes, les « contadi », qui coïncidaient *grosso modo* avec les diocèses (Rao, 2010). En sorte que, au cours du XIIIe siècle, les villes italiennes possédaient de vastes biens communaux, qui étaient essentiels pour le fonctionnement des finances publiques : ils étaient une ressource d'importance primordiale, décisive notamment pour l'approvisionnement frumentaire des villes. La notion même de communs était devenue à cette époque plus ample : les moulins, les palais communaux, les rues et d'autres espaces urbains en faisaient désormais partie. De plus, la plupart des terrains étaient donnés en location à des privés, moyennant le paiement d'une redevance (Rao, 2008, p. 224-229).

Cette centralité politique a été déterminante afin que les communs urbains puissent s'imposer comme espace de création du paysage. Les biens communaux des communes italiennes sont en fait non pas tant des espaces de conservation environnementale qu'un espace de transformation du paysage. Les autorités urbaines déployèrent des politiques novatrices, qui visaient à réaménager les communs comme lieux fertiles. Pour ce faire, elles amorcèrent des mesures considérables dans l'aménagement des eaux : la bonification des espaces marécageux et le creusement des canaux sont des thèmes récurrents des politiques des biens communaux du XIIIe siècle. En revanche, les interstices urbains – les espaces libres dédiés aux activités de la communauté – furent appropriés par la commune au cours du XIIIe siècle, qui imposa des règlements sévères pour leur utilisation et des paiements en argent pour pouvoir en jouir, qui en limitèrent l'accessibilité.

1. Les enquêtes sur les communs

On peut suivre ces transformations de plus près en focalisant l'attention sur quelques cas d'étude.

Le premier cas que je voudrais présenter est celui de Vérone. En 1178, le podestat ordonna une enquête sur les terres près de l'Adige, dans la proximité de la ville, dans la *campanea comunis*. Le but était de séparer les propriétés privées des biens communs localisés dans la zone suburbaine. Des officiers élus par la commune (*iurati campanee comunis Verone*) désignèrent les limites des champs qui appartenaient à la commune, en fixant des bornes sur le terrain (*termini* ; *lapides*; Rao, 2014).

L'opération de délimitation de la campagne de la commune (*campanea comunis*) amorça une façon nouvelle de penser les biens communs de Vérone. Ils ne furent plus des terrains exploités librement par les citoyens, mais ils devinrent des biens contrôlés par l'institution communale. Cette dernière nomma des officiers délégués à leur gestion, les *procuratores*, qui enregistraient par écrit, dans un *liber comunis*, les actes qui leur étaient relatifs. La gestion des propriétés collectives de la part de la communauté devint indirecte : la commune les gérait à travers des locations, en percevant les rentes, ou même en les vendant.

Entre 1178 et 1184, une part remarquable de ces propriétés fut destinée à la fondation d'un nouveau village, Villafranca, envisagée par la commune de Vérone pour augmenter les disponibilités annonaires de la ville. Les autorités urbaines privatisèrent alors les anciens biens communaux pour les assigner aux habitants immigrés dans la villeneuve (Castagnetti, 1974).

Quelques années plus tard, la commune fonda un autre village, Palù, sur d'anciens communs dont jouissaient des communautés rurales du «contado». La fondation de Palù est fort intéressante pour deux raisons : 1) on peut suivre la transformation en champs cultivés des communs ruraux lorsqu'ils devinrent une propriété de la commune urbaine; 2) on assiste à la mise en place d'une rhétorique narrative qui visait à justifier l'opération. Selon le document de fondation de la ville, le podestat décida de soulager la souffrance de la population urbaine, tourmentée par le manque de blé, au moyen de la bonification d'un marais de propriété de la ville qui longtemps fut non productif et stérile (*infructuosa et sterilis*). Le podestat investit un collectif, composé « de quatre cents hommes du marécage », qui élit des recteurs chargés des opérations de division et de la bonification. Les efforts des recteurs se concentrèrent sur les moyens d'assainir le marécage improductif et de le mettre en culture à l'aide d'espèces fructifères : comme on peut lire dans le prologue de l'acte, «nous, avec un soin diligent et non sans fatigue durant l'été comme l'hiver, de jour comme de nuit, ayant conçu de défricher le marécage, qui était souvent dit stérile, sauvage et horrible, et de le mettre en bon état, de façon qu'il puisse produire des fruits copieux et des vergers abondants… ». La modalité choisie pour conclure la bonification fut la création de la Villeneuve de Palù (Castagnetti, 1974).

Des dynamiques analogues sont documentées à Verceil. En 1192, un soulèvement populaire (*vociferando multitudo populi*) se dressa contre l'usurpation des anciens pâturages communs, que les familles les plus importantes de la ville s'étaient appropriés. Les consuls de la commune, en réponse à la forte pression de la population urbaine, firent une enquête sur les biens communaux. Il s'agissait des terrains au bord de la Sesia, le fleuve qui côtoyait la ville. Comme à Vérone, une fois l'opération terminée, la commune commença à gérer les friches de la ville d'une façon indirecte, en interdisant les usages collectifs. Plusieurs documents révèlent durant toute la première moitié du XIIIe siècle les locations et les aliénations des communs de Verceil de la part des officiers expressément institués par la commune (Rao, 2008).

A cette époque, depuis le début du XIIIe siècle, la commune de Verceil possédait aussi de vastes terres dans le *contado*, près du fleuve Po (Panero, 1979). Comme à Vérone, ces biens communaux, essentiels pour l'approvisionnement de la ville, montrent que la question des communs dépassait largement les remparts, et manifestent une unité conceptuelle avec les terrains publics dans les campagnes.

Passons au cas de Bergame. La ville est bâtie au sommet d'une zone collinaire. Les collines au-delà de la ville étaient jusqu'au début du XIIIe siècle, des zones incultes destinées aux activités collectives des citoyens (*cives*). À cette époque-là, les citoyens rappelaient que les bois étaient utilisés pour la chasse. Toutefois, selon le témoignage d'un habitant, les terrains avaient été pour la plupart « réduits en fertilité », à savoir transformés en champs cultivés. La transformation du paysage rural avait été amorcée par la commune qui, vers 1221, avait enquêté sur les communs de la ville. La cité s'était approprié des terres incultes qui pour la plupart avaient été louées aux familles des campagnes, soucieuses de s'installer dans le territoire de la ville pour en recevoir les avantages. Les collines de Bergame avaient commencé à être peuplées par des hameaux des maisons, qui avaient développé l'espace agraire (Rao, 2009-2010).

Le plan d'occupation du sol actuel des « Colli di Bergamo », qui soustrait une part des espaces ruraux périphériques à l'agglomération, grâce aux normes introduites par le gouvernement du territoire depuis la seconde moitié du XXe siècle, remonte en fait aux transformations dans la gestion des communs urbains amorcées au cours du XIIIe siècle : l'alternance entre espaces cultivés et friches, aussi bien que l'habitat dispersé, ont été introduits durant cette période.

La mise en culture des communs, comme ailleurs, fut supportée par une rhétorique communale fondée sur l'idée de fertilité des champs opposée à la stérilité des zones incultes. Durant les mêmes décennies, les statuts urbains de 1248 imposaient au podestat d'engager des démarches auprès des consuls des villages du « contado » pour les obliger « à réduire en fertilité toutes les terres stériles et infertiles grâce à l'implantation d'arbres fructifères et de cultures »[3].

La commune arriva à introduire cette idée aussi dans les campagnes du « contado », dans la plaine aride au sud de la cité. Les prés naturels, qui étaient conçus comme communs par les citoyens et les communautés rurales de la zone, furent appropriés par la commune urbaine, qui fonda deux nouveaux villages, Campagnola et Comun Nuovo. Grâce au creusement d'un canal, la Morla, dérivé de la Roggia Serio, qui bordait la ville, la zone fut irriguée et transformée en champs cultivés[4].

Les cas de Vérone, Verceil et Bergame ne sont pas une exception. On peut retrouver des situations semblables dans l'Italie communale entière, à Brescia, Pistoia et Pérouse, par exemple[5]. Aussi dans les villes plus modestes, comme Mondovì, dans le Piémont, vers la fin du XIIIe siècle la commune s'occupa de l'aménagement des communs, conçus à la fois comme espaces urbains (les rues et les places), à la fois comme zones incultes suburbaines à mettre en valeur. Ici, en 1298, la commune, grevée de dettes, décida de vendre le bois de Santo Stefano. L'acte insiste sur le fait que la décision fut partagée par la collectivité. Il fallait justifier le consensus de la population, parce que la vente d'un bien soumis à l'usage commun, juridiquement inaliénable, pouvait être contestée, surtout de la part des habitants les plus lésés par la privation du bois.

Les divergences à l'intérieur de la collectivité sont toutefois passées sous silence dans l'acte qui insiste plutôt sur les avantages qui pouvaient découler de l'aliénation au bénéfice de chaque personne et de la

---

3 Finazzi (éd.), 1876, p. 1989 : « ut terre steriles et infructuose in suis territoriis reducantur ad fructus et ad fertilitatem vel per plantationem arborum domesticorum vel que future sunt domestice, vel per seminationem, vel alio modo quo illa terra convenientius ad fructus et ad fertilitatem reduci possit ».

4 Biblioteca Civica Angelo Mai di Bergamo, ms. Cassaforte 219. Voir Mazzi, 1891 p. 15-17 (pour les prés de Brembo), et Longhi, 2003.

5 Sur les propriétés des communes dans le « contado », voir aussi les cas de Pérouse, Brescia et Pistoia, étudiés par Massimo Vallerani (Vallerani, 1992), Giampaolo Francesconi (Francesconi, 2007) ; Rao, 2003.

communauté entière : « pour le grand profit et l'évidente utilité de la commune et de chaque personne de ladite communauté », selon les mots du document[6].

L'aliénation du bois de Saint-Étienne (Santo Stefano) fut justifiée au moyen d'un discours que nous avons déjà rencontré : le fait que cette zone inculte n'avait aucune utilité pour la commune et ses habitants, alors que, grâce à l'acharnement des acheteurs, le bois, qui était « stérile et infertile », pourrait devenir « fertile et fructifère », grâce aux champs à créer, aux vignobles et aux châtaigniers à planter. Apparemment, on est donc en présence d'un projet qui prévoit, à travers une forme de dilapidation des propriétés collectives, la mise en valeur d'un bien qui était gaspillé. L'image positive créée par la commune cache toutefois les intérêts personnels impliqués : les quinze emphytéotes du bois de Saint-Étienne faisaient partie des familles les plus importantes du groupe dirigeant local, qui reçurent un profit remarquable de l'aliénation.

L'exemple du bois de Saint-Étienne illustre qu'on ne peut pas sous-estimer le lien qui s'imposa au cours du XIIIe siècle tout d'abord dans la rhétorique des groupes dirigeants urbains, puis dans la mentalité collective entre défrichement et mise en valeur des biens communaux autrement gaspillés. Durant une époque de pression démographique, la suppression de la friche collective, remplacée par des champs cultivés ou de bons châtaigniers, est favorisée par les communes pour augmenter les disponibilités annonaires de la ville. Pour les citoyens les terres « infertiles et stériles » doivent devenir « fructifères »[7].

2. Le disciplinement des interstices urbains et des espaces ouverts aux habitants

La forte pression des autorités communales sur les communs réduit les espaces urbains qui étaient à disposition des citoyens pour une pluralité d'activités. Ces espaces-interstices, dont la juridiction et l'accès étaient dans l'ensemble libre furent captés par la commune, qui en codifia les formes d'utilisation.

En particulier, de différents terrains libres à l'intérieur de la ville pouvaient être consacrés à des fonctions sociales. À Milan, vers la fin du

---

6 Barelli (éd.), 1904, n. 51, p. 127 : « *pro magno comodo et evidenti utilitate dicti comunis et omnium et singularum personarum predicte universitatis* ».

7 *Idem*. Voir aussi Rao, 2014.

XIIe siècle, un champ de la paroisse était utilisé par les habitants pour le pâturage et le jeu (notamment, le jeu « *ad ossas* » ; Grillo, 2001). Souvent localisés près de remparts, les champs de mars étaient les prés utilisés pour les pâturages des chevaux des *milites* et pour leur entraînement : ils sont attestés, par exemple, à Alba, Vérone, Vicence e Bergame, où les jeunes de la ville se réunissaient au cours du XIIe siècle aussi pour s'entraîner à combattre, en combattant avec des armes factices[8].

Les porches (*portici*) des villes étaient occupés par les étaux des marchands et des artisans qui y vendaient leurs marchandises. Toutefois, l'espace collectif destiné au commerce était surtout l'espace du marché ou de la foire, souvent relevant du droit des évêques : à Bergame, la foire avait lieu dans un vaste pré au pied de la ville, le *pratum Sancti Alexandri*, contrôlé par l'évêque de la cité depuis le Xe siècle (Mazzi, 1892, p. 92-95).

Aux marges des villes fluviales, comme Verceil où Vérone, les îles pouvaient représenter des ressources importantes pour les familles, qui s'y rendaient pour ramasser du bois (pour Vercelli : Rao, 2005, p. 23-56. Pour Vérone : Ferrari dalle Spade, 1914).

Ces espaces dont l'usage était libre furent disciplinés au cours du XIIIe siècle à travers les enquêtes menées par les podestats, à fur et à mesure que la réflexion sur les *regalia* renforçait la souveraineté de la commune[9]. Dans les cas des porches et des îles, les occupants furent obligés de reconnaître l'autorité municipale et de verser un loyer à la commune (Rao, 2008, p. 211-219). Aussi les rues et les routes devinrent des espaces étroitement surveillés par les autorités communales : l'usage collectif n'était prévu que pour des situations extraordinaires : par exemple, à Tortone, pendant le XIIIe siècle, les pâturages dans les rues et près des haies étaient permis en cas de guerre[10]. Même les champs de Mars furent souvent vendus par la commune, comme à Bergame, où le pré destiné aux combats des jeunes chevaliers vers 1170 avait été transformé en champs cultivés[11].

---

8 Pour Bergame : Rao, 2009-2010 ; pour Albe : Rao, 2008, p. 164 ; pour Vérone : Maire Vigueur, 2003. En 1262, le Champ de Mars était propriété de la commune : Carlotto-Varanini, 2006, p. 17. Pour les « battagliole », voir Settia, 1993, p. 46-49.

9 En 1183, l'empereur avait reconnu l'autorité des communes sur les *regalia*, « scilicet in fodro et nemoribus et pascuis et pontibus, aquis et molendinis » : Weiland (dir.), 1898, t. I, p. 414. De façon plus générale, pour une réflexion sur les regalia au cours du XIIIe siècle, voir aussi Keller, 1994 ; Zorzi, 1994 ; Abulafia, 1999.

10 *Statuta civitatis Derthonae*, Milano 1573, f. 208r.

11 Biblioteca Civica Angelo Mai di Bergamo, Collezione di Pergamene, n. 2164, 1170, 18 novembre.

Conclusions

On peut dégager quelques conclusions significatives de l'expérience des communs des cités de l'Italie médiévale, qui pourraient contribuer au débat interdisciplinaire sur les communs urbains.

1) Le premier constat vise la dimension d'invariabilité environnementale des zones où les communs urbains se concentraient vers le XIIe siècle. Il s'agissait des terrains au bord des fleuves (la Sesia à Verceil, l'Adige à Vérone) où des zones collinaires où les zones incultes avaient survécu (à Bergame et à Mondovì). Ce sont des aires qui coïncident avec les zones vertes suburbaines actuelles. Ces zones, jusqu'à la mise en place récente de "ceintures vertes", ont souvent été conçues au cours des XIXe et XXe siècles comme des espaces marginaux, alors qu'au Moyen Âge, ces zones de haute qualité environnementale étaient au centre des politiques communales des villes italiennes.
2) D'une façon plus générale, on a pu vérifier l'existence d'un lien étroit entre ville et territoire dans la gestion des biens communaux. La relation ville-campagnes se concrétise aussi grâce à une narration centrée sur la fertilité des terres défrichées et cultivées. Il s'agit évidemment d'une idéologie urbaine fondée sur la subordination des campagnes, dont le paysage devait être destiné au service de l'approvisionnement frumentaire de la ville. La création des vastes patrimoines urbains dans le «contado» fut souvent associée à la fondation de villeneuves. Par conséquent, les communs urbains ont permis le déploiement d'un urbanisme originel (et non originel), qui véhicula des cultures citadines dans les campagnes. Portant notre regard sur les communs urbains dans les campagnes, on peut donc récupérer le rôle de la ville comme modèle dans la lecture du paysage historique : cette conscience historique serait essentielle aussi dans la planification actuelle, qui traite souvent des espaces urbains et espaces ruraux comme des univers inconciliables.
3) Enfin, le parcours à l'intérieur des biens communaux de l'Italie médiévale met en évidence la fonction essentielle du gouvernement des communes : la valeur de la gestion institutionnelle, comme clef pour assurer le bon fonctionnement des communs. À cet égard, l'expérience des communes italiennes confirme les intuitions de Elinor Ostrom, qui suggère qu'afin que les communs puissent être rentables, ils doivent être gérés avec des règles partagées (Ostrom, 1990). Dans le cas des communs des villes

médiévales, gérés à travers locations et défrichements, il semble possible de dépasser l'opposition entre collectif et privé, dont les deux dimensions sont unifiées sous la volonté publique de la commune.

Les biens communaux urbains ont été centraux dans l'histoire des villes italiennes médiévales. Au cœur des conflits sociaux, ils ont été des espaces d'expérimentation gestionnaire, qui ont accéléré la transformation des paysages des zones suburbaines. L'absence d'une continuité institutionnelle contribue à expliquer le fait qu'ils ont été plutôt négligés dans le débat actuel : objet d'usurpation, de défrichements et de privatisation, les biens communaux urbains ont souvent disparu assez vite. Aujourd'hui, il ne s'agit plus de les restaurer d'une façon anachronique. Il faut toutefois remarquer le hiatus entre biens communs urbains contemporains et histoire. Je reviens sur l'exemple de Bergame que je vous ai présenté : en 2016, la municipalité a approuvé un nouveau règlement pour la régénération des communs urbains, le « règlement pour la collaboration entre citoyens actifs et l'administration pour la régénération des biens communs urbains » (*Regolamento per la collaborazione tra cittadini attivi e l'amministrazione per la cura e la rigenerazione dei beni comuni urbani*). La dimension historique de ces biens, même le mot histoire, manque complètement[12].

Il s'agit du coup de récupérer la dimension historique de ces biens grâce à deux actions de connaissance: 1) à travers une archéologie des communs, qui est de plus en plus pratiquée pour les biens communaux ruraux, et qui pourrait être appliquée aussi aux cas urbains (Stagno, Tejerizo García, 202; Fernandez 2015) ; 2) en s'appropriant la narration historique des communs, surtout lors des interventions de planification qui intéressent les périphéries et les ceintures vertes et qui coïncident avec les zones de présence historique des communs : là il s'agit d'une opération culturelle qui est essentielle pour (re)qualifiée ces zones disqualifiées, qui peut souvent avoir une fonction centrale comme poumons verts des villes. Ce discours historique, qu'il conviendrait d'enrichir d'une étude des conflits sociaux, nous rappelle aussi que les communs urbains étaient tout d'abord un espace vécu. Toutefois, il faut éviter tout stéréotype, en rejetant les rhétoriques néo-ruralistes des communes qui ne visent qu'à récupérer les anciens bois et pâturages collectifs (Mattei, 2010). Comme

---

[12] Disponible sur le site du Comune di Bergamo: https://www.comune.bergamo.it/documento-sgd/regolamento-per-la-collaborazione-tra-cittadini-attivi-e-lammi nistrazione-per-la-cura-e-la-rigenerazione-dei-beni-comuni-urbani.

on l'a vu, les communes furent en mesure de transformer les communs urbains, dans une véritable œuvre de création du paysage agraire. L'histoire peut aider à restaurer la dimension civile de ces espaces encore à saisir.

Bibliographie

(1573) Statuta civitatis Derthonae, Milan, Valerium & Hieronymum fratres Metios.

Abulafia David, 1999, « Federico II e i suoi rapporti con le città settentrionali », *in* C. D. Fonseca et R. Crotti (dir.), *Federico II e la civiltà comunale nell'Italia del Nord*, Rome, De Luca Editori d'Arte, p. 9-23.

Barelli Giuseppe (dir.), 1904, *Il* Liber instrumentorum *del comune di Mondovì*, Pinerolo, Società Storica Subalpina.

Carlotto Natascia et Varanini Gian Maria (dir.), 2006, *Il* Regestum possessionum comunis Vicencie *del 1262*, Rome, Viella.

Castagnetti Andrea, 1974, « Primi aspetti di politica annonaria nell'Italia comunale. La bonifica della *palus comunis Verone* (1194-1199) », *Studi medievali*, 15, p. 363-481.

Conte Emanuele, 2002, « Comune proprietario o comune rappresentante ? La titolarità dei beni collettivi tra dogmatica e storiografia », *Mélanges de l'École française de Rome – Moyen Âge*, 114, p. 73-94.

Conte Emanuele, 2012, « Beni Comuni e Domini Collettivi tra Storia e Diritto », *in* M. R. Marella (dir.), *Oltre il Pubblico e il Privato. Per un Diritto dei Beni Comuni*, Rome, Ombre Corte, p. 43-59.

Cortese Ennio, 1964, « s.v. Demanio », *in* F. Calasso (dir.), *Enciclopedia del diritto*, Varese, Giuffré, vol. XII, p. 70-83.

Dani Alessandro, 2003, *Usi civici nello Stato di Siena di età medicea*. Préf. de Diego Quaglioni, Bologne, Il Mulino.

Fernandez, Margarita, 2015, « El aprovechamiento de los espacios comunales en el Noreste de la Península Ibérica entre el período romano y el medieval », *in* U. Moscatelli et A. M. Stagno (dir.), *Archeologia delle aree montane europee : metodi, problemi e casi di studio – Archaeology of Europe's mountain areas : methods, problems and case studies*, special issue, *Il capitale culturale. Studies on the value of the Cultural Heritage*, 12, 2015, p. 689-717.

Ferrari dalle Spade Giovanni 1914, « La Campagna di Verona dal secolo XII alla venuta dei Veneziani. Contributo alla storia della proprietà comunale dell'alta Italia», *Atti del regio Istituto veneto di scienze, lettere ed arti*, 74, p. 41-104.

Finazzi Giovanni (dir.), 1876, Antiquae collationes statuti civitatis Pergami, *in Leges municipales*, II, Turin, Deputazione di Storia Patria, coll. «*Historiae Patriae Monumenta*», XVI, p. 1921-2086.

Francesconi Gianpaolo, 2007, Districtus civitatis Pistorii. *Strutture e trasformazioni del potere in un contado toscano (secoli XI-XIV)*, Pistoia, Società Pistoiese di Storia Patria.

Grillo, Paolo, 2001, «Il Comune di Milano e il problema dei beni pubblici fra XII e XIII secolo : da un processo del 1207 », *Mélanges de l'École française de Rome. Moyen Âge*, 113, p. 433-451.

Grossi Paolo, 1976, *« Un altro modo di possedere ». L'emersione di forme alternative di proprietà alla coscienza giuridica postunitaria*, Milan, Giuffré.

Keller H. 1994, «Federico II e le città : esperienze e modelli fino all'incoronazione imperiale», *in* P. Toubert et A. Paravicini Bagliani (dir.), *Federico II e le città italiane*, Palerme, Sellerio, p. 17-33.

Longhi Stefano, 2003, « Una fondazione bergamasca della tarda età comunale. Comun Nuovo (1253), terra e difesa », *in La Misericordia Maggiore di Bergamo fra passato e presente*, Bergame, Edizioni dell'Ateneo, p. 177-194.

Maire Vigueur Jean-Claude, 1987, « Premessa », *Mélanges de l'École française de Rome – Moyen Âge*, 99, *I beni comuni nell'Italia comunale : fonti e studi*, p. 553-728.

Maire Vigueur Jean-Claude, 1988, « Les rapports ville-campagne dans l'Italie commu ale : pour une révision des problèmes », *in* N. Bulst et J.-P. Genet (dir.), *La ville, la bourgeoisie et la genèse de l'état moderne (XIIe-XVIIIe siècle)*, Paris, Presses du CNRS, p. 21-34.

Maire Vigueur Jean-Claude, 2003, *Cavaliers et citoyens. Guerre, conflits et société dItalie Italie communale, XIIe-XIIIe siècles*, Paris, Éditions de l'École des Hautes Études en Sciences Sociales.

Mattei Ugo, 2010, *Beni comuni : un manifesto*, Bari, Laterza.

Mazzi Angelo, 1892, *Note suburbane*, Bergame, Tipografia Pagnoncelli.

Mazzi Angelo, 1891, *L'atto del 23 giugno 1233 e la misura delle acque in Bergamo*, Bergame, Pagnoncelli.

Ostrom Elinor, 1990, *Governing the commons. The evolution of institutions for collective action*, Cambridge, Cambridge University Press.

Panero Francesco, 1979, *Due borghi franchi padani. Popolamento ed assetto urbanistico di Trino e Tricerro nel secolo XIII*, Vercelli, Società Storica Vercellese.

Petronio Ugo, 1988, « Usi e demani civici fra tradizione storica e dogmatica giuridica », *in* E. Cortese (dir.), *La proprietà e le proprietà*, Milan, Giuffré, p. 491-542.

Rao Riccardo, 2003, « Beni comunali e governo del territorio nel *Liber potheris* di Brescia », *in* M. L. Chiappa Mauri (dir.), *Contado e città in dialogo. Comuni urbani e comunità rurali nella Lombardia medievale*, Milan, Cisalpino, p. 171-199.

Rao Riccardo, 2005, *I beni del comune di Vercelli. Dalla rivendicazione all'alienazione (1183-1254)*, Vercelli, Società storica vercellese.

Rao Riccardo, 2008, *Comunia. Le risorse collettive nel Piemonte comunale (secoli XII-XIII)*, Milan, Led Edizioni.

Rao Riccardo, 2009-2010, « Il Monte di Bergamo e gli incolti collettivi della città (secoli XII-XIII) », *in* R. Rao (dir.), *Bergamo e la montagna nel Medioevo. Il territorio orobico fra città e poteri locali, Bergomum*, 104-105, p. 51-74.

Rao Riccardo, 2010, « Le inchieste patrimoniali nei comuni dell'Italia settentrionale (XII-XIV secolo) », *in* Th. Pécout (dir.), *Quand gouverner c'est enquêter. Les pratiques politiques de l'enquête princière (Occident, XIII*e*-XIV*e* siècles)*, Paris, De Boccard, p. 285-298.

Rao Riccardo, 2014, « *Sterile et infertile :* gaspillage et dilapidation dans la gestion des biens communaux durant les bas Moyen Âge (villes de l'Italie septentrionale, siècles XIIe-XIIIe siècle) », *in* B. Lemesle (dir.), *La dilapidation de l'Antiquité au XIX*e *siècle. Aliénations illicites, dépenses excessives et gaspillage des biens et ressources à caractère public*, Dijon, Presses universitaires de Dijon, p. 127-143.

Settia Aldo A., 1993, *Comuni in guerra, armi ed eserciti nell'Italia delle città*, Bologne, Clueb.

Spanò M., 2018, « Law Arrangements for the Commons. A New Comparative Perspective », *in* F. Girard et C. Frison (dir.), *The Commons, Plant Breeding and Agricultural Research : Challenges for Food Security and Agrobiodiversity*, Londres, Routledge, p. 109-116.

Stagno Anna Maria et Tejerizo García Carlos, 2021, « La materialidad de lo común : apuntes para una aproximación arqueológica à los comunales en el sur de Europa », *Mélanges de la Casa de Velázquez*, 51-2, p. 147-178.

Vallerani Massimo, 1992, « Le comunanze di Perugia nel Chiugi. Storia di un possesso cittadino tra XII e XIV secolo », *Quaderni storici*, 81, p. 625-652.

Weiland L. (éd.), 1898, *Legum sectio IV, Constitutiones et acta publica imperatorum et regum, tome I*, Hanovre, Hahn.

Zorzi Andrea, 1994, « La giustizia imperiale nell'Italia », *in* P. Toubert et A. Paravicini Bagliani (dir.), *Federico II e le città italiane*, Palerme, Sellerio, p. 85-103.

Contributeurs/trices

Émeline Bailly, Docteure en urbanisme, Centre Scientifique et Technique du Bâtiment, emeline.bailly@cstb.fr

Isabelle Backouche, Directrice d'études, EHESS – CRH, isabelle.backouche@ehess.fr

Didier Boisseuil, Maître de conférences en histoire médiévale HDR, Université de Tours – CeTHiS, didier.boisseuil@univ-tours.fr

Claire Bourguignon, Docteure en histoire médiévale, Université Clermont Auvergne – UPR 1001 CHEC, clbbourguignon@gmail.com

Marion Brun, Chargée de recherche au CNRS, Larep – ENSP Versailles Marseille et UMR 7324 CITERES, marion.brun@univ-tours.fr

Romeo Carabelli, Ingénieur de recherche, UMR 7324 CITERES – Université de Tours, romeo.carabelli@univ-tours.fr

Mickaël Chelal, Docteur en sociologie, Université Paris Nanterre – UMR 8533 IDHES, chelal.mickael@live.fr

Florence Cornilleau, Chercheure – conservatrice du patrimoine, Service patrimoine et inventaire – Région Centre-Val de Loire, florence.cornilleau@centrevaldeloire.fr

Francesca Di Pietro, Maîtresse de conférences, Université de Tours – UMR 7324 CITERES, francesca.dipietro@univ-tours.fr

Christine Dupouy, Professeure de littérature française, Université de Tours – ICD, christine.dupouy@univ-tours.fr

Daniela Festa, Research Fellow, Università di Roma La Sapienza, daniela.festa@uniroma1.it

Lucie Gaugain, Maîtresse de conférences en histoire de l'art médiéval, Université de Tours – CeTHiS, lucie.gaugain@univ-tours.fr

Aurélien Hucq, Docteur en droit, Université catholique de Louvain – Séminaire de recherche en droit de l'environnement et de l'urbanisme, aurelien.hucq@uclouvain.be

Guénola Inizan, Doctorante en géographie, Université Lumière Lyon 2 – UMR 5600 Environnement, Ville, Société, guenola.inizan@univ-lyon2.fr

Ulrike Krampl, Professeure d'histoire moderne, Université de Tours – CeTHiS, ulrike.krampl@univ-tours.fr

Georges-Henry Laffont, UMR 7324 CITERES – Université de Tours, UMR 5600 Environnement, Ville, Société – Université de Lyon, ENSA Saint-Étienne, georges-henry.laffont@univ-tours.fr

Sylvie Laroche, Docteure en architecture, chercheure associée, Laboratoire AAU-Cresson, sylvielaroche.archi@gmail.com

Paul Lecat, Maître de conférences en histoire contemporaine, Université de Tours-IUT – CeTHiS, paul.lecat@univ-tours.fr

Marie Lécuyer, Doctorante en géographie, Université Montpellier 3 Paul Valéry – UMR 5281 ART-Dev, marie.lecuyer@ens-lyon.fr

Marie-Pierre Lefeuvre, Professeure de sociologie, Université de Tours – UMR 7324 CITERES, marie-pierre.lefeuvre@univ-tours.fr

Adrien Pitor, Docteur en histoire moderne, membre associé, Sorbonne Université – UMR 8596 Centre Romand Mousnier, adrienpitor@orange.fr

Riccardo Rao, Professeur d'histoire médiévale, Università degli Studi di Bergamo, riccardo.rao@unibg.it

José Serrano, Professeur en aménagement, Université de Tours – UMR 7324 CITERES, jose.serrano@univ-tours.fr

Stéphane Tonnelat, Chargé de recherche au CNRS, Université Paris Nanterre – UMR 7218 LAVUE, stephane.tonnelat@cnrs.fr

Daria Volkova, Doctorante en sociologie, Bauhaus-Universität de Weimar – Institute for European Urban Studies, daria.volkova@uni-weimar.de

DYNAMIQUES CITOYENNES EN EUROPE

Collection « DCIE »

★★★★★★★★★★★★★★★★★★★★★★★★★★★★★★★★★★

La cristallisation de groupes humains pour faire « cité » est un phénomène complexe qui associe des éléments d'identification et de distinction : langue, origine géo- graphique, genre, catégorie sociale, religion, engagement politique. Dans une perspective pluridisciplinaire, la collection Dynamiques citoyennes en Europe fédère des travaux autour de la problématique commune des « dynamiques citoyennes », elle-même articulée plus particulièrement sur deux axes convergents :

« laïcité et religions » ; « citoyennetés et identités ». Elle accueille toute sorte de publications scientifiques en français, anglais, allemand et espagnol.

Vol. 1 Dominique Avon & Jutta Langenbacher-Liebgott (éd.) *(avec la collaboration d'Anna-Susan Franke) :* Facteurs d'identité – Faktoren der Identität. 2012. ISBN 978-3-0343-1230-1

Vol. 2 Vincent Jullien, Efthymios Nicolaidis & Michel Blay (éd.) Europe et sciences modernes. Histoire d'un engendrement mutuel. 2012. ISBN 978-3-0343-1236-3

Vol. 3 John Tolan, Hassen El Annabi, Benaouda Lebdai, Franck Laurent & Günter Krause (éds.) Enjeux identitaires en mutations. Europe et bassin méditerranéen. 2014. ISBN 978-3-0343-1480-0

Vol. 4 Amin Elias, Augustin Jomier & Anaïs-Trissa Khatchadourian (éds.) Laïcités et musulmans, débats et expériences. (XIXe–XXe siècles) 2014. ISBN 978-3-0343-1485-5

Vol. 5 Paul Lees, Stéphanie Couderc-Morandeau, Pilar Martínez-Vasseur, Sylvie Nail & Annie Thiec (éds.)
Migrations et mobilités en Europe. Politiques publiques et perspectives d'intégration (1992-2012).
2014. ISBN 978-3-0343-1523-4

Vol. 6 Dominique Avon (éd.)
Sujet, fidèle, citoyen. Espace européen (XIe–XXIe siècles)
2014. ISBN 978-3-0343-1552-4

Vol. 7 Michel Catala, Stanislas Jeannesson & Anne-Sophie Lamblin-Gourdin (éd.)
L'Europe des citoyens et la citoyenneté européenne. Évolutions, limites et perspectives
2016. ISBN 978-3-0343-2007-8

Vol. 8 Jan Nelis, Caroline Sägesser, Jean-Philippe Schreiber (éd.)
Religion and Secularism in the European Union
2017. ISBN 978-2-8076-0333-2

Vol. 9 Didier Boisseuil, Ulrike Krampl, Marie-Pierre Lefeuvre et José Serrano (dir.)
Espaces à saisir : interstices et communs urbains
2024. ISBN 978-3-0343-4863-8